21世纪电气信息学科立体化系列教材

信号与系统基础

（第二版）

主　编　金　波　张正炳　涂玲英
副主编　黄金平　杨春勇

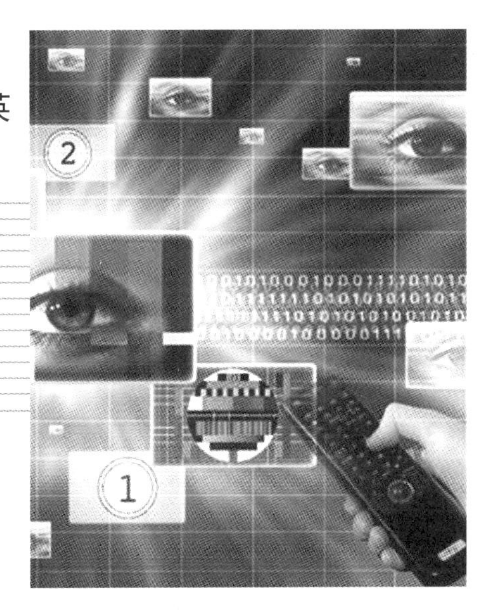

華中科技大學出版社
http://press.hust.edu.cn
中国·武汉

内容提要

本书全面论述了信号与系统的基本理论和基本分析方法，重点强调了信号、系统、变换和滤波器的基本概念。叙述方式采用从时域到变换域，从连续到离散，从单输入/单输出分析到状态变量分析。全书共9章，包括信号与系统的概念、连续系统的时域分析、连续信号的傅里叶分析、连续系统的频域分析、连续系统的复频域分析、连续系统的系统函数、离散系统的时域分析、离散系统的 z 域分析和系统的状态变量分析。

本书的特点是用 Matlab 作为计算的辅助工具，并贯穿于全书中；介绍涉及多个学科的工程应用实例；淡化数学推导，注重概念的物理内涵。

本书简明易懂，风格独特，资料丰富，面向应用。可作为本科生的教材，也可供相关人员学习参考。

图书在版编目(CIP)数据

信号与系统基础/金波，张正炳，涂玲英主编．—2版．—武汉：华中科技大学出版社，2013.5(2025.1重印)
ISBN 978-7-5609-3793-9

Ⅰ．①信…　Ⅱ．①金…　②张…　③涂…　Ⅲ．①信号系统-高等学校-教材
Ⅳ．①TN911.6

中国版本图书馆 CIP 数据核字(2011)第 186783 号

信号与系统基础(第二版)　　　　金　波　张正炳　涂玲英　主编

策划编辑：王红梅
责任编辑：王红梅
封面设计：秦　茹
责任校对：刘　竣
责任监印：朱　玢
出版发行：华中科技大学出版社(中国·武汉)　　电话：(027)81321913
　　　　　武汉市东湖新技术开发区华工科技园　　邮编：430223
录　　排：武汉市洪山区佳年华文印部
印　　刷：武汉市洪林印务有限公司
开　　本：787mm×960mm　1/16
印　　张：25　插页：2
字　　数：577 千字
版　　次：2025 年 1 月第 2 版第 12 次印刷
定　　价：59.80 元

第二版前言

本书 2006 年出版以来，经过了 3 次重印，由于结构新颖，注重 Matlab 在课程中的应用，受到了许多学生和教师的关注。2010 年国家制定了《国家中长期教育改革与发展规划纲要》，高等教育也由数量发展到重视质量提高的阶段。建立我国高校分类体系，实行分类管理，引导高校合理定位，克服同质化倾向，是高等教育提出的新课题。根据高等教育发展的新形势，为使本书能成为我国高等工程教育的实用教材，针对应用型本科的特点，我们对全书进行了修改。

本书的体系仍然保持先讲授连续系统后讲授离散系统、先信号分析后系统分析的结构，仍然保持将 Matlab 作为基本计算工具贯穿全书的特色。本着因材施教和加强工程应用能力培养的宗旨，第二版的主要修改内容如下。

1. 注重工程应用能力的培养

为了培养理论与工程应用联系的能力，在每章后加入讨论工程应用的实例 1～3 个，以提高学生的学习兴趣，扩大学生的视野，从而更加深入理解信号与系统分析的基本原理。体现教材的时代气息。

本课程是电气信息类专业的平台课程，因此，应以这个大类的多学科的应用为工程背景。书中列举了雷达测距、电力传输、异步电动机故障检测、通信系统、浪涌保护器、PID（比例、积分、微分）控制、地震勘探、电视接收、状态变量滤波器等诸多实例，体现了信号与系统广泛的工程应用背景。

2. 适当降低难度，突出基本内容

其一，删去了拉氏反变换和 Z 反变换的留数法。因为在实际应用中，用部分分式法求反变换就够了。况且在国外许多教材中，都不介绍留数法。

其二，将 Z 变换的介绍只限于单边 Z 变换，这能更好地与拉氏变换对应比较；在对因果性的线性非时变离散系统的分析中，主要应用的是单边 Z 变换。

其三，将连续系统时域分析中求冲激响应的方法减少为一个。因为冲激响应用拉氏变换求解更加容易、简单，没有必要在时域分析中深入讨论。

其四,删去了连续系统时域分析中的算子方法。算子方法虽然对建立电路数学模型(微分方程)很有作用,但要引出一系列的新概念。况且在介绍了拉普拉斯变换后,算子方法就没有用了。

3. 增加相位相关的内容

相位相关以傅里叶变换的基本性质为基础,是进行信号时延估计、视频图像运动估计和图像融合的有效方法。将相位相关的内容引入信号与系统课程的教学中,以傅里叶变换性质的方式介绍了相位相关的基本原理。

讲授全书内容约 64 学时。本书标有“*”号内容为选讲内容,这些内容往往比较深入。另外,书中有关 Matlab 的内容可以让学生自学,由于学时有限可在课外讨论或开设上机实验的课程。跳过这些内容并不影响本书的连续性。使用本教材将有以下教学资源为教师的教学服务。

- 《信号与系统实验教程》,是“信号与系统”课程的计算机仿真的实验教材,也是“信号与系统”课程配套教材和参考用书。该书的特点是理论与实验紧密结合、着重解决信号与系统中计算难度大的问题。通过较多的计算示例和编程练习,能提高学生的综合应用知识和解决实际问题的能力。书中的附录部分提供了全部实验的参考程序。该书由华中科技大学出版社出版。
- 作者精心制作了多媒体课件。
- 《信号与系统学习与考研指导》,是“信号与系统”课程的辅助教材,也是考研课程“信号与系统”的复习参考用书。书上有本教材大多数习题的详细解答,由华中科技大学出版社出版。
- 作者研究多年的信号与系统试题库。
- 作者研制多年的信号与系统教学演示软件。

经过修改后的教材将更加实用、定位更加准确。

参加本书修改工作的有张正炳、涂玲英、黄金平。特别是张正炳教授将自己的科研成果也引入到本书中,对全书的修改作出了较大贡献。

由于编者水平有限,书中难免有错误与不妥之处,恳请读者批评指正。欢迎提出宝贵意见,由华中科技大学出版社转交或直接发至电子信箱:bo_jin@126.com。

作 者

2013 年 1 月于长江大学

第一版前言

信号和系统的概念很早就出现在人类生活和生产活动中。随着现代科学技术的发展，特别是计算机的广泛应用，信号与系统的分析方法和概念得到更广泛的应用。同时，这一领域的理论和实践研究迅速发展，分析和设计方法不断更新。"信号与系统"就是电气信息学科的学科基础课程，主要研究确定性信号，重点讨论线性非时变系统。因为许多工程上的系统都非常接近于线性系统。系统理论研究包括系统分析和系统综合两个方面。系统分析讨论系统对于输入信号所产生的响应，而系统综合则讨论根据给定要求来设计一个系统。本书主要讨论系统分析，着重研究信号传输和处理的一般方法。

本书是根据教育部颁布的《信号与系统课程教学基本要求》编写的。全书分为9章，第1、2章介绍连续时间信号和系统的时域分析，讨论信号和系统的特征、系统响应的求解和卷积计算方法；第3、4章介绍连续信号的傅里叶级数和傅里叶变换及应用，讨论周期信号和非周期信号的频谱、连续系统的频域分析方法；第5、6章介绍拉氏变换及应用，讨论微分方程和动态电路的拉氏变换分析方法，以及复频域系统函数在连续系统分析中的作用；第7、8章介绍离散时间信号和系统的时域分析、z域分析，讨论离散信号和系统的特征、离散卷积、Z变换及应用；第9章介绍系统的状态变量分析，讨论状态方程的意义、列写和求解状态方程的方法。

本课程中的教学有两种方法。一种是先讲授连续系统后讲授离散系统；另一种则是连续和离散并行讲授。本书采用第一种，即前6章是介绍连续信号和系统的分析，第7、8章是离散信号和系统的分析，第9章是系统的状态变量分析，包括了连续和离散系统。选用这种讲授顺序的主要理由是：其一，连续系统容易理解，先连续后离散比较符合认知规律；其二，一般院校都开设了本课程的后续课程"数字信号处理"课程，它是研究离散信号和系统的。所以，从连续到离散更加适合这种课程结构。

"信号与系统"的教学改革从来没有间断，随着电子信息技术的发展，与之相关的知识、概念、硬件和软件不断更新，"信号与系统"课程的教材也随之发生较大的变化。经过多年的教学实践和教学改革，教师和学生都需要一本既满足教学基本要求，又有加深拓宽的内容，还能加强工程实践能力培养的教材，本书就是本着这一基本原则编写的。编写的指导思想是"立足基础，精选内容，突出重点，利于教学"，使之成为满足一般院校实用的、有特色的本科教材。在编写过程中，力争处理好教学基本要求与考研要求、本课程与其他课程的衔接、一般教学与计算机辅助教学等关系，并尽量参考国外优秀教材，选用其中的习题，使之与国际接轨。读者将会看到本书的结构和习题都比较新颖，具有以下特色。

(1)选用 Matlab 作为辅助计算工具。作为运算和可视化工具的 Matlab 提供了强大的运算和画图功能，并且代码很精练，编程容易，广泛应用于工程课程的教学。因此，熟练掌握 Matlab 的使用方法，必将在今后的研究工作中受益匪浅。本书在合适的内容处都会插入适当的 Matlab 命令或程序，便于读者随时用 Matlab 解决问题。

(2)本书中编写了 80 多个 Matlab 程序，组成了一个程序包(程序的文件名和功能见附录)，用这些程序可以很好地解决“信号与系统”中出现的一般问题。这些程序将收录在教学课件中，读者可登录华中科技大学出版社教学资源网(www.hustp.com)免费下载，读者利用这些程序或稍加修改就可以进行计算或画图，使用起来十分方便。

(3)在精选习题时，本书采用分层次递进的结构，将习题分为三个层次：基本练习题，这是大多数学生必须会做的习题，这种层次的习题应在考试中占 70%左右；复习提高题，这种题稍有难度，不要求人人会做，是给学有余力、特别是要考研的学生提供的；使用 Matlab 的练习题，是供学生选用的习题，一般不作要求。

讲授全书内容约 64 学时。本书标有“*”号的内容为选讲内容，这些内容往往比较深入。另外，书中有关 Matlab 的内容可以让学生自学，由于学时有限，可作课外讨论。跳过这些内容并不影响本书的连续性。与本书配套的教学资源里，有两套多媒体教学课件可供不同教学环境的教师选用；有全部习题解答、例题精选以及 Matlab 程序包，以利于学生自学。

本书由长江大学、武汉科技大学、湖北工业大学、武汉工程大学、中南民族大学、海军工程大学共同编著。由金波(长江大学)担任主编，并编写 1、3、6 章和 4 个附录。盛玉霞(武汉科技大学)编写第 2 章，李琼(武汉工程大学)编写第 4 章，涂玲英(湖北工业大学)编写第 5 章，黄金平(长江大学)编写第 7 章，杨春勇(中南民族大学)编写第 8 章，马赛(海军工程大学)编写第 9 章。全书由金波统稿，书中所有的 Matlab 程序由金波编写。

由于编者水平有限，书中难免有错误与不妥之处，恳请读者批评指正。

作　者

2006 年 5 月于长江大学

目　录

信号与系统的概念

本章讨论信号和系统的基本概念。对于信号，主要介绍信号及信号的分类、基本连续信号以及信号的运算和分解。冲激信号、阶跃信号是最基本的信号，信号波形的变换是常用的信号运算方法。对于系统，主要介绍系统及系统的分类，系统的基本性质以及线性非时变系统的判别方法。线性非时变系统是主要的研究对象。

1.1 信号的概念

信号的概念是十分广泛的，各种声音、图像、温度、位移、速度、压力等都是信号，本书讨论的"信号"主要是电信号。电信号是随时间变化的电压或电流信号，这种变化与声音变化、图像的色光变化、温度的高低变化、位移的大小变化、速度的快慢变化等相对应。这种变化着的电压或电流就是带有信息的信号。因此，信号中包含了信息。信号是信息学科研究的基本内容，对信号特征量的研究，特别是频谱结构特征的研究，在理论上和实际上都具有十分重要的意义。

1.1.1 信号

世界上到处都充满了信号，无论是自然界还是人类中都存在大量信号。例如，人们说话时气压的变化、昼夜气温的高低以及心脏跳动产生的周期性律动等都是信号。信号代表着信息，一般而言，信号不能直接表达所包含的信息，而且还会受到干扰。在这种意义上，信号分析和处理构成了对有用信号进行放大、提取、保存或传输的基础。由于电信号比较容易处理，所以，在进一步处理信号之前，一般要将原始信号(气压、温度、机械位移、速度等)转换为电信号。在电系统中，信号的两种主要形式是电压信号和电流信号。

信号的描述方式主要有两种：一种是数学函数的表达形式；另一种是图形表达形式，即某种形式的变化波形。

在数学上，信号可以表示为一个或多个变量的函数，例如，一个语音信号可以表示为声压随时间变化的函数；一张黑白照片可以用亮度随二维空间变量变化而变化的函数来表示。本书的讨论的函数仅限于单一变量的函数。

信号除了可用时间来表示自变量之外，还可以用频域来描述。这就是通常所说的信号的频率特性，即信号的自变量是频率。信号的频率表示与信号的时间表示一样，也含有信号的全部信息，由此产生了信号的时域分析和频域分析两种分析方法。信号可以分为连续信号和离散信号两大类，本章讨论连续信号的时域分析，其频域分析将在第3章中进行；离散信号的时域分析放在第7章，而它的频域分析将在“数字信号处理”课程中讲授。

1.1.2　信号的分类

1. 确定信号与随机信号

确定信号是指一个可以表示为确定的时间函数的信号，即对于某一时刻，信号有确定的值。随机信号则不同，它不是一个确定的时间函数，通常只知道它取某一值的概率。

确定信号可以是能完全用确定的时间函数表示的信号，如正弦函数 $f_1(t)=\sin(0.5\pi t)$，如图1-1所示；也可以是能用非连续时间函数表示的确定性信号，如门函数

$$f_2(t)=\begin{cases}1 & (|t|<1)\\ 0 & (t\text{ 为其他值})\end{cases} \tag{1-1}$$

如图1-2所示。随机信号在任意给定的时刻取随机数，如图1-3所示的随机信号。

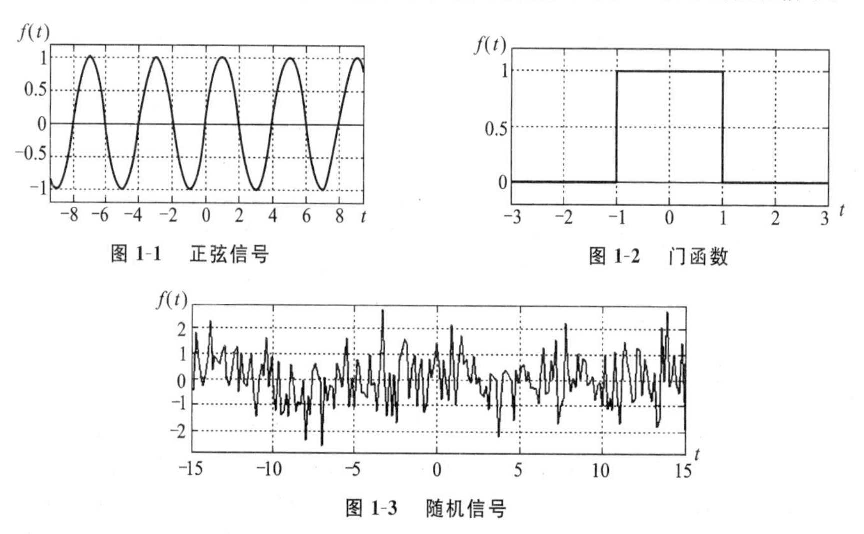

图1-1　正弦信号

图1-2　门函数

图1-3　随机信号

2. 连续时间信号与离散时间信号

连续时间信号是指在所讨论的时间内，对于任意时刻值，除若干不连续点外都有定义的信号，图1-1、图1-2、图1-3所示的都是连续时间信号。应该注意的是，这里的“连续时间”并不是数学意义上的连续函数，而是指连续时间变量的函数。

离散时间信号是指只在某些不连续规定的时刻有定义，而在其他时刻没有定义的信号，仅表示为自变量(如时间)的离散值。例如，离散信号 $f(k)=\cos(0.1\pi k)$ 的波形如图1-4所示。

连续信号 $f(t)$ 的自变量为连续时间 t，而离散信号 $f(k)$ 的自变量则是离散时刻的序号 k。连续信号经过采样后得到的离散信号也称为采样信号或抽样信号。若其幅值被量

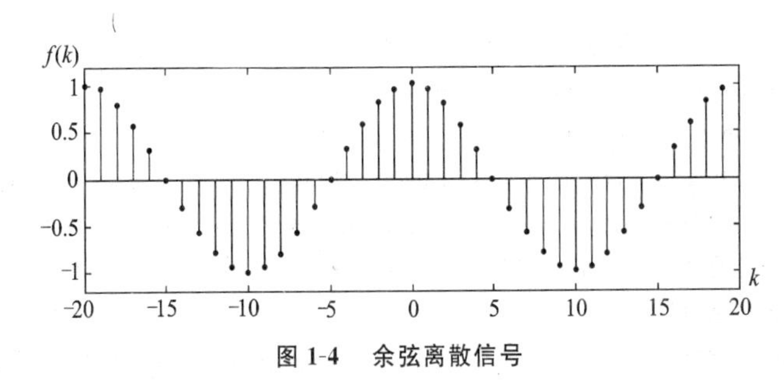

图 1-4 余弦离散信号

化为有限数目的离散值，就会产生 4 种信号。模拟信号被量化后称为量化信号，离散信号被量化就是数字信号。这四种信号的波形如图 1-5 所示。

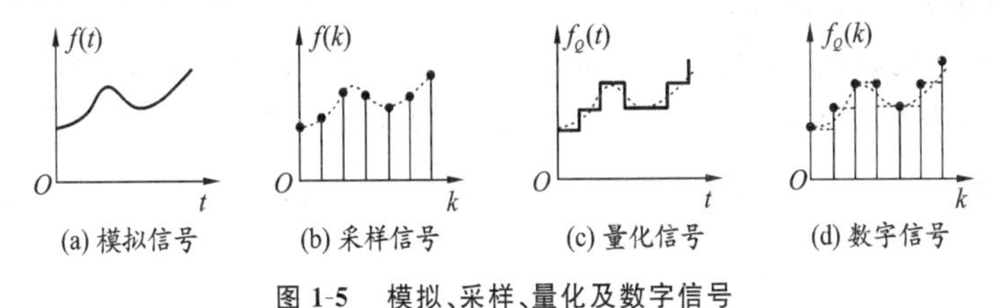

图 1-5 模拟、采样、量化及数字信号

模拟信号或量化信号属于连续信号，采样信号或数字信号属于离散信号。

3. 周期信号和非周期信号

周期信号是指每隔一定时间 T 即周而复始且无始无终的信号，如周期方波和周期锯齿波，其波形如图 1-6 所示。

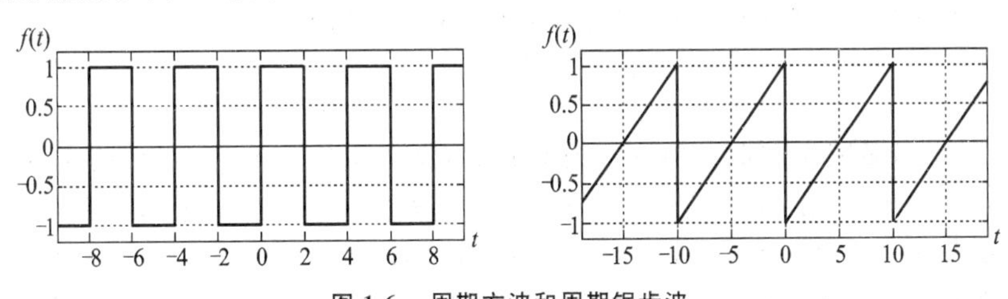

图 1-6 周期方波和周期锯齿波

对于周期连续信号，数学定义为：当且仅当

$$f(t \pm nT) = f(t) \qquad (n\text{ 为整数}) \tag{1-2}$$

时，信号 $f(t)$ 是周期信号，其中常数 T 为周期。不满足式(1-2)的所有确定性信号都称为非周期信号。非周期信号在时间上不具有周而复始的特性。

正弦信号是最典型的周期信号，对于任意给定的频率，正弦信号总是周期的。两个或多个正弦信号的和不一定是周期的，这取决于各正弦信号的周期或频率之间的关系。正弦信号组合后的周期 T 是每个正弦信号同时完成整数个周期所用的最小持续时间，它由计算各周期的 LCM(最小公倍数)得出。基频 f_0 是 T 的倒数，它等于各频率的 GCD(最大公约数)。若它们的周期之比为有理数，或它们的频率是可约的，则它们的和是周期信号。

【例 1.1】 指出下面的信号中哪些是周期信号。

(a) $f_1(t)=2\sin(2t/3)+4\cos(t/2)+4\cos(t/3-\pi/5)$

(b) $f_2(t)=\sin(t)+3\cos(\pi t)$

解 (a) $f_1(t)$ 中每个分量的周期(以 s 为单位)分别是 3π、4π 和 6π。$f_1(t)$ 的公共周期是 $T=\mathrm{LCM}(3\pi,4\pi,6\pi)=12\pi$ s。因此，$\omega_0=2\pi/T=1/6$ rad/s。也可以先计算基频：每个分量的频率(以 rad/s 为单位)分别是 2/3，1/2 和 1/3。基频 $\omega_0=\mathrm{GCD}(2/3,1/2,1/3)=1/6$ rad/s。所以，$f_1(t)$ 是周期为 $T=12\pi$ 的周期信号。

(b) 由于两个分量的频率 $\omega_1=1$ rad/s、$\omega_2=\pi$ rad/s 的比值是无理数，因此无法找出公共周期。所以 $f_2(t)$ 是非周期信号。

4. 能量信号与功率信号

信号可看做随时间变化的电压或电流信号，信号 $f(t)$ 在 1 Ω 的电阻上的瞬时功率为 $|f(t)|^2$，在时间区间，$(-\infty,+\infty)$ 所消耗的总能量和平均功率分别定义为

总能量
$$E=\lim_{T\to+\infty}\int_{-T}^{T}|f(t)|^2\mathrm{d}t\qquad(\mathrm{J})\tag{1-3}$$

平均功率
$$P=\lim_{T\to+\infty}\frac{1}{2T}\int_{-T}^{T}|f(t)|^2\mathrm{d}t\qquad(\mathrm{W})\tag{1-4}$$

根据上式可定义以下信号类型：

(1) 当且仅当 $0<E<+\infty$ 时，$f(t)$ 为能量信号，此时 $P=0$；

(2) 当且仅当 $0<P<+\infty$ 时，$f(t)$ 为功率信号，此时 $E=+\infty$；

(3) 不符合上述条件的信号既不是能量信号，也不是功率信号。

对于周期信号，信号功率等于每个周期上的平均能量，即

$$P=\frac{1}{T}\int_{0}^{T}|f(t)|^2\mathrm{d}t\tag{1-5}$$

周期信号的能量随着时间的增加可以趋于无限，但功率是有限值，所以周期信号属于功率信号，当然，功率信号还包含当 $|t|\to+\infty$ 时功率仍为有限值的一些非周期信号。

注意：功率信号和能量信号是互斥的，因为能量信号的功率为零，而功率信号的能量为无限大，即一个信号不可能既是功率信号，又是能量信号。但是，一个信号可以既是非功率信号，又是非能量信号，如单位斜坡信号 $f(t)=t(t\geqslant0)$，是具有无限能量及无限功率的信号。除了具有无限能量及无限功率的信号外，非周期信号或者是能量信号$[t\to+\infty,f(t)=0]$，或者是功率信号$[t\to+\infty,f(t)\neq0]$。

三种有用的脉冲信号的波形及能量如图 1-7 所示。

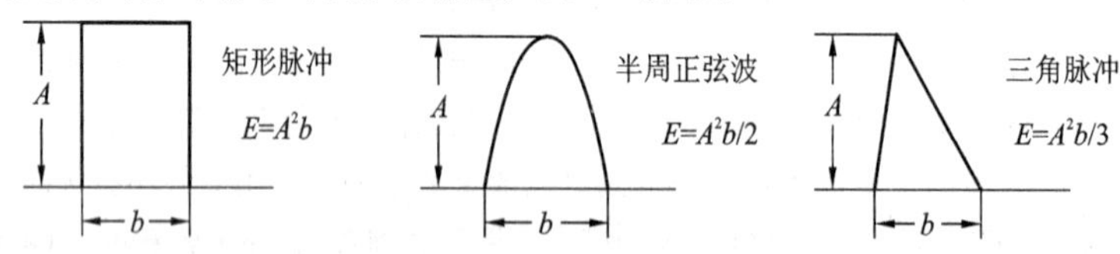

图 1-7　三种脉冲波形及能量

【例 1.2】 判断下面信号是否为能量信号或功率信号。

(a) $f_1(t)=e^{-2|t|}$ (b) $f_2(t)=5\cos(10\pi t)\varepsilon(t)$ (c) $f_3(t)=e^{-t}$

解 (a) $E_1=\lim\limits_{T\to+\infty}\int_{-T}^{T}(e^{-2|t|})^2\mathrm{d}t=\int_{-\infty}^{0}e^{4t}\mathrm{d}t+\int_{0}^{+\infty}e^{-4t}\mathrm{d}t=2\int_{0}^{+\infty}e^{-4t}\mathrm{d}t=0.5\ \mathrm{J}$

$$P_1=0$$

所以，$f_1(t)$ 为能量信号。

(b) $E_2=\lim\limits_{T\to+\infty}\int_{0}^{T/2}25\cos^2(10\pi t)\mathrm{d}t=\lim\limits_{T\to+\infty}\int_{0}^{T/2}\frac{25}{2}[1+\cos(20\pi t)]\mathrm{d}t=\lim\limits_{T\to+\infty}\frac{25}{2}\cdot\frac{T}{2}=\infty$

$P_2=\lim\limits_{T\to+\infty}\frac{1}{T}\int_{0}^{T/2}25\cos^2(10\pi t)\mathrm{d}t=\lim\limits_{T\to+\infty}\frac{1}{T}\int_{0}^{T/2}\frac{25}{2}[1+\cos(20\pi t)]\mathrm{d}t=\lim\limits_{T\to+\infty}\frac{1}{T}\cdot\frac{25}{2}\cdot\frac{T}{2}=6.25\ \mathrm{W}$

所以，$f_2(t)$ 为功率信号。

(c) $$E_3=\lim_{T\to+\infty}\int_{-T}^{T}(e^{-t})^2\mathrm{d}t=\int_{-\infty}^{+\infty}e^{-2t}\mathrm{d}t=-\frac{1}{2}e^{-2t}\Big|_{-\infty}^{+\infty}=\infty$$

$$P_3=\lim_{T\to+\infty}\frac{1}{2T}E_3=\infty$$

所以，$f_3(t)$ 既非功率信号，又非能量信号。

【例 1.3】 求图 1-8 所示周期信号的功率。

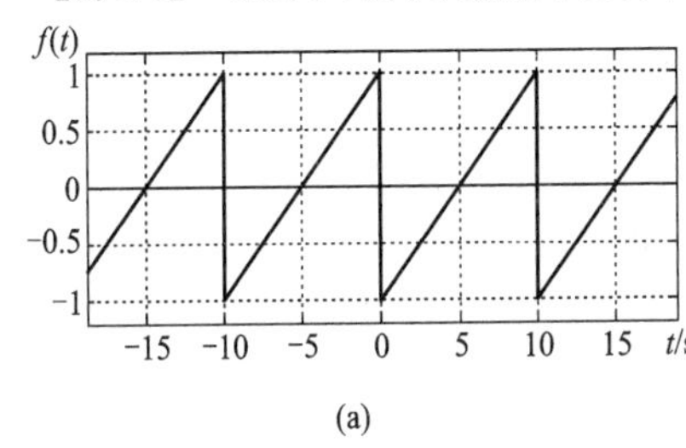

(a)

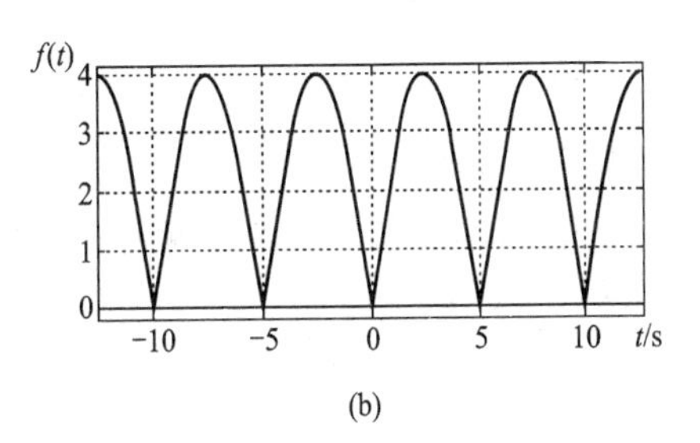

(b)

图 1-8 例 1.3 的信号

解 (a) 周期锯齿波的功率：由于 $T=b+b=10\ \mathrm{s}$，一个周期的能量为

$$E=(1/3)A^2b+(1/3)(-A)^2b=(1/3)A^2T$$

信号的功率为 $$P=E/T=(1/3)A^2=1/3\ \mathrm{W}$$

(b) 全波整流波形的功率：由于 $T=b=5\ \mathrm{s}$，一个周期的能量为

$$E=(1/2)A^2b=(1/2)A^2T$$

信号的功率为 $$P=E/T=(1/2)A^2=(1/2)\times16\ \mathrm{W}=8\ \mathrm{W}$$

1.1.3 按持续时间对信号的分类

信号的持续时间可以是有限的，也可以是无限的。各种信号按持续时间定义如下。

无时限信号：在时间区间 $(-\infty,+\infty)$ 内均有 $f(t)\neq0$ 的信号。

因果信号：当 $t<0$ 时 $f(t)=0$；当 $t>0$ 时 $f(t)\neq0$ 的信号，可表示为 $f(t)\varepsilon(t)$。

右边信号：当 $t<t_1$ 时 $f(t)=0$；当 $t>t_1$ 时 $f(t)\neq0$ 的信号，起始时刻为 t_1。因果信号为右边信号的特例。

左边信号:当 $t > t_2$ 时 $f(t) = 0$;当 $t < t_2$ 时 $f(t) \neq 0$ 的信号,终止时刻为 t_2。

时限信号:在时间区间(t_1, t_2)内 $f(t) \neq 0$,而在此区间外 $f(t) = 0$ 的信号。

上述几种信号的波形如图 1-9 所示。

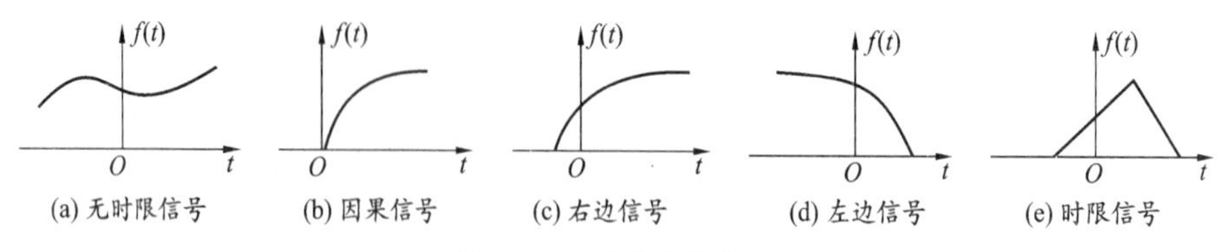

图 1-9　几种信号的波形

1.2　基本连续信号

对于实际信号而言,大部分信号都是不同形式的复杂信号,它们是由常用的基本信号组合而成的。因此,了解常用的基本信号是非常必要的。

1.2.1　分段的线性信号

下面定义的一些信号在信号处理中非常重要。

1. 单位阶跃函数

单位阶跃函数用 $\varepsilon(t)$ 表示,可看做如图 1-10 所示信号 $\gamma(t)$ 使 $\tau \to 0$ 而获得的。其定义式为

$$\varepsilon(t) = \lim_{\tau \to 0} \gamma(t) = \begin{cases} 0 & (t < 0) \\ 1 & (t > 0) \end{cases} \tag{1-6}$$

单位阶跃函数在 $t = 0$ 处是非连续的,它在这一点上的值未被定义,其波形如图 1-11 所示。对于一般格式 $\varepsilon[f(t]$,$f(t) > 0$ 时,$\varepsilon[f(t)] = 1$;$f(t) < 0$ 时,$\varepsilon[f(t)] = 0$。所以,延迟的单位阶跃函数为

$$\varepsilon(t - t_0) = \begin{cases} 0 & (t < t_0) \\ 1 & (t > t_0) \end{cases} \tag{1-7}$$

其波形如图 1-12 所示。

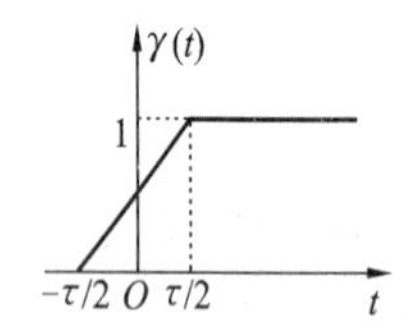

图 1-10　阶跃演变信号

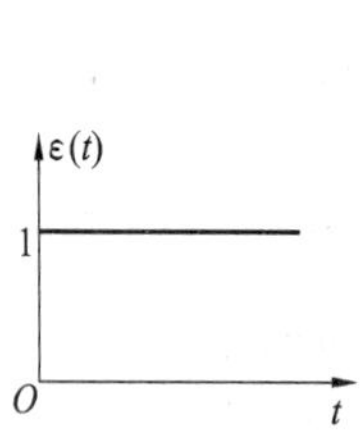

图 1-11　单位阶跃函数

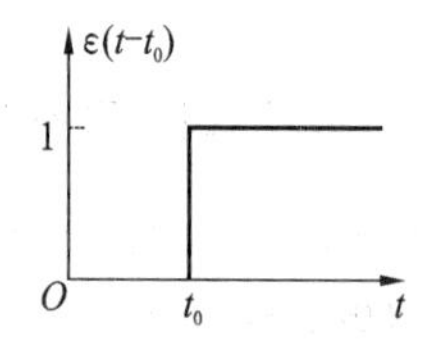

图 1-12　延迟的单位阶跃函数

用阶跃函数可以很方便地表示一些分段常量波形,如方波可以分解为两个阶跃函数之差,即

$$f(t) = K\varepsilon(t-t_0) - K\varepsilon(t-t_1)$$

波形如图 1-13 所示。

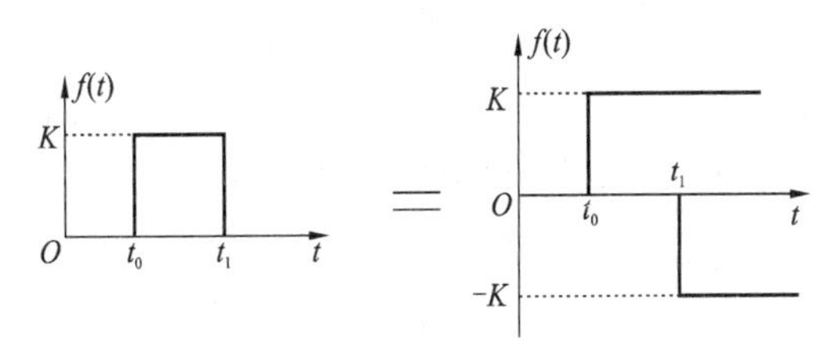

图 1-13 方波分解为两个阶跃函数之和

2. 门函数

门函数用 $G_\tau(t)$ 表示，波形如图 1-14 所示，其定义式为

$$G_\tau(t) = \begin{cases} 1 & (|t| < 0.5\tau) \\ 0 & (t\ \text{为其他值}) \end{cases} \text{宽度为}\ \tau \tag{1-8}$$

它也可表示为

$$G_\tau(t) = \varepsilon(t+0.5\tau) - \varepsilon(t-0.5\tau)$$

任意函数 $f(t)$ 与门函数相乘等于将 $f(t)$ 截去 $|t| > 0.5\tau$（门函数之外）的部分后而保留的 $f(t)$ 中 $|t| < 0.5\tau$（门函数之内）的部分。

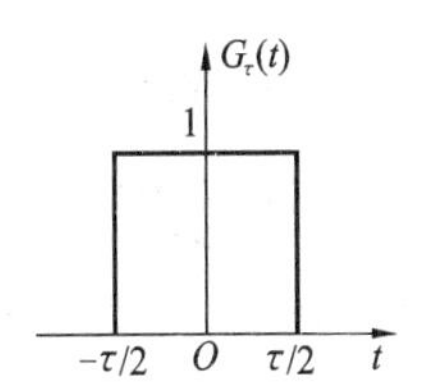

图 1-14 门函数

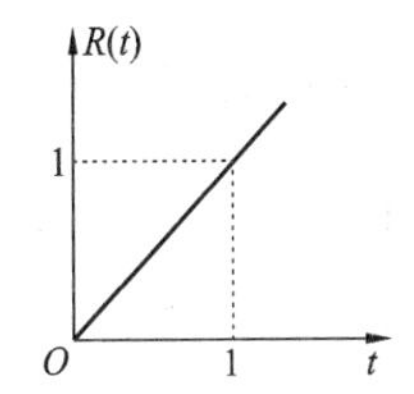

图 1-15 单位斜坡函数

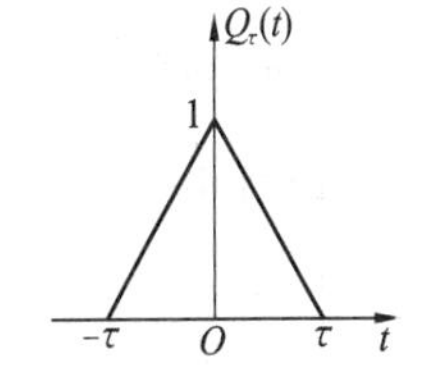

图 1-16 三角脉冲函数

3. 单位斜坡函数

单位斜坡函数用 $R(t)$ 表示，波形如图 1-15 所示，其定义式为

$$R(t) = t\varepsilon(t)$$

单位阶跃函数 $\varepsilon(t)$ 可看做单位斜坡函数 $t\varepsilon(t)$ 的导数，单位斜坡函数可看做单位阶跃函数的积分，即

$$\varepsilon(t) = \frac{\mathrm{d}R(t)}{\mathrm{d}t}, \quad R(t) = t\varepsilon(t) = \int_0^t \varepsilon(t)\mathrm{d}t \tag{1-9}$$

4. 三角脉冲函数

三角脉冲函数用 $Q_\tau(t)$ 表示，波形如图 1-16 所示，其定义式为

$$Q_\tau(t) = \begin{cases} 1-|t|/\tau & (|t| \leqslant \tau) \\ 0 & (t\ \text{为其他值}) \end{cases} \quad \text{宽度为}\ 2\tau \tag{1-10}$$

5. 符号函数

符号函数用 $\mathrm{sgn}(t)$ 表示，波形如图 1-17 表示，其定义式为

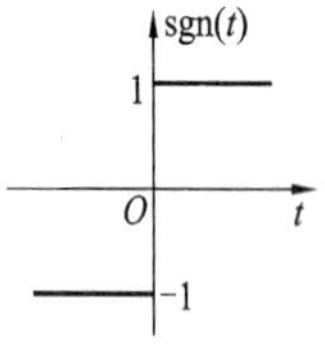

$$\mathrm{sgn}(t)=\begin{cases}-1 & (t<0)\\ 1 & (t>0)\end{cases} \tag{1-11}$$

图 1-17　符号函数

符号函数与阶跃函数的关系为

$$\mathrm{sgn}(t)=-1+2\varepsilon(t)=\varepsilon(t)-\varepsilon(-t) \tag{1-12}$$

$$\varepsilon(t)=0.5[\mathrm{sgn}(t)+1] \tag{1-13}$$

【例 1.4】　讨论任意函数与阶跃函数或门函数相乘的的意义。

解　设任意信号 $f(t)$ 如图 1-18(a) 所示。$f(t)\varepsilon(t)$ 表示将 $f(t)$ 在 $t=0$ 时截取，使其成为一个因果信号，波形如图 1-18(b) 所示。$f(t)\varepsilon(t-t_0)$ 表示将 $f(t)$ 在 $t=t_0$ 时截取，使 $t>t_0$ 的 $f(t)$ 保留，$t<t_0$ 的 $f(t)=0$，波形如图 1-18(c) 所示。$f(t)[\varepsilon(t)-\varepsilon(t-t_0)]$ 表示将 $f(t)$ 在 $0<t<t_0$(门函数内) 的值保留，门函数以外的值为零，波形如图 1-18(d) 所示。$f(t+t_0)\varepsilon(t+t_0)$ 或 $f(t-t_0)\varepsilon(t-t_0)$ 则表示将 $f(t)\varepsilon(t)$ 左移或右移 t_0，波形如图 1-18(e)、图 1-18(f) 所示。

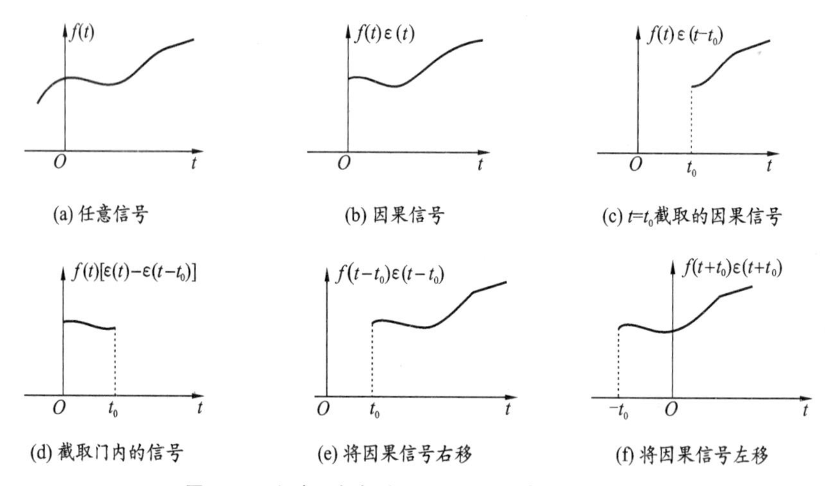

图 1-18　任意函数与阶跃函数或门函数相乘的波形

【例 1.5】　写出图 1-19 所示电流波形 $i(t)$ 和电压波形 $u(t)$ 的表达式。

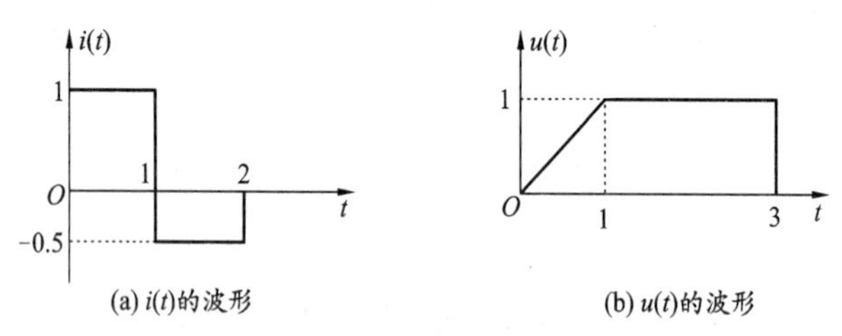

图 1-19　例 1.5 的波形

解　电流 $i(t)$ 可表示为　$i(t)=\varepsilon(t)-1.5\varepsilon(t-1)+0.5\varepsilon(t-2)$

电压 $u(t)$ 可表示为

$$u(t)=t[\varepsilon(t)-\varepsilon(t-1)]+\varepsilon(t-1)-\varepsilon(t-3)=t\varepsilon(t)-(t-1)\varepsilon(t-1)-\varepsilon(t-3)$$

1.2.2 实指数信号

实指数信号的函数表达式为

$$f(t)=Ae^{\alpha t} \tag{1-14}$$

式中：A 和 α 均为实常数。图 1-20 所示的是 $2e^{-0.5t}$ 和 $2e^{0.5t}$ 的波形。通常定义实指数函数的时间常数 τ 为 $|\alpha|$ 的倒数，即 $\tau=1/|\alpha|$。

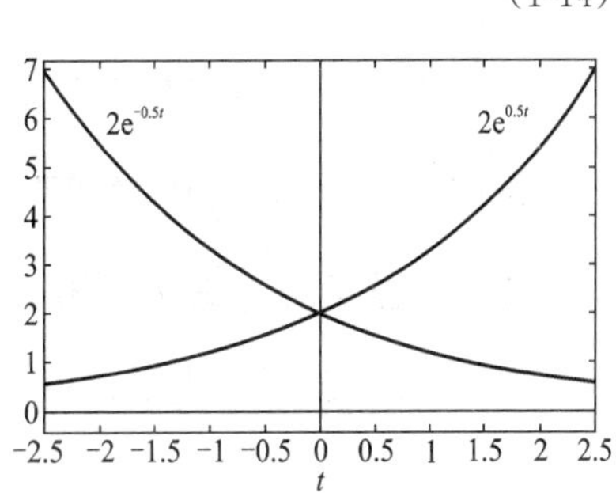

图 1-20 指数信号波形

实际上，比较常用的是单边衰减指数信号，其定义式为

$$f(t)=Ae^{\alpha t}\varepsilon(t) \tag{1-15}$$

图 1-21 所示的是 $2e^{-0.5t}\varepsilon(t)$ 的波形。双边衰减指数信号的定义式为

$$f(t)=Ae^{-\alpha|t|} \tag{1-16}$$

图 1-22 所示的是 $2e^{-0.5|t|}$ 的波形。

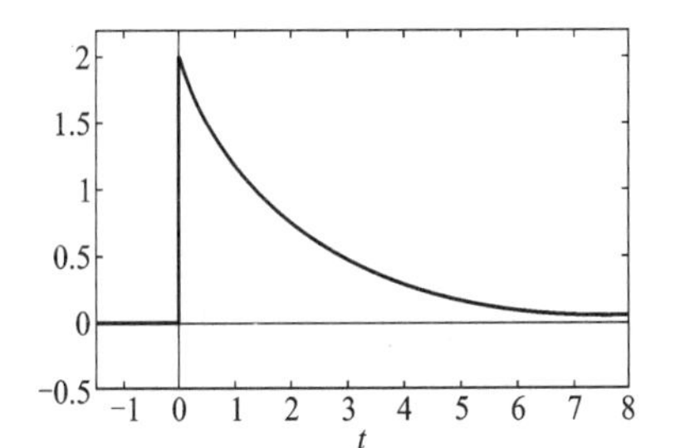

图 1-21 单边指数信号波形

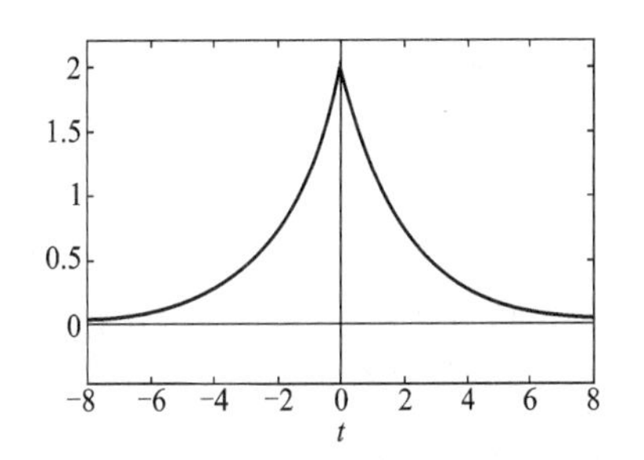

图 1-22 双边指数信号波形

1.2.3 复指数信号

复指数信号的表达式为

$$f(t)=Ae^{st} \tag{1-17}$$

式中：$s=\sigma+j\omega$ 为复数；$A=|A|\angle\theta$ 也为复数。按欧拉公式展开为

$$f(t)=|A|e^{\sigma t}e^{j(\omega t+\theta)}=|A|e^{\sigma t}\cos(\omega t+\theta)+j|A|e^{\sigma t}\sin(\omega t+\theta) \tag{1-18}$$

上式表明，一个复指数信号可以分解为实部和虚部两部分，其实部为随指数变化而变化的余弦信号，虚部则为随指数变化而变化的正弦信号，即

$$\mathrm{Re}[f(t)]=|A|e^{\sigma t}\cos(\omega t+\theta),\quad \mathrm{Im}[f(t)]=|A|e^{\sigma t}\sin(\omega t+\theta) \tag{1-19}$$

指数因子 s 的实部 σ 反映信号函数值随时间变化的情况。若 $\sigma>0$，信号随时间增加而增加；若 $\sigma<0$，信号随时间增加而衰减；若 $\sigma=0$，则信号为等幅的正弦波。

随指数衰减或增长的正弦信号分别如图 1-23、图 1-24 所示。

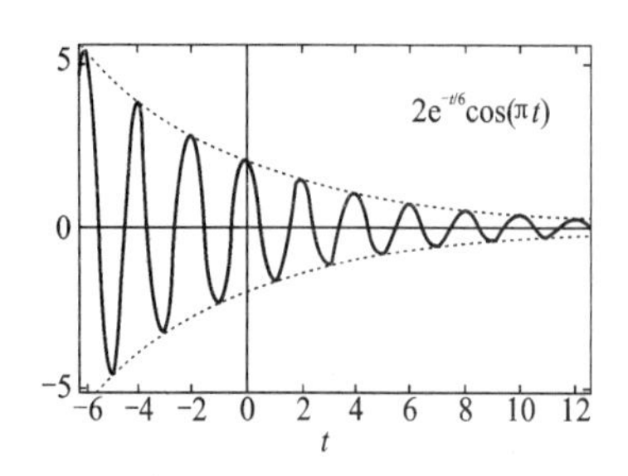

图 1-23 信号 $2e^{-t/6}\cos(\pi t)$ 的波形

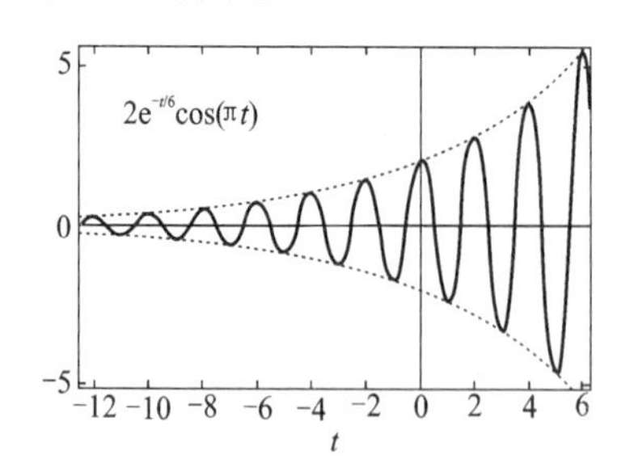

图 1-24 信号 $2e^{t/6}\cos(\pi t)$ 的波形

1.2.4 正弦信号与谐波信号

正弦信号和谐波信号是最有用的周期信号，它们的函数表达式分别为

$$f_1(t) = A\cos(\omega_0 t + \theta),\quad f_2(t) = Ae^{j(\omega_0 t + \theta)} \tag{1-20}$$

根据欧拉公式，这两种形式的关系如下

$$f_1(t) = \mathrm{Re}[Ae^{j(\omega_0 t+\theta)}] = 0.5A[e^{j(\omega_0 t+\theta)} + e^{-j(\omega_0 t+\theta)}] \tag{1-21}$$

$$f_2(t) = A\cos(\omega t + \theta) + jA\sin(\omega t + \theta) \tag{1-22}$$

三种形式的欧拉公式为

$$e^{\pm j\alpha} = 1\angle(\pm\alpha) = \cos\alpha \pm j\sin\alpha \tag{1-23}$$

$$\cos\alpha = 0.5(e^{j\alpha} + e^{-j\alpha}) \tag{1-24}$$

$$\sin\alpha = 0.5j^{-1}(e^{j\alpha} - e^{-j\alpha}) \tag{1-25}$$

谐波信号与正弦信号的重要性有以下几方面，在后续章节中将详细讨论。

(1) 任何信号都可由谐波的组合表示：周期信号由离散频率的谐波分量组合而成(傅里叶级数)，非周期信号由所有频率的谐波分量组合而成(傅里叶变换)。

(2) 线性系统对于谐波输入的响应也是谐波信号，并且输入与响应具有相同的频率。这一点构成了频域中系统分析的基础。

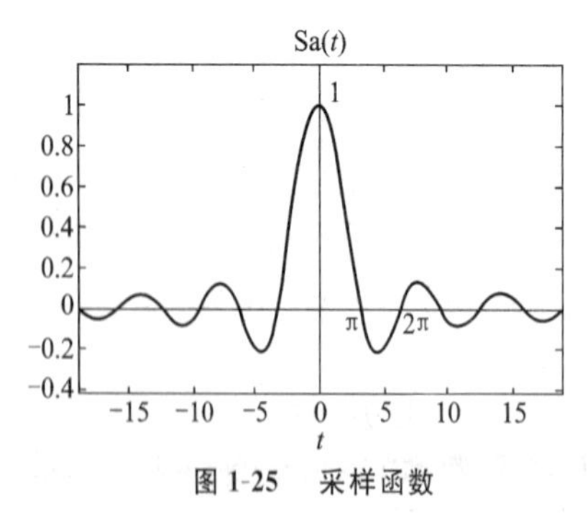

图 1-25 采样函数

1.2.5 采样函数

采样函数用 Sa(t) 表示，波形如图 1-25 所示，其定义式为

$$\mathrm{Sa}(t) = \frac{\sin t}{t} \tag{1-26}$$

由式(1-26)可知，采样函数 Sa(t) 表示衰减振荡。由波形图可以看出，它是一个实偶函数。在 $t=0$ 处，可用极限方法得出

$$\lim_{t\to 0}\frac{\sin t}{t}=\lim_{t\to 0}\frac{\cos t}{1}=1$$

在 $t=\pm\pi,\pm 2\pi,\cdots$ 时，$\mathrm{Sa}(t)=0$，采样函数具有以下性质：

$$\int_0^{+\infty}\mathrm{Sa}(t)\mathrm{d}t=\pi/2,\quad \int_{-\infty}^{+\infty}\mathrm{Sa}(t)\mathrm{d}t=\pi$$

和采样函数 $\mathrm{Sa}(t)$ 相似的是辛格函数 $\mathrm{Sinc}(t)$ 函数，其表示式为

$$\mathrm{Sinc}(t)=\frac{\sin\pi t}{\pi t} \tag{1-27}$$

【例 1.6】 绘出下列各时间函数的波形。

(a) $f_1(t)=\mathrm{sgn}(t^2-9)$

(b) $f_2(t)=\varepsilon(1-|t|)$

(c) $f_3(t)=(1+\cos\pi t)[\varepsilon(t+1)-\varepsilon(t-1)]$

解 (a) 当 $(t^2-9)=(t+3)(t-3)>0$ 时，有 $t>3$ 和 $t<-3$，则 $f(t)=1$；当 $(t^2-9)=(t+3)(t-3)<0$ 时，有 $t<3$ 和 $t>-3$，则 $f(t)=-1$，时间函数的波形如图 1-26 所示。

(b) 设 $x(t)=1-|t|$，波形如图 1-27(a) 所示。当 $x(t)>0$ 时，$f_2(t)=\varepsilon(1-|t|)=1$；当 $x(t)<0$ 时，$f_2(t)=\varepsilon(1-|t|)=0$，时间函数的波形如图 1-27(b) 所示。

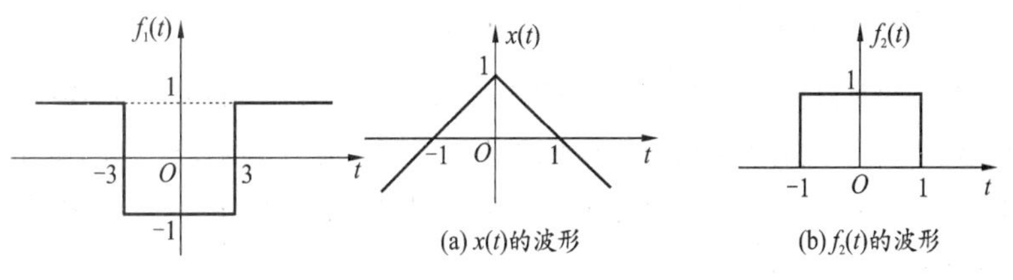

(a) $x(t)$的波形　　(b) $f_2(t)$的波形

图 1-26 例 1.6(a) 用图　　图 1-27 例 1.6(b) 用图

(c) $1+\cos(\pi t)$ 的波形如图 1-28(a) 所示；将其与门函数相乘得 $f_3(t)$，波形如图 1-28(b) 所示。

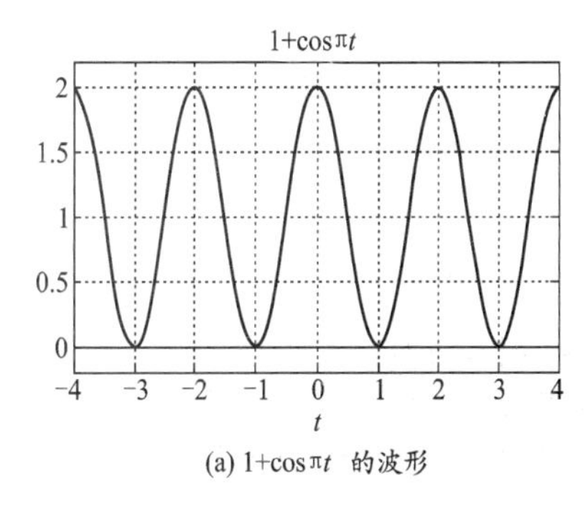

(a) 1+cosπt 的波形

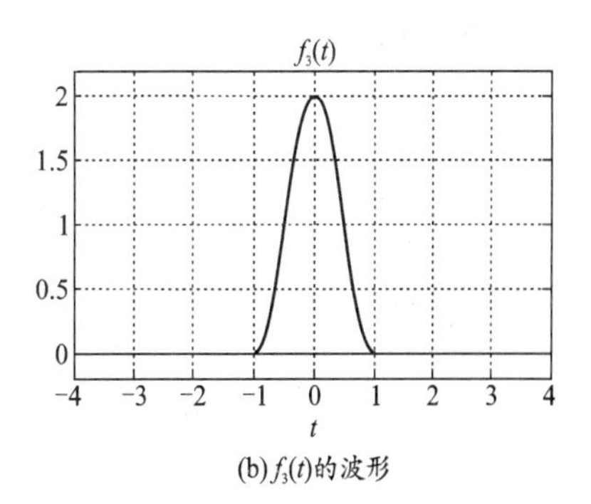

(b) $f_3(t)$的波形

图 1-28 例 1.6(c) 用图

【例 1.7】 写出图 1-29 所示信号的表达式。

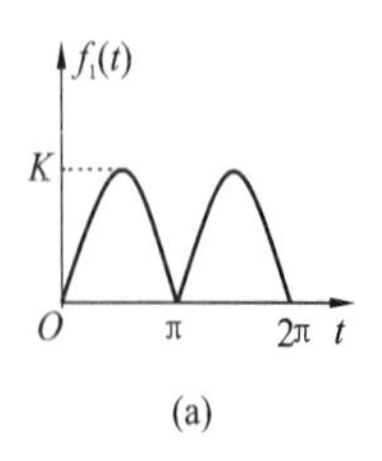

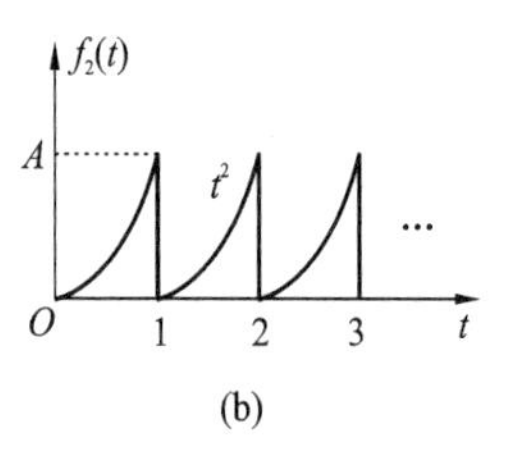

图 1-29　例 1.7 的信号

解　图 1-29(a) 所示的 $f_1(t)$ 只有两个正弦半波，其表达式为

$$f_1(t) = K\sin t[\varepsilon(t)-\varepsilon(t-\pi)] + K\sin(t-\pi)[\varepsilon(t-\pi)-(t-2\pi)]$$

图 1-29(b) 所示的 $f_2(t)$ 是一个周期信号，其规律如下：

$f_2(t)$ 的第 0 个周期：$At^2[\varepsilon(t)-\varepsilon(t-1)]$。

$f_2(t)$ 的第 1 个周期：$A(t-1)^2[\varepsilon(t-1)-\varepsilon(t-2)]$，将第 0 周期延迟 1。

$f_2(t)$ 的第 K 个周期：$A(t-K)^2[\varepsilon(t-K)-\varepsilon(t-K-1)]$。

故
$$f_2(t) = A\sum_{K=0}^{\infty}(t-K)^2[\varepsilon(t-K)-\varepsilon(t-K-1)]$$

1.2.6 Matlab 的应用

计算机程序可以方便地求解信号分析和系统分析的内容。Matlab 是一种基于矩阵和数组的编程语言，它将所有的变量都看成矩阵。它不仅有强大的计算功能，还有多种多样的画图功能。这里主要介绍信号与系统分析中常用的几个 Matlab 函数，包括 Matlab 提供的内部函数和自定义函数。

可以在命令窗口中每次执行一条 Matlab 语句；或者生成一个程序，存为 M 文件供以后执行；或是生成一个函数，在命令窗口中执行。下面先定义几个基本函数。

1. 单位阶跃函数

M 文件名：u.m　　　　　　　单位阶跃函数(连续或离散)

调用格式　y = u(t)　　　　　产生单位阶跃函数

```
function  y = u(t)
y = (t >= 0)
```

2. 门函数

M 文件名：rectpuls.m,　　　　Matlab 的内部函数

调用格式　y = rectpuls(t)　　产生高度为 1，宽度为 1 的门函数

调用格式　y = rectpuls(t,W)　产生高度为 1，宽度为 W 的门函数

3. 三角脉冲函数

M 文件名：tripuls.m,　　　　Matlab 的内部函数

调用格式　y = tripuls(t)　　产生高度为 1，宽度为 1 的三角脉冲函数

调用格式 y=tripuls(t,w) 产生高度为1,宽度为w的三角脉冲函数

调用格式 y=tripuls(t,w,s) 产生高度为1,宽度为w的三角脉冲函数,-1< s< 1,s=0时为对称三角形;s=-1时,三角形顶点左边。

4. 采样函数

M文件名:Sa.m 采样函数(连续或离散)

调用格式 y=Sa(t) 产生高度为1,第一个过零点为π

```
function f=Sa(t)
f=Sinc(t./pi);                Sinc(t)=sin(πt)/(πt)是Matlab内部函数
```

5. 符号函数

M文件名:sign.m Matlab的内部函数

【例1.8】 用Matlab画出以下各信号。

(a) $f(t)=9te^{-3|t|}$ (b) $f(t)=\varepsilon(1-|t|)\mathrm{sgn}(t)$ (c) $f(t)=t\varepsilon(t)\varepsilon(2-t)$

解 (a)用Matlab编程,可以很方便地画出波形。

```
% 例1.8(a)的程序: LT1_8A.m
t0=-10;t1=10;dt=0.01;
t=t0:dt:t1;                       % 自变量t的一维数组,从t0到t1,间隔为dt
f=9*t.*exp(abs(t));                      % 计算函数值,
max_f=max(f);                            % 求函数值中的最大值
min_f=min(f);                            % 求函数值中的最小值
plot(t,f,'linewidth',2);                 % 画出图形
grid;                                    % 画出网络
line([t0 t1],[0 0],'color','r');         % 画直线,表示横轴,线颜色为红色
line([0 0],[min_f-0.2 max_f+0.2],'color','r');
                                         % 画直线,表示纵轴,线颜色为红色
axis([t0,t1,min_f-0.2,max_f+0.2])        % 定义坐标的刻度,横轴从t0至t1,
                                         % 纵轴从min_f-0.2至max_f+0.2
title('函数9te^{-|t|}的波形')            % 在图的一方标出文字
xlabel('t')                              % 标出x坐标为"t"
ylabel('f(t)')                           % 标出y坐标为"f(t)"
```

在Matlab命令窗口输入LT1_8A,就会在屏幕上显示如图1-30(a)所示的波形。

以上程序是画波形的通用程序,只要修改第1行的x坐标和第3行的函数计算式,就可得到其他信号的波形。

(b)将第1行改为t0=-3;t1=3;dt=0.01;将第3行的函数计算式改为f=u(1-abs(t)).*sign(t);信号波形如图1-30(b)所示。

(c)将第1行改为t0=-2;t1=4;dt=0.01;将第3行的函数计算式改为f=t.*u(t).*u(2-t);信号波形如图1-30(c)所示。

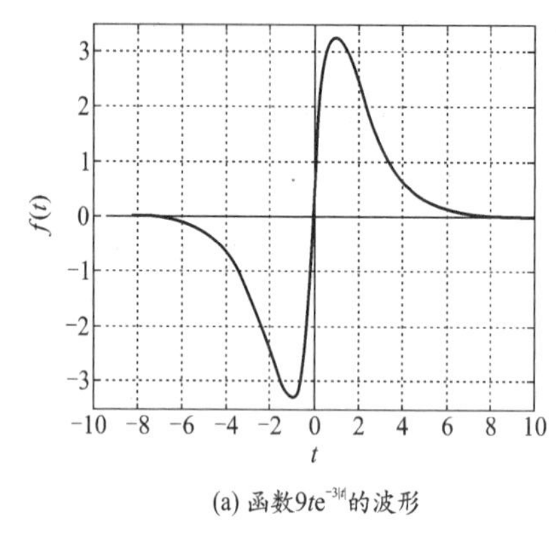

(a) 函数$9te^{-3|t|}$的波形

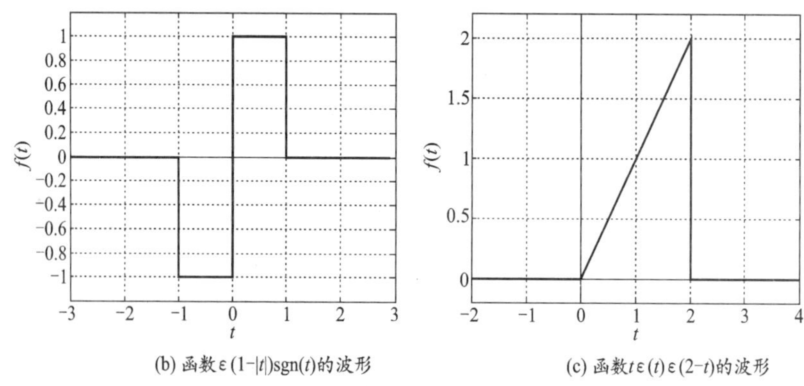

(b) 函数$\varepsilon(1-|t|)\text{sgn}(t)$的波形　　(c) 函数$t\varepsilon(t)\varepsilon(2-t)$的波形

图 1-30　例 1.8 的 Matlab 图

1.3　冲激函数

单位冲激信号又可称为冲激函数,如 δ 函数或狄拉克(Dirac) 函数等,用 $\delta(t)$ 表示,其定义式为

$$\delta(t)=\begin{cases}0 & (t\neq 0)\\ \infty & (t=0)\end{cases},\qquad \int_{-\infty}^{+\infty}\delta(\tau)\mathrm{d}\tau=1 \tag{1-28}$$

定义式表明:$\delta(t)$ 的持续时间为零,但它却有有限的面积。

1.3.1　冲激函数的极限形式

冲激函数的严格讨论需要用到分布理论和广义函数的概念,这些都超出了本书讨论的范围。但是,从对与冲激函数相似性质的处理上看,许多普通函数的极限形式均可用来表示冲激函数,如图 1-31 所示的宽度为 τ、高度为 $1/\tau$ 的矩形脉冲,记为$(1/\tau)G_\tau(t)$。

当τ减小时,它的宽度变小,高度相应地变大,但面积仍保持为 1。当$\tau\to 0$时,脉冲宽度趋于零,则脉冲幅度必定趋于无穷大,它具有单位面积。这就是冲激函数的根本特征。

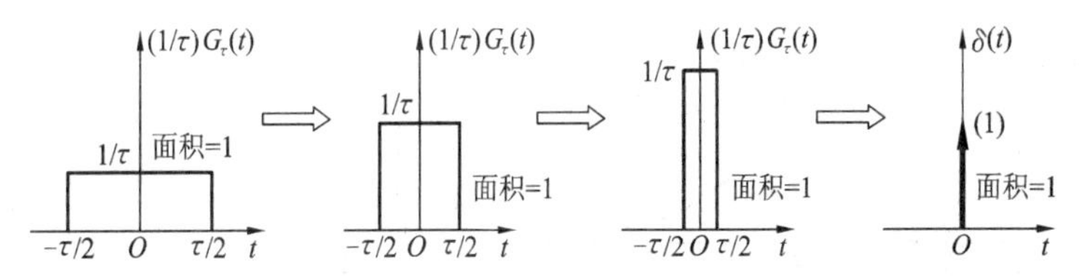

图 1-31 冲激函数的演变

$$\delta(\tau)=\lim_{\tau\to 0}\frac{1}{\tau}G_{\tau}(t)=\begin{cases}0 & (t\neq 0)\\ +\infty & (t=0)\end{cases} \tag{1-29}$$

单位冲激信号反映一种持续时间极短、函数值极大的信号类型，如电学中的雷击、电闪，数字通信中的采样脉冲等。

冲激函数$A\delta(t)$的面积等于A，A称为它的强度。但要记住，它在$t=0$处的“高度”是无限的或未定义的。

信号$\delta(t-t_0)$描述了一个位于$t=t_0$处的冲激。同理，$\delta(t+t_0)$描述了一个位于$t=-t_0$处的冲激，即

$$\delta(t-t_0)=\begin{cases}0 & (t\neq t_0)\\ \infty & (t=t_0)\end{cases},\qquad \int_{-\infty}^{+\infty}\delta(\tau-t_0)\mathrm{d}\tau=1 \tag{1-30}$$

1.3.2 冲激函数与阶跃函数的关系

单位冲激函数$\delta(t)$的积分，在积分区间将$t=0$处的冲激函数覆盖之前一直等于零，此后就等于$\delta(t)$的面积。也就是说，$\delta(t)$的积分就是单位阶跃函数$\varepsilon(t)$。因此，单位冲激函数就是$\varepsilon(t)$的导数，即$\delta(t)$与$\varepsilon(t)$的关系为

$$\varepsilon(t)=\int_{-\infty}^{t}\delta(\tau)\mathrm{d}\tau \tag{1-31}$$

$$\delta(t)=\frac{\mathrm{d}\varepsilon(t)}{\mathrm{d}t} \tag{1-32}$$

由于带有突变的信号可用阶跃函数描述，所以这类信号的导数也必含有冲激函数。例如，$f(t)=A\varepsilon(t)-B\varepsilon(t-t_0)$的导数可由$f'(t)=A\delta(t)-B\delta(t-t_0)$表示。它表明，在$t=0$和$t=t_0$处出现了强度分别为$A$和$-B$的两个冲激函数。一般地，在跳变处的导数为一个强度等于跳变幅度的冲激函数。这就给出了求任意信号导数的规则。对于$f(t)$的分段连续部分，可以按一般方法求出导数，而在$f(t)$的每个跳变点上，求导的结果是强度等于跳变幅度的冲激函数。

【例 1.9】 已知信号波形如图 1-32 所示，画出它们的一阶导数波形。

解 对于$f_1(t)$，在$t=0,1,2$处出现三个跳变点，将在这三处出现三个冲激函数。对于$f_2(t)$，在$t=0$处出现一个跳变点，将在此处出现一个冲激函数。它们的一阶导数波形如图 1-33 所示。

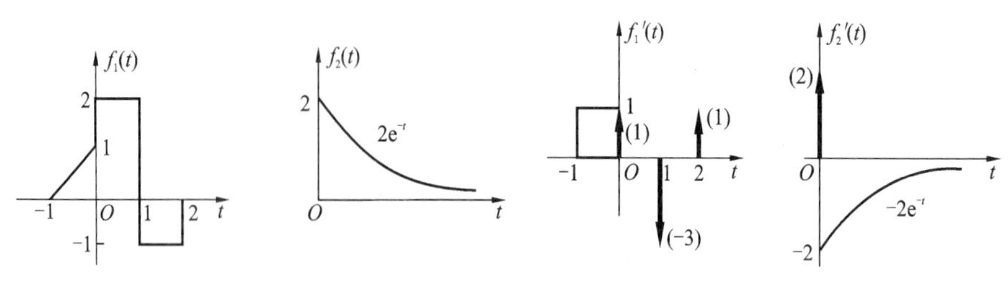

图 1-32 例 1.9 的信号波形　　　　图 1-33 例 1.9 的异数波形

1.3.3 冲激函数的性质

1. 乘积性质

若函数 $f(t)$ 在 $t=0$ 处连续，由于 $\delta(t)$ 只在 $t=0$ 处存在，故有

$$f(t)\delta(t)=f(0)\delta(t) \tag{1-33a}$$

若函数 $f(t)$ 在 $t=t_0$ 处连续，则有

$$f(t)\delta(t-t_0)=f(t_0)\delta(t-t_0) \tag{1-33b}$$

2. 采样性质

由冲激函数的乘积性质，有

$$\int_{-\infty}^{+\infty}f(t)\delta(t)\mathrm{d}t=\int_{-\infty}^{+\infty}f(0)\delta(t)\mathrm{d}t=f(0)\int_{-\infty}^{+\infty}\delta(t)\mathrm{d}t=f(0) \tag{1-34a}$$

上式表明，$f(t)$ 与 $\delta(t)$ 相乘后，在 $(-\infty,+\infty)$ 内积分，最终得到 $f(0)$，即抽选出 $f(0)$，这个极为重要的结论称为采样性质，也称为筛选性质。与此类似，若 $f(t)$ 与一延时 t_0 的冲激函数相乘，在 $(-\infty,+\infty)$ 内积分后，可得到 $f(t_0)$，即

$$\int_{-\infty}^{+\infty}f(t)\delta(t-t_0)\mathrm{d}t=\int_{-\infty}^{+\infty}f(t_0)\delta(t-t_0)\mathrm{d}t=f(t_0)\int_{-\infty}^{+\infty}\delta(t-t_0)\mathrm{d}t=f(t_0) \tag{1-34b}$$

这个性质也可作为冲激函数的严格数学定义。

3. 缩放性质

由式(1-33a)，考虑积分 $\int_{-\infty}^{+\infty}f(t)\delta(at)\mathrm{d}t$，令 $x=at$，则有

$$\int_{-\infty}^{+\infty}f(t)\delta(at)\mathrm{d}t=(1/a)\int_{-\infty}^{+\infty}f(x/a)\delta(x)\mathrm{d}x=(1/a)f(0)\quad(a>0)$$

$$\int_{-\infty}^{+\infty}f(t)\delta(at)\mathrm{d}t=-(1/a)\int_{-\infty}^{+\infty}f(x/a)\delta(x)\mathrm{d}x=-(1/a)f(0)\quad(a<0)$$

综合以上两种情况，有

$$\int_{-\infty}^{+\infty}f(t)\delta(at)\mathrm{d}t=(1/|a|)f(0)=(1/|a|)\int_{-\infty}^{+\infty}f(x)\delta(x)\mathrm{d}x$$

由此得到

$$\delta(at)=(1/|a|)\delta(t) \tag{1-35a}$$

式(1-35a)表明，时间缩放会改变冲激函数的面积，由于 $\delta(t)$ 的面积为 1，所以时间放大 a

时冲激函数$\delta(at)$的面积为$1/|a|$。由于时间移位并不影响面积的大小，所以有以下更一般的结论

$$\delta(at-t_0)=(1/|a|)\delta(t-t_0/a) \tag{1-35b}$$

这里a和t_0为常数，且$a\neq 0$。这个结论应用到采样性质，有

$$\int_{-\infty}^{+\infty} f(t)\delta(at)\mathrm{d}t=(1/|a|)f(0) \tag{1-36a}$$

$$\int_{-\infty}^{+\infty} f(t)\delta(at-t_0)\mathrm{d}t=(1/|a|)f(t_0/a) \tag{1-36b}$$

4. 奇偶性质

由缩放性质，即式(1-35a)，令式中的$a=-1$，可得

$$\delta(-t)=\delta(t) \tag{1-37}$$

表明单位冲激函数$\delta(t)$为偶函数。

【例 1.10】 利用冲激函数的性质计算下列各式。

(a) $f(t)=\mathrm{e}^{-2t}\delta(-2t+4)$

(b) $I_1=\int_{-4}^{2}\cos(2\pi t)\delta(2t+1)\mathrm{d}t$

(c) $I_2=\int_{0}^{+\infty}\mathrm{e}^{-at}\delta(2t+10)\mathrm{d}t$

解 (a) 由奇偶性质可得 $f(t)=\mathrm{e}^{-2t}\delta(-2t+4)=\mathrm{e}^{-2t}\delta(2t-4)$

由缩放性质得 $f(t)=\mathrm{e}^{-2t}\delta(2t-4)=0.5\times\mathrm{e}^{-2t}\delta(t-2)=0.5\times\mathrm{e}^{-4}\delta(t-2)=0.009\,2\delta(t-2)$

(b) 利用冲激函数的缩放和采样性质，可得

$$I_1=\int_{-4}^{2}\cos(2\pi t)[0.5\delta(t+0.5)]\mathrm{d}t=0.5\cos(2\pi t)\Big|_{t=-0.5}=-0.5$$

(c) 因为$\delta(2t+10)=0.5\delta(t+5)$ （$t=-5$处的冲激）位于积分范围之外，所以$I_2=0$。

1.3.4 冲激偶

冲激偶是冲激函数的导数，记为$\delta'(t)$。为了引出冲激偶，可用图1-34所示曲线变化说明冲激偶的产生。面积为1的三角脉冲$x(t)=(1/\tau)Q_\tau(t)$中，当$\tau\to 0$时，三角脉冲$x(t)\to\delta(t)$。它的导数$x'(t)$也与$\delta'(t)$相对应。此时的$x'(t)$是一个奇函数，且是两个高度分别为$1/\tau^2$和$-1/\tau^2$、面积均为零的脉冲。当$\tau\to 0$时，$x'(t)$的上、下限分别趋向于$+\infty$和$-\infty$。因此，$\delta'(t)$也是一个奇函数，它的宽度和面积都为零，$\delta'(t)$可严格地表示为

$$\delta'(t)=\begin{cases}0 & (t\neq 0)\\ \text{未定义} & (t=0)\end{cases} \tag{1-38}$$

$$\int_{-\infty}^{+\infty}\delta'(t)\mathrm{d}t=0 \tag{1-39}$$

需要注意的是，$\delta'(t)$中的两个无限的尖峰不是冲激(它们的面积不是常数)，它们也不能互相抵消。实际上，$\delta'(t)$在$t=0$处是不可确定的。尽管冲激偶的面积$\int_{-\infty}^{+\infty}\delta'(t)\mathrm{d}t=$

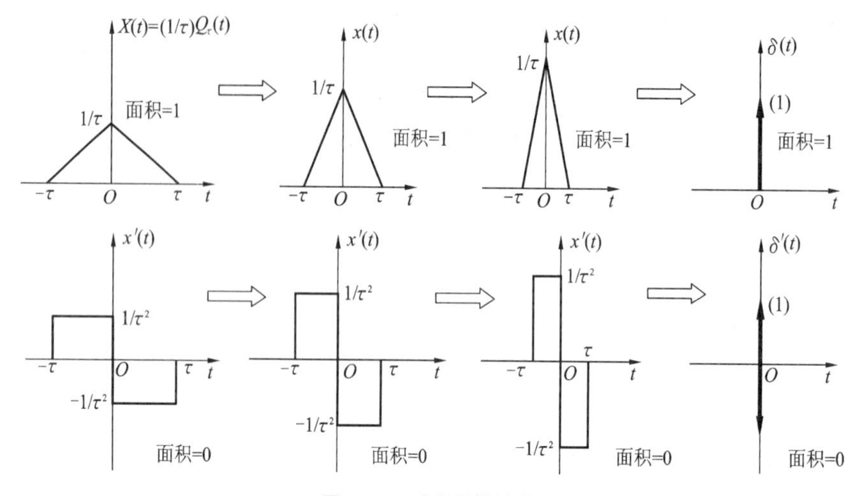

图 1-34 冲激偶的演变

0,但绝对面积$\int_{-\infty}^{+\infty}|\delta'(t)|\mathrm{d}t$却是无限大的。

1.3.5 冲激偶的性质

1. 缩放性质

将冲激函数的缩放性质表达式(1-35a)两边对t求导,有

$$a\delta'(at)=(1/|a|)\delta'(t),\quad \delta'(at)=(1/a|a|)\delta'(t) \tag{1-40}$$

这就得到冲激偶的缩放性质。当$a=-1$时,得到

$$\delta'(-t)=-\delta'(t) \tag{1-41}$$

这表明,冲激偶$\delta'(t)$是一个奇函数。

2. 乘积性质

用两种方法对$f(t)\delta(t-t_0)$求导,先用乘积的求导规则,可得

$$\begin{aligned}\frac{\mathrm{d}}{\mathrm{d}t}[f(t)\delta(t-t_0)]&=f'(t)\delta(t-t_0)+f(t)\delta'(t-t_0)\\&=f'(t_0)\delta(t-t_0)+f(t)\delta'(t-t_0)\end{aligned} \tag{1-42}$$

再由冲激函数的乘积性质,对其求导,得到

$$\frac{\mathrm{d}}{\mathrm{d}t}[f(t)\delta(t-t_0)]=\frac{\mathrm{d}}{\mathrm{d}t}[f(t_0)\delta(t-t_0)]=f(t_0)\delta'(t-t_0) \tag{1-43}$$

比较式(1-42)和式(1-43)可得

$$f(t)\delta'(t-t_0)=f(t_0)\delta'(t-t_0)-f'(t_0)\delta(t-t_0) \tag{1-44a}$$

当$t_0=0$时,有

$$f(t)\delta'(t)=f(0)\delta'(t)-f'(0)\delta(t) \tag{1-44b}$$

这就是冲激偶的乘积性质，与冲激函数不同，$f(t)\delta'(t)$ 并不等于 $f(0)\delta'(t)$。

3. 采样性质

对式(1-44a)和式(1-44b)积分，可得

$$\int_{-\infty}^{+\infty} f(t)\delta'(t-t_0)\mathrm{d}t = \int_{-\infty}^{+\infty} f(t_0)\delta'(t-t_0)\mathrm{d}t - \int_{-\infty}^{+\infty} f'(t_0)\delta(t-t_0)\mathrm{d}t = -f'(t_0)$$

即有　$$\int_{-\infty}^{+\infty} f(t)\delta'(t-t_0)\mathrm{d}t = -f'(t_0) \quad 或 \quad \int_{-\infty}^{+\infty} f(t)\delta'(t)\mathrm{d}t = -f'(0) \tag{1-45}$$

这就是冲激偶的采样性质。

【例 1.11】 计算下列各式。

(a) $f(t) = \mathrm{e}^{-2t}\delta'(t)$　　(b) $I_1 = \int_{-\infty}^{+\infty} \mathrm{e}^{-\alpha t^2}\delta'(t-10)\mathrm{d}t$

(c) $I_2 = \int_{-\infty}^{+\infty} [5\delta(t) + \mathrm{e}^{-(t-1)}\delta'(t) + \cos 5\pi t\delta(t) + \mathrm{e}^{-t^2}\delta'(t)]\mathrm{d}t$

解　(a) 由冲激偶的乘积性质，有

$$f(t) = \mathrm{e}^{-2t}\delta'(t) = \delta'(t) - (-1)\delta(t) = \delta'(t) + \delta(t)$$

(b) 根据冲激偶的采样性质，有

$$I_1 = -\frac{\mathrm{d}}{\mathrm{d}t}\mathrm{e}^{-\alpha t^2}\bigg|_{t=10} = 2\alpha t\mathrm{e}^{-\alpha t^2}\bigg|_{t=10} = 20\alpha\mathrm{e}^{-100\alpha}$$

(c) 根据冲激函数和冲激偶的采样性质，对各项分别积分，可得

$$I_2 = 5 - \frac{\mathrm{d}}{\mathrm{d}t}\mathrm{e}^{-(t-1)}\bigg|_{t=0} + \cos 0 - \frac{\mathrm{d}}{\mathrm{d}t}\mathrm{e}^{-t^2}\bigg|_{t=0} = 6 + \mathrm{e}$$

1.4　信号的运算

在信号的分析和处理中，常遇到信号的基本运算。信号的运算除了分段求和、差、相乘以及求微分、积分外，还包括幅度和时间的变换。

1.4.1　信号的相加和相乘

信号的相加和相乘是最简单的一类运算。需要注意的是，必须将同一瞬间的两个函数值相加或相乘。如已知信号 $f_1(t)$、$f_2(t)$ 如图 1-35 所示，将它们相加和相乘后的波形如图 1-36 所示。

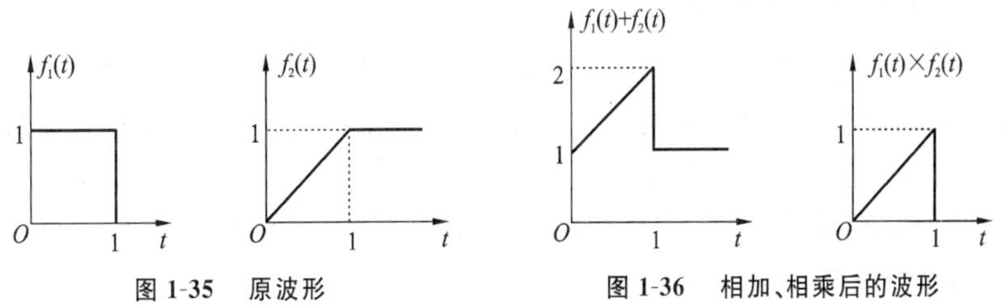

图 1-35　原波形　　**图 1-36　相加、相乘后的波形**

【例 1.12】 已知信号 $f_1(t)$、$f_2(t)$ 的波形如图 1-37 所示，画出 $f_1(t)+f_2(t)$ 的波形。

解　分两段将两条直线相加，两直线相加后仍是直线。$f_1(t)+f_2(t)$ 的波形如图 1-38 所示。

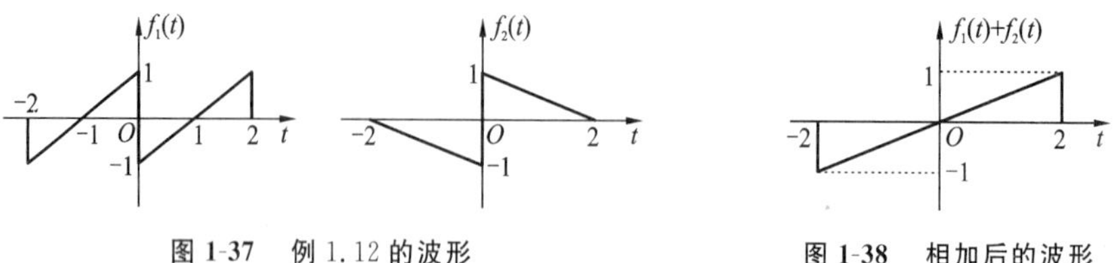

图 1-37　例 1.12 的波形　　图 1-38　相加后的波形

1.4.2　信号的导数与积分

信号的求导运算将包含两种情况：一种是对连续部分的求导，另一种是对跳变点的求导。在跳变点处的导数就是冲激函数；正跳变对应正冲激，负跳变对应负冲激。跳变的幅度就是冲激强度。

如果信号的求导要注意间断点处出现的冲激函数，那么，信号的积分运算就必须注意在做分段积分时，前一段积分对后面积分的影响。

【例 1.13】　已知 $f(t)$ 的波形如图 1-39(a) 所示，求它的一阶导数 $f'(t)$ 和积分 $f^{(-1)}(t)=\int_{-\infty}^{t}f(\tau)\mathrm{d}\tau$，并画出波形。

解　用阶跃函数表示 $f(t)$，有 $f(t)=\varepsilon(t)-\varepsilon(t-1)$，对其求导，得 $f''(t)=\delta(t)-\delta(t-1)$

对其求积分，得　　$f^{-1}(t)=R(t)-R(t-1)=t\varepsilon(t)-(t-1)\varepsilon(t-1)$

$f'(t)$ 的波形如图 1-39(b) 所示，$f^{(-1)}(t)$ 的波形如图 1-39(c) 所示。

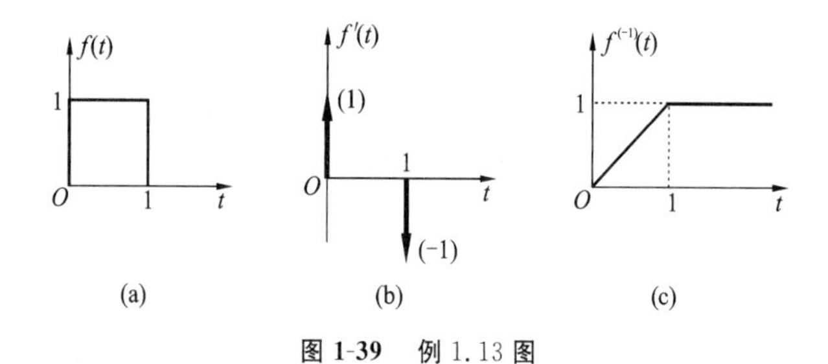

图 1-39　例 1.13 图

1.4.3　信号的平移和折叠

信号的平移是改变信号 $f(t)$ 在时间轴上的位置，但不改变它的形状的运算。$f(t-t_0)$ 表示将 $f(t)$ 延迟时间 t_0，即将 $f(t)$ 的波形向右移动 t_0；$f(t+t_0)$ 表示将 $f(t)$ 超前时间 t_0，即将 $f(t)$ 的波形向左移动 t_0。

信号的折叠(反折)：$f(-t)$ 表示按纵坐标反折(自变量变符号)，反折信号 $f(-t)$ 是 $f(t)$ 关于纵轴且通过原点 $t=0$ 的镜像。

折叠信号 $f(-t)$ 平移是将 $f(-t)$ 波形向左(向右) 移动，再反折。$f(-t-t_0)=$

$f[-(t+t_0)]$表示将反折信号$f(-t)$的波形向左移动t_0，或将$f(t)$向右移动t_0，再反折。$f(-t+t_0)=f[-(t-t_0)]$表示将反折信号$f(-t)$的波形向右移动t_0，或将$f(t)$向左移动t_0，再反折。

值得注意的是，平移或反折一个信号$f(t)$并不会改变它的面积或能量。

图1-40所示的是信号$f(t)$平移、反折以及平移加反折后的波形。

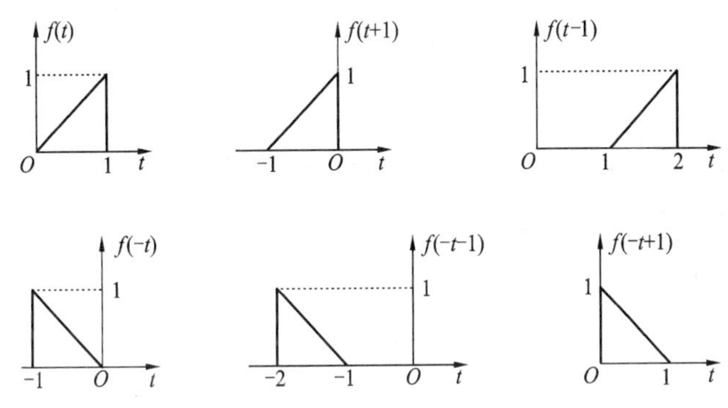

图1-40　信号的平移、反折的波形

1.4.4　信号的尺度变换

信号的尺度变换是信号$f(t)$在时间轴上变化，加快或减慢时间，可使信号压缩或扩展。信号$f(t/2)$表示将$f(t)$扩展了2倍，因为t被减慢为$t/2$。类似地，信号$f(3t)$表示将$f(t)$压缩3倍，因为将t加快为$3t$。

通常，$f(at)$将$f(t)$进行尺度变换：$a>1$，则$f(at)$将$f(t)$的波形沿时间轴压缩至原来的$1/a$；$0<a<1$，则$f(at)$将$f(t)$的波形沿时间轴扩展至原来的$1/a$；$a<0$，则$f(at)$将$f(t)$的波形反折并压缩或扩展至原来的$1/|a|$。

图1-41所示的是信号$f(t)$的波形、压缩2倍的波形$f(2t)$和扩展2倍的波形$f(0.5t)$。

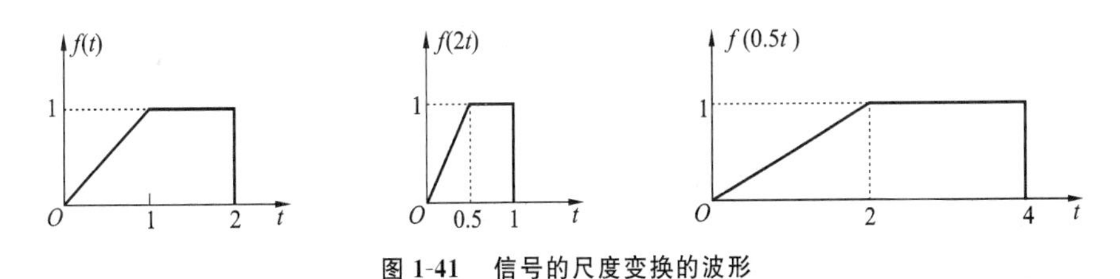

图1-41　信号的尺度变换的波形

【例1.14】　已知$f(t)$的波形如图1-42所示，试画出$f(-2t+2)$的波形。

解　由于有平移、反折和尺度变换三种运算，由$f(t)$绘出$f(-2t+2)$的方法就有多种，在图1-41中显示了以下两种方法：

(1) 平移$f(t+2)$→压缩$f(2t+2)$→反折$f(-2t+2)$；

(2) 压缩 $f(2t)$ → 反折 $f(-2t)$ → 平移 $f[-2(t-1)]$。

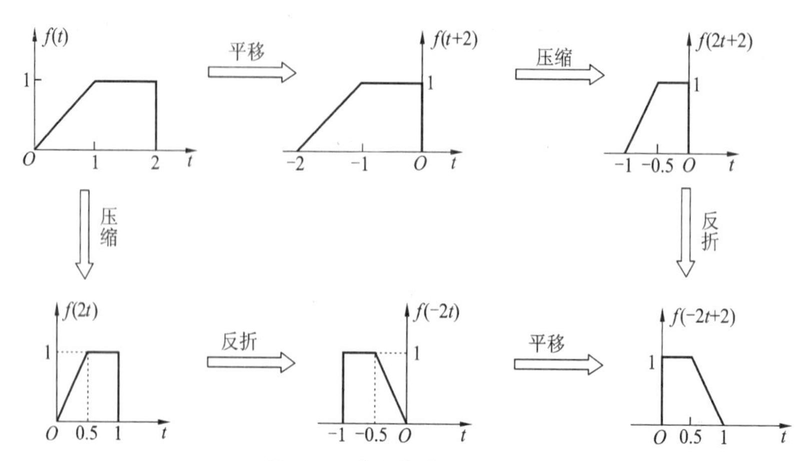

图 1-42　信号的波形变换过程

【例 1.15】　求下列积分。

(a) 已知 $f(5-2t)=2\delta(t-3)$，求 $\int_{0_-}^{+\infty} f(t)\mathrm{d}t$。

(b) 已知 $f(t)=2\delta(t-3)$，求 $\int_{0_-}^{+\infty} f(5-2t)\mathrm{d}t$。

解　(a) 先求 $f(t)$，下面用变量代换方法求 $f(t)$。令 $x=5-2t$，则 $t=0.5(5-x)$，所以有

$$f(x)=2\delta(2.5-0.5x-3)=2\delta(-0.5x-0.5)$$

再应用 $\delta(t)$ 的缩放性质和偶函数性质，有

$$f(t)=4\delta(-t-1)=4\delta(t+1)$$

故得

$$\int_{0_-}^{+\infty} f(t)\mathrm{d}t=\int_{0_-}^{+\infty} 4\delta(t+1)\mathrm{d}t=0$$

(b) 先求 $f(5-2t)$，下面用变量代换方法求 $f(5-2t)$。令 $t=5-2x$，则有

$$f(5-2x)=2\delta(5-2x-3)=2\delta(-2x+2)$$

再应用 $\delta(t)$ 的缩放性质和偶函数，有

$$f(5-2t)=\delta(-t+1)=\delta(t-1)$$

故得

$$\int_{0_-}^{+\infty} f(5-2t)\mathrm{d}t=\int_{0_-}^{+\infty} \delta(t-1)\mathrm{d}t=1$$

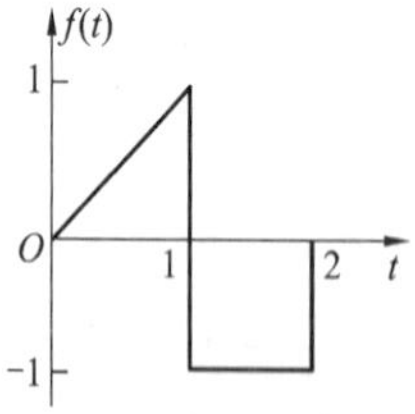

图 1-43

【例 1.16】　已知 $f(t)$ 的波形如图 1-43 所示，试画出 $f(3-4t)$ 和 $f(1-t/1.5)$ 的波形。

解　用 Matlab 画图。先写出 $f(t)$ 的表达式为

$f(t)=t[\varepsilon(t)-\varepsilon(t-1)]-[\varepsilon(t-1)-\varepsilon(t-2)]$

用 Matlab 写出自定义函数。

```
% 自定义函数  zdyf.m
function  y=zdyf(t)
y= t.*(u(t)-u(t-1))-(u(t-1)-u(t-2));
```

再编写程序如下。

```
% 例 1.16 的程序: LT1_16.m
t0 = -2;t1 = 3;dt = 0.01;
t = t0:dt:t1;              % 自变量 t 的一维数组,从 t0 到 t1,间隔为 dt
f1 = zdyf(t);              % 计算函数值 f(t),
f2 = zdyf(3-4* t);         % 计算函数值 f(3-4t)
f3 = zdyf(1-t/1.5);        % 计算函数值 f(1-t/1.5)
max_f1 = max(f1);          % 求函数值中的最大值
min_f1 = min(f1);          % 求函数值中的最小值
max_f2 = max(f2);          % 求函数值中的最大值
min_f2 = min(f2);          % 求函数值中的最小值
max_f3 = max(f3);          % 求函数值中的最大值
min_f3 = min(f3);          % 求函数值中的最小值
subplot(3,1,1),plot(t,f1,'linewidth',2);
                           % 在第 1 个子图上画出 f(t) 的图形
grid;                      % 画出网络
line([t0 t1],[0 0],'color','r');
                           % 画直线,表示横轴,线的颜色为红色
line([0 0],[min_f1-0.2 max_f1+0.2],'color','r');
                           % 画直线,表示纵轴,线的颜色为红色
axis([t0,t1,min_f1-0.2,max_f1+0.2])
                           % 定义坐标的刻度
ylabel('f(t)')             % 标出 y 坐标为"f(t)"
subplot(3,1,2),plot(t,f2,'linewidth',2);
                           % 在第 2 个子图上画出 f(3-4t) 的图形
grid;                      % 画出网络
line([t0 t1],[0 0],'color','r');
                           % 画直线,表示横轴,线的颜色为红色
line([0 0],[min_f2-0.2 max_f2+0.2],'color','r');
                           % 画直线,表示纵轴,线的颜色为红色
axis([t0,t1,min_f2-0.2,max_f2+0.2])
                           % 定义坐标的刻度
ylabel('f(2-4t)')          % 标出 α 坐标为"f(3-4t)"
subplot(3,1,3),plot(t,f3,'linewidth',2);
                           % 在第 3 个子图上画出 f(1-t/1.5) 的图形
grid;                      % 画出网络
line([t0 t1],[0 0],'color','r');
                           % 画直线,表示横轴,线的颜色为红色
line([0 0],[min_f3-0.2 max_f3+0.2],'color','r');
                           % 画直线,表示纵轴,线的颜色为红色
axis([t0,t1,min_f3-0.2,max_f3+0.2])
```

```
                              % 定义坐标的刻度
        ylabel('f(1-t/1.5)')  % 标出 y 坐标为"f(1-t/1.5)"
```

在 Matlab 命令窗口下键入:LT1_16,立即显示波形如图 1-44 所示。

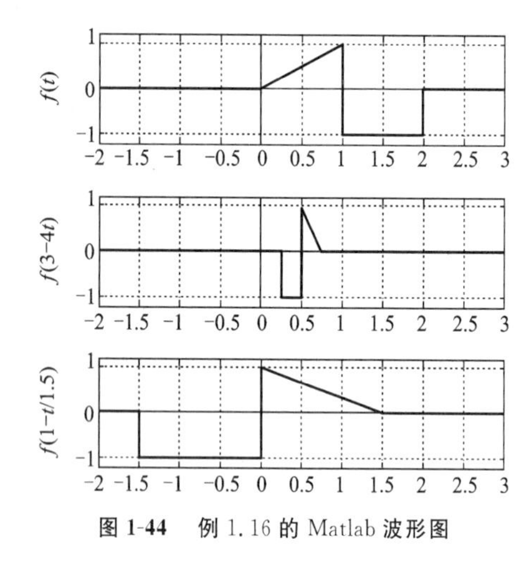

图 1-44　例 1.16 的 Matlab 波形图

1.5　信号的时域分解

在对信号进行分析和处理时,常常要将信号分解成基本信号分量之和。

1.5.1　任意信号的冲激函数表示

任意连续信号 $f(t)$ 可分解为许多矩形脉冲的叠加,如图 1-45(b) 所示。为了说明推导过程,先定义窄脉冲信号 $p(t)$ 如图 1-45(a) 所示,它的面积为 1。显然有

$$\lim_{\Delta\tau\to 0} p(t) = \delta(t) \tag{1-46}$$

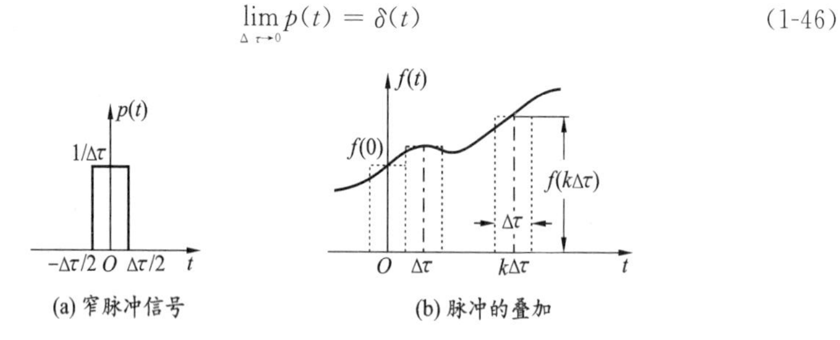

(a) 窄脉冲信号　　(b) 脉冲的叠加

图 1-45　用冲激函数表示信号

每个矩形脉冲的宽度为 $\Delta\tau$,高度为函数值。如第 0 个矩形脉冲可表示为 $f(0)\Delta\tau p(t)$,其中 $f(0)\Delta\tau$ 为矩形脉冲的面积。以此类推,第 k 个矩形脉冲可表示为 $f(k\Delta\tau)\Delta\tau p(t-k\Delta\tau)$。将全部的矩形脉冲累加起来,就得到 $f(t)$ 的近似表达式,即

$$f(t) \approx \sum_{k=-\infty}^{+\infty} f(k\Delta\tau)p(t-k\Delta\tau) \cdot \Delta\tau \tag{1-47}$$

当 $\Delta\tau \to 0$，即 $\Delta\tau$ 为 $\mathrm{d}\tau$，而 $k\Delta\tau$ 为 τ。于是，求和就演变为积分，即

$$f(t) \approx \lim_{\Delta\tau\to 0}\sum_{k=-\infty}^{+\infty} f(k\Delta\tau)p(t-k\Delta\tau) \cdot \Delta\tau = \int_{-\infty}^{+\infty} f(\tau)\delta(t-\tau)\mathrm{d}\tau \tag{1-48}$$

式(1-48)表明：任意时间信号 $f(t)$ 可分解为在不同时刻出现的具有不同强度的无穷多个冲激函数的连续和。

将连续信号分解为冲激函数叠加的系统分析方法，在第2章中还将详细讨论。

1.5.2 信号分解为直流分量 $f_D(t)$ 与交流分量 $f_A(t)$ 之和

一连续信号 $f(t)$ 可以分解为直流分量 $f_D(t)$ 与交流分量 $f_A(t)$ 之和，即

$$f(t) = f_D(t) + f_A(t) \tag{1-49}$$

信号平均值即信号的直流分量。从原信号中去掉直流分量即得信号的交流分量，如图1-46所示。

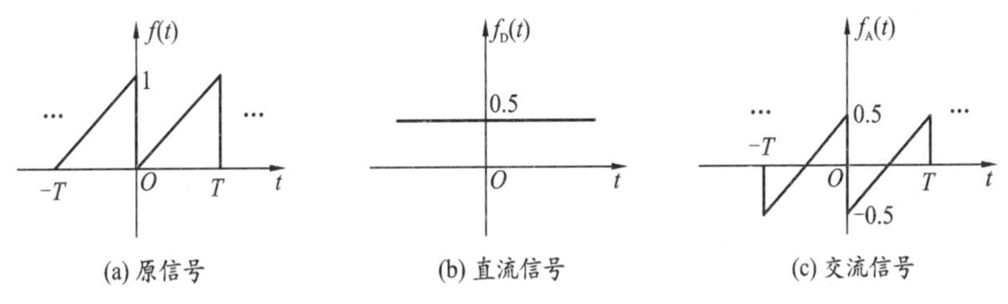

图1-46 信号的直流分量和交流分量

1.5.3 信号分解为偶分量 $f_E(t)$ 与奇分量 $f_O(t)$ 之和

设 $f_E(t)$ 表示信号 $f(t)$ 的偶分量，$f_O(t)$ 表示信号 $f(t)$ 的奇分量，则有

$$f(t) = f_E(t) + f_O(t) \tag{1-50}$$

偶分量的波形呈纵轴对称，其定义式为

$$f_E(t) = f_E(-t) \tag{1-51}$$

奇分量的波形呈坐标原点对称，其定义为

$$f_O(t) = -f_O(-t) \tag{1-52}$$

任何信号总可写成

$$f(t) = 0.5[f(t)+f(t)+f(-t)-f(-t)] = 0.5[f(t)+f(-t)]+0.5[f(t)-f(-t)]$$

即

$$f_E(t) = 0.5[f(t)+f(-t)], \quad f_O(t) = 0.5[f(t)-f(-t)] \tag{1-53}$$

【例1.17】 已知信号 $f_1(t)$、$f_2(t)$ 的波形如图1-47所示，绘出它们的奇分量和偶分量。

解 先求出反折波形，然后利用式(1-53)画出奇分量和偶分量波形。$f_1(t)$、$f_2(t)$ 的反折、奇分量和偶分量波形如图1-48所示。

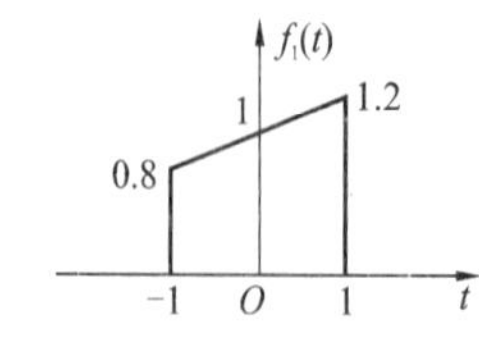

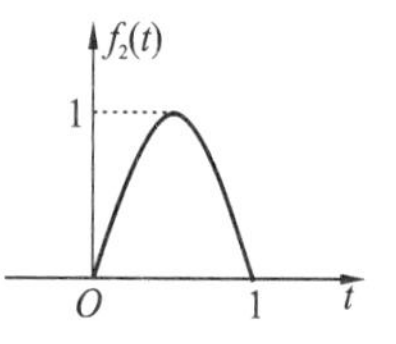

图 1-47 例 1.17 的波形

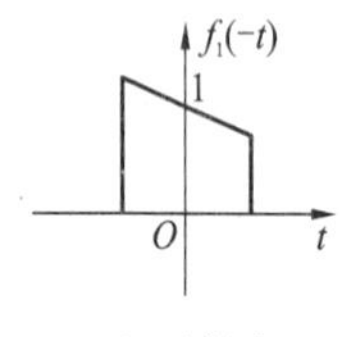

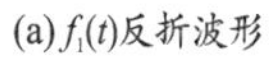

(a) $f_1(t)$反折波形

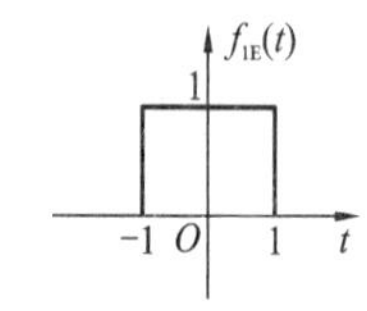

(b) $f_1(t)$偶分量

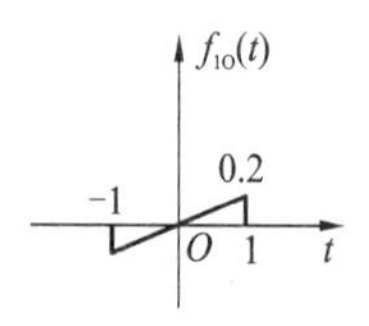

(c) $f_1(t)$ 奇分量

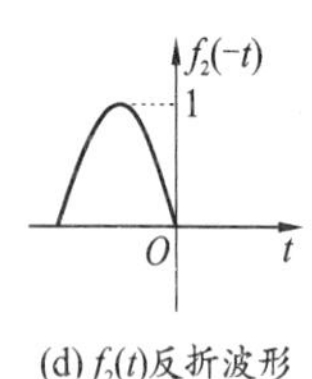

(d) $f_2(t)$反折波形

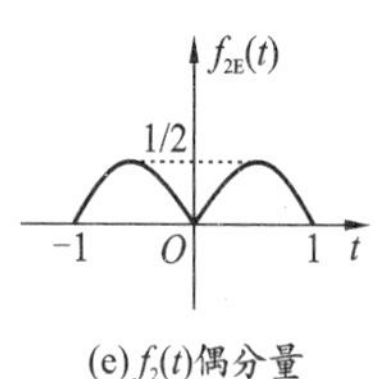

(e) $f_2(t)$偶分量

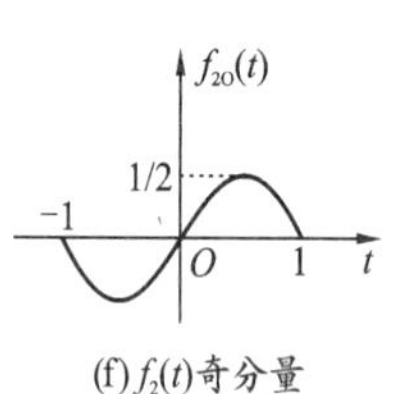

(f) $f_2(t)$奇分量

图 1-48 例 1.17 的奇分量和偶分量的波形

【例 1.18】 已知周期信号 $f(t)$ 的波形如图 1-49(a) 所示，绘出其奇分量和偶分量波形。

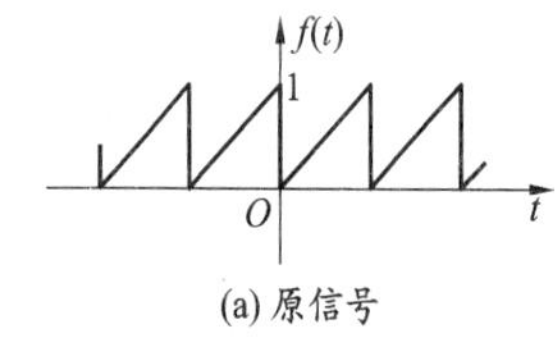

(a) 原信号

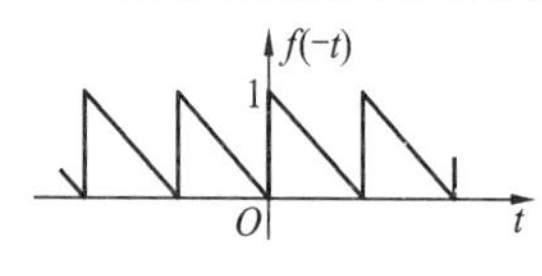

(b) 原信号的反折

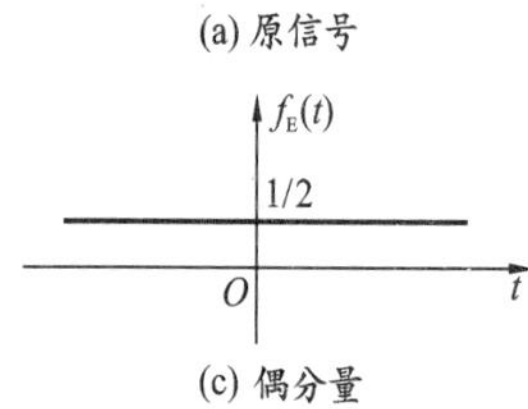

(c) 偶分量

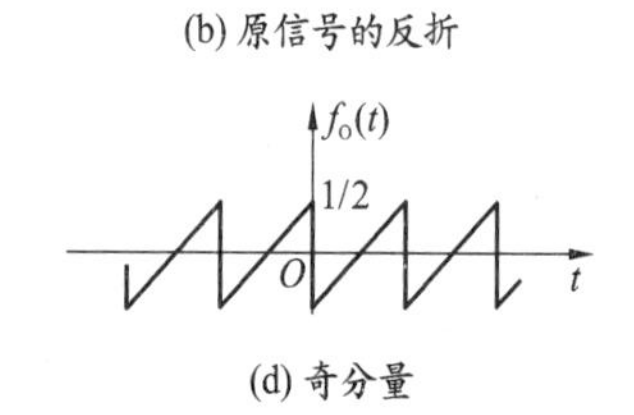

(d) 奇分量

图 1-49 例 1.18 的奇分量和偶分量的波形

解 先求原信号的反折信号 $f(-t)$，$f(-t)$ 波形如图 1-49(b) 所示，进一步作 $f(t)$ 与 $f(-t)$ 的相加或相减运算并除以 2，即可得偶分量和奇分量的波形，如图 1-49(c)、图 1-49(d) 所示。

【例 1.19】 已知信号 $f(t)$ 的波形如图 1-43 所示，绘出其奇分量和偶分量波形。

解 用 Matlab 可以很方便地画出其奇分量和偶分量波形。利用公式

$$f_E(t)=0.5[f(t)+f(-t)],\quad f_O(t)=0.5[f(t)-f(-t)]$$

调出例 1.16 的 M 程序按如下修改第 4、5 行，即可画出图 1-50 所示的波形。

```
f2 = 0.5* (zdyf(t)+zdyf(-t));                 % 计算函偶分量
f3 = 0.5* (zdyf(t)-zdyf(-t));                 % 计算函奇分量
```

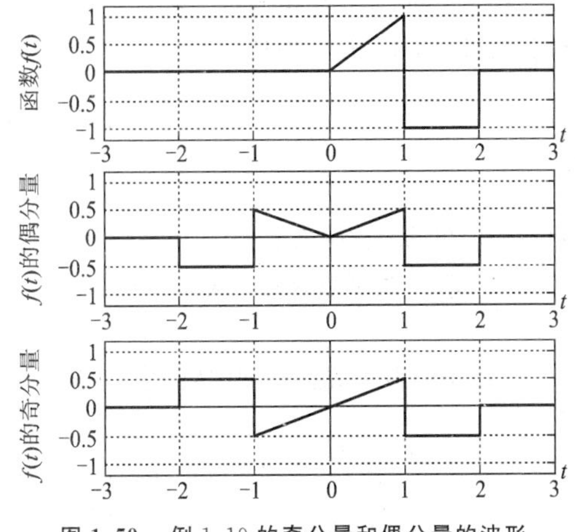

图 1-50 例 1.19 的奇分量和偶分量的波形

1.6 系统的概念

系统的概念十分广泛，除了通信系统、自动控制系统，还包含各种机械系统、化工系统、生产管理系统、交通运输系统等。这里讨论的系统主要是电系统。不过，电系统的理论和方法也可以应用到非电系统中去，只要能找出该系统的数学模型就可以了。

系统把一个输入信号变成另一个输出信号。系统之所以具有这样的功能，在于系统本身具有的时间特性和频率特性。系统分析研究的是由已知输入信号和系统特性来确定系统的响应的方法，或者已知系统特性和系统响应来确定输入信号的方法。因此，掌握系统的性能对系统分析和系统综合都是至关重要的。

各种变化的信号从来不是孤立存在的，信号总是在系统中产生又在系统中不断传输。下面讨论系统的基本概念、分类以及性质。

1.6.1 系统的概念

系统是由若干组件相互连接组合而成、用来达到特定目的的有机整体。这个特定目的，就是指系统要具有某种特定的功能。系统有一个输入信号（激励）和一个输出信号（响应），系统对输入信号经过某种变换后得到输出信号。例如，一个高保真的音频信号录制系统能对输入音频信号进行录制，并重现原输入信号；一个图像增强系统也就是变换一幅输入图像，以使得输出图像具有某些所需要的性质，如增强图像对比度等的系统。

系统的规模可大可小，如通信系统包括发射机、接收机和计算机等，通信系统的若干子系统组成了一个大系统。一个电容元件具有存储电荷的功能，也可以是一个小系统。

大多数实际系统都十分复杂，需要将实际系统理想化得到系统模型。系统模型既保持了系统的主要特性又简化了分析，而且能由其得到有意义的结果。系统分析事实上是对描述这类系统的数学模型进行分析。在处理信号的过程中，以某种方式处理输入信号的系统常称为滤波器。

1.6.2 系统描述

广义系统的定义可以用简单的方框图来表示，如图1-51所示。图中 $f(t)$ 表示系统输入信号，$y(t)$ 表示系统的输出信号。整个系统完成从输入信号 $f(t)$ 到输出信号 $y(t)$ 的变换。

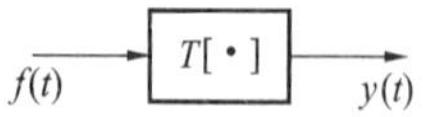

$f(t)$ → $T[\cdot]$ → $y(t)$

图1-51 系统方框图

图1-51所示系统框图的数学模型为

$$y(t)=T[f(t)] \tag{1-54}$$

式(1-54)中，T 表示系统的作用，读为 $y(t)$ 是 T 对 $f(t)$ 的响应。符号 T 称为算子，起着表示系统和说明由 $f(t)$ 产生 $y(t)$ 的某种运算的双重角色。

式(1-54)意味着如果按运算 T 的要求运算函数 $f(t)$，就可得到函数 $y(t)$。例如，算式 $T[\cdot]=4\dfrac{\mathrm{d}}{\mathrm{d}t}[\cdot]+6$ 表明，若要得到 $y(t)$，应先对 $f(t)$ 求导，再乘以4，之后加6，才能得到结果。常用的运算有以下几种。

1. 可加运算

如果对两个函数的求和运算等于先分别计算两个函数再求和，则这样的运算称为可加运算，即

$$T[f_1(t)+f_2(t)]=T[f_1(t)]+T[f_2(t)] \tag{1-55}$$

2. 齐次运算

如果对 $Kf(t)$ 的运算等于 $f(t)$ 的线性运算的 K 倍，其中 K 是比例系数，则该运算称为齐次运算，即

$$T[Kf(t)]=KT[f(t)] \tag{1-56}$$

3. 线性运算

以上两种运算合称为叠加原理。若运算既是可加的又是齐次的，则称为线性运算，即

$$T[Af_1(t)+Bf_2(t)]=AT[f_1(t)]+BT[f_2(t)] \tag{1-57}$$

上式表明，对 $f_1(t)$ 和 $f_2(t)$ 线性组合的运算与先对 $f_1(t)$、$f_2(t)$ 运算后再线性组合的结果相同。

1.6.3 系统的分类

1. 连续时间系统和离散时间系统

输入和输出均为连续时间信号的系统称为连续时间系统。输入和输出均为离散时间信号的系统称为离散时间系统。连续时间系统的数学模型用微分方程来描述，而离散时

间系统的数学模型则用差分方程来描述。

2. 线性系统与非线性系统

能同时满足齐次性与叠加性的系统称为线性系统。满足叠加性是线性系统的必要条件，不能同时满足齐次性与叠加性的系统称为非线性系统。

3. 时变系统与非时变系统

只要初始状态不变，系统的输出仅取决于输入而与输入的起始作用时刻无关，这种特性称为非时变性。能满足非时变性质的系统称为非时变系统，否则为时变系统。非时变系统的重要性质就是系统参数不随时间改变而改变。描述这种系统的数学模型应是常系数微分方程或常系数差分方程。

4. 因果系统与非因果系统

能满足因果性质的系统称为因果系统，也称为可实现系统。因果系统的特点是，当 $t>0$ 时作用于系统的激励，在 $t<0$ 时不会在系统中产生响应。

5. 动态系统与静态系统

动态系统也称为记忆系统，是用微分方程描述的。它的当前响应取决于现在和过去的输入。相反地，系统的响应只取决于输入的瞬时值，而与过去和将来的值无关的系统称为静态系统。这样的系统也称为瞬时的、无记忆的系统，所有瞬时系统都是因果系统。

本课程主要讨论线性非时变(LTI)系统。描述线性非时变连续系统的是常系数线性微分方程，描述线性非时变离散系统的是常系数线性差分方程。

1.7 系统的性质

1.7.1 线性性质

能满足叠加原理即线性运算的系统就是线性系统。叠加原理也称为线性性质。设当激励为 $f_1(t)$ 时，响应 $y_1(t)=T[f_1(t)]$；当激励为 $f_2(t)$ 时，响应 $y_2(t)=T[f_2(t)]$，则线性性质表示为

$$T[Af_1(t)+Bf_2(t)]=AT[f_1(t)]+BT[f_2(t)]=Ay_1(t)+By_2(t) \tag{1-58}$$

上式表明，两激励线性组合共同作用于系统所产生的响应，等于两激励单独作用产生的响应的线性组合。这与电路理论中所叙述的叠加原理是相同的。可以以此为依据来判别一个系统是不是线性系统。

【例 1.20】 已知系统响应 $y(t)$ 与激励 $f(t)$ 的关系为 $y(t)=\sin[f(t)]\varepsilon(t)$，试问，该系统是否为线性系统？

解 利用式(1-58)可得

$$T[Af_1(t)+Bf_2(t)]=\sin[Af_1(t)+Bf_2(t)]\varepsilon(t)$$

而

$$Ay_1(t)=A\sin[f_1(t)]\varepsilon(t),\quad By_2(t)=B\sin[f_2(t)]\varepsilon(t)$$

显然 $$T[Af_1(t)+Bf_2(t)]\neq Ay_1(t)+By_2(t)$$
故此系统为非线性系统。

1.7.2 分解性质

对于线性系统而言，当系统的初始状态不为零时，系统响应可分解为两部分：由外界激励作用引起的零状态响应部分；由初始状态引起的零输入响应部分，即

$$y(t)=y_{zi}(t)+y_{zs}(t) \tag{1-59}$$

式中：$y_{zi}(t)$ 表示零输入响应，$y_{zs}(t)$ 表示零状态响应。零输入响应是初始值的线性函数，简称零输入线性；零状态响应是输入信号的线性函数，简称零状态线性。但全响应既不是输入信号也不是初始值的线性函数。这就是线性系统的分解特性。零输入响应与零状态响应分别遵守叠加原理。

非线性系统不满足分解性质，即系统响应不能分解为零输入响应和零状态响应，或者不存在零输入线性或零状态线性。

【例 1.21】 某一线性系统有两个初始条件 x_1 和 x_2，输入为 $f(t)$，输出为 $y(t)$，并已知：

(a) 当 $x_1(0)=5,x_2(0)=2,f(t)=0$ 时，$y(t)=e^{-t}(7t+5)$；

(b) 当 $x_1(0)=1,x_2(0)=4,f(t)=0$ 时，$y(t)=e^{-t}(5t+1)$；

(c) 当 $x_1(0)=1,x_2(0)=1,f(t)=\varepsilon(t)$ 时，$y(t)=e^{-t}(t+1)$。

试求，当 $x_1(0)=2,x_2(0)=1,f(t)=3\varepsilon(t)$ 时的 $y(t)$。

解 由于零输入响应是初始值的线性函数，故

$$y_{zi}(t)=k_1x_1(0)+k_2x_2(0)$$

将条件(a)、(b)代入，得

$$5k_1+2k_2=e^{-t}(7t+5)$$

$$k_1+4k_2=e^{-t}(5t+1)$$

联立两式解得 $$k_1=te^{-t}+e^{-t},\quad k_2=te^{-t}$$

所以，零输入响应为 $$y_{zi}(t)=x_1(0)(te^{-t}+e^{-t})+x_2(0)(te^{-t})$$

又因为全响应 = 零输入响应 + 零状态响应，即

$$y(t)=y_{zi}(t)+y_{zs}(t)$$

将条件(c)代入，所以，当 $f(t)=\varepsilon(t)$ 时的零状态响应为

$$y_{zs1}(t)=y(t)-y_{zi1}(t)=e^{-t}(t+1)-(te^{-t}+e^{-t})-te^{-t}=-te^{-t}$$

故零输入响应 $$y_{zi}(t)=2(te^{-t}+e^{-t})+(te^{-t})=3te^{-t}+2e^{-t}$$

零状态响应 $$y_{zs}(t)=3y_{zs1}(t)=-3te^{-t}$$

故全响应 $$y(t)=y_{zi}(t)+y_{zs}(t)=3te^{-t}+2e^{-t}-3te^{-t}=2e^{-t}$$

1.7.3 非时变性质

非时变系统是指在零初始状态条件下，系统的响应与激励输入时刻无关，即若

$$T[f(t)]=y(t)$$

则
$$T[f(t-t_0)]=y(t-t_0) \tag{1-60}$$

式(1-60)表明，若激励延时 t_0，则输出响应也延时 t_0，其波形不变，如图1-52所示。这一特性称为非时变性质，满足此特性式(1-60)的系统称为非时变系统。它之所以具有非时变特性，是由于系统参数不随时间变化而变化。不满足式(1-60)的系统称为时变系统。

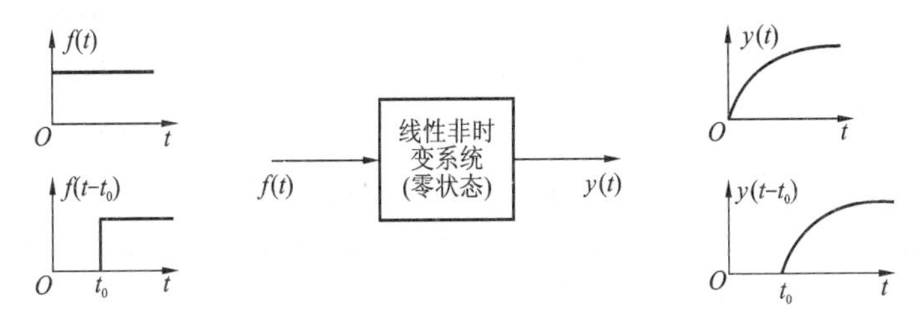

图1-52　系统的非时变性质

【例1.22】　已知系统响应 $y(t)$ 与激励 $f(t)$ 的关系为 $y(t)=f(1-t)$，试问，该系统是否为线性、非时变系统？

解　用线性性质检验，有

$$T[Af_1(t)+Bf_2(t)]=Af_1(1-t)+Bf_2(1-t)=Ay_1(t)+By_2(t)$$

因此，该系统为线性系统。由于

$$y(t-t_0)=f[1-(t-t_0)]=f(1-t+t_0)$$

而
$$T[f(t-t_0)]=f[(1-t)-t_0]=f(1-t-t_0)$$

所以
$$T[f(t-t_0)]\neq y(t-t_0)$$

该系统为时变系统。所以，该系统是线性、时变系统。

1.7.4　线性非时变系统的性质

1. 微分性质

如果系统的输入为 $f(t)$，其响应为 $y(t)$，则当输入为 $f(t)$ 的导数 $\mathrm{d}f(t)/\mathrm{d}t$ 时，其响应将变为 $y(t)$ 的导数 $\mathrm{d}y(t)/\mathrm{d}t$。

2. 积分性质

如果系统的输入为 $f(t)$，其响应为 $y(t)$，则当输入为 $f(t)$ 的积分 $\int_0^t f(\tau)\mathrm{d}\tau$ 时，其响应将变为 $y(t)$ 的积分 $\int_0^t y(\tau)\mathrm{d}\tau$。

3. 频率保持性

如果系统的输入信号含有角频率 $\omega_1,\omega_2,\cdots,\omega_n$ 的成分，则系统的稳态响应也只含有 $\omega_1,\omega_2,\cdots,\omega_n$ 的成分(其中某些频率成分的大小可能为零)，换言之，信号通过线性非时变系统后不会产生新的频率分量。

【例1.23】　某一线性非时变系统，在零状态下激励 $f_1(t)$ 与响应 $y_1(t)$ 的波形如图1-53所示，试求波形如图 1-54(a) 所示的激励 $f_2(t)$ 的响应 $y_2(t)$ 的波形。

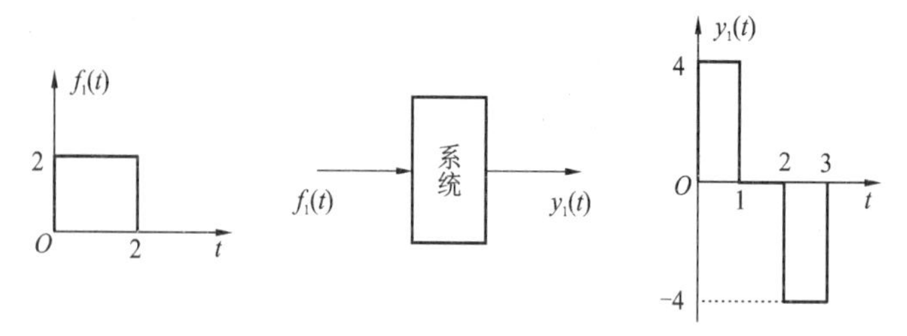

图 1-53　例 1.23 的图

解　比较 $f_1(t)$ 和 $f_2(t)$ 的波形可知，$f_2(t)$ 是 $f_1(t)$ 的积分，故只要将 $y_1(t)$ 积分就可以得到 $y_2(t)$。$y_2(t)$ 的波形如图 1-54(b) 所示。

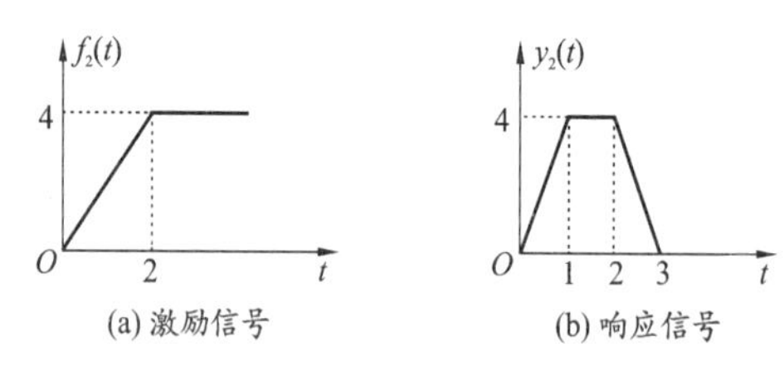

图 1-54　激励信号和响应信号

1.7.5　线性非时变系统

由线性常系数微分方程描述的线性非时变系统为

$$y^{(n)}(t)+A_{n-1}y^{(n-1)}(t)+\cdots+A_0y(t)=B_mf^{(m)}(t)+B_{m-1}f^{(m-1)}(t)+\cdots+B_0f(t)$$

要判断由微分方程描述的系统的线性性或非时变性，可用线性性质或非时变性质对其检验，但这样检验太复杂。可以由前面例子所得的一般化结论判别线性性或非时变性。

1. 判别线性性与非线性性

微分方程中，所有的项都只含 $f(t)$ 或 $y(t)$，则它是线性的；若任何一项是常数，或包含 $f(t)$ 和(或)$y(t)$ 的乘积，或是 $f(t)$ 或 $y(t)$ 的非线性函数，则它是非线性的。

2. 判别时变性与非时变性

微分方程中，任何一项的系数都是常数，则它是非时变的；若 $f(t)$ 或 $y(t)$ 中的任何一项的系数是 t 的显式函数，则它是时变的。

【例 1.24】　判断下列微分方程所描述的系统的线性性、非时变性。

(a) $y'(t)+2y(t)=f'(t)-2f(t)$　　(b) $y'(t)+\sin t\, y(t)=f(t)$

(c) $y'(t)-4y(t)y(2t)=f(t)$　　(d) $y'(t)-2y(t)=e^{f(t)}f(t)$

解　(a) 该方程的所有系数都是常数，所有的项都包括了 $y(t)$ 或 $f(t)$，故描述的系统是线性非时变系统。

(b) 该方程的一项系数是 t 的函数，所有的项都包括了 $y(t)$ 或 $f(t)$，故描述的系统是线性时变系统。

(c) 该方程的一项系数是 $y(t)$ 的函数，而 $y(2t)$ 将使系统随时间变化而变化，故描述的系统是非线性时变系统。

(d) 该方程的一项系数是 $f(t)$ 的函数，所有系数没有 t 的函数，故描述的系统是非线性非时变系统。

1.7.6 因果性

如果在激励信号作用之前系统不产生响应，这样的系统称为因果系统；否则，称为非因果系统。换言之，若当 $t<0$ 时激励 $f(t)=0$，则当 $t<0$ 时响应 $y(t)=0$。也就是说，如果响应 $y(t)$ 并不依赖于将来的激励[如 $f(t+1)$]，那么系统就是因果系统。

实际系统均是因果系统，而理想系统(如理想滤波器)往往是非因果系统。因果系统是物理上可实现的系统，非因果系统是物理上不可实现的系统。

【例 1.25】 讨论下列系统的因果性、线性性、时变性。

(a) $y''(t)+2y'(t)=f'(t)-2f(t)$

(b) $y(t)=2(t+1)f(t)$

(c) $y'(t)-2y(t)=f(t+5)$

(d) $y'(t+4)-2y(t)=f(t+2)$

(e) $y(t)=2f(at)$

解 (a) 系统是因果系统，并且是线性、非时变的。

(b) 系统是因果系统，并且是线性、时变的。

(c) 系统是非因果系统，并且是线性、非时变的。

(d) 系统是因果系统，并且是线性、非时变的。

(e) 系统是一个线性系统。当 $a=1$ 时，它是因果的、非时变的。当 $a<1$ 时，它是因果的、时变的。当 $a>1$ 时，它是非因果的、时变的。

1.8 工程实例应用：三个典型系统

1.8.1 通信系统

如图 1-55 所示，每个通信系统都包含三个基本单元：发射机、信道和接收机。发射机在一个地方，接收机在位于离发射机一定距离的地方，而信道则是将二者联系在一起的物理媒介。这三个单元中的任何一个都可以看成是一个与它们各自的信号相联系的子系统。发射机的作用是将信息源产生的消息信号转换成适合于在信道中传输的发射信号。消息信号可以是语音信号、电视信号或计算机数据。信道可以是一段光纤、一条同轴电缆、一个卫星信道或一个移动电话信道，每一种信道都有它特定的应用范围。

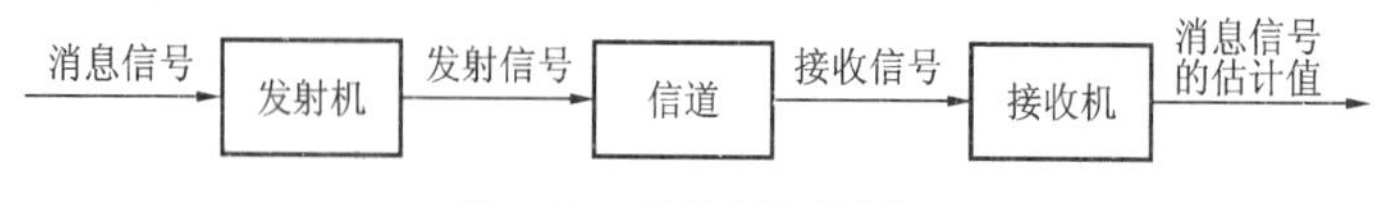

图 1-55 通信系统的框图

由于信道物理特性方面的原因，信号在信道中传输时会产生失真。另外，信道中的噪声和干扰信号也会叠加到正在传输的信号上，结果使接收信号与发射信号相比出现了畸变。接收机的作用是对接收信号进行处理，得到原始信号的可识别形式(即估计值)并将它传送到目的地。因此，接收机对信号的处理过程与发射机的正好相反。

发射机和接收机具体的工作原理取决于具体类型的通信系统。通信系统可分为模拟通信系统和数字通信系统。从信号处理的角度看，模拟通信系统相对比较简单。通常，发射机包括一个调制器，而接收机则包括一个解调器。将消息信号转换成适合在信道中传输的发射信号的过程称为调制，从已调制的接收信号中还原出原消息信号的过程称为解调。

与模拟通信系统相比，数字通信系统有可能相当复杂，如果消息信号是模拟信号，如语音信号或图像信号，则数字通信系统的发射机要通过采样(将模拟信号变成离散信号)、量化(将离散信号变成数字信号)、编码(数字用有限个码元组成的码字来表示)的过程将其转换成数字信号。数字通信系统的发射机一般还包含数据压缩和信道编码两部分。数据压缩的目的是从消息信号中剔除冗余的信息，减少每个采样值需传输的比特数，以便提高信道的使用效率；信道编码则是将额外的码元人为地插入码字，用于消除信号在信息传输时所受的噪声和干扰信号的影响。最后，已编码信号被调制到一个载波(通常是正弦波)上传输出去。

接收机对接收信号按编码和采样的相反顺序进行处理，解调出原消息信号并将其送到目的地。

由以上讨论可明显看出，数字通信系统需要相当多的电子电路，但这并不是很大的问题，因为目前越来越多地使用超大规模集成电路(VLSI)，电子电路的成本并不会很高。事实上，随着集成电路的不断发展，数字通信系统的性价比已经优于模拟通信系统的性价比。

1.8.2 控制系统

在工业化社会中，大量的实际系统都使用了控制技术。飞机自动驾驶仪、地铁、机床、炼油厂、造纸厂、发电厂和机器人等，都是应用控制技术的例子。

如图 1-56 所示的系统称为闭环控制系统或反馈控制系统。每个控制系统都包含三个基本单元：控制器、执行器和传感器。例如，在机电控制系统中，执行器就是电动机，传感器测量出电动机的转速，并转换成电信号作为反馈信号，而控制器就是一台小型电脑。

受控物体通常称为执行器，一般情况下，可用数学运算来描述执行器，该数学运算依据执行器的输入 $x(t)$ 和外部干扰 $v(t)$ 产生输出 $y(t)$，并将其转变为另一形式的信号(通

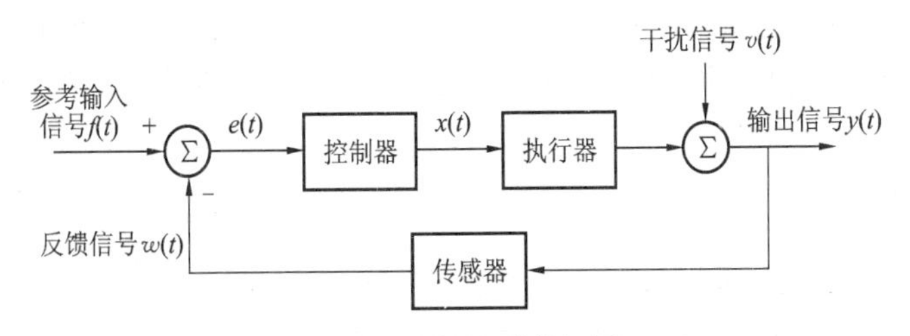

图 1-56　控制系统的框图

常为电信号)；传感器的输出 $w(t)$ 构成反馈信号，将其与参考输入信号 $f(t)$ 进行比较产生差值或误差信号 $e(t)$，这个误差信号作用于控制器而产生激励信号 $x(t)$，这个激励信号使执行器完成控制动作。

控制器可以是一台数字计算机或者微处理器，这样的系统称为数字控制系统。由于使用数字计算机作为控制器能提供更大的灵活性和更高的精确度，所以数字控制系统的使用正变得越来越普遍。

1.8.3　雷达测距系统

雷达的一个重要应用是测量目标物(比如一架飞机)至雷达的距离。

图 1-57 所示的是一个用于测量目标物距离的常用雷达信号，信号包含一连串周期性射频(RF)脉冲。每个脉冲的宽度为 T_0(μs 数量级)，并以每秒 $1/T$ 个脉冲的速率有规律地重复。RF 脉冲由频率为 f_C(MHz 或 GHz 数量级，取决于具体的应用)的正弦信号组成。实际上，该正弦信号的作用相当于载波，便于雷达信号的发射和雷达目标回波的接收。

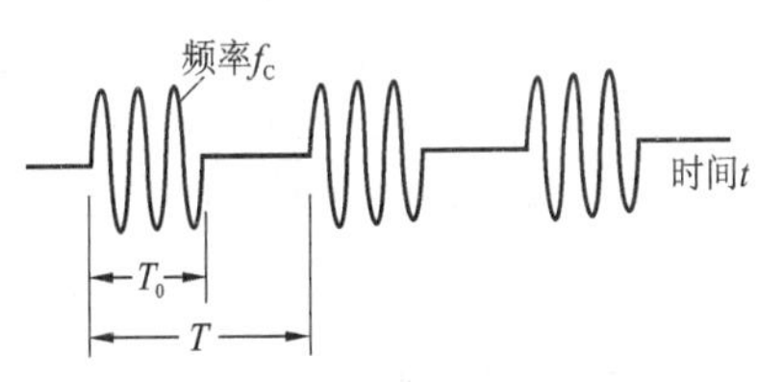

图 1-57　用于测量目标距离的射频脉冲

设目标与雷达间的距离为 d(以 m 为单位)，而往返时间应等于雷达脉冲到达目标以及回波从目标返回雷达所需的总时间，用 τ 表示往返时间，则有

$$\tau = 2d/c$$

式中，c 是光速，单位为 m/s。

从测距的角度来看，以下两个问题值得关注。

(1) 距离分辨力：脉冲宽度 T_0 给雷达能够测量的最短往返时间设置了一个下限，这样，雷达能够可靠测量的最小目标距离是 $d_{\min} = cT_0/2$。

(2) 距离模糊性：脉冲之间的周期 T 给雷达能够测量的最大目标距离设置了一个上限，因为脉冲的回波必须在下一个脉冲之前就回到雷达处，否则，确定距离时存在模糊性，这样，雷达能够确切测量的最大目标距离是 $d_{\max} = cT/2$。

图 1-57 所示的雷达信号为频谱分析提供了很好的素材，有关内容将在后续的章节

中讨论。相似的测距方法也用于声波(声纳)、超声波(生物医学遥感)、红外(自动对焦相机)和光波(激光测距)等的测量。在每种情况下,脉冲的往返时间及其传播速度都可以用于确定目标物的距离。

本章小结

本章主要介绍了信号与系统的基本概念,重点讨论了一些基本信号和信号的运算,并讨论了系统的性质,详细讲解了识别系统类型的方法。下面是本章的主要结论。

(1) 周期信号是功率信号。除了具有无限能量及无限功率的信号外,时限的或当 $t\to+\infty$,$f(t)=0$ 的非周期信号是能量信号;当 $t\to+\infty$,$f(t)\neq 0$ 时的非周期信号是功率信号。

(2) 正弦信号是最常用的周期信号,正弦信号组合后在任一对频率(或周期)的比值是有理分数时才是周期的。其周期为各个周期的最小公倍数。

(3) 单位阶跃函数和单位冲激函数是信号分析的最基本信号,它们的关系是

$$\delta(t)=\mathrm{d}\varepsilon(t)/\mathrm{d}t,\quad \varepsilon(t)=\int_{-\infty}^{t}\delta(\tau)\mathrm{d}\tau$$

(4) 冲激函数的三个重要性质:缩放性质、乘积性质、采样性质。冲激偶同样有这三个性质。$\delta(t)$ 是偶函数,面积为 1;$\delta'(t)$ 是奇函数,面积为零。

(5) 带跳变点的分段信号的导数,必含有冲激函数,其跳变幅度就是冲激函数的强度;正跳变对应着正冲激,负跳变对应着负冲激。

(6) 信号的平移 $f(t\pm t_0)$、反折 $f(-t)$、尺度变换 $f(at)$ 是最常用的信号运算。平移、反折不改变信号的面积或能量。信号变换的先后顺序不改变其结果。

(7) 任意信号可分解为无穷多个冲激函数的连续和,有

$$f(t)=\int_{-\infty}^{+\infty}f(\tau)\delta(t-\tau)\mathrm{d}\tau$$

也可以分解为偶分量和奇分量之和,奇分量、偶分量分别为

$$f_{\mathrm{O}}(t)=0.5[f(t)-f(-t)],\quad f_{\mathrm{E}}(t)=0.5[f(t)+f(-t)]$$

(8) 判别系统的线性性、时变性、因果性的方法如下。

线性性:满足叠加原理 $T[Af_1(t)+Bf_2(t)]=AT[f_1(t)]+BT[f_2(t)]$ 的是线性系统。

时变性:如果系统的输入 / 输出关系不随时间变化而改变,则系统是非时变的,因此,对于非时变系统,有 $T[f(t-t_0)]=y(t-t_0)$。

因果性:如果系统对输入信号的响应与该输入信号的未来值无关,则称为因果系统。

(9) 线性非时变系统具有微分特性、积分特性、频率保持性。

(10) 线性系统具有分解特性,即 $y(t)=y_{zi}(t)+y_{zs}(t)$。

零输入响应是初始值的线性函数,零状态响应是输入信号的线性函数,而全响应既不是输入信号也不是初始值的线性函数。

思考题

1-1 连续信号、离散信号、数字信号之间的区别是什么?

1-2 两个周期信号的和是周期信号吗?为什么?如何求周期信号?

1-3 什么是因果信号?为什么用阶跃信号 $\varepsilon(t)$ 去乘任何信号,其结果都是因果信号?

1-4 “直流信号、正弦信号都可以归结为指数信号”这个说法对吗？为什么？

1-5 什么是功率信号？什么是能量信号？为什么说一个信号不能既为功率信号，又为能量信号？

1-6 将 $f(t)$ 反折成 $f(-t)$，讨论 $f(-t)$ 时移时的方向与 $f(t)$ 时移时的方向有什么不同？

1-7 将 $f(t)$ 作尺度变换后成为 $f(at)$，$f(at)$ 与 $f(t)$ 相比是“扩大”了，还是“压缩”了？为什么？

1-8 线性系统有哪些含义？由线性元件组成的电路系统是不是线性系统？由非线性元件组成的电路系统是不是非线性系统？

1-9 线性系统是不是时变系统？是不是因果系统？

1-10 有人说，因果系统必然是时变系统，因为它在 $t=0$ 前的响应恒为零，而在 $t=0$ 以后的响应又是另一种状态，响应特性随时间变化而变化。你怎么看？

1-11 系统的零输入响应和零状态响应分别是由哪些因素决定的？

1-12 线性非时变连续系统的数学模型是什么？

1-13 线性非时变系统的输入信号增大一倍时，其响应是否也增大一倍？为什么？

习题

基本练习题

1-1 判断下列信号的周期性；如果是周期的，求出它的基频和公共周期。

(a) $f(t)=4-3\sin(12\pi t)+\sin(30\pi t)$　　(b) $f(t)=\cos(10\pi t)\cos(20\pi t)$

(c) $f(t)=\cos(10\pi t)-\cos(20t)$　　(d) $f(t)=\cos(2t)-\sqrt{2}\cos(2t-\pi/4)$

1-2 指出并证明下列信号中哪些是功率信号，哪些是能量信号，哪些既不是功率信号也不是能量信号。

(a) $\varepsilon(t)+5\varepsilon(t-1)-2\varepsilon(t-2)$　　(b) $\varepsilon(t)+5\varepsilon(t-1)-6\varepsilon(t-2)$

(c) $e^{-5t}\varepsilon(t)$　　(d) $(e^{-5t}+1)\varepsilon(t)$

1-3 周期信号如题图 1-3 所示，试计算信号的功率。

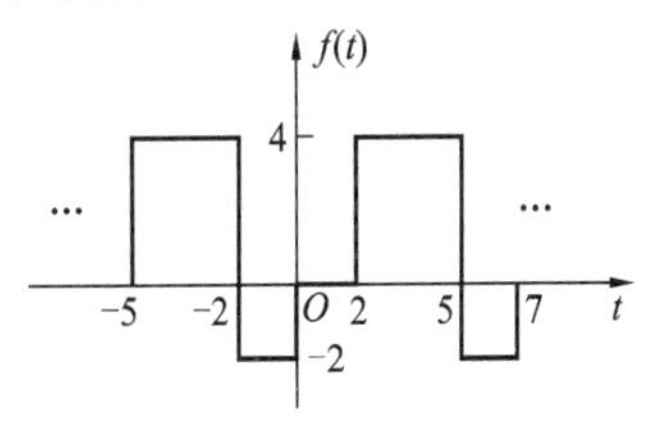

题图 1-3

1-4 画出下列信号的波形。

(a) $f_1(t)=R(t+2)-2R(t)+R(t-2)$

(b) $f_2(t)=3t\delta(2t-2)$

(c) $f_3(t)=2\varepsilon(t)+\delta(t-2)$

(d) $f_4(t)=2\varepsilon(t)\delta(t-2)$

1-5 完成下列信号的计算。

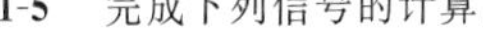

(a) $(3t^2+2)\delta(t/2)$　　(b) $e^{-3t}\delta(5-2t)$

(c) $\sin(2t+\pi/3)\delta(t+\pi/2)$　　(d) $e^{-(t-2)}\varepsilon(t)\delta(t-3)$

1-6 求下列积分。

(a) $\int_{-\infty}^{+\infty}(4-t^2)\delta(t+3)\mathrm{d}t$　　(b) $\int_{-3}^{6}(4-t^2)\delta(t+4)\mathrm{d}t$

(c) $\int_{-3}^{6}(6-t^2)[\delta(t+4)+2\delta(2t+4)]\mathrm{d}t$　　(d) $\int_{-\infty}^{10}\delta(t)\dfrac{\sin(3t)}{t}\mathrm{d}t$

1-7 画出题图 1-7 中的信号的一阶导数波形。

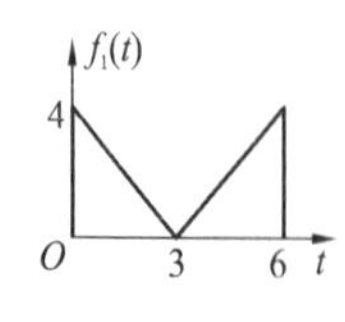

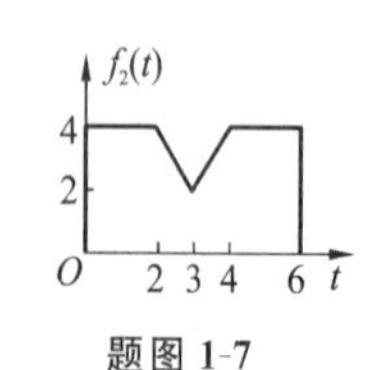

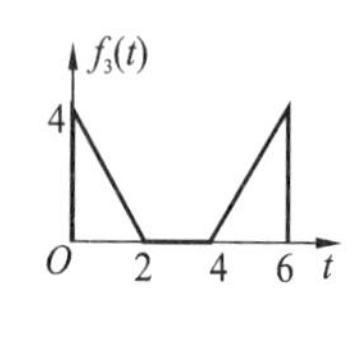

题图 1-7

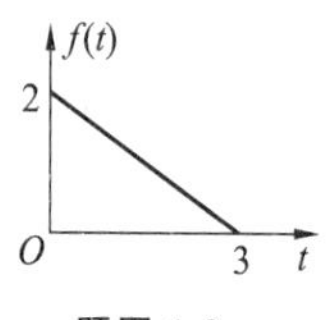

题图 1-8

1-8 对于题图 1-8 中的信号 $f(t)$，为以下各式作图。

(a)$y(t)=f(t+3)$　　(b)$x(t)=f(2t-2)$

(c)$g(t)=f(2-2t)$　　(d)$h(t)=f(-0.5t-1)$

(e)$f_E(t)$(偶分量)　　(f)$f_O(t)$(奇分量)

1-9 在以下各系统中，$f(t)$ 是输入，$y(t)$ 是输出。将每个系统按线性性、时变性和因果性进行分类。

(a)$y''(t)+3y'(t)=2f'(t)+f(t)$　　(b)$y''(t)+3y(t)y'(t)=2f'(t)+f(t)$

(c)$y''(t)+3tf(t)y'(t)=2f'(t)$　　(d)$y''(t)+3y'(t)=2f''(t)+f(t+2)$

1-10 已知一线性非时变系统的初始状态为零，当输入信号为 $f_1(t)$ 时，其输出信号为 $y_1(t)$，对应的波形如题图 1-10(a)、(b) 所示。(a) 输入信号为 $f_2(t)$，其波形如题图 1-10(c) 所示，画出对应的输出 $y_2(t)$ 的波形；(b) 输入信号为 $f_3(t)$，其波形如题图 1-10(d) 所示，画出对应的输出 $y_3(t)$ 的波形。

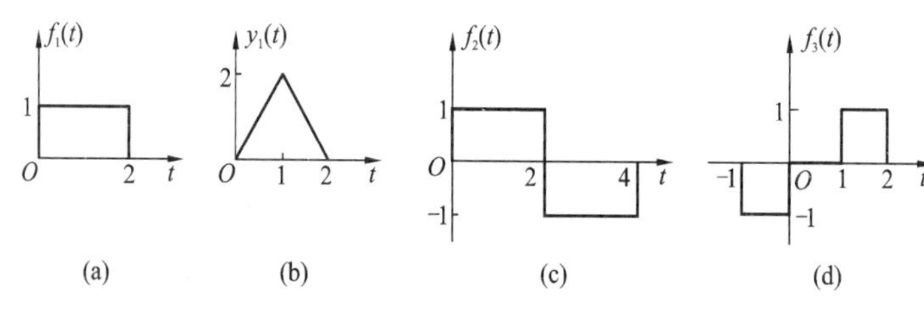

题图 1-10

1-11 已知一线性非时变系统的初始状态为零。当输入信号为 $f(t)=\varepsilon(t)$ 时，其输出信号为 $y(t)=(1-e^{-2t})\varepsilon(t)$；当 $f(t)=\cos(2t)$ 时，则输出信号为 $y(t)=0.707\cos(2t-\pi/4)$。试求下列输入信号时的系统输出信号 $y(t)$。

(a)$f(t)=2\varepsilon(t)-2\varepsilon(t-1)$　　(b)$f(t)=4\cos(2(t-2))$

(c)$f(t)=\delta(t)$

复习提高题

1-12 指出并证明下列信号中哪些是功率信号，哪些是能量信号，哪些既不是功率信号也不是能量信号。

(a)$2e^{-j(3t+\pi/6)}$ 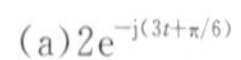

(b)$4\cos(\pi t)\cdot G_2(t)$

(c)$t\varepsilon(t)$

(d)$t\varepsilon(t)-(t-1)\varepsilon(t-1)$

1-13 周期信号如题图 1-13 所示，试计算信号的功率。

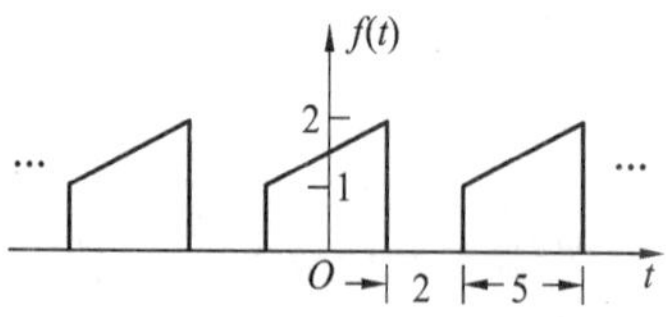

题图 1-13

1-14 用基本信号或阶跃信号表示题图 1-14 中的信号，并求出它们的能量。

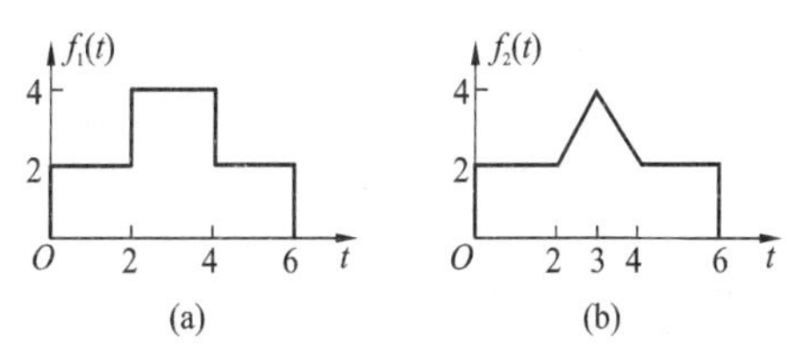

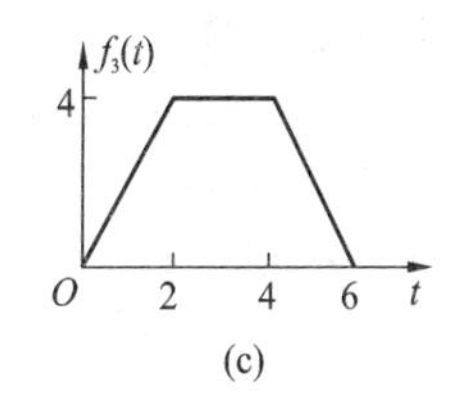

题图 1-14

1-15 画出下列信号的波形。

(a) $f_1(t)=\varepsilon[\cos t]$

(b) $f_2(t)=0.5|t|[\varepsilon(t+2)-\varepsilon(t-2)]$

(c) $f_3(t)=\sin(\pi t)[\varepsilon(-t)-\varepsilon(2-t)]$

(d) $f_4(t)=G_2(t)\mathrm{sgn}(t)$

(e) $f_5=G_6(t)Q_2(t-2)$

(f) $f_6(t)=\varepsilon(2-|t|)\sin(\pi t)$

1-16 求下列积分。

(a) $\int_{-\infty}^{+\infty}\cos(0.25\pi t)[\delta'(t)-\delta(t)]\mathrm{d}t$

(b) $\int_{-\infty}^{t}[\delta(t+2)-\delta(t-2)]\mathrm{d}t$

(c) $\int_{-3}^{6}(4-t^2)\delta'(t-4)\mathrm{d}t$

(d) $\int_{-\infty}^{+\infty}\delta(t-2)\delta(x-t)\mathrm{d}t$

1-17 对下列各式作出信号 $f(t)$、$f'(t)$ 和 $f''(t)$ 的图。

(a) $f(t)=4Q_2(t-1)$

(b) $f(t)=\mathrm{e}^{-t}\varepsilon(t)$

(c) $f(t)=G_2(t)+Q_1(t)$

(d) $f(t)=\sin(\pi t)G_3(t-1.5)$

(e) $f(t)=(t-1)G_1(t+0.5)+G_1(t-0.5)-(t-2)G_1(t-0.5)$

1-18 对于题图 1-18 所示的信号 $f(t)$，作出以下各式的波形。

(a) $y(t)=f(t+3)$

(b) $x(t)=f(2t-2)$

(c) $g(t)=f(2-2t)$

(d) $h(t)=f(-0.5t-1)$

(e) $f_E(t)$（偶分量）

(f) $f_O(t)$（奇分量）

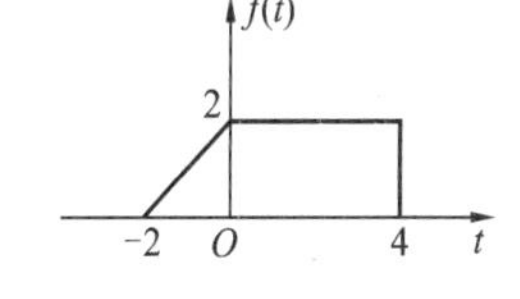

题图 1-18

1-19 在以下每个系统中，$f(t)$ 是输入，$y(t)$ 是输出。将每个系统按线性性、时变性和因果性进行分类。

(a) $y''+\mathrm{e}^{-t}y'(t)=|f'(t-1)|$

(b) $y(t)+\int_{-\infty}^{t}y(t)\mathrm{d}t=2f(t)$

1-20 在以下每个系统中，$x(0)$ 是初始状态，$f(t)$ 是输入，$y(t)$ 是输出。将每个系统按线性性、时变性和因果性进行分类。

(a) $y(t)=x(0)+f(\sin t)$

(b) $y(t)=5x(0)+10\int_{0}^{t}f(\tau)\mathrm{d}\tau$

(c) $y(t)=\mathrm{e}^{-5x(0)t}+\int_{0}^{t}f(\tau)\mathrm{d}\tau$

(d) $y(t)=\mathrm{e}^{-t}x(0)+\frac{\mathrm{d}}{\mathrm{d}t}f(t)$

1-21 判断下列系统的线性性、时变性、因果性。

(a) $y(t)=f(t-3)$

(b) $y(t)=a^{f(t)}$

(c) $y(t) = f(t-1)f(t-2)$ (d) $y(t) = f(t-1) + f(t-5)$

应用 Matlab 的练习题

1-22 用 Matlab 画出例 1.7 中的信号。

1-23 用 Matlab 画出例 1.12 中的信号。

1-24 用 Matlab 画出例 1.14 中的信号。

1-25 用 Matlab 画出习题 1-1 中的波形,观察其周期性,与理论计算加以比较。

1-26 用 Matlab 画出习题 1-8 中的信号。

1-27 用 Matlab 画出习题 1-15 中的信号。

1-28 用 Matlab 画出习题 1-18 中的信号。

1-29 试用 Matlab 绘制出如下连续时间信号的时域波形,并观察信号的周期性;若是周期信号,周期是多少?

(a) $f(t) = 3\sin(0.5\pi t) + 2\sin(\pi t) + \sin(2\pi t)$

(b) $f(t) = \sin(t) + 2\cos(4t) + \sin(5t)$

(c) $f(t) = \sin(\pi t) + 2\cos(2t)$

连续系统的时域分析

本章研究线性非时变连续系统在时间域的分析方法。介绍描述系统输入/输出特性的微分方程的建立方法，并利用微分算子来表示微分方程；在经典法求解微分方程的基础上，讨论零输入响应、零状态响应的求解方法，单位冲激响应与单位阶跃响应的求解，卷积积分的定义及性质；重点讨论用卷积积分求解系统的零状态响应的方法。

2.1 微分方程的建立

线性连续系统的时域分析，就是建立并求解系统的微分方程。对系统的分析和求解全部在时间变量领域内进行，不涉及任何变换。这种方法比较直观，物理概念比较清楚，是学习各种变换域方法的基础。系统的微分方程包含表示激励和响应的时间函数以及它们对于时间的各阶导数的线性组合。对于线性非时变系统，描述系统输入/输出特性的是常系数线性微分方程。

进行系统分析时，首先要建立系统的数学模型。对于电系统，建立微分方程的基本依据是基尔霍夫电压定律(KVL)和基尔霍夫电流定律(KCL)，以及元件的伏安特性。

【例 2.1】 分析图 2-1 所示的 RLC 并联电路，列写端电压 $u_C(t)$ 与激励 $i_S(t)$ 间的微分方程式。

解 电阻的伏安关系为 $i_R(t)=(1/R)u_C(t)$

电感的伏安关系为 $i_L(t)=(1/L)\int_{-\infty}^{t}u_C(\tau)\mathrm{d}\tau$

电容的伏安关系为 $i_C(t)=C\mathrm{d}u_C(t)/\mathrm{d}t$

根据 KCL，有 $i_R(t)+i_L(t)+i_C(t)=i_S(t)$

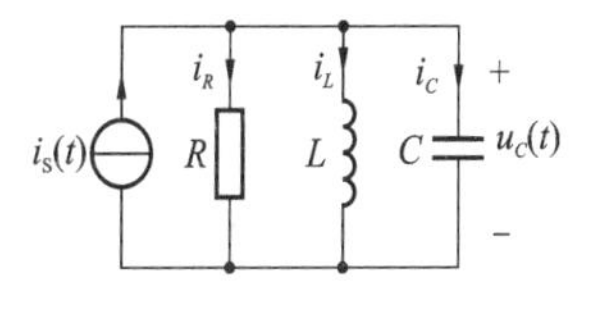

图 2-1 RLC 并联电路

将各元件的伏安关系代入上式并微分，有

$$C\frac{\mathrm{d}^2u_C(t)}{\mathrm{d}t^2}+\frac{1}{R}\frac{\mathrm{d}u_C(t)}{\mathrm{d}t}+\frac{1}{L}u_C(t)=\frac{\mathrm{d}i_S(t)}{\mathrm{d}t} \tag{2-1}$$

这是一个代表 RLC 并联电路系统的二阶微分方程。

2.2 微分方程的经典解法

前面介绍过微分方程的建立方法，一个常系数的 n 阶线性常微分方程可写为

$$\frac{\mathrm{d}^n y}{\mathrm{d}t^n}+a_{n-1}\frac{\mathrm{d}^{n-1} y}{\mathrm{d}t^{n-1}}+\cdots+a_1\frac{\mathrm{d}y}{\mathrm{d}t}+a_0 y=b_m\frac{\mathrm{d}^m f}{\mathrm{d}t^m}+b_{m-1}\frac{\mathrm{d}^{m-1} f}{\mathrm{d}t^{m-1}}+\cdots+b_1\frac{\mathrm{d}f}{\mathrm{d}t}+b_0 f \qquad (2\text{-}2)$$

2.2.1 微分方程的经典解法

微分方程的经典解法，是在高等数学中已经讨论过的直接解法。方程的全解由齐次解 $y_{\mathrm{h}}(t)$ 和特解 $y_{\mathrm{p}}(t)$ 组成，即

$$y(t)=y_{\mathrm{h}}(t)+y_{\mathrm{p}}(t) \qquad (2\text{-}3)$$

齐次解是齐次方程

$$\frac{\mathrm{d}^n y}{\mathrm{d}t^n}+a_{n-1}\frac{\mathrm{d}^{n-1} y}{\mathrm{d}t^{n-1}}+\cdots+a_1\frac{\mathrm{d}y}{\mathrm{d}t}+a_0 y=0 \qquad (2\text{-}4)$$

的解，是形式为 $C\mathrm{e}^{\lambda t}$ 的一些函数的线性组合(C 为常数)。系统的特征方程为

$$\lambda^n+a_{n-1}\lambda^{n-1}+\cdots+a_1\lambda+a_0=0 \qquad (2\text{-}5)$$

n 个根 $\lambda_i(i=1,2,\cdots,n)$ 即为方程的特征根。根据特征根的特点，齐次解有不同的形式。无重根时，对应的齐次解为

$$y_{\mathrm{h}}(t)=\sum_{i=1}^{n}C_i\mathrm{e}^{\lambda_i t} \qquad (\lambda_i\ 为特征根) \qquad (2\text{-}6)$$

特征根 λ 为 r 阶重根时，对应的齐次解为

$$y_{\mathrm{h}}(t)=(C_{r-1}t^{r-1}+C_{r-2}t^{r-2}+\cdots+C_1 t+C_0)\mathrm{e}^{\lambda t} \qquad (2\text{-}7)$$

式中：C_i 为常数，在求得全解后由初始条件确定。

特解的函数形式与激励函数的形式有关。表 2-1 列出了几种激励函数及其所对应的特解。选定特解后，将它代入微分方程，求出各待定系数，就得到方程的特解 $y_{\mathrm{p}}(t)$。

全解是齐次解和特解之和。如果微分方程的特征根均为单根 λ_i，则其全解为

$$y(t)=y_{\mathrm{h}}(t)+y_{\mathrm{p}}(t)=\sum_{i=1}^{n}C_i\mathrm{e}^{\lambda_i t}+y_{\mathrm{p}}(t) \qquad (2\text{-}8)$$

设激励信号 $f(t)$ 是在 $t=0$ 时接入的，微分方程的全解 $y(t)$ 也适合于区间[0,$+\infty$)。对于 n 阶常系数线性微分方程，利用已知的 n 个初始条件 $y(0)$、$y'(0)$、$y''(0)$、…、$y^{(n-1)}(0)$ 就可求得全部待定系数 C_i。

表 2-1 不同激励所对应的特解

激励函数 $f(t)$	响应函数 $y(t)$ 的特解
E(常数)	B
t^p	$B_p t^p+B_{p-1}t^{p-1}+\cdots+B_1 t+B_0$
$\mathrm{e}^{\alpha t}$	$B\mathrm{e}^{\alpha t}$
$\mathrm{e}^{\alpha t}$	α 为特征根时，$(B_0+B_1 t)\mathrm{e}^{\alpha t}$
$\cos(\omega t)$ 或 $\sin(\omega t)$	$B_1\cos(\omega t)+B_2\sin(\omega t)$
$t^p\mathrm{e}^{\alpha t}\cos(\omega t)$ 或 $t^p\mathrm{e}^{\alpha t}\sin(\omega t)$	$(B_p t^p+B_{p-1}t^{p-1}+\cdots+B_1 t+B_0)\mathrm{e}^{\alpha t}\cos(\omega t)$ $+(D_p t^p+D_{p-1}t^{p-1}+\cdots+D_1 t+D_0)\mathrm{e}^{\alpha t}\sin(\omega t)$

作为系统的响应，齐次解的函数特性仅依赖于系统本身的特性，与激励信号的函数形式无关。因此，齐次解也称为系统的自由响应或自然响应。特解的形式则由激励函数决定，因而称为系统的受迫响应或强迫响应。

【例 2.2】 描述某线性非时变系统的方程为 $y''(t)+3y'(t)+2y(t)=f'(t)+2f(t)$，试求当 $f(t)=t^2$，$y(0)=1$，$y'(0)=1$ 时的全解。

解 (a) 求齐次解：特征方程为 $\lambda^2+3\lambda+2=0$，其特征根为 $\lambda_1=-1$，$\lambda_2=-2$。所以微分方程的齐次解

$$y_h(t)=C_1e^{-t}+C_2e^{-2t}$$

(b) 求特解：设特解为 $y_p(t)=B_2t^2+B_1t+B_0$，将 $y_p(t)$ 代入原微分方程，得

$$2B_2+3(2B_2t+B_1)+2(B_2t^2+B_1t+B_0)=2t+2t^2$$

即

$$2B_2t^2+(2B_1+6B_2)t+(2B_0+3B_1+2B_2)=2t^2+2t$$

比较系数可得

$$\begin{cases}2B_2=2\\2B_1+6B_2=2\\2B_0+3B_1+2B_2=0\end{cases}，\quad 解之得\begin{cases}B_2=1\\B_1=-2\\B_0=2\end{cases}$$

故特解为

$$y_p(t)=t^2-2t+2$$

全解为

$$y(t)=y_h(t)+y_p(t)=C_1e^{-t}+C_2e^{-2t}+t^2-2t+2$$

将初始条件代入上式，得

$$\begin{cases}y(0)=C_1+C_2+2=1\\y'(0)=-C_1-2C_2-2=1\end{cases}，\quad 解之得\begin{cases}C_1=1\\C_2=-2\end{cases}$$

故全解为

$$y(t)=\underbrace{e^{-t}-2e^{-2t}}_{自由响应}+\underbrace{t^2-2t+2}_{强迫响应}\qquad(t\geqslant 0)$$

2.2.2 零输入响应和零状态响应

线性系统的完全响应 $y(t)$ 分成齐次解(自由响应)和特解(强迫响应)仅仅是可能分解的形式之一。按照分析计算的方便或适应不同要求的物理解释，还可取其他形式的分解。另一种广泛应用的重要形式是分解为零输入响应和零状态响应的形式。

零输入响应是没有外加激励信号的作用，仅由系统本身具有的初始状态(初始时刻系统储能)所产生的响应，用 $y_{zi}(t)$ 表示；零状态响应是不考虑初始时刻系统储能的作用(初始状态等于零)，由外加激励信号所产生的响应，用 $y_{zs}(t)$ 表示。这样，系统的全响应就是零输入响应和零状态响应之和，即

$$y(t)=y_{zi}(t)+y_{zs}(t)\tag{2-9}$$

在零输入条件下，微分方程式(2-2)等号右端为零，化为齐次方程。求系统的零输入

响应,就是求解式(2-4)所示的齐次方程。若其特征根均为单根,则其零输入响应为

$$y_{zi}(t)=\sum_{i=1}^{n}C_{xi}\mathrm{e}^{\lambda_i t} \tag{2-10}$$

式中:C_{xi} 为待定系数,由系统的初始值确定。

在初始状态为零的条件下,方程式(2-2)仍是非齐次方程。求系统的零状态响应,就是求解非齐次方程。若其特征根均为单根,则其零状态响应为

$$y_{zs}(t)=\sum_{i=1}^{n}C_{fi}\mathrm{e}^{\lambda_i t}+y_p(t) \tag{2-11}$$

式中:C_{fi} 为待定系数,由零状态初始值确定。

系统的全响应可以分为自由响应和强迫响应两部分,也可以分为零输入响应和零状态响应两部分,它们的关系是

$$y(t)=\underbrace{\sum_{i=1}^{n}C_i\mathrm{e}^{\lambda_i t}}_{\text{自由响应}}+\underbrace{y_p(t)}_{\text{强迫响应}}=\underbrace{\sum_{i=1}^{n}C_{xi}\mathrm{e}^{\lambda_i t}}_{\text{零输入响应}}+\underbrace{\sum_{i=1}^{n}C_{fi}\mathrm{e}^{\lambda_i t}+y_p(t)}_{\text{零状态响应}} \tag{2-12}$$

式中:

$$\sum_{i=1}^{n}C_i\mathrm{e}^{\lambda_i t}=\sum_{i=1}^{n}C_{xi}\mathrm{e}^{\lambda_i t}+\sum_{i=1}^{n}C_{fi}\mathrm{e}^{\lambda_i t} \tag{2-13}$$

可见,两种分解方式有明显的区别。虽然自由响应和零输入响应都是齐次方程的解,但二者的系数各不相同,C_{xi} 仅由系统的初始状态所决定,而 C_i 要由系统的初始状态和激励信号共同来确定。在初始状态为零时,零输入响应等于零,但在激励信号的作用下,自由响应并不为零。自由响应包含零输入响应和零状态响应的一部分。

对于一个稳定的系统,自由响应必定随着时间的增长而逐渐趋于零。强迫响应则根据激励函数的性质可能随时间的增长趋于零,也可能趋于稳定,或者二者都有。系统响应中随着时间增长而趋于零的部分称为瞬态响应;随着时间增长趋于稳定的部分称为稳态响应。

由此可见,系统的全响应可以分成自由响应和强迫响应两种分量,也可以分成零输入响应和零状态响应两种分量,还可以分成瞬态响应和稳态响应两种分量。

【例 2.3】 描述某线性非时变系统的方程为 $y''(t)+3y'(t)+2y(t)=f'(t)+2f(t)$,试求:当 $f(t)=t^2,y(0)=1,y'(0)=1$ 时的零输入响应 $y_{zi}(t)$ 和零状态响应 $y_{zs}(t)$ 以及系统的全响应。

解 (a) 求零输入响应:特征根为 $\lambda_1=-1,\lambda_2=-2$,所以

$$y_{zi}(t)=C_1\mathrm{e}^{-t}+C_2\mathrm{e}^{-2t}\qquad(t\geqslant 0)$$

代入初始值,得

$$\begin{cases}C_1+C_2=1\\-C_1-2C_2=1\end{cases},\text{解得}\quad\begin{cases}C_1=3\\C_2=-2\end{cases}$$

零输入响应为

$$y_{zi}(t)=3\mathrm{e}^{-t}-2\mathrm{e}^{-2t}\qquad(t\geqslant 0)$$

(b) 求零状态响应:这时的初始状态为0,即 $y(0)=0,y'(0)=0$;齐次解的特征根为 $\lambda_1=-1$,$\lambda_2=-2$,所以

$$y_h(t)=C_1\mathrm{e}^{-t}+C_2\mathrm{e}^{-2t}$$

特解的解法同例2.2,即

$$y_p(t)=t^2-2t+2$$

零状态响应为 $y_{zs}(t)=y_h(t)+y_p(t)=C_1\mathrm{e}^{-t}+C_2\mathrm{e}^{-2t}+t^2-2t+2$

代入初始值,得 $\begin{cases}C_1+C_2+2=0\\-C_1-2C_2-2=0\end{cases}$,解得 $\begin{cases}C_1=-2\\C_2=0\end{cases}$

零状态响应为 $y_{zs}(t)=-2\mathrm{e}^{-t}+t^2-2t+2\quad(t\geqslant 0)$

故全响应为
$$\begin{aligned}y(t)=y_{zi}(t)+y_{zs}(t)&=3\mathrm{e}^{-t}-2\mathrm{e}^{-2t}-2\mathrm{e}^{-t}+t^2-2t+2\\&=\mathrm{e}^{-t}-2\mathrm{e}^{-2t}+t^2-2t+2\quad(t\geqslant 0)\end{aligned}$$

【例 2.4】 已知系统的微分方程如下列,初始条件均为 $y(0)=1,y'(0)=2$。求系统的零输入响应 $y_{zi}(t)$,并画出草图。

(a) $y''+2y'+2=f(t)$ (b) $y''+2y'+1=f(t)$

解 (a) 令 $p^2+2p+2=0$,得 $p_1=-1+\mathrm{j},p_2=-1-\mathrm{j}$,所以

$y_{zi}(t)=C_1\mathrm{e}^{(-1+\mathrm{j})t}+C_2\mathrm{e}^{(-1-\mathrm{j})t}=2\mid C_1\mid \mathrm{e}^{-t}\cos(t+\theta)$

代入初始值 $\begin{cases}y(0)=C_1+C_2=1\\y'(0)=(-1+\mathrm{j})C_1+(-1-\mathrm{j})C_2=2\end{cases}$

解得 $C_1=1/2-\mathrm{j}(3/2),C_2=1/2+\mathrm{j}(3/2)$,故

$$\mid C_1\mid=\sqrt{(1/2)^2+(3/2)^2}=(1/2)\sqrt{10},\quad \theta=\arctan 3$$

所以 $y_{zi}(t)=\sqrt{10}\mathrm{e}^{-t}\cos(t-\arctan 3)\quad(t\geqslant 0)$

波形如图 2-2 所示。

(b) 令 $p^2+2p+1=0$,得 $p_1=p_2=-1$,所以

$$y_{zi}(t)=(C_1+C_2t)\mathrm{e}^{-t}$$

代入初始值 $\begin{cases}y(0)=C_1=1\\y'(0)=-C_1+C_2=2\end{cases}$

解得 $C_1=1,C_2=3$,所以

$$y_{zi}(t)=(1+3t)\mathrm{e}^{-t}\quad(t\geqslant 0)$$

波形如图 2-3 所示。

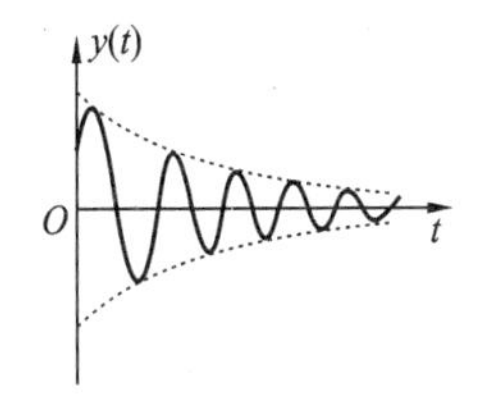

图 2-2 例 2.4(a) 的零输入响应

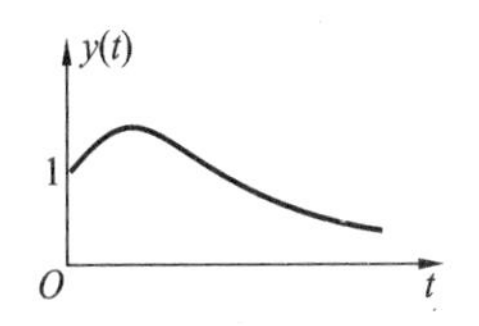

图 2-3 例 2.4(b) 的零输入响应

2.2.3 初始状态的讨论:0_- 状态和 0_+ 状态

在系统分析中,0_- 状态称为零输入时的初始状态,即初始值是由系统的储能产生的;0_+ 状态称为加入输入后的初始状态,即初始值不仅有系统的储能,还受激励的影响。在经典法求全响应的积分常数时,用的是 0_+ 状态的初始值。在求系统零输入响应时,用的是 0_- 状态的初始值;在求系统零状态响应时,用的是 0_+ 状态的初始值,这时的零状态

是指 0_- 状态为零。

当系统已经用微分方程表示时，系统的初始值从 0_- 状态到 0_+ 状态有没有跳变取决于微分方程右端自由项是否包含 $\delta(t)$ 及其各阶导数。如果包含 $\delta(t)$ 及其各阶导数，说明相应的 0_- 状态到 0_+ 状态发生了跳变，即 $y(0_+)\neq y(0_-)$ 或 $y'(0_+)\neq y'(0_-)$ 等。第5章介绍的拉氏变换可以巧妙地克服这些困难。

2.2.4 Matlab 的应用

用 Matlab 可以很方便地求解微分方程，不仅可以求数值解，还可以求解析解。

1. 符号计算函数 dsolve( ) 求微分方程的解

下面用实例说明该函数的用法。对于例 2.2 和例 2.3，由于微分方程的右边不包含 $\delta(t)$ 及其各阶导数项，所以，0_+ 和 0_- 初始值是相同的。

在 Matlab 的命令窗口输入如下命令，可以求得微分方程的全解。

```
>>y=dsolve('D2y+3*Dy+2*y=2*t+2*t^2','y(0)=1,Dy(0)=1')
y=
2-2*t+t^2-2*exp(-2*t)+exp(-t)
```

其中，D2y 表示 $y''(t)$，Dy 表示 $y'(t)$。可见与理论计算结果一致。

求自由响应和强迫响应用下面的命令：

```
>>yht=dsolve('D2y+3*Dy+2*y=0')              % 求齐次通解
yht=
C1*exp(-2*t)+C2*exp(-t)
>>yt=dsolve('D2y+3*Dy+2*y=2*t+2*t^2')  % 求非齐次通解
yt=
2-2*t+t^2+C1*exp(-2*t)+C2*exp(-t)
>>yp=yt-yht                                  % 求特解，即强迫响应
yp=
2-2*t+t^2
>>yh=y-yp                                    % 求齐次解，即自由响应
yh=
- 2*exp(-2*t)+exp(-t)
```

求零输入响应和零状态响应用下面的命令：

```
>>yzi=dsolve('D2y+3*Dy+2*y=0','y(0)=1,Dy(0)=1')
yzi=
-2*exp(-2*t)+3*exp(-t)
>>yzs=dsolve('D2y+3*Dy+ 2*y=2*t+ 2*t^2','y(0)=0,Dy(0)=0')
yzs=
2-2*t+t^2-2*exp(-t)
```

2. 符号画图函数 ezplot( )画各种响应的波形

在 Matlab 的命令窗口输入如下命令，可以画各种响应的波形。

```
>>t=0:0.01:3;figure(1)
>>ezplot(yzi,[0,3]);hold on;ezplot(yzs,[0,3]);ezplot(y,[0,3])
>>axis([0,3,-1 5]), hold off;
>>title('全响应,零输入响应,零状态响应');figure(2)
>>ezplot(yh,[0,3]);hold on;ezplot(yp,[0,3]);ezplot(y,[0,3])
>>axis([0,3,-1 5]) , hold off;
>>title('全响应,自由响应,强迫响应')
```

画出的波形如图 2-4 所示。程序中，hold on 命令的功能是保持原绘出的图形，使几条曲线绘在一幅图上。

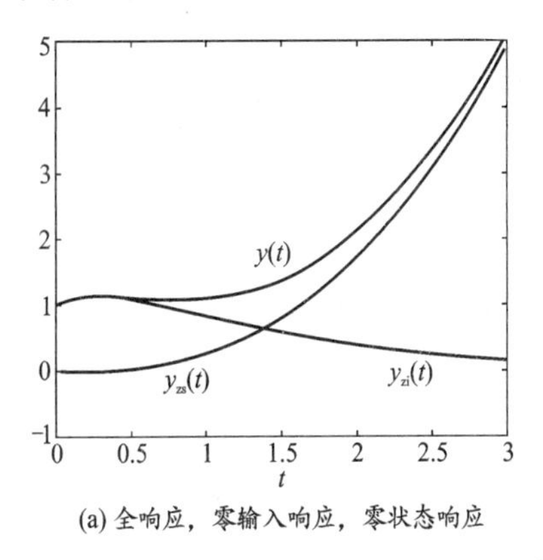

(a) 全响应，零输入响应，零状态响应

(b) 全响应，自由响应，强迫响应

图 2-4　画各种响应的波形

3. 仿真函数 lsim( )求系统的零状态响应的数值解

对于线性非时变系统，Matlab 提供了一个用于求解零初始条件微分方程数值解的函数 lsim(b,a,f,t)，下面用实例说明其用法。

```
>>b=[1 2];        输入微分方程右边的系数行向量
>>a=[1 3 2];      输入微分方程左边的系数行向量
>>t=0:0.01:3;     输入时间(起始、间隔和终止时间)
>>f=t.^2;         输入激励函数表达式
>>lsim(b,a,f,t)   画零状态响应图
```

画出的波形如图 2-5 所示。

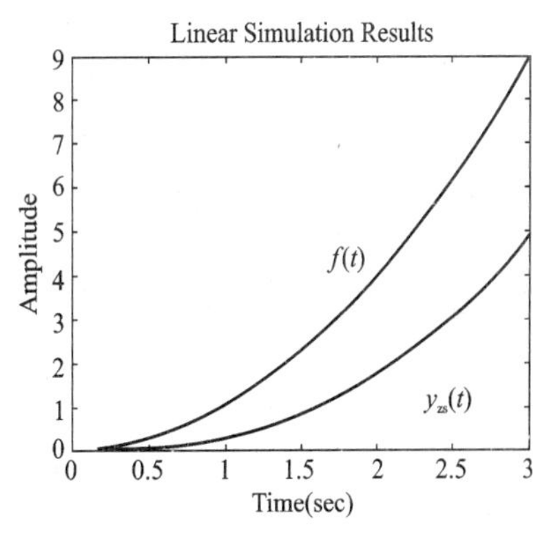

图 2-5　零状态响应的波形

2.3 冲激响应和阶跃响应

输入信号为单位冲激函数时，系统的零状态响应称为冲激响应，用 $h(t)$ 表示。下面研究系统冲激响应的求解方法。

先令激励信号为 $\delta(t)$，求出其冲激响应 $h_0(t)$；然后根据线性非时变性质，求出系统的冲激响应。对于 n 阶系统，有

$$a_n y^{(n)} + a_{n-1} y^{(n-1)} + \cdots + a_1 y' + a_0 y = \delta(t)$$

其响应记为 $h_0(t)$，则

$$a_n h_0^{(n)}(t) + a_{n-1} h_0^{(n-1)}(t) + \cdots + a_1 h_0'(t) + a_0 h_0(t) = \delta(t) \tag{2-14}$$

为使式(2-14)两边的系数平衡，必然应使 $a_n h_0^{(n)}(t)$ 中含有 $\delta(t)$。其余各项为有限值。对式(2-14)两边取 0_- 到 0_+ 的定积分，有

$$a_n \int_{0_-}^{0_+} h_0^{(n)}(t)\mathrm{d}t + a_{n-1} \int_{0_-}^{0_+} h_0^{(n-1)}(t)\mathrm{d}t + \cdots + a_0 \int_{0_-}^{0_+} h_0(t)\mathrm{d}t = \int_{0_-}^{0_+} \delta(t)\mathrm{d}t$$

即
$$a_n[h_0^{(n-1)}(0_+) - h_0^{(n-1)}(0_-)] + a_{n-1}[h_0^{(n-2)}(0_+) - h_0^{(n-2)}(0_-)] + \cdots = 1$$

有
$$h_0^{(n-2)}(0_+) - h_0^{(n-2)}(0_-) = 0, \cdots, h_0(0_+) - h_0(0_-) = 0$$

由于系统是因果系统，即在冲激响应信号未作用之前不会有响应；在 0_- 时刻，有

$$h_0(0_-) = h_0'(0_-) = \cdots = h_0^{(n-2)}(0_-) = h_0^{(n-1)}(0_-) = 0$$

故得初始值
$$h_0(0_+) = h_0'(0_+) = \cdots = h_0^{(n-2)}(0_+) = 0, h_0^{(n-1)}(0_+) = 1/a_n \tag{2-15}$$

冲激响应 $h(t) = \left(\sum_{i=1}^{n} C_i \mathrm{e}^{\lambda_i t}\right)\varepsilon(t)$ 的 n 个常数可由以上 n 个初始值确定。

再根据线性系统的非时变特性，有

$$\delta(t) \to h_0(t), \quad \delta^{(n)}(t) \to h_0^{(n)}(t)$$

$$\sum A\delta^{(i)}(t) \to \sum A h_0^{(i)}(t)$$

故微分方程式(2-14)的冲激响应为

$$h(t) = b_m h_0^{(m)}(t) + b_{m-1} h_0^{(m-1)}(t) + \cdots + b_1 h_0'(t) + b_0 h_0(t) \tag{2-16}$$

【例 2.5】 已知系统的微分方程为 $y''(t) + 3y'(t) + 2y(t) = f'''(t) + 4f''(t) - 5f(t)$，试求其冲激响应 $h(t)$。

解 先求出方程的特征根：$\lambda_1 = -1, \lambda_2 = -2$。设 $\delta(t)$ 单独作用时的冲激响应为

$$h_0(t) = (C_1 \mathrm{e}^{-t} + C_2 \mathrm{e}^{-2t})\varepsilon(t)$$

根据式(2-16)，得其初始值为 $h_0(0_+) = 0, h_0'(0_+) = 1$，代入上式有

$$C_1 + C_2 = 0, \quad -C_1 - 2C_2 = 1$$

解得
$$C_1 = 1, \quad C_2 = -1$$

所以
$$h_0(t) = (\mathrm{e}^{-t} - \mathrm{e}^{-2t})\varepsilon(t)$$

根据线性非时变性质，系统的冲激响应为

$$\begin{aligned} h(t) &= h_0'''(t) + 4h_0''(t) - 5h_0(t) \\ &= -5(\mathrm{e}^{-t} - \mathrm{e}^{-2t})\varepsilon(t) + 4(\mathrm{e}^{-t} - 4\mathrm{e}^{-2t})\varepsilon(t) + 4\delta(t) + \delta'(t) - 3\delta(t) + (-\mathrm{e}^{-t} + 8\mathrm{e}^{-2t})\varepsilon(t) \\ &= \delta'(t) + \delta(t) - 2\mathrm{e}^{-t}\varepsilon(t) - 3\mathrm{e}^{-2t}\varepsilon(t) \end{aligned}$$

输入信号为单位阶跃函数时，系统的零状态响应称为阶跃响应，用 $g(t)$ 表示。由于单位阶跃函数 $\varepsilon(t)$ 与单位冲激函数 $\delta(t)$ 的关系为

$$\delta(t) = \frac{\mathrm{d}\varepsilon(t)}{\mathrm{d}t}, \quad \varepsilon(t) = \int_{-\infty}^{t} \delta(\tau)\mathrm{d}\tau$$

根据线性系统的微分特性，同一系统的阶跃响应与冲激响应的关系为

$$h(t) = \frac{\mathrm{d}g(t)}{\mathrm{d}t}, \quad g(t) = \int_{-\infty}^{t} h(\tau)\mathrm{d}\tau \tag{2-17}$$

在系统理论中，常用冲激响应或阶跃响应表征系统的基本性能，如稳定性与因果性等，在第 6 章将继续讨论。

2.4　卷积

利用系统的冲激响应和叠加原理来求解系统对任意激励信号作用时的零状态响应，这就是卷积方法的原理。因此，在时域内，卷积是求解线性非时变系统零状态响应的重要方法。特别是激励信号为时限信号时，尤其如此。

2.4.1　卷积的含义

数学上对卷积积分运算的定义：如有两个函数 $f_1(t)$ 和 $f_2(t)$，积分

$$f(t) = \int_{-\infty}^{+\infty} f_1(\tau) f_2(t-\tau)\mathrm{d}\tau \tag{2-18}$$

称为 $f_1(t)$ 与 $f_2(t)$ 的卷积积分，简称卷积。式(2-18) 简记做

$$f(t) = f_1(t) * f_2(t) \tag{2-19}$$

即

$$f(t) = f_1(t) * f_2(t) = \int_{-\infty}^{+\infty} f_1(\tau) f_2(t-\tau)\mathrm{d}\tau \tag{2-20}$$

将施加于线性系统的激励信号分解，让每个分量作用于系统产生的响应易于求得，根据叠加原理，将这些响应求和即可得到原激励信号引起的响应。卷积方法的原理就是将激励信号分解为无穷多个冲激信号之和，借助系统的冲激响应来求解系统对任意激励信号的零状态响应。

在 1.5.1 小节叙述了用 $\delta(t)$ 表示任意信号 $f(t)$ 的过程，即

$$f(t) = \int_{-\infty}^{+\infty} f(\tau)\delta(t-\tau)\mathrm{d}\tau$$

上式表示任意信号 $f(t)$ 可以分解为无穷多个不同强度的冲激函数之和，即任意信号可以用 $\delta(t)$ 函数来表示。

对于任意信号为输入信号的零状态响应，根据线性非时变系统的性质，有

$$\delta(t) \rightarrow h(t), \quad f(\tau)\delta(t-\tau) \rightarrow f(\tau)h(t-\tau)$$

$$f(t) = \int_{-\infty}^{+\infty} f(\tau)\delta(t-\tau)\mathrm{d}\tau \rightarrow y_{zs}(t) = \int_{-\infty}^{+\infty} f(\tau)h(t-\tau)\mathrm{d}\tau$$

所以对于任意函数为输入信号的系统，其零状态响应可借助于冲激响应积分求得，这个积分就是卷积积分，表示为

$$y_{zs}(t) = \int_{-\infty}^{+\infty} f(\tau)h(t-\tau)\mathrm{d}\tau = f(t) * h(t) \tag{2-21}$$

所以，利用卷积可以求解任意激励信号作用时的系统零状态响应。

2.4.2　卷积的图解计算

卷积积分的图解方法可以形象地说明卷积的含义，帮助理解卷积的概念。尤其是函数式复杂时，用图形分段求出定积分的上下限更方便准确。现在举例说明卷积积分的图解方法。

【例 2.6】　已知信号 $f_1(t)$ 和 $f_2(t)$ 的波形分别如图 2-6(a)、(b) 所示，计算卷积积分。

$$f(t) = f_1(t) * f_2(t) = \int_{-\infty}^{+\infty} f_1(\tau)f_2(t-\tau)\mathrm{d}\tau$$

解　(1) 换元：将变量 t 更换为变量 τ。

(2) 反折与平移：将 $f_2(\tau)$ 反折成 $f_2(-\tau)$，其波形如图 2-7(a) 所示，即 $f_2(t-\tau)$ 当 $t=0$ 时的位置。将 $f_2(-\tau)$ 沿 τ 轴平移时间 t 就得到 $f_2(t-\tau)$，其波形如图 2-7(b) 所示；$t<0$ 时图形向左移动，$t>0$ 时图形向右移动。

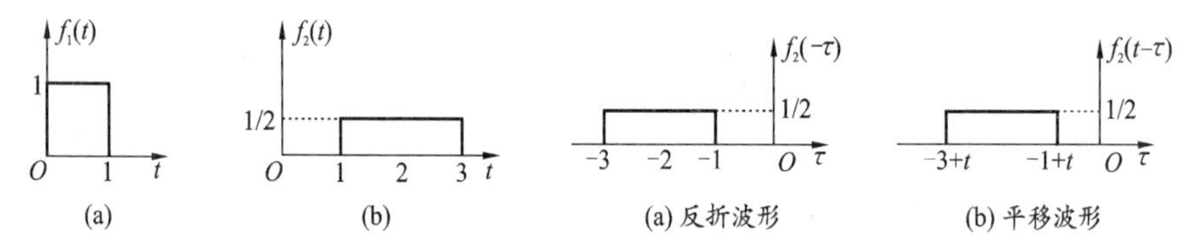

(a)　(b)

图 2-6　两信号波形

(a) 反折波形　(b) 平移波形

图 2-7　反折与平移

(3) 扫描：将反折后的图形从左向右移动，即 $t=-\infty$ 开始扫描到 $t=+\infty$。

(4) 分段积分：确定积分段和积分限，计算积分值，具体过程如下。

① 当 $-1+t<0$ 即 $t<1$ 时，波形如图 2-8(a) 所示。$f_1(\tau)$ 和 $f_2(t-\tau)$ 没有重叠部分，故卷积

$$f(t) = f_1(t) * f_2(t) = 0$$

② 当 $0 \leqslant -1+t<1$ 即 $1 \leqslant t<2$ 时，波形如图 2-8(b) 所示，阴影部分的面积为

$$f(t) = \int_0^{-1+t} f_1(\tau)f_2(t-\tau)\mathrm{d}\tau = \int_0^{-1+t} 1 \times 0.5\mathrm{d}\tau = 0.5(t-1)$$

③ 当 $1 \leqslant -1+t$ 且 $-3+t<0$ 即 $2 \leqslant t<3$ 时，波形如图 2-8(c) 所示，阴影部分的面积为

$$f(t) = \int_0^1 f_1(\tau)f_2(t-\tau)\mathrm{d}\tau = \int_0^1 1 \times 0.5\mathrm{d}\tau = 0.5$$

④ 当 $0 \leqslant -3+t<1$ 即 $3 \leqslant t<4$ 时，波形如图 2-8(d) 所示，阴影部分的面积为

$$f(t) = \int_{-3+t}^1 f_1(\tau)f_2(t-\tau)\mathrm{d}\tau = \int_{-3+t}^1 1 \times 0.5\mathrm{d}\tau = 0.5(4-t)$$

⑤ 当 $-3+t \geqslant 1$ 即 $t \geqslant 4$ 时，波形如图 2-8(e) 所示。$f_1(\tau)$ 和 $f_2(t-\tau)$ 没有重叠部分，故卷积

$$f(t) = f_1(t) * f_2(t) = 0$$

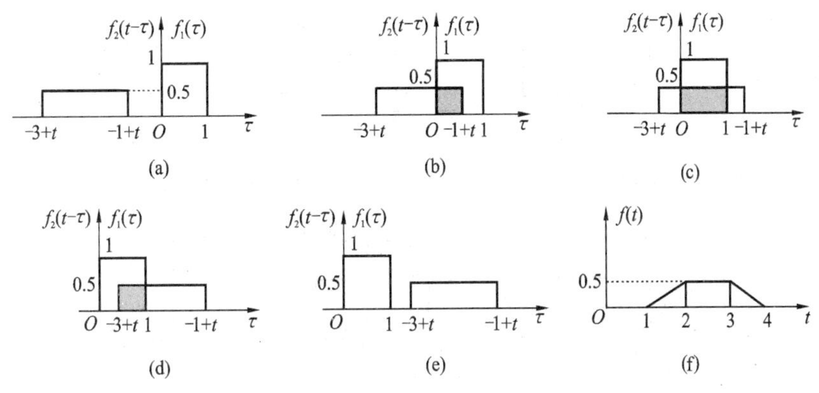

图 2-8　卷积图解过程

卷积波形如图 2-8(f) 所示。卷积积分结果为

$$f(t) = f_1(t) * f_2(t) = \begin{cases} 0 & (t < 1) \\ 0.5(t-1) & (1 \leqslant t < 2) \\ 0.5 & (2 \leqslant t < 3) \\ 0.5(4-t) & (3 \leqslant t < 4) \\ 0 & (t \geqslant 4) \end{cases}$$

由上述图解分析可以看出，卷积运算是由反折、平移、相乘、积分这些基本部分组合而成的，在平移过程中如果两函数图形不能相交，即表示相乘为零，积分结果也就等于零。

通过以上图解分析可知，设 $f(t) = f_1(t) * f_2(t)$，则可以得出如下**结论**。

(1) $f(t)$ 的开始时间等于 $f_1(t)$ 和 $f_2(t)$ 的开始时间之和；$f(t)$ 的结束时间等于 $f_1(t)$ 和 $f_2(t)$ 的结束时间之和；$f(t)$ 的持续时间等于 $f_1(t)$ 和 $f_2(t)$ 的持续时间之和。

(2) 两个宽度不同的矩形波的卷积波形为梯形波；梯形波平顶宽度为两矩形波宽度之差，梯形波的高度为小宽度矩形波的面积乘以大宽度矩形波的高度。

(3) 两个宽度相同的矩形波的卷积波形为三角波；三角波的高度为一个矩形波的面积乘以另一矩形波的高度。

(4) 卷积积分的变量为 τ，t 的函数是关于 τ 的常数，可以被提出到卷积积分之外。

【例 2.7】　已知信号 $f_1(t)$ 和 $f_2(t)$ 的波形分别如图 2-9(a)、(b) 所示，计算其卷积积分。

$$f(t) = f_1(t) * f_2(t) = \int_{-\infty}^{+\infty} f_1(\tau) f_2(t-\tau) \mathrm{d}\tau$$

解　(1) 换元：将变量 t 更换为变量 τ。

(2) 反折与平移：将 $f_2(\tau)$ 反折成 $f_2(-\tau)$，其波形如图 2-10(a) 所示，即 $f_2(t-\tau)$ 当 $t=0$ 时位置。将 $f_2(-\tau)$ 沿 τ 轴平移时间 t 就得到 $f_2(t-\tau)$，如图 2-10(b) 所示；$t<0$ 时图形向左移动，$t>0$ 时图形向右移动。

(3) 扫描：将反折后的图形从左向右移动，即 $t=-\infty$ 开始扫描到 $t=+\infty$。

(4) 分段积分：确定积分段和积分限，计算积分值。

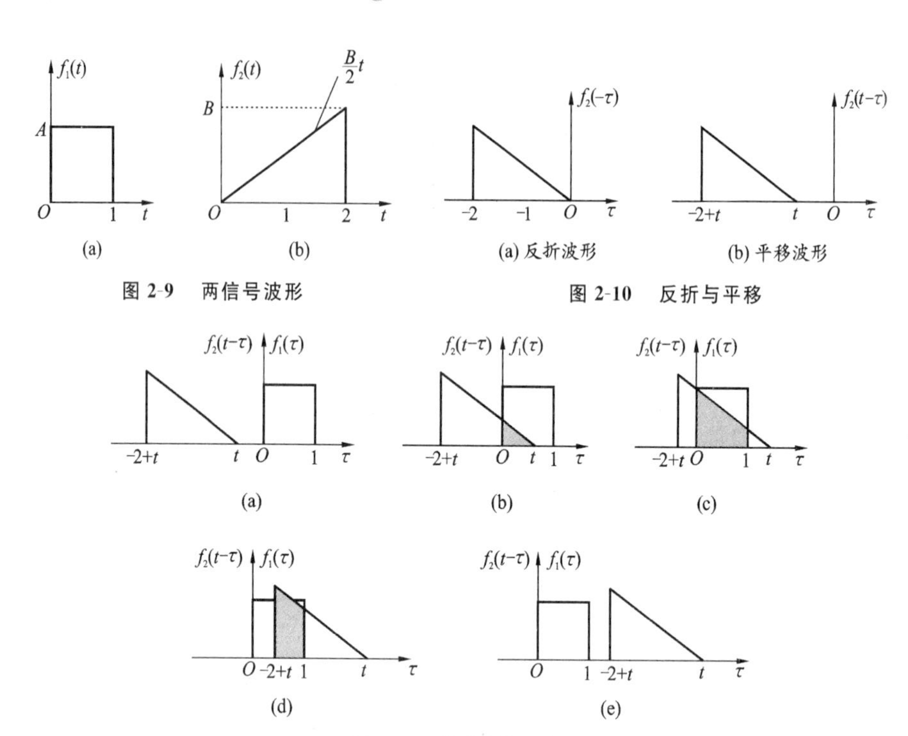

图 2-9 两信号波形

图 2-10 反折与平移

图 2-11 卷积图解过程

① 当 $t<0$ 时，波形如图 2-11(a) 所示。$f_1(\tau)$ 和 $f_2(t-\tau)$ 没有重叠部分，故卷积

$$f(t)=f_1(t)*f_2(t)=0$$

② 当 $0\leqslant t<1$ 时，波形如图 2-11(b) 所示，阴影部分面积为

$$f(t)=\int_0^t f_1(\tau)f_2(t-\tau)\mathrm{d}\tau=\int_0^t A\times 0.5B(t-\tau)\mathrm{d}\tau=0.25ABt^2$$

③ 当 $1\leqslant t$ 且 $-2+t<0$ 即 $1\leqslant t<2$ 时，波形如图 2-11(c) 所示，阴影部分面积为

$$f(t)=\int_0^1 A\times 0.5B(t-\tau)\mathrm{d}\tau=0.5AB(t-0.5)$$

④ 当 $0\leqslant -2+t<1$ 即 $2\leqslant t<3$ 时，波形如图 2-11(d) 所示，阴影部分面积为

$$f(t)=\int_{-2+t}^1 A\times 0.5B(t-\tau)\mathrm{d}\tau=0.25AB[4-(t-1)^2]$$

⑤ 当 $-2+t\geqslant 1$ 即 $t\geqslant 3$ 时，波形如图 2-11(e) 所示。$f_1(\tau)$ 和 $f_2(t-\tau)$ 没有重叠部分，故卷积

$$f(t)=f_1(t)*f_2(t)=0$$

卷积波形如图 2-12 所示，卷积积分结果为

$$f(t)=f_1(t)*f_2(t)=\begin{cases}0 & (t<0)\\ 0.25ABt^2 & (0\leqslant t<1)\\ 0.5AB(t-0.5) & (1\leqslant t<2)\\ 0.25AB[4-(t-1)^2] & (2\leqslant t<3)\\ 0 & (t\geqslant 3)\end{cases}$$

图 2-12 卷积波形

2.4.3　卷积的解析计算

计算卷积积分比较困难的就是积分的分段以及每一段积分限的确定。在系统分析中，冲激响应 $h(t)$ 和输入信号 $f(t)$ 往往用带有阶跃函数 $\varepsilon(t)$ 的表达式描述。两个阶跃函数相乘的效果，如 $\varepsilon(t)\varepsilon(1-t)$、$\varepsilon(t+1)\varepsilon(3-t)$ 和 $\varepsilon(\tau-1)\varepsilon(t-\tau+3)$ 的波形分别如图 2-13 所示，显然它们都是门函数。

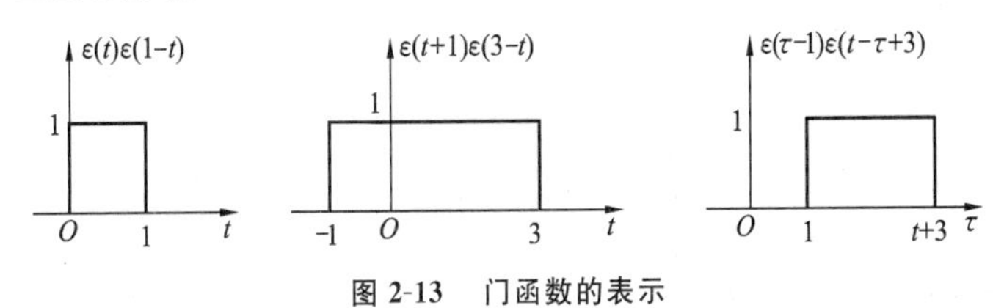

图 2-13　门函数的表示

可以借助这些门函数来决定积分的上下限。若 $f(\tau)=x(.)\varepsilon(\tau-1)$，$h(t-\tau)=w(.)\varepsilon(t-\tau+3)$，则卷积为

$$\begin{aligned}\int_{-\infty}^{+\infty}(.)\varepsilon(\tau-1)\varepsilon(t-\tau+3)\mathrm{d}\tau &= \left[\int_{1}^{t+3}(.)\mathrm{d}\tau\right]\varepsilon(t+2)\\ &= (\text{积分结果})\varepsilon(t+2)\end{aligned} \tag{2-22}$$

可见，$f(\tau)$ 中的阶跃函数改变了积分的下限，而 $h(t-\tau)$ 中的阶跃函数改变了积分的上限。

表 2-2 列出了常见信号的卷积结果，以供查阅。

表 2-2　常用信号的卷积表

序　号	$f_1(t)$	$f_2(t)$	$f_1(t)*f_2(t)$
1	$f(t)$	$\delta(t)$	$f(t)$
2	$\varepsilon(t)$	$\varepsilon(t)$	$t\varepsilon(t)$
3	$t\varepsilon(t)$	$\varepsilon(t)$	$0.5t^2\varepsilon(t)$
4	$e^{\lambda t}\varepsilon(t)$	$\varepsilon(t)$	$-\lambda^{-1}(1-e^{\lambda t})\varepsilon(t)$
5	$e^{\lambda_1 t}\varepsilon(t)$	$e^{\lambda_2 t}\varepsilon(t)$	$(\lambda_1-\lambda_2)^{-1}(e^{\lambda_1 t}-e^{\lambda_2 t})\varepsilon(t)$
6	$e^{\lambda t}\varepsilon(t)$	$e^{\lambda t}\varepsilon(t)$	$te^{\lambda t}\varepsilon(t)$
7	$t\varepsilon(t)$	$e^{\lambda t}\varepsilon(t)$	$(-\lambda t-1)\lambda^{-2}\varepsilon(t)+\lambda^{-2}e^{\lambda t}\varepsilon(t)$
8	$te^{\lambda t}\varepsilon(t)$	$e^{\lambda t}\varepsilon(t)$	$0.5t^2e^{\lambda t}\varepsilon(t)$

【例 2.8】　线性非时变系统的输入信号 $f(t)$ 和冲激响应 $h(t)$ 由下列各式给出，试求系统的零状态响应 $y_{zs}(t)$。

(a) $f(t)=e^{-0.5t}[\varepsilon(t)-\varepsilon(t-2)]$，$h(t)=e^{-t}\varepsilon(t)$

(b) $f(t)=e^{-at}\varepsilon(t+3)$，$h(t)=e^{-at}\varepsilon(t-1)$

解　(a) 系统的零状态响应为

$$\begin{aligned}y_{zs}(t) &= f(t)*h(t) = \int_{-\infty}^{+\infty} e^{-0.5\tau}[\varepsilon(\tau)-\varepsilon(\tau-2)]e^{-(t-\tau)}\varepsilon(t-\tau)d\tau \\ &= \int_{-\infty}^{+\infty} e^{-0.5\tau}e^{-(t-\tau)}\varepsilon(\tau)\varepsilon(t-\tau)d\tau - \int_{-\infty}^{+\infty} e^{-0.5\tau}e^{-(t-\tau)}\varepsilon(\tau-2)\varepsilon(t-\tau)d\tau \\ &= \left[e^{-t}\int_0^t e^{0.5\tau}d\tau\right]\varepsilon(t) - \left[e^{-t}\int_2^t e^{0.5\tau}d\tau\right]\varepsilon(t-2) \\ &= 2(e^{-0.5t}-e^{-t})\varepsilon(t) - 2(e^{-0.5t}-e^{-(t-1)})\varepsilon(t-2)\end{aligned}$$

(b) 系统的零状态响应为

$$\begin{aligned}y_{zs}(t) &= f(t)*h(t) = \int_{-\infty}^{+\infty} e^{-a\tau}\varepsilon(\tau+3)e^{-a(t-\tau)}\varepsilon(t-\tau-1)d\tau \\ &= \left[e^{-at}\int_{-3}^{t-1}d\tau\right]\varepsilon(t+2) = (t+2)e^{-at}\varepsilon(t+2)\end{aligned}$$

2.4.4 卷积的 Matlab 计算

1. 卷积的数值解

卷积积分计算实际上可用信号的分段求和来实现,即

$$f(t) = f_1(t)*f_2(t) = \int_{-\infty}^{+\infty} f_1(\tau)f_2(t-\tau)d\tau = \lim_{\Delta\to 0}\sum_{k=-\infty}^{+\infty} f_1(k\Delta)f_2(t-k\Delta)\cdot\Delta$$

如果只求当 $t=n\Delta$(n 为整数) 时 $f(t)$ 的值 $f(n\Delta)$,则由上式可得

$$f(n\Delta) = \Delta\sum_{k=-\infty}^{+\infty} f_1(k\Delta)f_2[(n-k)\Delta] \tag{2-23}$$

当时间间隔足够小时,$f(n\Delta)$ 就是 $f(t)$ 的数值近似。Matlab 的 conv(x,h) 函数可以用来计算卷积。下面的程序用来计算例 2.6 中信号的卷积。

```
% 计算连续信号的卷积   LT2_6.m
dt = 0.01;
t =-1:dt:5;
L = length(t);
tp =[2* t(1):dt:2* t(L)];
f1 = rectpuls(t-0.5);
f2 = 0.5* rectpuls(t-2,2);
y = dt* conv(f1,f2);
subplot(3,1,1),plot(t,f1,'linewidth',2),ylabel('f1(t)');
axis([t(1) t(L) -0.2 1.2]);grid
subplot(3,1,2),plot(t,f2,'linewidth',2),ylabel('f2(t)');
axis([t(1) t(L) -0.2 1.2]);grid
subplot(3,1,3),plot(tp,y,'linewidth',2),ylabel('y(t)');
axis([t(1) t(L) -0.2 1]);grid
```

运行程序后显示的波形如图 2-14 所示。对上述程序稍加修改就可以计算例 2.7 的卷积,结果显示如图 2-15 所示。其中令 $A=B=2$,读者可试一试。

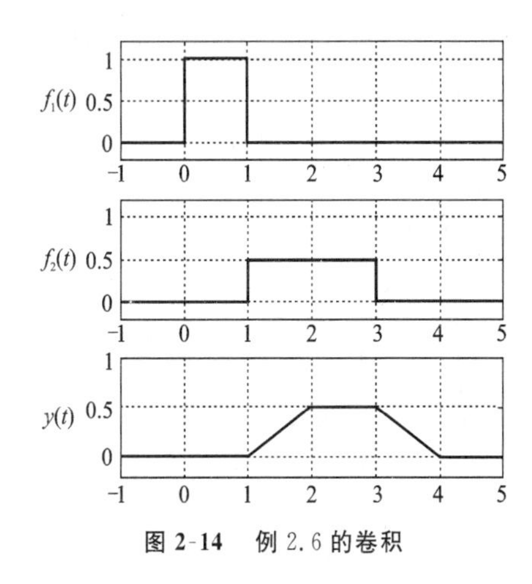

图 2-14　例 2.6 的卷积

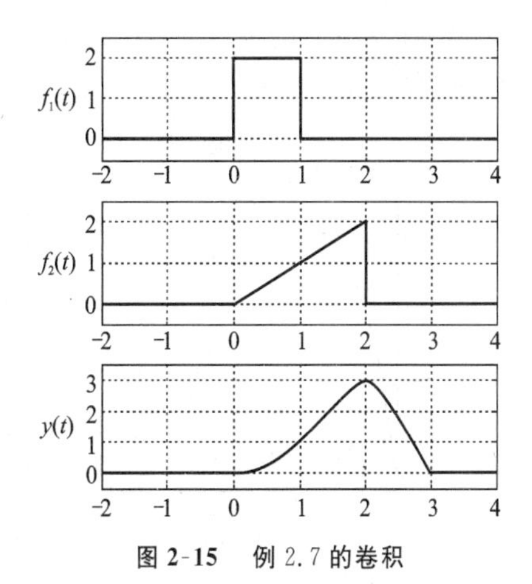

图 2-15　例 2.7 的卷积

2. 卷积的解析解

Matlab 的积分 int() 函数可以计算不定积分和定积分。调用格式为

```
Int(f), int(f,a,b)
```

其中,f 为被积函数,a, b 为积分的上下限。这里以例 2.8 为例说明其计算方法。

```
% 计算例 2.8 中(a)问的卷积的解析解 LT2_8A.m
syms t tao
h = exp(-t);
f = sym('exp(- t/2)* (Heaviside(t)-Heaviside(t-2))');
ftao = subs(f,t,tao);                % 符号变量替换函数,t 换成 tao
ht_tao = subs(h,t,t-tao);            % 符号变量替换函数,t 换成 t-tao
y = int(ftao* ht_tao,tao,0,t);       % 计算积分
t = 0:0.02:5;
yt = subs(y);
plot(t,yt,'linewidth',2),
axis([0 5 0 0.6]);xlabel('t(sec)');
title('卷积的波形');
disp('零状态响应'),y
```

在命令窗口显示

```
零状态响应
y =
2* Heaviside(t)* exp(- 1/2* t) - 2* Heaviside(t)* exp(- t) - 2* Heaviside(t -
2)* exp(-1/2* t)+2* Heaviside(t-2)* exp(1-t)
```

其中,Heaviside(t) 表示阶跃函数 $\varepsilon(t)$,所以

$$y(t)=2(e^{-t/2}-e^{-t})\varepsilon(t)-2(e^{-t/2}-e^{-(t-1)})\varepsilon(t-2)$$

运行程序后显示的波形如图 2-16 所示。对上述程序稍加修改就可以计算例 2.8 中(b)问的卷积,结果显示如图 2-17 所示。其中令 a =− 2,读者可试行计算。

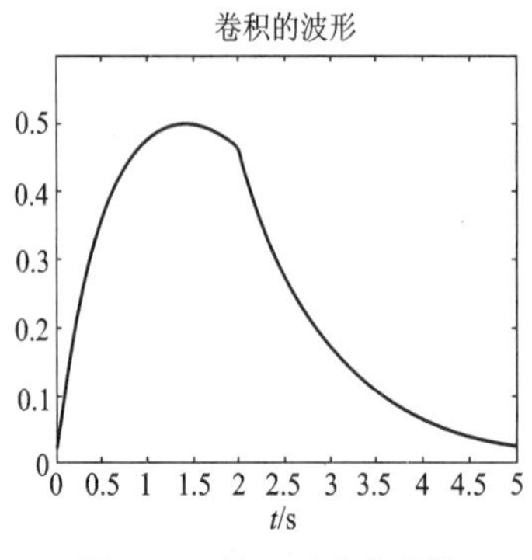

图 2-16 例 2.8(a) 的卷积

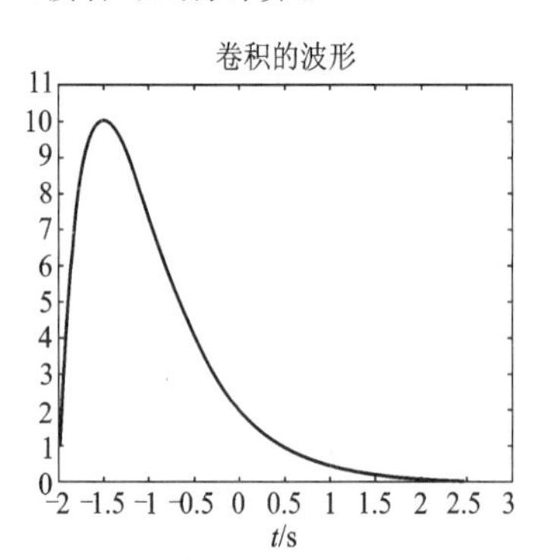

图 2-17 例 2.8(b) 的卷积

2.4.5 卷积的性质

卷积是一种数学运算方法,具有一些有用的基本性质。利用这些基本性质可以简化卷积运算。

1. 卷积代数性质

(1) 交换律 设有 $f_1(t)$ 和 $f_2(t)$ 两个函数,则

$$f_1(t) * f_2(t) = f_2(t) * f_1(t) \tag{2-24}$$

要证明这个关系,只要把积分变量 τ 换成 $t-x$ 即可,由此得

$$f_1(t) * f_2(t) = \int_{-\infty}^{+\infty} f_1(\tau) f_2(t-\tau) \mathrm{d}\tau = \int_{-\infty}^{+\infty} f_2(x) f_1(t-x) \mathrm{d}x$$

(2) 分配律 设有 $f_1(t)$、$f_2(t)$ 和 $f_3(t)$ 三个函数,则

$$f_1(t) * [f_2(t) + f_3(t)] = f_1(t) * f_2(t) + f_1(t) * f_3(t) \tag{2-25}$$

这个关系是显而易见的,只要根据卷积的定义即可证得

$$\begin{aligned} f_1(t) * [f_2(t) + f_3(t)] &= \int_{-\infty}^{+\infty} f_1(\tau)[f_2(t-\tau) + f_3(t-\tau)] \mathrm{d}\tau \\ &= \int_{-\infty}^{+\infty} f_1(\tau) f_2(t-\tau) \mathrm{d}\tau + \int_{-\infty}^{+\infty} f_1(\tau) f_3(t-\tau) \mathrm{d}\tau \\ &= f_1(t) * f_2(t) + f_1(t) * f_3(t) \end{aligned}$$

(3) 结合律 设有 $f_1(t)$、$f_2(t)$ 和 $f_3(t)$ 三个函数,则

$$f_1(t) * [f_2(t) * f_3(t)] = [f_1(t) * f_2(t)] * f_3(t) \tag{2-26}$$

式(2-26) 等号两边都是二重积分,各包含两个积分变量,在证明这个关系式时,要进行积分次序的变换。先看 $f_2(t)$ 和 $f_3(t)$ 的卷积,此时的积分变量是 τ,即

$$f_2(t) * f_3(t) = \int_{-\infty}^{+\infty} f_2(\tau) f_3(t-\tau) \mathrm{d}\tau$$

然后,$f_1(t)$ 再与上式卷积,若此时的积分变量为 λ,则由卷积定义,有

$$f_1(t)*[f_2(t)*f_3(t)]=\int_{-\infty}^{+\infty}f_1(\lambda)\left[\int_{-\infty}^{+\infty}f_2(\tau)f_3(t-\lambda-\tau)\mathrm{d}\tau\right]\mathrm{d}\lambda$$

在上式右边方括号中，对于变量 τ 而言，λ 无异于一常数。引入新积分变量 $x=\lambda+\tau$，则 $\tau=x-\lambda$，$\mathrm{d}\tau=\mathrm{d}x$，将这些关系代入上式右边方括号内，则有

$$f_1(t)*[f_2(t)*f_3(t)]=\int_{-\infty}^{+\infty}f_1(\lambda)\left[\int_{-\infty}^{+\infty}f_2(x-\lambda)f_3(t-x)\mathrm{d}x\right]\mathrm{d}\lambda$$

变换积分次序，并根据卷积定义即得

$$\begin{aligned}f_1(t)*[f_2(t)*f_3(t)]&=\int_{-\infty}^{+\infty}\left[\int_{-\infty}^{+\infty}f_1(\lambda)f_2(x-\lambda)\mathrm{d}\lambda\right]f_3(t-x)\mathrm{d}x\\&=\int_{-\infty}^{+\infty}[f_1(x)*f_2(x)]f_3(t-x)\mathrm{d}x\\&=[f_1(t)*f_2(t)]*f_3(t)\end{aligned}$$

需要注意的是，上述推演过程中，积分变量 τ、λ、x 等都是在定积分过程中所设的变量，在积分完毕并代入积分上下限后，这些变量不再在结果中出现。因此，只要不去用一个符号重复代表不同的积分变量，以致造成混乱，上述积分变量原则上可用任意符号来代表。

综上所述，卷积运算在一定程度上与代数中的乘法运算颇为相似。综合应用这些基本性质，还可以得出其他的卷积运算关系。但是，两个函数的卷积毕竟不同于两个函数相乘，所以上述相似关系不能随意引申。例如，两个函数相卷积后的微分和积分就不能应用两个函数相乘后的微分和积分的规律了。

2. 卷积的微积分性质

1）函数相卷积后的微分

两个函数相卷积后的导数等于两个函数之一的导数与另一函数相卷积，即

$$\frac{\mathrm{d}}{\mathrm{d}t}[f_1(t)*f_2(t)]=f_1(t)*\frac{\mathrm{d}f_2(t)}{\mathrm{d}t}=\frac{\mathrm{d}f_1(t)}{\mathrm{d}t}*f_2(t) \tag{2-27}$$

这一关系可用卷积的定义直接证明如下：

$$\frac{\mathrm{d}}{\mathrm{d}t}[f_1(t)*f_2(t)]=\frac{\mathrm{d}}{\mathrm{d}t}\int_{-\infty}^{+\infty}f_1(\tau)f_2(t-\tau)\mathrm{d}\tau=\int_{-\infty}^{+\infty}f_1(\tau)\frac{\mathrm{d}f_2(t-\tau)}{\mathrm{d}t}\mathrm{d}\tau=f_1(t)*\frac{\mathrm{d}f_2(t)}{\mathrm{d}t}$$

同样可证明

$$\frac{\mathrm{d}}{\mathrm{d}t}[f_1(t)*f_2(t)]=f_2(t)*\frac{\mathrm{d}f_1(t)}{\mathrm{d}t}$$

因为 $f_1(t)*f_2(t)=f_2(t)*f_1(t)$，所以合并以上关系即可得到式(2-27)。

应用上述推演还可以导出相似的高阶导数的公式。

2）函数相卷积后的积分

两个函数相卷积后的积分等于两个函数之一的积分与另一函数相卷积，即

$$\int_{-\infty}^{t}[f_1(x)*f_2(x)]\mathrm{d}x=f_1(t)*\left[\int_{-\infty}^{t}f_2(x)\mathrm{d}x\right]=\left[\int_{-\infty}^{t}f_1(x)\mathrm{d}x\right]*f_2(t) \tag{2-28}$$

这一关系也可用卷积的定义直接证明，即

$$\begin{aligned}\int_{-\infty}^{t}[f_1(x)*f_2(x)]\mathrm{d}x&=\int_{-\infty}^{t}\left[\int_{-\infty}^{+\infty}f_1(\tau)f_2(x-\tau)\mathrm{d}\tau\right]\mathrm{d}x=\int_{-\infty}^{+\infty}f_1(\tau)\left[\int_{-\infty}^{t}f_2(x-\tau)\mathrm{d}x\right]\mathrm{d}\tau\\&=f_1(t)*\left[\int_{-\infty}^{t}f_2(x)\mathrm{d}x\right]\end{aligned}$$

用同样方法可以证明

$$\int_{-\infty}^{t}[f_2(x)*f_1(x)]\mathrm{d}x = f_2(t)*\left[\int_{-\infty}^{t}f_1(x)\mathrm{d}x\right]$$

根据 $f_1(t)*f_2(t)=f_2(t)*f_1(t)$，合并以上关系，即可得式(2-28)。

应用这样的推演，还可以导出相似的多重积分的公式。由以上关系不难证明

$$\frac{\mathrm{d}f_1(t)}{\mathrm{d}t}*\int_{-\infty}^{t}f_2(x)\mathrm{d}x = f_1(t)*f_2(t) \tag{2-29}$$

3. 卷积的延时性质

两个函数经延时后的卷积，等于两个函数卷积后的延时，其延时量为两个函数分别延时量的和。如果

$$f_1(t)*f_2(t)=f(t)$$

则有

$$f_1(t-t_1)*f_2(t-t_2)=f(t-t_1-t_2) \tag{2-30}$$

这一关系称为卷积的延时性质，可由卷积的定义直接证明。

$$f_1(t-t_1)*f_2(t-t_2)=\int_{-\infty}^{+\infty}f_1(\tau-t_1)f_2(t-t_2-\tau)\mathrm{d}\tau$$

令 $\tau-t_1=x$，则有

$$f_1(t-t_1)*f_2(t-t_2)=\int_{-\infty}^{+\infty}f_1(x)f_2[(t-t_1-t_2)-x]\mathrm{d}x = f(t-t_1-t_2)$$

4. 与冲激函数或阶跃函数的卷积

函数 $f(t)$ 与单位冲激函数 $\delta(t)$ 相卷积结果仍是函数 $f(t)$ 本身，即

$$f(t)*\delta(t)=f(t) \tag{2-31}$$

根据卷积定义及冲激函数的特性可证明上式，即

$$f(t)*\delta(t)=\int_{-\infty}^{+\infty}f(\tau)\delta(t-\tau)\mathrm{d}\tau=\int_{-\infty}^{+\infty}f(\tau)\delta(\tau-t)\mathrm{d}\tau=f(t)$$

利用卷积的延时性质，有

$$f(t)*\delta(t-t_0)=f(t-t_0) \tag{2-32}$$

利用卷积的微分、积分特性，可以得到以下一系列结论。对于冲激偶 $\delta'(t)$，有

$$f(t)*\delta'(t)=f'(t) \tag{2-33a}$$

推广到一般情况，可得

$$f(t)*\delta^{(k)}(t)=f^{(k)}(t) \tag{2-33b}$$

$$f(t)*\delta^{(k)}(t-t_0)=f^{(k)}(t-t_0) \tag{2-33c}$$

对于单位阶跃函数 $\varepsilon(t)$，有

$$f(t)*\varepsilon(t)=\int_{-\infty}^{t}f(\tau)\mathrm{d}\tau \tag{2-34}$$

对于两个因果信号，有

$$f_1(t)\varepsilon(t)*f_2(t)\varepsilon(t)=\int_{0}^{t}f_1(\tau)f_2(t-\tau)\mathrm{d}\tau \tag{2-35}$$

表 2-3 列出了常用的卷积性质，以供查阅。

表 2-3　常用的卷积性质

序号	性　质	公　式
1	交换律	$f(t)=f_1(t)*f_2(t)=f_2(t)*f_1(t)$
2	分配律	$f(t)=f_1(t)*[f_2(t)+f_3(t)]=f_1(t)*f_2(t)+f_1(t)*f_3(t)$
3	结合律	$f(t)=f_1(t)*[f_2(t)*f_3(t)]=[f_1(t)*f_2(t)]*f_3(t)$
4	微分性质	$f'(t)=f_1'(t)*f_2(t)=f_1(t)*f_2'(t)$
5	积分性质	$f^{-1}(t)=f_1^{(-1)}(t)*f_2(t)=f_1(t)*f_2^{(-1)}(t)$
6	微积分性质	$f(t)=f_1^{(-1)}(t)*f_2'(t)=f_1'(t)*f_2^{(-1)}(t)$
7	延时性质	$f_1(t-a)*f_2(t-b)=f(t-a-b)$
8	与冲激函数	$f(t)=f(t)*\delta(t),f^{(k)}(t)=f(t)*\delta^{(k)}(t)$
9	与阶跃函数	$f(t)*\varepsilon(t)=\int_{-\infty}^{t}f(\tau)\mathrm{d}\tau,f_1(t)\varepsilon(t)*\varepsilon(t)=\int_{0}^{t}f_1(\tau)\mathrm{d}\tau$
10	持续时间	$f(t)$ 的开始时间 $=f_1(t)$ 的开始时间 $+f_2(t)$ 的开始时间 $f(t)$ 的结束时间 $=f_1(t)$ 的结束时间 $+f_2(t)$ 的结束时间 $f(t)$ 的持续时间 $=f_1(t)$ 的持续时间 $+f_2(t)$ 的持续时间

【例 2.9】　利用卷积的微积分性质重新计算例 2.6。

解　已知 $f_1(t)$ 和 $f_2(t)$ 的波形如图 2-18(a)、(b) 所示，根据卷积的微积分性质

$$f(t)=\int_{-\infty}^{\tau}f(x)\mathrm{d}x*f_2'(t)=f_1'(t)*\int_{-\infty}^{\tau}f(x)\mathrm{d}x$$

$f_1(t)$ 积分的波形如图 2-18(c) 所示，$f_2(t)$ 微分的波形是冲激函数如图 2-18(d) 所示。再将图 2-18(c) 与图 2-18(d) 中的两个冲激函数卷积，就得到图 2-18(e) 所示的波形。把两条曲线相加即得卷积波形如图 2-18(f) 所示。

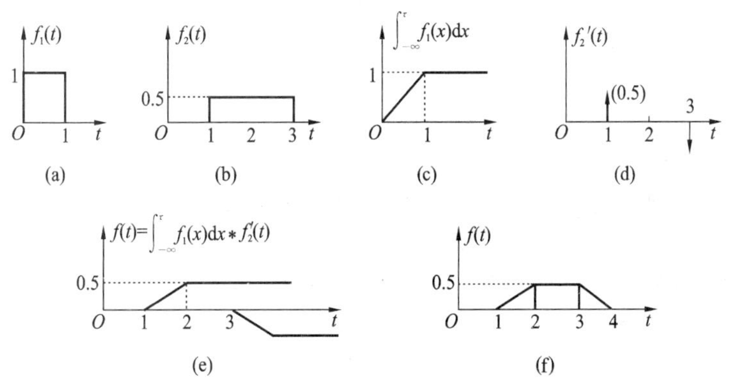

图 2-18　卷积的计算

图 2-19 给出了 $f(t)$ 与各类冲激函数的卷积波形。

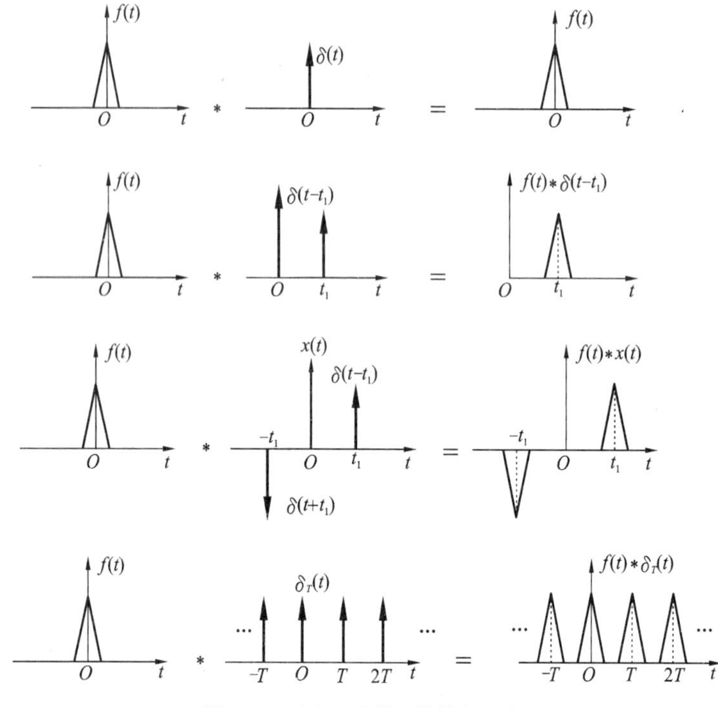

图 2-19 $f(t)$ 与冲激函数的卷积波形

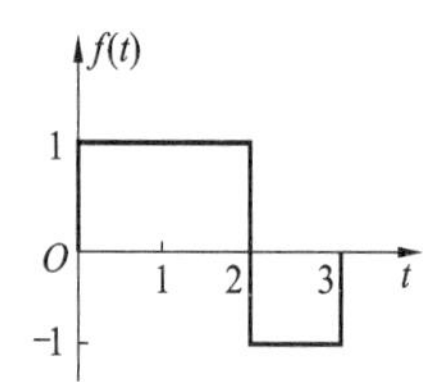

图 2-20 激励信号

【例 2.10】 已知某线性系统单位阶跃响应为 $g(t)=(2\mathrm{e}^{-2t}-1)\varepsilon(t)$，利用卷积的性质求如图 2-20 所示波形信号激励下的零状态响应。

解 激励信号可以表示为

$$f(t)=\varepsilon(t)-2\varepsilon(t-2)+\varepsilon(t-3)$$

利用卷积性质，有

$$y_{zs}(t)=h(t)*f(t)=g'(t)*f(t)=g(t)*f'(t)$$

因为 $$f'(t)=\delta(t)-2\delta(t-2)+\delta(t-3)$$

所以

$$\begin{aligned}y_{zs}(t)&=g(t)*\delta(t)-2g(t)*\delta(t-2)+g(t)*\delta(t-3)\\&=g(t)-2g(t-2)+g(t-3)\\&=(2\mathrm{e}^{-2t}-1)\varepsilon(t)-2[2\mathrm{e}^{-2(t-2)}-1]\varepsilon(t-2)+[2\mathrm{e}^{-2(t-3)}-1]\varepsilon(t-3)\end{aligned}$$

实际上，此题只要应用线性系统的非时变性质就可以求解，即激励信号可以表示为

$$f(t)=\varepsilon(t)-2\varepsilon(t-2)+\varepsilon(t-3)$$

根据线性非时变性质，$\varepsilon(t)\rightarrow g(t)$，则 $-2\varepsilon(t-2)\rightarrow -2g(t-2)$ 等，所以

$$\begin{aligned}y_{zs}(t)&=g(t)-2g(t-2)+g(t-3)\\&=(2\mathrm{e}^{-2t}-1)\varepsilon(t)-2[2\mathrm{e}^{-2(t-2)}-1]\varepsilon(t-2)+[2\mathrm{e}^{-2(t-3)}-1]\varepsilon(t-3)\end{aligned}$$

2.5 系统的互联

若线性非时变系统冲激响应为 $h(t)$，输入信号为 $f(t)$，则系统的零状态响应为

$$y(t) = h(t) * f(t)$$

由于在时域，冲激响应 $h(t)$ 完全表征了系统本身的特性，因此，通常用如图 2-21 所示的方框图来表示系统的零状态响应。

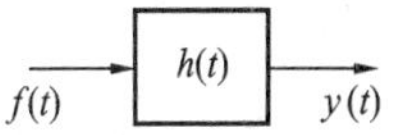

图 2-21 零状态响应方框图

考虑两个子系统串联，如图 2-22(a) 所示。第一个系统的响应是

$$y_1(t) = h_1(t) * f(t)$$

第二个系统的响应是

$$y(t) = h_2(t) * y_1(t) = h_2(t) * [h_1(t) * f(t)] = [h_2(t) * h_1(t)] * f(t)$$

如果用一个冲激响应为 $h(t)$ 的等效系统代替这个串联系统，使得 $y(t) = h(t) * f(t)$，则有

$$h(t) = h_1(t) * h_2(t) \tag{2-36}$$

等效系统如图 2-22(b) 所示。将这个结果推广可知，N 个子系统串联的冲激响应为

$$h(t) = h_1(t) * h_2(t) * \cdots * h_N(t) \tag{2-37}$$

同理，两个子系统并联，如图 2-22(c)、(d) 所示，其系统的总冲激响应等于单个冲激响应的和。

$$h(t) = h_1(t) + h_2(t) \tag{2-38}$$

将这个结果推广可知，N 个子系统并联的冲激响应为

$$h(t) = h_1(t) + h_2(t) + \cdots + h_N(t) \tag{2-39}$$

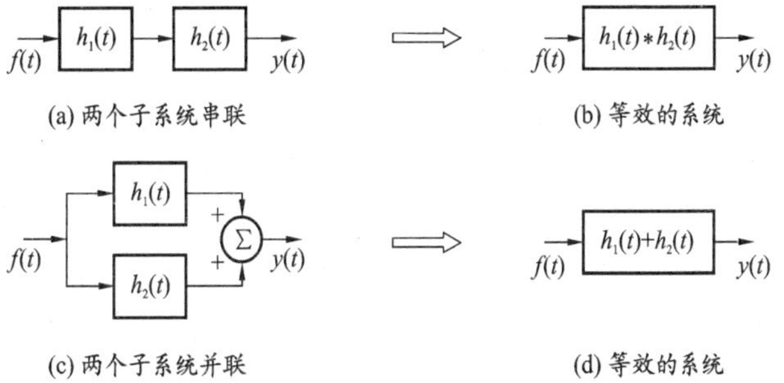

(a) 两个子系统串联　(b) 等效的系统

(c) 两个子系统并联　(d) 等效的系统

图 2-22 串联系统、并联系统及其等效系统

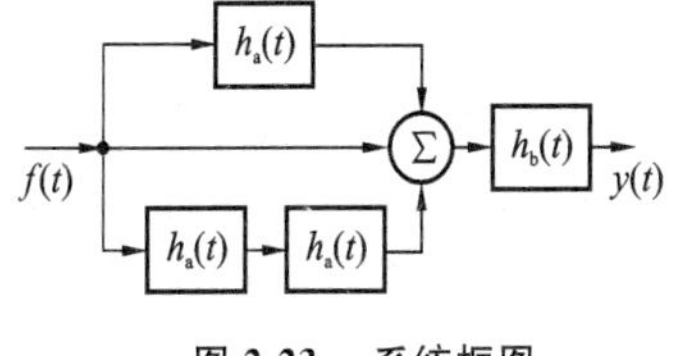

图 2-23 系统框图

【例 2.11】 如图 2-23 所示系统由几个子系统组成，各子系统的冲激响应分别为 $h_a(t) = \delta(t-1)$，$h_b(t) = \varepsilon(t) - \varepsilon(t-3)$，试求系统的冲激响应。

解 由于要求冲激响应，故令 $f(t) = \delta(t)$，系统由多个子系统组成，既有串联，又有并联。根据子系统的串联和并联

的规则,有

$$y(t)=h(t)=h_b(t)*[h_a(t)+\delta(t)+h_a(t)*h_a(t)]=h_b(t)*[\delta(t)+\delta(t-1)+\delta(t-2)]$$
$$=\varepsilon(t)-\varepsilon(t-3)+\varepsilon(t-1)-\varepsilon(t-4)+\varepsilon(t-2)-\varepsilon(t-5)$$

2.6 工程应用实例:雷达测距系统

在实际工程动态测试中,经常要研究两个信号的相似性,或一个信号经过一段延时后自身的内在联系相似性,以实现信号的检测、识别与提取等。雷达测距就是一个典型的应用。

1. 脉冲波传播的模型

在本章导读中介绍了从雷达向目标物发射一个射频(RF)脉冲波,测量被目标物反射回雷达处的回波接收信号的时间延迟,即可确定雷达与目标物之间的距离。在这个例子中,研究一个描述脉冲波传输的线性非时变系统,设发射的射频脉冲波为

$$f(t)=\begin{cases}\sin(\omega_C t) & (0\leqslant t\leqslant T_0)\\ 0 & (其他)\end{cases} \tag{2-40}$$

其波形如图 2-24(a) 所示。

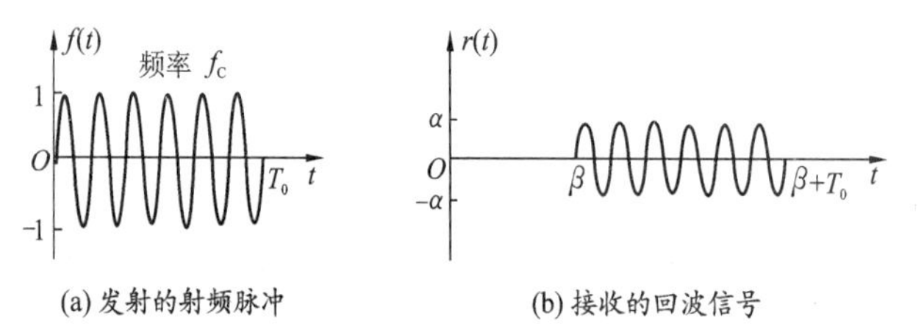

(a) 发射的射频脉冲　　(b) 接收的回波信号

图 2-24　雷达测距系统的信号

假设从雷达向目标物发射单位冲激信号,以便确定在雷达和目标物之间一个往返的冲激响应。该单位冲激信号将发生时间延迟和幅度衰减,故冲激响应可表示为

$$h(t)=\alpha\delta(t-\beta) \tag{2-41}$$

式中:α 代表衰减常数;β 代表脉冲波一个往返发生的时间延迟量。发射脉冲波的回波可用卷积积分表示为

$$r(t)=f(t)*h(t)=f(t)*\alpha\delta(t-\beta)=\alpha f(t-\beta) \tag{2-42}$$

可见,回波接收信号就是幅度衰减及时间延迟的发射脉冲信号,如图 2-24(b) 所示。

2. 匹配滤波器

从雷达向目标物发射一个射频脉冲波,测量被目标物反射回雷达处的回波接收信号的时间延迟,即可确定雷达与目标物之间的距离。从理论上讲,这可以通过测量回波接收信号的脉冲前沿时刻来实现。然而,实际接收到的回波信号往往很微弱而且混有噪声。基于这些原因,可采用让回波接收信号通过一个称为匹配滤波器的LTI系统的方法来测量

时间延迟量。匹配滤波器的一个重要特性是能够克服接收信号中某种类型的噪声，从而获得最佳分辨率。匹配滤波器的冲激响应相当于将发射信号 $f(t)$ 进行时间反折，即 $h_m(t)=f(-t)$，有

$$h_m(t)=\begin{cases}-\sin(\omega_C t) & (-T_0\leqslant t\leqslant 0)\\ 0 & (\text{其他})\end{cases} \tag{2-43}$$

匹配滤波器的输出 $y(t)$ 是接收的回波信号和反折信号 $h_m(t)=f(-t)$ 的卷积。

为了从匹配滤波器的输出确定时间延迟量 β，现借助 Matlab 用计算卷积积分 $y(t)=r(t)*h_m(t)$ 的方法来实现。

设发射波为 $f(t)=\sin(0.5\pi t)[\varepsilon(t)-\varepsilon(t-20)]$，回波为 $r(t)=\alpha f(t-\beta)$，衰减系数 $\alpha=0.5$，延时时间 $\beta=60$ s；其 Matlab 程序如下。

```
% 卷积在延时检测中的应用
a = 0.5;B = 60;                         % 衰减系数 a,延时 B
ft = inline('sin(pi/2*t).*(u(t)-u(t-20))');
dt = 0.2;
t = 0:dt:100;
f = subs(ft);                           % 发射波
r = a* ft(t-B);hm = fliplr(f);          % 回波 r,发射波的反折信号 hm
L = length(t);
n = randn(1,L)/5;                       % 噪声
rn = r+ n;                              % 带有噪声的回波
subplot(5,1,1);plot(t,f);ylabel('f(t)')
subplot(5,1,2);plot(t,r);ylabel('r(t)')
subplot(5,1,3);plot(t,rn);ylabel('rn(t)')
tp = [-t(L):dt:t(L)];
y = dt* conv(r,hm);                     % 回波与发射波反折信号的卷积计算
subplot(5,1,4);plot(tp,y);
axis([0 100-inf inf]);ylabel('y(t)')
yn = dt* conv(rn,hm);                   % 有噪声回波与发射波反折信号的卷积计算
subplot(5,1,5);plot(tp,yn);
axis([0 100-inf inf])
xlabel('Time(sec)');ylabel('yn(t)')
```

程序运行结果如图 2-25 所示。其中，图 2-25(a) 所示的是发射波，图 2-25(b) 所示的是回波，图 2-25(c) 所示的是带有噪声的回波。图 2-25(d) 所示的是回波与发射波的反折信号卷积的波形，图 2-25(e) 所示的是带有噪声回波与发射波的反折信号卷积的波形。

匹配滤波器的输出信号 $y(t)$ 的波形如图 2-25(d) 所示。$y(t)$ 的包络是一个三角波，峰值所在处 $t=\beta$ 正是所关注的往返时间延迟量。因此，只要找出匹配滤波器输出信号出现峰值的时刻，便可计算出 β 值。在有噪声存在的情况下，从匹配滤波器输出信号峰值出发，计算往返时间延迟量比直接测量回波接收信号 $r(t)$ 的脉冲前沿时刻更加精确，如图

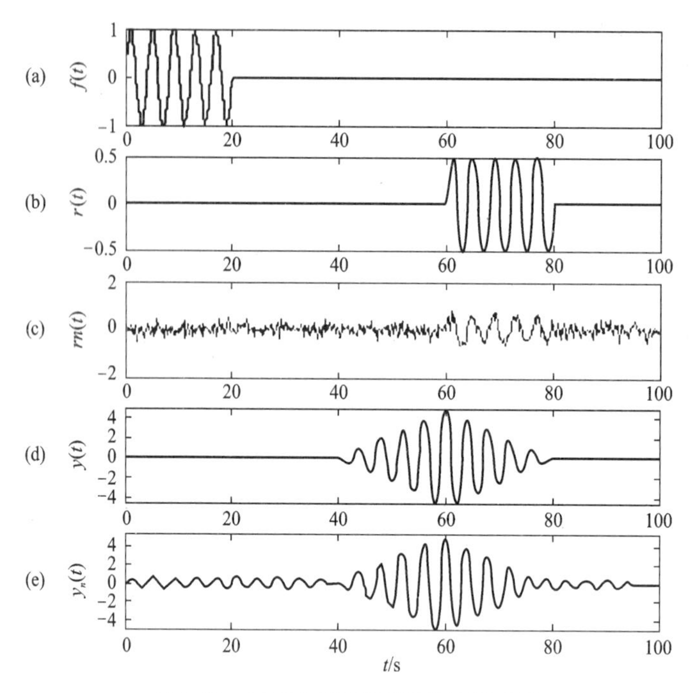

图 2-25 回波信号通过匹配滤波器的响应

2-25(e)所示。所以在实际工程中,通常都使用匹配滤波器来实测距离测量。

本章小结

本章主要介绍了线性非时变系统微分方程的建立和全响应的求解方法。从系统全响应不同的分解方式来解微分方程,包括经典解法和卷积积分法;详细介绍了系统冲激响应和阶跃响应的意义及求解;重点讨论了卷积积分运算规律及其性质,以及通过冲激响应来求系统的零状态响应的方法。下面是本章的主要结论。

(1) 系统的全响应可按三种方式分解:

全响应 $y(t)=$ 零输入响应 $y_{zi}(t)+$ 零状态响应 $y_{zs}(t)$

全响应 $y(t)=$ 自由响应 $y_h(t)+$ 强迫响应 $y_p(t)$

全响应 $y(t)=$ 瞬态响应 $y_t(t)+$ 稳态响应 $y_{ss}(t)$

(2) 微分方程的经典解法:根据特征方程的特征根求解方程的齐次解 $y_h(t)$,根据激励信号的形式求解方程的特解 $y_p(t)$,最后由系统的初始状态确定全解的待定系数。方程的齐次解即为系统的自由响应,特征根为系统的自由频率;特解为系统的强迫响应。自由响应必为瞬态响应,强迫响应中随时间衰减的部分是瞬态分量,而常量和正弦量则为稳态分量。

(3) 系统的零输入响应就是解齐次方程,形式由特征根确定,待定系数由 0_- 初始状态确定。零输入响应必然是自由响应的一部分。

(4) 任意信号可分解为一系列冲激函数的和 $f(t)=\int_{-\infty}^{+\infty}f(\tau)\delta(t-\tau)\mathrm{d}\tau$,那么,系统的零状态响

应为激励信号与单位冲激响应的卷积积分，即 $y_{zs}(t) = f(t) * h(t)$。零状态响应可分解为自由响应和强迫响应两部分。

(5) 初始状态有 0_+ 状态和 0_- 状态之分。0_- 状态称为零输入时的初始状态，即输入信号没有加入系统时，系统就有储能，它是由系统储藏的能量产生的；0_+ 状态为加入输入信号后的初始状态。即初始值不仅有系统的储能，还受激励的影响。在经典法求全响应的积分常数时，用的是 0_+ 状态初始值。而在求系统零输入响应时，用的是 0_- 状态初始值。在求系统零状态响应时，用的是 0_+ 状态初始值，这时的零状态是指 0_- 状态为零。

(6) 单位冲激响应的求解。冲激响应 $h(t)$ 是冲激信号作用系统的零状态响应。它可以看做系统由于冲激信号作用，在 0_+ 时刻具有初始储能的零输入响应，所以具有和零输入响应一样的形式。阶跃响应 $g(t)$ 是阶跃信号作用系统的零状态响应。冲激响应和阶跃响应的关系是

$$h(t) = \frac{\mathrm{d}g(t)}{\mathrm{d}t}, \quad g(t) = \int_{-\infty}^{t} h(\tau)\mathrm{d}\tau$$

(7) 卷积积分的计算方法有解析法、图解法和数值计算法。其中，图解法最能说明它的计算过程，卷积的一些计算规律如下。

① 两个时限信号的卷积结果的左边界和右边界分别是两个时限信号左边界之和及右边界之和。卷积的持续时间等于两时限信号的持续时间之和。

② 两个宽度不同的矩形波其卷积波形为梯形波。梯形波平顶宽度为两矩形波宽度之差，梯形波的高度为小宽度矩形波的面积乘以大宽度矩形波的高度。

③ 两个宽度相同的矩形波其卷积波形为三角波。三角波的高度为一个矩形波面积乘以另一矩形波的高度。

④ 任意信号与冲激函数卷积就是它本身，即 $f(t) * \delta(t) = f(t)$。所以，卷积中含有冲激函数的计算是最简单的。因此，利用卷积的性质，使卷积中含有冲激函数是简化卷积计算的有效方法。

⑤ 两个因果信号的卷积，其积分限是从 0 到 t。

(8) N 个子系统串联的冲激响应为

$$h(t) = h_1(t) * h_2(t) * \cdots * h_N(t)$$

N 个子系统并联的冲激响应为

$$h(t) = h_1(t) + h_2(t) + \cdots + h_N(t)$$

思考题

2-1 什么是微分方程的经典解法？

2-2 自由响应、强迫响应与暂态响应、稳态响应的关系是什么？

2-3 自由响应、强迫响应与零输入响应、零状态响应的关系是什么？

2-4 零输入响应和零状态响应分别是由什么原因产生的？

2-5 零输入响应是否等同于微分方程的齐次解？零状态响应是否等同于微分方程的特解？

2-6 冲激响应和阶跃响应有何关系？

2-7 系统的初始状态有 0_+ 初始状态和 0_- 初始状态之分，请说明它们的区别？你能用什么方法求出它们？

2-8 卷积有哪些特性？它们在系统分析中有什么意义？

2-9 如何确定卷积的积分限和结果中 t 的范围？

2-10　两个门函数的卷积结果是什么?请总结出一般规律。

2-11　雷达测距的原理是什么?匹配滤波器起什么作用?

习题

基本练习题

2-1　已知系统的微分方程为 $y''(t)+3y'(t)+2y(t)=4e^{-3t}$,且初始条件为 $y(0)=3$ 和 $y'(0)=4$。求系统的自由响应、强迫响应、零输入响应、零状态响应及全响应,并分析几种响应之间的关系。

2-2　设系统的微分方程为 $y''(t)+4y'(t)+4y(t)=0$,初始条件为 $y(0)=1$,$y'(0)=2$,求系统的零输入响应。

2-3　求下列微分方程所描述的系统的冲激响应和阶跃响应。

(a) $y'(t)+2y(t)=3f(t)$　　(b) $y'(t)+2y(t)=f'(t)+3f(t)$

(c) $y''(t)+3y'(t)+2y(t)=f''(t)$

2-4　分析题图 2-4 所示电路,求激励 $f(t)$ 分别为 $\delta(t)$ 及 $\varepsilon(t)$ 时的响应电流 $i(t)$ 及响应电压 $u_L(t)$,并绘其波形。

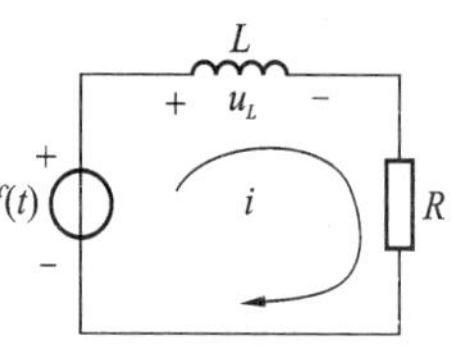

题图 2-4

2-5　画出题图 2-5 中的几个常用信号的卷积波形。

2-6　已知 $f_1(t)$ 和 $f_2(t)$ 的波形如题图 2-6 所示,令 $f(t)=f_1(t)*f_2(t)$,求卷积值 $f(2)$、$f(3)$ 和 $f(4)$。

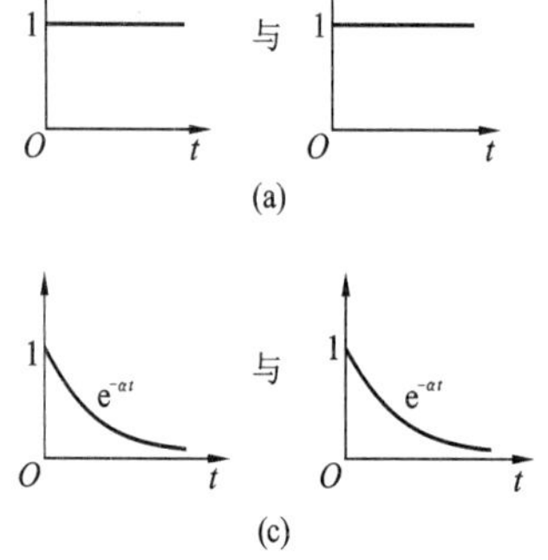
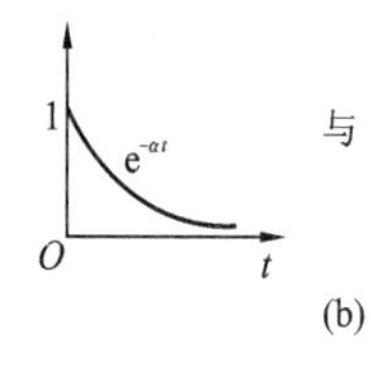
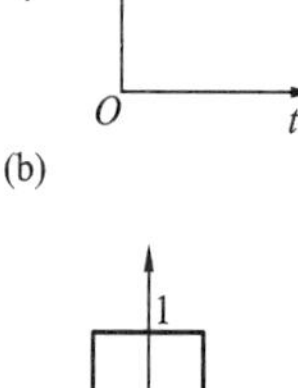
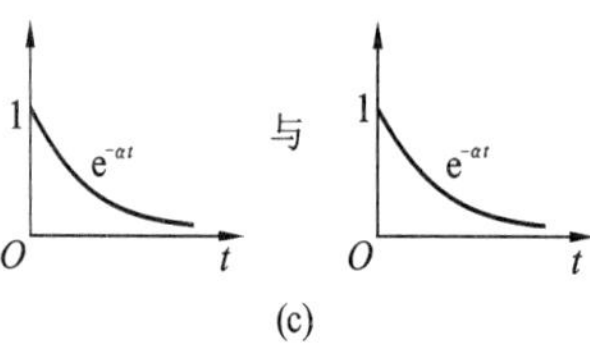
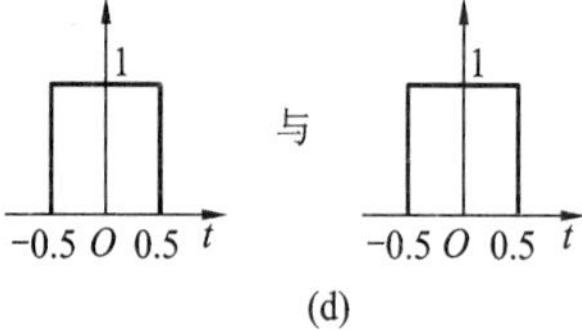

题图 2-5

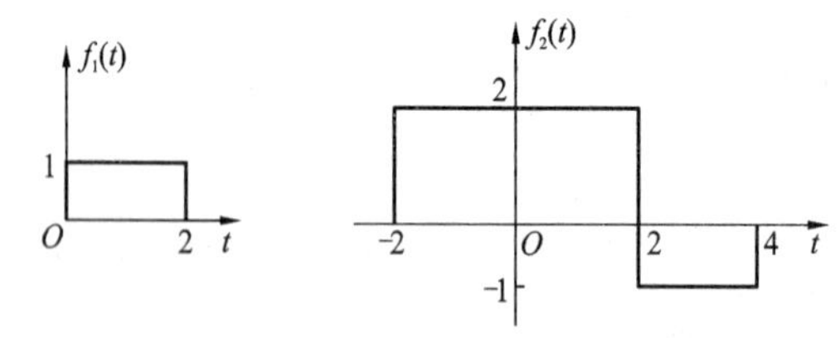

题图 2-6

2-7 画出题图 2-7 中的信号的卷积波形。

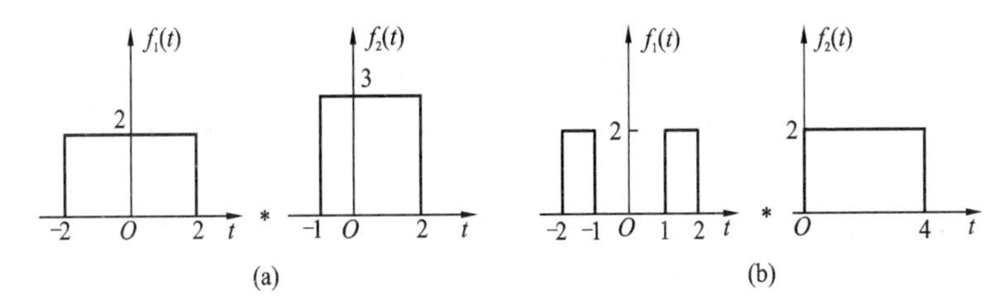

题图 2-7

2-8 已知 $f(t)$ 的波形如题图 2-8 所示，画出 $y(t)=f(t)*\delta'(2-t)$ 的波形。

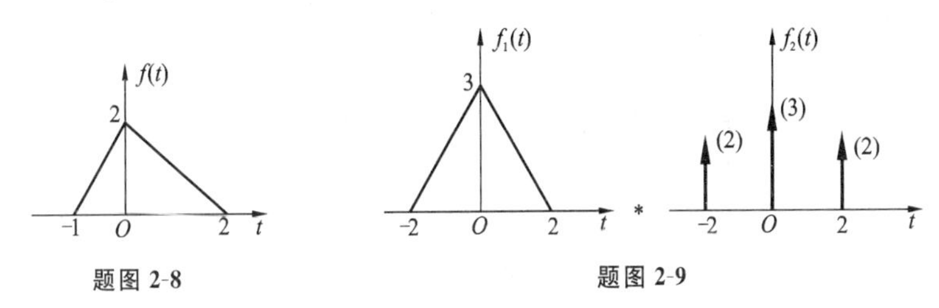

题图 2-8　　题图 2-9

2-9 画出题图 2-9 所示信号的卷积波形。

2-10 一个系统的阶跃响应是 $g(t)=\mathrm{e}^{-t}\varepsilon(t)$。求该系统的冲激响应 $h(t)$。计算这个系统对于以下输入的零状态响应。

(a) $f(t)=t\varepsilon(t)$　(b) $f(t)=G_2(t)$　(c) $f(t)=\delta(t+1)-\delta(t-1)$

2-11 某线性非时变系统在某初始状态下，已知当输入 $f(t)=\varepsilon(t)$ 时，全响应 $y_1(t)=3\mathrm{e}^{-3t}\varepsilon(t)$；当 $f(t)=-\varepsilon(t)$ 时，全响应 $y_2(t)=\mathrm{e}^{-3t}\varepsilon(t)$。试求该系统的冲激响应 $h(t)$。

2-12 线性系统由题图 2-12 的子系统组合而成。设子系统的冲激响应分别为 $h_1(t)=\delta(t-1)$，$h_2(t)=\varepsilon(t)-\varepsilon(t-3)$。求组合系统的冲激响应。

复习提高题

2-13 画出题图 2-13 所示信号的卷积波形。

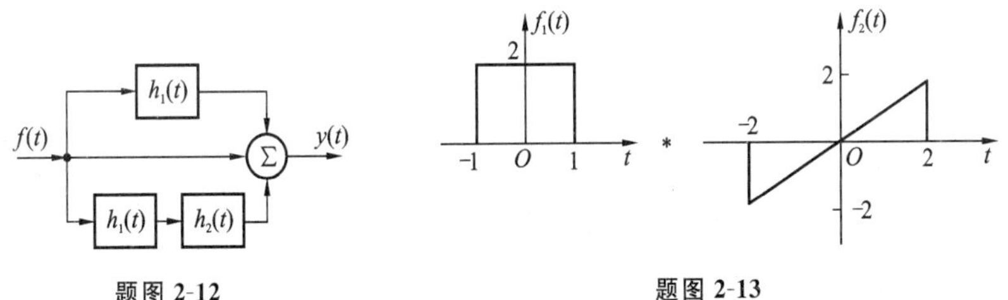

题图 2-12　　题图 2-13

2-14 求下列函数的卷积积分。

(a) $f_1(t)=t\,\varepsilon(t)$，$f_2(t)=\varepsilon(t)$　(b) $f_1(t)=\mathrm{e}^{-2t}\varepsilon(t+1)$，$f_2(t)=\varepsilon(t-3)$

(c) $f_1(t)=\sum\limits_{k=-\infty}^{+\infty}\delta(t-k)$，$f_2(t)=G_{0.5}(t)$　(d) $f_1(t)=\mathrm{e}^{-2t}\varepsilon(t)$，$f_2(t)=\mathrm{e}^{-3t}\varepsilon(t)$

2-15　计算当 $t=0$ 时的 $y(t)=h(t)*f(t)$。

(a) $f(t)=\varepsilon(t-1), h(t)=\varepsilon(t+2)$　　(b) $f(t)=\varepsilon(t), h(t)=t\varepsilon(t-1)$

(c) $f(t)=t\varepsilon(t+1), h(t)=(t+1)\varepsilon(t)$　　(d) $f(t)=\varepsilon(t), h(t)=\cos(0.5\pi t)G_4(t)$

2-16　已知系统阶跃响应为 $g(t)=\mathrm{e}^{-t/RC}\varepsilon(t)$，当加入激励信号 $f(t)=(1-\mathrm{e}^{-\alpha t})\varepsilon(t)$ 时，求系统的零状态响应。

2-17　设系统方程为 $y''(t)+5y'(t)+6y(t)=f(t)$，当 $f(t)=\mathrm{e}^{-t}\varepsilon(t)$ 时，全响应为 $C\mathrm{e}^{-t}\varepsilon(t)$。求系统的初始状态 $y(0), y'(0)$；系数 C 的大小。

2-18　题图 2-18 表示了一个线性非时变系统的输入信号 $f(t)$ 和零状态响应 $y(t)$ 的关系。求系统的冲激响应 $h(t)$。

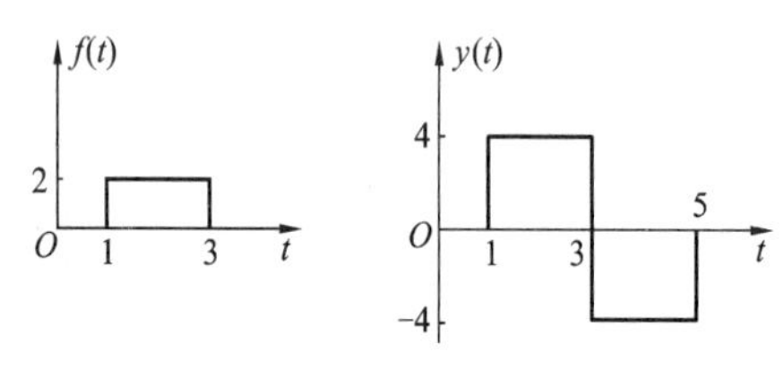

题图 2-18

应用 Matlab 的练习题

2-19　用 Matlab 编程求解例 2.4 中的零输入响应，并画出波形图。

2-20　仿照 LT2_6.m 的方法，用 Matlab 编程求解例 2.7。

2-21　仿照 2.2.4 小节的方法，用 Matlab 编程求解习题 2-1，2-2，画出波形图；与理论计算比较。

2-22　仿照 LT2_6.m 的方法，用 Matlab 编程求解习题 2-6，2-7，2-13 并与理论计算结果比较。

2-23　用 Matlab 的符号计算方法求习题 2-16 的解析式，并与理论计算结果比较。

3

连续信号的傅里叶分析

连续信号的频域分析是信号理论的重要内容。本章讨论连续信号的傅里叶(Fourier)分析方法。包括对周期信号进行傅里叶级数的分析，对非周期信号进行傅里叶变换的分析，并建立频谱、离散频谱以及连续频谱的概念。形象地解释傅里叶变换的性质是透彻理解傅里叶变换的基础。本章通过图例来阐述这些性质的含义，并应用它建立若干常用的傅里叶变换对，最后详细讨论采样信号及其频谱、采样定理。

3.1 引言

第1章讨论了连续信号的时域分析，本章讨论连续信号的频域分析，即连续信号的傅里叶分析。第2章讨论了用卷积积分的方法求得系统对任意连续时间信号输入时的响应。这实际上是把冲激信号作为基本信号，将任意连续信号分解为无穷多个冲激函数的加权和，并将系统对每个冲激响应叠加起来，这就是卷积积分计算系统响应的原理。第3、4章把正弦信号或谐波信号作为基本信号，将信号分解为无穷多个正弦信号或虚指数 $e^{j\omega t}$ 的加权和。这里，周期信号用信号的傅里叶级数表示，即周期信号可分解为无穷多个不同幅度和相位、频率是基波的整数倍的正弦信号之和。非周期信号用傅里叶变换表示，即非周期信号可分解为无穷多个虚指数 $e^{j\omega t}$ 的连续和。这方面的问题统称为傅里叶分析。在第5章，将把复指数信号 $e^{(\sigma+j\omega)t}$ 作为基本信号，用拉氏(Laplacion)变换表示，即任意连续信号可分解为无穷多个复指数信号 $e^{(\sigma+j\omega)t}$ 的连续和。这就是连续信号的复频域分析。

用傅里叶级数和傅里叶变换表示信号有两个方面的优势：首先，在进行系统分析和设计时，使用频域参数(如带宽和频谱)表示信号通常很有用；其次，利用线性系统的叠加性，以及线性非时变性可以较好地进行系统的正弦稳态响应或系统零状态响应的分析。

傅里叶变换可以看做时间函数在频率域上的表示。傅里叶变换频率域包含的信息和原函数所包含的完全相同，不同的仅是信息的表示方法。所以，傅里叶分析可以从另一个观点，即变换分析的观点来研究一个信号或一个系统。本书将涉及三大变换，即傅里叶变换、拉氏变换和 Z 变换,这种变换域分析方法将贯穿全书。利用变换分析往往使问题的分析得到简化,更能抓住事物的本质。这也是科学研究的常用方法。

3.2 傅里叶级数

傅里叶级数有两种形式,即傅里叶级数的三角形式和指数形式。下面将分别介绍,并推导它们之间的关系。

3.2.1 傅里叶级数的三角函数形式

周期为 T 的周期信号 $f(t)$,满足狄里赫利(Dirichlet)条件(实际中遇到的所有周期信号都符合该条件),便可以展开为傅里叶级数的三角形式,即

$$f(t)=a_0+\sum_{n=1}^{+\infty}a_n\cos(n\Omega t)+\sum_{n=1}^{+\infty}b_n\sin(n\Omega t) \tag{3-1}$$

式中:$\Omega=2\pi/T$ 为基波频率;a_n 与 b_n 为傅里叶系数。在一个周期内,其傅里叶系数为

$$a_0=(1/T)\int_{-T/2}^{T/2}f(t)\mathrm{d}t \tag{3-2a}$$

$$a_n=(2/T)\int_{-T/2}^{T/2}f(t)\cos(n\Omega t)\mathrm{d}t \qquad (n=1,2,\cdots) \tag{3-2b}$$

$$b_n=(2/T)\int_{-T/2}^{T/2}f(t)\sin(n\Omega t)\mathrm{d}t \qquad (n=1,2,\cdots) \tag{3-2c}$$

由上式可知,a_n 是 n 的偶函数,b_n 是 n 的奇函数,有

$$a_n=a_{-n},\quad b_n=-b_{-n} \tag{3-3}$$

如果将式(3-1)的同频率项加以合并,则可以写成另一种形式

$$f(t)=A_0+\sum_{n=1}^{+\infty}A_n\cos(n\Omega t+\varphi_n) \tag{3-4}$$

两种表达式中系数的关系为

$$A_0=a_0,\quad A_n=\sqrt{a_n^2+b_n^2},\quad \varphi_n=\arctan(-b_n/a_n)$$
$$a_n=A_n\cos\varphi_n,\quad b_n=A_n\sin\varphi_n \tag{3-5}$$

由上式可知,A_n 是 n 的偶函数;φ_n 是 n 的奇函数。

式(3-1)或式(3-4)表明,任意周期信号可以分解为直流和各次谐波之和。A_0 为周期信号的平均值,它是周期信号中所包含的直流分量,当 $n=1$ 时,式(3-4)的正弦信号称为一次谐波或基波;当 $n=2$ 时,正弦信号称为二次谐波,以此类推。各次谐波的频率是基波的整倍数。

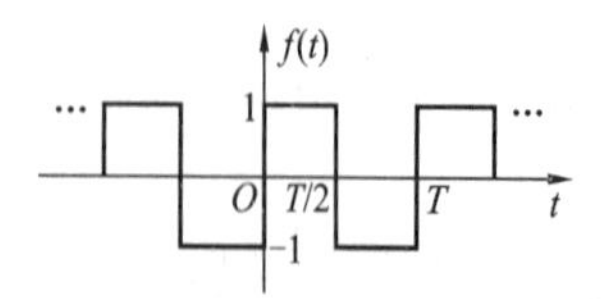

图 3-1 例 3.1 的周期信号

【例 3.1】 试求如图 3-1 所示周期信号 $f(t)$ 的傅里叶级数。

解 基波频率 $\Omega=2\pi/T$,$f(t)$ 的平均值是每个周期的平均面积,即 $a_0=0$,有

$$a_n = (2/T)\int_0^{T/2} \cos(n\Omega t)\mathrm{d}t - (2/T)\int_{T/2}^{T} \cos(n\Omega t)\mathrm{d}t = 0$$

$$\begin{aligned} b_n &= (2/T)\int_0^{T/2} \sin(n\Omega t)\mathrm{d}t - (2/T)\int_{T/2}^{T} \sin(n\Omega t)\mathrm{d}t \\ &= (2/T)\left[-\frac{\cos(n\Omega t)}{n\Omega}\Bigg|_0^{T/2} + \frac{\cos(n\Omega t)}{n\Omega}\Bigg|_{T/2}^{T}\right] \end{aligned}$$

将 $\Omega = 2\pi/T$ 代入上式，并且对于所有的 n，有 $\cos(2n\pi) = 1$，可得

$$b_n = (2/n\pi)[1 - \cos(n\pi)]$$

当 n 为奇数时，$\cos(n\pi) = -1$；当 n 为偶数时，$\cos(n\pi) = 1$，得

$$b_n = \begin{cases} 4/n\pi & (n\ 为奇数) \\ 0 & (n\ 为偶数) \end{cases}$$

因此，$f(t)$ 的傅里叶级数为

$$f(t) = (4/\pi)[\sin(\Omega t) + (1/3)\sin(3\Omega t) + (1/5)\sin(5\Omega t) + \cdots]$$

注意　式中只有奇次谐波分量，原因是 $f(t)$ 具有特殊对称性——半波奇对称，后面将详细讨论各种特殊对称情况。

应用Matlab可以形象地观察傅里叶级数与原波形的关系，下面给出的程序($T = 1$)可以观察本例。

```
% 例 3.1 的傅里叶级数,最高谐波次数为 7,21 和 41 的波形比较
% 文件名:LT3_1.m
n_max = [7 21 41];                          % 最高谐波次数:7,21,41
N = length(n_max);                          % 计算 N 次
t =-1.1:.002:1.1;
omega_0 = 2* pi;                            % 基波频率为 2π
for k = 1:N
n = [];
n = [1:2:n_max(k)];                         % n = 1,3,5,等
b_n = 4./(pi* n);                           % 计算傅里叶系统 bn
x = b_n* sin(omega_0* n'* t);               % 计算前几项的部分和
                                            % 在 N 幅图中的第 k 子图画波形
subplot(N,1,k),plot(t,x,'linewidth',2);
axis([-1.1 1.1-1.5 1.5]);
line([-1.1 1.1],[0 0],'color','r');         % 画直线,表示横轴,线的颜色为红色
line([0 0],[-1.5 1.5],'color','r');         % 画直线,表示纵轴,线的颜色为红色
bt = strcat('最高谐波次数 = ',num2str(n_max(k)));    % 字符串连接
title(bt);                                  % 在 N 幅图中的第 k 子图上写标题
end
```

注意　在求傅里叶级数部分和时用到了矩阵乘法。这比使用for循环节省了大量计算时间。程序运行结果显示如图3-2所示。由该图可知，傅里叶级数所取项数越多，则该级数越逼近于信号 $f(t)$。

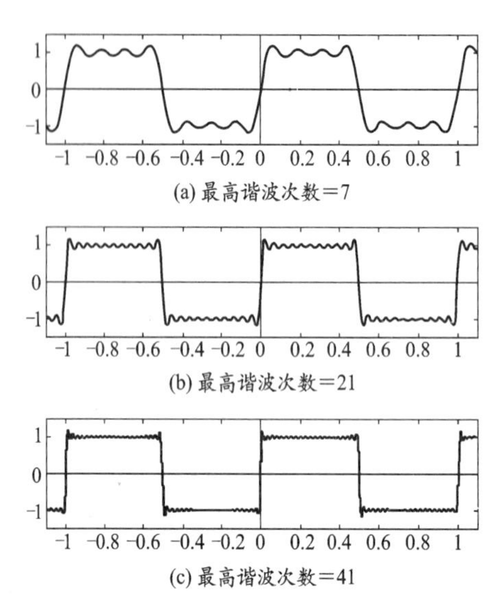

(a) 最高谐波次数=7

(b) 最高谐波次数=21

(c) 最高谐波次数=41

图 3-2　例 3.1 波形傅里叶级数的部分和

3.2.2　傅里叶级数的指数形式

利用欧拉公式

$$\cos x = \frac{e^{jx} + e^{-jx}}{2} \tag{3-6}$$

式(3-4)可表示为

$$\begin{aligned} f(t) &= A_0 + \sum_{n=1}^{+\infty} 0.5 A_n [e^{j(n\Omega t+\varphi_n)} + e^{-j(n\Omega t+\varphi_n)}] \\ &= A_0 + 0.5\sum_{n=1}^{+\infty} A_n e^{j\varphi_n} e^{jn\Omega t} + 0.5\sum_{n=1}^{+\infty} A_n e^{-j\varphi_n} e^{-jn\Omega t} \end{aligned}$$

因为 $A_n = A_{-n}$ 是 n 的偶函数，$\varphi_{-n} = -\varphi_n$ 是 n 的奇函数，将上式第三项中的 n 用 $-n$ 替换，得

$$f(t) = A_0 + 0.5\sum_{n=1}^{+\infty} A_n e^{j\varphi_n} e^{jn\Omega t} + 0.5\sum_{n=-1}^{-\infty} A_n e^{j\varphi_n} e^{jn\Omega t}$$

令

$$\dot{F}_n = 0.5\dot{A}_n = 0.5 A_n e^{j\varphi_n} \tag{3-7}$$

则有

$$f(t) = \sum_{n=-\infty}^{+\infty} \dot{F}_n e^{jn\Omega t} \tag{3-8}$$

式中：$F_0 = A_0$；$\dot{F}_n$ 称为傅里叶复系数。

上式表明，任意周期信号可以表示成 $e^{jn\Omega t}$ 的线性组合，加权因子为 $\dot{F}_n$。傅里叶复系数为

$$\begin{aligned}\dot{F}_n &= 0.5\dot{A}_n = 0.5A_n e^{j\varphi_n} = 0.5(A_n\cos\varphi_n - jA_n\sin\varphi_n) = 0.5(a_n - jb_n) \\ &= (1/T)\int_{-T/2}^{T/2} f(t)\cos(n\Omega t)dt - (j/T)\int_{-T/2}^{T/2} f(t)\sin(n\Omega t)dt \\ &= (1/T)\int_{-T/2}^{T/2} f(t)[\cos(n\Omega t) - j\sin(n\Omega t)]dt \\ &= (1/T)\int_{-T/2}^{T/2} f(t)e^{-jn\Omega t}dt \quad (n = \pm 1, \pm 2, \cdots)\end{aligned} \tag{3-9}$$

由上式可以看出,傅里叶级数的指数形式比三角形式更为简单。

傅里叶级数各系数的关系为

$$\dot{A}_n = A_n\angle\varphi_n = a_n - jb_n \tag{3-10a}$$

$$\dot{F}_n = 0.5\dot{A}_n = 0.5A_n\angle\varphi_n = 0.5(a_n - jb_n) \tag{3-10b}$$

$$F_0 = A_0 = a_0 \tag{3-10c}$$

上述关系可在复平面上用相量表示如图 3-3 所示。

【例 3.2】 试求如图 3-4 所示周期信号 $f(t)$ 的傅里叶级数的复系数 $\dot{F}_n$。

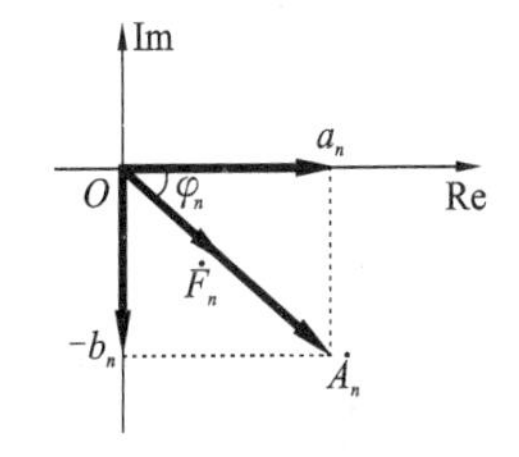

图 3-3 傅里叶系数的相量表示

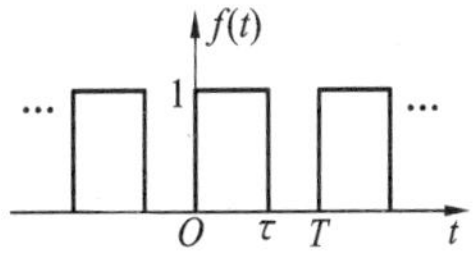

图 3-4 例 3.2 的周期信号

解 $f(t)$ 的平均值是每个周期的平均面积,即有 $F_0 = \tau/T$,傅里叶复系数为

$$\dot{F}_n = \frac{1}{T}\int_0^{\tau} e^{-jn\Omega t}dt = \frac{e^{-jn\Omega t}}{-jn\Omega T}\bigg|_0^{\tau} = \frac{1-e^{-jn\Omega\tau}}{j2\pi n}$$

如果提出因子 $e^{-j0.5n\Omega\tau}$ 并利用欧拉公式,就可得到

$$\dot{F}_n = e^{-j0.5n\Omega\tau}\left[\frac{e^{j0.5n\Omega\tau} - e^{-j0.5n\Omega\tau}}{j2\pi n}\right] = e^{-jn\pi\tau/T}\left[\frac{\sin(n\pi\tau/T)}{n\pi}\right]$$

式中:Ω 是基频,$\Omega = 2\pi/T$,上式用采样函数表示为

$$\dot{F}_n = (\tau/T)\mathrm{Sa}(n\pi\tau/T)e^{-jn\pi\tau/T}$$

注意,$f(t)$ 的傅里叶级数的复系数取决于占空比 τ/T。

应用 Matlab 可以形象地观察傅里叶级数与原波形的关系,下面给出的程序($T = 1$,占空比为 3/4)可以观察本例。

```
% 例 3.2 的傅里叶级数,最高谐波次数为 6,12 和 34 的波形比较
% 文件名:LT3_2.m
tau_T = 3/4;                      % 占空比 3/4
n_max = [6 12 34];                % 最高谐波次数:6,12,34
```

```
N = length(n_max);                    % 计算 N 次
t =-1.1:.002:1.1;
omega_0 = 2* pi;                      % 基波频率
for k = 1:N
n =[];
n =[-n_max(k):n_max(k)];
L_n = length(n);
F_n = zeros(1,L_n);
for i = 1:L_n                         % 计算傅里叶复系数 Fn
        F_n(i) = tau_T* Sa(tau_T* n(i)* pi)* exp(- j* tau_T* n(i)* pi);
end
F = F_n* exp(j* omega_0* n'* t);      % 计算前几项的部分和
subplot(N,1,k),plot(t,real(F),'linewidth',2);
axis([-1.1 1.1-0.5 1.5]);
line([-1.1 1.1],[0 0],'color','r'); % 画直线,表示横轴,线的颜色为红色
line([0 0],[-0.5 1.5],'color','r'); % 画直线,表示纵轴,线的颜色为红色
bt = strcat(' 最高谐波次数 = ',num2str(n_max(k)));      % 字符串连接
title(bt);                            % 在第 k 子图上写标题
end
```

程序运行结果显示在图 3-5 中。

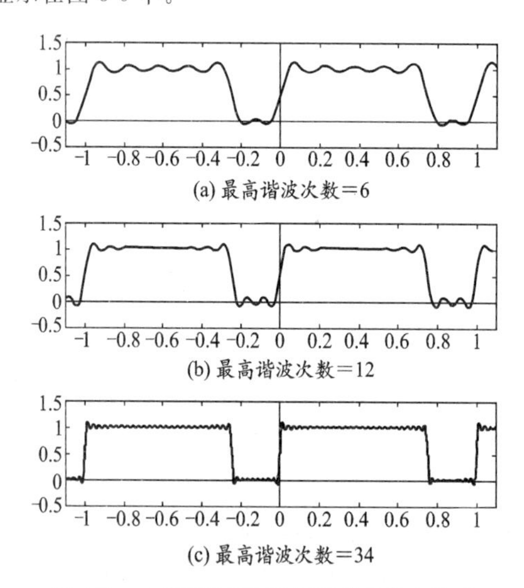

图 3-5　由复指数傅里叶级数的部分和波形

3.2.3　周期信号的对称性与傅里叶系数的关系

1. 纵轴对称信号(偶对称信号)

若信号 $f(t)$ 是时间 t 的偶函数,即 $f(t)=f(-t)$,此时其波形对称于纵轴,该信号称

为偶对称信号。利用式(3-2)求傅里叶系数时，由于$f(t)\cos(n\Omega t)$为偶函数，而$f(t)\sin(n\Omega t)$为奇函数，故

$$b_n=0,\quad a_n=(4/T)\int_0^{T/2}f(t)\cos(n\Omega t)\mathrm{d}t \tag{3-11}$$

由此可知，纵轴对称信号的傅里叶级数中不包含正弦项，只可能有直流项和余弦项。故其傅里叶级数的复系数为

$$\dot{F}_n=\dot{F}_{-n}=a_n/2,\quad \varphi_n=0 \tag{3-12}$$

上式说明，傅里叶级数的复系数是实数，是n的偶函数。

2. 原点对称信号(奇对称信号)

若信号$f(t)$是时间t的奇函数，即$f(t)=-f(-t)$，此时其波形对称于原点，该信号称为奇对称信号。利用式(3-2)求傅里叶系数时，由于$f(t)\cos(n\Omega t)$为奇函数，而$f(t)\sin(n\Omega t)$为偶函数，故

$$a_n=0,\quad b_n=(4/T)\int_0^{T/2}f(t)\sin(n\Omega t)\mathrm{d}t \tag{3-13}$$

由此可知，原点对称信号的傅里叶级数中不包含余弦项和直流分量，只可能有正弦项。故其傅里叶级数的复系数为

$$\dot{F}_n=-\dot{F}_{-n}=-\mathrm{j}b_n/2,\quad \varphi_n=-\pi/2 \tag{3-14}$$

上式说明，傅里叶级数的复系数是纯虚数，是n的奇函数。

3. 半周镜像对称信号(半波对称信号)

如果信号$f(t)$的前半周期波形沿时间轴平移半个周期后，与后半周期波形对称于横轴，即满足

$$f(t+T/2)=-f(t) \tag{3-15}$$

则称此信号为半周镜像对称信号或半波对称信号，或奇谐信号，如图3-6所示。由图可见，直流分量$a_0=0$。

傅里叶级数的复系数为

$$\begin{aligned}\dot{F}_n&=(1/T)\int_0^{T/2}f(t)\mathrm{e}^{-\mathrm{j}n\Omega t}\mathrm{d}t+(1/T)\int_{-T/2}^{0}f(t)\mathrm{e}^{-\mathrm{j}n\Omega t}\mathrm{d}t\\&=(1/T)\int_0^{T/2}f(t)\mathrm{e}^{-\mathrm{j}n\Omega t}\mathrm{d}t-(1/T)\int_{-T/2}^{0}f(t+T/2)\mathrm{e}^{-\mathrm{j}n\Omega t}\mathrm{d}t\\&=(1/T)\int_0^{T/2}f(t)\mathrm{e}^{-\mathrm{j}n\Omega t}\mathrm{d}t-(1/T)\int_0^{T/2}f(t)\mathrm{e}^{-\mathrm{j}n\Omega t}\mathrm{e}^{\mathrm{j}n\Omega T/2}\mathrm{d}t\\&=[1-(-1)^n](1/T)\int_0^{T/2}f(t)\mathrm{e}^{-\mathrm{j}n\Omega t}\mathrm{d}t\end{aligned}$$

由上式可见，只有当n为奇数时，$\dot{F}_n$才存在，即半波对称信号的傅里叶级数中，只有奇次谐波项，不存在偶次谐波项。显然，这里的奇次谐波包含正弦和余弦的奇次项。

4. 半周重叠对称信号

满足半周期重叠，即

$$f(t+T/2)=f(t) \tag{3-16}$$

这样的信号称为偶谐信号,如图 3-7 所示。不难看出,偶谐信号的最小周期实际上为 $T/2$,偶谐信号的傅里叶级数包括了基波频率 Ω 的偶倍数的正弦、余弦项($\Omega=2\pi/T$)。因此,偶谐信号无奇次谐波,只有直流分量(常数)和偶次谐波。

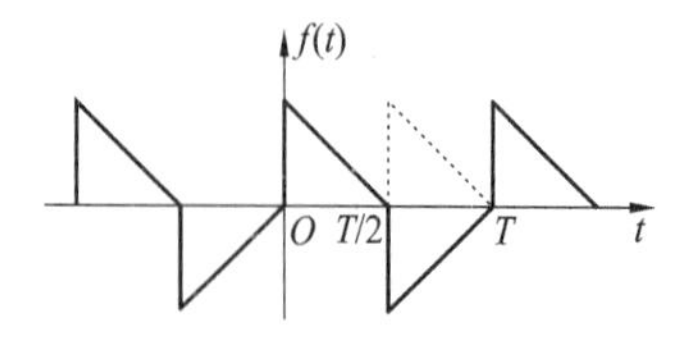

图 3-6　半波对称信号的波形

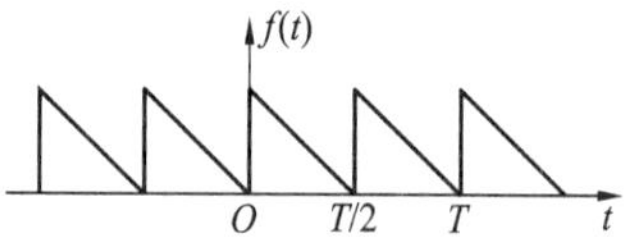

f(t)　O　T/2　T　t

图 3-7　半周重叠对称信号的波形

5. 删除直流分量可显示隐藏的对称性

在周期信号中,增加一个直流分量不改变它的傅里叶级数的系数。由于奇对称信号和半波对称信号会因含有直流分量而看不出其对称性。但去掉其直流分量后,对称性就显示出来了,如图 3-8 所示。实际上直流分量是偶分量,删除直流分量后就是奇分量。

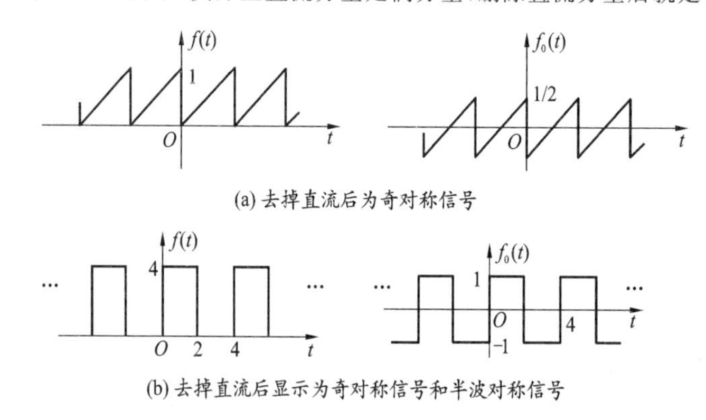

(a) 去掉直流后为奇对称信号

(b) 去掉直流后显示为奇对称信号和半波对称信号

图 3-8　去掉直流分量可显示隐藏的对称性

由图 3-8(a) 可以看出,$f(t)$ 删除直流分量后成为原点对称信号。根据傅里叶系数与周期信号对称性的关系可知,$f(t)$ 的傅里叶系数只含有直流项和正弦项。由图 3-8(b) 可以看出,$f(t)$ 删除直流分量后的信号既是奇对称信号,又是半波对称信号。根据傅里叶系数与周期信号对称性的关系可知,$f(t)$ 的傅里叶系数只含有直流项和正弦项的奇次谐波。

3.2.4 周期信号的功率与帕斯瓦尔定理

由第 1 章可知,周期信号 $f(t)$ 的平均功率为

$$P=(1/T)\int_{T}|f(t)|^{2}\mathrm{d}t=(1/T)\int_{T}f(t)f^{*}(t)\mathrm{d}t \tag{3-17}$$

式中:$f^{*}(t)$ 可用其傅里叶级数的指数形式替换,可得

$$P=(1/T)\int_T f(t)\Big(\sum_{n=-\infty}^{+\infty}\dot{F}_n^* \mathrm{e}^{-\mathrm{j}n\Omega t}\Big)\mathrm{d}t=\sum_{n=-\infty}^{+\infty}\dot{F}_n^*\left[(1/T)\int_T f(t)\mathrm{e}^{-\mathrm{j}n\Omega t}\mathrm{d}t\right] \tag{3-18}$$

其中,交换了积分与求和的顺序。方括号中的项就是 $\dot{F}_n$[见式(3-9)],上式可写成

$$P=(1/T)\int_T |f(t)|^2\mathrm{d}t=\sum_{n=-\infty}^{+\infty}|\dot{F}_n|^2 \tag{3-19a}$$

这就是帕斯瓦尔(Parseval)定理。上式表明,周期信号的平均功率等于傅里叶级数中复系数的功率之和。

当周期信号 $f(t)$ 用其傅里叶级数的三角形式表示时,可得

$$P=(1/T)\int_T |f(t)|^2\mathrm{d}t=A_0^2+0.5\sum_{n=-\infty}^{+\infty}|\dot{A}_n|^2 \tag{3-19b}$$

上式表明,周期信号的平均功率等于直流分量的功率与各次谐波分量的功率之和。

3.3 周期信号的频谱

3.3.1 频谱的概念

周期信号可以展开为傅里叶级数的三角形式或指数形式,它描述了周期信号所含有的频率成分以及这些频率分量的幅度和相位。将各次谐波的幅度和相位随频率变化而变化的规律用图形表示出来,这就是频谱图。通常称 $\dot{F}_n$ 或 $\dot{A}_n$ 为 $f(t)$ 的频谱。

幅度频谱和相位频谱描述的是每个谐波的幅度与相位。它们在图中作为离散信号,有时称为线谱。单边频谱指的是当 $n\geqslant 0$(正频率)时 A_n 和 φ_n 的图形关系,而双边频谱指的是当 n 为任何值(所有频率,正的和负的)时 $|\dot{F}_n|$ 和 φ_n 的图形关系。

对于实周期信号,$\dot{F}_n$ 显示的是共轭对称波形。所以,双边的幅度频谱 $|\dot{F}_n|$ 具有偶对称性。而双边相位频谱显示的则是在负指数上(或负频率上)的反相位波形,即双边相位频谱是奇对称的。

对于实信号,若周期信号是偶函数,则 $\dot{F}_n$ 为纯实数;若周期信号是奇函数,则 $\dot{F}_n$ 为纯虚数。

【例 3.3】 一个周期信号 $f(t)$ 表示成三角傅里叶级数为

$$f(t)=2+3\cos(2t)+4\sin(2t)+2\sin(3t+30^\circ)-\cos(7t+150^\circ)$$

画出 $f(t)$ 的单边和双边幅度频谱和相位频谱。

解 首先,将同频率的正弦信号合并,即

$$3\cos(2t)+4\sin(2t)=5\cos(2t-53.13^\circ)$$

将 sin(项转换成 cos) 项,有

$$\sin(3t+30^\circ)=\cos(3t-60^\circ)$$

以及 $$-\cos(7t+150^\circ)=\cos(7t+150^\circ-180^\circ)=\cos(7t-30^\circ)$$

因此 $$f(t)=2+5\cos(2t-53.13^\circ)+2\cos(3t-60^\circ)+\cos(7t-30^\circ)$$

其信号的单边幅度频谱和相位频谱如图 3-9(a) 所示。

根据欧拉公式 $\cos x = 0.5(e^{jx} + e^{-jx})$，$f(t)$ 可写成指数形式，即

$$f(t) = 2 + 2.5(e^{j2t}e^{-j53.13^\circ} + e^{-j2t}e^{+j53.13^\circ}) + (e^{j3t}e^{-j60^\circ} + e^{-j3t}e^{j60^\circ}) + 0.5(e^{j7t}e^{-j30^\circ} + e^{-j7t}e^{j30^\circ})$$

其信号的双边幅度频谱和相位频谱如图 3-9(b) 所示。

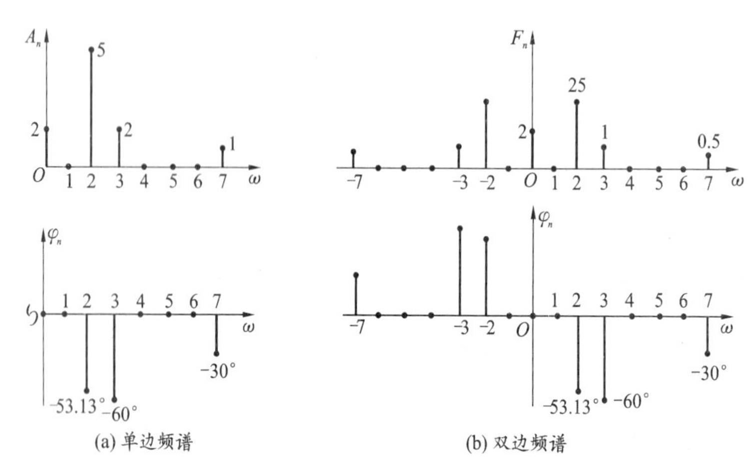

(a) 单边频谱　　(b) 双边频谱

图 3-9　例 3.3 的频谱

【例 3.4】 如图 3-10(a) 所示的为 $x(t)$ 的双边频谱，图 3-10(b) 所示的为 $y(t)$ 的单边频谱。计算信号的功率，并求出时间信号 $x(t)$ 和 $y(t)$ 的表达式。

解　(a) 由于频谱是双边的，所以信号的功率为

$$P = \sum |\dot{X}_n|^2 = (1 + 16 + 9 + 4 + 9 + 16 + 1)\ \text{W} = 56\ \text{W}$$

该信号的时间表达式为

$$x(t) = 2 + 6\cos(24\pi t - 180^\circ) + 8\cos(40\pi t) + 2\cos(56\pi t + 180^\circ)$$

或

$$x(t) = 2 - 6\cos(24\pi t) + 8\cos(40\pi t) - 2\cos(56\pi t)$$

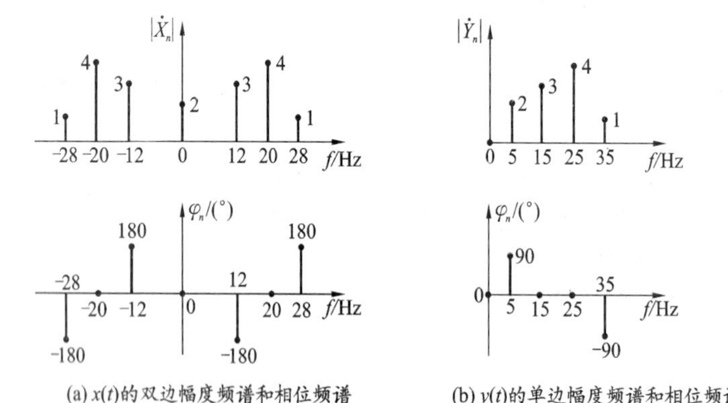

(a) $x(t)$的双边幅度频谱和相位频谱　　(b) $y(t)$的单边幅度频谱和相位频谱

图 3-10　例 3.4 的幅度频谱和相位频谱

(b) 对于具有单边频谱的信号 $y(t)$，信号的功率为

$$P = 0.5\sum |\dot{A}_n|^2 = 0.5(4 + 9 + 16 + 1)\text{W} = 15\ \text{W}$$

该信号的时间表达式为

$$y(t)=2\cos(10\pi t+90^\circ)+3\cos(30\pi t)+4\cos(50\pi t)+\cos(70\pi t-90^\circ)$$

或
$$y(t)=-2\sin(10\pi t)+3\cos(30\pi t)+4\cos(50\pi t)+\sin(70\pi t)$$

3.3.2 周期矩形脉冲的频谱

脉冲幅度为1，宽度为τ的周期矩形脉冲$f(t)$，其周期为T，如图3-11所示。

将$f(t)$展开为傅里叶级数的指数形式，可由式(3-9)求得傅里叶复系数为

$$\dot{F}_n=\frac{1}{T}\int_{-\tau/2}^{\tau/2}\mathrm{e}^{-\mathrm{j}n\Omega t}\mathrm{d}t=\frac{1}{T}\cdot\frac{\mathrm{e}^{-\mathrm{j}n\Omega t}}{-\mathrm{j}n\Omega}\bigg|_{-\tau/2}^{\tau/2}=\frac{2}{T}\cdot\frac{\sin(0.5n\Omega\tau)}{n\Omega}=\frac{\tau}{T}\cdot\frac{\sin(0.5n\Omega\tau)}{0.5n\Omega\tau}$$
$$=(\tau/T)\mathrm{Sa}(0.5n\Omega\tau)\quad(n=0,\pm1,\pm2,\cdots)\tag{3-20}$$

式中：$\Omega=2\pi/T$为基波频率；$\dot{F}_n$在$\omega=n\Omega$时有值，称为谱线；$\mathrm{Sa}(0.5\omega\tau)$为包络线；$0.5\omega\tau=m\pi$即$\omega=2m\pi/\tau$处为零。下面分两种情况来分析周期矩形脉冲的周期$T$和脉冲宽度$\tau$对其频谱的影响。

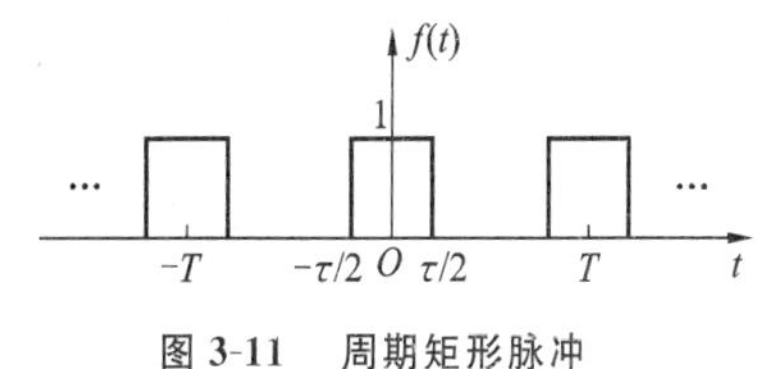

图3-11 周期矩形脉冲

1. 周期T不变，脉冲宽度τ变化

(1) 令脉冲宽度τ为1/4周期，即$\tau=T/4$，这时频谱为

$$\dot{F}_n=(\tau/T)\mathrm{Sa}(n\pi\tau/T)=(1/4)\mathrm{Sa}(n\pi/4)$$

第一个过零点为$n=4$，谱线间隔为Ω。前几个值计算如下表所示。

ω	0	Ω	2Ω	3Ω	4Ω	5Ω
n	0	1	2	3	4	5
$\dot{F}_n$	1/4	$(1/4)\mathrm{Sa}(\pi/4)$	$(1/4)\mathrm{Sa}(\pi/2)$	$(1/4)\mathrm{Sa}(3\pi/4)$	0	$(1/4)\mathrm{Sa}(5\pi/4)$为负

画出周期信号及频谱如图3-12所示。

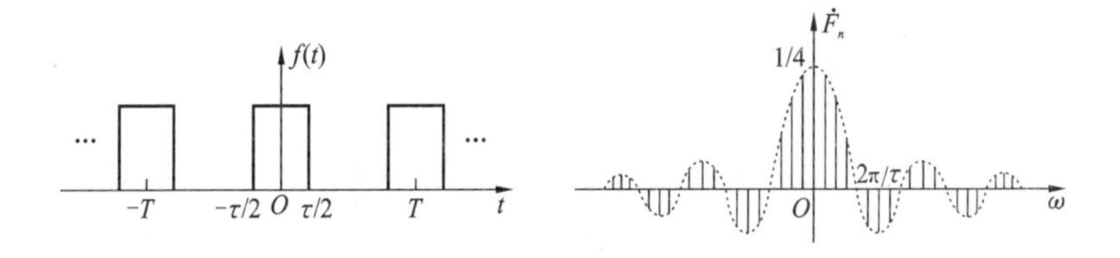

图3-12 $\tau=T/4$时周期矩形脉冲及频谱

(2) 令脉冲宽度τ为1/8周期，即$\tau=T/8$，这时的频谱为

$$\dot{F}_n=(\tau/T)\mathrm{Sa}(n\pi\tau/T)=(1/8)\mathrm{Sa}(n\pi/8)$$

第一个过零点时，$n=8$，这时过零点的n增加1倍。由于T不变，则$\Omega=2\pi/T$不变，即谱线间隔不变。画出周期信号及频谱如图3-13所示。

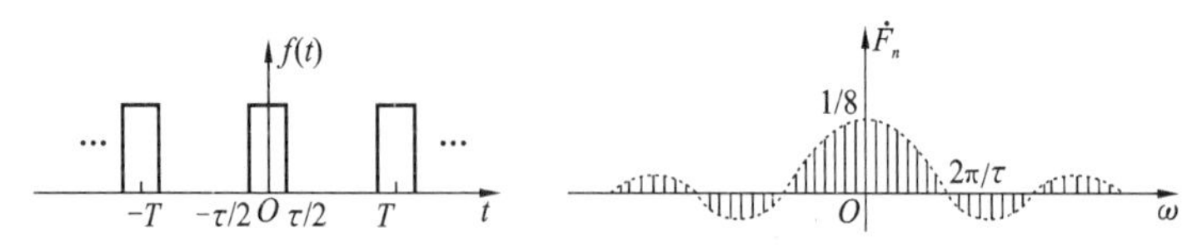

图 3-13　$\tau = T/8$ 时周期矩形脉冲及频谱

(3) 令脉冲宽度 τ 为 1/16 周期，即 $\tau = T/16$，这时的频谱为

$$\dot{F}_n = (\tau/T)\mathrm{Sa}(n\pi\tau/T) = (1/16)\mathrm{Sa}(n\pi/16)$$

第一个过零点时，$n = 16$，这时过零点的 n 增加 2 倍。由于 T 不变，则 $\Omega = 2\pi/T$ 不变，谱线间隔仍不变。画出周期信号及频谱如图 3-14 所示。

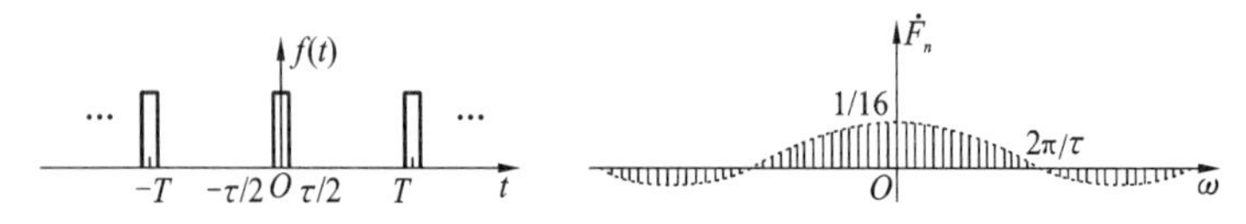

图 3-14　$\tau = T/16$ 时周期矩形脉冲及频谱

综上所述，可以得出以下结论。

① 脉冲宽度 τ 由大变小，$\dot{F}_n$ 在第一个过零点处频率增大，即 $\omega = 2\pi/\tau$，$\Delta f = 1/\tau$ 称为信号的带宽，显然带宽变宽。所以 τ 确定了带宽。

② 脉冲宽度 τ 由大变小，频谱的幅度变小。

③ 由于周期 T 不变，频谱的谱线间隔不变，即 $\Omega = 2\pi/T$ 不变。

2. 脉冲宽度 τ 不变，周期 T 变化

(1) 当周期 $T = 4\tau$ 时，频谱的谱线间隔 $\Omega = 2\pi/T = \pi/2\tau$，第一个过零点处，$\omega = 2\pi/\tau$，画出周期信号及频谱如图 3-15 所示。

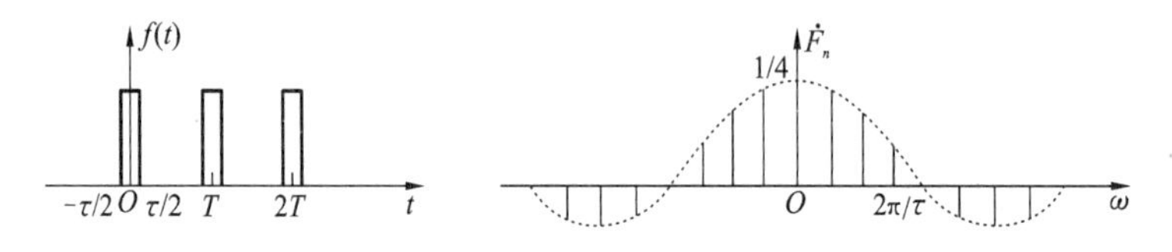

图 3-15　$T = 4\tau$ 时周期矩形脉冲及频谱

(2) 当周期 $T = 8\tau$ 时，频谱的谱线间隔 $\Omega = 2\pi/T = \pi/4\tau$，第一个过零点处频率不变，即 $\omega = 2\pi/\tau$，画出周期信号及频谱如图 3-16 所示。

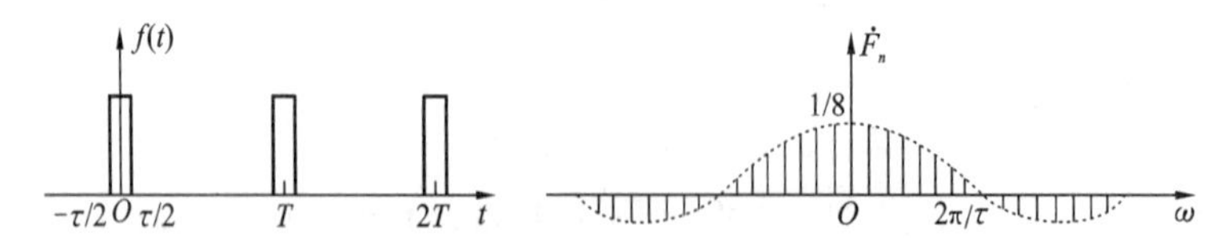

图 3-16　$T = 8\tau$ 时周期矩形脉冲及频谱

(3) 当周期 $T=16\tau$ 时，频谱的谱线间隔 $\Omega=2\pi/T=\pi/8\tau$，第一个过零点处频率不变，即 $\omega=2\pi/\tau$。画出周期信号及频谱如图 3-17 所示。

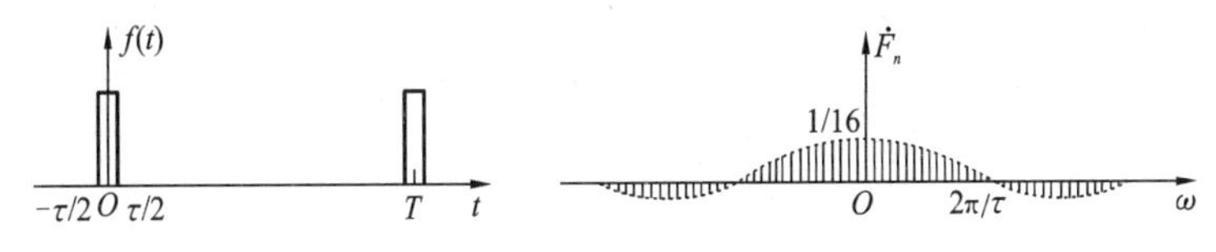

图 3-17 $T=16\tau$ 时周期矩形脉冲及频谱

综上所述，可以得出以下**结论**。

① 脉冲宽度 τ 不变，$\dot{F}_n$ 在第一个过零点处频率不变，即 $\omega=2\pi/\tau$，所以 $\Delta f=1/\tau$ 带宽不变。

② T 由小变大，谱线间隔变小，谐波成分丰富，并且频谱幅度变小。

③ $T\to+\infty$ 时，$\Omega\to 0$，这时有

周期信号 → 非周期信号；离散频谱 → 连续频谱

3.3.3 周期信号频谱的特点

(1) 周期信号的频谱由不连续的线条组成，每一条线代表一个正弦量，故称为离散频谱。

(2) 周期信号频谱的每条谱线只能出现在基波频率的整数倍频率上。这就是周期信号频谱的谐波性。

(3) 各次谐波的振幅，总的趋势是随着谐波次数的增高而逐渐减小。所以，周期信号的频谱具有收敛性。

以上就是周期信号频谱的三个特点：离散性、谐波性、收敛性。这是所有周期信号共有的特点。

(4) 离散频谱与连续频谱：当周期信号的周期 T 增大，其频谱中的谱线也相应地渐趋密集，频谱的幅度也相应地渐趋减小。当 $T\to+\infty$ 时，频谱线无限密集，频谱幅度无限趋小。这时，离散频谱就变成连续频谱。

3.4 傅里叶变换

傅里叶变换是时域信号的频域表示方式，通常称为“频谱”。它可以看做周期信号的周期 $T\to+\infty$ 时傅里叶级数的极限形式。这样，周期信号就演变成非周期信号，由周期信号的一个周期转换到非周期信号也表示了由功率信号向能量信号的转换。傅里叶级数就变成了傅里叶变换。因此，傅里叶级数是傅里叶变换的一个特例，而傅里叶变换则是傅里叶级数的推广。

3.4.1 傅里叶变换

当周期信号的周期 $T\to+\infty$ 时，周期信号就成为一非周期信号，其频谱相邻谱线间隔 $\Omega=2\pi/T\to 0$，从而周期信号的离散频谱演变为非周期信号的连续频谱。周期矩形脉冲的频谱 $T\dot{F}_n$ 如图 3-18 所示。令脉冲宽度 $\tau=0.5$，$T=2$、5、10 s时的频谱变化可以说明上述结论。

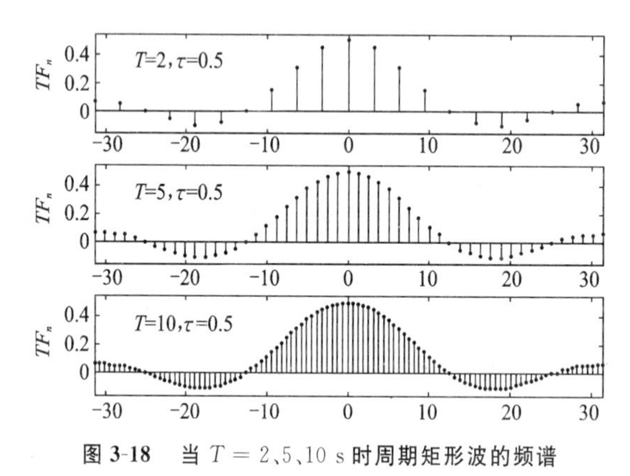

图 3-18　当 $T=2$、5、10 s 时周期矩形波的频谱

周期信号的傅里叶级数指数形式为

$$f_T(t)=\sum_{n=-\infty}^{+\infty}\dot{F}_n e^{jn\Omega t} \tag{3-21}$$

其傅里叶系数为

$$\dot{F}_n=(1/T)\int_T f_T(t)e^{-jn\Omega t}dt \tag{3-22}$$

如果将周期信号 $f_T(t)$ 的周期 T 无限延拓，则周期信号就再也不具有周期性了，而成为与 $f_T(t)$ 的一个周期相对应的单个脉冲 $f(t)$。当 $T\to+\infty$ 时，谐波间隔 $\Omega=2\pi/T\to 0$，系数 $\dot{F}_n\to 0$。这时用无穷小量 $d\omega\to 0$ 来代替 Ω，$n\Omega\to\omega$，并计算

$$T\dot{F}_n=\int_{-T/2}^{T/2}f_T(t)e^{-jn\Omega t}dt \tag{3-23}$$

当 $T\to+\infty$ 时，等式右边的积分总是存在的，可得

$$F(j\omega)=\lim_{T\to+\infty}\dot{F}_nT=\int_{-\infty}^{+\infty}f(t)e^{-j\omega t}dt \tag{3-24}$$

这一关系式称为信号 $f(t)$ 的傅里叶变换，它是非周期信号 $f(t)$ 的频域表示法，也记为

$$F(j\omega)=\mathscr{F}[f(t)]=\int_{-\infty}^{+\infty}f(t)e^{-j\omega t}dt \tag{3-25}$$

式中：$\mathscr{F}[f(t)]$ 表示时间函数 $f(t)$ 的傅里叶变换。

必须指出，从理论角度来讲，傅里叶变换要满足一定的条件才能存在。这种条件类似于周期信号展开为傅里叶级数的狄里赫利条件，但非周期信号的时间范围由一个周期变成无限的区间。傅里叶变换存在的充分条件是在无限区间内满足绝对可积，即

$$\int_{-\infty}^{+\infty} |f(t)| \mathrm{d}t < +\infty \tag{3-26}$$

但此条件并非必要条件。自从引入广义函数后，傅里叶变换就允许冲激函数及其各阶导数存在，这样，使许多并不绝对可积的信号（如阶跃信号、符号函数及周期信号）等，其频谱函数有了确定的表达式，这种引入广义函数后的频谱函数有时也称为广义傅里叶变换。

3.4.2 傅里叶反变换

将式(3-21)修改为

$$f_T(t) = \sum_{n=-\infty}^{+\infty} T\dot{F}_n \mathrm{e}^{\mathrm{j}n\Omega t}(1/T) = \sum_{n=-\infty}^{+\infty} T\dot{F}_n \mathrm{e}^{\mathrm{j}n\Omega t}(\Omega/2\pi)$$

当 $T \to +\infty$ 且 $n\Omega \to \omega$ 时，$\Omega \to \mathrm{d}\omega \to 0$，上式变为

$$f(t) = (1/2\pi)\int_{-\infty}^{+\infty} F(\mathrm{j}\omega)\mathrm{e}^{\mathrm{j}\omega t}\mathrm{d}\omega \tag{3-27}$$

傅里叶反变换也记为

$$f(t) = \mathscr{F}^{-1}[F(\mathrm{j}\omega)] \tag{3-28}$$

称为原函数。式中，$\mathscr{F}^{-1}[F(\mathrm{j}\omega)]$ 表示频谱 $F(\mathrm{j}\omega)$ 的傅里叶反变换。

信号 $f(t)$ 以及它的傅里叶变换 $F(\mathrm{j}\omega)$ 构成了一个唯一的变换对，表示为

$$f(t) \Leftrightarrow F(\mathrm{j}\omega) \tag{3-29}$$

3.4.3 幅度频谱与相位频谱

一般而言，傅里叶变换 $F(\mathrm{j}\omega)$ 是一个复数，并可以用以下任意形式表示：

$$\begin{aligned} F(\mathrm{j}\omega) &= \int_{-\infty}^{+\infty} f(t)\mathrm{e}^{-\mathrm{j}\omega t}\mathrm{d}t = \int_{-\infty}^{+\infty} f(t)\cos(\omega t)\mathrm{d}t - \mathrm{j}\int_{-\infty}^{+\infty} f(t)\sin(\omega t)\mathrm{d}t \\ &= \mathrm{Re}[F(\mathrm{j}\omega)] + \mathrm{j}\mathrm{Im}[F(\mathrm{j}\omega)] = R(\omega) + \mathrm{j}X(\omega) = |F(\mathrm{j}\omega)| \mathrm{e}^{\mathrm{j}\varphi(\omega)} \end{aligned} \tag{3-30}$$

对于实信号 $R(\omega) = R(-\omega),\quad X(\omega) = -X(-\omega)$ (3-31)

频谱的实部是频率的偶函数，虚部是频率的奇函数。并有

$$|F(\mathrm{j}\omega)| = |F(-\mathrm{j}\omega)| \quad 且 \quad \varphi(\omega) = -\varphi(-\omega) \tag{3-32}$$

也就是说，幅度是频率的偶函数，相位（或相角）是频率的奇函数。以 ω 为横坐标分别画出 $|F(\mathrm{j}\omega)|$ 和 $\varphi(\omega) = \angle F(\mathrm{j}\omega)$，就得到 $f(t)$ 的幅频特性和相频特性。因此，能够进行傅里叶变换的实信号的幅度频谱是偶函数，相位频谱是奇函数。

还可以进一步证明，偶对称的实信号 $f(t)$，其傅里叶变换 $F(\mathrm{j}\omega)$ 是实数且为偶对称的。奇对称的实信号 $f(t)$，其傅里叶变换 $F(\mathrm{j}\omega)$ 是虚数且为奇对称的。

3.4.4 三个基本函数的傅里叶变换

1. 单位冲激函数 $\delta(t)$

将单位冲激函数 $\delta(t)$ 代入傅里叶变换的定义，可得

$$F(\mathrm{j}\omega)=\int_{-\infty}^{+\infty}\delta(t)\mathrm{e}^{-\mathrm{j}\omega t}\mathrm{d}t=1$$

即

$$\delta(t)\Leftrightarrow 1 \tag{3-33}$$

频谱图如图 3-19 所示。由此可知，一个冲激函数的频谱在任何频率上都是常数。

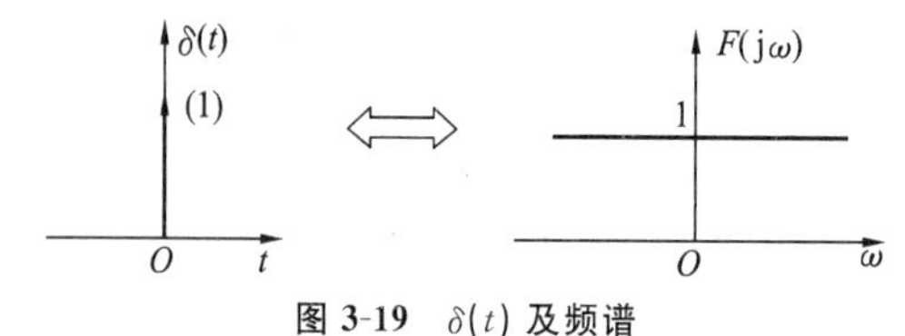

图 3-19 $\delta(t)$ 及频谱

同理，有

$$\delta(t-t_0)\Leftrightarrow \mathrm{e}^{-\mathrm{j}\omega t_0} \tag{3-34}$$

其频谱如图 3-20 所示，由此可知，一个延迟的冲激函数的幅度频谱在任何频率上都是常数。但相位频谱却改变了，$\varphi(\omega)=-\omega t_0$。

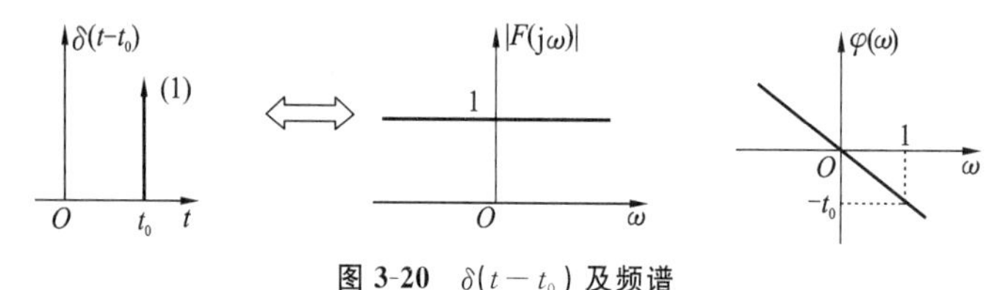

图 3-20 $\delta(t-t_0)$ 及频谱

2. 门函数 $G_\tau(t)$

宽度为 τ 的门函数如图 3-21(a) 所示，通过计算傅里叶积分，可得

$$F(\mathrm{j}\omega)=\int_{-\tau/2}^{\tau/2}\mathrm{e}^{-\mathrm{j}\omega t}\mathrm{d}t=\tau\mathrm{Sa}(\omega\tau/2)$$

即有傅里叶变换对

$$G_\tau(t)\Leftrightarrow\tau\mathrm{Sa}(\omega\tau/2) \tag{3-35}$$

门函数及其频谱如图 3-21 所示。

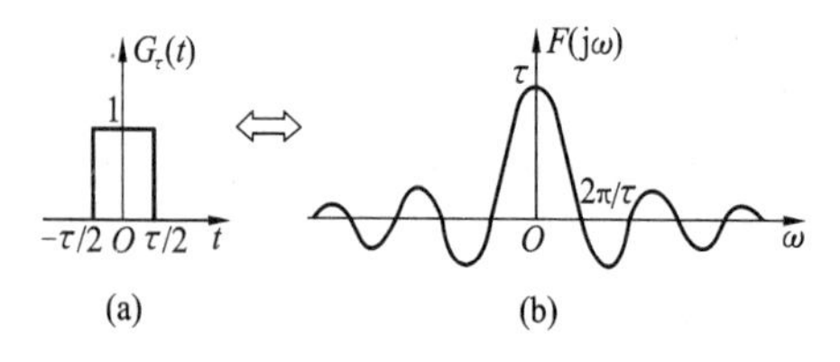

图 3-21 门函数及其频谱

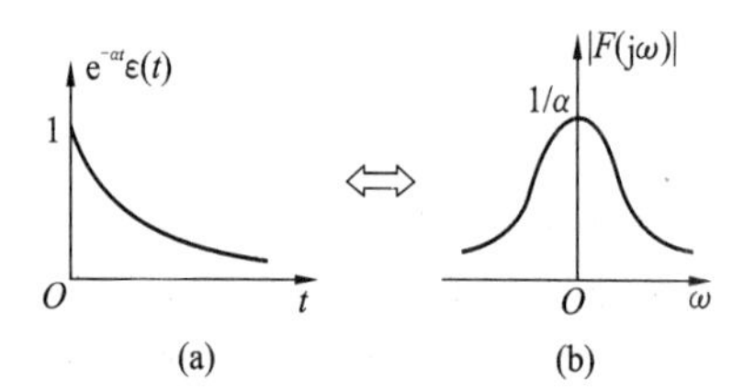

图 3-22 单边指数函数及其频谱

3. 单边指数函数 $\mathrm{e}^{-\alpha t}\varepsilon(t)$

单边指数函数的波形如图 3-22 所示，通过计算傅里叶积分，可得

$$F(\mathrm{j}\omega)=\int_{0}^{+\infty}\mathrm{e}^{-\alpha t}\mathrm{e}^{-\mathrm{j}\omega t}\mathrm{d}t=(\alpha+\mathrm{j}\omega)^{-1}\quad(\alpha>0)$$

即
$$e^{-\alpha t} \Leftrightarrow (\alpha + j\omega)^{-1} \tag{3-36}$$
幅度频谱随频率的增加单调衰减。单边指数函数及频谱如图 3-22 所示。

【例 3.5】 已知信号 $f(t) = e^{-2t}\varepsilon(t)$，试用 Matlab 计算其傅里叶变换，并画出时间函数 $f(t)$、幅度频谱和相位频谱。

解 Matlab 有很强大的符号处理功能，即能对表达式进行运算，包括四则运算、微积分、傅里叶变换、拉氏变换等。下面的程序是一个示例，它能计算给定时间函数的傅里叶变换，并能画出频谱图。程序中的 Heaviside(t) 是 Matlab 的符号函数库 Symbolic Math Toolbox 中的单位阶跃函数。函数 subs(f,t,'t') 表示用新变量 t(已知赋值的数组) 代替 f 中的"t"，即计算出 f(t) 的一组函数值。函数 abs() 求绝对值，即复数的模。函数 angle() 求相角，即复数的角度。

```
% 例 3_5 的频谱图   LT3_5.m
t0 =-2;t1 = 4;t = t0:0.02:t1;                  % 定义时间范围
w0 =-15;w1 = 15;w = w0:0.02:w1;                % 定义频率范围
f = sym('exp(-2* t)* Heaviside(t)')            % 定义符号函数 f(t)
F = fourier(f)                                 % 求 f(t) 的傅里叶变换
F = simple(F)                                  % 化简 F(jw) 的表达式
f1 = subs(f,t,'t');                            % 将 t 数组代入 f(t) 后用 f1 表示
fmin = min(f1) - 0.2;fmax = max(f1) + 0.2;     % 求 f1 的最大和最小值
Fv = subs(F,w,'w');                            % 将 w 数组代入 F(jw) 后用 Fv 表示
F1 = abs(Fv);                                  % 求 F(jw) 的模
P1 = angle(Fv);                                % 求 F(jw) 的相角
subplot(3,1,1),plot(t,f1,'linewidth',2);       % 在第一幅图上画 f(t)
grid;ylabel('f(t)');
axis([t0,t1,fmin,fmax]);
Fmin = min(F1) - 0.05;
Fmax = max(F1) + 0.05;
subplot(3,1,2),plot(w,F1,'linewidth',2,'color','k');
grid;ylabel('| F(jw)| ');
axis([w0,w1,Fmin,Fmax]);
subplot(3,1,3),plot(w,P1* 180/pi,'linewidth',2,'color','k');
grid;ylabel('相位(度)');
```

程序运行结果为

```
f =
exp(-2* t)* Heaviside(t)
F =
1/(2+i* w)
```

由程序画出的时间信号 $f(t)$、幅度频谱 $|F(j\omega)|$ 及相位频谱 $\varphi(\omega)$ 的曲线如图 3-23 所示。

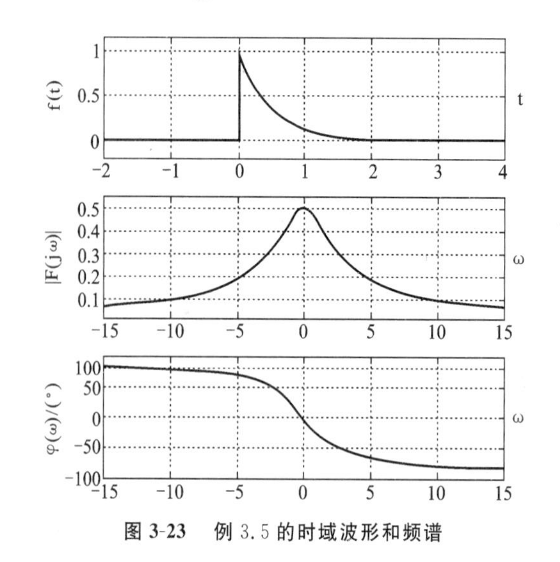

图 3-23 例 3.5 的时域波形和频谱

3.4.5 时限信号与带限信号

若在时间区间(t_1,t_2)内 $f(t) \neq 0$,而在此区间外 $f(t) = 0$ 的信号称为时限信号,如门函数、冲激函数等。如果信号 $f(t)$ 的傅里叶变换 $F(j\omega)$ 在频率区间$(0,B)$内 $F(j\omega) \neq 0$,而在所有 $\omega > B$ 时 $F(j\omega) = 0$,则称此信号为带限信号。而 B 是一个正常数,称为信号的带宽。带限信号不含有比 B 更高的频率。于是,任何带限信号一定是无时限信号,即带限信号不是时限信号。

若信号 $f(t)$ 不是带限的,则此信号称为无限带宽或无限频谱信号。由于带限信号不是时限的,时限信号也不是带限的。所以,所有时限信号都是无限带宽的。另外,任何物理可实现的信号都是时限的,它的频谱是无限带宽的。

3.5 傅里叶变换的性质

表 3-1 归纳了傅里叶变换的运算性质。无论在系统分析还是求复杂傅里叶变换对时,这些性质都是非常有用的。借助这些性质,可以避免计算复杂的傅里叶积分,只要从三个基本函数的傅里叶变换对出发,就可推导出若干其他的傅里叶变换对。下面将对表中的性质作出简单的证明,指出这些性质的含义,并举例说明它们的应用。

表 3-1 傅里叶变换的运算性质

性 质	傅里叶变换对 / 公式
线性	$a_1 f_1(t) + a_2 f_2(t) \Leftrightarrow a_1 F_1(j\omega) + a_2 F_2(j\omega)$
时移	$f(t \pm t_0) \Leftrightarrow e^{\pm j\omega t_0} F(j\omega)$
频移	$f(t) e^{\pm j\omega_0 t} \Leftrightarrow F[j(\omega \mp \omega_0)]$

续表

性　质	傅里叶变换对 / 公式
调制	$f(t)\cos\omega_0 t \Leftrightarrow 0.5\{F[\mathrm{j}(\omega+\omega_0)]+F[\mathrm{j}(\omega-\omega_0)]\}$
尺度变换	$f(at)\Leftrightarrow(1/\mid a\mid)F(\mathrm{j}\omega/a)$
反折	$f(-t)\Leftrightarrow F(-\mathrm{j}\omega)=F^*(\mathrm{j}\omega)$
对偶	$F(\mathrm{j}t)\Leftrightarrow 2\pi f(-\omega)$
相位相关	$\delta(t-t_0)\Leftrightarrow \dfrac{F_1^*(\mathrm{j}\omega)F_2(\mathrm{j}\omega)}{\mid F_1^*(\mathrm{j}\omega)F_2(\mathrm{j}\omega)\mid}=\mathrm{e}^{-\mathrm{j}\omega t_0}$，设 $f_2(t)=f_1(t-t_0)$
时域微分	$f^{(n)}(t)\Leftrightarrow(\mathrm{j}\omega)^n F(\mathrm{j}\omega)$
时域积分	$f^{(-1)}(t)\Leftrightarrow\pi F(0)\delta(\omega)+(1/\mathrm{j}\omega)F(\mathrm{j}\omega)$
频域微分	$(-\mathrm{j}t)^n f(t)\Leftrightarrow F^{(n)}(\mathrm{j}\omega)$
时域卷积	$f_1(t)*f_2(t)\Leftrightarrow F_1(\mathrm{j}\omega)F_2(\mathrm{j}\omega)$
频域卷积	$f_1(t)f_2(t)\Leftrightarrow(1/2\pi)F_1(\mathrm{j}\omega)*F_2(\mathrm{j}\omega)$
帕斯瓦尔定理	$\int_{-\infty}^{+\infty}\mid f(t)\mid^2\mathrm{d}t=(1/2\pi)\int_{-\infty}^{+\infty}\mid F(\mathrm{j}\omega)\mid^2\mathrm{d}\omega$

3.5.1　线性性质

傅里叶变换是线性运算，当 $f_1(t)\Leftrightarrow F_1(\mathrm{j}\omega)$ 和 $f_2(t)\Leftrightarrow F_2(\mathrm{j}\omega)$ 时，对于任何实的或复的常数 a_1、a_2，有

$$a_1 f_1(t)+a_2 f_2(t)\Leftrightarrow a_1 F_1(\mathrm{j}\omega)+a_2 F_2(\mathrm{j}\omega) \tag{3-37}$$

由傅里叶变换的定义式很容易证明线性性质。显然，傅里叶变换是一种线性运算，它具有叠加性。

【例 3.6】　已知信号 $f(t)$ 如图 3-24(a) 所示，求它的傅里叶变换 $F(\mathrm{j}\omega)$。

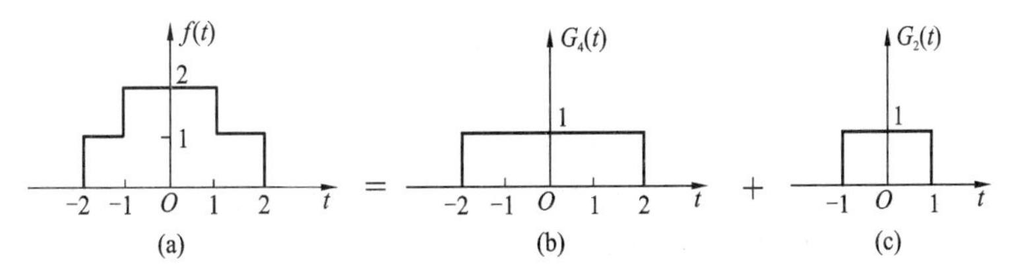

图 3-24　例 3.6 的信号

解　将信号 $f(t)$ 分解为两个门函数分别如图 3-24(b)、(c) 所示，即

$$f(t)=G_4(t)+G_2(t)$$

已知 $G_\tau(t)\Leftrightarrow\tau\mathrm{Sa}(\omega\tau/2)$，根据线性性质，信号 $f(t)$ 的傅里叶变换为

$$F(\mathrm{j}\omega)=4\mathrm{Sa}(2\omega)+2\mathrm{Sa}(\omega)$$

3.5.2 时移性质

若 $f(t) \Leftrightarrow F(\mathrm{j}\omega)$，则 $f(t-t_0)$ 的傅里叶变换为

$$f(t-t_0) \Leftrightarrow \int_{-\infty}^{+\infty} f(t-t_0)\mathrm{e}^{-\mathrm{j}\omega t}\mathrm{d}t$$

令 $x=t-t_0$，上式可表示为

$$f(t-t_0) \Leftrightarrow \int_{-\infty}^{+\infty} f(x)\mathrm{e}^{-\mathrm{j}\omega(x+t_0)}\mathrm{d}x \Leftrightarrow \mathrm{e}^{-\mathrm{j}\omega t_0}\int_{-\infty}^{+\infty} f(x)\mathrm{e}^{-\mathrm{j}\omega x}\mathrm{d}x$$

即

$$f(t-t_0) \Leftrightarrow \mathrm{e}^{-\mathrm{j}\omega t_0}F(\mathrm{j}\omega) \tag{3-38a}$$

上式表明，信号延时 t_0 并不会改变其频谱的幅度，但使其相位变化了 $-\omega t_0$。同理

$$f(t+t_0) \Leftrightarrow \mathrm{e}^{\mathrm{j}\omega t_0}F(\mathrm{j}\omega) \tag{3-38b}$$

【例 3.7】 已知信号 $f(t)=G_2(t-1)$，即宽度为 2 的门函数右移 1 s。求它的傅里叶变换 $F(\mathrm{j}\omega)$，并用 Matlab 画出它的幅度频谱和相位频谱。

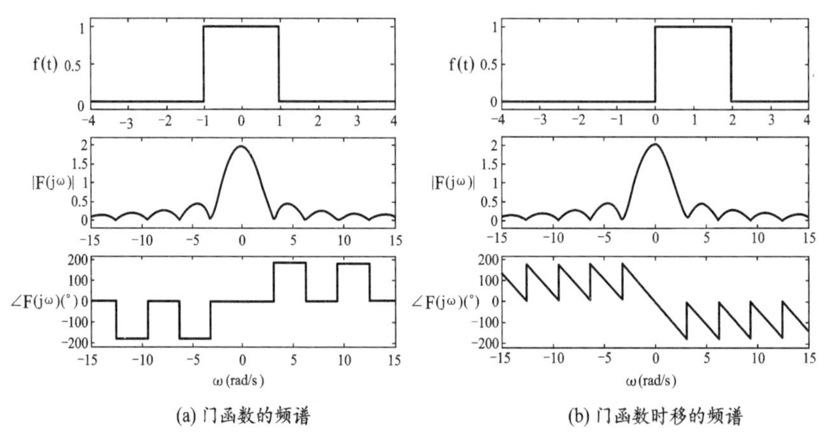

(a) 门函数的频谱　　(b) 门函数时移的频谱

图 3-25　门函数及时移的频谱

解　已知

$$G_\tau(t) \Leftrightarrow \tau\mathrm{Sa}(\omega\,\tau/2)$$

即 $\tau=2$ 时有

$$G_2(t) \Leftrightarrow 2\mathrm{Sa}(\omega)$$

根据傅里叶变换的时移性质，可得

$$G_2(t-1) \Leftrightarrow 2\mathrm{Sa}(\omega)\mathrm{e}^{-\mathrm{j}\omega}$$

可见，延迟的门函数 $G_2(t-1)$ 的幅度频谱与门函数 $G_2(t)$ 的幅度频谱是相同的，但其相位频谱却不同。用 Matlab 画出的频谱如图 3-25 所示。

3.5.3 频移性质

若 $f(t) \Leftrightarrow F(\mathrm{j}\omega)$，则 $f(t)\mathrm{e}^{\mathrm{j}\omega_0 t}$ 的傅里叶变换为

$$f(t)\mathrm{e}^{\mathrm{j}\omega_0 t} \Leftrightarrow \int_{-\infty}^{+\infty} f(t)\mathrm{e}^{\mathrm{j}\omega_0 t}\mathrm{e}^{-\mathrm{j}\omega t}\mathrm{d}t \Leftrightarrow \int_{-\infty}^{+\infty} f(t)\mathrm{e}^{\mathrm{j}(\omega-\omega_0)t}\mathrm{d}t$$

即 $$f(t)e^{j\omega_0 t}\Leftrightarrow F[j(\omega-\omega_0)] \tag{3-39a}$$

同理 $$f(t)e^{-j\omega_0 t}\Leftrightarrow F[j(\omega+\omega_0)] \tag{3-39b}$$

可见，若时间信号 $f(t)$ 乘以 $e^{j\omega_0 t}$，就等效于 $f(t)$ 的频谱 $F(j\omega)$ 沿频率轴右移 ω_0。换言之，在频域中将频谱沿频率轴左移 ω_0，则等效于在时域上将信号乘以因子 $e^{-j\omega_0 t}$。

上述频谱向左或右移动称为频谱搬移技术，在通信系统中得到广泛应用，如调幅、同步解调、变频等过程都是在频谱搬移的基础上完成的。频谱搬移技术的原理是将信号 $f(t)$ 乘以所谓载频信号 $\cos(\omega_0 t)$ 或 $\sin(\omega_0 t)$。

因为 $\cos\omega_0 t=0.5(e^{j\omega_0 t}+e^{-j\omega_0 t})$，$\sin(\omega_0 t)=(1/2j)(e^{j\omega_0 t}-e^{-j\omega_0 t})$，所以

$$f(t)\cos(\omega_0 t)\Leftrightarrow 0.5\{F[j(\omega+\omega_0)]+F[j(\omega-\omega_0)]\} \tag{3-40a}$$

$$f(t)\sin(\omega_0 t)\Leftrightarrow 0.5j\{F[j(\omega+\omega_0)]-F[j(\omega-\omega_0)]\} \tag{3-40b}$$

信号 $f(t)\cos(\omega_0 t)$ 和 $f(t)\sin(\omega_0 t)$ 称为幅度调制信号。$f(t)$ 为调制信号，$\cos(\omega_0 t)$ 或 $\sin(\omega_0 t)$ 称为载波信号。式(3-40)也称为调制定理。它表明，信号 $f(t)$ 经调制后的频谱是将原频谱 $F(j\omega)$ 搬移到载波频率 ω_0 的位置。

【例 3.8】 已知脉冲调制信号 $f(t)=G_\tau(t)\cos(\omega_0 t)$，求它的傅里叶变换 $F(j\omega)$，并画出它的频谱。

解 脉冲调制信号 $f(t)=G_\tau(t)\cos(\omega_0 t)$ 如图 3-26(a) 所示。已知

$$G_\tau(t)\Leftrightarrow\tau\mathrm{Sa}(0.5\omega\tau)$$

$$f(t)=G_\tau(t)\cos(\omega_0 t)=0.5G_\tau(t)[e^{j\omega_0 t}+e^{-j\omega_0 t}]$$

由频移特性有 $$F(j\omega)=0.5\tau\mathrm{Sa}[0.5(\omega-\omega_0)\tau]+0.5\tau\mathrm{Sa}[0.5(\omega+\omega_0)\tau]$$

脉冲调制信号的频谱如图 3-26(b) 所示。

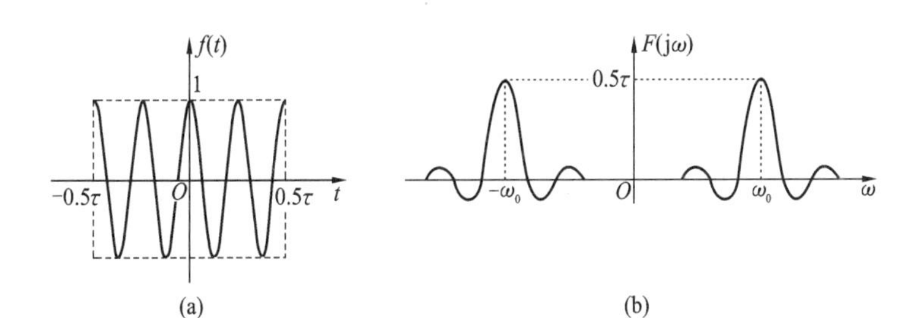

图 3-26 脉冲调制信号及其频谱

3.5.4 尺度变换

若 $f(t)\Leftrightarrow F(j\omega)$，则 $f(at)$ 的傅里叶变换为

$$f(at)\Leftrightarrow\int_{-\infty}^{+\infty}f(at)\exp(-j\omega t)\mathrm{d}t$$

令 $x=at$，$\mathrm{d}x=a\mathrm{d}t$，当 $a>0$ 时，有

$$f(at)\Leftrightarrow(1/a)\int_{-\infty}^{+\infty}f(x)\exp(-\mathrm{j}\omega x/a)\mathrm{d}x=(1/a)F(\mathrm{j}\omega/a)$$

当 $a<0$ 时,有 $f(at)\Leftrightarrow(1/a)\int_{+\infty}^{-\infty}f(x)\exp(-\mathrm{j}\omega x/a)\mathrm{d}x=-(1/a)F(\mathrm{j}\omega/a)$

上述两种情况可综合成

$$f(at)\Leftrightarrow(1/|a|)F(\mathrm{j}\omega/a) \tag{3-41}$$

式中:a 为非零的实常数。当 $a=-1$ 时,有

$$f(-t)\Leftrightarrow F(-\mathrm{j}\omega)=F^{*}(\mathrm{j}\omega) \tag{3-42}$$

可见,信号在时域中压缩($a>1$)等效于在频域中扩展;反之,信号在时域中扩展($0<a<1$)则等效于在频域中压缩;信号在时域中反折($a=-1$)等效于在频域中也反折。

如宽度为 2 的门函数,已知 $G_2(t)\Leftrightarrow 2\mathrm{Sa}(\omega)$,若将门函数压缩了 1/2,则 $G_1(t)\Leftrightarrow\mathrm{Sa}(0.5\omega)$,可见,其频谱展扩宽 1 倍,如图 3-27 所示。

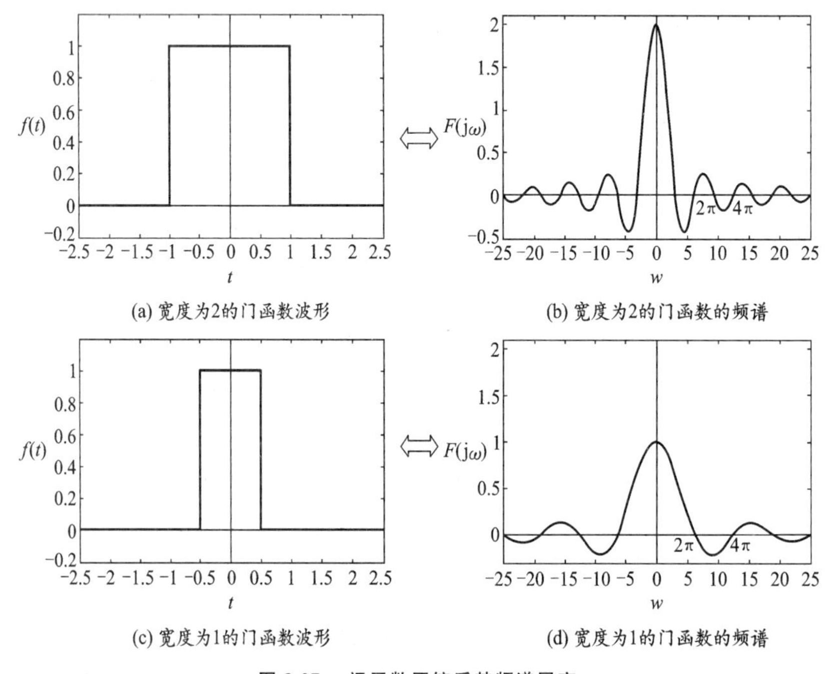

图 3-27 门函数压缩后其频谱展宽

3.5.5 对偶性

傅里叶变换与傅里叶反变换间存在对偶关系,若已知

$$f(t)\Leftrightarrow F(\mathrm{j}\omega)$$

则

$$F(\mathrm{j}t)\Leftrightarrow 2\pi f(-\omega) \tag{3-43}$$

证明 傅里叶变换的定义为

$$F(\mathrm{j}\omega)=\int_{-\infty}^{+\infty}f(t)\mathrm{e}^{-\mathrm{j}\omega t}\mathrm{d}t$$

令上式的 $\omega=t,t=-\omega$，可得

$$F(\mathrm{j}t)=\int_{-\infty}^{+\infty}f(-\omega)\mathrm{e}^{\mathrm{j}\omega t}\mathrm{d}\omega=(2\pi)^{-1}\int_{-\infty}^{+\infty}2\pi f(-\omega)\mathrm{e}^{\mathrm{j}\omega t}\mathrm{d}\omega$$

可见，$F(\mathrm{j}t)$ 是频率函数 $2\pi f(-\omega)$ 的傅里叶反变换，从而就证明了式(3-43)。

若 $f(t)$ 是偶函数，$f(t)\Leftrightarrow R(\omega)$，则 $R(t)\Leftrightarrow 2\pi f(\omega)$。

傅里叶变换对中存在许多对偶关系，这对熟练掌握傅里叶变换的性质很有作用。下面列出几个加以说明。

1. 门函数与采样函数

已知　$$G_\tau(t)\Leftrightarrow\tau\mathrm{Sa}(0.5\omega\tau)$$

由于 $G_\tau(t)$ 是偶函数，根据对偶性，有

$$\tau\mathrm{Sa}(0.5\tau t)\Leftrightarrow 2\pi G_\tau(\omega)$$

令 $\tau=2\omega_0$，有　$$\mathrm{Sa}(\omega_0 t)\Leftrightarrow(\pi/\omega_0)G_{2\omega_0}(\omega)$$

2. 冲激函数与常数

已知 $A\delta(t)\Leftrightarrow A$，根据对偶性，有

$$A\Leftrightarrow 2\pi A\delta(\omega)$$

3. 虚指数函数与冲激函数

已知　$$1\Leftrightarrow 2\pi\delta(\omega)$$

根据频移性质，有　$$\mathrm{e}^{\mathrm{j}\omega_0 t}\Leftrightarrow 2\pi\delta(\omega-\omega_0)$$

根据对偶性，有　$$\delta(t-\omega_0)\Leftrightarrow\mathrm{e}^{-\mathrm{j}\omega_0\omega}$$

或　$$\delta(t-t_0)\Leftrightarrow\mathrm{e}^{-\mathrm{j}\omega t_0}$$

4. 符号函数 sgn(t) 与 1/t

已知 $\mathrm{sgn}(t)\Leftrightarrow 2(\mathrm{j}\omega)^{-1}$，根据对偶性，有

$$2(\mathrm{j}t)^{-1}\Leftrightarrow 2\pi\mathrm{sgn}(-\omega)$$

由于 $\mathrm{sgn}(-\omega)=-\mathrm{sgn}(\omega)$，于是有

$$t^{-1}\Leftrightarrow -\mathrm{j}\pi\mathrm{sgn}(\omega)$$

【例 3.9】　求下列信号的傅里叶变换。

(a) 双边指数函数 $\mathrm{e}^{-\alpha|t|}$　　(b) 符号函数 $\mathrm{sgn}(t)$

(c) 单位阶跃函数 $\varepsilon(t)$　　(d) 单边虚指数信号 $\mathrm{e}^{\mathrm{j}\omega_0 t}\varepsilon(t)$

(e) 单边余弦函数 $\cos(\omega_0 t)\varepsilon(t)$，正弦函数 $\sin(\omega_0 t)\varepsilon(t)$

解　(a) 双边指数函数可表示为

$$\mathrm{e}^{-\alpha|t|}=\mathrm{e}^{-\alpha t}\varepsilon(t)+\mathrm{e}^{\alpha t}\varepsilon(-t)$$

已知　$$\mathrm{e}^{-\alpha t}\varepsilon(t)\Leftrightarrow(\alpha+\mathrm{j}\omega)^{-1}$$

根据尺度变换　$$\mathrm{e}^{\alpha t}\varepsilon(-t)\Leftrightarrow(\alpha-\mathrm{j}\omega)^{-1}$$

所以 $$e^{-\alpha|t|} \Leftrightarrow (\alpha + j\omega)^{-1} + (\alpha - j\omega)^{-1} = 2\alpha(\alpha^2 + \omega^2)^{-1}$$

(b) 符号函数 $\mathrm{sgn}(t)$ 定义为

$$\mathrm{sgn}(t) = \begin{cases} 1 & (t > 0) \\ -1 & (t < 0) \end{cases}$$

其波形如图 3-28(a) 所示，由图可见，此信号不满足绝对可积条件，但却存在傅里叶变换，有时称为广义傅里叶变换。在求它的傅里叶变换时可借助符号函数与双边指数函数相乘，即

$$e^{-\alpha|t|}\mathrm{sgn}(t) = -e^{\alpha t}\varepsilon(-t) + e^{-\alpha t}\varepsilon(t)$$

已知 $$e^{-\alpha t}\varepsilon(t) \Leftrightarrow (\alpha + j\omega)^{-1}$$

根据尺度变换 $$e^{\alpha t}\varepsilon(-t) \Leftrightarrow (\alpha - j\omega)^{-1}$$

所以 $$e^{-\alpha|t|}\mathrm{sgn}(t) \Leftrightarrow (\alpha + j\omega)^{-1} - (\alpha - j\omega)^{-1}$$

令 $\alpha \to 0$，可得 $$\mathrm{sgn}(t) \Leftrightarrow 2(j\omega)^{-1}$$

符号函数及其频谱如图 3-28(b)、图 3-28(c) 所示。

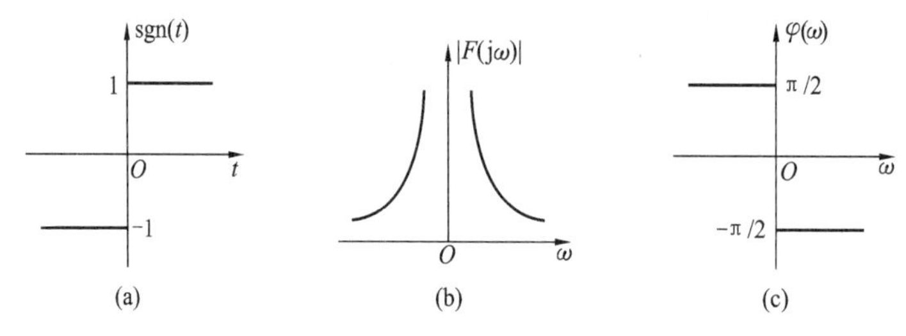

图 3-28 符号函数及其频谱

(c) 单位阶跃函数可表示为 $$\varepsilon(t) = 0.5 + 0.5\mathrm{sgn}(t)$$

根据线性性质 $$\varepsilon(t) \Leftrightarrow \pi\delta(\omega) + (j\omega)^{-1}$$

(d) 单边虚指数信号为 $e^{j\omega_0 t}\varepsilon(t)$，已知

$$\varepsilon(t) \Leftrightarrow \pi\delta(\omega) + (j\omega)^{-1}$$

根据频移特性 $$e^{j\omega_0 t}\varepsilon(t) \Leftrightarrow \pi\delta(\omega - \omega_0) + [j(\omega - \omega_0)]^{-1}$$

(e) 单边余弦函数为 $\cos(\omega_0 t)\varepsilon(t)$，正弦函数为 $\sin(\omega_0 t)\varepsilon(t)$，已知

$$\cos(\omega_0 t)\varepsilon(t) = 0.5[e^{j\omega_0 t}\varepsilon(t) + e^{-j\omega_0 t}\varepsilon(t)]$$

根据线性特性 $$\cos(\omega_0 t)\varepsilon(t) \Leftrightarrow 0.5\pi[\delta(\omega - \omega_0) + \delta(\omega + \omega_0)] + j\omega(\omega_0^2 - \omega^2)^{-1}$$

已知 $$\sin(\omega_0 t)\varepsilon(t) = (2j)^{-1}[e^{j\omega_0 t}\varepsilon(t) - e^{-j\omega_0 t}\varepsilon(t)]$$

根据线性特性 $$\sin(\omega_0 t)\varepsilon(t) \Leftrightarrow \pi(2j)^{-1}[\delta(\omega - \omega_0) - \delta(\omega + \omega_0)] - \omega_0(\omega_0^2 - \omega^2)^{-1}$$

3.5.6 相位相关

相位相关性质源于傅里叶变换的时移性质，即信号在时域的平移对应于其频域的相移，而通过相位相关可以把平移参数隔离并提取出来，从而可对延时时间进行估算。

若 $f_1(t) \Leftrightarrow F_1(j\omega)$，$f_2(t) = f_1(t - t_0)$，根据时移性质，则有

$$F_2(j\omega) = F_1(j\omega)e^{-j\omega t_0}$$

因为 $$F_1^*(j\omega)F_2(j\omega) = F_1^*(j\omega)F_1(j\omega)e^{-j\omega t_0} = |F_1(j\omega)|^2 e^{-j\omega t_0}$$

式中：$F_1^*(\mathrm{j}\omega)$ 是 $F_1(\mathrm{j}\omega)$ 的共轭函数，所以有

$$\delta(t-t_0) \Leftrightarrow \frac{F_1^*(\mathrm{j}\omega)F_2(\mathrm{j}\omega)}{|F_1^*(\mathrm{j}\omega)F_2(\mathrm{j}\omega)|} = \mathrm{e}^{-\mathrm{j}\omega t_0} \tag{3-44}$$

可以看出，式(3-44)的结果仅与平移参数 t_0 有关，原则上与 $f_1(t)$ 和 $f_2(t)$ 的频谱脱离了关系，即平移参数 t_0 已经被成功隔离。在时域，对相位因子 $\mathrm{e}^{-\mathrm{j}\omega t_0}$ 取傅里叶反变换后可以得到一个平移的单位冲激函数 $\delta(t-t_0)$，冲激的偏移位置和平移参数一致，通过简单搜索就可以获得偏移值 t_0。称 $Cp(t)=\mathscr{F}^{-1}\left\{\frac{F_1^*(\mathrm{j}\omega)F_2(\mathrm{j}\omega)}{|F_1^*(\mathrm{j}\omega)F_2(\mathrm{j}\omega)|}\right\}=\delta(t-t_0)$ 为相位相关函数。

相位相关算法广泛应用在多种信号的检测和延时估计，如雷达测距、超声探测等领域。

【例 3.10】 用相位相关性质实现雷达测距系统的延时检测。计算回波和带有噪声的回波两种情况下的延时检测比较。

解 设发射波为 $f(t)=\sin(0.5\pi t)[\varepsilon(t)-\varepsilon(t-20)]$，回波为 $r(t)=\alpha f(t-\beta)$，衰减系数 $\alpha=0.8$，延时时间 $\beta=60$ s，其 Matlab 程序如下。

```
% 相位相关算法在延时检测中的应用
a = 0.8;B = 60;                    % 衰减系数 a,延时 B
ft = inline('sin(pi/2* t).* (u(t)-u(t- 20))');
dt = 0.2;
t = 0:dt:100;
f = subs(ft);                      % 发射波
r = a* ft(t-B);                    % 回波 r
L = length(t);
n = randn(1,L)/5;                  % 噪声
rn = r+n;                          % 带有噪声的回波
subplot(5,1,1);plot(t,f);ylabel('f(t)')
subplot(5,1,2);plot(t,r);ylabel('r(t)')
subplot(5,1,3);plot(t,rn);ylabel('rn(t)')
F = fft(f);                        % 求信号 f 的傅里叶变换 F(jω);
R = fft(r);                        % 求信号 x 的傅里叶变换 X(jω);
F = fftshift(F);                   % 将零频率点移至频谱的中心位置;
R = fftshift(R);
G = conj(F).* R;                   % 求 F* (jω)R(jω);
G = G./abs(G);                     % 求 F* (jω)R(jω)/| F* (jω)R(jω)|;
Cp = ifft(G);                      % 求傅里叶反变换
subplot(5,1,4);plot(t,abs(Cp));ylabel('Cp(t)')
Rn = fft(rn);Rn = fftshift(Rn);
G = conj(F).* Rn;G = G./abs(G);
Cp = ifft(G);
```

```
subplot(5,1,5);plot(t,abs(Cp))
xlabel('Time(sec)');ylabel('Cpn(t)')
```

程序运行结果如图 3-29 所示。其中,图 3-29(a) 所示的是发射波,图 3-29(b) 所示的是回波,图 3-29(c) 所示的是带有噪声的回波。图 3-29(d) 所示的是无噪声回波与发射波的相位相关函数的波形,图 3-29(e) 所示的是带有噪声回波与发射波的相位相关函数的波形。可见,在有或无噪声的情况下,在延时时间 $\beta = 60$ s 出现了尖峰(最大值)。

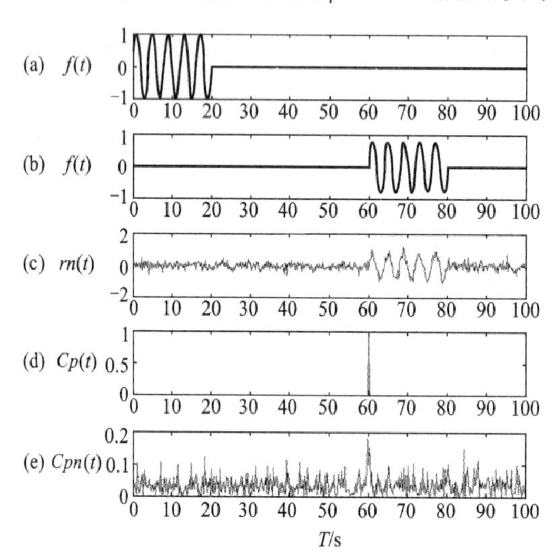

图 3-29　相位相关算法检测的延时时间

3.5.7　时域卷积定理

若有 $f_1(t) \Leftrightarrow F_1(\mathrm{j}\omega)$,$f_2(t) \Leftrightarrow F_2(\mathrm{j}\omega)$,则 $f_1(t)$ 与 $f_2(t)$ 的卷积 $f_1(t) * f_2(t)$ 的频谱为

$$f_1(t) * f_2(t) \Leftrightarrow \int_{-\infty}^{+\infty}\left[\int_{-\infty}^{+\infty} f_1(\tau) f_2(t-\tau)\mathrm{d}\tau\right]\mathrm{e}^{-\mathrm{j}\omega t}\,\mathrm{d}t \Leftrightarrow \int_{-\infty}^{+\infty} f_1(\tau)\left[\int_{-\infty}^{+\infty} f_2(t-\tau)\mathrm{e}^{-\mathrm{j}\omega t}\,\mathrm{d}t\right]\mathrm{d}\tau$$

利用时移特性可知,

$$\int_{-\infty}^{+\infty} f_2(t-\tau)\mathrm{e}^{-\mathrm{j}\omega t}\,\mathrm{d}t = F_2(\mathrm{j}\omega)\mathrm{e}^{-\mathrm{j}\omega\tau}$$

将其代入上式,得

$$f_1(t) * f_2(t) \Leftrightarrow F_1(\mathrm{j}\omega)F_2(\mathrm{j}\omega) \tag{3-45}$$

式(3-45) 称为时域卷积定理,即时域中两个信号的卷积等于在频域中频谱相乘。

【例 3.11】　利用时域卷积定理求三角脉冲 $Q_T(t)$ 的频谱。

解　三角脉冲 $Q_T(t)$ 可以看成两个相同门函数的卷积积分,如图 3-30 所示。门函数的傅里叶变换为

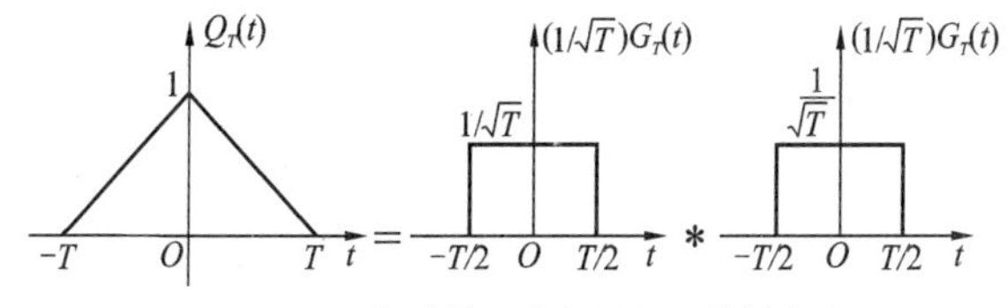

图 3-30 三角冲是两个相同门函数的卷积

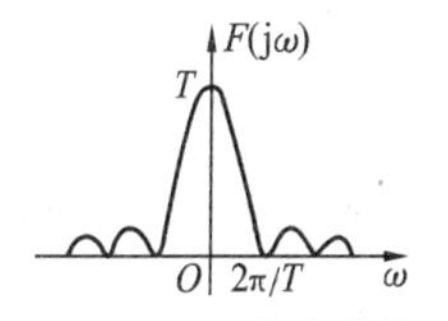

图 3-31 三角脉冲的频谱图

$$(1/\sqrt{T})G_T(t)\Leftrightarrow\sqrt{T}\mathrm{Sa}(0.5\omega t)$$

根据时域卷积定理

$$Q_T(t)\Leftrightarrow\left[\sqrt{T}\mathrm{Sa}(0.5\omega t)\right]^2 = T\mathrm{Sa}^2(0.5\omega t)$$

其频谱图如图 3-31 所示。

3.5.8 频域卷积定理

若有 $f_1(t)\Leftrightarrow F_1(j\omega)$，$f_2(t)\Leftrightarrow F_2(j\omega)$，则它们的乘积 $f_1(t)f_2(t)$ 的频谱为

$$f_1(t)f_2(t)\Leftrightarrow(2\pi)^{-1}F_1(j\omega)*F_2(j\omega) \tag{3-46}$$

证明方法类似于时域卷积定理，读者可自行证明。

【例 3.12】 求下列信号的傅里叶变换。

(a) 余弦信号 $\cos(\omega_0 t)$，正弦信号 $\sin(\omega_0 t)$

(b) 图 3-32 所示余弦脉冲 $f(t)=G_2(t)\cos(0.5\pi t)$

(c) 调制信号 $f(t)=\mathrm{Sa}(\omega_C t)\cos(\omega_0 t)$

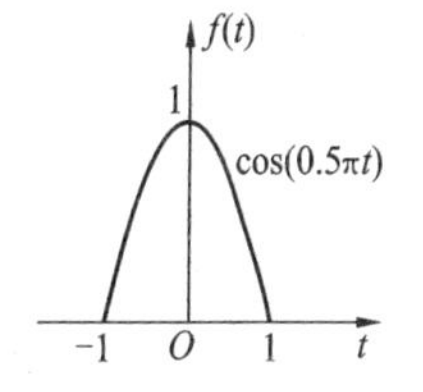

图 3-32 余弦脉冲

解 (a) 已知 $\cos(\omega_0 t)=0.5(e^{j\omega_0 t}+e^{-j\omega_0 t})$，根据线性特性，有

$$\cos(\omega_0 t)\Leftrightarrow\pi[\delta(\omega-\omega_0)+\delta(\omega+\omega_0)]$$

已知 $\sin(\omega_0 t)=(2j)^{-1}(e^{j\omega_0 t}-e^{-j\omega_0 t})$，根据线性特性，有

$$\sin(\omega_0 t)\Leftrightarrow j\pi[\delta(\omega+\omega_0)-\delta(\omega-\omega_0)]$$

(b) 已知 $G_2(t)\Leftrightarrow 2\mathrm{Sa}(\omega)$，$\cos(0.5\pi t)\Leftrightarrow\pi[\delta(\omega-0.5\pi)+\delta(\omega+0.5\pi)]$

根据频域卷积定理，有

$$G_2(t)\cos(0.5\pi t)\Leftrightarrow(2\pi)^{-1}2\mathrm{Sa}(\omega)*\pi[\delta(\omega-0.5\pi)+\delta(\omega+0.5\pi)]$$

傅里叶变换为

$$F(j\omega)=\mathrm{Sa}(\omega-0.5\pi)+\mathrm{Sa}(\omega+0.5\pi)=\frac{\sin(\omega-0.5\pi)}{\omega-0.5\pi}+\frac{\sin(\omega+0.5\pi)}{\omega+0.5\pi}$$

$$=\frac{-\cos\omega}{\omega-0.5\pi}+\frac{\cos\omega}{\omega+0.5\pi}=\frac{\pi\cos\omega}{(0.5\pi)^2-\omega^2}$$

(c) 调制信号 $f(t)=\mathrm{Sa}(\omega_C t)\cos\omega_0 t$，已知 $G_\tau(t)\Leftrightarrow\tau\mathrm{Sa}(0.5\omega\tau)$，根据对称性，有

$$\tau\mathrm{Sa}(0.5t\tau)\Leftrightarrow 2\pi G_\tau(\omega)$$

将 τ 换成 $2\omega_C$，得

$$(\omega_C/\pi)\mathrm{Sa}(\omega_C t)\Leftrightarrow G_{2\omega_C}(\omega)$$

即

$$\mathrm{Sa}(\omega_C t)\Leftrightarrow(\pi/\omega_C)G_{2\omega_C}(\omega)$$

又已知

$$\cos(\omega_0 t)\Leftrightarrow\pi[\delta(\omega-\omega_0)+\delta(\omega+\omega_0)]$$

根据频域卷积定理,有 $f(t)\Leftrightarrow(1/2\pi)\cdot(\pi/\omega_C)G_{2\omega_C}(\omega)*\pi[\delta(\omega-\omega_0)+\delta(\omega+\omega_0)]$

即有 $f(t)\Leftrightarrow(\pi/2\omega_C)[G_{2\omega_C}(\omega-\omega_0)+G_{2\omega_C}(\omega+\omega_0)]$

3.5.9 时域微分特性

若 $f(t)\Leftrightarrow F(\mathrm{j}\omega)$,则有

$$\frac{\mathrm{d}f(t)}{\mathrm{d}t}\Leftrightarrow\int_{-\infty}^{+\infty}\frac{\mathrm{d}f(t)}{\mathrm{d}t}\mathrm{e}^{-\mathrm{j}\omega t}\mathrm{d}t$$

应用分部积分,$u=\mathrm{e}^{-\mathrm{j}\omega t}$,$\mathrm{d}v=[\mathrm{d}f(t)/\mathrm{d}t]\mathrm{d}t$,可得

$$\frac{\mathrm{d}f(t)}{\mathrm{d}t}\Leftrightarrow f(t)\mathrm{e}^{-\mathrm{j}\omega t}\Big|_{-\infty}^{+\infty}+\mathrm{j}\omega\int_{-\infty}^{+\infty}f(t)\mathrm{e}^{-\mathrm{j}\omega t}\mathrm{d}t$$

如果当 $|t|\to\infty$ 时,$f(t)\to0$,得

$$\frac{\mathrm{d}f(t)}{\mathrm{d}t}\Leftrightarrow\mathrm{j}\omega F(\mathrm{j}\omega)\tag{3-47a}$$

进一步可推得 $f(t)$ 的 n 阶导数的频谱为

$$\frac{\mathrm{d}^n f(t)}{\mathrm{d}t^n}\Leftrightarrow(\mathrm{j}\omega)^n F(\mathrm{j}\omega)\tag{3-47b}$$

3.5.10 时域积分特性

若 $f(t)\Leftrightarrow F(\mathrm{j}\omega)$,信号 $f(t)$ 对时间的积分可表示为

$$\int_{-\infty}^{t}f(\tau)\mathrm{d}\tau=f(t)*\varepsilon(t)\tag{3-48}$$

已知 $\varepsilon(t)\Leftrightarrow\pi\delta(\omega)+(\mathrm{j}\omega)^{-1}$,根据时域卷积定理可得

$$\int_{-\infty}^{t}f(\tau)\mathrm{d}\tau\Leftrightarrow F(\mathrm{j}\omega)[\pi\delta(\omega)+(\mathrm{j}\omega)^{-1}]=\pi F(0)\delta(\omega)+(\mathrm{j}\omega)^{-1}F(\mathrm{j}\omega)\tag{3-49a}$$

式中:$F(0)=F(\mathrm{j}\omega)\Big|_{\omega=0}=\int_{-\infty}^{+\infty}f(t)\mathrm{d}t$ 等于 $f(t)$ 的面积。若 $F(0)=0$,则有

$$\int_{-\infty}^{t}f(\tau)\mathrm{d}\tau\Leftrightarrow\frac{F(\mathrm{j}\omega)}{\mathrm{j}\omega}\tag{3-49b}$$

在应用时域微分和积分性质时应注意,并不是所有 $f(t)$ 都适用式(3-47)、式(3-49)。用求导的方法来计算其频谱更一般的公式由下式给定。

设 $f(t)\Leftrightarrow F(\mathrm{j}\omega)$,$y(t)=f'(t)\Leftrightarrow Y(\mathrm{j}\omega)$,则

$$F(\mathrm{j}\omega)=\frac{Y(\mathrm{j}\omega)}{\mathrm{j}\omega}+[f(+\infty)+f(-\infty)]\pi\delta(\omega)\tag{3-50}$$

证明 由积分特性,有

$$\int_{-\infty}^{t}y(t)\mathrm{d}t\Leftrightarrow\frac{Y(\mathrm{j}\omega)}{\mathrm{j}\omega}+\pi Y(0)\delta(\omega)$$

其中:
$$Y(0)=\int_{-\infty}^{+\infty}f'(t)\mathrm{d}t=f(t)\Big|_{-\infty}^{+\infty}=f(+\infty)-f(-\infty)\tag{3-51}$$

所以 $$\int_{-\infty}^{t} y(t)\mathrm{d}t \Leftrightarrow \frac{Y(\mathrm{j}\omega)}{\mathrm{j}\omega} + \pi[f(+\infty) - f(-\infty)]\delta(\omega) \tag{3-52}$$

又因为 $$\int_{-\infty}^{t} y(t)\mathrm{d}t = \int_{-\infty}^{t} f'(t)\mathrm{d}t = f(t) - f(-\infty) \Leftrightarrow F(\mathrm{j}\omega) - 2\pi f(-\infty)\delta(\omega) \tag{3-53}$$

此式表明，当 $f(-\infty) \neq 0$ 时，先将 $f(t)$ 求导再积分是不能还原成 $f(t)$ 的，上式与式(3-52)进行比较，有

$$F(\mathrm{j}\omega) - 2\pi f(-\infty)\delta(\omega) = \frac{Y(\mathrm{j}\omega)}{\mathrm{j}\omega} + \pi[f(+\infty) - f(-\infty)]\delta(\omega)$$

所以 $$F(\mathrm{j}\omega) = \frac{Y(\mathrm{j}\omega)}{\mathrm{j}\omega} + [f(+\infty) + f(-\infty)]\pi\delta(\omega)$$

从推导过程可知，只有在 $f(-\infty) = 0$ 的情况下，式(3-49a)才是正确的；否则，用该公式求频谱时往往是错误的。

由此可以得出以下**结论**。

(1) 对于能量信号 $f(t)$，时域求导与求积分的运算互为逆运算，如果

$$y(t) = \frac{\mathrm{d}f(t)}{\mathrm{d}t} \Leftrightarrow \mathrm{j}\omega F(\mathrm{j}\omega) = Y(\mathrm{j}\omega)$$

那么 $$\int_{-\infty}^{t} y(t)\mathrm{d}t \Leftrightarrow \frac{Y(\mathrm{j}\omega)}{\mathrm{j}\omega} = F(\mathrm{j}\omega)$$

这是因为 $$Y(0) = \int_{-\infty}^{+\infty} f'(t)\mathrm{d}t = f(t)\Big|_{-\infty}^{+\infty} = f(+\infty) - f(-\infty) = 0$$

(2) 对于能量信号 $f(t)$，即 $f(+\infty) = f(-\infty) = 0$，则它的频谱 $F(\mathrm{j}\omega)$ 中无 $\delta(\omega)$ 项。

(3) 一个无时限信号是否含 $\delta(\omega)$，要看是否 $f(+\infty) + f(-\infty) = 0$。

(4) 若无时限信号的 $f(+\infty)$，$f(-\infty)$ 不是一个有界的数，则它的频谱不能用时域微分性质来计算，如 t，$t\varepsilon(t)$ 等不能用时域微分性质计算。

【例 3.13】 用时域微分积分特性求如图 3-33 所示信号的傅里叶变换。

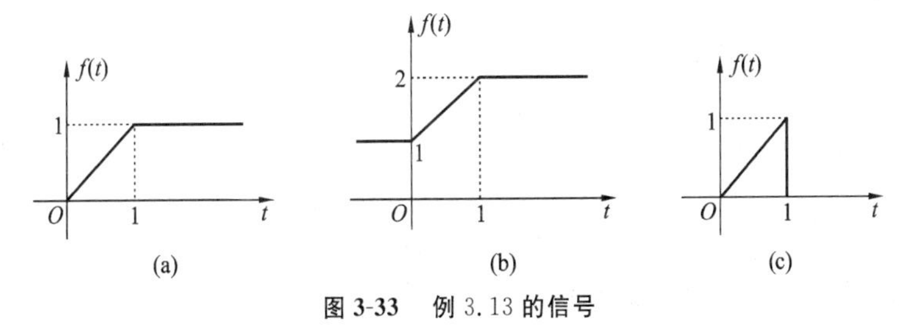

图 3-33 例 3.13 的信号

解 (a) 对该信号求导的波形如图 3-33(a) 所示，应用式(3-50)，有

$$F(\mathrm{j}\omega) = (\mathrm{j}\omega)^{-1}\mathrm{Sa}(0.5\omega)\mathrm{e}^{-0.5\mathrm{j}\omega} + \pi\delta(\omega)$$

(b) 对该信号求导的波形仍然如图 3-34(a) 所示，应用式(3-50)，有

$$F(\mathrm{j}\omega) = (\mathrm{j}\omega)^{-1}\mathrm{Sa}(0.5\omega)\mathrm{e}^{-0.5\mathrm{j}\omega} + 3\pi\delta(\omega)$$

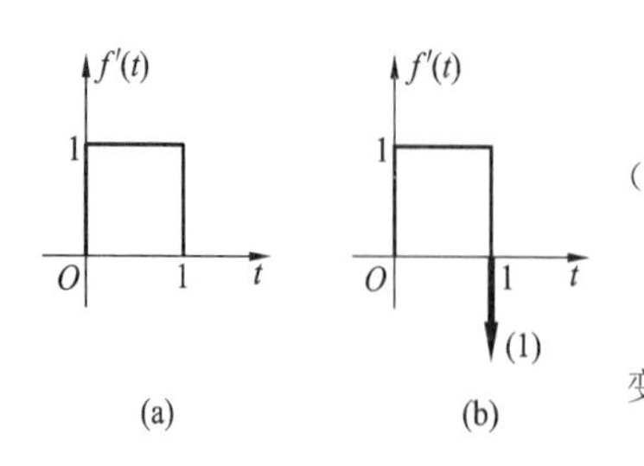

图 3-34 例 3.13 信号的导数波形

这时，如果应用式(3-49a)计算，则会得出错误的结果。

(c) 对该信号求导的波形如图 3-34(b) 所示，应用式(3-50)，有

$$F(\mathrm{j}\omega)=(\mathrm{j}\omega)^{-1}[\mathrm{Sa}(0.5\omega)\mathrm{e}^{-0.5\mathrm{j}\omega}-\mathrm{e}^{-\mathrm{j}\omega}]$$

【例 3.14】 用时域微分积分特性求下列信号的傅里叶变换。

(a) 三角脉冲 $Q_T(t)$ (b) 符号函数 $\mathrm{sgn}(t)$

(c) 冲激偶 $\delta'(t)$

解 (a) 对三角脉冲波形求二次导数，如图 3-35 所示，二阶导数的表达式为

$$Q''_T(t)=(1/T)\delta(t+T)-(2/T)\delta(t)+(1/T)\delta(t-T)$$

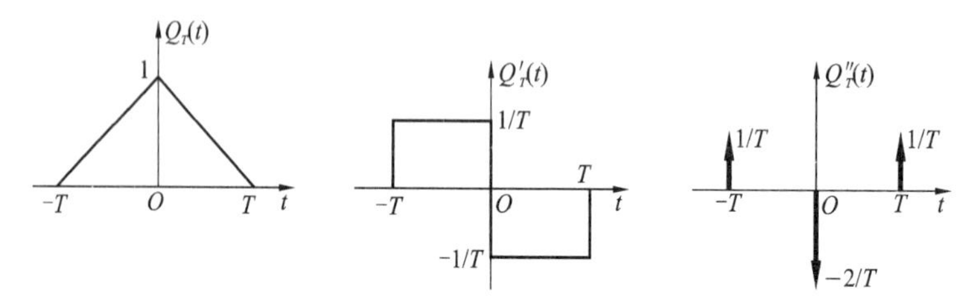

图 3-35 三角脉冲波及其导数

根据时域微分特性 $(\mathrm{j}\omega)^2F(\mathrm{j}\omega)=(1/T)\mathrm{e}^{\mathrm{j}\omega t}-2/T+(1/T)\mathrm{e}^{-\mathrm{j}\omega T}$

所以 $F(\mathrm{j}\omega)=(2/\omega^2T)(1-\cos\omega T)=(4/\omega^2T)\sin^2(0.5\omega T)=T\mathrm{Sa}^2(0.5\omega T)$

(b) 对符号函数求导，表达式为 $f'(t)=2\delta(t)$，根据时域微分特性，有

$$(\mathrm{j}\omega)F(\mathrm{j}\omega)=2$$

考虑式(3-50)，有 $\mathrm{sgn}(t)\Leftrightarrow2(\mathrm{j}\omega)^{-1}$

(c) 已知 $\delta(t)\Leftrightarrow1$，根据时域微分特性，有 $\delta'(t)\Leftrightarrow\mathrm{j}\omega$

以此类推，有 $\delta^{(n)}(t)\Leftrightarrow(\mathrm{j}\omega)^n$

3.5.11 频域微分特性

若 $f(t)\Leftrightarrow F(\mathrm{j}\omega)$，由卷积的微分性质可得

$$F'(\mathrm{j}\omega)=F'(\mathrm{j}\omega)*\delta(\omega)=F(\mathrm{j}\omega)*\delta'(\omega)$$

已知 $\delta'(t)\Leftrightarrow\mathrm{j}\omega$，根据对偶性，有

$$\mathrm{j}t\Leftrightarrow2\pi\delta'(-\omega)=-2\pi\delta'(\omega)$$

即 $$-\mathrm{j}t(2\pi)^{-1}\Leftrightarrow\delta'(\omega)$$

由频域卷积性质有 $-f(t)\mathrm{j}t(2\pi)^{-1}\Leftrightarrow(2\pi)^{-1}F'(\mathrm{j}\omega)=(2\pi)^{-1}F(\mathrm{j}\omega)*\delta'(\omega)$

即 $$-\mathrm{j}tf(t)\Leftrightarrow F'(\mathrm{j}\omega)\tag{3-54a}$$

这就是傅里叶变换的频域微分性质。一般情况下，有

$$(-\mathrm{j}t)^nf(t)\Leftrightarrow F^{(n)}(\mathrm{j}\omega)\tag{3-54b}$$

【例 3.15】 求下列信号的傅里叶变换。

(a) $f(t)=t$　　(b) $f(t)=t\varepsilon(t)$　　(c) $f(t)=|t|$

解　(a) 已知 $1\Leftrightarrow 2\pi\delta(\omega)$，根据频域微分特性，$-\mathrm{j}t\Leftrightarrow 2\pi\delta'(\omega)$，所以

$$t\Leftrightarrow \mathrm{j}2\pi\delta'(\omega)$$

(b) 已知　$\varepsilon(t)\Leftrightarrow \pi\delta(\omega)+(\mathrm{j}\omega)^{-1}$

根据频域微分特性，有　$t\varepsilon(t)\Leftrightarrow \mathrm{j}\pi\delta'(\omega)-\omega^{-2}$

(c) 已知 $|t|=t\varepsilon(t)-t\varepsilon(-t)$，因为

$$t\varepsilon(t)\Leftrightarrow \mathrm{j}\pi\delta'(\omega)-\omega^{-2}$$

根据尺度变换特性，有　$-t\varepsilon(t)\Leftrightarrow -\mathrm{j}\pi\delta'(\omega)-\omega^{-2}$

所以　$|t|\Leftrightarrow -2\omega^{-2}$

【例 3.16】　求如图 3-36(a) 所示梯形波的傅里叶变换。

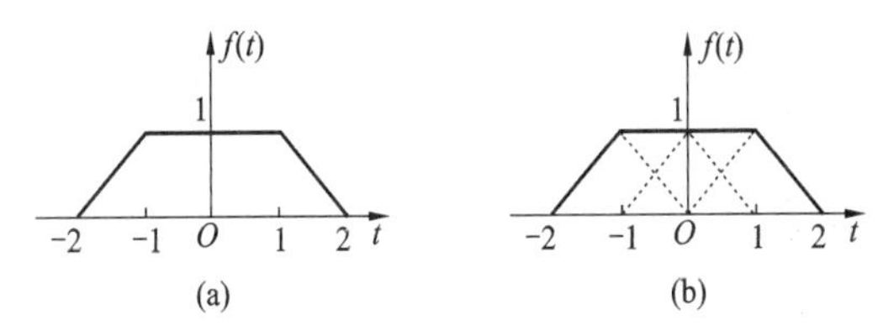

图 3-36　解梯形波的第 1 种方法

解　本题将用 4 种方法来求 $f(t)$ 的傅里叶变换。

方法一，把 $f(t)$ 看做 3 个三角脉冲的和，如图 3-36(b) 所示，即

$$f(t)=Q_1(t+1)+Q_1(t)+Q_1(t-1)$$

已知　$Q_T(t)\Leftrightarrow T\mathrm{Sa}^2(0.5\omega T)$，即 $Q_1(t)\Leftrightarrow \mathrm{Sa}^2(0.5\omega)$，根据时移特性，有

$$F(\mathrm{j}\omega)=\mathrm{Sa}^2(0.5\omega)\mathrm{e}^{\mathrm{j}\omega}+\mathrm{Sa}^2(0.5\omega)+\mathrm{Sa}^2(0.5\omega)\mathrm{e}^{-\mathrm{j}\omega}=\mathrm{Sa}^2(0.5\omega)[1+2\cos\omega]$$

方法二，把 $f(t)$ 看做 2 个三角脉冲的差，如图 3-37 所示，即

$$f(t)=2Q_2(t)-Q_1(t)$$

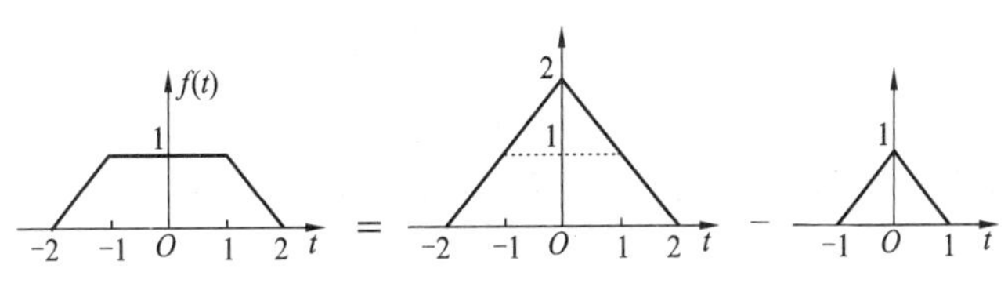

图 3-37　解梯形波的第 2 种方法

已知　$Q_T(t)\Leftrightarrow T\mathrm{Sa}^2(0.5\omega T)$，即 $Q_1(t)\Leftrightarrow \mathrm{Sa}^2(0.5\omega)$，$Q_2(t)\Leftrightarrow 2\mathrm{Sa}^2(\omega)$，根据时移特性，有

$$F(\mathrm{j}\omega)=4\mathrm{Sa}^2(\omega)-\mathrm{Sa}^2(0.5\omega)$$

方法三，把 $f(t)$ 看做 2 个门函数的卷积，如图 3-38 所示，即

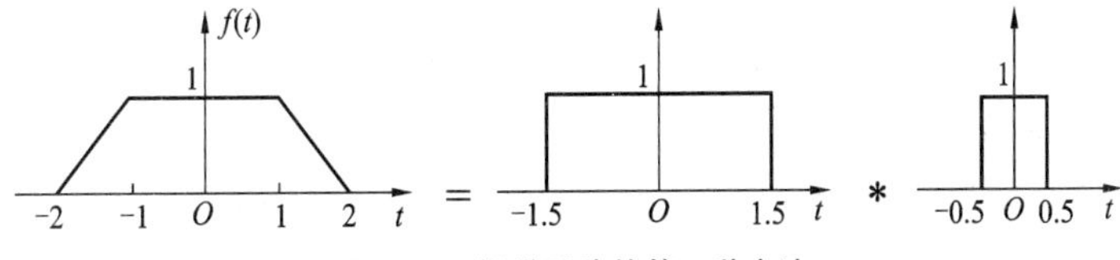

图 3-38　解梯形波的第 3 种方法

$$f(t)=G_3(t)*G_1(t)$$

根据时域卷积定理,有　$F(\mathrm{j}\omega)=3\mathrm{Sa}(1.5\omega)\mathrm{Sa}(0.5\omega)$

方法四,对 $f(t)$ 求二次导数,如图 3-39 所示,所以

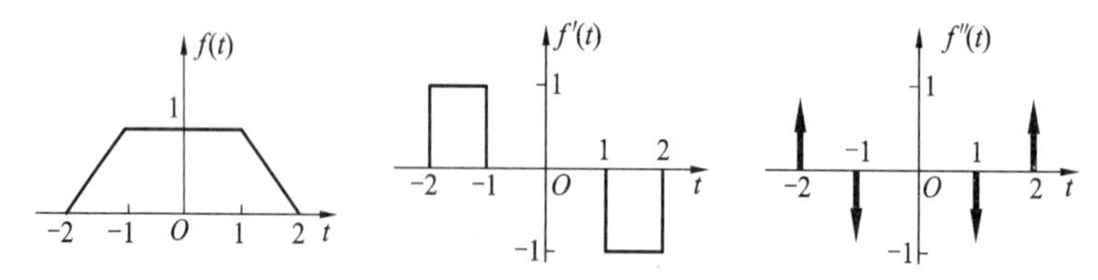

图 3-39　解梯形波的第 4 种方法

$$F(\mathrm{j}\omega)=(\mathrm{j}\omega)^{-2}(\mathrm{e}^{\mathrm{j}2\omega}-\mathrm{e}^{\mathrm{j}\omega}-\mathrm{e}^{-\mathrm{j}\omega}+\mathrm{e}^{-\mathrm{j}2\omega})=-2\omega^{-2}[\cos(2\omega)-\cos(\omega)]$$
$$=4\mathrm{Sa}^2(\omega)-\mathrm{Sa}^2(0.5\omega)$$

以上所有频谱的形式都是等价的。

3.5.12　帕斯瓦尔定理

若 $f(t)\Leftrightarrow F(\mathrm{j}\omega)$,则

$$\int_{-\infty}^{+\infty}|f(t)|^2\mathrm{d}t=(2\pi)^{-1}\int_{-\infty}^{+\infty}|F(\mathrm{j}\omega)|^2\mathrm{d}\omega=\pi^{-1}\int_{0}^{+\infty}|F(\mathrm{j}\omega)|^2\mathrm{d}\omega \qquad (3\text{-}55)$$

该式称为帕斯瓦尔定理。此关系可利用下式推得

$$\int_{-\infty}^{+\infty}|f(t)|^2\mathrm{d}t=\int_{-\infty}^{+\infty}f(t)f^*(t)\mathrm{d}t=\int_{-\infty}^{+\infty}f(t)\left[(2\pi)^{-1}\int_{-\infty}^{+\infty}F^*(\mathrm{j}\omega)\mathrm{e}^{-\mathrm{j}\omega t}\mathrm{d}\omega\right]\mathrm{d}t$$

交换上式右边的积分次序,可得

$$\int_{-\infty}^{+\infty}|f(t)|^2\mathrm{d}t=(2\pi)^{-1}\int_{-\infty}^{+\infty}F^*(\mathrm{j}\omega)\left[\int_{-\infty}^{+\infty}f(t)\mathrm{e}^{-\mathrm{j}\omega t}\mathrm{d}t\right]\mathrm{d}\omega$$
$$=(2\pi)^{-1}\int_{-\infty}^{+\infty}F^*(\mathrm{j}\omega)F(\mathrm{j}\omega)\mathrm{d}\omega=(2\pi)^{-1}\int_{-\infty}^{+\infty}|F(\mathrm{j}\omega)|^2\mathrm{d}\omega$$

上式是非周期信号的能量等式,是帕斯瓦尔定理在非周期信号时的表示形式。所以,信号能量可以从时域中求得,也可以从频域中求得。$|F(\mathrm{j}\omega)|^2$ 称为信号 $f(t)$ 的能量谱密度。

【例 3.17】　求信号 $f(t)=2\cos(997t)\cdot\dfrac{\sin(5t)}{\pi t}$ 的能量。

解　已知 $\pi^{-1}\cos(997t)\Leftrightarrow[\delta(\omega-997)+\delta(\omega+997)]$,$G_\tau(t)\Leftrightarrow\tau\mathrm{Sa}(0.5\omega\tau)$

根据对称特性,有　$\tau\mathrm{Sa}(0.5t\tau)\Leftrightarrow 2\pi G_\tau(\omega)$

令 $\tau=10$,$10\mathrm{Sa}(5t)\Leftrightarrow 2\pi G_{10}(\omega)$,所以

$$f(t)=10\pi^{-1}\cos(997t)\cdot\frac{\sin(5t)}{5t}=\pi^{-1}\cos(997t)\cdot 10\mathrm{Sa}(5t)$$

根据频域卷积定理,有

$$F(\mathrm{j}\omega)=(2\pi)^{-1}\cdot 2\pi G_{10}(\omega)*[\delta(\omega-997)+\delta(\omega+997)]$$
$$=G_{10}(\omega-997)+G_{10}(\omega+997)$$

信号的能量为

$$E=\int_{-\infty}^{+\infty}[f(t)]^2\mathrm{d}t=(2\pi)^{-1}\int_{-\infty}^{+\infty}|F(\mathrm{j}\omega)|^2\mathrm{d}\omega=\pi^{-1}\int_{0}^{+\infty}|F(\mathrm{j}\omega)|^2\mathrm{d}\omega=10\pi^{-1}\mathrm{J}$$

3.6　周期信号的傅里叶变换

傅里叶变换可以推广至对周期信号的分析，其目的是把周期与非周期信号的分析统一起来，虽然周期信号不满足绝对可积条件，但周期信号的傅里叶变换可以通过冲激函数表达出来，这也反映了周期信号的离散性。

3.6.1　正弦信号的傅里叶变换

考虑余弦信号 $f(t)=\cos(\omega_0 t+\theta)$，已知 $\cos(\omega_0 t)\Leftrightarrow\pi[\delta(\omega+\omega_0)+\delta(\omega-\omega_0)]$，根据时移性质，$t\rightarrow t+\theta\omega_0^{-1}$，有

$$\cos(\omega_0 t+\theta)\Leftrightarrow\pi[\delta(\omega+\omega_0)+\delta(\omega-\omega_0)]\mathrm{e}^{\mathrm{j}\theta\,\omega/\omega_0}$$

考虑冲激函数的乘积特性，有

$$\cos(\omega_0 t+\theta)\Leftrightarrow\pi[\delta(\omega+\omega_0)\mathrm{e}^{-\mathrm{j}\theta}+\delta(\omega-\omega_0)\mathrm{e}^{\mathrm{j}\theta}]\tag{3-56}$$

它的幅度频谱是一个在 $\omega=\pm\omega_0$ 上的冲激对，且幅度为 π。它的相位频谱在 $\omega=\omega_0$ 的相位是 θ；在 $\omega=-\omega_0$ 的相位是 $-\theta$。该频谱如图 3-40 所示。除了将幅度频谱画作冲激之外，这些都与其傅里叶级数的复系数 $\dot{F}_n$ 的双边频谱相似。

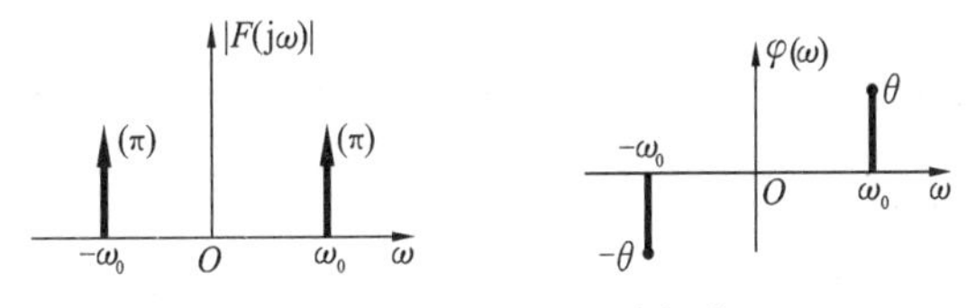

图 3-40　$\cos(\omega_0 t+\theta)$ 的频谱

3.6.2　一般周期信号的傅里叶变换

考虑周期为 T 的周期信号 $f_T(t)$，其傅里叶级数的指数形式为

$$f_T(t)=\sum_{n=-\infty}^{+\infty}\dot{F}_n\mathrm{e}^{\mathrm{j}n\Omega t}\tag{3-57}$$

式中：$\Omega=2\pi/T$ 是基波角频率；$\dot{F}_n$ 是傅里叶复系数。已知

$$\mathrm{e}^{\mathrm{j}n\Omega t}\Leftrightarrow 2\pi\delta(\omega-n\Omega)$$

对式(3-57)两边取傅里叶变换，应用线性性质及频移性质可得

$$f_T(t)=\sum_{n=-\infty}^{+\infty}\dot{F}_n\mathrm{e}^{\mathrm{j}n\Omega t}\Leftrightarrow 2\pi\sum_{n=-\infty}^{+\infty}\dot{F}_n\delta(\omega-n\Omega)\tag{3-58}$$

式(3-58)表明，周期信号的频谱是一个冲激串，即是离散信号。它集中在基频 Ω 和它所有谐波频率上，而且冲激的幅度等于傅里叶级数的复系数 $\dot{F}_n$。也可以说明，傅里叶级

数是傅里叶变换的一种特例。

【例 3.18】 求如图 3-41(a) 所示冲激串函数 $\delta_T(t)$ 的傅里叶变换。

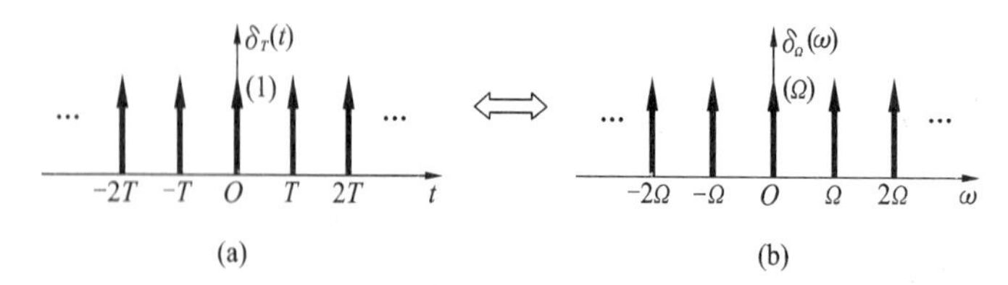

图 3-41 冲激串及其频谱

解 根据式(3-58),有

$$\delta_T(t) \Leftrightarrow 2\pi \sum_{n=-\infty}^{+\infty} \dot{F}_n \delta(\omega - n\Omega)$$

式中:
$$\dot{F}_n = T^{-1}\int_{-T/2}^{T/2} \delta_T(t) e^{-jn\Omega t} dt = T^{-1}; \quad \Omega = 2\pi T^{-1}$$

所以
$$\delta_T(t) \Leftrightarrow 2\pi T^{-1} \sum_{n=-\infty}^{+\infty} \delta(\omega - n\Omega) = \Omega \sum_{n=-\infty}^{+\infty} \delta(\omega - n\Omega) = \Omega\, \delta_\Omega(\omega)$$

频谱如图 3-41(b) 所示。可见,冲激串的频谱仍然是冲激串。

任一周期信号可以表示为

$$f_T(t) = f_1(t) * \delta_T(t)$$

式中:$f_1(t)$ 为第一个周期;$\delta_T(t)$ 为冲激串。如图 3-42 所示。

若 $f_1(t) \Leftrightarrow F_1(j\omega)$,根据时域卷积定理,有

$$F(j\omega) = F_1(j\omega) \cdot \Omega\, \delta_\Omega(\omega) \tag{3-59}$$

这表明,只要求出周期信号的第一个周期的频谱,其周期信号的频谱就可用式(3-59) 计算。

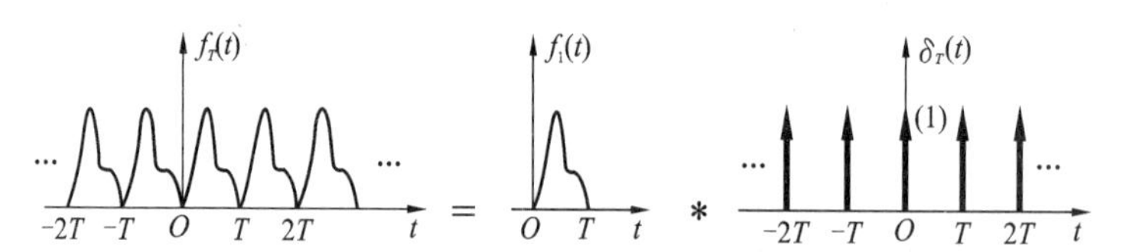

图 3-42 周期信号用卷积表示

【例 3.19】 求如图 3-43(a) 所示周期矩形脉冲信号的傅里叶变换。

解 先求出第一个周期的频谱为

$$f_1(t) = G_\tau(t) \Leftrightarrow \tau \mathrm{Sa}(0.5\omega\tau)$$

应用式(3-59),可得

$$F(j\omega) = F_1(j\omega) \cdot \Omega\, \delta_\Omega(\omega) = \tau\Omega \mathrm{Sa}(0.5\omega\tau)\delta_\Omega(\omega)$$
$$= \tau\Omega \sum_{n=-\infty}^{+\infty} \mathrm{Sa}(0.5n\Omega\tau)\delta(\omega - n\Omega)$$

频谱图如图 3-43(b) 所示。可见,频谱是以采样函数 Sa() 为包络线的冲激串。

常用的傅里叶变换对如表 3-2 所示。表 3-2 中还给出了推导每个傅里叶变换对的提示说明。

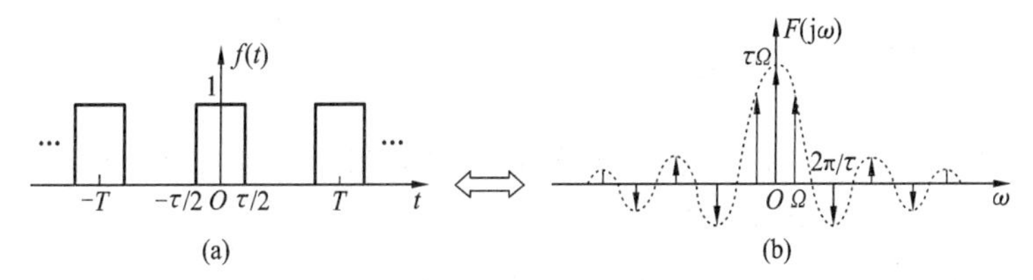

图 3-43 周期矩形脉冲信号及其频谱

表 3-2 常用的傅里叶变换对

编号	傅里叶变换对	推导说明
1	$\delta(t)\Leftrightarrow 1$	直接计算
2	$1\Leftrightarrow 2\pi\delta(\omega)$	与 1 对偶
3	$\delta(t-a)\Leftrightarrow \mathrm{e}^{-\mathrm{j}\omega a}$	利用 1 和时移性质
4	$\mathrm{e}^{\mathrm{j}\beta t}\Leftrightarrow 2\pi\delta(\omega-\beta)$	与 3 对偶或对 2 频移
5	$G_\tau(t)\Leftrightarrow \tau\mathrm{Sa}(0.5\omega\tau)$	直接计算
6	$\tau\mathrm{Sa}(0.5\tau t)\Leftrightarrow 2\pi G_\tau(\omega)$	与 5 对偶
7	$\mathrm{e}^{-at}\varepsilon(t)\Leftrightarrow(\mathrm{j}\omega+a)^{-1}\quad(a>0)$	直接计算
8	$t\mathrm{e}^{-at}\varepsilon(t)\Leftrightarrow(\mathrm{j}\omega+a)^{-2}\quad(a>0)$	对 7 频域微分或时域卷积
9	$\mathrm{sgn}(t)\Leftrightarrow 2(\mathrm{j}\omega)^{-1}$	时域微分
10	$\varepsilon(t)\Leftrightarrow\pi\delta(\omega)+(\mathrm{j}\omega)^{-1}$	利用 9 和线性性质
11	$Q_T(t)\Leftrightarrow T\mathrm{Sa}^2(0.5\omega t)$	时域微分或门函数卷积
12	$T\mathrm{Sa}^2(0.5Tt)\Leftrightarrow 2\pi Q_T(\omega)$	与 11 对偶
13	$\cos(\omega_0 t)\Leftrightarrow\pi[\delta(\omega+\omega_0)+\delta(\omega-\omega_0)]$	利用 4 和线性性质
14	$\sin(\omega_0 t)\Leftrightarrow \mathrm{j}\pi[\delta(\omega+\omega_0)-\delta(\omega-\omega_0)]$	利用 4 和线性性质
15	$t\varepsilon(t)\Leftrightarrow \mathrm{j}\pi\delta'(\omega)-\omega^{-2}$	对 10 频域微分
16	$\mathrm{Sa}(\alpha t)\cos(\omega_0 t)\Leftrightarrow(\pi/2\alpha)[G_{2\alpha}(\omega-\omega_0)+G_{2\alpha}(\omega-\omega_0)]$	频域卷积
17	$f_T(t)\Leftrightarrow 2\pi\sum\limits_{n=-\infty}^{+\infty}\dot{F}_n\delta(\omega-n\Omega)$	利用傅里叶系数和 4
18	$\delta_T(t)\Leftrightarrow\Omega\ \delta_\Omega(\omega),\Omega=2\pi T^{-1}$	利用 17
19	$f_T(t)\Leftrightarrow F_1(\mathrm{j}\omega)\cdot\Omega\ \delta_\Omega(\omega)$	利用 18 和时域卷积
20	$\delta^{(n)}(t)\Leftrightarrow(\mathrm{j}\omega)^n$	利用 1 和时域微分
21	$\mathrm{e}^{-a\lvert t\rvert}\Leftrightarrow 2a(a^2+\omega^2)^{-1}$	利用 7 和反折、线性

3.7　傅里叶反变换

傅里叶反变换是借助已知的变换对和性质，得到所需要的结果的方法。后面极少用傅里叶反变换的定义来求原函数。

【例 3.20】　求如图 3-44 所示频谱的傅里叶反变换。

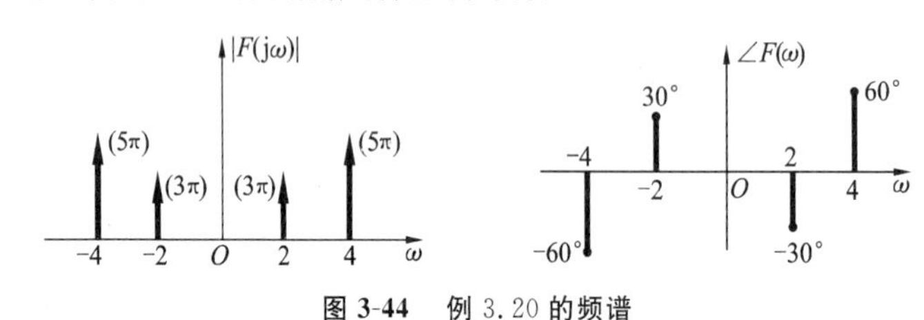

图 3-44　例 3.20 的频谱

解　从频谱中可以看出，幅度频谱的每对冲激对应着一个正弦波的幅值。由于相位频谱是奇函数，对应频率的相位是该正弦波的相位。所以

$$f(t)=3\cos(2t-30^\circ)+5\cos(4t+60^\circ)$$

【例 3.21】　已知频谱 $F(\mathrm{j}\omega)=\mathrm{j}3\omega(\mathrm{j}\omega+2)^{-1}$，求它的傅里叶反变换。

解　已知傅里叶变换对为

$$\mathrm{e}^{-2t}\varepsilon(t)\Leftrightarrow(\mathrm{j}\omega+2)^{-1}$$

根据时域微分性质，有

$$\frac{\mathrm{d}}{\mathrm{d}t}[\mathrm{e}^{-2t}\varepsilon(t)]\Leftrightarrow \mathrm{j}\omega(\mathrm{j}\omega+2)^{-1}$$

所以，原函数为

$$f(t)=3\frac{\mathrm{d}}{\mathrm{d}t}[\mathrm{e}^{-2t}\varepsilon(t)]=3\delta(t)-6\mathrm{e}^{-2t}\varepsilon(t)$$

用 Matlab 的符号运算功能可以很方便地求出傅里叶反变换，本题的 Matlab 的程序如下。

```
>>syms  w  t
>>F='j*3*w/(j*w+2)'
F=
j*3*w/(j*w+2)
>>f=ifourier(F,t)
f=
3*Dirac(t)-6*exp(-2*t)*Heaviside(t)
```

程序中 Dirac(t) 表示冲激函数 $\delta(t)$，Heaviside(t) 表示阶跃函数 $\varepsilon(t)$。f = ifourier(F,t) 表示求傅里叶反变换，原函数的自变量用“t”表示。

【例 3.22】　已知信号 $f(t)$ 的频谱 $F(\mathrm{j}\omega)$，求时间函数 $f(t)$。

(a) $F(\mathrm{j}\omega)=\dfrac{2\sin[3(\omega-2\pi)]}{\omega-2\pi}$　　　　(b) $F(\mathrm{j}\omega)=\cos(4\omega+\pi/3)$

解　(a) 先考虑频谱　$\dfrac{2\sin(3\omega)}{\omega}=\dfrac{6\sin(3\omega)}{3\omega}=6\mathrm{Sa}(3\omega)$

已知 $G_{\tau}(t)\Leftrightarrow\tau\mathrm{Sa}(\omega\tau/2)$，令 $\tau=6$，得

$$G_6(t)\Leftrightarrow 6\mathrm{Sa}(3\omega)$$

应用时移性质，有

$$\mathrm{e}^{-\mathrm{j}2\pi t}G_6(t)\Leftrightarrow 6\mathrm{Sa}[3(\omega-2\pi)]$$

所以，原函数为

$$f(t)=\mathrm{e}^{-\mathrm{j}2\pi t}G_6(t)$$

(b) 将频谱变形为

$$F(\mathrm{j}\omega)=\cos(4\omega+\pi/3)=\cos[4(\omega+\pi/12)]$$

先考虑频谱 $\cos(4\omega)$，已知 $\cos(4t)\Leftrightarrow\pi[\delta(\omega+4)+\delta(\omega-4)]$，根据对偶性质，有

$$\pi[\delta(t+4)+\delta(t-4)]\Leftrightarrow 2\pi\cos(4\omega)$$

即

$$0.5[\delta(t+4)+\delta(t-4)]\Leftrightarrow\cos(4\omega)$$

应用频移性质，有

$$0.5[\delta(t+4)+\delta(t-4)]\mathrm{e}^{-\mathrm{j}\pi t/12}\Leftrightarrow\cos[4(\omega-\pi/12)]$$

即

$$0.5[\delta(t+4)\mathrm{e}^{\mathrm{j}\pi/3}+\delta(t-4)\mathrm{e}^{-\mathrm{j}\pi/3}]\Leftrightarrow\cos(4\omega-\pi/3)$$

所以，原函数为

$$f(t)=0.5[\delta(t+4)\mathrm{e}^{\mathrm{j}\pi/3}+\delta(t-4)\mathrm{e}^{-\mathrm{j}\pi/3}]$$

3.8 工程应用实例：电力系统与电动机故障诊断

3.8.1 电力系统的谐波分析

在电力系统中，谐波就是频率为基波频率整数倍的电压或电流信号的波形，也就是说，若电力系统基波频率为 50 Hz，则二次谐波为 100 Hz，三次谐波为 150 Hz…… 近年来，随着电力电子器件在电气设备中的广泛引用，越来越多地将非正弦波形引入电网，其产生的高次谐波对电气设备的正常运行带来了极大的隐患和破坏作用。因此，有效地抑制谐波是对电气设备的重要要求。具有非线性特性的电气设备，是产生谐波的主要原因：① 具有铁磁饱和特性的铁芯设备，如变压器、电抗器等；② 以具有强烈非线性特性的电弧为工作介质的设备，如气体放电灯、交流弧焊机、炼钢电弧炉等；③ 以电力电子元件为基础的开关电源设备，如各种电力变流设备相控调速和调压装置、大容量的电力晶闸管可控开关设备等。当对这些非线性的电气设备施加正弦波电压时，其电流波形会产生畸变，这种畸变的电流波形中，含有大量的谐波。

1. 高次谐波对电气设备的影响

1) 增加了附加损耗

高次谐波会使电气设备产生附加的谐波损耗，降低了供配电设备的效率，大量的零序谐波流入中性线会使线路过热，甚至引起火灾。

在对称三相四线制供电系统中，高次谐波分为三类：即正序谐波（相位移为 120°，旋转方向同基波频率的方向）、负序谐波（相位移为 120°，旋转方向与基波频率的相反）和零序谐波（3 的奇数倍，如 3、9、15、21 等，相位移为 0）。这些零序谐波电流与正序和负序谐波电流不同，在计算时不会抵消而是在中线上相加。

2) 降低设备使用寿命

因谐波含量过大引起 ΔU 过大，对并联电容器的危害尤为严重。计算表明，ΔU 升高 10%，电容器的温升就会提高 7%，这时即使不考虑电容器介质局部放电引起的介质损耗，其概率寿命也将减小 30%。

3) 影响计量精准度

由于电力计量装置都是按 50 Hz 标准的正弦波设计的，高次谐波电流窜入电力系统会导致系统中继电保护及自动控制装置产生误动作或拒动作，这会影响电气仪表测量的准确性。

4) 干扰通信系统

电力线路上流过的 3、5、7、11 等幅值较大的奇次低频谐波电流，通过磁场耦合，在邻近电力线的通信线路中会产生干扰电压，干扰通信系统的工作，影响通信线路通话的清晰度。此外，由高压直流(HVDC) 换流站换相过程中产生的电磁噪声(3 ～ 10 kHz) 会干扰电力载波通信的正常工作，影响电气设备的运行安全。

2. 高次谐波的检测技术

为了有效地补偿和抑制负载产生的谐波电流，保证电力系统运行的稳定性，实时检测负载电流中的谐波分量，并且由补偿器根据需要准确再现任意波形的补偿电流是关键所在。现有的谐波电流检测和分析方法主要有以下几种。

1) 带阻滤波法

这是一种十分简单的谐波电流检测方法，它的基本原理是使用一个低阻滤波器，将基波分量阻断，从而获得总的谐波电流量。不过，这种方法的精度很低，不能满足谐波分析的需要，一般情况下不予采用。

2) 带通选频法和快速傅里叶变换检测法

带通选频法采用多个窄带滤波器，逐次选出各次的谐波分量，如图 3-45 所示。

快速傅里叶变换检测法是一种以数字信号处理技术为基础的测量方法，其原理是对待测信号(电流或电压) 进行采样，经 A/D 转换后输入到单片机中，由单片机来计算处理。

这两种方法都可以比较准确地检测到各次谐波分量，不过带通选频法以模拟滤波器为基础，结构复杂，元件多，测量精度要受到多方面因素的影响；而快速傅里叶变换法的性能相对要好一些，但造价偏高，而且不能获得相位的信息，这使它的应用受到一定程度的限制。

3. 谐波的抑制技术

1) 加装无源滤波器

该装置利用谐振原理，通过 L、R、C 组成的滤波电路对需要消除的高次谐波进行调谐，使之发生谐振，利用其在谐振时阻抗最小的特性有效消除指定次数的谐波，并在谐波源附近就地吸收谐波电流，该次数的谐波电流被滤波器吸收而不能注入电网，从而达到抑制谐波的目的。

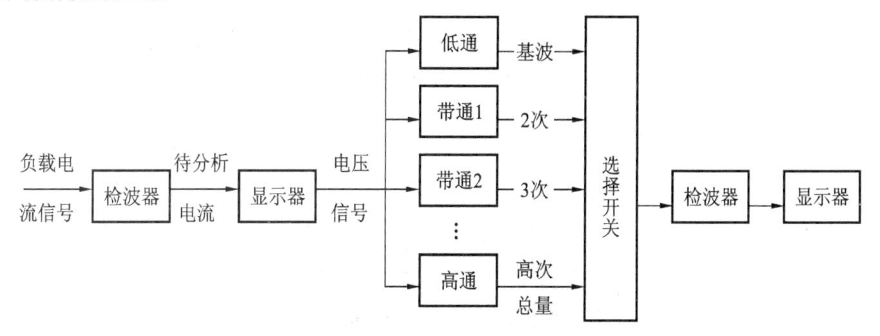

图 3-45 带通选频法测量谐波电流原理图

LC 滤波器是传统的补偿无功和抑制谐波的主要手段。图 3-46(a) 所示的是一个用并联无源滤波器滤除谐波的典型电路。一个串联的 *LC* 滤波器并联在整流桥入端，其谐振频率应和电路的主要高次谐波频率相等。为了防止电网电压中的谐波电压在滤波器中产生较大的谐波电流，在入端串联一个电感 L_1。

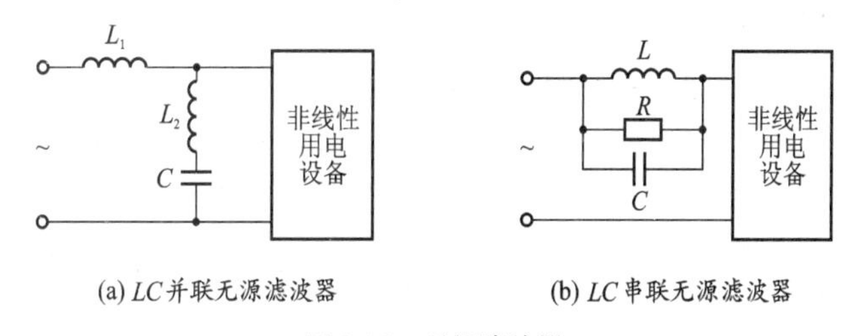

(a) *LC* 并联无源滤波器　　(b) *LC* 串联无源滤波器

图 3-46 无源滤波器

图 3-46(b) 所示的是一个 *RLC* 网络串联在入端滤除谐波的电路。*RLC* 并联网络的谐振频率与电网主要高次谐波频率相等，阻止变流器的主要谐波电流流入电网。

但是这种滤波方法也有如下缺点。

(1) 消耗材料多，且体积大，需要占用的空间也大。

(2) 补偿特性受电网阻抗、频率和运行状态的影响，谐波抑制效果不够理想，只能对某几次谐波有抑制效果，而对其他次谐波还可能有放大作用。

(3) 谐波抑制要求和无功补偿、调压要求有时难以协调，在某些条件下可能和系统发生谐振，引发事故。

(4) 当谐波源增大时，滤波器负担随之加重，可能因谐波过载不能运行。

2) 加装有源滤波器

该装置是一种用于动态抑制谐波和补偿无功功率的新型电力电子装置，它能对幅值和频率都变化的谐波成分和无功功率进行补偿，可以克服传统无源滤波器的不足。有源滤波器的原理如图 3-47 所示，主要包含三个部分：谐波检测电路、控制电路和主电路。它的滤波方式是:先由检测电路从补偿对象中检测出负载电流 I_L 的谐波分量 I_{Lh},由控制电路发出命令,利用主电路中的可控功率半导体器件(补偿装置)向电网注入与谐波分量 I_{Lh} 幅值相等、相位相反的谐波分量 I_C,与系统中的谐波分量相抵消,最终得到的电源电流 I_S 只含基波,不含谐波,从而达到实时补偿谐波的目的。

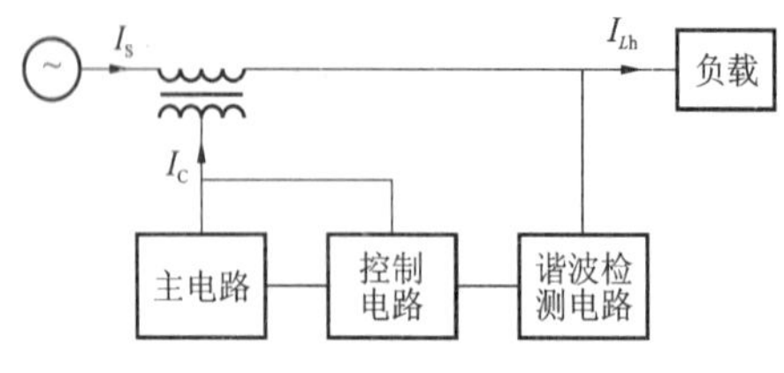

图 3-47 有源滤波器原理图

有源滤波的特点是能够对频率和幅值都变化的谐波进行跟踪与补偿,且补偿特性不受系统阻抗的影响,可以消除与系统阻抗发生谐振的危险;具有自适应功能,可以自动跟踪并补偿变化着的谐波,具有高度的可靠性和快速响应性;同时,对变化的无功功率有较好的预补偿效果。

3.8.2 异步电动机的故障诊断

三相异步电动机由于结构简单、价格低廉、运行可靠,在电力、冶金、石油、化工、机械等领域得到广泛应用。由于工作环境恶劣或者电动机频繁启动等原因,转子导条或端环经常会发生开焊和断裂等故障,如图 3-48 所示。这种故障发生时,通常先有 1 ~ 2 根出现开焊或断裂,而后发展成多根以致出力下降,最后带不动负载而停机。对电动机进行在线检测,可以提前发现电动机的故障隐患,及早采取相应措施,以减少或避免恶性故障的发生。为提高生产和工作的可靠性,最初实行对电动机的定期维修制度,但这种制度不但每年要花费大量的人力、物力和维修费用,而且没有针对性,维修精度很低。近 10 多年来,国际上一种先进的维修体制 —— 预测维修技术发展起来,其关键是检测电动机的运行状态,将不正常的运行数据(如振动、电流)采集下来,通过各种分析手段,判明故障原因和故障严重程度。对发现问题的电动机进行重点监测,对故障严重的电动机则停机和及早更换。这是当前国内大量使用异步电动机的企业大户需要解决的重要课题之一。

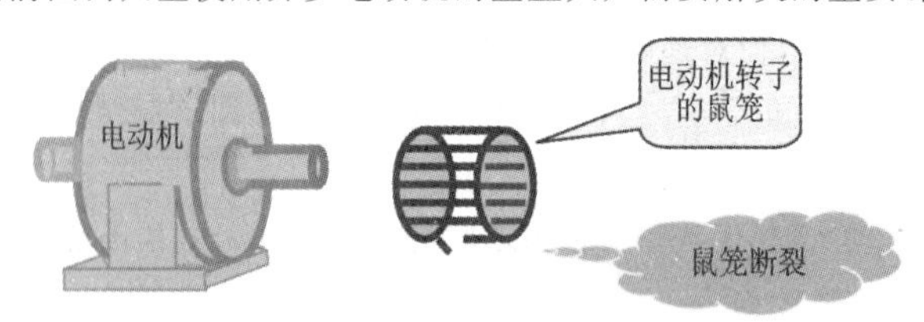

图 3-48 鼠笼异步电动机及转子鼠笼示意图

目前,常用的转子断条在线检测方法是,对稳态的定子电流信号直接进行频谱分析,根据频谱是否存在 $(1-2s)f_1$ 的附加分量来判断转子有无断条。这里 s 为电动机转差率,

f_1 为工频。但由于$(1-2s)f_1$ 分量的绝对幅值很小，并且异步电动机运行时转差率 s 小，频率$(1-2s)f_1$ 与 f_1 非常接近，用快速傅里叶变换直接作频谱分析时，基波 f_1 频率分量的泄漏会淹没$(1-2s)f_1$ 频率分量，因而检测$(1-2s)f_1$ 频率分量是否存在变得非常困难。但自适应滤波、希尔伯特变换及启动电流时变频谱分析方法可解决这一问题。

(1) 快速傅里叶变换。因为定子电流易于采集，因此，基于快速傅里叶变换的定子电流频谱分析方法被广泛应用于转子断条故障的在线检测。快速傅里叶变换是信号处理技术中的一种基本方法。对定子电流信号作快速傅里叶变换，再进行频谱分析，看是否含有$(1-2s)f_1$ 频率分量，便可判断有无断条故障。快速傅里叶变换处理过程简单、方便，但它只适用于平稳负载运行情况，而且可能出现基波频率分量泄漏及噪声频谱淹没$(1-2s)f_1$ 频率分量的情况。因此，还需要解决提取微弱的故障特征信号的问题。

(2) 希尔伯特变换。当给定实时信号 $x(t)$ 时，对其作希尔伯特变换，变换后的信号幅值不变，相位作 $90°$ 改变。将变换前、后的信号作平方和，得到一新信号，对其进行频谱分析，看是否存在 $2sf_1$ 频率分量来判断有无断条故障。这种故障信号处理的方法称为希尔伯特变换法，它也具有处理过程简单的特点。但是，当异步电动机负载波动较大时，这种方法难以区分负载波动与转子断条故障，容易出现误判。

(3) 自适应滤波。对定子电流进行自适应滤波处理，抵消定子电流基波分量，在频谱图中突出$(1-2s)f_1$ 频率分量 —— 转子断条故障特征分量，从而可以诊断转子断条故障。使用自适应滤波对检测信号作处理，可以提高故障检测的灵敏度。但是，作为简单的滤波过程，它也有可能滤掉故障特征分量，给有效的诊断带来困难。

(4) 采集电动机启动过程定子电流信号进行时变频谱分析。由于在启动过程中，转差率是不断变化的，所以在启动过程中，在相当的时段内$(1-2s)f_1$ 分量的频率可以远离 f_1 频率分量，因此，在一定程度上克服了稳态运行时作快速傅里叶变换分析方法的不足。从时变谱图中观察是否存在$(1-2s)f_1$ 分量来诊断转子有无故障。但是这一方法对电动机启动时间有比较严格的要求，启动时间短的电动机必须通过降压启动以延长启动时间。而且实际工作环境中，电动机并不是可以经常启停的。这就造成了该方法的局限性。

随着电动机设备系统越来越复杂，依靠单一的故障诊断技术已难以满足复杂电动机设备的故障诊断要求，因此上述各种诊断技术集成起来形成的集成智能诊断系统成为当前电动机设备故障诊断研究的热点。主要的集成技术有：基于规则的专家系统与人工神经网络(ANN)的结合，模糊逻辑与人工神经网络的结合，混沌理论与人工神经网络的结合，模糊神经网络与专家系统的结合等。专家系统与人工神经网络的结合能充分利用专家系统的专家经验和人工神经网络强大的非线性映射能力，目前，已经有很多学者开始研究这种相互融合的办法，为实现不同运行状态、不同运行环境下不同电动机的转子故障准确而及时的诊断起到了关键作用。这也成为目前异步电动机转子故障诊断技术发展的趋势。

本章小结

本章研究了连续信号的傅里叶分析方法，重点讨论了傅里叶级数及离散频谱、傅里叶变换及性质的应用,详细叙述了采样和采样定理。下面是本章的主要结论。

(1) 周期信号可以分解为三种表示形式。分解为三角级数时,表示信号由无穷多个谐波分量叠加组成;分解为复指数形式时,意味着信号可由无穷多个指数分量叠加组成;分解为频谱函数表示时,意味着信号可由离散的频域冲激串组成。

(2) 利用周期信号的对称性可以简化傅里叶级数中系数的计算,从而可知周期信号所包含的频率成分。有些周期信号的对称性是隐藏的,删除直流分量后就可以显示其对称性。

(3) 周期信号 $f_T(t)$ 傅里叶级数中系数 $\dot{F}_n$ 或 $\dot{A}_n$ 就是 $f_T(t)$ 的频谱。画出复指数傅里叶系数 $|\dot{F}_n|$ 与频率的关系,就可得到信号的双边幅度频谱;画出复指数傅里叶系数的相位 $\angle\dot{F}_n$ 与频率的关系,就可得到信号的双边相位频谱;用傅里叶系数 $\dot{A}_n$ 画出单边频谱。实际上,将双边幅度谱中 $\omega>0$ 的谱线加倍,而 $\omega=0$ 的谱线不变,就得到单边幅度频谱。保持双边相位频谱中 $\omega\geqslant0$ 的谱线不变,就得到单边相位频谱。反过来,已知双边或单边频谱,则可以写出周期信号的表达式。

(4) 从对周期矩形脉冲信号的分析可知:

① 信号的持续时间与频带宽度成反比;

② 周期 T 越大,谱线越密,离散频谱将变成连续频谱;

③ 周期信号频谱的三大特点:离散性、谐波性、收敛性。

(5) 非周期信号的傅里叶变换是一种线性积分变换。非周期信号的频谱函数是将信号分解为无穷多个指数分量的连续和(积分)而得到的,其结果为连续频谱。

(6) 如果信号是实函数,则它的幅度频谱是频率的偶函数,相位频谱是频率的奇函数。而且,实偶信号的傅里叶变换是频率的实偶函数,实奇信号的傅里叶变换是频率的虚奇函数。

(7) 表 3-1 总结了与信号傅里叶变换有关的几个有用性质。利用这些性质可以深入理解时域与频域的关系,很方便地求出信号的傅里叶变换和反变换。可得出以下结论:

① 脉冲型信号的持续时间与它的带宽成反比关系;

② 任何带限信号一定是无时限信号,即带限信号不是时限信号;而所有时限信号也不是带限的,即是无限带宽的。

③ 信号的时移不改变频谱的幅度,只改变频谱的相位;

④ 信号 $f(t)\cos(\omega_0 t)$ 和 $f(t)\sin(\omega_0 t)$ 称为幅度调制信号。有

$$f(t)\cos(\omega_0 t)\Leftrightarrow 0.5\{F[\mathrm{j}(\omega+\omega_0)]+F[\mathrm{j}(\omega-\omega_0)]\}$$

$$f(t)\sin(\omega_0 t)\Leftrightarrow 0.5\mathrm{j}\{F[\mathrm{j}(\omega+\omega_0)]-F[\mathrm{j}(\omega-\omega_0)]\}$$

上式表明,信号 $f(t)$ 经调制后的频谱是将原频谱 $F(\mathrm{j}\omega)$ 搬移到载波频率 ω_0 的位置。

⑤ 对于能量信号,其频谱是不含冲激函数的,并且时域求导与求积分的运算互为逆运算,

如果
$$y(t)=\frac{\mathrm{d}f(t)}{\mathrm{d}t}\Leftrightarrow \mathrm{j}\omega F(\mathrm{j}\omega)=Y(\mathrm{j}\omega)$$

那么
$$\int_{-\infty}^{t} y(t)\,\mathrm{d}t\Leftrightarrow\frac{Y(\mathrm{j}\omega)}{\mathrm{j}\omega}=F(\mathrm{j}\omega)$$

⑥ 周期信号的傅里叶变换是一个冲激串,即是离散的。它集中在基频 Ω 和它所有谐波频率上,而且冲激的幅度等于傅里叶级数的复系数 $\dot{F}_n$,即

$$f_T(t)\Leftrightarrow\sum_{n=-\infty}^{+\infty}\dot{F}_n\delta(\omega-n\Omega)$$

对于一般的周期信号,可用下式计算

$$f_T(t) \Leftrightarrow F_1(\mathrm{j}\omega) \cdot \Omega\delta_\Omega(\omega)$$

(8) 帕斯瓦尔定理表示了信号的时域和频域的功率或能量关系。对于周期信号，其功率为

$$T^{-1}\int_T |f(t)|^2 \mathrm{d}t = \sum_{n=-\infty}^{+\infty} |\dot{F}_n|^2$$

对于非周期信号，其能量为

$$\int_{-\infty}^{+\infty} |f(t)|^2 \mathrm{d}t = (2\pi)^{-1}\int_{-\infty}^{+\infty} |F(\mathrm{j}\omega)|^2 \mathrm{d}\omega$$

思考题

3-1　周期信号的频谱具有什么特性？

3-2　周期信号直流分量是傅里叶级数的哪一项？为什么它是周期信号的平均值？

3-3　什么是连续频谱？什么是离散频谱？

3-4　什么是单边频谱？什么是双边频谱？

3-5　周期信号的频谱与信号的周期和脉冲宽度有何关系？

3-6　比较常用信号的傅里叶变换，你能发现什么规律？若 $f(t)$ 为偶函数，其 $F(\mathrm{j}\omega)$ 是什么函数？若 $f(t)$ 为奇函数，其 $F(\mathrm{j}\omega)$ 是什么函数？若 $f(t)$ 为非奇非偶的函数，$F(\mathrm{j}\omega)$ 又是什么函数？

3-7　当夏天电闪雷鸣时，你开着的收音机为什么会发出“咔嚓”的声音？

3-8　为什么一个有始有终（时限）的信号不是带限信号？

3-9　什么是调制定理？频谱搬移后，信号的带宽是否变化？

3-10　为什么一个无限信号的频谱一般含有冲激 $\delta(\omega)$？在什么情况下不含有冲激 $\delta(\omega)$？

3-11　用傅里叶变换的时域微积分性质时应注意什么问题？试举例说明。

3-12　若信号 $f(t)$ 的带宽为 $\Delta\omega$，则信号 $f(2t)$、$f(0.5t)$ 及 $f(2-t)$ 的带宽分别为多少？

3-13　若信号 $f_1(t)$、$f_2(t)$ 的带宽为 $\Delta\omega_1$，$\Delta\omega_2$，且 $\Delta\omega_1 < \Delta\omega_2$，则下列信号的带宽分别为多少？

(a) $2f_1(t) - f_2(t)$　　(b) $f_1(t) * f_2(t)$

(c) $f_1(t)f_2(t)$　　(d) $f_1^2(t) * f_2(t-1)$

习题

基本练习题

3-1　考虑周期信号 $f(t) = \sum_{n=1}^{+\infty}(6/n)\sin^2(0.5n\pi)\cos(1\ 600n\pi t)$。

(a) 求基频 Ω 和周期 T　　(b) 求傅里叶级数的系数 a_n、b_n、A_n、φ_n 和 $\dot{F}_n$

(c) 判断在 $f(t)$ 中的任何对称性

3-2　求下面方波的三角傅里叶级数，并解释为什么只包含余弦项。

$$f(t) = \begin{cases} A & (-0.25T < t \leqslant 0.25T) \\ -A & (-0.5T < t \leqslant -0.25T，且\quad 0.25T < t \leqslant 0.5T) \end{cases}$$

且对于所有的 t，$f(t) = f(t+T)$。

3-3　考虑题图 3-3 所示的波形以及它们的傅里叶级数的指数形式。检查各级数是否满足下面各项：纯实系数，纯虚系数，偶次谐波系数为 0，$\dot{F}_0 = 0$（见题表 3-3）。若满足，在表中相应的位置画“√”。

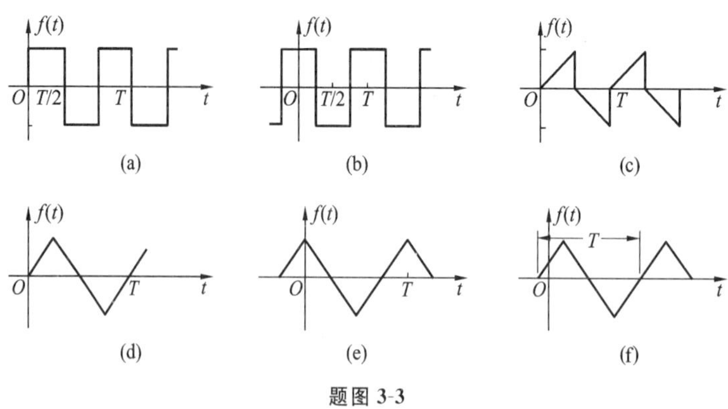

题图 3-3

题表 3-3

特　　性	波　　形					
	(a)	(b)	(c)	(d)	(e)	(f)
纯实系数						
纯虚系数						
复系数						
偶次谐波系数为 0						
$F_0=0$						

3-4　题图 3-4 显示的是周期信号 $x(t)$ 的双边幅度频谱和相位频谱。

(a) 写出傅里叶级数的三角形式　　(b) 写出傅里叶级数的指数形式

(c) 求信号的功率

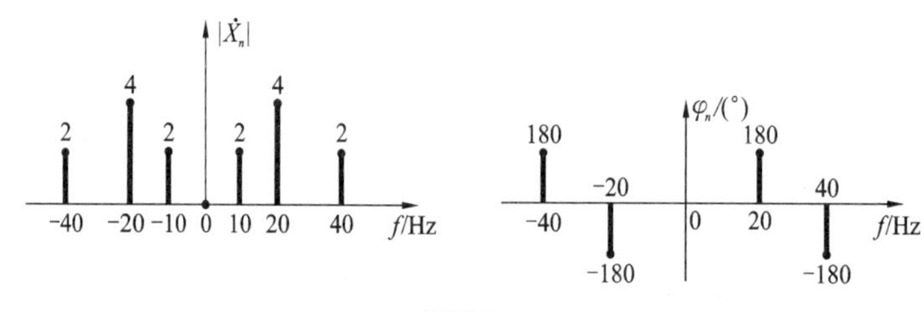

题图 3-4

3-5　求下列信号的傅里叶变换。

(a) $f_1(t)=Ae^{-at}\varepsilon(t)$　　(b) $f_2(t)=Ae^{at}\varepsilon(-t)$

(c) $f_3(t)=e^{-a|t|}$　　(d) $f_4(t)=Ae^{-at}\varepsilon(t)-Ae^{at}\varepsilon(-t)$

3-6　画出习题 3-5 中 $f_1(t)$ 和 $f_2(t)$ 的幅度频谱和相位频谱，并进行比较。

3-7　画出习题 3-5 中 $f_3(t)$ 和 $f_4(t)$ 的幅度频谱和相位频谱，并进行比较。

3-8　求下列信号的傅里叶变换 $F(j\omega)$。

(a) $f(t)=e^{-2|t-1|}$　　(b) $f(t)=e^{-2t}\cos(2\pi t)\varepsilon(t)$

(c) $f(t)=\dfrac{\sin(2\pi(t-2))}{\pi(t-2)}$　　　　(d) $f(t)=G_1(t-0.5)$

3-9 用门函数和三角脉冲表示题图 3-9 所示信号，并求出它们的傅里叶变换。

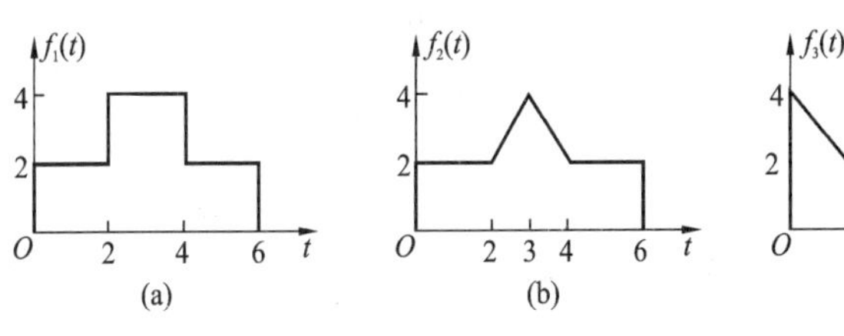

题图 3-9

3-10 用傅里叶变换的微分性质求题图 3-9 所示能量信号的傅里叶变换。

3-11 求下列信号的傅里叶变换 $F(\mathrm{j}\omega)$。

(a) $f(t)=\mathrm{Sa}(t)*\mathrm{Sa}(2t)$　　　　(b) $f(t)=2tG_1(t)$

(c) $f(t)=t\mathrm{e}^{-2t}\varepsilon(t)$　　　　(d) $f(t)=2\mathrm{e}^{2t}\varepsilon(-t)$

3-12 已知 $f(t)$ 的傅里叶变换 $F(\mathrm{j}\omega)=2G_4(\omega)$。利用性质求出并画出它的幅度频谱和相位频谱。

(a) $y(t)=f(2t)$　　　　(b) $y(t)=f(t-2)$

(c) $y(t)=f^2(t)$　　　　(d) $y(t)=f(t)\cos(2t)$

3-13 求下列频谱 $F(\mathrm{j}\omega)$ 的傅里叶反变换 $f(t)$。

(a) $F(\mathrm{j}\omega)=\dfrac{\mathrm{j}\omega}{1+\omega^2}$

(b) $F(\mathrm{j}\omega)=\dfrac{\mathrm{e}^{-\mathrm{j}2\omega}}{1+\omega^2}$

(c) $F(\mathrm{j}\omega)=G_2(\omega+5)+G_2(\omega-5)$

(d) $F(\mathrm{j}\omega)=\dfrac{2\sin^2\omega}{\omega^2}$

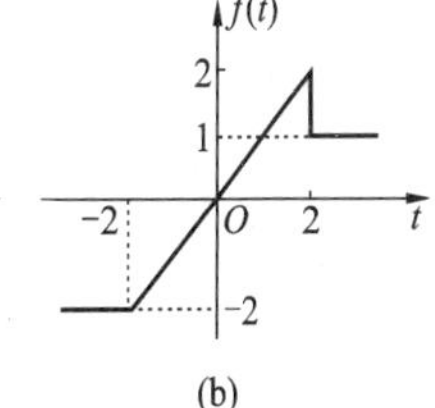

题图 3-14

3-14 求如题图 3-14 所示波形的频谱。

复习提高题

3-15 考虑周期信号 $f(t)=\sum\limits_{n=1}^{+\infty}(6/n)\sin(0.5n\pi)\sin(100n\pi t+n\pi/3)$。(a) 求基频 Ω 和周期 T；(b) 求傅里叶级数的系数 a_n、b_n、A_n、φ_n 和 $\dot{F}_n$；(c) 判断在 $f(t)$ 中的任何对称性。

3-16 考虑周期信号 $f(t)=\sum\limits_{n=-\infty}^{+\infty}\dfrac{1}{1+\mathrm{j}n\pi}\mathrm{e}^{\mathrm{j}(3\pi nt/2)}$，(a) 求基频 Ω 和周期 T；(b) 求 $f(t)$ 在区间 $(0,T)$ 上的平均值；(c) 确定三次谐波分量的幅度和相位；(d) 用余弦函数表示傅里叶级数的三次谐波分量。

3-17 在其时间周期 T 的一部分上，一个周期信号描述为 $f(t)=t(0\leqslant t\leqslant 1)$。在 $-2T\leqslant t\leqslant 2T$ 上画出这个周期信号，并表示出在以下情况下关于 $t=0.5T$ 或 $t=0.25T$ 的对称性。(a) $f(t)$ 只有偶对称性，且 $T=2$；(b) $f(t)$ 只有奇对称性，且 $T=2$；(c) $f(t)$ 具有偶对称和半波对称，且 $T=4$；(d) $f(t)$ 具有奇对称和半波对称，且 $T=4$。

3-18 题图 3-18 所示的是周期信号 $y(t)$ 的单边幅度频谱和相位频谱。(a) 判断信号的傅里叶级数中的谐波;(b)判断周期信号(如果有的话)中的对称性;(c)写出傅里叶级数的三角形式;(d)求信号的信号功率。

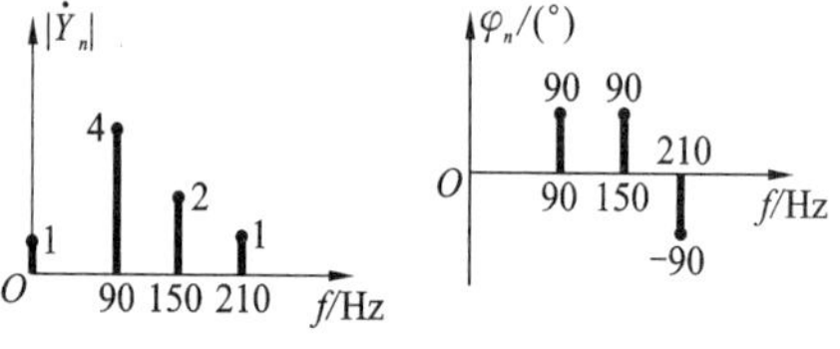

题图 3-18

3-19　求下列信号的傅里叶变换 $F(\mathrm{j}\omega)$。

(a) $f(t)=\varepsilon(1-|t|)\mathrm{sgn}(t)$

(b) $f(t)=\cos^2(2\pi t)\mathrm{Sa}(2t)$

(c) $f(t)=t^2\varepsilon(t)\varepsilon(1-t)$

(d) $f(t)=\mathrm{e}^{-2t}\varepsilon(t)\varepsilon(1-t)$

3-20　已知 $f(t)$ 的傅里叶变换 $F(\mathrm{j}\omega)=2G_4(\omega)$。利用性质求出并画出它的幅度频谱和相位频谱。

(a) $y(t)=f'(t)$　　(b) $y(t)=tf(t)$

(c) $y(t)=f(t)*f(t)$　　(d) $y(t)=f(t)\cos(t)$

3-21　已知 $f(t)\Leftrightarrow F(\mathrm{j}\omega)$,其中 $f(t)=t\mathrm{e}^{-2t}\varepsilon(t)$。不用计算 $F(\mathrm{j}\omega)$,求对应以下频谱的时间函数。

(a) $X(\mathrm{j}\omega)=F(\mathrm{j}2\omega)$　　(b) $X(\mathrm{j}\omega)=F(\omega-1)+F(\omega+1)$

(c) $X(\mathrm{j}\omega)=F'(\mathrm{j}\omega)$　　(d) $X(\mathrm{j}\omega)=\mathrm{j}\omega F(\mathrm{j}2\omega)$

3-22　求下列频谱 $F(\mathrm{j}\omega)$ 的傅里叶反变换 $f(t)$。

(a) $F(\mathrm{j}\omega)=2[\delta(\omega-1)-\delta(\omega+1)]+3[\delta(\omega-2\pi)+\delta(\omega+2\pi)]$

(b) $F(\mathrm{j}\omega)=\mathrm{Sa}(0.125\omega)\cos\omega$　　(c) $F(\mathrm{j}\omega)=\dfrac{\mathrm{e}^{-\mathrm{j}\omega/2}}{1+\mathrm{j}\omega}\cos(0.5\omega)$

(d) $F(\mathrm{j}\omega)=\dfrac{\sin(3\omega)}{\omega}\mathrm{e}^{\mathrm{j}(3\omega+\pi/2)}$

3-23　求每个周期信号 $f(t)$ 的傅里叶变换 $F(\mathrm{j}\omega)$,并画出幅度频谱 $|F(\mathrm{j}\omega)|$ 和相位频谱 $\varphi(\omega)$。

(a) $f(t)=3+2\cos(10\pi t)$　　(b) $f(t)=3\cos(10\pi t)+6\cos(20\pi t+\pi/4)$

3-24　利用傅里叶变换的性质证明下列公式。

(a) $\displaystyle\int_{-\infty}^{+\infty}\frac{1}{(a^2+x^2)^2}\mathrm{d}x=\frac{\pi}{2a^3}$　　(b) $\displaystyle\int_{-\infty}^{+\infty}\frac{\sin^4 ax}{x^4}\mathrm{d}x=\frac{2}{3}\pi a^3$

应用 Matlab 的练习题

3-25　以例 3.1 或例 3.2 的 Matlab 应用程序为模板,编程计算并画出例 3.4 中各波形的部分和。

3-26　用 Matlab 画出例 3.2 中的信号的单边频谱和双边频谱。

3-27　用 Matlab 画图检验例 3.3 中信号的对称性。

3-28　用 Matlab 画图检验例 3.16 中的三个频谱表达式的含义是相同的。

3-29　用 Matlab 画图检验习题 3-1、习题 3-15 中信号的对称性。

3-30　用 Matlab 画出习题 3-6、习题 3-7 中的时间函数和频谱图。

3-31　用 Matlab 画出习题 3-8 中的时间函数和频谱图。

3-32　用 Matlab 画出习题 3-11 中的时间函数和频谱图。

3-33　用 Matlab 的符号运算功能计算习题 3-8、习题 3-11、习题 3-19 中的傅里叶变换。

3-34　用 Matlab 的符号运算功能计算习题 3-13、习题 3-22 中的傅里叶反变换。

连续系统的频域分析

本章用傅里叶分析方法讨论线性非时变连续系统的频率响应，建立信号通过线性系统传输后产生的一些重要概念，讨论系统对周期信号激励时的稳态响应和非周期信号激励下的零状态响应，对无失真传输及理想低通滤波器进行分析，叙述信号的采样与采样定理，最后简要介绍了调制与解调的工作原理和调幅的几个方案。

4.1 引言

第2章用卷积积分的方法求得了系统的零状态响应。它以冲激信号作为基本信号，将任意连续信号分解为无穷多个冲激函数的加权和，每个冲激函数对系统的响应叠加起来，就得到零状态响应。本章把正弦信号或谐波信号作为基本信号，将信号分解为无穷多个正弦信号或虚指数 $e^{j\omega t}$ 的加权和，这些信号作用于系统时所得到的响应之叠加即为系统的零状态响应。

在时域中，若已知输入为 $f(t)$，系统冲激响应为 $h(t)$，则系统的零状态响应为

$$y(t) = h(t) * f(t) \tag{4-1}$$

设 $f(t) \Leftrightarrow F(j\omega)$，$h(t) \Leftrightarrow H(j\omega)$，由傅里叶变换的时域卷积定理，得响应 $y(t)$ 的傅里叶变换为

$$Y(j\omega) = H(j\omega)F(j\omega) \tag{4-2}$$

式中：$H(j\omega)$ 为频域系统函数，它定义为

$$H(j\omega) = \frac{Y(j\omega)}{F(j\omega)} = \frac{\text{响应的频谱}}{\text{输入的频谱}} = |H(j\omega)| e^{j\varphi(\omega)} \tag{4-3}$$

$H(j\omega)$ 也称为系统的频率响应，$|H(j\omega)|$ 称为幅频特性，$\varphi(\omega)$ 称为相频特性。可见，将输出信号的频谱 $Y(j\omega)$ 进行反变换就可得到时域响应 $y(t)$。

设激励为 $f(t) = e^{j\omega t}$，则系统的零状态响应为

$$y(t) = h(t) * e^{j\omega t} = \int_{-\infty}^{+\infty} h(\tau) e^{j\omega(t-\tau)} d\tau = e^{j\omega t} \int_{-\infty}^{+\infty} h(\tau) e^{-j\omega\tau} d\tau = H(j\omega) e^{j\omega t} \tag{4-4}$$

可见，系统的零状态响应 $y(t)$ 等于激励 $e^{j\omega t}$ 乘以加权函数 $H(j\omega)$，此加权函数 $H(j\omega)$ 即为频域系统函数，亦即为冲激响应 $h(t)$ 的傅里叶变换。

线性系统的频域分析法是一种变换的方法，如图 4-1 所示，它把时域中求响应的问题通过傅里叶级数或傅里叶变换转换成频域中的问题(以频率为变量)。在频域中求解后再反变换到时域，从而得到时域响应。

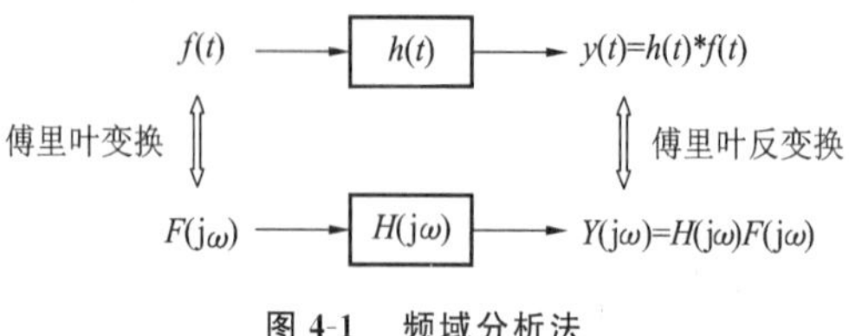

图 4-1　频域分析法

用频域分析法分析系统也有一些不足：一是傅里叶变换的运用一般要受绝对可积条件的约束，能适用的信号有限；二是傅里叶反变换往往不太容易。再则，傅里叶变换只能解决零状态响应而不能解决零输入响应的问题。因此，在分析连续系统时更多的是使用复频域分析法，即拉普拉斯变换分析法。但这并不影响频域分析法在系统中的重要位置。一方面信号和系统的频谱具有明确的物理含义，在分析和设计系统时，用频域参数较多，如滤波器的分析与设计。傅里叶变换更广泛应用于通信系统中，如信号传输过程中的调制与解调、信号的采样及原信号的恢复等。另一方面，用频域分析法分析系统时往往不要求系统是因果系统，而拉普拉斯变换多用于因果系统的分析。

4.2　周期信号激励下的系统响应

利用频域分析法可求解周期信号激励下的系统响应。由于周期信号存在于整个时间区间，相当于激励信号从 $t=-\infty$ 处接入系统，所以，周期信号激励下的系统响应实际上就是稳态响应。

4.2.1　正弦信号激励时的响应

设输入信号为正弦信号，即

$$f(t)=A\cos(\omega_0 t)\qquad(-\infty<t<+\infty)\tag{4-5}$$

其傅里叶变换为

$$F(\mathrm{j}\omega)=\pi A[\delta(\omega+\omega_0)+\delta(\omega-\omega_0)]\tag{4-6}$$

若已知系统的频域系统函数为

$$H(\mathrm{j}\omega)=|H(\mathrm{j}\omega)|\mathrm{e}^{\mathrm{j}\varphi(\omega)}\tag{4-7}$$

且在 $\omega=\pm\omega_0$ 处

$$H(\mathrm{j}\omega_0)=|H(\mathrm{j}\omega_0)|\mathrm{e}^{\mathrm{j}\varphi_0},\quad H(-\mathrm{j}\omega_0)=|H(\mathrm{j}\omega_0)|\mathrm{e}^{-\mathrm{j}\varphi_0}\tag{4-8}$$

则系统响应 $y(t)$ 的频域为

$$Y(\mathrm{j}\omega)=H(\mathrm{j}\omega)F(\mathrm{j}\omega)=\pi AH(\mathrm{j}\omega)[\delta(\omega+\omega_0)+\delta(\omega-\omega_0)]$$

$$= \pi A[H(-j\omega_0)\delta(\omega+\omega_0) + H(j\omega_0)\delta(\omega-\omega_0)]$$
$$= \pi A \mid H(j\omega_0) \mid [e^{-j\varphi_0}\delta(\omega+\omega_0) + e^{j\varphi_0}\delta(\omega-\omega_0)]$$

式中：$\varphi_0 = \varphi(\omega_0)$，进行反变换后，可得

$$y(t) = \mid H(j\omega_0) \mid A\cos(\omega_0 t + \varphi_0) \tag{4-9}$$

由上式可知，在正弦信号激励下，系统的稳态响应仍为同频率的正弦波，其幅度乘以幅频响应 $\mid H(j\omega_0) \mid$，相位移动了 φ_0。

【例 4.1】 设系统的频率响应 $H(j\omega)$ 为

$$\mid H(j\omega) \mid = \begin{cases} 1.5 & (0 \leqslant \mid \omega \mid \leqslant 20) \\ 0 & (\mid \omega \mid > 20) \end{cases}, \varphi(\omega) = -60^\circ \qquad (\text{所有的 } \omega)$$

若输入信号 $f(t) = 2\cos(10t + 90^\circ) + 5\cos(25t + 120^\circ)$，$(-\infty < t < +\infty)$。求系统响应 $y(t)$。

解 用叠加定理考虑，$f_1(t) = 2\cos(10t + 90^\circ)$ 作用于系统时，响应为

$$y_1(t) = \mid H(j10) \mid 2\cos(10t + 90^\circ - 60^\circ) = 3\cos(10t + 30^\circ)$$

对于第二项，$f_2(t) = 5\cos(25t + 120^\circ)$ 作用于系统时，$\mid H(j25) \mid = 0$，所以，响应为零。

因此，系统响应为 $$y(t) = 3\cos(10t + 30^\circ)$$

显然，这是一个低通滤波器，$\omega > 20$ Hz 的频率被滤掉。

【例 4.2】 RC 电路如图 4-2 所示，电压源的电压 $f(t)$ 为激励，电容电压 $y(t)$ 为响应。

(a) 已知 $1/(RC) = 1000$，求电路的频率响应

$$H(j\omega) = \frac{Y(j\omega)}{F(j\omega)}$$

并画出幅频特性和相频特性。

(b) 已知 $1/(RC) = 1000$，若激励为 $f(t) = \cos(100t) + \cos(3000t)$，求系统响应，并画出激励和响应的波形。

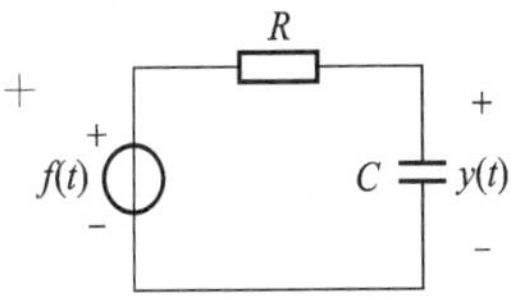

R
f(t) C y(t)

图 4-2 RC 电路

解 用阻抗分压就可求出电路的频率响应为

$$H(j\omega) = \frac{Y(j\omega)}{F(j\omega)} = \frac{1/(j\omega C)}{R + 1/(j\omega C)} = \frac{1}{j\omega(RC) + 1} = \frac{1/(RC)}{j\omega + 1/(RC)}$$

幅频特性为 $$\mid H(j\omega) \mid = \frac{1/(RC)}{\sqrt{\omega^2 + (1/(RC))^2}}$$

相频特性为 $$\varphi(\omega) = -\arctan(\omega RC)$$

令 $1/(RC) = 1000$，用 Matlab 可以画出其幅频特性和相频特性，程序如下。

```
% 例 4.2a 画幅频特性和相频特性   LT4_2A.m
RC = 0.001;
w = 0:50:5000;
H = (1/RC)./(j*w+1/RC);
magH = abs(H);
angH = 180*angle(H)/pi;
subplot(2,1,1),plot(w,magH,'linewidth',2);
xlabel('\omega(rad/sec)');ylabel('幅值| H(j\omega)| ')
```

```
subplot(2,1,2),plot(w,angH,'linewidth',2);
xlabel('\omega(rad/sec)');ylabel('相位(度)');
```

画出系统的幅频特性和相频特性如图 4-3 所示。由图可知,它是一个低通滤波器,截止频率为 1000 rad/s,带宽也是 $1/(RC) = 1000$ rad/s。

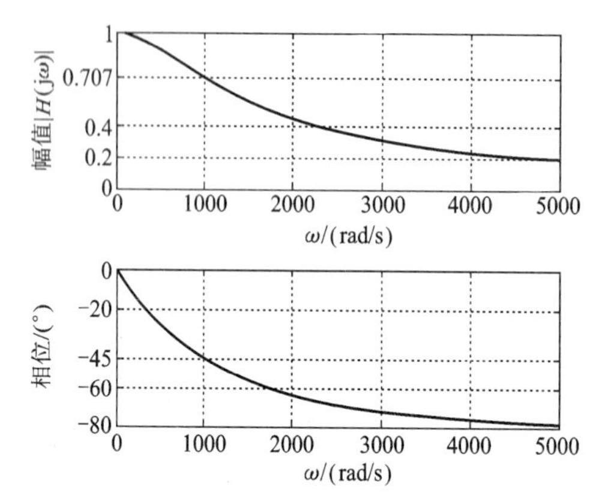

图 4-3 RC 电路的频率响应

(b) 当 $\omega = 100$ rad/s 时,$|H(\mathrm{j}100)| = 0.995$,$\varphi(100) = -5.71°$。当 $\omega = 3000$ rad/s 时,$|H(\mathrm{j}3000)| = 0.316$,$\varphi(3000) = -71.6°$。系统响应为 $y(t) = 0.995\cos(100t - 5.71°) + 0.316\cos(3000t - 71.6°)$

用 Matlab 求系统响应并可以画出输入信号和输出信号的波形,程序如下。

```
% 例 4.2b 画输入信号和输出信号的波形   LT4_2B.m
RC = 0.001;
t =-.06:.2/1000:.06
w1 = 100;w2 = 3000;
Hw1 = (1/RC)./(j* w1+1/RC);
Hw2 = (1/RC)./(j* w2+1/RC);
x = cos(w1* t)+cos(w2* t);
y = abs(Hw1)* cos(w1* t+angle(Hw1))+abs(Hw2)* cos(w2* t+angle(Hw2));
subplot(2,1,1),plot(t,x);
xlabel('Time(sec)');ylabel(' 输入信号 ')
subplot(2,1,2),plot(t,y);
xlabel('Time(sec)');ylabel('输出信号 ');
```

运行程序后,输入信号和输出信号的波形如图 4-4 所示。

由 RC 电路的频率响应可知,它是一个低通滤波器。从图 4-4 所示的输入信号和输出信号波形看出,当 $\omega = 100$ rad/s时,波形几乎没有变化;当 $\omega = 3000$ rad/s时,输出信号衰减很多。这正是低通滤波器的特点。

【例 4.3】 某线性非时变系统的幅频响应 $|H(\mathrm{j}\omega)|$ 和相频响应 $\varphi(\omega)$ 如图 4-5 所示,若激励为

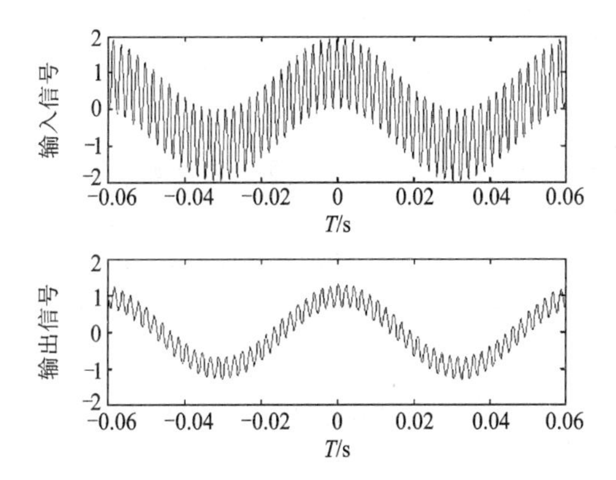

图 4-4 RC 电路的输入和输出波形

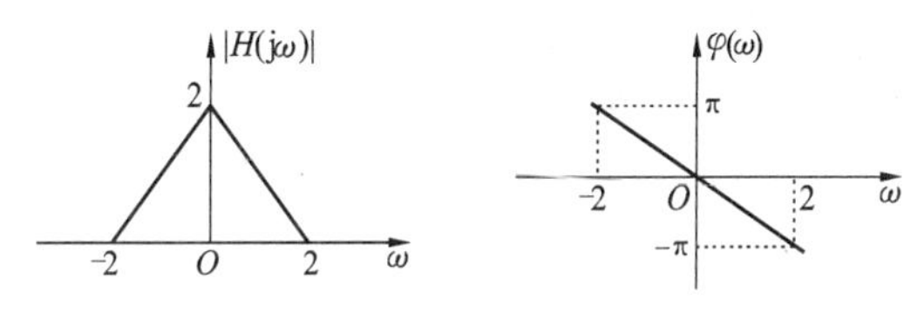

图 4-5 某系统的幅频特性和相频特性

$f(t)=1+\sum_{n=1}^{+\infty}n^{-1}\cos(nt)$，求该系统的响应 $y(t)$。

解 激励信号为 $f(t)=1+\sum_{n=1}^{+\infty}n^{-1}\cos(nt)=1+\cos t+0.5\cos(2t)+\cdots$

其频谱为 $F(\mathrm{j}\omega)=2\pi\delta(\omega)+\pi[\delta(\omega+1)+\delta(\omega-1)]+0.5\pi[\delta(\omega+2)+\delta(\omega-2)]+\cdots$

该信号通过系统后，其响应的频谱为

$$\begin{aligned}Y(\mathrm{j}\omega)&=H(\mathrm{j}\omega)F(\mathrm{j}\omega)=|H(\mathrm{j}\omega)|F(\mathrm{j}\omega)\mathrm{e}^{\mathrm{j}\varphi(\omega)}\\&=\{4\pi\delta(\omega)+\pi[\delta(\omega+1)+\delta(\omega-1)]\}\mathrm{e}^{-\mathrm{j}\pi\omega/2}\\&=4\pi\delta(\omega)+\pi[\delta(\omega+1)+\delta(\omega-1)]\mathrm{e}^{-\mathrm{j}\pi\omega/2}\end{aligned}$$

将上式进行傅里叶反变换即可得

$$y(t)=2+\cos(t-0.5\pi)=2+\sin t$$

4.2.2 非正弦周期信号激励时的响应

非正弦周期信号可表示为傅里叶级数的指数形式，即

$$f(t)=\sum_{n=-\infty}^{+\infty}\dot{F}_n\mathrm{e}^{\mathrm{j}n\Omega t} \tag{4-10}$$

由式(4-4)可知，当输入信号为 $\mathrm{e}^{\mathrm{j}n\Omega t}$ 时，输出信号应为 $H(\mathrm{j}n\Omega)\mathrm{e}^{\mathrm{j}n\Omega t}$。因此，应用叠加性质，当输入信号为 $f(t)$ 时，则响应为

$$y(t)=\sum_{n=-\infty}^{+\infty}H(\mathrm{j}n\Omega)\dot{F}_n\mathrm{e}^{\mathrm{j}n\Omega t} \tag{4-11}$$

式中：$\dot{F}_n$ 为输入信号 $f(t)$ 的频谱，令

$$\dot{Y}_n = H(\mathrm{j}n\Omega)\dot{F}_n \tag{4-12}$$

为输出信号 $y(t)$ 的频谱。

所以，求解非正弦周期信号激励时的响应通常采用傅里叶级数的分析方法来进行。关键的是先求得输入信号的频谱 $\dot{F}_n$(傅里叶级数的复系数）和频域系统函数 $H(\mathrm{j}\omega)$ 或 $H(\mathrm{j}n\Omega)$，这样才能根据式(4-12) 求输出信号的频谱，进一步写出系统响应的时间表达式。下面举例说明其计算方法。由于这类计算通常比较烦琐，因此最适合用 Matlab 来计算。

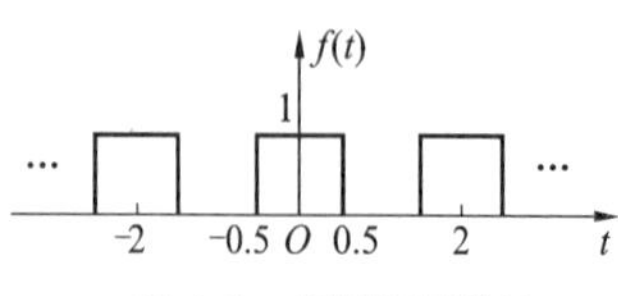

图 4-6 周期矩形脉冲

【例 4.4】 再考虑图 4-2 所示的 RC 电路，若输入信号为周期矩形脉冲波如图 4-6 所示，求系统响应。

解 输入信号的频谱为

$$\dot{F}_n = (\tau/T)\mathrm{Sa}(0.5n\Omega\tau) \quad (n = 0, \pm 1, \pm 2, \cdots)$$

式中：$T = 2$；$\tau = 1$；Ω 为基波频率，$\Omega = 2\pi/T = \pi$。因此有

$$\dot{F}_n = 0.5\mathrm{Sa}(0.5n\pi) \quad (n = 0, \pm 1, \pm 2, \cdots)$$

RC 电路的频率响应为

$$H(\mathrm{j}\omega) = \frac{1/(RC)}{\mathrm{j}\omega + 1/(RC)}$$

因此

$$H(\mathrm{j}n\Omega) = H(\mathrm{j}\pi) = \frac{1/(RC)}{\mathrm{j}n\pi + 1/(RC)}$$

输出信号的频谱为

$$\dot{Y}_n = H(\mathrm{j}n\Omega)\dot{F}_n = \frac{1/(RC)}{\mathrm{j}n\pi + 1/(RC)}0.5\mathrm{Sa}(0.5n\pi)$$

系统响应为

$$y(t) = \sum_{n=-\infty}^{\infty} \dot{Y}_n \mathrm{e}^{\mathrm{j}n\Omega t}$$

用 Matlab 可以画出当带宽 $1/(RC) = 1$、10、100 rad/s 时输出信号的幅度频谱 $|\dot{Y}_n|$，程序如下。

```
% 例 4.4 画 RC = 1,0.1,0.01,的幅度频谱.  LT4_4w.m
tau_T = 1/2;
n0 = -20;n1 = 20;
n = n0:n1;
RC_n = [1 0.1 0.01];                 % RC = 1,0.1,0.01
N = length(RC_n);
F_n = tau_T* Sa(tau_T* pi* n);       % 计算  Fn
    subplot(4,1,1),stem(n,abs(F_n),'.');
    Yn_max = max(abs(F_n));
    Yn_min = min(abs(F_n));
    axis([n0 n1 Yn_min-0.1 Yn_max+0.1]);
    line([n0 n1],[0 0],'color','r');
    ylabel(' 输入幅度谱 ')
for  k = 1:N
    RC = RC_n(k);                    % RC 赋值
    b = num2str(1/RC_n(k))
    H = (1/RC)./(j* n* pi+1/RC);     % 计算系统函数 H(jnw)
```

```
    Y_n=H.*F_n;                    % 计算 Yn
    Yn_max=max(abs(Y_n));
    Yn_min=min(abs(Y_n));
    subplot(N+1,1,k+1),stem(n,abs(Y_n),'.');
    axis([n0 n1 Yn_min-0.1 Yn_max+0.1]);
    text(-15,0.4,strcat('1/RC=',B));
    line([n0 n1],[0 0],'color','r');
    ylabel('输出幅度谱')
end
```

程序运行后画出的幅度频谱如图 4-7 所示。从频谱图可知，频带越宽，输出的低频部分的频率分量幅值越大。

再用 Matlab 可以画出当带宽 $1/(RC)=1$、10、100 rad/s 时输出信号的时域波形。取最高谐波次数为 $N=20$，程序如下。

```
% 例 4.4 画 RC=1,0.1,0.01,的输出信号 y(t).  LT4_4x.m
tau_T=1/2;
t=-3:.002:3;
f=rectpuls(t)+rectpuls(t+2)+rectpuls(t-2)
subplot(4,1,1),plot(t,f,'linewidth',2);
axis([-3 3-0.5 1.5]);
ylabel('f(t)')
omega_0=pi;
RC_n=[1 0.1 0.01];                 % RC=1,0.1,0.01
N=length(RC_n);
n=[-20:20];                        % 计算谐波次数 20
F_n=tau_T*Sa(tau_T*pi*n);          % 计算 Fn
for k=1:N
    RC=RC_n(k);                    % RC 赋值
    H=(1/RC)./(j*n*pi+1/RC);       % 计算系统函数 H(jnw)
    Y_n=H.*F_n;                    % 计算 Yn
    y=Y_n*exp(j*omega_0*n'*t);     % 计算前 20 项的部分和
    subplot(N+1,1,k+1),plot(t,real(y),'linewidth',2);
    axis([-3 3-0.5 1.5]);
    text(-2.4,-0.2,strcat('1/RC',num2str(1/RC_n(k))));
    ylabel('y(t)')
end
```

程序运行后画出的输出信号 $y(t)$ 的波形如图 4-8 所示。从图中可知，频带越宽，输出的波形越接近输入信号的波形。

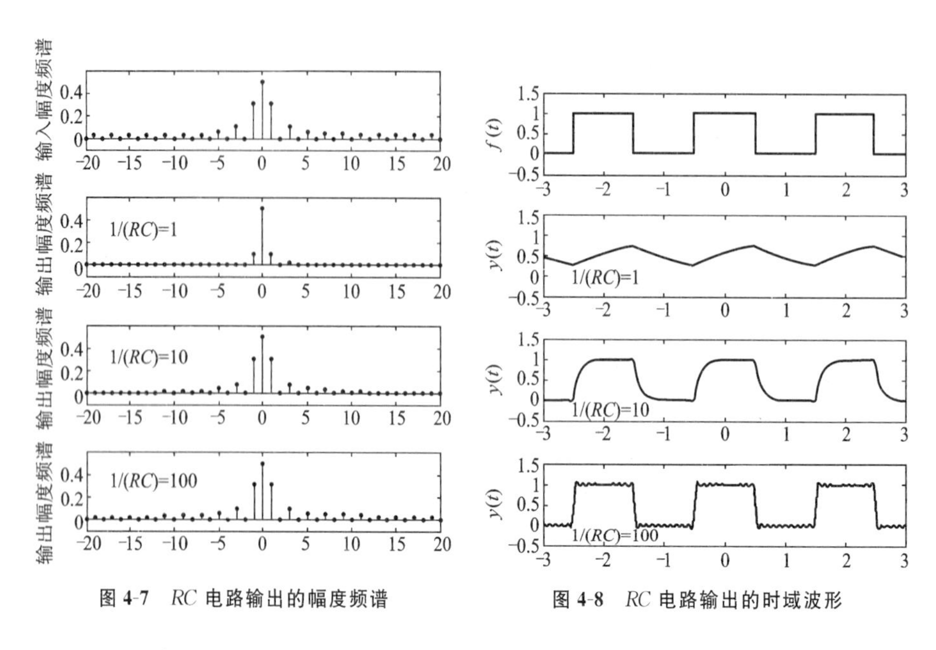

图 4-7　*RC* 电路输出的幅度频谱　　　　图 4-8　*RC* 电路输出的时域波形

4.3　非周期信号激励下的系统响应

非周期信号 $f(t)$ 作为输入时，可采用时域中求卷积的方法求其零状态输出信号。但是，采用频域分析的方法在计算上有时要简洁一些，频域分析方法的求解步骤如下。

(1) 先求出输入信号的频谱 $F(\mathrm{j}\omega)$ 和频域系统函数 $H(\mathrm{j}\omega)$。

(2) 由于 $y(t)=h(t)*f(t)$，利用连续时间非周期信号的傅里叶变换的时域卷积性质，有 $Y(\mathrm{j}\omega)=H(\mathrm{j}\omega)F(\mathrm{j}\omega)$，求出输出信号的频谱。

(3) 将 $Y(\mathrm{j}\omega)$ 进行傅里叶反变换就得到 $y(t)$。

【例 4.5】　考虑图 4-2 所示的 *RC* 电路，若输入信号为矩形脉冲波，如图 4-9 所示，求系统响应。

解　输入信号的频谱为

$$F(\mathrm{j}\omega)=\mathrm{Sa}(0.5\omega)$$

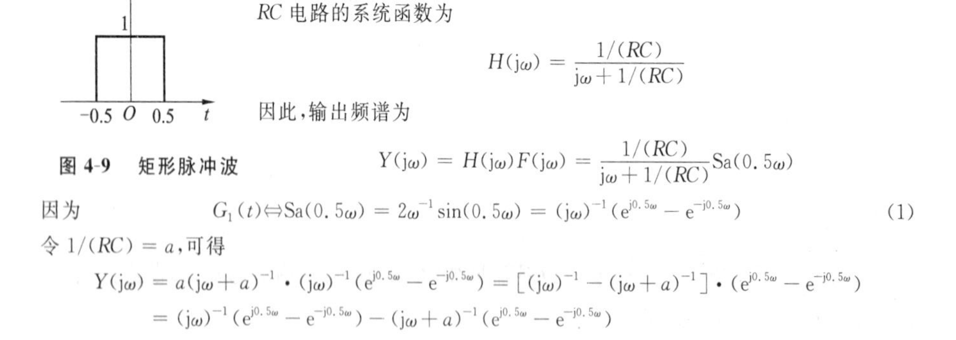

图 4-9　矩形脉冲波

RC 电路的系统函数为

$$H(\mathrm{j}\omega)=\frac{1/(RC)}{\mathrm{j}\omega+1/(RC)}$$

因此，输出频谱为

$$Y(\mathrm{j}\omega)=H(\mathrm{j}\omega)F(\mathrm{j}\omega)=\frac{1/(RC)}{\mathrm{j}\omega+1/(RC)}\mathrm{Sa}(0.5\omega)$$

因为

$$G_1(t)\Leftrightarrow\mathrm{Sa}(0.5\omega)=2\omega^{-1}\sin(0.5\omega)=(\mathrm{j}\omega)^{-1}(\mathrm{e}^{\mathrm{j}0.5\omega}-\mathrm{e}^{-\mathrm{j}0.5\omega})\tag{1}$$

令 $1/(RC)=a$，可得

$$\begin{aligned}Y(\mathrm{j}\omega)&=a(\mathrm{j}\omega+a)^{-1}\cdot(\mathrm{j}\omega)^{-1}(\mathrm{e}^{\mathrm{j}0.5\omega}-\mathrm{e}^{-\mathrm{j}0.5\omega})=[(\mathrm{j}\omega)^{-1}-(\mathrm{j}\omega+a)^{-1}]\cdot(\mathrm{e}^{\mathrm{j}0.5\omega}-\mathrm{e}^{-\mathrm{j}0.5\omega})\\&=(\mathrm{j}\omega)^{-1}(\mathrm{e}^{\mathrm{j}0.5\omega}-\mathrm{e}^{-\mathrm{j}0.5\omega})-(\mathrm{j}\omega+a)^{-1}(\mathrm{e}^{\mathrm{j}0.5\omega}-\mathrm{e}^{-\mathrm{j}0.5\omega})\end{aligned}$$

由式(1)和傅里叶变换的时移性质，可得

$$y(t)=[\varepsilon(t+0.5)-\varepsilon(t-0.5)]-[e^{-a(t+0.5)}\varepsilon(t+0.5)-e^{-a(t-0.5)}\varepsilon(t-0.5)]$$
$$=[1-e^{-a(t+0.5)}]\varepsilon(t+0.5)-[1-e^{-a(t-0.5)}]\varepsilon(t-0.5)$$

用Matlab画出的输出信号的频谱如图4-10所示。图中画出了带宽 $1/(RC)=1$ rad/s 和 $1/(RC)=10$ rad/s 的两种情况，程序如下。

```
% 例4.5画RC=1,0.1,的幅度频谱.  LT4_5w.m
w0=-30;w1=30;
w=w0:0.05:w1;
RC_n=[1 0.1];                  % RC=1,0.1
N=length(RC_n);
F_w=Sa(w/2);
for  k=1:N
    RC=RC_n(k)                 % RC赋值
    H=(1/RC)./(j*w+1/RC);      % 计算系统函数H(jw)
    Y_w=H.*F_w;                % 计算Y(jw)
    Yw_max=max(abs(Y_w));
    Yw_min=min(abs(Y_w));
    subplot(N,1,k),plot(w,abs(Y_w),'linewidth',2);
    axis([w0 w1 Yw_min-0.1 Yw_max+0.1]);
    text(-20,0.9,strcat('1/RC=',num2str(1/RC_n(k))));
    line([w0 w1],[0 0],'color','r');
    ylabel('|Y(jw)|')
end
```

画出的输出信号时域波形如图4-11所示，相对应地画出了 $1/(RC)=1$ rad/s 和 $1/(RC)=10$ rad/s 的两种情况，程序如下。

```
% 例4.5画RC=1,0.1,的输出信号y(t).  LT4_5x.m
t=-1:.002:3;
RC_n=[1 0.1];
N=length(RC_n);
for  k=1:N
    a=1/RC_n(k);
    y=(1-exp(-a*(t+0.5))).*u(t+0.5)-(1-exp(-a*(t-0.5))).*u(t-0.5);
    subplot(N,1,k),plot(t,y,'linewidth',2);
    axis([-1 3-0.2 1.2]);
    text(2,0.9,strcat('1/RC=',num2str(1/RC_n(k))));
    ylabel('y(t)')
end
```

由于 RC 电路具有低通特性，高频分量会有较大的衰减，故输出波形不能迅速变化，不再表现为矩形脉冲信号，而是以指数规律逐渐上升和下降。当带宽增加时，允许更多的高频分量通过，输出波形的上升与下降时间缩短，和输入信号波形相比，失真减小。

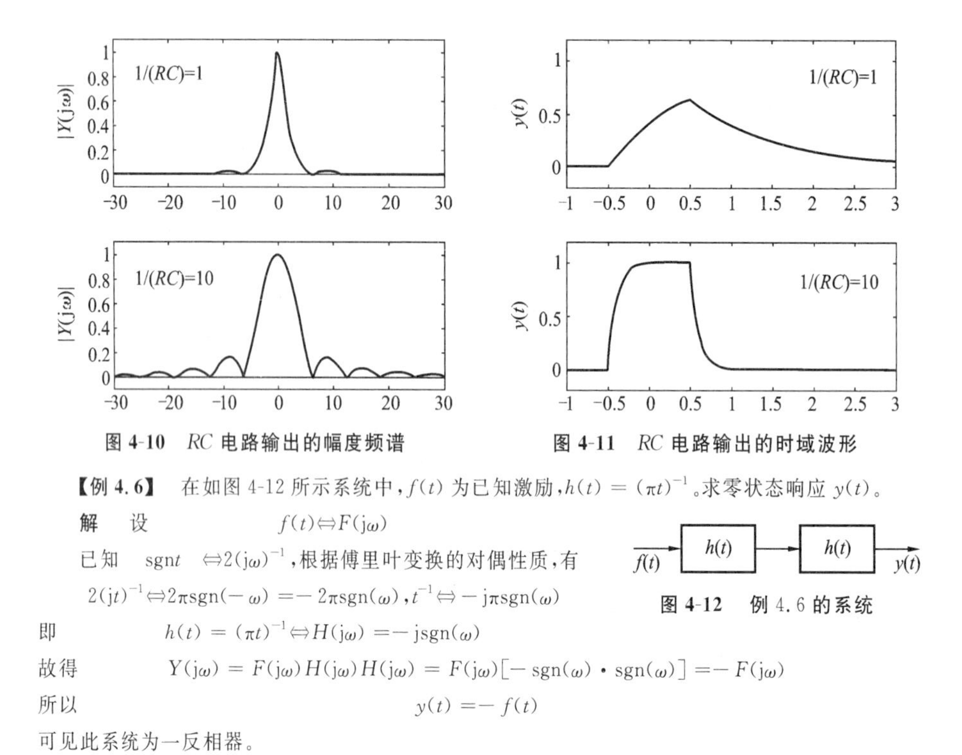

图 4-10　RC 电路输出的幅度频谱　　　图 4-11　RC 电路输出的时域波形

【例 4.6】　在如图 4-12 所示系统中，$f(t)$ 为已知激励，$h(t)=(\pi t)^{-1}$。求零状态响应 $y(t)$。

解　设　　$f(t)\Leftrightarrow F(\mathrm{j}\omega)$

已知　$\mathrm{sgn}t\Leftrightarrow 2(\mathrm{j}\omega)^{-1}$，根据傅里叶变换的对偶性质，有

$2(\mathrm{j}t)^{-1}\Leftrightarrow 2\pi\mathrm{sgn}(-\omega)=-2\pi\mathrm{sgn}(\omega)$，$t^{-1}\Leftrightarrow -\mathrm{j}\pi\mathrm{sgn}(\omega)$

图 4-12　例 4.6 的系统

即　　$h(t)=(\pi t)^{-1}\Leftrightarrow H(\mathrm{j}\omega)=-\mathrm{j}\mathrm{sgn}(\omega)$

故得　　$Y(\mathrm{j}\omega)=F(\mathrm{j}\omega)H(\mathrm{j}\omega)H(\mathrm{j}\omega)=F(\mathrm{j}\omega)[-\mathrm{sgn}(\omega)\cdot\mathrm{sgn}(\omega)]=-F(\mathrm{j}\omega)$

所以　　$y(t)=-f(t)$

可见此系统为一反相器。

【例 4.7】　如图 4-13(a) 所示系统，已知 $f(t)$ 的傅里叶变换 $F(\mathrm{j}\omega)$ 如图 4-13(b) 所示，子系统的 $H(\mathrm{j}\omega)=\mathrm{j}\mathrm{sgn}(\omega)$。求零状态响应 $y(t)$。

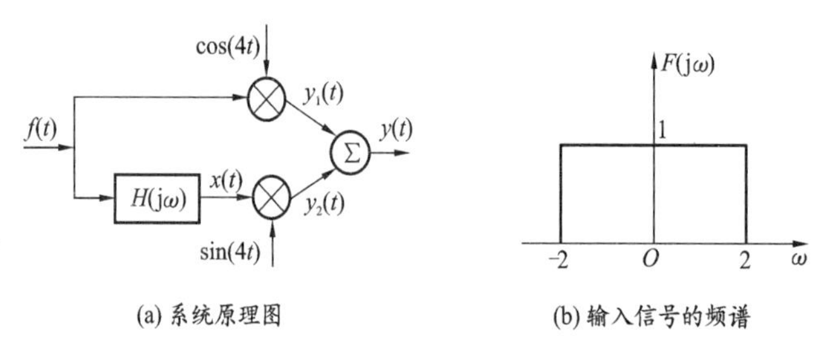

(a) 系统原理图　　　(b) 输入信号的频谱

图 4-13　例 4.7 的系统和输入频谱

解　(a)　求信号 $y_1(t)$ 的频谱　　$y_1(t)=f(t)\cos(4t)$

已知 $F(\mathrm{j}\omega)=G_4(\omega)$，故信号 $y_1(t)$ 的频谱为

$$Y_1(\mathrm{j}\omega)=0.5\{F[\mathrm{j}(\omega-4)]+F[\mathrm{j}(\omega+4)]\}=0.5[G_4(\omega-4)+G_4(\omega+4)]$$

频谱图如图 4-14(a) 所示。

(b)　信号 $x(t)$ 的频谱为

$$X(\mathrm{j}\omega)=H(\mathrm{j}\omega)F(\mathrm{j}\omega)=\mathrm{j}\mathrm{sgn}(\omega)G_4(\omega)=\mathrm{j}[G_2(\omega-1)-G_2(\omega+1)]$$

式中：$G_2(\omega)$ 是宽度为 2 的门函数。$\mathrm{Im}[X(\omega)]$ 的图形如图 4-14(b) 所示。

(c) 求信号 $y_2(t)$ 的频谱，$y_2(t)=x(t)\sin(4t)$，因为

$$x(t)\sin(4t)\Leftrightarrow 0.5\mathrm{j}\{X[\mathrm{j}(\omega+4)]-X[\mathrm{j}(\omega-4)]\}$$

所以

$$\begin{aligned}Y_2(\mathrm{j}\omega)&=0.5\mathrm{j}\{\mathrm{j}[G_2(\omega+3)-G_2(\omega+5)]-\mathrm{j}[G_2(\omega-5)-G_2(\omega-3)]\}\\&=0.5[G_2(\omega-5)-G_2(\omega-3)+G_2(\omega+5)-G_2(\omega+3)]\end{aligned}$$

频谱图如图 4-14(c) 所示。

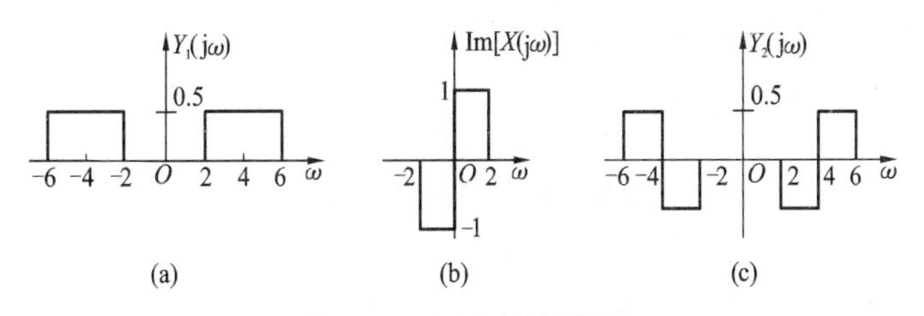

图 4-14 各信号的频谱图

(d) 求信号 $y(t)$ 的频谱，$y(t)$ 的频谱为

$$Y(\mathrm{j}\omega)=Y_1(\mathrm{j}\omega)+Y_2(\mathrm{j}\omega)$$

频谱图如图 4-15 所示。

$$Y(\mathrm{j}\omega)=G_2(\omega-5)+G_2(\omega-5)=G_2(\omega)*[\delta(\omega-5)+\delta(\omega+5)]$$

已知

$$\mathrm{Sa}(t)\Leftrightarrow\pi G_2(\omega),\quad \pi^{-1}\mathrm{Sa}(t)\Leftrightarrow G_2(\omega),\quad \pi^{-1}\cos(5t)\Leftrightarrow\delta(\omega-5)+\delta(\omega+5)$$

根据频域卷积定理，有

$$2\pi\cdot f_1(t)f_2(t)\Leftrightarrow F_1(\mathrm{j}\omega)*F_2(\mathrm{j}\omega)$$

故得

$$y(t)=2\pi^{-1}\mathrm{Sa}(t)\cos(5t)$$

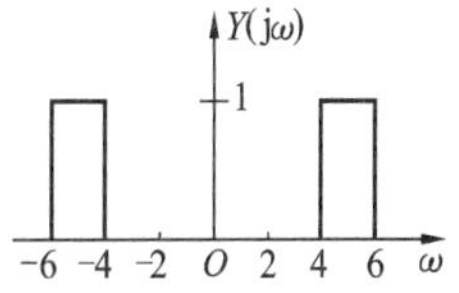

图 4-15 输出信号的频谱

4.4 信号的无失真传输

从例 4.5 可以看出，输入信号是矩形脉冲波时，输出信号与输入信号并不相同，即信号在传输过程中产生了失真。线性系统引起的信号失真有两个原因，一是幅度失真，信号在通过系统时各频率分量产生不成比例的衰减或增幅；二是相位失真，即系统对各频率分量产生的相移不与频率成正比例。幅度失真与相位失真统称为线性失真。

幅度失真与相位失真都不产生新的频率分量；而非线性失真可能产生新的频率分量。非线性失真是由于系统的非线性特性造成的。

所谓无失真是指响应信号与激励信号相比，只是大小与出现的时间不同，而波形不变化。

在时域中：设激励信号为 $f(t)$，响应信号为 $y(t)$，无失真传输的条件是

$$y(t)=Kf(t-t_0)\tag{4-13}$$

式中：K 是常数；t_0 为滞后时间。满足此条件时，$y(t)$ 波形是 $f(t)$ 波形经 t_0 时间的滞后，虽然幅度有 K 倍的变化，但波形形状不变，如图 4-16 所示。

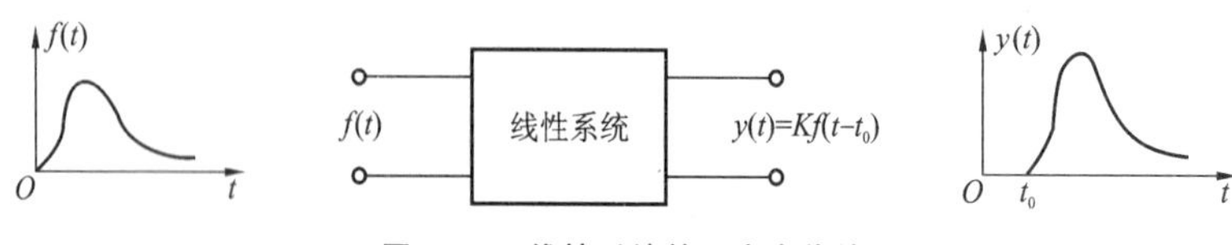

图 4-16 线性系统的无失真传输

在频域中:设激励频谱为 $F(\mathrm{j}\omega)$,响应频谱为 $Y(\mathrm{j}\omega)$,对式(4-17) 两边进行傅里叶变换,可得无失真传输的条件是

$$Y(\mathrm{j}\omega)=KF(\mathrm{j}\omega)\mathrm{e}^{-\mathrm{j}\omega t_0} \tag{4-14}$$

由此可得无失真传输系统的系统函数(频率特性)为

$$H(\mathrm{j}\omega)=K\mathrm{e}^{-\mathrm{j}\omega t_0} \tag{4-15}$$

由上式可得无失真传输系统的幅频特性和相频特性分别为

$$|H(\mathrm{j}\omega)|=K,\quad \varphi(\omega)=-\omega t_0 \tag{4-16}$$

上式表明,如果要使信号通过线性系统不产生幅度失真,则必须在信号的全部频带范围内,系统频率响应的幅度特性为一常数;而要使得信号不产生相位失真,则要求相位特性是一通过原点的直线,如图 4-17 所示。

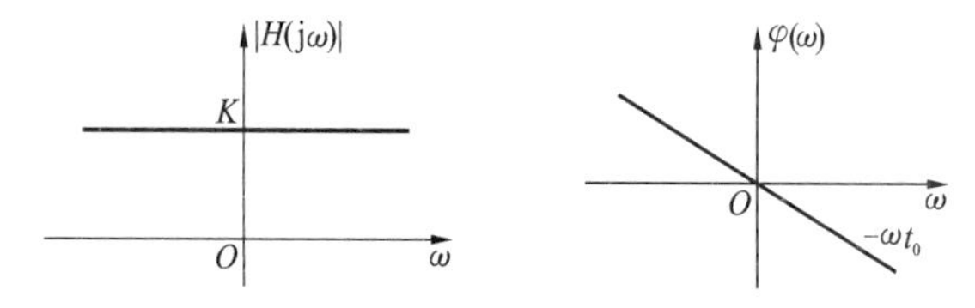

图 4-17 频域无失真传输条件

为了直观地看清无失真传输系统的相位变化,现以简单的信号加以说明。设

$$f(t)=A_1\sin(\omega_1 t)+A_2\sin(2\omega_1 t)$$

则响应 $y(t)$ 为

$$\begin{aligned}y(t)&=KA_1\sin(\omega_1 t-\varphi_1)+KA_2\sin(2\omega_1 t-\varphi_2)\\&=KA_1\sin[\omega_1(t-\varphi_1/\omega_1)]+KA_2\sin[2\omega_1(t-\varphi_2/2\omega_1)]\end{aligned}$$

为了使基波与二次谐波有相同的延迟时间,以保证不产生失真,需满足

$$\varphi_1/\omega_1=\varphi_2/2\omega_1=t_0\quad(\text{常数})$$

因此,相移应满足如下关系

$$\varphi_1/\varphi_2=\omega_1/2\omega_1$$

即各频率分量的相移必须与频率成正比。系统的相位特性为一条通过原点的直线,其斜率为 $-t_0$,有

$$\varphi(\omega)=-\omega t_0$$

$$\frac{\mathrm{d}\varphi(\omega)}{\mathrm{d}\omega}=-t_0$$

为了描述传输系统的相移特性,常将传输系统相移特性对 ω 求导,定义为群延迟 τ,即

$$\tau = -\frac{\mathrm{d}\varphi(\omega)}{\mathrm{d}\omega}$$

要信号在传输时不产生相位失真，就要求系统的群延迟 τ 为常数。

用 Maltab 可以方便地画出相位失真示意图，如图 4-18 所示。图 4-18(a) 所示的是原信号，表示为

$$f_1(t) = [\sin(2\pi t) + \sin(5\pi t)] \cdot [\varepsilon(t) - \varepsilon(t-1)]$$

图 4-18(b) 所示的是 $f(t)$ 的延迟，即每个分量的延迟时间相同，$t_0 = 1$ s，表示为

$$f_2(t) = [\sin(2\pi(t-1)) + \sin(5\pi(t-1))] \cdot [\varepsilon(t-1) - \varepsilon(t-2)]$$

可见波形没有失真。图 4-18(c) 所示的是两个分量延迟相同的角度，但延迟时间不同，表示为

$$f_3(t) = [\sin(2\pi t - 2\pi) + \sin(5\pi t - 2\pi)] \cdot [\varepsilon(t-1) - \varepsilon(t-2)]$$

可见波形产生了失真。

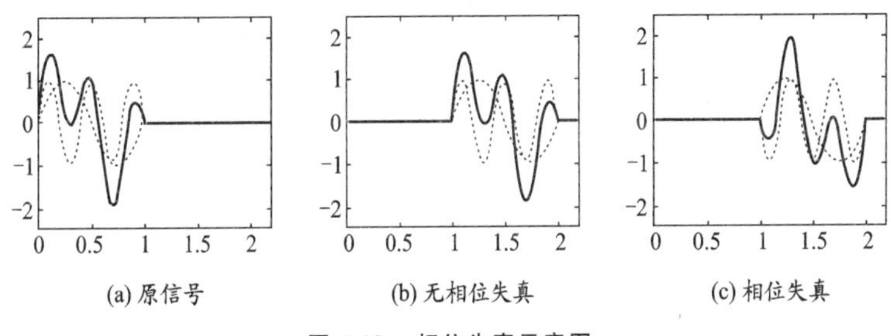

图 4-18 相位失真示意图

下面，以音频信号与视频信号说明幅度失真与相位失真的应用。

一般来讲，人耳容易觉察幅度失真，而对于相位失真反应并不敏感，在音频信号中，每一个音节可以看成一个单独的信号，音节的持续时间在 0.01 ～ 0.1 s 的数量级的范围内，音频系统具有非线性的相位特性，但在实际系统中，$\varphi(\omega)$ 的斜率变化不大，而人耳对相位的失真不敏感。因此，音频设备制造商主要关心音频系统的幅度特性。

对视频信号则相反，人眼对相位失真敏感而对幅度失真不敏感。在看电视时，人们不易觉察幅度失真，而相位失真却会使不同图形产生不同的时延，导致一幅图形的失真。

4.5 理想低通滤波器

信号通过系统时，系统能使信号的某些频率分量通过，而使其他频率的分量受到抑制，这样的系统称为滤波器。若系统的幅频特性在某一频带内保持为常数而在该频带外为零，相频特性始终为过原点的一条直线，则这样的系统称为理想滤波器。

理想低通滤波器在 $0 \sim \omega_C$ 的频率范围内(称为通带)，信号能无衰减地通过；而大于 ω_C(称为阻带) 的所有频率分量则完全被抑制。ω_C 称为理想低通滤波器的截止频率，理想低通滤波器的特性如图 4-19 所示。

它的频率特性可写为

$$H(\mathrm{j}\omega)=|H(\mathrm{j}\omega)|\mathrm{e}^{\mathrm{j}\varphi_{\mathrm{H}}(\omega)}=\begin{cases}K\mathrm{e}^{-\mathrm{j}\omega t_0} & (|\omega|<\omega_{\mathrm{C}})\\ 0 & (|\omega|>\omega_{\mathrm{C}})\end{cases} \tag{4-17}$$

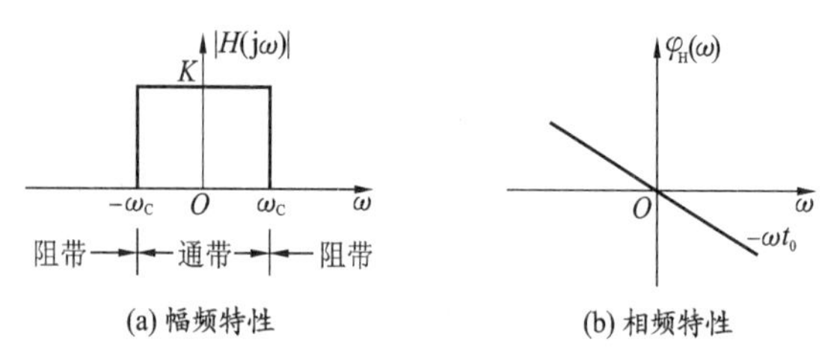

图 4-19 理想低通滤波器的频率特性

即在通带内 $$|H(\mathrm{j}\omega)|=K,\quad \varphi_{\mathrm{H}}(\omega)=-\omega t_0 \tag{4-18}$$

或写为 $$H(\mathrm{j}\omega)=K\mathrm{e}^{-\mathrm{j}\omega t_0}\cdot G_{2\omega_{\mathrm{C}}}(\omega) \tag{4-19}$$

式中：ω_{C} 为截止频率。$(0,\omega_{\mathrm{C}})$ 称为理想低通滤波器的通频带，简称带宽。

现在来讨论理想低通滤波器的冲激响应，前已指出，频域系统函数 $H(\mathrm{j}\omega)$ 的傅里叶反变换就是冲激响应 $h(t)$，即

$$h(t)=\mathscr{F}^{-1}[H(\mathrm{j}\omega)] \tag{4-20}$$

已知 $$G_\tau(t)\Leftrightarrow\tau\mathrm{Sa}(0.5\omega\tau)$$

根据对偶性 $$\tau\mathrm{Sa}(0.5t\tau)\Leftrightarrow2\pi G_\tau(\omega)$$

将 τ 换成 $2\omega_{\mathrm{C}}$，得 $$(\omega_{\mathrm{C}}/\pi)\mathrm{Sa}(\omega_{\mathrm{C}}t)\Leftrightarrow G_{2\omega_{\mathrm{C}}}(\omega)$$

根据时移特性 $$(\omega_{\mathrm{C}}/\pi)\mathrm{Sa}[\omega_{\mathrm{C}}(t-t_0)]\Leftrightarrow G_{2\omega_{\mathrm{C}}}(\omega)\cdot\mathrm{e}^{-\mathrm{j}\omega t_0}$$

故冲激响应为 $$h(t)=(K\omega_{\mathrm{C}}/\pi)\mathrm{Sa}[\omega_{\mathrm{C}}(t-t_0)] \tag{4-21}$$

冲激响应的波形如图 4-20(a) 所示。

理想低通滤波器的阶跃响应是冲激响应的积分，因此有

$$g(t)=\int_{-\infty}^{t}h(\tau)\mathrm{d}\tau=(K\omega_{\mathrm{C}}/\pi)\int_{-\infty}^{t}\mathrm{Sa}[\omega_{\mathrm{C}}(\tau-t_0)]\mathrm{d}\tau \tag{4-22}$$

令 $x=(\tau-t_0)\omega_{\mathrm{C}}$，$\mathrm{Si}(x)=\int_0^x\frac{\sin y}{y}\mathrm{d}y$，则有

$$\begin{aligned}g(t)&=(K/\pi)\int_{-\infty}^{\omega_{\mathrm{C}}(t-t_0)}\frac{\sin x}{x}\mathrm{d}x=(K/\pi)\{-\mathrm{Si}(-\infty)+\mathrm{Si}[\omega_{\mathrm{C}}(t-t_0)]\}\\&=K\{0.5+\pi^{-1}\mathrm{Si}[\omega_{\mathrm{C}}(t-t_0)]\}\end{aligned} \tag{4-23}$$

阶跃响应的波形如图 4-20(b) 所示。

上升时间 t_{r} 定义为从阶跃响应的极小值上升到极大值所经历的时间。它与频带 ω_{C} 的关系为

$$t_{\mathrm{r}}=2\pi/\omega_{\mathrm{C}} \tag{4-24}$$

即阶跃响应的上升时间与系统的截止频率(频带)成反比。

此结论对各种实际的滤波器同样具有指导意义。例如，一个一阶 *RC* 低通滤波器的

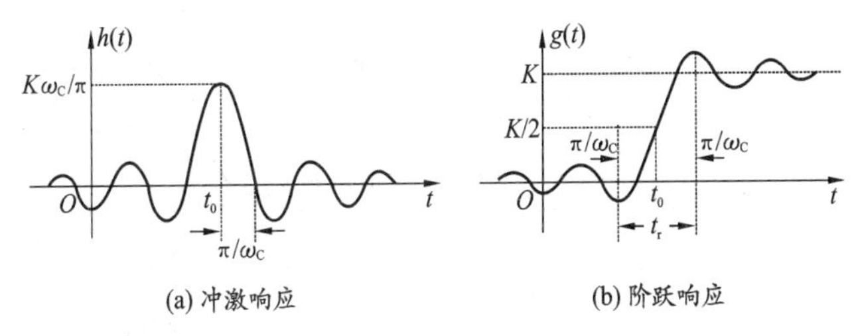

图 4-20 理想低通的响应

阶跃响应为指数上升波形，上升时间与 RC 时间常数成正比，但从频域特性来看，此低通滤波器的带宽却与 RC 乘积值成反比，这里，阶跃响应上升时间与带宽成反比的现象和理想低通滤波器的分析是一致的。

理想低通滤波器是非因果系统，是物理不可实现的。但仍具有理论价值。

可以用 Matlab 来说明带宽与阶跃响应的上升时间的关系。令理想滤波器的截止频率 $\omega_C = 1$、2、3 rad/s 时，对应的阶跃响应画于图 4-21 中。程序如下。

```
% 带宽与阶跃响应上升时间的关系   fig4_20.m
t0 =-3;t1 = 5* pi;dt = 0.05;t = t0:dt:t1
w =-4:0.02:4;
for  k = 1:3
y = 0.5+1/pi* sinint(k* (t-5));
H = rectpuls(w,2* k);
subplot(3,2,2* k-1),plot(w,H,'linewidth',2);
xlabel('\omega(rad/s)');
axis([-4 4-0.3 1.3]);grid
if  k = = 1
    title(' 理想低通滤波器幅频特性 ')
end
subplot(3,2,2* k),plot(t,y,'linewidth',2),
axis([t0 t1-0.2 1.3]);grid
xlabel('Time(sec)');
if  k = = 1
    title(' 理想低通滤波器阶跃响应 ')
end
end
```

运行程序后，显示如下波形。

从图中可以清楚地看出，理想低通滤波器的带宽越宽，其阶跃响应上升时间越小，即系统响应的时间变化越快。

以上讨论了理想低通滤波器的冲激响应与阶跃响应。除了理想低通滤波器之外，还有理想高通滤波器、理想带通滤波器和理想带阻滤波器，其幅频特性如图 4-22 所示。

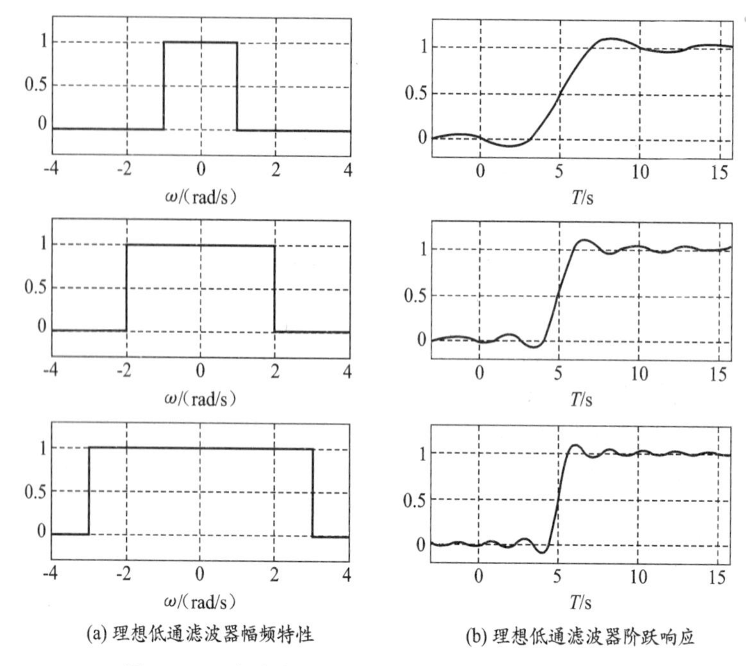

(a) 理想低通滤波器幅频特性　　(b) 理想低通滤波器阶跃响应

图 4-21　理想滤波器的带宽与阶跃响应上升时间的关系

在对理想高通、带通和带阻滤波器进行分析时，可以利用理想低通滤波器的结果。设理想低通特性为

$$H_{\mathrm{Lp}}(\mathrm{j}\omega)=G_{2\omega_c}(\omega) \tag{4-25}$$

对于理想高通特性，可表示为

$$H_{\mathrm{Hp}}(\mathrm{j}\omega)=1-G_{2\omega_c}(\omega) \tag{4-26}$$

对于理想带通特性，可表示为

$$H_{\mathrm{Bp}}(\mathrm{j}\omega)=G_{2\omega_c}(\omega+\omega_0)+G_{2\omega_c}(\omega-\omega_0)] \tag{4-27}$$

对于理想带阻特性，可表示为

$$H_{\mathrm{BS}}(\mathrm{j}\omega)=1-H_{\mathrm{Bp}}(\omega) \tag{4-28}$$

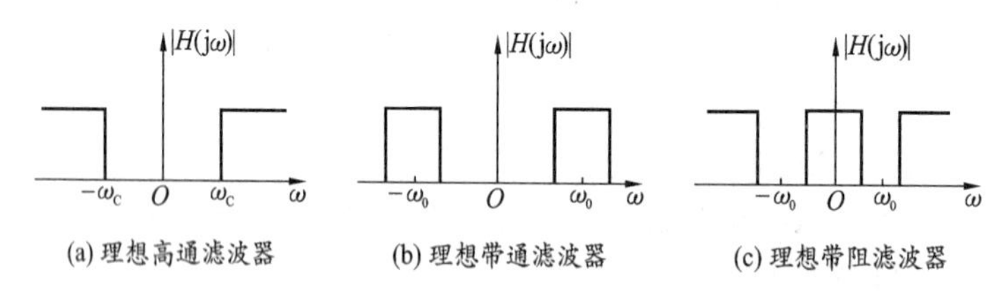

(a) 理想高通滤波器　　(b) 理想带通滤波器　　(c) 理想带阻滤波器

图 4-22　理想滤波器的幅频特性

【例 4.8】 图 4-23(a) 所示的为信号处理系统，已知 $f(t)=20\cos(100t)[\cos(10^4t)]^2$，理想低通滤波器的频谱 $H(\mathrm{j}\omega)$ 如图 4-23(b) 所示。求系统的零状态响应 $y(t)$。

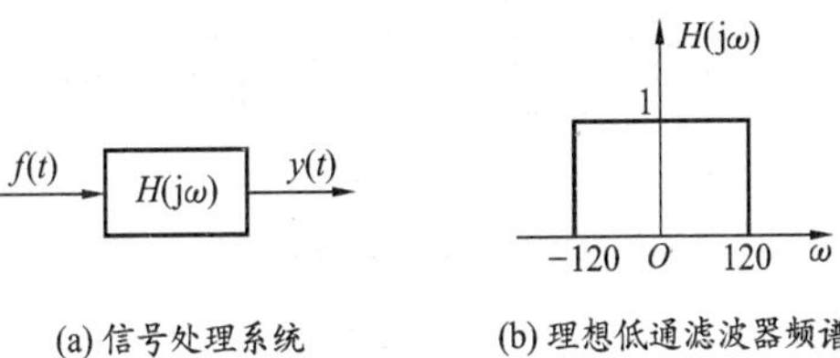

图 4-23 例 4.8 的系统

解 由三角函数公式可得

$$f(t)=20\cos(100t)[\cos(10^4 t)]^2=10\cos(100t)+5[\cos(20100t)+\cos(19900t)]$$

故
$$F(\mathrm{j}\omega)=10\pi[\delta(\omega+100)+\delta(\omega-100)]$$
$$+5\pi[\delta(\omega+20100)+\delta(\omega-20100)+\delta(\omega+19900)+\delta(\omega-19900)]$$

信号通过理想滤波器后,保留理想滤波器门内的频率,即

$$Y(\mathrm{j}\omega)=H(\mathrm{j}\omega)E(\mathrm{j}\omega)=10\pi[\delta(\omega+100)+\delta(\omega-100)]$$

故得
$$y(t)=10\cos(100t)$$

【例 4.9】 理想低通滤波器的系统函数 $H(\mathrm{j}\omega)=|H(\mathrm{j}\omega)|\mathrm{e}^{-\mathrm{j}\omega t_0}$,如图 4-24 所示。证明此滤波器对于 $f_1(t)=(\pi/\omega_C)\delta(t)$ 和 $f_2(t)=[\sin(\omega_C t)](\omega_C t)^{-1}$ 的响应是一样的。

解 输入信号的频域为

$$F_1(\mathrm{j}\omega)=\pi/\omega_C,\quad F_2(\mathrm{j}\omega)=(\pi/\omega_C)G_{2\omega_c}(\omega)$$

当激励为 $f_1(t)=(\pi/\omega_C)\delta(t)$ 时,响应的频谱为

$$Y_1(\mathrm{j}\omega)=H(\mathrm{j}\omega)F_1(\mathrm{j}\omega)=(K\pi/\omega_C)G_{2\omega_c}(\omega)\mathrm{e}^{-\mathrm{j}\omega t_0}$$

当激励为 $f_2(t)=\dfrac{\sin\omega_C t}{\omega_C t}$ 时,响应的频谱为

$$Y_2(\mathrm{j}\omega)=H(\mathrm{j}\omega)F_1(\mathrm{j}\omega)=(K\pi/\omega_C)G_{2\omega_c}(\omega)\mathrm{e}^{-\mathrm{j}\omega t_0}$$

可见响应的频谱是相同的。所以,理想滤波器对 $f_1(t)$ 和 $f_2(t)$ 的响应是一样的。

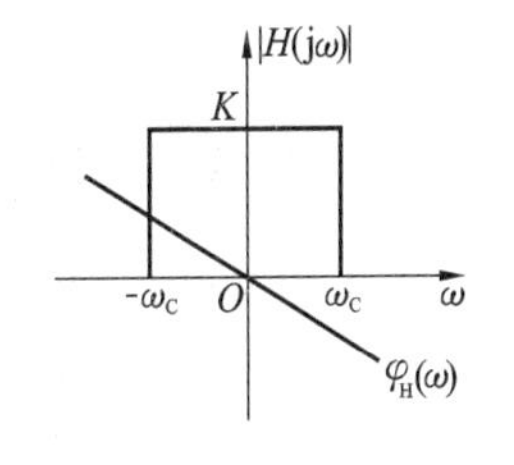

图 4-24 理想滤波器特性

【例 4.10】 带限信号 $f(t)$ 的频谱如图 4-25(b) 所示[$\varphi(\omega)=0$],试画出 $f(t)$ 通过图 4-25(a) 系统后,$x(t)$ 及响应 $y(t)$ 的频谱图。其中 $H_1(\mathrm{j}\omega)$ 和 $H_2(\mathrm{j}\omega)$ 的频谱如图 4-25(c)、(d) 所示。

解 根据傅里叶变换的调制性质,有

$$f(t)\cos(9t)\Leftrightarrow 0.5\{F[\mathrm{j}(\omega+9)]+F[\mathrm{j}(\omega-9)]\}$$

信号 $x(t)$ 的频谱为

$$X(\mathrm{j}\omega)=H_1(\mathrm{j}\omega)0.5\{F[\mathrm{j}(\omega+9)]+F[\mathrm{j}(\omega-9)]\}$$

其频谱如图 4-26(a) 所示。再根据调制性质,有

$$x(t)\cos(9t)\Leftrightarrow 0.5\{X[\mathrm{j}(\omega+9)]+X[\mathrm{j}(\omega-9)]\}$$

信号 $y(t)$ 的频谱为
$$Y(\mathrm{j}\omega)=H_2(\mathrm{j}\omega)0.5\{X[\mathrm{j}(\omega+9)]+X[\mathrm{j}(\omega-9)]\}$$

其频谱如图 4-26(b) 所示。

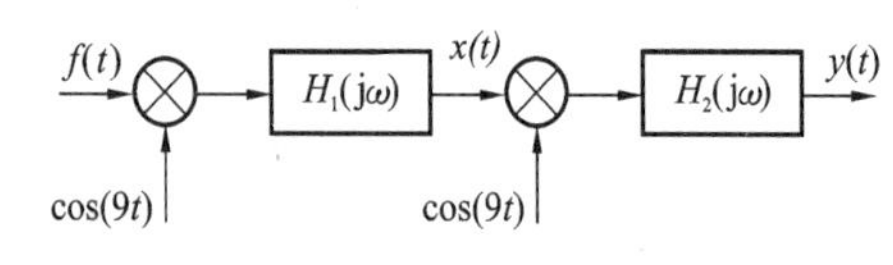

(a) 例4.10的系统

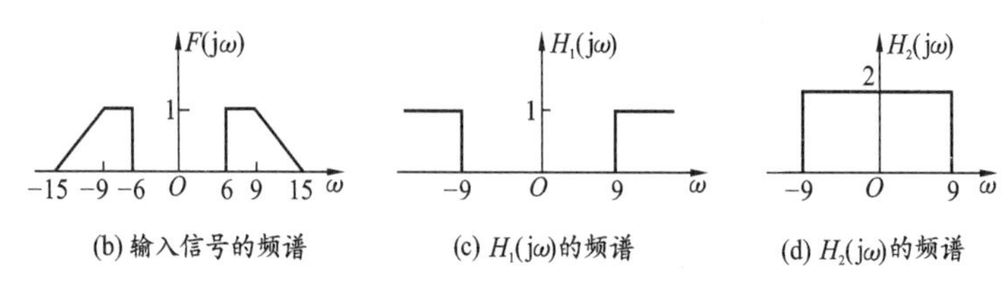

(b) 输入信号的频谱　(c) $H_1(j\omega)$的频谱　(d) $H_2(j\omega)$的频谱

图 4-25　例 4.10 的系统及频谱图

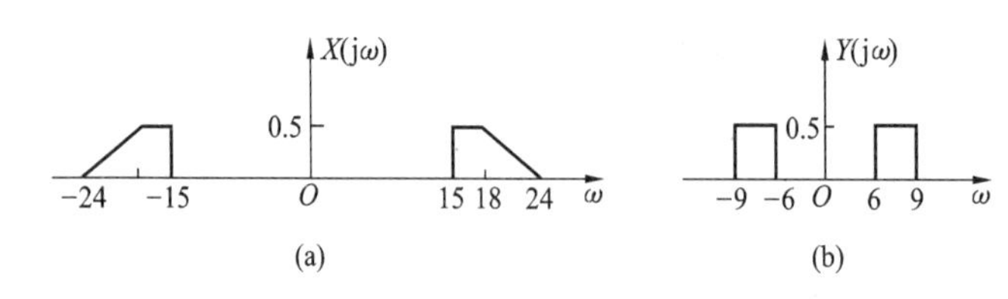

(a)　(b)

图 4-26　频谱图

【例 4.11】 求 $f(t)=\pi^{-1}\mathrm{Sa}(2t)$ 的信号通过图 4-27(a) 所示的系统后的输出 $y(t)$。系统中的理想带通滤波器的频率特性如图 4-27(b) 所示，其相位特性为 $\varphi(\omega)=0$。

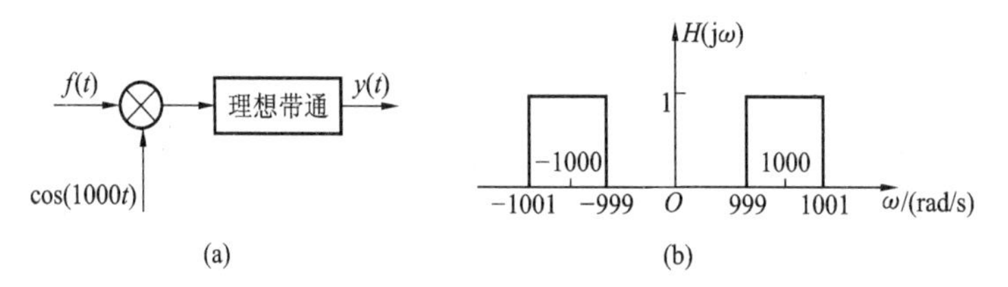

(a)　(b)

图 4-27　例 4.11 的系统和频谱

解　已知
$$\mathrm{Sa}(\omega_C t)\Leftrightarrow(\pi/\omega_C)G_{2\omega_c}(\omega)$$

令 $\omega_C=2$，有
$$\pi^{-1}\mathrm{Sa}(2t)\Leftrightarrow 0.5G_4(\omega)=F(j\omega)$$

设 $f_1(t)=f(t)\cos(1000t)$，则
$$F_1(j\omega)=0.5\{F[j(\omega+1000)]+F[j(\omega-1000)]$$
$$=0.25[G_4(\omega+1000)+G_4(\omega-1000)]$$

该信号通过理想带通滤波器后，变为
$$Y(j\omega)=0.25[G_2(\omega+1000)+G_2(\omega-1000)]$$

由
$$f(t)\cos(\beta t)\Leftrightarrow 0.5[F(\omega+\beta)+F(\omega-\beta)]$$

已知
$$\pi^{-1}\mathrm{Sa}(t)\Leftrightarrow G_2(\omega)$$

故系统的响应为
$$y(t)=(2\pi)^{-1}\mathrm{Sa}(t)\cos(1000t)$$

【例 4.12】 求 $f_0(t)=\pi^{-1}\mathrm{Sa}(t)\cos(1000t)$ 的信号通过图 4-28(a) 的系统后的输出。系统中的理

想低通滤波器的频率特性如图 4-28(b) 所示，其相位特性 $\varphi(\omega)=0$。

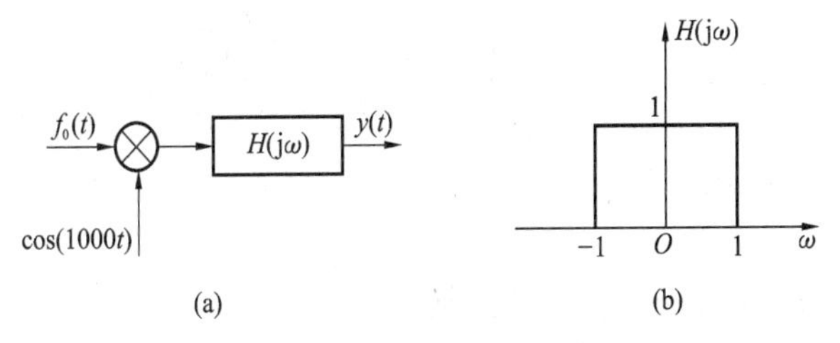

图 4-28 例 4.12 的系统和频谱

解 设 $f(t)=\pi^{-1}\mathrm{Sa}(t)$，则

$$f_1(t)=f(t)\cos^2(1000t)=0.5[f(t)+f(t)\cos(2000t)]$$

其频谱为 $$F_1(j\omega)=0.5F(j\omega)+0.25\{F[j(\omega+2000)]+F[j(\omega-2000)]\}$$

已知 $$\mathrm{Sa}(\omega_C t)\Leftrightarrow(\pi/\omega_C)G_{2\omega_C}(\omega)$$

所以 $$\pi^{-1}\mathrm{Sa}(t)\Leftrightarrow G_2(\omega)=F(j\omega)$$

该信号通过理想带通滤波器后，变为

$$Y(j\omega)=H(j\omega)F_1(j\omega)=0.5F(j\omega)=0.5G_2(\omega)$$

故系统的响应为 $$y(t)=(2\pi)^{-1}\mathrm{Sa}(t)$$

【例 4.13】 如图 4-29(a) 所示的为一通信系统原理图，$f(t)$ 为被传送的信号，设其频谱 $F(j\omega)$ 如图 4-29(b) 所示；$a_1(t)=a_2(t)=\cos(\omega_0 t)$，$\omega_0\gg\omega_m$，$a_1(t)$ 为发送端的载波信号，$a_2(t)$ 为接收端的本地振荡信号。(a) 求解并画出信号 $y_1(t)$ 的频谱图；(b) 求解并画出信号 $y_2(t)$ 的频谱图；(c) 欲使输出信号 $y(t)=f(t)$，求理想低通滤波器的传输函数 $H(j\omega)$。

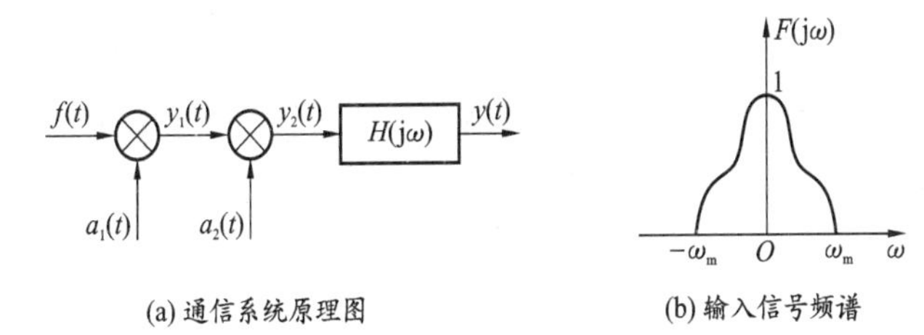

图 4-29 例 4.13 用图

解 (a) 因为 $y_1(t)=f(t)\cos(\omega_0 t)$，故有

$$Y_1(j\omega)=0.5F[j(\omega+\omega_0)]+0.5F[j(\omega-\omega_0)]$$

其频谱如图 4-30 所示。

(b) $$y_2(t)=f(t)\cos^2(\omega_0 t)=0.5f(t)+0.5f(t)\cos(2\omega_0 t)$$

故 $$Y_2(j\omega)=0.5F(j\omega)+0.25F[j(\omega+2\omega_0)]+0.25F[j(\omega-2\omega_0)]$$

其频谱如图 4-31 所示。

(c) 欲使 $y(t)=f(t)$，则理想低通滤波器为

$$H(j\omega)=2[\varepsilon(\omega-\omega_C)-\varepsilon(\omega-\omega_C)]$$

其中，截止频率 ω_C 有 $\omega_m\leqslant\omega_C\leqslant(2\omega_0-\omega_m)$。

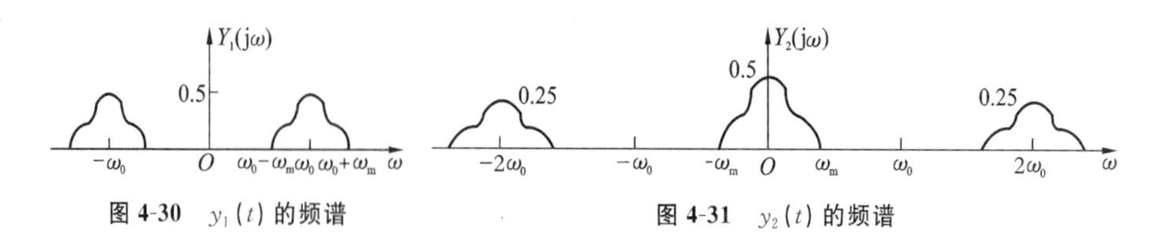

图 4-30 $y_1(t)$ 的频谱　　　图 4-31 $y_2(t)$ 的频谱

4.6 采样信号与采样定理

为了对有用信号有效地传输和处理，需要对连续信号进行采样。经采样后，连续信号就变成了采样信号，即离散信号。所谓采样过程就是将连续信号变成离散信号的过程。应用采样定理，可以不失真地对带限信号进行采样。然后利用这些采样值把该信号全部恢复出来。比如，电影是由一组按时序排列的单个画面组成的，其中每一幅画面代表着连续变化景象的一个瞬时画面(时间样本)，当以足够快的速度来看这些时序样本时，就会感觉到是原来连续活动景象的重现。又如，印刷照片是由很多很细小的网点组成的，其中每一点就是一个连续图像的采样点(位置样本)，当这些采样点足够近时，这幅印刷照片看起来就是连续的。

4.6.1 理想采样

理想采样信号 $f_S(t)$ 是一个连续信号 $f(t)$ 与一个冲激串 $\delta_T(t)$ 的乘积，如图 4-32 所示。

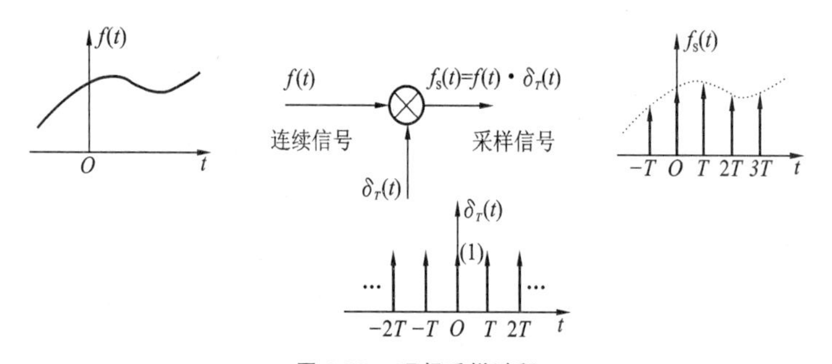

图 4-32 理想采样过程

理想采样信号的数学描述为

$$f_S(t)=f(t)\cdot\delta_T(t)=f(t)\sum_{k=-\infty}^{+\infty}\delta(t-kT)=\sum_{k=-\infty}^{+\infty}f(kT)\delta(t-kT) \tag{4-29}$$

上式表明，理想采样信号是一个冲激串，其中，T 是采样周期。

图 4-33 给出了理想采样中不同信号的频谱。

若 $f(t)\Leftrightarrow F(j\omega)$，$\delta_T(t)\Leftrightarrow\Omega\delta_\Omega(\omega)$，$\Omega=2\pi/T$，根据频域卷积定理，有

$$f_S(t)=f(t)\delta_T(t)\Leftrightarrow F_S(j\omega)=(2\pi)^{-1}F(j\omega)*\Omega\delta_\Omega(\omega)=T^{-1}F(j\omega)*\delta_\Omega(\omega) \tag{4-30}$$

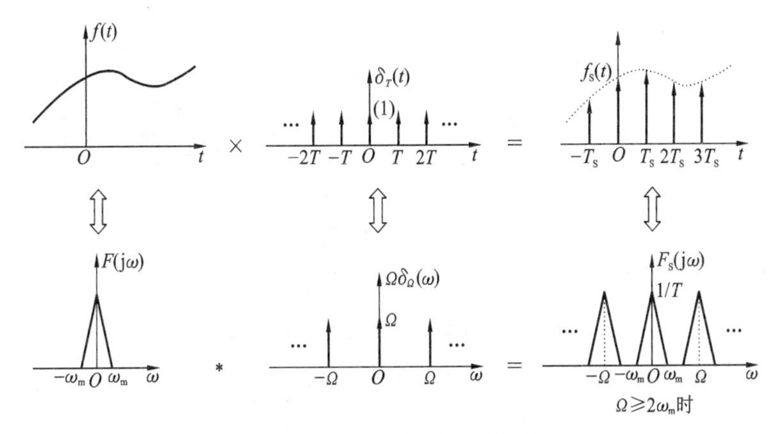

图 4-33 理想采样过程及其频谱

采样信号的频谱 $F_S(j\omega)$ 在频率上具有周期性，其周期为采样频率 Ω，即 $F_S(j\omega)$ 是以 Ω 为周期的周期延拓。

图 4-34 所示的是三种不同采样频率 Ω 对一个带限信号进行理想采样后得到的频谱。

从 $F_S(j\omega)$ 频谱图可以看出：要使各频移不重叠，采样频率 $\Omega \geq 2\omega_m$，ω_m 为 $f(t)$ 的频谱 $F(j\omega)$ 的最高频率；否则，$\Omega < 2\omega_m$，采样信号的频谱会出现混叠。

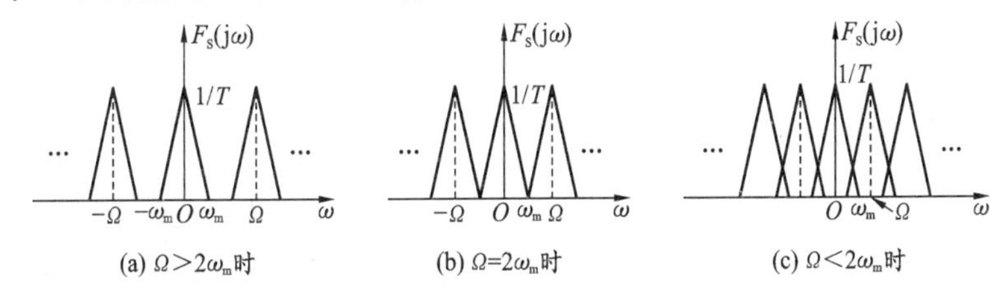

图 4-34 不同采样频率时的频谱

4.6.2 自然采样

从概念上讲，自然采样就是把信号 $f(t)$ 通过一个开关每隔 T 秒开关一次。开关的作用相当于一个矩形脉冲串，即周期矩形波。

自然采样信号表示为 $f_S(t) = f(t) \cdot P_T(t)$。它是一个矩形脉冲串，如图 4-35 所示。

若 $f(t) \Leftrightarrow F(j\omega)$，有

$$P_T(t) \Leftrightarrow \tau \mathrm{Sa}(0.5\omega\tau) \cdot \Omega\delta_\Omega(\omega) = \tau\Omega \mathrm{Sa}(0.5\omega\tau)\delta_\Omega(\omega)(\Omega = 2\pi/T) \tag{4-31}$$

根据频域卷积定理，有

$$\begin{aligned} f_S(t) = f(t)P_T(t) \Leftrightarrow F_S(j\omega) &= (2\pi)^{-1}F(j\omega) * P(\omega) \\ &= (\tau/T)F(j\omega) * \mathrm{Sa}(0.5\omega\tau)\delta_\Omega(\omega) \end{aligned} \tag{4-32}$$

图 4-36 给出了自然采样中不同信号的频谱。从 $F_S(j\omega)$ 频谱图也可以看出：要使各频移不重叠，采样频率 $\Omega \geq 2\omega_m$；否则，若 $\Omega < 2\omega_m$，则采样信号的频谱会出现混叠。

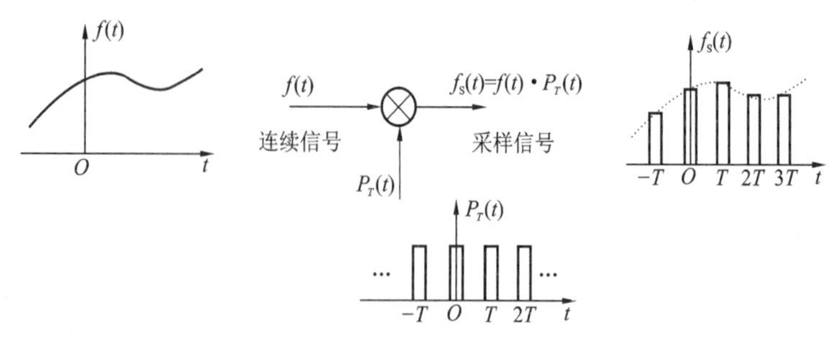

图 4-35　自然采样过程

无论是理想采样，还是自然采样，其无失真的采样条件为采样频率

$$\Omega \geqslant 2\omega_m \quad 或 \quad f_S \geqslant 2f_m \tag{4-33}$$

即采样周期

$$T \leqslant 0.5T_m = (2f_m)^{-1} \tag{4-34}$$

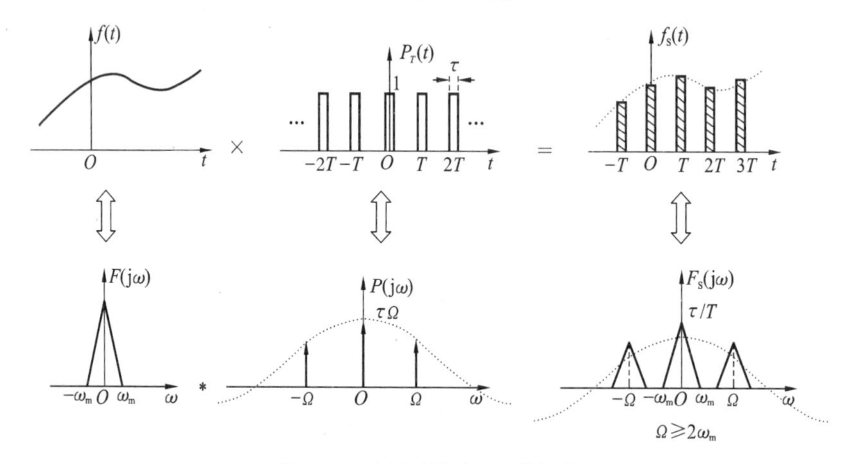

图 4-36　自然采样过程及其频谱

4.6.3　采样定理

时域采样定理　为了能从采样信号 $f_S(t)$ 中恢复信号 $f(t)$，必须满足以下两个条件：

(1) 被采样的信号 $f(t)$ 必须是有限频带信号，其频谱在 $|\omega| > \omega_m$ 时为零；

(2) 采样频率 $\Omega = \omega_S \geqslant 2\omega_m$ 或采样间隔 $T = T_S \leqslant (2f_m)^{-1} = \pi/\omega_m$。其最低允许采样频率 $f_N = 2f_m$ 或 $\omega_N = 2\omega_m$ 称为奈奎斯特频率，其最大允许采样间隔 $T_N = (2f_m)^{-1} = \pi/\omega_m$ 称为奈奎斯特采样间隔。

由此可知，带限信号只有满足采样定理中的采样频率 $\omega_S \geqslant 2\omega_m$ 条件，采样后的频谱 $F_S(j\omega)$ 才不会产生频谱混叠。于是，采样信号保留了原信号 $f(t)$ 的全部信息。若不满足采样定理，即 $\omega_S < 2\omega_m$，则频谱将产生混叠。

下面考虑如何从采样信号 $f_S(t)$ 恢复原信号 $f(t)$，即由离散信号变为连续信号。在满足采样定理的条件下，只要用一个截止频率为 $\omega_m < \omega_C < (\omega_S - \omega_m)$ 的理想低通滤波器就可以从 $F_S(j\omega)$ 中完全取出 $F(j\omega)$ 的所有信息。从时域角度看，这就相当于从 $f_S(t)$ 中恢复出原信号 $f(t)$ 了。图 4-37 所示的是恢复 $f(t)$ 的原理图。

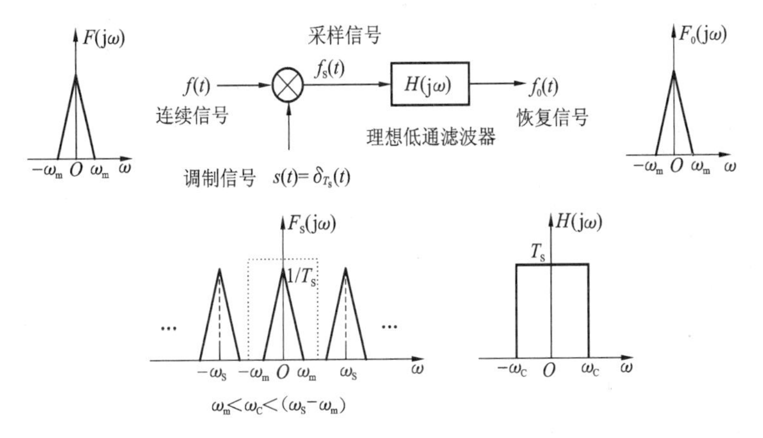

图 4-37 信号恢复原理图

【例 4.14】 已知信号 $f_1(t)$ 是最高频率分量为 2 kHz 的带限信号，$f_2(t)$ 是最高频率分量为 3 kHz 的带限信号。求下列信号的奈奎斯特频率 f_N。

(a) $f_1(2t)$　(b) $f_2(t-3)$　(c) $f_1(t)+f_2(t)$　(d) $f_1(t)f_2(t)$

解 (a) $f_1(2t)$ 的频谱扩展 2 倍(时域压缩)，所以最高频率为 $f_m = 4$ kHz。该信号的奈奎斯特频率为

$$f_N = 2f_m = 8 \text{ kHz}$$

(b) $f_2(t-3)$ 的频谱不变(时移只改变相位)，所以最高频率为 $f_m = 3$ kHz。该信号的奈奎斯特频率为

$$f_N = 2f_m = 6 \text{ kHz}$$

(c) $f_1(t)+f_2(t)$ 的频谱应取大的(频谱的和)，所以最高频率为 $f_m = 3$ kHz。该信号的奈奎斯特频率为

$$f_N = 2f_m = 6 \text{ kHz}$$

(d) $f_1(t)f_2(t)$ 的频谱扩展到其频谱的和(频域卷积)，所以最高频率为 $f_m = 5$ kHz。该信号的奈奎斯特频率为

$$f_N = 2f_m = 10 \text{ kHz}$$

【例 4.15】 如图 4-38(a) 所示的信号处理系统，已知 $H_1(j\omega)$ 的图形如图 4-38(b) 所示，其中：$f_1(t) = (\omega_m/\pi)\mathrm{Sa}(\omega_m t)$，$\delta_T(t) = \sum\limits_{k=-\infty}^{+\infty}\delta(t-kT)$。(a) 画出信号 $f(t)$ 的频谱图；(b) 欲使信号 $f_S(t)$ 中

包含信号 $f(t)$ 中的全部信息，则 $\delta_T(t)$ 的最大采样间隔(即奈奎斯特间隔)T_N 应为多少？(c) 分别画出在奈奎斯特角频率 ω_N 及 $2\omega_N$ 时信号 $f_S(t)$ 的频谱图；(d) 在 $2\omega_N$ 的采样频率时，欲使响应信号 $y(t)=f(t)$，则理想低通滤波器 $H_2(j\omega)$ 截止频率 ω_C 的最小值应为多大？

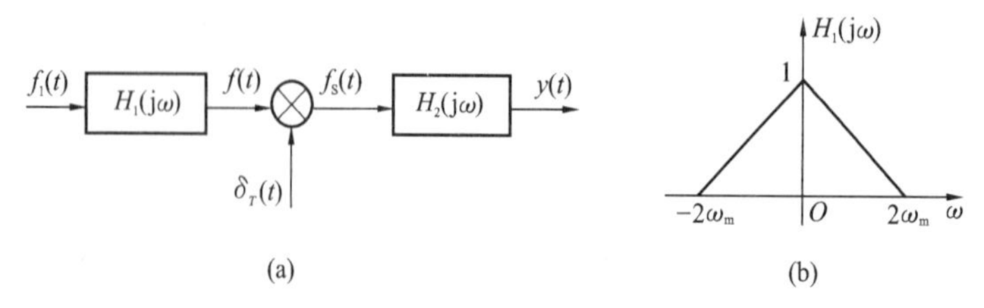

图 4-38　例 4.15 的图

解　(a) 已知 $\mathrm{Sa}(\omega_m t)\Leftrightarrow(\pi/\omega_m)G_{2\omega_m}(\omega)$，所以

$$F_1(j\omega)=\varepsilon(\omega+\omega_m)-\varepsilon(\omega-\omega_m)=G_{2\omega_m}(\omega)$$

$f(t)$ 的频谱为

$$F(j\omega)=H_1(j\omega)F_1(j\omega)$$

其频谱如图 4-39 所示。

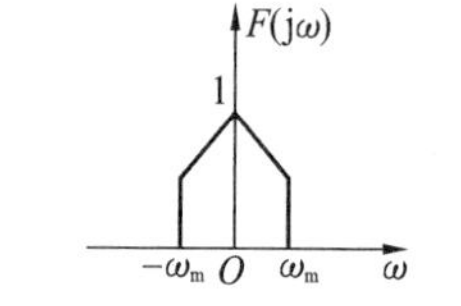

图 4-39　$f(t)$ 的频谱

(b) 根据采样定理，$\omega_N=2\omega_m$，$f_N=\omega_m/\pi$，即奈奎斯特间隔为

$$T_N=1/f_N=\pi/\omega_m$$

(c) 奈奎斯特角频率为 $\omega_N=2\omega_m$，故当采样频率为 ω_N 及 $2\omega_N$ 时，信号 $f_S(t)$ 的频谱如图 4-40 所示。

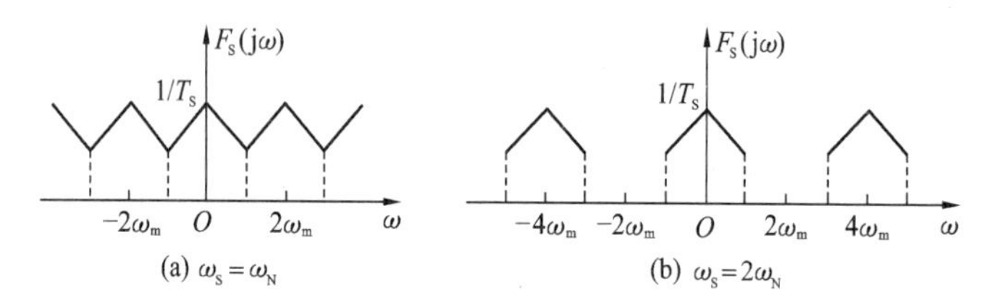

图 4-40　$f_S(t)$ 的频谱

(d) 欲使响应信号 $y(t)=f(t)$，则理想低通滤波器 $H_2(j\omega)$ 截止频率 ω_C 的最小值为

$$\omega_C=\omega_m,\quad 且\quad |\omega_C|<3\omega_m$$

【例 4.16】　对周期信号 $f(t)=5\cos(1000\pi t)[\cos(2000\pi t)]^2$ 每秒采样 4500 次，使采样信号通过截止频率为 2600 Hz 的理想低通滤波器。假定滤波器在通带内有零相移和单位增益，试求输出信号 $y(t)$？若要在输出端得到重建的 $f(t)$，问允许信号唯一重建的最小采样频率是多少？

解　周期信号表示式可展开为

$$\begin{aligned}f(t)&=5\cos(1000\pi t)\cdot 0.5[1+\cos(4000\pi t)]\\&=2.5\cos(1000\pi t)+1.25\cos(3000\pi t)+1.25\cos(5000\pi t)\end{aligned}$$

对应的频谱为

$$\begin{aligned}F(j\omega)=&\ 2.5\pi[\delta(\omega+1000\pi)+\delta(\omega-1000\pi)]\\&+1.25\pi[\delta(\omega+3000\pi)+\delta(\omega-3000\pi)]\\&+1.25\pi[\delta(\omega+5000\pi)+\delta(\omega-5000\pi)]\end{aligned}$$

采样频率 $f_S = 4500\text{Hz}$，即 $\omega_S = 2\pi f_S = 9000\pi$。采样信号的频谱为

$$F_S(j\omega) = (1/2\pi)F(j\omega) * \omega_S \delta_{\omega_S}(\omega) = f_S F(j\omega) * \delta_{\omega_S}(\omega) = f_S \sum_{k=-\infty}^{+\infty} F(\omega - k\omega_S)$$

其频谱如图 4-41 所示。

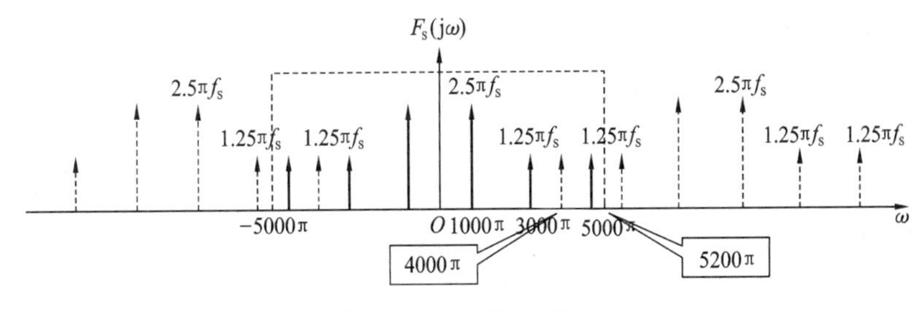

图 4-41 采样后的频谱

理想滤波器的截止频率 $f_C = 2600\ \text{Hz}$，即 $\omega_C = 2\pi f_C = 5200\pi$，当采样信号通过理想低通滤波器后，其输出为

$$y(t) = f_S[2.5\cos(1000\pi t) + 1.25\cos(3000\pi t) + 1.25\cos(4000\pi t) + 1.25\cos(5000\pi t)]$$

又由周期信号 $f(t)$ 的展开式可见，其信号最高角频率为

$$\omega_m = 5000\pi \qquad \text{即} \qquad f_m = 2500\ \text{Hz}$$

所以使信号唯一重建的最小采样频率为

$$f_{S\min} = 2f_m = 5000\ \text{Hz}$$

4.7 工程应用实例：调制与解调

傅里叶变换在通信领域的应用很广。信息的传送通常是用天线将电信号变换为天空中的电磁波信号来实现的。根据电磁波理论，若通过天线传递无线通信信号，则天线的长度至少为信号波长的 1/10 才能有效地辐射到远方。所发射信号的波长 $\lambda = c/f$，其中 c 是光速，f 是信号频率。低频信息（如语言、图像和音乐）的发射要求天线的尺寸很大，大到以公里计。另一方面，如果不进行调制，而是把需要传输的信号直接发射出去，各电台所发射的信号频率就会相同，它们混合在一起，接收端就无法简单地选择所要接收的信号。一个较实用的方法是利用调制将低频的电信号先变换到较高的频率上，然后由天线发射出去。在接收端则恢复原始信息，这一过程称为解调。

综上所述，所谓调制，就是用一个信号（原信号也称为调制信号）去控制另一个信号（载波信号）的某个参量，从而产生已调制信号。解调则是相反的过程，即从已调制信号中恢复原信号。根据所控制的信号参量的不同，调制可分为：① 调幅（amplitude modulation，AM），是使载波的幅度随着调制信号的大小变化而变化的调制方式；② 调频（frequency modulation，FM），是使载波的瞬时频率随着调制信号的大小而变，而幅度保持不变的调制方式；③ 调相（phas modulation，PM），是利用原始信号控制载波信号相

位的调制方式。

下面主要研究几个调幅方案。

4.7.1 双边带(DSB)AM

1. 抑制载波的 AM

最简单的调幅方案是利用带有信息的信号 $f(t)$ 即调制信号对载波 $s(t)$ 进行调制的方式,如图 4-42 所示。

设 $f(t)$ 为调制信号,$s(t)$ 为载波信号,已调信号 $y(t)=f(t)\cdot s(t)=f(t)\cos(\omega_0 t)$,其频谱为

$$Y(j\omega)=0.5\{F[j(\omega+\omega_0)]+F[j(\omega-\omega_0)]\}$$

由此可见,原始信号的频谱被搬移到频率较高的载频 ω_0 附近,达到调制的目的。

已调信号的频谱表明原信号的频谱中心位于 $\pm\omega_0$ 上,且关于 $\pm\omega_0$ 对称。$\omega>|\omega_0|$ 的部分称为上边带(USB),而 $\omega<|\omega_0|$ 的部分称为下边带(LSB)。它是一个带通信号。

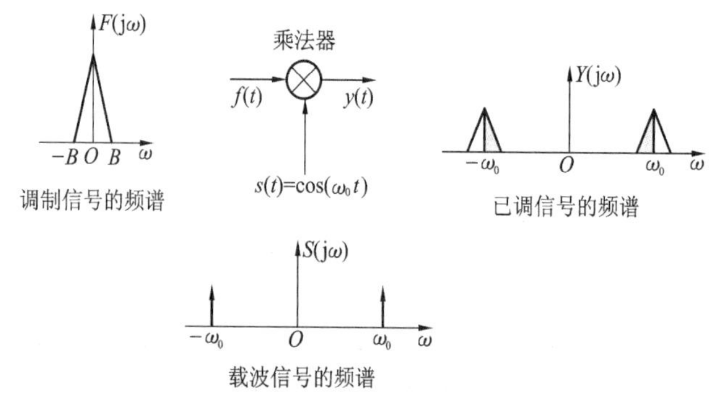

图 4-42 抑制载波的双边带调幅原理图

调制信号 $f(t)$ 和已调信号 $y(t)$ 的波形如图 4-43 所示。其中,当 $f(t)>0$(单极性)时,已调信号 $y(t)$ 的波形如图 4-43(a) 所示。当 $f(t)$ 有正有负(双极性)时,已调信号 $y(t)$ 的波形如图 4-43(b) 所示。可见,只有当调制信号 $f(t)$ 的振幅总为正时,已调信号的包络才对应于 $f(t)$。

2. 发射载波的 AM

为了使已调信号 $y(t)$ 的包络是跟随调制信号 $f(t)$ 变化而变化的,必须将双极性信号变成单极性信号。其方法是在发送信号中加入一定强度的载波信号 $A\cos(\omega_0 t)$,如图 4-44 所示。于是,发送的信号为

$$y(t)=[A+f(t)]\cos(\omega_0 t) \tag{4-35}$$

式(4-35)中,对于全部 t,A 选择得足够大,有 $A+f(t)>0$,其频谱为

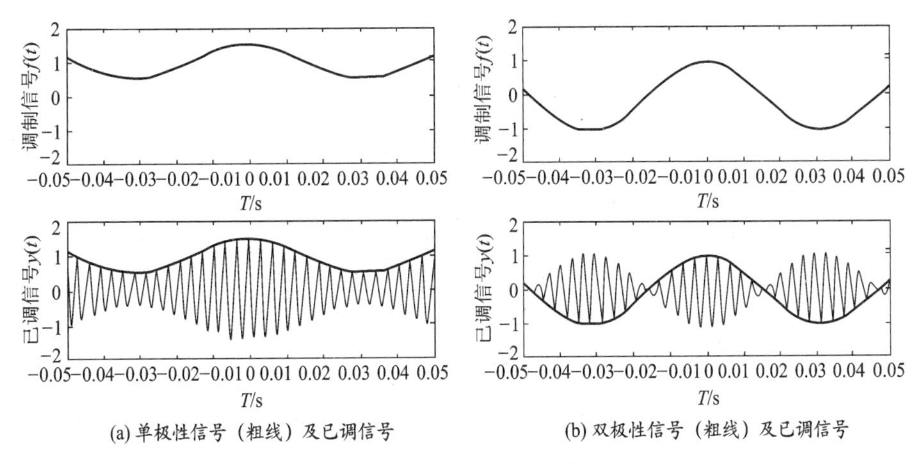

图 4-43 调制信号和已调信号

$$Y(\mathrm{j}\omega)=A\pi[\delta(\omega+\omega_0)+\delta(\omega-\omega_0)]+0.5\{F[\mathrm{j}(\omega+\omega_0)]+F[\mathrm{j}(\omega-\omega_0)]\} \quad (4\text{-}36)$$

由式(4-36)可见，除了由于载波分量而在 $\pm\omega_0$ 处形成两个冲激函数之外，这个频谱与抑制载波的 AM 的频谱相同。

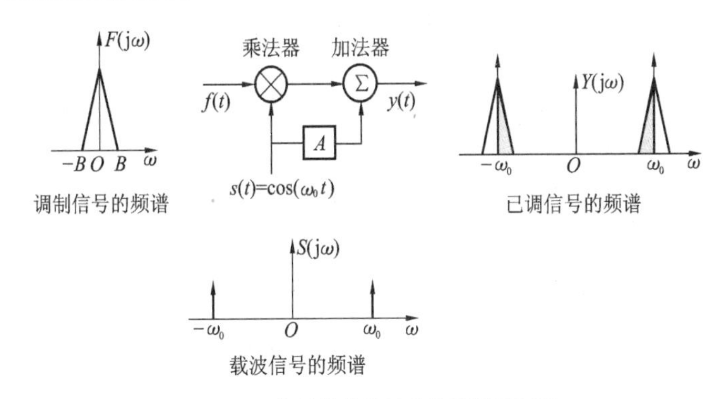

图 4-44 发射载波的双边带调幅原理图

4.7.2 AM 信号的解调

在接收端，可利用解调或检波方法来恢复信号 $f(t)$，下面讨论两种检波方案。

1. 同步解调

同步解调就是用 $\cos(\omega_0 t)$ 信号和已调信号混频，然后进行低通滤波的方法。图 4-45 所示的是抑制载波 AM 解调的一种方案。

$s(t)$ 为本地载波信号，解调后的信号为

$$g(t)=y(t)\cdot s(t)=f(t)\cdot s^2(t)=f(t)\cos^2(\omega_0 t)=0.5[f(t)+f(t)\cos(2\omega_0 t)] \quad (4\text{-}37)$$

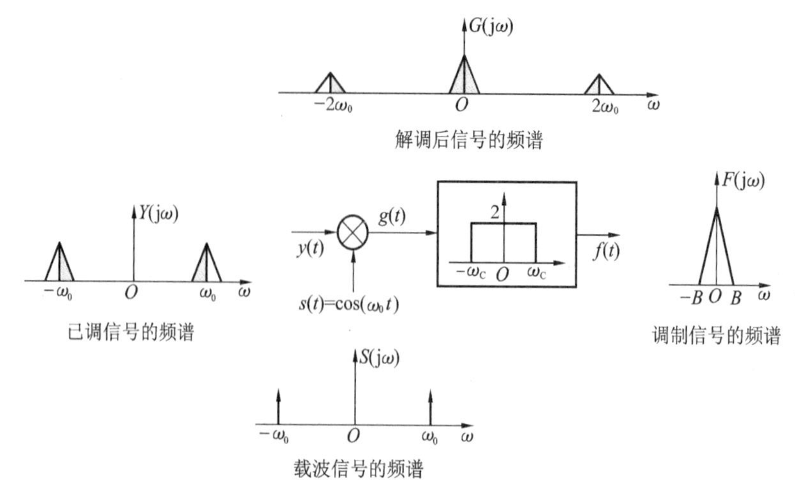

图 4-45 抑制载波的双边带 AM 的同步解调

解调后的频谱为

$$G(\mathrm{j}\omega)=0.5F(\mathrm{j}\omega)+0.25\{F[\mathrm{j}(\omega+2\omega_0)]+F[\mathrm{j}(\omega-2\omega_0)]\}$$

此信号的频谱通过理想低通滤波器,其截止频率 $\omega_C \geqslant B$,幅值为 2,就可取出 $F(\mathrm{j}\omega)$,把高频分量滤除,从而恢复原信号 $f(t)$。

由图 4-45 可见,接收端与发送端的载波信号是同频率同相位的,它要求调制器与解调器的载波信号准确同步。

图 4-46 所示的是发射载波 AM 的解调方案。

由已调信号 $y(t)=[A+f(t)]\cos(\omega_0 t)$,解调后的信号为

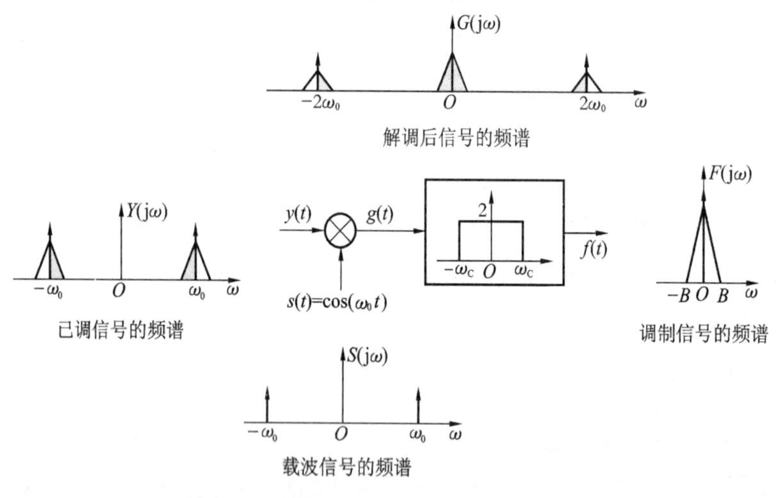

图 4-46 发射载波的双边带 AM 的同步解调

$$g(t)=y(t)\cdot s(t)=[A+f(t)]\cdot s^2(t)=[A+f(t)]\cos^2(\omega_0 t)$$
$$=0.5[A+f(t)]+0.5[A+f(t)]\cos(2\omega_0 t) \tag{4-38}$$

解调后的频谱为

$$G(\mathrm{j}\omega)=0.5[\delta(\omega)+F(\mathrm{j}\omega)]+0.5\pi A[\delta(\omega+2\omega_0)+\delta(\omega-2\omega_0)]$$
$$+0.25\{F[\mathrm{j}(\omega+2\omega_0)]+F[\mathrm{j}(\omega-2\omega_0)]\} \tag{4-39}$$

此信号的频谱通过理想低通滤波器，其截止频率 $\omega_C \geqslant B$，幅值为 2，就可取出$[\delta(\omega)+F(\mathrm{j}\omega)]$，把高频分量滤除，从而恢复信号 $A+f(t)$。再利用交流分量的耦合去除直流分量 A，并恢复调制分量 $f(t)$。

2. 异步解调

同步解调将使接收系统复杂化，成本增加。在许多正弦幅度调制的系统中，常采用非同步解调的方法。调制器与解调器不必同步，只要用简单的包络检波器将已调信号的包络取出即可，其原理图如图 4-47 所示。

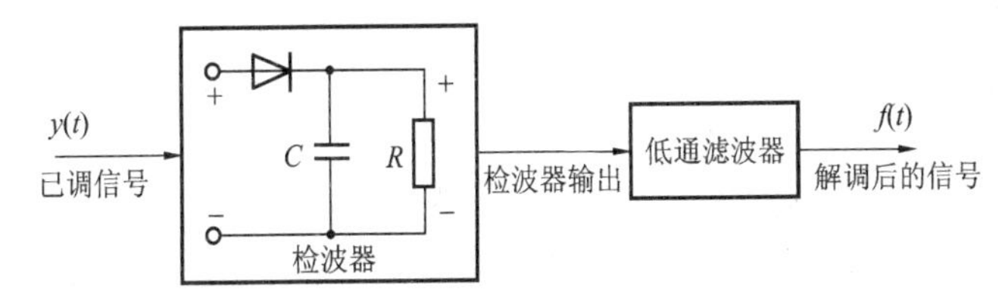

图 4-47 AM 信号的包络检波原理图

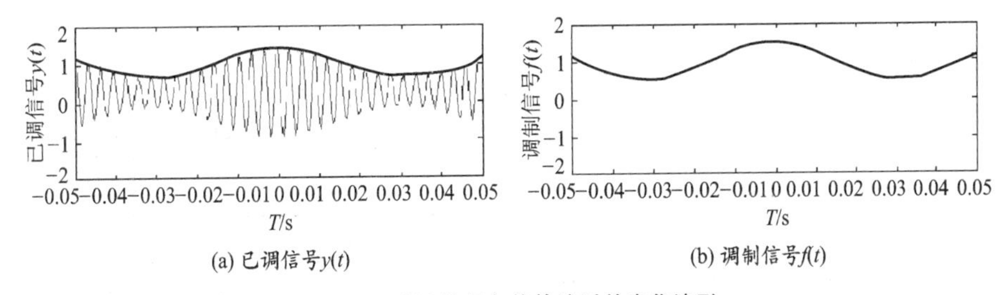

(a) 已调信号$y(t)$　　(b) 调制信号$f(t)$

图 4-48 AM 信号包络检波时的变化波形

在什么条件下，AM 的包络与调制信号 $f(t)$ 相对应？对于抑制载波的 AM 而言，条件为 $f(t)\geqslant 0$；对于发射载波的 AM 而言，条件为 $A+f(t)\geqslant 0$。

已调信号如图 4-48(a) 所示，其中，粗线是检波器输出波形；低通滤波器再对检波器输出进行平滑处理，以恢复原信号波形，如图 4-48(b) 所示。

非同步解调系统不需要本地载波，此方法常用于广播接收机，可以降低接收机的成本。

4.7.3 频率多路复用

频率多路复用通信技术或称为频分复用(FDMA) 通信技术是根据调幅原理实现

的。对于所要传送的信号的频谱 $F_1(\mathrm{j}\omega)$、$F_2(\mathrm{j}\omega)$、…、$F_n(\mathrm{j}\omega)$，首先利用调制的办法把它们搬移到不同的高频载波上，例如 ω_1、ω_2、…、ω_n，只要保证 $\omega_1<\omega_2<\cdots<\omega_n$，且各信号频谱所占的带宽互不重叠，就可以在同一信道内同时传送多路信号。图 4-49 所示为频分复用的示意图。图中仅以三路信号复用为例。

为了分离这些多路复用信号，将其送到中心频率不同的带通滤波器中，取出已调信号。每个已调信号又都在与调制时相同的载波频率上分别进行解调，再用低通滤波器取出各自原信号的频谱。

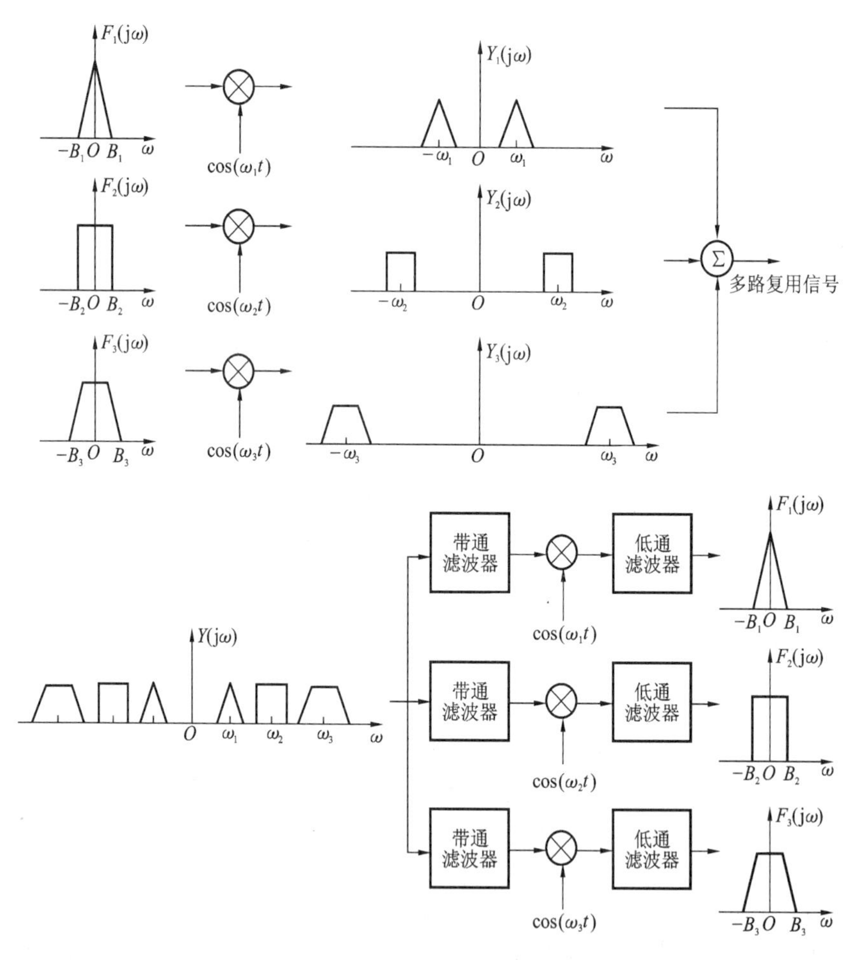

图 4-49 频率多路复用示意图

除频率多路复用系统外，还有时分复用系统。时分复用系统中，多路信号分时复用信道，每个信号只在采样瞬间占用信道，其余时间用来传送其他信号。

4.7.4 时分复用

时分复用指在一个信道上同时传输多路信号。时分复用系统的各路信号占据信道不同的时间段。时分复用的理论依据是采样定理。频带受限于 $-f_m \sim f_m$ 的信号，可由间隔为 $(2f_m)^{-1}$ 的采样值唯一确定。从这些瞬时采样值可以正确恢复原始连续信号。因此，允许只传送这些采样值。信道仅在采样瞬间被占用，其余时间可传送其他信号。将各路信号的采样值有序的排列起来，就可实现时分复用。在接收端，这些采样值由适当的同步检测器分离。

实际传送的信号并非冲激采样，可以占据一段时间。图 4-50 所示的仅以两路信号复用为例。

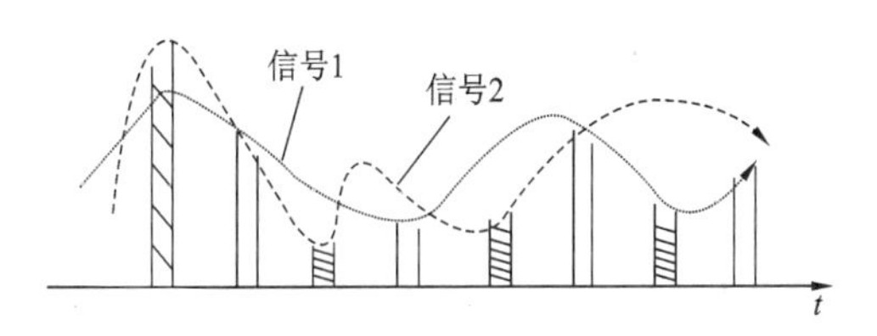

图 4-50 时分复用示意图

实际生活中，电话系统就采用时分复用系统，将一定路数的电话语音复合成一个标准数据流，称为基群。

4.7.5 单边带(SSB)AM

单边带(SSB) 调制方法利用调幅信号频谱中的对称性来减小发射信号的带宽，即仅发射上边带或下边带。

1. SSB AM 信号的产生

实用的方法是基于希尔伯特(Hilbert) 变换器来实现，其系统函数为

$$H(\mathrm{j}\omega) = -\mathrm{j}\,\mathrm{sgn}(\omega) = \begin{cases} -\mathrm{j} & (\omega > 0) \\ \mathrm{j} & (\omega < 0) \end{cases} \tag{4-40}$$

希尔伯特变换器输出的频谱为

$$X(\mathrm{j}\omega) = H(\mathrm{j}\omega)F(\mathrm{j}\omega) = -\mathrm{j}\,\mathrm{sgn}(\omega)F(\mathrm{j}\omega) \tag{4-41}$$

这说明，一个信号经希尔伯特变换器后，其相位移动了 $\pm\pi/2$。利用这样的系统，可产生一个 SSB AM 信号，如图 4-51 所示，$Y(\mathrm{j}\omega)$ 为下边带(LSB) 频谱。

2. SSB AM 信号的解调

图 4-52 所示的是 SSB AM 的同步解调方案。用 $\cos(\omega_0 t)$ 信号和已调信号混频，然后

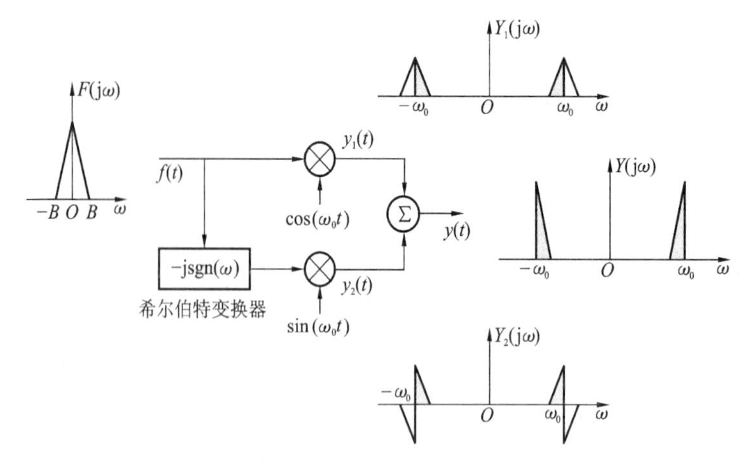

图 4-51 利用希尔伯特变换实现 SSB AM

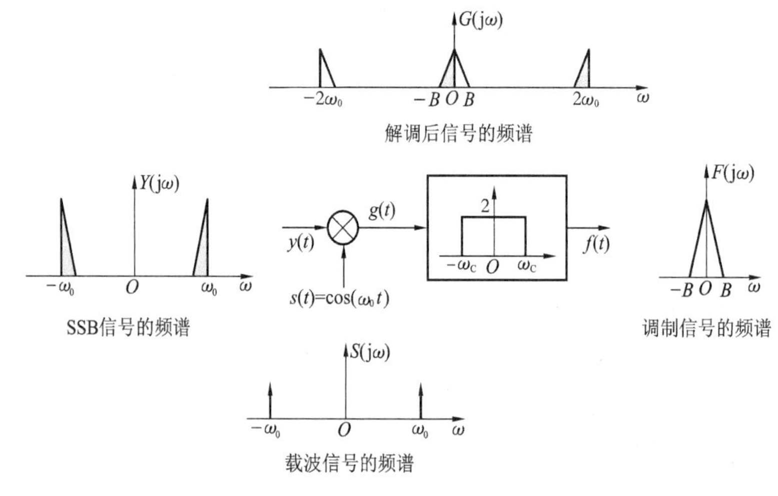

图 4-52 SSB AM 的同步解调

进行低通滤波。低通滤波器将 $2\omega_0$ 上的频率分量去除，就恢复了原信号。

除了调幅调制方法之外，还有频率调制和相位调制。调制理论将在通信原理课程中详细阐述，而调制电路将在通信电子线路课程中进行分析讨论。

本章小结

本章详细介绍了连续系统的频域分析方法；讨论了线性非时变系统对于周期与非周期信号的响应，并引出了信号无失真传输的条件；介绍了低通滤波器的分析方法；还对幅度调制的解调的几种方案作了详细的介绍。下面是本章的主要结论。

(1) 线性非时变系统的频域系统函数 $H(j\omega)$ 可以用下列方法求得：

① 从系统的传输算子 $H(p)$ 求得，即 $H(j\omega)=H(p)|_{p=j\omega}$；

② 从系统的单位冲激响应 $h(t)$ 求得，即 $H(j\omega)=\mathscr{F}\ [h(t)]$；

③ 根据正弦稳态分析方法从频域电路模型按 $H(j\omega)$ 的定义式求得；

④ 用实验方法求得。

(2) 对于线性非时变稳定系统，若输入为正弦信号 $f(t)=A\cos(\omega_0 t)$，则稳态响应为

$$y(t)=|H(j\omega_0)|A\cos(\omega_0 t+\varphi_0)$$

式中：$H(j\omega_0)=|H(j\omega_0)|e^{j\varphi_0}$ 为频域系统函数。

(3) 对于线性非时变系统，若输入为非正弦的周期信号，则系统的稳态响应的频谱为

$$\dot{Y}_n=H(jn\Omega)\dot{F}_n$$

式中：$\dot{F}_n$ 是输入信号的频谱，即 $f(t)$ 的指数傅里叶级数的复系统；$H(jn\Omega)$ 是系统函数；Ω 为基波；$\dot{Y}_n$ 是输出信号的频谱。时间响应为

$$y(t)=\sum_{n=-\infty}^{+\infty}\dot{Y}_n e^{jn\Omega t}$$

(4) 对于线性非时变系统，若输入为非周期信号，系统的零状态响应可用傅里叶变换求得。其方法为：

① 求激励 $f(t)$ 的傅里叶变换 $F(j\omega)$；

② 求频域系统函数 $H(j\omega)$；

③ 求零状态响应 $y_{zs}(t)$ 的傅里叶变换 $Y_{zs}(j\omega)$，即 $Y_{zs}(j\omega)=H(j\omega)F(j\omega)$；

④ 求零状态响应的时域解，即 $y_{zs}(t)=\mathscr{F}^{-1}[Y_{zs}(j\omega)]$。

(5) 在时域中，无失真传输的条件是

$$y(t)=Kf(t-t_0)$$

在频域中，无失真传输系统的特性为

$$H(j\omega)=Ke^{-j\omega t_0}$$

(6) 理想滤波器是指可使通带之内的输入信号的所有频率分量以相同的增益和延时完全通过，且完全阻止通带之外的输入信号的所有频率分量的滤波器。有四种理想滤波器：低通滤波器、高通滤波器、带通滤波器和带阻滤波器。理想滤波器是非因果性的、物理上不可实现的。

(7) 理想低通滤波器的阶跃响应的上升时间与系统的截止频率(带宽)成反比。此结论对各种实际的滤波器的分析与设计具有指导意义。

(8) 幅度调制就是将低频信号变换到较高的频率上，然后发射出去的调制方式。解调就是接收端将接收到的已调信号恢复为原始信号的方法。幅度调制与解调的各种方案可用傅里叶变换的性质进行解释。

(9) 采样信号的频谱 $F_S(j\omega)$ 在频率上具有周期性，其周期为采样频率 Ω，即 $F_S(j\omega)$ 是以 Ω 为周期的周期延拓。

(10) 对于 $F(j\omega)$ 为有限带宽的信号，只要按采样频率 $\omega_S\geq 2\omega_m$ 进行均匀采样，则采样信号中将

包含原信号的全部信息，因而可用适当的滤波器恢复原信号。

思考题

4-1 什么是系统的频率特性 $H(\mathrm{j}\omega)$？如何计算 $H(\mathrm{j}\omega)$？

4-2 系统对周期信号的响应，既可以用傅里叶级数方法分析，也可以用傅里叶变换方法分析。试比较二者的异同，说明二者的关系。

4-3 频域分析方法的基本思路是什么？该思路与时域分析方法有何异同？

4-4 信号通过系统怎样才是不失真？

4-5 什么是低通、高通、带通和带阻滤波器？它们的理想频率特性怎样？

4-6 为什么说理想低通滤波器是一个物理不可实现的系统？

4-7 如何理解系统阶跃响应的上升时间与系统的带宽成反比？即为什么变化快的系统其频带就宽？

4-8 什么是调制？什么是解调？在信号调制与解调时，除余弦信号可作载波外，还有什么信号信号可作载波？

4-9 何谓时分复用？试举时分复用系统的实例。

4-10 何谓频分复用，频分复用系统信道上信号的存在时间如何？频分复用与时分复用有何区别？

4-11 为何音频设备制造商主要关心音频系统的幅度特性？

4-12 为何常采用单边带(SSB) 调制发射信号？

4-13 何谓采样定理？它有什么实际意义？

习题

基本练习题

4-1 若系统函数 $H(\mathrm{j}\omega)=(1+\mathrm{j}\omega)^{-1}$，求对于下列各输入信号的系统响应 $y(t)$。

(a) $f(t)=\sin t$　　(b) $f(t)=\mathrm{e}^{-4t}\varepsilon(t)$　　(c) $f(t)=\varepsilon(t)$

4-2 某线性非时变系统的频率响应为 $H(\mathrm{j}\omega)=\begin{cases}1 & (2\leqslant|\omega|\leqslant 7)\\ 0 & (\text{其他 }\omega)\end{cases}$，对于下列输入信号 $f(t)$，求系统的响应 $y(t)$。

(a) $f(t)=2+3\cos(3t)-5\sin(6t-30^\circ)+4\cos(13t-20^\circ)$

(b) $f(t)=1+\sum\limits_{k=1}^{+\infty}k^{-1}\cos(2kt)$

4-3 已知某滤波器的冲激响应为 $h(t)=\delta(t)-10\mathrm{e}^{-10t}\varepsilon(t)$，若输入为 $f(t)=4+\cos(2\pi t)-\sin(8\pi t)$，试求滤波器的响应 $y(t)$。

4-4 一滤波器的频率响应如题图 4-4(a) 所示，当输入如题图 4-4(b) 所示时，求该滤波器的响应 $y(t)$。

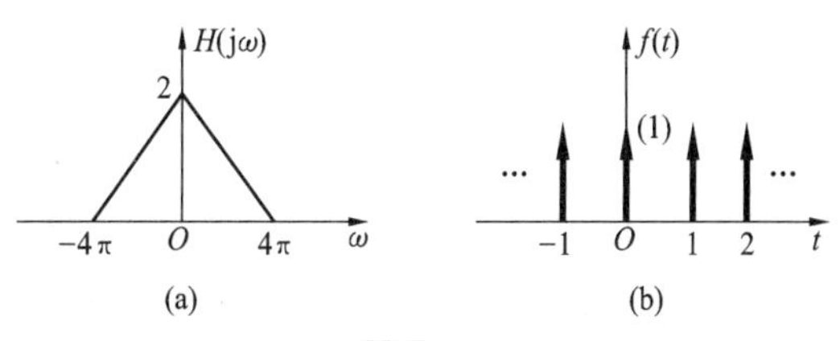

题图 4-4

4-5 一周期为 $T=2$ 的周期信号 $f(t)$，其傅里叶级数的复系数为

$$\dot{F}_n=\begin{cases}0 & (n=0)\\ 0 & (n\text{ 为偶数})\\ 1 & (n\text{ 为奇数})\end{cases}$$

该信号通过幅频特性和相频特性如题图 4-5 所示的线性非时变系统，求系统响应 $y(t)$。

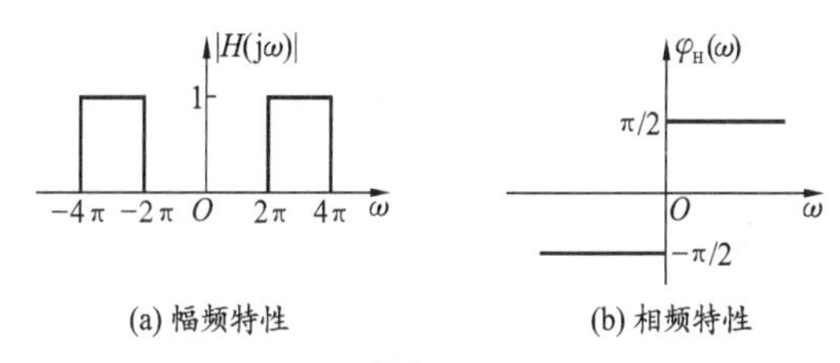

(a) 幅频特性　　(b) 相频特性

题图 4-5

4-6 如题图 4-6 所示电路中，输出电压为 $u(t)$，输入电流为 $i_S(t)$，试求电路频域系统函数 $H(\mathrm{j}\omega)$。为了能无失真传输，试确定 R_1 和 R_2 的数值。

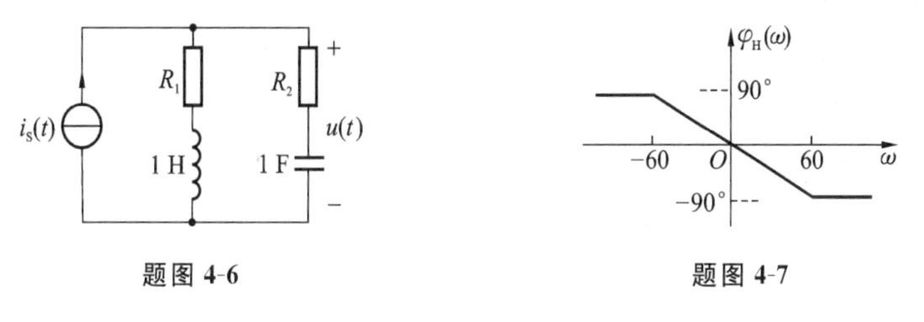

题图 4-6　　题图 4-7

4-7 某线性非时变系统的幅频响应 $|H(\mathrm{j}\omega)|=2$，相频响应如题图 4-7 所示。求下列输入信号的系统输出信号，如果存在失真，指出失真类型。

(a) $f(t)=\cos(10t)+\cos(30t)$　　(b) $f(t)=\cos(10t)+\cos(70t)$

(c) $f(t)=\cos(65t)+\cos(110t)$

4-8 题图 4-8 所示的是理想高通滤波器的幅频特性与相频特性，求该滤波器的冲激响应。

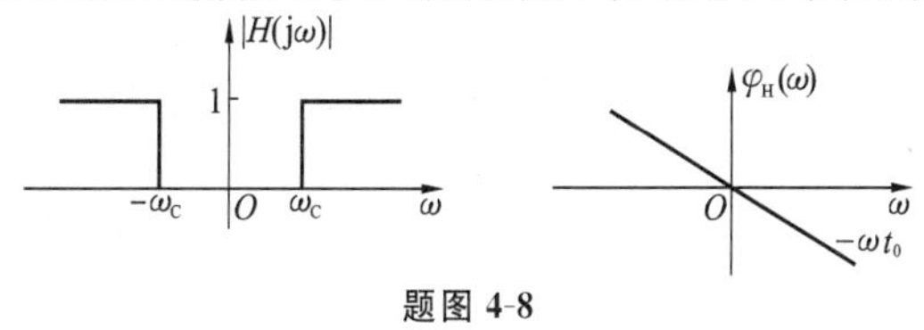

题图 4-8

4-9　带限信号 $f(t)$ 的频谱如题图 4-9(a) 所示[$\varphi(\omega)=0$]，滤波器的 $H_1(\mathrm{j}\omega)$ 和 $H_2(\mathrm{j}\omega)$ 的频谱分别为

$$H_1(\mathrm{j}\omega)=\begin{cases}2 & (3\leqslant|\omega|\leqslant 5)\\ 0 & (\text{其他 }\omega)\end{cases},\qquad H_2(\mathrm{j}\omega)=\begin{cases}2 & (|\omega|\leqslant 3)\\ 0 & (\text{其他 }\omega)\end{cases}$$

试画出 $f(t)$ 通过题图 4-9(b) 所示系统后，$x(t)$ 及响应 $y(t)$ 的频谱图。

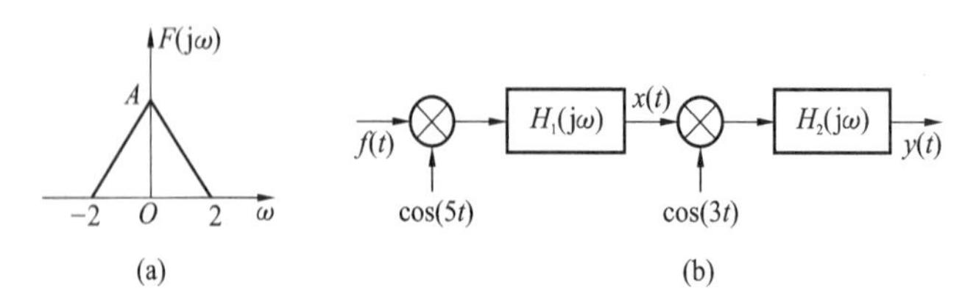

题图 4-9

4-10　题图 4-10 所示系统中，滤波器的频率响应为

$$H(\mathrm{j}\omega)=\begin{cases}2\mathrm{e}^{-\mathrm{j}3\omega} & (-2\leqslant\omega\leqslant 2)\\ 0 & (\text{其他 }\omega)\end{cases}$$

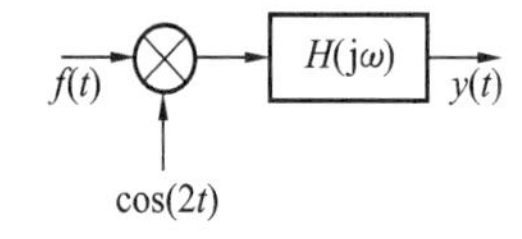

题图 4-10

(a) 求当 $f(t)=\cos t$ 时的系统响应 $y(t)$；

(b) 求当 $f(t)=\cos(2t)$ 时的系统响应 $y(t)$。

4-11　已知信号 $f_1(t)$ 是最高频率分量为 2 kHz 的带限信号，$f_2(t)$ 是最高频率分量为 3 kHz 的带限信号。根据采样定理，求下列信号的奈奎斯特频率 f_N。

(a) $f_1(t)*f_2(t)$　　　　(b) $f_1(t)\cos(1000\pi t)$

复习提高题

4-12　滤波器的输入信号为 $f(t)=4+\cos(4\pi t)-\sin(8\pi t)$，当它的冲激响应如下列时，试分别求出滤波器的响应 $y(t)$。

(a) $h(t)=\mathrm{Sa}[\pi(5t-2)]$　　　　(b) $h(t)=\mathrm{Sa}^2[\pi(5t-2)]$

4-13　某线性非时变系统的频率响应为 $H(\mathrm{j}\omega)=\begin{cases}1 & (2\leqslant|\omega|\leqslant 7)\\ 0 & (\text{其他 }\omega)\end{cases}$，对于题图 4-13 所示输入信号 $f(t)$，求系统的响应 $y(t)$。

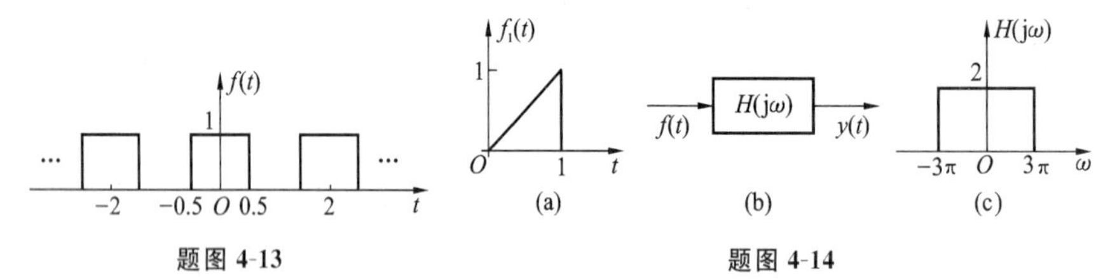

题图 4-13　　　　**题图 4-14**

4-14　如题图 4-14(a) 所示的锯齿形脉冲 $f_1(t)$ 为周期信号的第一周期，试求如图 4-14(b) 所示的系统在激励为 $f(t)=\sum\limits_{k=-\infty}^{+\infty}f_1(t+kT)$ 的输出 $y(t)$。已知 $T=1\mathrm{s}$，理想低通的幅频特性如题图 4-14(c) 所示，相频特性为零。

4-15 线性非时变系统的输入信号为 $f(t)=4\mathrm{Sa}(2\pi t)\cos^2(4\pi t)$，确定并画出系统函数 $H(\mathrm{j}\omega)$，使得它的响应如下。

(a) $y(t)=4\mathrm{Sa}(2\pi t)$ (b) $y(t)=3\mathrm{Sa}(2\pi t)\cos(8\pi t)$

4-16 若题图 4-16 所示抑制载波的调幅方案中载波 $s(t)=\cos(\omega_0 t+\theta_0)$，试证明其同步解调系统仍可正确解调。

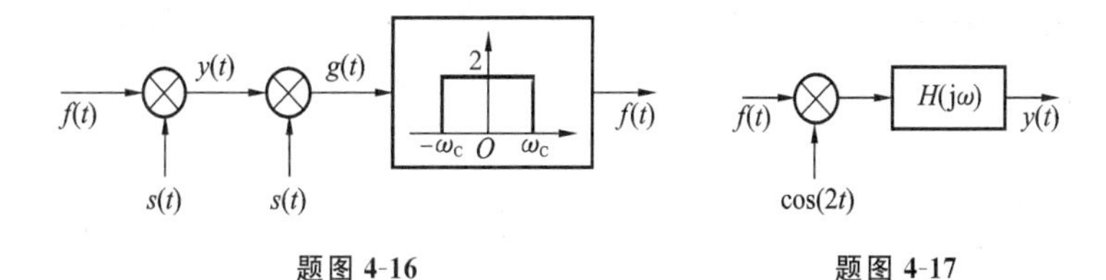

题图 4-16 **题图 4-17**

4-17 题图 4-17 所示系统中，滤波器的频率响应如下，

$$H(\mathrm{j}\omega)=\begin{cases}2\mathrm{e}^{-\mathrm{j}3\omega} & (-2\leqslant\omega\leqslant 2)\\ 0 & (\text{其他 }\omega)\end{cases}$$

(a) 求当 $f(t)=\mathrm{Sa}(t)\cos(3t)$ 时的系统响应 $y(t)$；

(b) 求当 $f(t)=\mathrm{Sa}^2(t)$ 时的系统响应 $y(t)$。

4-18 如题图 4-18(a) 所示系统中，滤波器的 $H_1(\mathrm{j}\omega)$ 和 $H_2(\mathrm{j}\omega)$ 的频谱如下。(a) 当 $f(t)=\mathrm{Sa}(t)$ 时，求系统响应 $y(t)$；(b) 当 $f(t)=\mathrm{Sa}(t)\cos(2t)$ 时，求系统响应 $y(t)$；(c) 当 $f(t)$ 为如题图 4-18(b) 所示的周期信号时，求系统响应 $y(t)$。

$$H_1(\mathrm{j}\omega)=\begin{cases}3 & (-2\leqslant\omega\leqslant 2)\\ 0 & (\text{其他 }\omega)\end{cases};\quad H_2(\mathrm{j}\omega)=\begin{cases}\mathrm{e}^{-\mathrm{j}\omega} & (\omega<-2,\omega>2)\\ 0 & (-2\leqslant\omega\leqslant 2)\end{cases}$$

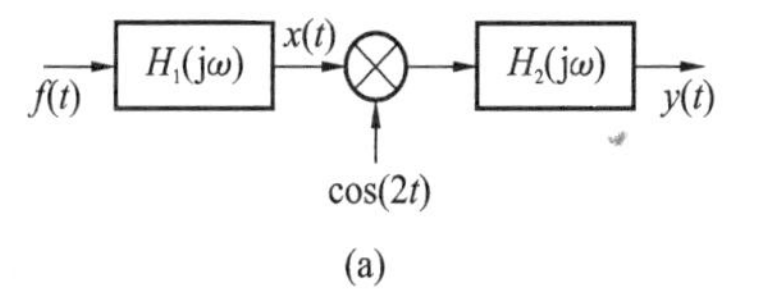

(a)

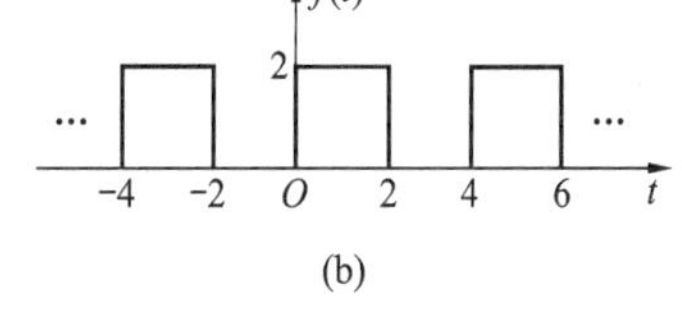

(b)

题图 4-18

4-19 信号 $f(t)=\mathrm{Sa}(4000\pi t)$ 以间隔 T_S 的冲激串采样。当采样间隔为下列值时，画出采样信号的频谱图。

(a) $T_S=0.2\mathrm{ms}$ (b) $T_S=0.25\mathrm{ms}$

(c) $T_S=0.4\mathrm{ms}$

应用 Matlab 的练习题

4-20 将例 4.4 中的输入信号换成如题图 4-20 所示的周期锯齿波。用 Matlab 分析当 $1/(RC)=1、10、100$ rad/s 时的频谱和系统响应。

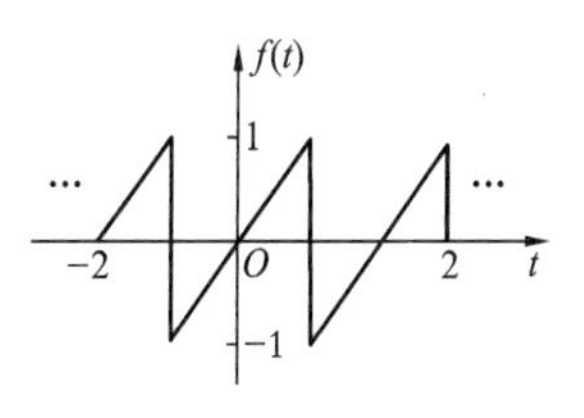

题图 4-20

4-21 只有相位 φ 与频率成正比，方能保证各谐波有相同的迟延时间，在延迟后各次谐波叠加方能不失真。绘制 sin(*t*)，sin(2 * *t*)，sin(*t*)＋sin(2 * *t*)，sin(*t*－2)，sin(2 * *t*－3)，sin(*t*－2)＋sin(2 * *t*－3) 的波形。比较 sin(*t*)＋sin(2 * *t*) 与 sin(*t*－2)＋sin(2 * *t*－3)，看其是否失真。

4-22 画出 $f(t)=te^{-t}u(t)$ 的幅度频谱与相位频谱。

4-23 设理想低通滤波器的特性为 $H(\mathrm{j}\omega)=G_{2\omega_C}(\omega)e^{-\mathrm{j}5\omega}$，输入信号 $f(t)=G_4(t)$，当 $\omega_C=1$、2、3 rad/s 时，求理想低通滤波器的响应。用 Matlab 画出波形。比较带宽与上升时间的关系。

连续系统的复频域分析

本章在傅里叶变换的基础上导出双边拉普拉斯变换及单边拉普拉斯变换。重点介绍单边拉普拉斯变换性质；求解单边拉普拉斯反变换方法。讨论拉普拉斯变换在线性非时变连续系统中的应用，包括微分方程的变换解；网络的 s 域模型建立及系统零输入响应、零状态响应、全响应的求解；最后，讨论拉普拉斯变换与傅里叶变换的关系。

5.1 引言

1. 傅里叶分析和频域分析的不足

前面两章讨论了连续信号的傅里叶分析和连续系统的频域分析。这种方法在讨论信号的频谱、谐波性、系统的频率响应等方面是十分有效的，但在系统分析方面有以下不足之处。

(1) 限制严格，函数满足绝对可积 $\int_{-\infty}^{+\infty}|f(t)|\mathrm{d}t<+\infty$，是傅里叶变换存在的充分条件。不少函数不能直接按定义 $F(\mathrm{j}\omega)=\int_{-\infty}^{+\infty}f(t)\mathrm{e}^{-\mathrm{j}\omega t}\mathrm{d}t$ 求出其傅里叶变换。

如函数 $\varepsilon(t)$、符号函数 $\mathrm{sgn}(t)$ 不满足绝对可积条件，但它们却存在傅里叶变换。虽可通过求极限方法求出其傅里叶变换，但求解过程是很麻烦的。

(2) 还有一些时间函数，它们的傅里叶变换根本不存在，使得傅里叶变换的分析方法无法实现，如增长的指数函数 $\mathrm{e}^{at}\varepsilon(t)(a>0)$。

(3) 傅里叶反变换求解比较麻烦。

(4) 傅里叶变换只能确定系统初始状态为零时的系统零状态响应，但对具有初始状态不为零的系统的全响应求解比较困难。

2. 拉普拉斯变换的优点

基于上述原因，有必要寻求一种新的变换方法来解决问题，即把频域的傅里叶变换推广到复频域的拉普拉斯变换(简称拉氏变换)。拉氏变换是建立在傅里叶变换的基础上、应用范围更广泛的积分变换,是分析线性非时变连续系统的有效工具,因而得以广泛应用。

利用拉氏变换进行系统分析有几个优点。

(1) 可以只用代数运算就可以求解线性非时变系统的微分方程。

(2) 可以同时求得系统的全响应,即强迫响应和自由响应,或零输入响应和零状态响应。

(3) 对动态网络进行拉氏变换分析,可以建立网络的 s 域模型,使电阻性电路、正弦稳态电路、动态电路的分析方法统一起来。

5.2 拉氏变换和收敛域

5.2.1 从傅里叶变换到拉氏变换

第 3 章定义了连续时间信号 $f(t)$ 的傅里叶变换为

$$F(\mathrm{j}\omega)=\int_{-\infty}^{+\infty} f(t)\mathrm{e}^{-\mathrm{j}\omega t}\,\mathrm{d}t \tag{5-1}$$

然而,有些信号不满足绝对可积的条件,不存在这种积分,但该信号乘以一收敛因子 $\mathrm{e}^{-\sigma t}$(σ 是实数),就能绝对收敛,从而 $\mathrm{e}^{-\sigma t}f(t)$ 能保证傅里叶积分存在。

$$\mathscr{F}\left[\mathrm{e}^{-\sigma t}f(t)\right]=\int_{-\infty}^{+\infty} f(t)\mathrm{e}^{-\sigma t}\mathrm{e}^{-\mathrm{j}\omega t}\,\mathrm{d}t=\int_{-\infty}^{+\infty} f(t)\mathrm{e}^{-(\sigma+\mathrm{j}\omega)t}\,\mathrm{d}t \tag{5-2}$$

式(5-2) 给出了 $f(t)$ 复数形式$(\sigma+\mathrm{j}\omega)$ 的傅里叶变换,记为

$$F(\sigma+\mathrm{j}\omega)=\int_{-\infty}^{+\infty} f(t)\mathrm{e}^{-(\sigma+\mathrm{j}\omega)t}\,\mathrm{d}t \tag{5-3}$$

对式(5-2) 求 $F(\sigma+\mathrm{j}\omega)$ 的反变换为

$$f(t)\mathrm{e}^{-\sigma t}=(2\pi)^{-1}\int_{-\infty}^{+\infty} F(\sigma+\mathrm{j}\omega)\mathrm{e}^{\mathrm{j}\omega t}\,\mathrm{d}\omega$$

等式两边乘以 $\mathrm{e}^{\sigma t}$,可得

$$f(t)=(2\pi)^{-1}\int_{-\infty}^{+\infty} F(\sigma+\mathrm{j}\omega)\mathrm{e}^{(\sigma+\mathrm{j}\omega)t}\,\mathrm{d}\omega \tag{5-4}$$

令 $s=\sigma+\mathrm{j}\omega$ 称为复频率,则式(5-3) 改写为

$$F_{\mathrm{d}}(s)=\int_{-\infty}^{+\infty} f(t)\mathrm{e}^{-st}\,\mathrm{d}t=\mathscr{L}\left[f(t)\right] \tag{5-5}$$

对于式(5-4) 的 $s=\sigma+\mathrm{j}\omega$,有 $\mathrm{d}s=\mathrm{j}\mathrm{d}\omega$,积分限:当 $\omega\to-\infty$ 时 $s=\sigma-\mathrm{j}\infty$;当 $\omega\to+\infty$ 时 $s=\sigma+\mathrm{j}\infty$ 可将式(5-4) 改写为

$$f(t)=(2\pi\mathrm{j})^{-1}\int_{\sigma-\mathrm{j}\infty}^{\sigma+\mathrm{j}\infty} F_{\mathrm{d}}(s)\mathrm{e}^{st}\,\mathrm{d}s=\mathscr{L}^{-1}\left[F_{\mathrm{d}}(s)\right] \tag{5-6}$$

式(5-5)称为双边拉氏变换，又称为 $f(t)$ 的像函数。$\mathscr{L}[f(t)]$ 记为对 $f(t)$ 取拉氏正变换。式(5-6)称为双边拉氏反变换，又称为 $F_{\mathrm{d}}(s)$ 的原函数。$\mathscr{L}^{-1}[F_{\mathrm{d}}(s)]$ 记为对 $F_{\mathrm{d}}(s)$ 取拉氏变换。

工程中使用的信号往往都是因果信号。对于因果信号 $f(t)\varepsilon(t)$，有

$$F(s)=\int_{0_-}^{+\infty} f(t)\mathrm{e}^{-st}\,\mathrm{d}t=\mathscr{L}[f(t)] \tag{5-7}$$

式(5-7)称为单边拉氏变换或拉氏变换，其反变换为

$$f(t)=(2\pi\mathrm{j})^{-1}\int_{\sigma-\mathrm{j}\infty}^{\sigma+\mathrm{j}\infty} F(s)\mathrm{e}^{st}\,\mathrm{d}s=\mathscr{L}^{-1}[F(s)]\quad(t>0) \tag{5-8}$$

单边拉氏变换或拉氏反变换可简记为 $f(t)\Leftrightarrow F(s)$；双边拉氏变换或拉氏反变换可简记为 $f(t)\Leftrightarrow F_{\mathrm{d}}(s)$。

5.2.2 拉氏变换与傅里叶变换的关系

1. 双边或单边拉氏变换是傅里叶变换的推广

从上述讨论知，双边拉氏变换是通过将信号乘上收敛因子后由傅里叶变换导出的，这使得一些不存在傅里叶变换的信号也存在积分变换，扩大了信号的变换范围。在实际应用中，当只讨论信号在 $t>0$ 的情况时，双边拉氏变换就成为单边拉氏变换。因此，双边或单边拉氏变换是傅里叶变换的推广。

2. 傅里叶变换是双边或单边拉氏变换的特殊情况

当衰减因子 $\mathrm{e}^{-\sigma t}$ 中的 $\sigma=0$ 时，信号的拉氏变换的表达式和傅里叶变换形式一样。因此，当信号的傅里叶变换存在时，傅里叶变换是双边或单边拉氏变换的特殊情况。

5.2.3 拉氏变换的收敛域

为保证拉氏变换存在，积分收敛，复变量 s 在复平面上的取值区域称为拉氏变换收敛域。由前面讨论知道，信号 $f(t)$ 乘上收敛因子 $\mathrm{e}^{-\sigma t}$ 后，就有可能使积分收敛，但是并不是所有的 σ 值都能满足条件，σ 的取值是有一定范围的。当 σ 值在这个范围内，则拉氏变换存在；否则，拉氏变换不存在。

1. 单边拉氏变换的收敛

由单边拉氏变换的定义

$$F(s)=\int_{0_-}^{+\infty} f(t)\mathrm{e}^{-st}\,\mathrm{d}t$$

若存在常数 σ_1，使得当 $\mathrm{Re}[s]=\sigma>\sigma_1$ 时，有 $\lim\limits_{t\to+\infty} f(t)\mathrm{e}^{-\sigma t}=0$，满足绝对可积条件，则

单边拉氏变换存在，其收敛域为 $\mathrm{Re}[s]=\sigma>\sigma_1$，如图 5-1(a) 所示。其阴影部分为收敛域。

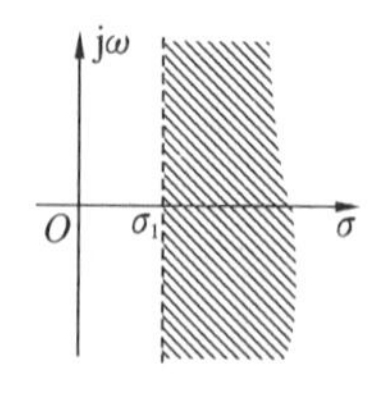

(a) 单边拉氏变换的收敛域

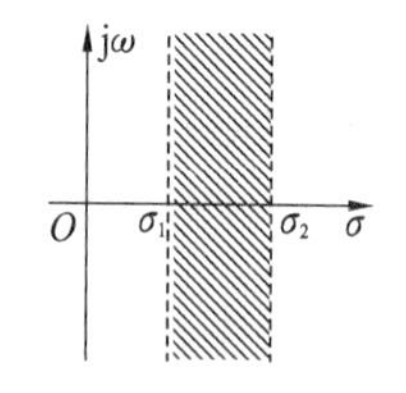

(b) 双边拉氏变换的收敛域

图 5-1 拉氏变换的收敛域

2. 双边拉氏变换的收敛

由双边拉氏变换的定义

$$F_{\mathrm{d}}(s)=\int_{-\infty}^{+\infty}f(t)\mathrm{e}^{-st}\mathrm{d}t$$

若存在两个常数 σ_1 和 σ_2，且 $\sigma_2>\sigma_1$，使得当 $\mathrm{Re}[s]>\sigma_1$ 时，有 $\lim\limits_{t\to+\infty}f(t)\mathrm{e}^{-\sigma t}=0$；当 $\mathrm{Re}[s]<\sigma_2$ 时，有 $\lim\limits_{t\to-\infty}f(t)\mathrm{e}^{-\sigma t}=0$，则双边拉氏变换存在，其收敛域为：$\sigma_1<\mathrm{Re}[s]<\sigma_2$ 如图 5-1(b) 所示。其阴影部分为收敛域。下面举例说明。

【例 5.1】 求下列信号拉氏变换的收敛域，其中 $a>0$。

(a) $f(t)=\mathrm{e}^{-at}\varepsilon(t)$　　(b) $f(t)=-\mathrm{e}^{-at}\varepsilon(-t)$

(c) $f(t)=\mathrm{e}^{-t}\varepsilon(t)+\mathrm{e}^{-2t}\varepsilon(t)$　　(d) $f(t)=-\mathrm{e}^{-t}\varepsilon(-t)+\mathrm{e}^{-2t}\varepsilon(t)$

解 (a) $f(t)$ 是因果信号，其双边拉氏变换就是单边拉氏变换，根据定义

$$F(s)=\int_{0}^{+\infty}\mathrm{e}^{-(s+a)t}\mathrm{d}t=\int_{0}^{+\infty}\mathrm{e}^{-(\sigma+a)t}\mathrm{e}^{-\mathrm{j}\omega t}\mathrm{d}t=(s+a)^{-1}$$

为保证 $\lim\limits_{t\to+\infty}\mathrm{e}^{-(\sigma+a)t}=0$，积分收敛，必须 $a+\sigma>0$，故收敛域为 $\sigma>-a$，如图 5-2(a) 所示。

(b) 根据定义

$$F_{\mathrm{d}}(s)=\int_{-\infty}^{+\infty}f(t)\mathrm{e}^{-st}\mathrm{d}t=-\int_{-\infty}^{0}\mathrm{e}^{-(s+a)t}\mathrm{d}t=-\int_{-\infty}^{0}\mathrm{e}^{-(\sigma+a)t}\mathrm{e}^{-\mathrm{j}\omega t}\mathrm{d}t=(s+a)^{-1}$$

为保证 $\lim\limits_{t\to-\infty}\mathrm{e}^{-(\sigma+a)t}=0$ 收敛，需有 $\sigma+a<0$，故收敛域为 $\sigma<-a$，如图 5.2(b) 所示。

(c) 可看成两个单边拉氏变换之和

$$F(s)=\int_{0}^{+\infty}\mathrm{e}^{-t}\mathrm{e}^{-st}\mathrm{d}t+\int_{0}^{+\infty}\mathrm{e}^{-2t}\mathrm{e}^{-st}\mathrm{d}t=(s+1)^{-1}+(s+2)^{-1}$$

第一项的收敛域是 $\sigma>-1$；第二项的收敛域是 $\sigma>-2$。为保证收敛，取公共收敛域，其收敛域为 $\sigma>-1$，如图 5-2(c) 所示。

(d) 根据定义

$$F_{\mathrm{d}}(s)=-\int_{-\infty}^{0}\mathrm{e}^{-t}\mathrm{e}^{-st}\mathrm{d}t+\int_{0}^{+\infty}\mathrm{e}^{-2t}\mathrm{e}^{-st}\mathrm{d}t=(s+1)^{-1}+(s+2)^{-1}$$

第一项为左边函数的拉氏变换，其收敛域是 $\sigma<-1$；第二项为单边拉氏变换，其收敛域为 $\sigma>-2$。为保证收敛，取公共收敛域，其收敛域为 $-2<\sigma<-1$，如图 5-2(d) 所示。

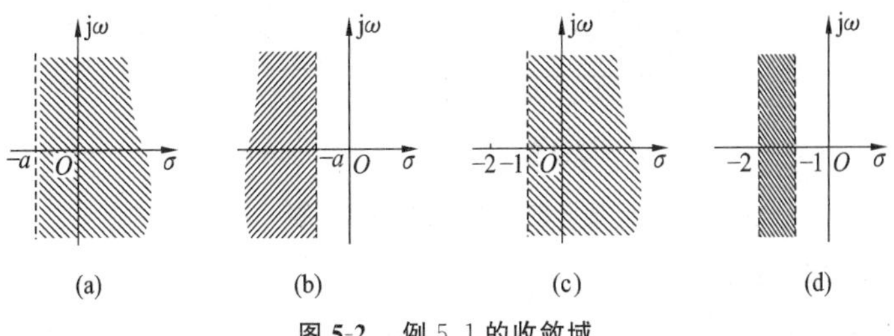

图 5-2 例 5.1 的收敛域

3. 关于收敛域的几点说明

(1) $f(t)$ 的拉氏变换仅在收敛域内存在，故求 $F(s)$ 时应指明其收敛域。

两个函数的拉氏变换可能一样，但时间函数(原函数) 相差很大。这主要区别在于收敛域不同。因此，双边拉氏须标明收敛域。见例 5.1(a)、(b)。但对实际存在的因果信号，只要 σ 取得足够大，总是满足绝对可积条件的，故单边拉氏变换一定存在。所以，单边拉氏变换一般不说明收敛域。

(2) 拉氏变换的收敛域可包括 $\mathrm{j}\omega$ 轴，也可不包括 $\mathrm{j}\omega$ 轴，当收敛域不包括 $\mathrm{j}\omega$ 轴时该信号的傅里叶变换不收敛。

(3) $f(t)$ 的拉氏变换存在多个收敛域时，取其公共部分(重叠部分) 为其收敛域。

4. 收敛域的若干特性

(1) $f(t)$ 是有限长的，则收敛域是整个 s 平面，$\mathrm{Re}[s]>-\infty$。如图 5-3 所示。

$f(t)$ 呈指数增长或指数衰减信号，因为时间有限，总是绝对可积的，故在整个平面内，$f(t)\mathrm{e}^{-\sigma t}$ 绝对可积。

(2) $f(t)$ 为右边信号，则收敛域是 $\mathrm{Re}[s]>\sigma_0(\sigma_0>0)$，如图 5-4 所示。

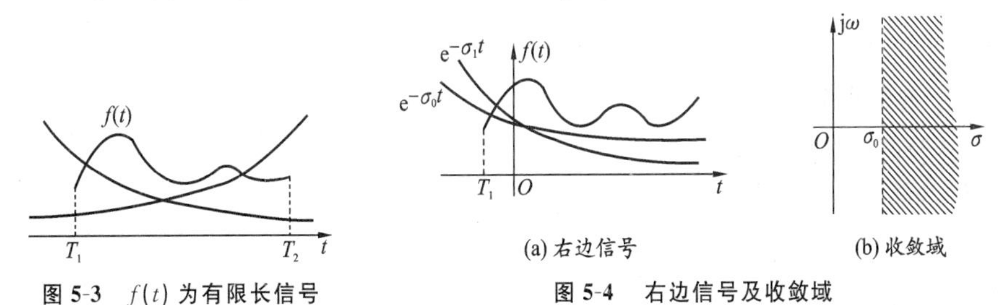

图 5-3 $f(t)$ 为有限长信号　　图 5-4 右边信号及收敛域

若 $f(t)\mathrm{e}^{-\sigma_0 t}$ 绝对可积，则 $\sigma_1>\sigma_0$；$f(t)\mathrm{e}^{-\sigma_1 t}$ 也绝对可积。因为当 $t\to-\infty$ 时，$\mathrm{e}^{-\sigma t}$ 增长。但当 $t<T_1$ 时，$f(t)=0$。因此，在 $\mathrm{Re}[s]>\sigma_0$ 的区域内，$f(t)\mathrm{e}^{-\sigma t}$ 绝对可积。

(3) $f(t)$ 为左边信号，则收敛域是 $\mathrm{Re}[s]<\sigma_0(\sigma_0<0)$，如图 5-5 所示。

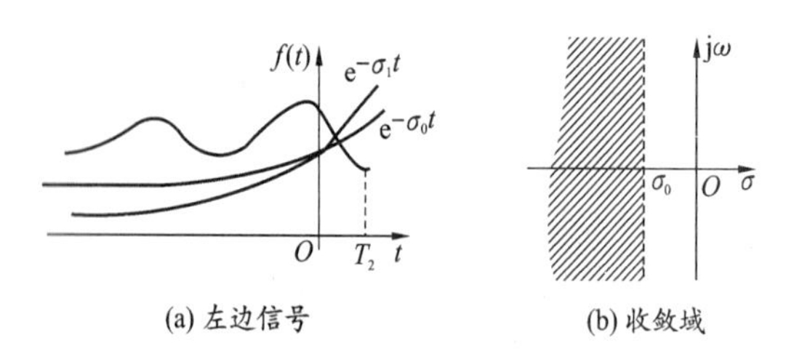

(a) 左边信号　　(b) 收敛域

图 5-5　左边信号及收敛域

若 $f(t)e^{-\sigma_0 t}$ 绝对可积，则 $\sigma_1 < \sigma_0$，$f(t)e^{-\sigma_1 t}$ 也绝对可积。因为当 $t \to +\infty$ 时，$e^{-\sigma t}$ 增长。但当 $t > T_2$ 时，$f(t)=0$。因此，在 $\mathrm{Re}[s] < \sigma_0$ 的区域内，$f(t)e^{-\sigma t}$ 绝对可积。

(4) $f(t)$ 为双边信号，则收敛域是 s 平面的一条带状区域。证明同上。

5.2.4　三个基本函数的拉氏变换

1. 指数函数 $f(t)=e^{s_0 t}\varepsilon(t)$

由拉氏变换定义，有

$$F(s)=\int_0^{\infty} e^{s_0 t}e^{-st}dt=\int_0^{\infty} e^{-(s-s_0)t}dt=(s-s_0)^{-1}$$

式中：s_0 为复常数，即

$$e^{s_0 t}\varepsilon(t)\Leftrightarrow(s-s_0)^{-1},\quad \mathrm{Re}[s]>\mathrm{Re}[s_0] \tag{5-9}$$

令 $s_0=\pm\alpha$ 实数，则
$$e^{\pm\alpha t}\varepsilon(t)\Leftrightarrow(s\mp\alpha)^{-1},\quad \mathrm{Re}[s]>\pm\alpha \tag{5-10}$$

令 $s_0=\pm j\beta$ 虚数，则
$$e^{\pm j\beta t}\varepsilon(t)\Leftrightarrow(s\mp j\beta)^{-1},\quad \mathrm{Re}[s]>0 \tag{5-11}$$

2. 单位阶跃函数 $f(t)=\varepsilon(t)$

由拉氏变换定义，有

$$F(s)=\int_0^{+\infty}\varepsilon(t)e^{-st}dt=\int_0^{+\infty}e^{-st}dt=s^{-1}$$

则
$$\varepsilon(t)\Leftrightarrow s^{-1},\quad \mathrm{Re}[s]>0 \tag{5-12}$$

3. 冲激函数 $f(t)=\delta(t)$

由拉氏变换定义，有

$$F(s)=\int_{0_-}^{+\infty}\delta(t)e^{-st}dt=1$$

即
$$\delta(t)\Leftrightarrow 1,\quad \mathrm{Re}[s]>-\infty \tag{5-13}$$

5.3　拉氏变换的性质

同傅里叶变换一样，拉氏变换也有许多重要性质，掌握好这些性质有助于系统分析，

可方便地求一些复杂的拉氏变换和拉氏反变换。表 5-1 归纳了拉氏变换的性质。下面将对表中的性质作出简单的证明，指出这些性质的含义，并举例说明它们的应用。这里主要讨论单边拉氏变换。

表 5-1 拉氏变换的性质

性质	拉氏变换对 / 公式
线性	$a_1 f_1(t)+a_2 f_2(t)\Leftrightarrow a_1 F_1(s)+a_2 F_2(s)$
时移	$f(t-t_0)\varepsilon(t-t_0)\Leftrightarrow \mathrm{e}^{-st_0}F(s)\quad(t_0>0)$
频移	$f(t)\mathrm{e}^{\pm at}\Leftrightarrow F\ (s\mp a)$
尺度变换	$f(at)\Leftrightarrow a^{-1}F(s/a)\quad(a>0)$
时域微分	$f'(t)\Leftrightarrow sF(s)-f(0_-)$ $f^{(n)}(t)\Leftrightarrow s^nF(s)-\sum_{i=0}^{n-1}s^{n-1-i}f^{(i)}(0_-)$
时域积分	$\int_{0_-}^{t}f(\tau)\mathrm{d}\tau\Leftrightarrow s^{-1}F(s)$
复频域微分	$(-t)^n f(t)\Leftrightarrow F^{(n)}(s)$
复频域积分	$t^{-1}f(t)\Leftrightarrow\int_s^{+\infty}F(s)\mathrm{d}s$
时域卷积	$f_1(t)*f_2(t)\Leftrightarrow F_1(s)F_2(s)$
复频域卷积	$f_1(t)f_2(t)\Leftrightarrow(2\pi\mathrm{j})^{-1}F_1(s)*F_2(s)$
初值定理	$f(0_+)=\lim\limits_{t\to 0_+}f(t)=\lim\limits_{s\to+\infty}sF(s)$
终值定理	$f(\infty)=\lim\limits_{t\to+\infty}f(t)=\lim\limits_{s\to 0}sF(s)$

5.3.1 线性性质

若 $f_1(t)\Leftrightarrow F_1(s)$，$f_2(t)\Leftrightarrow F_2(s)$ 则

$$[af_1(t)+bf_2(t)]\Leftrightarrow[aF_1(s)+bF_2(s)]\tag{5-14}$$

式中 a、b 为常数。由拉氏变换的定义式很容易证明线性性质。显然，拉氏变换是一种线性运算，该性质反映了拉氏变换的齐次性和叠加性。

【例 5.2】 求下列信号的拉氏变换。

(a) $f(t)=\sin(\omega_0 t)\varepsilon(t)$　　(b) $f(t)=\cos(\omega_0 t)\varepsilon(t)$　　(c) $f(t)=2(1-\mathrm{e}^{-2t})\varepsilon(t)$

解 (a) 利用线性性质，有

$$F(s)=\mathscr{L}\left[\sin(\omega_0 t)\varepsilon(t)\right]=\mathscr{L}\left[(2\mathrm{j})^{-1}(\mathrm{e}^{\mathrm{j}\omega_0 t}-\mathrm{e}^{-\mathrm{j}\omega_0 t})\right]$$

$$=(2\mathrm{j})^{-1}[(s-\mathrm{j}\omega_0)^{-1}-(s+\mathrm{j}\omega_0)^{-1}]=\omega_0(s^2+\omega_0^2)^{-1}$$

即 $$\sin(\omega_0 t)\varepsilon(t)\Leftrightarrow\omega_0(s^2+\omega_0^2)^{-1},\mathrm{Re}[s]>0$$

(b) 利用线性性质，有

$$F(s)=\mathscr{L}\left[\cos(\omega_0 t)\varepsilon(t)\right]=\mathscr{L}\left[0.5(\mathrm{e}^{\mathrm{j}\omega_0 t}+\mathrm{e}^{-\mathrm{j}\omega_0 t})\right]$$
$$=0.5[(s-\mathrm{j}\omega_0)^{-1}+(s+\mathrm{j}\omega_0)^{-1}]=s(s^2+\omega_0^2)^{-1}$$

即 $$\cos(\omega_0 t)\varepsilon(t)\Leftrightarrow s(s^2+\omega_0^2)^{-1},\quad \mathrm{Re}[s]>0$$

(c) $f(t)=2\varepsilon(t)-2\mathrm{e}^{-2t}\varepsilon(t)$，由线性性质知，

$$F(s)=2s^{-1}-2(s+2)^{-1}=4s^{-1}(s+2)^{-1}$$

5.3.2　时移性质

若 $f(t)\varepsilon(t)\Leftrightarrow F(s)$，则 $f(t-t_0)\varepsilon(t-t_0)$ 的拉氏变换为

$$f(t-t_0)\varepsilon(t-t_0)\Leftrightarrow\int_{0_-}^{+\infty}f(t-t_0)\varepsilon(t-t_0)\mathrm{e}^{-st}\mathrm{d}t\Leftrightarrow\int_{t_0}^{+\infty}f(t-t_0)\mathrm{e}^{-st}\mathrm{d}t$$

令 $\tau=t-t_0$，上式可表示为

$$f(t-t_0)\varepsilon(t-t_0)\Leftrightarrow\int_0^{+\infty}f(\tau)\mathrm{e}^{-s(\tau+t_0)}\mathrm{d}\tau=\mathrm{e}^{-st_0}\int_0^{+\infty}f(\tau)\mathrm{e}^{-s\tau}\mathrm{d}\tau$$

即 $$f(t-t_0)\varepsilon(t-t_0)\Leftrightarrow\mathrm{e}^{-st_0}F(s)\tag{5-15}$$

式中：$t_0>0$，反映因果信号右移 t_0 的拉氏变换，等于原信号的拉氏变换乘以 e^{-st_0}。式中规定 $t_0>0$ 是必要的，因为讨论单边拉氏变换时，研究信号在 $t>0$ 时的情况，如 $t_0<0$ 信号有可能左移越过原点进入 $t<0$ 区域。因此要注意的是，延时信号指的是 $f(t-t_0)\varepsilon(t-t_0)$，而非 $f(t-t_0)\varepsilon(t)$，对于后者，不能应用时移性质。

【例 5.3】　求图 5-6 所示信号的拉氏变换。

(a) 图 5-6(a) 所示矩形波(门函数)；　　(b) 图 5-6(b) 所示两个正弦半波。

解　(a) 已知 $f(t)=A[\varepsilon(t)-\varepsilon(t-T)]$，由时移性知

$$\varepsilon(t-T)\Leftrightarrow s^{-1}\mathrm{e}^{-sT}$$

所以 $$F(s)=As^{-1}-As^{-1}\mathrm{e}^{-sT}=As^{-1}(1-\mathrm{e}^{-sT})$$

(b) $f(t)$ 可看成由两个半波 $f_1(t)$，$f_2(t)$ 组成，即

$$f(t)=f_1(t)+f_2(t)$$

式中： $$f_1(t)=\sin(\pi t)\varepsilon(t)+\sin[\pi(t-1)]\varepsilon(t-1)$$

拉氏变换为 $F_1(s)=\pi(s^2+\pi^2)^{-1}+\pi(s^2+\pi^2)^{-1}\mathrm{e}^{-s}=\pi(s^2+\pi^2)^{-1}(1+\mathrm{e}^{-s})$

因为 $f_2(t)=f_1(t-2)$，由时移性知

$$F_2(s)=F_1(s)\mathrm{e}^{-2s}$$

根据线性性质，有

$$F(s)=F_1(s)+F_2(s)=F_1(s)(1+\mathrm{e}^{-2s})=\pi(s^2+\pi^2)^{-1}(1+\mathrm{e}^{-s})(1+\mathrm{e}^{-2s})$$

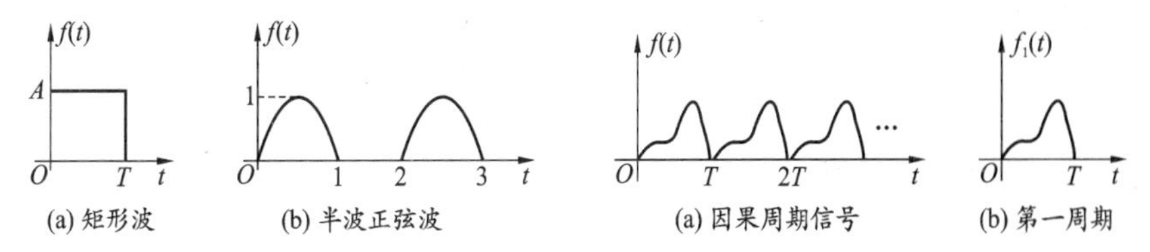

图 5-6 例 5.3 的波形　　图 5-7 因果周期信号及第一周期

【例 5.4】 如图 5-7 所示任意因果的周期信号 $f(t)(t>0)$，利用时移性求其拉氏变换。

解 设 $f_1(t)$ 表示周期函数在第一周期信号，则周期函数可表示为

$$f(t)=f_1(t)+f_1(t-T)+f_1(t-2T)+\cdots$$

若 $f_1(t)\Leftrightarrow F_1(s)$，应用时移性质，有

$$\begin{aligned}F(s)&=F_1(s)+F_1(s)\mathrm{e}^{-sT}+F_1(s)\mathrm{e}^{-2sT}+\cdots\\&=F_1(s)[1+\mathrm{e}^{-sT}+\mathrm{e}^{-2sT}+\cdots]=F_1(s)(1-\mathrm{e}^{-sT})^{-1}\end{aligned}$$

【例 5.5】 试求图 5-8 所示因果周期信号的拉氏变换。

(a) 图 5-8(a) 所示周期矩形波；　(b) 图 5-8(b) 所示冲激串。

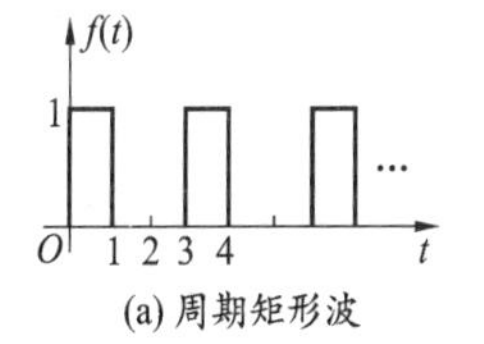

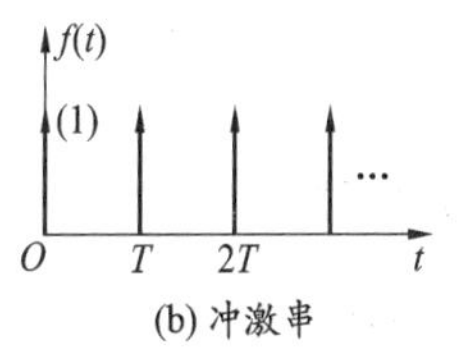

图 5-8 因果的周期信号

解 (a) 第一周期 $f_1(t)=\varepsilon(t)-\varepsilon(t-1)$，周期 $T=3$，由例 5.3 知，$F_1(s)=(1-\mathrm{e}^{-s})s^{-1}$，由式(5-16) 可得

$$F(s)=F_1(s)(1-\mathrm{e}^{-sT})^{-1}=(1-\mathrm{e}^{-s})s^{-1}\cdot(1-\mathrm{e}^{-3s})^{-1}=(1-\mathrm{e}^{-s})s^{-1}(1-\mathrm{e}^{-3s})^{-1}$$

(b) 第一周期 $f_1(t)=\delta(t)$，$F_1(s)=1$，$f(t)$ 周期为 T，由式(5-16)，则有

$$F(s)=F_1(s)(1-\mathrm{e}^{-sT})^{-1}=(1-\mathrm{e}^{-sT})^{-1}$$

5.3.3 频移性质

若 $f(t)\Leftrightarrow F(s)$，则 $f(t)\mathrm{e}^{\pm s_0t}$ 的拉氏变换为

$$f(t)\mathrm{e}^{\pm s_0t}\Leftrightarrow\int_{-\infty}^{+\infty}f(t)\mathrm{e}^{\pm s_0t}\mathrm{e}^{-st}\,\mathrm{d}t\Leftrightarrow\int_{-\infty}^{+\infty}f(t)\mathrm{e}^{-(s\mp s_0)t}\,\mathrm{d}t$$

即

$$f(t)\mathrm{e}^{\pm s_0t}\Leftrightarrow F(s\mp s_0)\tag{5-16}$$

该性质表明，时间信号乘以 $\mathrm{e}^{\pm s_0t}$，等于原信号的拉氏变换在 s 域里平移了 $\mp s_0$。

【例 5.6】 试求 $\mathrm{e}^{\alpha t}\cos(\beta t)\cdot\varepsilon(t)$ 和 $\mathrm{e}^{\alpha t}\sin(\beta t)\cdot\varepsilon(t)$ 的拉氏变换。

解 因为

$$\cos(\beta t)\varepsilon(t)\Leftrightarrow s(s^2+\beta^2)^{-1}$$

应用频移性质,有 $$e^{\alpha t}\cos(\beta t)\varepsilon(t)\Leftrightarrow(s-\alpha)[(s-\alpha)^2+\beta^2]^{-1}$$

同理有 $$e^{\alpha t}\sin(\beta t)\varepsilon(t)\Leftrightarrow\beta[(s-\alpha)^2+\beta^2]^{-1}.$$

5.3.4 尺度变换性质

若 $f(t)\Leftrightarrow F(s)$,则 $f(at)$ 的拉氏变换为

$$f(at)\Leftrightarrow\int_0^{+\infty}f(at)e^{-st}\mathrm{d}t$$

令 $\tau=at,\mathrm{d}\tau=a\mathrm{d}t$,当 $a>0$ 时

$$f(at)\Leftrightarrow a^{-1}\int_0^{+\infty}f(\tau)e^{-s\tau/a}\mathrm{d}\tau=a^{-1}F(sa^{-1})\tag{5-17}$$

上式就是拉氏变换的尺度变换性质。

【例 5.7】 已知 $f(t)\varepsilon(t)\Leftrightarrow F(s)$,求 $f(at-b)\varepsilon(at-b)$ 的拉氏变换,其中,$a>0,b>0$。

解 由尺度变换性质知 $f(at)\Leftrightarrow a^{-1}F(sa^{-1})$,再由时移性质得

$$\mathscr{L}\{f[a(t-ba^{-1})]\varepsilon[a(t-ba^{-1})]\}=a^{-1}F(sa^{-1})e^{-bs/a}$$

即 $$f(at-b)\varepsilon(at-b)\Leftrightarrow a^{-1}F(sa^{-1})e^{-bs/a}$$

5.3.5 时域微分性质

若 $f(t)\Leftrightarrow F(s)$,则有

$$\frac{\mathrm{d}f(t)}{\mathrm{d}t}\Leftrightarrow\int_{0_-}^{+\infty}\frac{\mathrm{d}f(t)}{\mathrm{d}t}e^{-st}\mathrm{d}t$$

应用分部积分,$u=e^{-st},\mathrm{d}v=[\mathrm{d}f(t)/\mathrm{d}t]\mathrm{d}t$,可得

$$\frac{\mathrm{d}f(t)}{\mathrm{d}t}\Leftrightarrow f(t)e^{-st}\Big|_{0_-}^{+\infty}+s\int_{0_-}^{+\infty}f(t)e^{-st}\mathrm{d}t$$

如果 s 的实部 σ 取得足够大,当 $t\to+\infty$ 时,$e^{-st}f(t)\to0$,得

$$f'(t)\Leftrightarrow sF(s)-f(0_-)\tag{5-18a}$$

上式就是拉氏变换的微分性质。反复利用上式可推广到二阶或多阶导数,有

$$f''(t)\Leftrightarrow s[sF(s)-f(0_-)]-f'(0_-)=s^2F(s)-sf(0_-)-f'(0_-)\tag{5-18b}$$

同理,可推得信号 $f^{(n)}(t)$ 的拉氏变换的一般公式为

$$f^{(n)}(t)\Leftrightarrow s^nF(s)-s^{n-1}f(0_-)-s^{n-2}f'(0_-)-\cdots f^{(n-1)}(0_-)\tag{5-18c}$$

在分析系统和电路问题时,该性质非常有用,由于能自动引入初始状态值,可通过系统微分方程应用拉氏变换求其全响应。这在以后将有介绍。

【例 5.8】 (a) 设 $f(t)=\begin{cases}1 & (t<0)\\ e^{-2t} & (t>0)\end{cases}$,(b) 设 $f(t)=\begin{cases}2 & (t<0)\\ e^{-2t} & (t>0)\end{cases}$,求 $f'(t)$ 的拉氏变换。

解 (a) 此信号在 $t=0$ 处连续，$f(0_-)=f(0_+)=1$，如果直接对信号求导后再求拉氏变换则

$$f'(t)=-2e^{-2t}\varepsilon(t)$$

所以

$$f'(t)\Leftrightarrow -2(s+2)^{-1}$$

还可以用微分性质求，由于单边拉氏变换只考虑 $f(t)$ 在$[0_-,+\infty)$时间区间的函数值，$f(t)$ 的拉氏变换表达式与 $e^{-2t}\varepsilon(t)$ 的拉氏变换相同，即

$$F(s)=(s+2)^{-1}$$

应用微分性质，有

$$f'(t)\Leftrightarrow sF(s)-f(0_-)=s(s+2)^{-1}-1=-2(s+2)^{-1}$$

(b) 此信号在 $t=0$ 处不连续，$f(0_-)=2$，$f(0_+)=1$，$f'(t)$ 在 $t=0$ 处有冲激，如果直接对信号求导后再求拉氏变换，则

$$f'(t)=-\delta(t)-2e^{-2t}\varepsilon(t)$$

有

$$f'(t)\Leftrightarrow -1-\frac{2}{(s+2)^{-1}}=-\frac{(s+4)}{(s+2)^{-1}}$$

如用微分性质求，得

$$f'(t)\Leftrightarrow sF(s)-f(0_-)=s(s+2)^{-1}-2=-(s+4)(s+2)^{-1}$$

可见两种方法结果相同。要引起注意的是，在用微分性质求解时，由于 $f(t)$ 不是因果信号 $f(0_-)\neq 0$，要考虑其 $f(0_-)$ 值，否则结果会出现错误。

5.3.6 时域积分性质

若 $f(t)\Leftrightarrow F(s)$，则有

$$\int_{0_-}^{t} f(\tau)\mathrm{d}\tau \Leftrightarrow F(s)s^{-1},\quad \int_{-\infty}^{t} f(\tau)\mathrm{d}\tau \Leftrightarrow F(s)s^{-1}+\left[\int_{-\infty}^{0_-} f(\tau)\mathrm{d}\tau\right]s^{-1} \tag{5-19}$$

证明 根据拉氏变换定义，有

$$\mathscr{L}\left[\int_{0_-}^{t} f(\tau)\mathrm{d}\tau\right]=\int_{0_-}^{+\infty}\left[\int_{0_-}^{t} f(\tau)\mathrm{d}\tau\right]e^{-st}\mathrm{d}t$$

利用分部积分，得

$$\left[\int_{0_-}^{+\infty} f(\tau)\mathrm{d}\tau\right]=\left[-e^{-st}s^{-1}\int_{0_-}^{t} f(\tau)\mathrm{d}\tau\right]_{0_-}^{+\infty}+s^{-1}\int_{0_-}^{+\infty} f(t)e^{-st}\mathrm{d}t$$

上式右边第一项为 0，所以

$$\int_{0_-}^{+\infty} f(\tau)\mathrm{d}\tau \Leftrightarrow s^{-1}\int_{0_-}^{+\infty} f(t)e^{-st}\mathrm{d}t=F(s)s^{-1}$$

若信号积分从 $-\infty$ 开始，则

$$\int_{-\infty}^{t} f(\tau)\mathrm{d}\tau=\int_{-\infty}^{0_-} f(\tau)\mathrm{d}\tau+\int_{0_-}^{t} f(\tau)\mathrm{d}\tau$$

利用上面得出的结论，有

$$\int_{-\infty}^{t} f(\tau)\mathrm{d}\tau \quad \Leftrightarrow \left[\int_{-\infty}^{0_-} f(\tau)\mathrm{d}\tau\right]s^{-1} + F(s)s^{-1}$$

若 $f(t)$ 为因果信号，有$\int_{-\infty}^{0_-} f(\tau)\mathrm{d}\tau = 0$，则积分性质将简化为

$$\int_{-\infty}^{t} f(\tau)\mathrm{d}\tau \quad \Leftrightarrow F(s)s^{-1} \tag{5-20}$$

【例 5.9】 求图 5-9(a) 所示信号 $f(t)$ 的拉氏变换 $F(s)$。

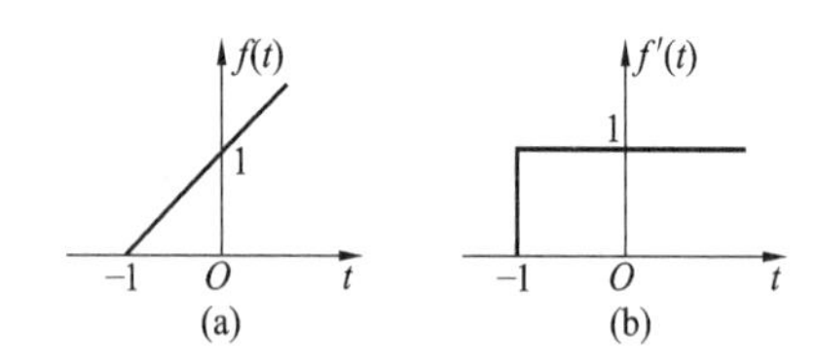

图 5-9 信号 $f(t)$ 及 $f'(t)$ 的波形

解 如果用拉氏变换定义求比较麻烦，则不妨用时域积分性质求。先对 $f(t)$ 求导得信号波形，如图 5-9(b) 所示，即 $f'(t) = \varepsilon(t+1)$，由于是求单边拉氏变换，所以

$$\varepsilon(t+1) \Leftrightarrow s^{-1}$$

利用时域积分性质式(5-20b)，由于面积$\int_{-\infty}^{0_-} f'(t)\mathrm{d}t = 1$，有

$$f(t) = \int_{-\infty}^{t} f'(\tau)\mathrm{d}\tau \quad \Leftrightarrow s^{-2} + s^{-1} = (s+1)s^{-2}$$

需要注意的是，如果信号是因果信号，对信号求导后，利用时域积分性质时表达式的第二项将没有。比如上例的信号如时移一个单位得到的是一单位斜坡信号 $t\varepsilon(t)$，可方便用时域积分性质求得(令上式中的第二项为零)

$$t\varepsilon(t) \Leftrightarrow s^{-2}$$

重复用这个性质，可得

$$t^n\varepsilon(t) \Leftrightarrow n!s^{-n-1}$$

5.3.7 复频域微分性质

若 $f(t) \Leftrightarrow F(s)$，则

$$(-1)^n t^n f(t) \Leftrightarrow \mathrm{d}^n F(s)/\mathrm{d}^n s \tag{5-21a}$$

如 $n = 1$，则

$$-tf(t) \Leftrightarrow \mathrm{d}F(s)/\mathrm{d}s \tag{5-21b}$$

证明 拉氏变换定义为

$$F(s) = \int_{0_-}^{+\infty} f(t)\mathrm{e}^{-st}\mathrm{d}t$$

上式两边对 s 求导，得

$$\mathrm{d}F(s)/\mathrm{d}s = \int_{0_-}^{+\infty} f(t)(-t)\mathrm{e}^{-st}\mathrm{d}t$$

即

$$-tf(t) \Leftrightarrow \mathrm{d}F(s)/\mathrm{d}s$$

反复运用上式，可推得

$$(-t)^n f(t) \Leftrightarrow \mathrm{d}^n F(s)/\mathrm{d}^n s$$

如单位斜坡函数 $f(t)=t\varepsilon(t)$，因为 $\varepsilon(t)\Leftrightarrow s^{-1}$，也可应用频域微分性质，得

$$t\varepsilon(t) \Leftrightarrow -(s^{-1})' = s^{-2}$$

$$t^2\varepsilon(t) \Leftrightarrow -(s^{-2})' = 2s^{-3}$$

【例 5.10】 试求 $f(t)=t\mathrm{e}^{-(t-2)}\varepsilon(t-1)$ 的拉氏变换。

解 因为 $\varepsilon(t-1)\Leftrightarrow s^{-1}\mathrm{e}^{-S}$

应用复频域微分性质，有 $t\varepsilon(t-1)\Leftrightarrow(1+s)s^{-2}\mathrm{e}^{-S}$

应用频移性质，有 $\mathrm{e}^2\mathrm{e}^{-t}t\varepsilon(t-1)\Leftrightarrow(2+s)(s+1)^{-2}\mathrm{e}^{-S+1}$

【例 5.11】 试求如图 5-10 所示锯齿波的拉氏变换。

解 锯齿波可表示为

$$f(t)=AT^{-1}t[\varepsilon(t)-\varepsilon(t-T)]$$

因为 $\varepsilon(t)-\varepsilon(t-T)\Leftrightarrow s^{-1}(1-\mathrm{e}^{-sT})$

由复频域微分性质，有

$$\frac{\mathrm{d}}{\mathrm{d}s}[s^{-1}(1-\mathrm{e}^{-sT})]=-s^{-2}(1-\mathrm{e}^{-sT})+s^{-1}T\mathrm{e}^{-sT}$$

所以 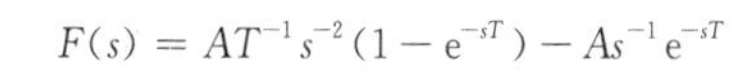 $F(s)=AT^{-1}s^{-2}(1-\mathrm{e}^{-sT})-As^{-1}\mathrm{e}^{-sT}$

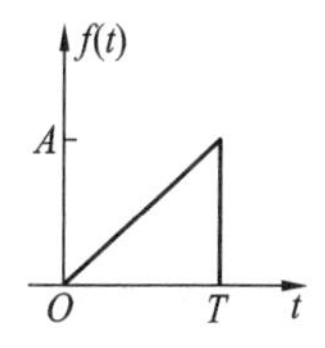

图 5-10 锯齿波

5.3.8 复频域积分性质

若 $f(t)\Leftrightarrow F(s)$，则

$$f(t)t^{-1}\Leftrightarrow\int_s^{+\infty}F(s)\mathrm{d}s \tag{5-22}$$

证明 由拉氏变换定义，有

$$F(s)=\int_{0_-}^{+\infty}f(t)\mathrm{e}^{-st}\mathrm{d}t$$

上式两边对 s 取积分，得

$$\int_s^{+\infty}F(s)\mathrm{d}s=\int_{0_-}^{+\infty}f(t)\left[\int_s^{+\infty}\mathrm{e}^{-st}\mathrm{d}s\right]\mathrm{d}t=\int_{0_-}^{+\infty}f(t)(-t^{-1}\mathrm{e}^{-st})\Big|_s^{+\infty}\mathrm{d}t=\int_{-\infty}^{+\infty}f(t)t^{-1}\mathrm{e}^{-st}\mathrm{d}t$$

即

$$f(t)t^{-1}\Leftrightarrow\int_s^{+\infty}F(s)\mathrm{d}s$$

【例 5.12】 试求 $f(t)=t^{-1}(\mathrm{e}^{-4t}-\mathrm{e}^{-t})\varepsilon(t)$ 的拉氏变换 $F(s)$。

解 因为 $(\mathrm{e}^{-4t}-\mathrm{e}^{-t})\varepsilon(t)\Leftrightarrow(s+4)^{-1}-(s+1)^{-1}$

由复频域积分性质，有

$$t^{-1}(\mathrm{e}^{-4t}-\mathrm{e}^{-t})\varepsilon(t)\Leftrightarrow\int_{s}^{+\infty}[(s+4)^{-1}-(s+1)^{-1}]\mathrm{d}s$$

即
$$F(s)=\ln[(s+1)(s+4)^{-1}]$$

5.3.9　时域卷积性质

若 $f_1(t)\Leftrightarrow F_1(s)$，$f_2(t)\Leftrightarrow F_2(s)$，则

$$f_1(t)*f_2(t)\Leftrightarrow F_1(s)F_2(s) \tag{5-23}$$

该性质表明两信号在时域里的卷积的拉氏变换等于两个信号的拉氏变换的乘积。

证明　由卷积的定义，有

$$f_1(t)*f_2(t)=\int_0^t f_1(\tau)f_2(t-\tau)\mathrm{d}\tau$$

有
$$\mathscr{L}\{f_1(t)*f_2(t)\}=\int_0^{+\infty}\left[\int_0^t f_1(\tau)f_2(t-\tau)\mathrm{d}\tau\right]\mathrm{e}^{-st}\mathrm{d}t$$

有始信号 $f_2(t-\tau)$ 当 $t-\tau<0$，即 $\tau<t$ 时为 0，因此积分可改写为

$$\mathscr{L}\{f_1(t)*f_2(t)\}=\int_0^{+\infty}\left[\int_0^{+\infty}f_1(\tau)f_2(t-\tau)\varepsilon(t-\tau)\mathrm{d}\tau\right]\mathrm{e}^{-st}\mathrm{d}t$$

变换积分次序，有

$$\mathscr{L}\{f_1(t)*f_2(t)\}=\int_0^{+\infty}f_1(\tau)\left[\int_0^{+\infty}f_2(t-\tau)\varepsilon(t-\tau)\mathrm{e}^{-st}\mathrm{d}t\right]\mathrm{d}\tau$$

根据拉氏变换时移性质，有

$$\mathscr{L}\{f_1(t)*f_2(t)\}=\int_0^{+\infty}f_1(\tau)F_2(s)\mathrm{e}^{-s\tau}\mathrm{d}\tau=F_1(s)F_2(s)$$

【例 5.13】　已知三角脉冲信号 $f(t)$ 如图 5-11 所示，求其拉氏变换。

解　由前面所学的卷积的知识，很容易看出该三角脉冲可分解成两卷积信号，有

$$f(t)=[\varepsilon(t)-\varepsilon(t-1)]*[\varepsilon(t)-\varepsilon(t-1)]$$

令
$$f_1(t)=f_2(t)=\varepsilon(t)-\varepsilon(t-1)$$

由于
$$F_1(s)=F_2(s)=s^{-1}(1-\mathrm{e}^{-s})$$

利用时域卷积性质，有

$$F(s)=F_1(s)F_2(s)=s^{-2}(1-\mathrm{e}^{-s})^2=s^{-2}(1-2\mathrm{e}^{-s}+\mathrm{e}^{-2s})$$

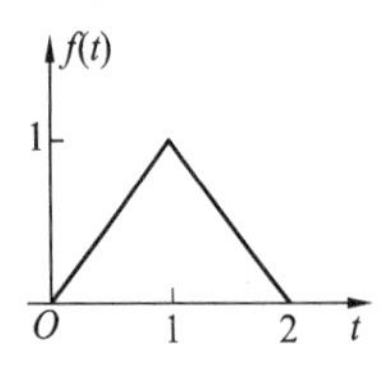

图 5-11　三角脉冲函数

5.3.10　复频域卷积性质

若有 $f_1(t)\Leftrightarrow F_1(s)$，$f_2(t)\Leftrightarrow F_2(s)$，则它们的乘积 $f_1(t)f_2(t)$ 的频谱为

$$f_1(t)f_2(t)\Leftrightarrow(2\pi\mathrm{j})^{-1}F_1(s)*F_2(s) \tag{5-24}$$

证明方法类似于时域卷积性质的证明，读者可自行证明。

5.3.11 初值定理

若 $f(t) \Leftrightarrow F(s)$，且 $\lim\limits_{s\to+\infty} sF(s)$ 存在，则 $f(t)$ 的初值为

$$f(0_+) = \lim_{t\to 0_+} f(t) = \lim_{s\to+\infty} sF(s) \tag{5-25}$$

证明 利用时域微分性质，有

$$\mathscr{L}\left[\frac{\mathrm{d}f(t)}{\mathrm{d}t}\right] = sF(s) - f(0_-) = \int_{0_-}^{+\infty} \frac{\mathrm{d}f(t)}{\mathrm{d}t}\mathrm{e}^{-st}\mathrm{d}t = \int_{0_-}^{0_+} \frac{\mathrm{d}f(t)}{\mathrm{d}t}\mathrm{e}^{-st}\mathrm{d}t + \int_{0_+}^{+\infty} \frac{\mathrm{d}f(t)}{\mathrm{d}t}\mathrm{e}^{-st}\mathrm{d}t$$

对于 e^{-st} 有 $\mathrm{e}^{-st}\big|_{t=0_-} = \mathrm{e}^{-st}\big|_{t=0_+} = \mathrm{e}^{-st}\big|_{t=0} = 1$，于是上式可写成

$$sF(s) - f(0_-) = f(t)\Big|_{0_-}^{0_+} + \int_{0_+}^{+\infty} \frac{\mathrm{d}f(t)}{\mathrm{d}t}\mathrm{e}^{-st}\mathrm{d}t$$

即

$$sF(s) = f(0_+) + \int_{0_+}^{+\infty} \frac{\mathrm{d}f(t)}{\mathrm{d}t}\mathrm{e}^{-st}\mathrm{d}t$$

对上式两边取极限 $s \to +\infty$，得

$$\lim_{s\to+\infty} sF(s) = f(0_+)$$

初值定理非常有用，利用该定理可直接通过时间函数的拉氏变换 $F(s)$ 求原函数 $f(t)$ 初值，即如果已知函数的拉氏变换 $F(s)$，而不知原函数，则可不需要求其拉氏反变换就能求其初值。但要记住的是，初值指的是在 $t = 0_+$ 的值，而不是 $t = 0_-$ 的值。$t = 0_-$ 时的值不能通过初值定理得到(除非信号在 $t = 0$ 处连续)。

初值定理的应用条件是：$F(s)$ 必须是真分式，当 $F(s)$ 不是真分式时，则说明 $f(t)$ 在 $t = 0$ 处包含了冲激及其导数，不能直接用初值定理求其初值，而必须先用长除法将其分成一个 s 的多项式与一个真分式 $F_1(s)$ 之和。对于 s 的多项式，其拉氏反变换是冲激函数及其各阶导数，在 $t = 0_+$ 处全为 0，因此它们不影响 $f(0_+)$ 的求解，仍可利用初值定理从 $F_1(s)$ 中求其初值，即

$$f(0_+) = \lim_{t\to 0_+} f(t) = \lim_{s\to\infty} sF_1(s)$$

【例 5.14】 求下列信号的初值。

(a) $F(s) = \dfrac{-5s^2 + 2}{s^3 + s^2 + 3s + 2}$　　　　(b) $F(s) = \dfrac{s+2}{s+1}$

解 (a) $F(s)$ 为真分式，可直接利用定理求得

$$f(0_+) = \lim_{t\to 0_+} f(t) = \lim_{s\to+\infty} sF(s) = \lim_{s\to+\infty} \frac{-5s^3 + 2s}{s^3 + s^2 + 3s + 2} = -5$$

(b) $F(s)$ 不是真分式，必须将其分解为

$$F(s) = 1 + (s+1)^{-1} = 1 + F_1(s)$$

则初始值为

$$f(0_+) = \lim_{t\to 0_+} f(t) = \lim_{s\to+\infty} sF_1(s) = \lim_{s\to+\infty} s(s+1)^{-1} = 1$$

5.3.12 终值定理

若 $f(t)\Leftrightarrow F(s)$，且 $\lim\limits_{t\to+\infty}f(t)$ 存在，则 $f(t)$ 的终值为

$$f(\infty)=\lim_{t\to+\infty}f(t)=\lim_{s\to 0}sF(s) \tag{5-26}$$

证明 利用时域微分性质，有

$$sF(s)-f(0_-)=\mathscr{L}\left[\frac{\mathrm{d}f(t)}{\mathrm{d}t}\right]=\int_{0_-}^{+\infty}\frac{\mathrm{d}f(t)}{\mathrm{d}t}\mathrm{e}^{-st}\mathrm{d}t$$

上式两边取极限 $s\to 0$，对于 e^{-st}，有 $\mathrm{e}^{-st}\big|_{s=0}=1$，上式写成

$$\lim_{s\to 0}[sF(s)-f(0_-)]=\lim_{s\to 0}\int_{0_-}^{+\infty}\frac{\mathrm{d}f(t)}{\mathrm{d}t}\mathrm{e}^{-st}\mathrm{d}t$$

即
$$\lim_{s\to 0}[sF(s)-f(0_-)]=f(t)\Big|_{0_-}^{+\infty}$$

则
$$\lim_{s\to 0}sF(s)=f(+\infty)$$

利用该定理可直接通过时间函数的拉氏变换 $F(s)$ 求原函数 $f(t)$ 终值，而不必求 $F(s)$ 的拉氏反变换。然而，在应用该定理时要注意，有些函数当 $t\to+\infty$ 时 $f(+\infty)$ 并不存在，但 $\lim\limits_{s\to 0}sF(s)$ 极限存在。

例如：$F(s)=(s^2+1)^{-1}$ $\lim\limits_{s\to 0}sF(s)=\lim\limits_{s\to 0}s(s^2+1)^{-1}=0$，但其原函数 $f(t)=\sin t$ 在 $t\to+\infty$ 时无极限。此时若用终值定理将会出现错误结论。

终值定理的应用条件是：$f(t)$ 必须存在终值，如果从 s 域来判断，即为

①$F(s)$ 的极点必须位于 s 平面的左半平面。

②$F(s)$ 在 $s=0$ 处若有极点，也只能有一阶极点。

【例 5.15】 求下列各象函数拉氏反变换 $f(t)$ 的终值。

(a)$F(s)=\dfrac{2s+1}{s^3+3s^2+2s}$　　(b)$F(s)=\dfrac{1-\mathrm{e}^{-2s}}{s(s^2+4)}$

(c)$F(s)=\dfrac{s^3+s^2+2s+1}{s^3+6s^2+11s+6}=\dfrac{s^3+s^2+2s+1}{(s+1)(s+2)(s+3)}$

解 本例在于说明终值定理的应用条件。

(a)$F(s)$ 的极点为 $0,-1,-2$。在左半平面 $s=0$ 处有一阶极点，因此

$$f(+\infty)=\lim_{t\to+\infty}f(t)=\lim_{s\to 0}s\frac{2s+1}{s^3+3s^2+2s}=\frac{1}{2}$$

(b) 由于 $F(s)$ 在 s 平面的 $\mathrm{j}\omega$ 轴上有一对共轭极点，故 $f(t)$ 不存在终值。

(c)$F(s)$ 的极点为 $-1,-2,-3$ 都在 s 平面左半平面，因此

$$f(\infty)=\lim_{t\to+\infty}f(t)=\lim_{s\to 0}sF(s)=0$$

为方便读者学习，将常用信号的拉氏变换对列于表5-2。

表5-2 常用信号的拉氏变换对

编号	拉氏变换对 $f(t)\Leftrightarrow F(s)$	推导说明
1	$\delta(t)\Leftrightarrow 1$	直接计算
2	$\varepsilon(t)\Leftrightarrow s^{-1}$	直接计算
3	$\varepsilon(t)-\varepsilon(t-T)\Leftrightarrow s^{-1}(1-\mathrm{e}^{-sT})$	利用2和时移性质
4	$t\varepsilon(t)\Leftrightarrow s^{-2}$	频域微分性质
5	$t^{n}\varepsilon(t)\Leftrightarrow n!s^{-n-1}$	频域微分性质
6	$\mathrm{e}^{\pm s_0 t}\varepsilon(t)\Leftrightarrow(s\mp s_0)^{-1}$	直接计算
7	$t\mathrm{e}^{-\alpha t}\varepsilon(t)\Leftrightarrow(s+\alpha)^{-2}$	利用6和频域微分或 利用4和频移特性
8	$\sin(\omega_0 t)\varepsilon(t)\Leftrightarrow\omega_0(s^2+\omega_0^2)^{-1}$	利用6和线性性质
9	$\cos(\omega_0 t)\varepsilon(t)\Leftrightarrow s(s^2+\omega_0^2)^{-1}$	利用6和线性性质
10	$\mathrm{e}^{-\alpha t}\sin(\beta t)\varepsilon(t)\Leftrightarrow\beta[(s+\alpha)^2+\beta^2]^{-1}$	利用8和频移性质
11	$\mathrm{e}^{-\alpha t}\cos(\beta t)\varepsilon(t)\Leftrightarrow(s+\alpha)[(s+\alpha)^2+\beta^2]^{-1}$	利用9和频移性质
12	$f_T(t)\Leftrightarrow F_1(s)(1-\mathrm{e}^{-sT})^{-1}$（$f_1(t)\Leftrightarrow F_1(s)$ 为第一周期）	时移性质

5.4 拉氏反变换

拉氏反变换的最简单方法是从拉氏变换表中查出原函数。但是，一般表中给出的是有限的、常用的拉氏变换对。拉氏反变换可以用式(5-8)求得，但这是一个复变函数的积分，计算通常是困难的。不过，好在线性非时变系统响应的拉氏变换一般是 s 的有理分式，当象函数为 s 的有理分式时，求拉氏反变换可以用部分分式法或留数法进行。一些特殊的象函数，则可以应用拉氏变换的性质进行反变换。

5.4.1 部分分式展开法

设有理分式

$$F(s)=\frac{N(s)}{D(s)}=\frac{b_m s^m+b_{m-1}s^{m-1}+\cdots+b_1 s+b_0}{a_n s^n+a_{n-1}s^{n-1}+\cdots+a_1 s+a_0} \tag{5-27}$$

式中：a_n、b_m 均为实数。若 $m\geqslant n$，则 $F(s)$ 可通过长除法分解为有理多项式 $P(s)$ 与有理真分式之和，即

$$F(s)=P(s)+\frac{N_0(s)}{D(s)} \tag{5-28}$$

对于多项式 $P(s)$，其拉氏反变换是冲激函数及其各阶导数；对于有理真分式，可以用部分分式展开法（或称展开定理）将其表示为许多简单分式之和的形式，而这些简单项的反变换容易得到。部分分式法简单易行，避免了应用式(5-8)计算复变函数的积分问题。现分几种情况讨论。

1. 单实根情况

若分母多项式 $D(s)=0$ 的 n 个单实根分别为 $p_1,p_2,\cdots,p_n$，按照代数学的知识，则 $F(s)$ 可以展开成下列简单的部分分式之和

$$F(s)=\frac{K_1}{s-p_1}+\frac{K_2}{s-p_2}+\cdots+\frac{K_n}{s-p_n}=\sum_{i=1}^{n}\frac{K_i}{s-p_i} \tag{5-29}$$

式中：$K_1,K_2,\cdots,K_n$ 为待定系数。这些系数可按下述方法确定：

$$K_i=(s-p_i)F(s)\big|_{s=p_i} \tag{5-30}$$

由于

$$K_i(s-p_i)^{-1}\Leftrightarrow K_i\mathrm{e}^{p_it} \tag{5-31}$$

故原函数为 $f(t)=K_1\mathrm{e}^{p_1t}+K_2\mathrm{e}^{p_2t}+\cdots+K_n\mathrm{e}^{p_nt}=\sum\limits_{i=1}^{n}K_i\mathrm{e}^{p_it}\ (t\geqslant0)$ (5-32)

【例 5.16】 已知象函数 $F(s)=\dfrac{2s^2+16}{(s^2+5s+6)(s+12)}$，求原函数 $f(t)$。

解 将分母因式分解，可知分母多项式有三个单实根：$p_1=-2,p_2=-3,p_3=-12$。因此，$F(s)$ 可展开为

$$F(s)=\frac{2s^2+16}{(s+2)(s+3)(s+12)}=\frac{K_1}{s+2}+\frac{K_2}{s+3}+\frac{K_3}{s+12}$$

各系数分别为

$$K_1=(s+2)F(s)\big|_{s=-2}=\frac{2s^2+16}{(s+3)(s+12)}\bigg|_{s=-2}=\frac{24}{10}=2.4$$

$$K_2=(s+3)F(s)\big|_{s=-3}=\frac{2s^2+16}{(s+2)(s+12)}\bigg|_{s=-3}=-\frac{34}{9}$$

$$K_3=(s+12)F(s)\big|_{s=-12}=\frac{2s^2+16}{(s+2)(s+3)}\bigg|_{s=-12}=\frac{304}{90}=\frac{152}{45}$$

故原函数为

$$f(t)=2.4\mathrm{e}^{-2t}-\frac{34}{9}\mathrm{e}^{-3t}+\frac{152}{45}\mathrm{e}^{-12t}\ (t\geqslant0)$$

2. 多重根情况

设 $D(s)=0$ 在 $s=p_1$ 有三重根，例如

$$F(s)=N(s)(s-p_1)^{-3} \tag{5-33}$$

则 $F(s)$ 进行分解时，与 p_1 有关的分式要有三项，即

$$F(s)=K_1(s-p_1)^{-3}+K_2(s-p_1)^{-2}+K_3(s-p_1)^{-1} \tag{5-34}$$

式中：K_1,K_2,K_3 为待定系数。这些系数可按下述方法确定。将上式两边乘以 $(s-p_1)^3$，得

$$(s-p_1)^3F(s)=K_1+K_2(s-p_1)+K_3(s-p_1)^2 \tag{5-35}$$

令 $s=p_1$，代入上式，则 K_1 就分离出来，即

$$K_1=(s-p_1)^3F(s)|_{s=p_1} \tag{5-36}$$

将式(5-35)两边对 s 求导一次，得

$$\frac{\mathrm{d}}{\mathrm{d}t}[(s-p_1)^3F(s)]=K_2+2K_3(s-p_1) \tag{5-37}$$

再令 $s=p_1$，代入上式，则 K_2 就分离出来，即

$$K_2=\frac{\mathrm{d}}{\mathrm{d}t}[(s-p_1)^3F(s)]|_{s=p_1} \tag{5-38}$$

用同样的方法可以确定 K_3 为

$$K_3=0.5\cdot\frac{\mathrm{d}^2}{\mathrm{d}t^2}[(s-p_1)^3F(s)]|_{s=p_1} \tag{5-39}$$

原函数为

$$f(t)=(0.5K_1t^2\mathrm{e}^{p_1t}+K_2t\mathrm{e}^{p_1t}+K_3\mathrm{e}^{p_1t})\varepsilon(t) \tag{5-40}$$

由以上对三重根讨论的结果，可以推导出具有 n 重根的情况。当分母多项式为 $D(s)=(s-p_1)^n$ 时，$F(s)$ 可展开成

$$F(s)=\frac{K_1}{(s-p_1)^n}+\frac{K_2}{(s-p_1)^{n-1}}+\cdots+\frac{K_n}{s-p_1} \tag{5-41}$$

其系数为

$$K_1=(s-p_1)^nF(s)|_{s=p_1}$$

$$K_2=\frac{\mathrm{d}}{\mathrm{d}t}[(s-p_1)^nF(s)]|_{s=p_1}$$

$$K_3=\frac{1}{2}\cdot\frac{\mathrm{d}^2}{\mathrm{d}t^2}[(s-p_1)^nF(s)]|_{s=p_1}$$

$$\vdots$$

$$K_n=\frac{1}{(n-1)!}\cdot\frac{\mathrm{d}^{n-1}}{\mathrm{d}t^{n-1}}[(s-p_1)^nF(s)]|_{s=p_1} \tag{5-42}$$

【例 5.17】 已知 $F(s)=s^{-3}(s^2-1)^{-1}$，求 $f(t)$。

解 令 $D(s)=s^3(s^2-1)=0$，共有五个根，其中 $p_{1,2,3}=0$ 为三重根，$p_4=-1$，$p_5=1$ 为单根。所以

$$F(s)=\frac{1}{s^3(s+1)(s-1)}=\frac{K_1}{s^3}+\frac{K_2}{s^2}+\frac{K_3}{s}+\frac{K_4}{s+1}+\frac{K_5}{s-1}$$

式中：

$$K_1=s^3F(s)|_{s=0}=\left.\frac{1}{s^2-1}\right|_{s=0}=-1$$

$$K_2=\frac{\mathrm{d}}{\mathrm{d}t}[s^3F(s)]|_{s=0}=\left.\frac{-2s}{(s^2-1)^2}\right|_{s=0}=0$$

$$K_3=\frac{1}{2}\frac{\mathrm{d}^2}{\mathrm{d}t^2}[s^3F(s)]|_{s=0}=\left.\frac{-2(s^2-1)^2+4s(s^2-1)2s}{(s^2-1)^4}\right|_{s=0}=-1$$

$$K_4=(s+1)F(s)|_{s=-1}=\left.\frac{1}{s^3(s-1)}\right|_{s=-1}=0.5$$

$$K_5=(s-1)F(s)|_{s=1}=\left.\frac{1}{s^3(s+1)}\right|_{s=1}=0.5$$

故原函数为 $$f(t)=-0.5t^2-1+0.5\mathrm{e}^{-t}+0.5\mathrm{e}^{t}(t\geqslant 0)$$

3. 共轭复根情况

由于 $D(s)$ 是 s 的实系数多项式,若 $D(s)=0$ 出现复根,则必然是共轭成对的。设 $D(s)=0$ 中含有一对共轭复根,$p_{1,2}=\alpha\pm \mathrm{j}\beta$,则 $F(s)$ 可展开为

$$F(s)=\frac{N(s)}{(s-\alpha-\mathrm{j}\beta)(s-\alpha+\mathrm{j}\beta)}=\frac{K_1}{s-\alpha-\mathrm{j}\beta}+\frac{K_2}{s-\alpha+\mathrm{j}\beta} \tag{5-43}$$

系数为 $$K_1=(s-\alpha-\mathrm{j}\beta)F(s)\big|_{s=\alpha+\mathrm{j}\beta}=|K_1|\angle\theta_1=A+\mathrm{j}B \tag{5-44}$$

由于 $F(s)$ 是 s 的实系数有理函数,应有

$$K_2=K_1^*=|K_1|\angle(-\theta_1)=A-\mathrm{j}B \tag{5-45}$$

(1) 原函数用 K_1 的模和角表示为

$$\begin{aligned}f(t)&=K_1\mathrm{e}^{(\alpha+\mathrm{j}\beta)t}+K_2\mathrm{e}^{(\alpha-\mathrm{j}\beta)t}=|K_1|\mathrm{e}^{\mathrm{j}\theta_1}\mathrm{e}^{(\alpha+\mathrm{j}\beta)t}+|K_1|\mathrm{e}^{-\mathrm{j}\theta_1}\mathrm{e}^{(\alpha-\mathrm{j}\beta)t}\\&=|K_1|\mathrm{e}^{\alpha t}[\mathrm{e}^{\mathrm{j}(\beta t+\theta_2)}+\mathrm{e}^{-\mathrm{j}(\beta t+\theta_2)}]=2|K_1|\mathrm{e}^{\alpha t}\cos(\beta t+\theta_1)\varepsilon(t)\end{aligned} \tag{5-46}$$

(2) 原函数用 K_1 的实部和虚部表示为

$$\begin{aligned}f(t)&=K_1\mathrm{e}^{(\alpha+\mathrm{j}\beta)t}+K_2\mathrm{e}^{(\alpha-\mathrm{j}\beta)t}=(A+\mathrm{j}B)\mathrm{e}^{(\alpha+\mathrm{j}\beta)t}+(A-\mathrm{j}B)\mathrm{e}^{(\alpha-\mathrm{j}\beta)t}\\&=\mathrm{e}^{\alpha t}[A(\mathrm{e}^{\mathrm{j}\beta t}+\mathrm{e}^{-\mathrm{j}\beta t})+\mathrm{j}B(\mathrm{e}^{\mathrm{j}\beta t}-\mathrm{e}^{-\mathrm{j}\beta t})]=2\mathrm{e}^{\alpha t}[A\cos\beta-B\sin(\beta t)]\varepsilon(t)\end{aligned} \tag{5-47}$$

(3) 原函数用拉氏变换公式表示如下。

$F(s)$ 也可以按下式进行拉氏反变换,象函数可变为

$$\begin{aligned}F(s)&=\frac{N(s)}{(s-\alpha-\mathrm{j}\beta)(s-\alpha+\mathrm{j}\beta)}=\frac{Ms+N}{(s-\alpha)^2+\beta^2}\\&=\frac{M(s-\alpha)}{(s-\alpha)^2+\beta^2}+\frac{M\alpha+N}{\beta}\frac{\beta}{(s-\alpha)^2+\beta^2}\end{aligned} \tag{5-48}$$

式中:M、N 为系数,可用待定系数法求出。原函数可用下面的公式求出:

$$\frac{s-\alpha}{(s-\alpha)^2+\beta^2}\Leftrightarrow \mathrm{e}^{\alpha t}\cos(\beta t)\varepsilon(t) \tag{5-49}$$

$$\frac{\beta}{(s-\alpha)^2+\beta^2}\Leftrightarrow \mathrm{e}^{\alpha t}\sin(\beta t)\varepsilon(t) \tag{5-50}$$

故原函数为 $$f(t)=\left[M\mathrm{e}^{\alpha t}\cos(\beta t)+\frac{M\alpha+N}{\beta}\mathrm{e}^{\alpha t}\sin(\omega t)\right]\varepsilon(t) \tag{5-51}$$

下面用实例来说明以上三种方法的应用。

【例 5.18】 已知 $F(s)=\dfrac{1}{s(s^2-2s+5)}$,求 $f(t)$。

解 可用三种方法求解。

方法一 求 $s^2-2s+5=0$ 的根为 $s_{1,2}=1\pm \mathrm{j}2$,是一对共轭复根,所以

$$F(s)=\frac{K_1}{s}+\frac{K_2}{s-1-\mathrm{j}2}+\frac{K_2^*}{s-1+\mathrm{j}2}$$

各系数为 $$K_1 = sF(s)\big|_{s=0} = \left.\frac{1}{s^2-2s+5}\right|_{s=0} = 0.2$$

$$K_2 = (s-1-\mathrm{j}2)F(s)\big|_{s=1+\mathrm{j}2} = \left.\frac{1}{s(s-1+\mathrm{j}2)}\right|_{s=1+\mathrm{j}2} = \frac{1}{(1+\mathrm{j}2)\cdot \mathrm{j}4}$$

$$= (1/4\sqrt{5})\angle(-90^\circ - \arctan 2) = (\sqrt{5}/20)\angle(-153.4^\circ)$$

原函数为 $$f(t) = 0.2 + (\sqrt{5}/10)\mathrm{e}^t\cos(2t-153.4^\circ)(t \geqslant 0)$$

方法二　在方法一中，将 K_2 写成代数式，有

$$K_2 = \left.\frac{1}{s(s-1+\mathrm{j}2)}\right|_{s=1+\mathrm{j}2} = \frac{1}{(1+\mathrm{j}2)\cdot \mathrm{j}4} = \frac{1}{-8+\mathrm{j}4} = -0.1-\mathrm{j}0.05$$

故原函数为

$$f(t) = 0.2 - 0.2\mathrm{e}^t\cos(2t) + 0.1\mathrm{e}^t\sin(2t)(t \geqslant 0)$$

方法三　把复根不分开，$F(s)$ 展开为

$$F(s) = \frac{K_1}{s} + \frac{Ms+N}{(s-1)^2+2^2}$$

可求得 $$K_1 = sF(s)\big|_{s=0} = \left.\frac{1}{s^2-2s+5}\right|_{s=0} = 0.2$$

系数 M、N 用待定系数法求得，即

$$F(s) = \frac{1}{s(s^2-2s+5)} = \frac{0.2(s^2-2s+5)+Ms^2+Ns}{s(s^2-2s+5)}$$

用待定系数法可解得

$$M = -0.2,\quad N = 0.4$$

即有 $$F(s) = \frac{0.2}{s} + \frac{-0.2(s-1)}{(s-1)^2+2^2} + \frac{0.1\times 2}{(s-1)^2+2^2}$$

故原函数为 $$f(t) = 0.2 - 0.2\mathrm{e}^t\cos(2t) + 0.1\mathrm{e}^t\sin(2t)(t \geqslant 0)$$

5.4.2 拉氏变换性质的应用

除了用部分分式法求拉氏反变换外，对于有些函数，特别是一些无理函数，可以结合拉氏变换性质求解。

【例 5.19】 已知 $F(s) = \dfrac{s\mathrm{e}^{-S}}{s^2+5s+6}$，求 $f(t)$。

解　先将 e^{-S} 除去，按部分分式展开，有

$$F(s) = \left(\frac{K_1}{s+2} + \frac{K_2}{s+3}\right)\mathrm{e}^{-S}$$

部分分式各项系数为 $K_1 = \left.\dfrac{s}{s+3}\right|_{s=-2} = -2$，$K_2 = \left.\dfrac{s}{s+2}\right|_{s=-3} = 3$，应用时移性质，有

$$f(t) = -2\mathrm{e}^{-2(t-1)}\varepsilon(t-1) + 3\mathrm{e}^{-3(t-1)}\varepsilon(t-1)$$

【例 5.20】 已知 $F(s) = \left(\dfrac{1-\mathrm{e}^{-S}}{s}\right)^2$，求 $f(t)$。

解　象函数可展开为

$$F(s)=\frac{1-2e^{-S}+e^{-2S}}{s^2}=\frac{1}{s^2}-\frac{2}{s^2}e^{-S}+\frac{1}{s^2}e^{-2S}$$

应用时移性质,原函数为

$$f(t)=t\varepsilon(t)-2(t-1)\varepsilon(t-1)+(t-2)\varepsilon(t-2)$$

【例 5.21】 已知 $F(s)=\frac{s}{(s+a)^2}$,求 $f(t)$。

解 因为 $te^{-at}\varepsilon(t)\Leftrightarrow\frac{1}{(s+a)^2}$ 应用时域微分性质,有

$$e^{-at}+te^{-at}(-a)\Leftrightarrow\frac{s}{(s+a)^2}-[te^{-at}]_{t=0}$$

所以

$$f(t)=e^{-at}(1-at)\varepsilon(t)$$

【例 5.22】 已知 $F(s)=\frac{1-e^{-(S+1)}}{(s+1)(1-e^{-2S})}$,求 $f(t)$。

解 从象函数的表达式中可知,原函数是一个周期信号。令

$$F_1(s)=\frac{1-e^{-(S+1)}}{s+1}$$

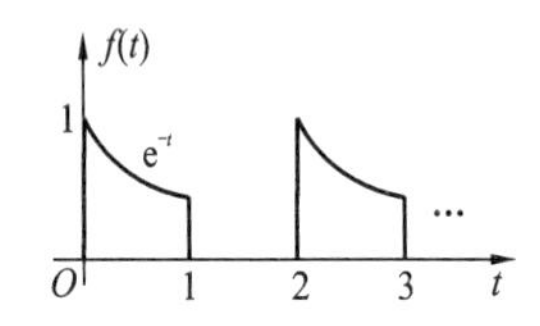

图 5-12 例 5.22 的原函数波形

已知

$$\frac{1-e^{-S}}{s}\Leftrightarrow\varepsilon(t)-\varepsilon(t-1)$$

根据频移特性,有

$$F_1(s)=\frac{1-e^{-(S+1)}}{s+1}\Leftrightarrow[\varepsilon(t)-\varepsilon(t-1)]e^{-t}=f_1(t)$$

根据周期函数的拉氏变换

$$F(s)=\frac{F_1(s)}{1-e^{-2S}}=F_1(s)[1+e^{-2S}+e^{-4S}+\cdots]$$

显然,$f_1(t)$ 为周期信号的第一周期,$T=2$。所以

$$f(t)=e^{-t}[\varepsilon(t)-\varepsilon(t-1)]+e^{-(t-2)}[\varepsilon(t-2)-\varepsilon(t-3)]+\cdots$$

波形如图 5-12 所示。

5.4.3 Matlab 的应用

1. 拉氏变换与反变换

Matlab 不仅具有强大的计算功能和画图功能,还具有提供推理功能的符号运算,即符号数学工具箱。它提供了拉氏变换与反变换的方法,其调用形式为

```
F = laplace(f)
f = ilaplace(F)
```

式中:f 表示时域函数;F 表示拉氏变换(象函数)。它们均为符号变量,可以应用函数 sym 实现,调用形式为

```
f = sym(A)
```

式中:A 表示待输入的字符串;输出 f 为符号变量。函数可化简,调用形式为

```
F = simple(F) 或 simplify(F)
```

式中:F 为待化简的符号变量。为改善公式的可读性,可用 pretty(F) 函数代替。

【例 5.23】 求下列时间函数的拉氏变换。

(a) $f(t)=e^{-at}(1-at)$ (b) $f(t)=\sin(at+b)$

解 (a) 在命令窗口执行下列命令

```
>>F=laplace(sym('exp(-a*t)*(1-a*t)'))
F=
1/(s+ a)- a/(s+ a)^2
>>F=simple(F)
F=
s/(s+ a)^2
```

(b) 在命令窗口执行下列命令

```
>>F=laplace(sym('sin(a*t+b)'))
F=
cos(b)*a/(s^2+a^2)+sin(b)*s/(s^2+a^2)
>>F=simple(F)
F=
(cos(b)*a+sin(b)*s)/(s^2+a^2)
>>pretty(f)
                    cos(b)a+sin(b)s
                    ---------------
                        2    2
                       s  + a
```

【例 5.24】 (a) 设 $f(t)=\begin{cases}1 & (t<0)\\ e^{-2t} & (t>0)\end{cases}$,(b) 设 $f(t)=\begin{cases}2 & (t<0)\\ e^{-2t} & (t>0)\end{cases}$,求 $f'(t)$ 的拉氏变换。

解 (a) 在命令窗口下执行下列命令

```
>>f=sym('Heaviside(-t)+exp(-2*t)*Heaviside(t)')
f=
Heaviside(-t)+exp(-2*t)*Heaviside(t)
>>f1=diff(f)
f1=
-Dirac(t)-2*exp(-2*t)*Heaviside(t)+exp(-2*t)*Dirac(t)
>>  f1=simplify(f1)
f1=
-2*exp(-2*t)*Heaviside(t)
>>  F=laplace(f1)
F=
-2/(s+2)
```

(b) 在命令窗口下执行下列命令

```
>> f = sym('2* Heaviside(-t) + exp(-2* t) * Heaviside(t)')
f =
2* Heaviside(-t) + exp(-2* t) * Heaviside(t)
>> f1 = diff(f)
f1 =
-2* Dirac(t) - 2* exp(-2* t) * Heaviside(t) + exp(-2* t) * Dirac(t)
>> f1 = simplify(f1)
f1 =
-Dirac(t) - 2* exp(-2* t) * Heaviside(t)
>> F = laplace(f1)
F =
-1 - 2/(s+2)
>> F = simple(F)
F =
-1 - 2/(s+2)
>> F = simplify(F)
F =
-(s+4)/(s+2)
```

【例 5.25】 求下列象函数的拉氏反变换。

(a) $F(s)=\dfrac{2s+1}{s^2+5s+6}$ (b) $F(s)=\dfrac{1}{(s+1)(s^2+s+1)}$

(c) $F(s)=\ln\dfrac{s-1}{s}$

解 (a) 在命令窗口下执行下列命令

```
>> f = ilaplace(sym('(2* s+1)/(s^2+5* s+6)'))
f =
5* exp(-3* t) - 3* exp(-2* t)
```

(b) 在命令窗口下执行下列命令

```
>> f = ilaplace(sym('1/(s+1)/(s^2+s+1)'))
f =
exp(-t) + 1/3* exp(-1/2* t) * 3^(1/2) * sin(1/2* 3^(1/2) * t) - exp(- 1/2* t) * cos
(1/2* 3^(1/2) * t)
>> pretty(f)
                                1/2              1/2
exp(-t) + 1/3exp(-1/2t) 3     sin(1/2   3 t)
                                    1/2
    - exp(-1/2t) cos(1/2   3   t)
```

即

$$f(t)=\mathrm{e}^{-t}+\frac{1}{3}\sqrt{3}\mathrm{e}^{-0.5t}\sin\left(\frac{\sqrt{3}}{2}t\right)-\mathrm{e}^{-0.5t}\cos\left(\frac{\sqrt{3}}{2}t\right)$$

(c) 在命令窗口执行下列命令

```
F = sym('log(s/(s-1))')
F =
log(s/(s-1))
>> f = ilaplace(F)
f =
-1/t+exp(t)/t
```

2. 部分分式展开

用函数 residue( ) 求出 $F(s)$ 部分分式展开的系数和极点。调用格式为

```
[r,p,k] = residue(b,a)
```

式中:b 和 a 分别为 $H(s)$ 分子和分母多项式的系数。产生 r、p、k 三个向量。其中,r 为 $F(s)$ 的极点列向量;p 为 $F(s)$ 部分分式展开的系数列向量;k 为 $F(s)$ 为假分式时多项式项的系数行向量,若 $F(s)$ 为真分式则 k 为空阵。

【例 5.26】 求下列象函数的部分分式展开式。

(a) $F(s)=\dfrac{20}{s(s^2+4s+8)}$　　(b) $F(s)=\dfrac{2s^5+4}{s(s+2)^3}$

解 (a) 在命令窗口执行下列命令

```
>> b = [20]
>> a = [1 4 8 0]
>> [r,p,k] = residue(b,a)
r =
  -1.2500+1.2500i
  -1.2500-1.2500i
   2.5000
p =
  -2.0000+2.0000i
  -2.0000-2.0000i
        0
k =
    []
>> abs(r)
ans =
    1.7678
    1.7678
    2.5000
>> angle(r)*180/pi
ans =
    135
```

```
    -135
       0
```

则 $F(s)$ 部分分式展开式为 $$F(s)=\frac{-1.25+\mathrm{j}1.25}{s+2-\mathrm{j}2}+\frac{-1.25-\mathrm{j}1.25}{s+2+\mathrm{j}2}+\frac{2.5}{s}$$

或 $$F(s)=\frac{1.77\angle 135^\circ}{s+2-\mathrm{j}2}+\frac{1.77\angle(-135^\circ)}{s+2+\mathrm{j}2}+\frac{2.5}{s}$$

(b) 在命令窗口执行下列命令

```
>>b=[2 0 0 0 0 4]
>>a=poly([0-2-2-2])        % 把极点转换成多项式系数
a=
    1   6   12   8   0
>>[r,p,k]=residue(b,a)
r=
   47.5000
  -65.0000
   30.0000
    0.5000
p=
   -2.0000
   -2.0000
   -2.0000
     0
k=
   2  -12
```

则 $F(s)$ 部分分式展开式为

$$F(s)=2s-12+\frac{47.5}{s+2}-\frac{65}{(s+2)^2}+\frac{30}{(s+2)^3}+\frac{0.5}{s}$$

5.5 微分方程的拉氏变换解

拉氏变换是分析线性非时变连续系统的有力工具,它将描述系统的时域微分方程变换成 s 域的代数方程,从而简化了运算。用拉氏变换求解线性常系数微分方程时,主要应用前面介绍的拉氏变换的微分性质。

现以二阶系统为例,设线性非时变系统的输入为 $f(t)$,响应为 $y(t)$,则可用线性常系数微分方程描述系统,即

$$a_2\frac{\mathrm{d}^2y(t)}{\mathrm{d}t^2}+a_1\frac{\mathrm{d}y(t)}{\mathrm{d}t}+a_0y(t)=b_2\frac{\mathrm{d}^2f(t)}{\mathrm{d}t^2}+b_1\frac{\mathrm{d}f(t)}{\mathrm{d}t}+b_0f(t) \tag{5-52}$$

上式两边取拉氏变换,对于等式左边各项,有

$$\frac{\mathrm{d}y(t)}{\mathrm{d}t}\Leftrightarrow sY(s)-y(0_-);\quad \frac{\mathrm{d}^2y(t)}{\mathrm{d}t^2}\Leftrightarrow s^2Y(s)-sy(0_-)-y'(0_-)$$

如果 $f(t)$ 是在 $t=0$ 时接入的，则 $t=0_-$ 时 $f(0_-)=f'(0_-)=0$，对于等式右边各项，有

$$\frac{\mathrm{d}f(t)}{\mathrm{d}t}\Leftrightarrow sF(s)\quad ;\quad \frac{\mathrm{d}^2f(t)}{\mathrm{d}t^2}\Leftrightarrow s^2F(s)$$

因此，式(5-52)的时域微分方程转化为 s 域的代数方程，有

$$[a_2s^2+a_1s+a_0]Y(s)=[b_2s^2+b_1s+b_0]F(s)+[a_2s+a_1]y(0_-)+a_2y'(0_-) \tag{5-53}$$

所以
$$Y(s)=\frac{b_2s^2+b_1s+b_0}{a_2s^2+a_1s+a_0}F(s)+\frac{(a_2s+a_1)y(0_-)+a_2y'(0_-)}{a_2s^2+a_1s+a_0}$$

由上式可看出，时域微分方程转化为复频域代数方程后，自动引入初始状态。上式右边第一项仅与输入状态有关，与系统的初始状态无关，对应零状态响应 $y_{zs}(t)$ 的象函数 $Y_{zs}(s)$；第二项仅与系统的初始状态有关，而与输入信号无关，对应零输入响应 $y_{zi}(t)$ 的象函数 $Y_{zi}(s)$。因此，全响应的象函数为

$$Y(s)=Y_{zs}(s)+Y_{zi}(s) \tag{5-54}$$

取上式逆变换，得系统的全响应为

$$y(t)=y_{zs}(t)+y_{zi}(t) \tag{5-55}$$

零状态响应为
$$Y_{zs}(s)=\frac{b_2s^2+b_1s+b_0}{a_2s^2+a_1s+a_0}F(s)=H(s)F(s) \tag{5-56}$$

式中：$H(s)=\dfrac{b_2s^2+b_1s+b_0}{a_2s^2+a_1s+a_0}$ 为系统函数。可见，系统函数只与微分方程的系数有关。

【例 5.27】 已知描述某线性非时变系统的微分方程为 $y''(t)+5y'(t)+6y(t)=3f(t)$，输入 $f(t)=\mathrm{e}^{-t}\varepsilon(t)$，初始状态 $y(0_-)=1$，$y'(0_-)=-1$，求系统的零输入响应、零状态响应及全响应。

解　方法一：方程两边取拉氏变换，得

$$s^2Y(s)-sy(0_-)-y'(0_-)+5sY(s)-5y(0_-)+6Y(s)=3F(s)$$

代入初始状态值，有
$$(s^2+5s+6)Y(s)-s-4=3F(s)$$

系统响应的象函数为

$$Y(s)=\frac{3F(s)}{s^2+5s+6}+\frac{s+4}{s^2+5s+6}=\frac{3}{s^2+5s+6}\cdot\frac{1}{s+1}+\frac{s+4}{s^2+5s+6}$$

式中
$$Y_{zs}(s)=\frac{3}{(s^2+5s+6)(s+1)};\quad Y_{zi}(s)=\frac{s+4}{s^2+5s+6}$$

故零状态响应为
$$y_{zs}(t)=\mathscr{L}^{-1}[Y_{zs}(s)]=(1.5\mathrm{e}^{-t}-3\mathrm{e}^{-2t}+1.5\mathrm{e}^{-3t})\varepsilon(t)$$

零输入响应为
$$y_{zi}(t)=\mathscr{L}^{-1}[Y_{zi}(s)]=(2\mathrm{e}^{-2t}-\mathrm{e}^{-3t})\varepsilon(t)$$

全响应为
$$y(t)=y_{zi}(t)+y_{zs}(t)=(1.5\mathrm{e}^{-t}-\mathrm{e}^{-2t}+0.5\mathrm{e}^{-3t})\varepsilon(t)$$

方法二：零状态响应通过系统函数求，零输入响应用时域分析法求。系统函数为

$$H(s)=\frac{3}{s^2+5s+6}$$

式中 $$Y_{zs}(s)=H(s)F(s)=\frac{3}{(s+3)(s+2)(s+1)}=\frac{1.5}{s+1}+\frac{-3}{s+2}+\frac{1.5}{s+3}$$

零状态响应为 $$y_{zs}(t)=(1.5e^{-t}-3e^{-2t}+1.5e^{-3t})\varepsilon(t)$$

零输入响应为 $$y_{zi}(t)=C_1e^{-2t}+C_2e^{-3t}$$

代入初始条件 $y(0_-)=1, y'(0_-)=-1$，得 $C_1+C_2=1, -2C_1-3C_2=-1$，解得 $C_1=2, C_2=-1$，所以

$$y_{zi}(t)=(2e^{-2t}-e^{-3t})\varepsilon(t)$$

全响应为 $$y(t)=y_{zi}(t)+y_{zs}(t)=(1.5e^{-t}-e^{-2t}+0.5e^{-3t})\varepsilon(t)$$

用 Matlab 来计算这类问题就简单得多，下面编写了一个适用于解二阶微分方程的程序，适当修改后可以变成解三阶和多阶微分方程的程序。对上例计算如下。

```
% 用拉氏变换计算微分方程的零输入响应,零状态响应,全响应
% 这是一个求二阶微分方程的通用程序    LT5_27.m
syms s Sn Yzs Yzi
a=[1 5 6];                  % 微分方程左边系数 an
b=[0 0 3];                  % 微分方程左边系数 bm
F=1/(s+1);                  % 输入信号拉氏变换
y0=[1-1];                   % 初始条件 y(0),y'(0),y"(0) 等
Sn=[s^2 s 1];               % s 的多项式
An=a*Sn';                   % 形成分母多项式
B=b*Sn';                    % 形成分子多项式
H=B/An;                     % 计算 H(s)
Yzs=H.*F;                   % 计算零状态响应的拉氏变换
yzs=ilaplace(Yzs);          % 拉氏反变换
disp('零状态响应')
pretty(yzs)
A=[a(1)*s+ a(2)a(1)];
Y0s=A*y0';                  % 形成分子多项式
Yzi=Y0s/An;                 % 计算零输入响应的拉氏变换
yzi=ilaplace(Yzi);          % 拉氏反变换
disp('零输入响应')
pretty(yzi)
y=yzs+ yzi;                 % 计算全响应
disp('全响应')
pretty(y)
```

运行结果显示在命令窗口中，答案如下，与上例的计算结果一致。

```
>>零状态响应
            3/2exp(-3  t)-3exp(-2  t)+3/2exp(-t)
零输入响应
                 -exp(-3  t)+2  exp(-2  t)
全响应
```

```
1/2  exp(-3  t)-exp(-2  t)+3/2  exp(-t)
```

5.6　动态电路的拉氏变换解

对于一般动态电路的时域分析，存在以下问题。

(1) 对一般的二阶或二阶以上的电路，建立微分方程困难。

(2) 确定微分方程所需要的 0_+ 初始条件，以及确定微分方程解中的积分常数也很烦琐。

(3) 动态电路的分析方法无法与电阻性电路和正弦稳态电路的分析统一起来。

(4) 当激励源是任意函数时，求解也不方便。

用拉氏变换分析动态电路，可以完全解决上述问题。所以，复频域分析是研究动态电路的最有效方法之一。

用拉氏变换分析动态电路，如何解决时域分析动态电路时所存在的问题呢？与正弦稳态电路中的相量法相似。在相量法中，先找出 R、L、C 在频域的模型，称为相量模型；同时推导出电路定律的相量形式，引出阻抗和导纳的概念。这样电阻性电路的分析方法可全部用于正弦稳态电路。在用拉氏变换分析动态电路时，也先找出动态元件的复频域模型；同时推导电路定律的拉氏变换形式，引出复频域阻抗和导纳的概念。这种分析方法称为复频域法，与正弦稳态电路的相量法完全类似。

5.6.1　电路元件的 s 域模型

1. 电阻元件

图 5-13(a) 所示电阻元件的伏安关系及拉氏变换为

$$u(t) = Ri(t) \Leftrightarrow U(s) = RI(s) \tag{5-57}$$

式(5-57) 就是电阻元件伏安关系的复频域形式。图 5-13(b) 所示的为电阻元件的复频域模型。

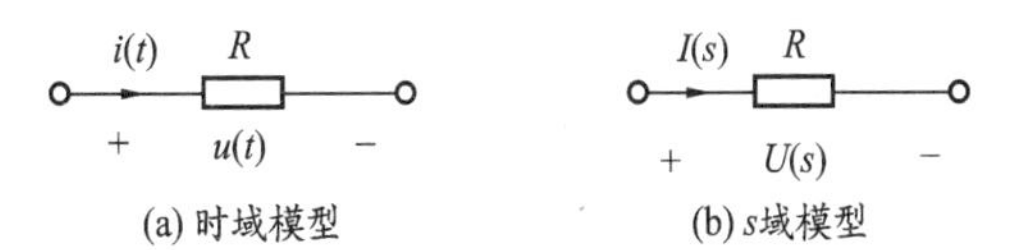

图 5-13　电阻元件

2. 电感元件

图 5-14(a) 所示电感元件的伏安关系为 $u(t) = L\mathrm{d}i(t)/\mathrm{d}t$，两边取拉氏变换，并根据拉氏变换的微分性质，得

$$u(t) = L\mathrm{d}i(t)/\mathrm{d}t \Leftrightarrow U(s) = sLI(s) - Li(0_-) \tag{5-58}$$

式中：sL 为电感的复频域阻抗；$i(0_-)$ 表示电感中的初始电流。这样就得到图 5-14(b) 所示的复频域模型。$Li(0_-)$ 表示电压源，是由电感元件的初始电流演变而来的，它体现了

电感元件的初始储能对电路的作用，称为初值电源或附加电源。初值电压源从负极到正极的方向与电流的方向相同。式(5-58)还可以写成

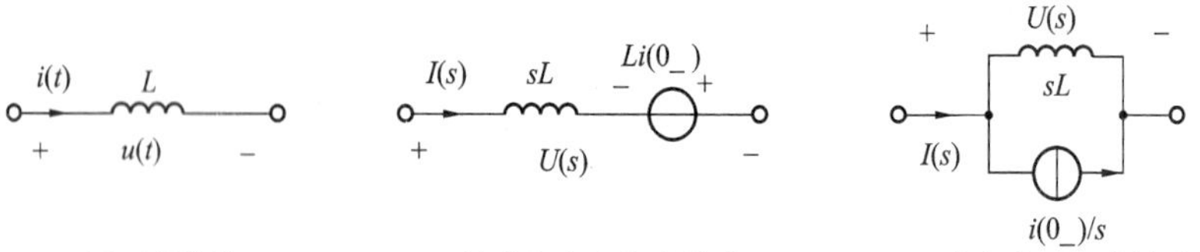

(a) 时域模型　　(b) 含电压源的s域模型　　(c) 含电流源的s域模型

图 5-14　电感元件

$$I(s)=(1/sL)U(s)+i(0_-)/s \tag{5-59}$$

就得到图5-14(c)所示的复频域模型。$1/(sL)$为电感的复频域导纳，$i(0_-)/s$表示电流源。实际上，对图5-14(b)用电源等效变换也能得到图5-14(c)。

3. 电容元件

图5-15(a)所示电感元件的伏安关系为$i(t)=C\mathrm{d}u(t)/\mathrm{d}t$，两边取拉氏变换，并根据拉氏变换的微分性质，得

$$i(t)=C\frac{\mathrm{d}u(t)}{\mathrm{d}t}\Leftrightarrow I(s)=sCU(s)-Cu(0_-) \tag{5-60}$$

或写成

$$U(s)=(1/sC)I(s)+u(0_-)/s \tag{5-61}$$

这样就得到图5-15(b)、(c)所示的复频域模型。$Cu(0_-)$和$u(0_-)/s$分别表示初值电流源和电压源，它体现了电容元件的初始储能对电路的作用。注意初值电源的方向。$1/(sC)$和sC分别为电容的复频域阻抗和导纳。实际上，对图5-15(b)所示电路进行电源等效变换也能得到图5-15(c)所示电路。

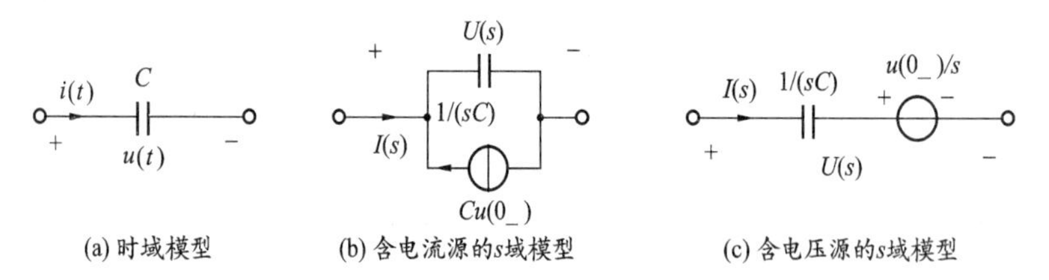

(a) 时域模型　　(b) 含电流源的s域模型　　(c) 含电压源的s域模型

图 5-15　电容元件

5.6.2　电路定律的复频域形式

1. KCL 与 KVL 的复频域形式

基尔霍夫定律的时域形式如下。

对于任一节点：　$\sum i_k(t)=0$

对于任一回路：　$\sum u_k(t)=0$

对上述方程两边取拉氏变换，并根据拉氏变换的线性性质可知：对于任一节点，KCL的运算形式为

$$\sum I_k(s)=0 \tag{5-62}$$

对于任一回路，KVL 的运算形式为

$$\sum U_k(s)=0 \tag{5-63}$$

由上式可见，复频域中的 KCL 和 KVL 与时域中的 KCL 和 KVL 在形式上是相同的。

2. 复频域阻抗、导纳和欧姆定律的复频域形式

在零状态情况下，R、L、C 的伏安关系的复频域形式分别如下。

对于电阻元件：　$U(s)=RI(s)$　或　$I(s)=GU(s)$

对于电感元件：　$U(s)=sLI(s)$　或　$I(s)=(1/sL)U(s)$

对于电容元件：　$U(s)=(1/sC)I(s)$　或　$I(s)=sCU(s)$

对于 RLC 串联电路，如图 5-16(a) 所示，各元件都用对应的 s 域模型表示，可画出对应的 s 域电路如图 5-16(b) 所示。在零状态条件下，根据 KVL 和电路元件的伏安关系，可得

$$U(s)=(R+sL+1/sC)I(s) \tag{5-64}$$

即

$$Z(s)=U(s)/I(s)=R+sL+1/(sC) \tag{5-65}$$

式中：$Z(s)$ 为 RLC 串联电路的复频域阻抗。它与正弦稳态电路的阻抗

$$Z=R+\mathrm{j}\omega L+1/(\mathrm{j}\omega C) \tag{5-66}$$

在形式上是相同的，只不过用 s 代替 $\mathrm{j}\omega$ 而已。

复频域阻抗的倒数称为复频域导纳，即

$$Y(s)=1/Z(s)=I(s)/U(s) \tag{5-67}$$

所以，欧姆定律的复频域形式为

$$U(s)=Z(s)I(s) \tag{5-68}$$

或

$$I(s)=Y(s)U(s) \tag{5-69}$$

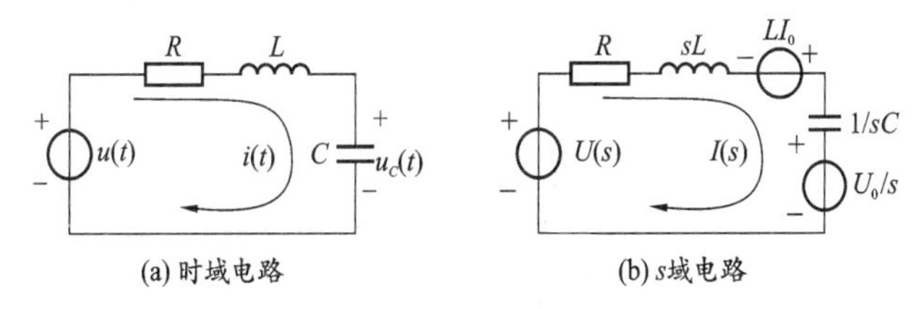

图 5-16　RLC 串联电路

3. 复频域法与相量法的比较

现将电路分析中三大类电路的电路变量、电路定律、电路元件的伏安关系归纳如表5-3 所示。从表中可知，各项形式完全相同。

结论 引入复频域阻抗后，复频域法与相量法或直流电路分析法完全一样，即直流电路应用的所有计算方法、定理、等效变换等可以完全用于复频域法来求解动态电路。

在动态电路中，每一个电路元件用其相应的 s 域模型代替，例如，如图 5-16(a) 所示的 RLC 串联电路，设电感元件中的初值电流为 $i(0_-)=I_0$，电容元件中的初始电压为 $u_C(0_-)=U_0$，根据 R、L、C 的 s 域模型可以画出如图 5-16(b) 所示的 s 域电路。

注意：将电感、电容元件分别用它们的复频域模型代替，要特别注意初值电源的方向；将电源用其拉氏变换式代替；电路中的变量用其象函数表示。

表 5-3 三类电路分析方法的比较

直流电路	正弦稳态电路(相量法)	动态电路(复频域法)
I	$\dot{I}$	$I(s)$
U	$\dot{U}$	$U(s)$
R	$Z=R+j\omega L+1/(j\omega C)$	$Z(s)=R+sL+1/(sC)$
$G=1/R$	$Y=1/Z$	$Y(s)=1/Z(s)$
$U=RI$	$\dot{U}=Z\dot{I}$	$U(s)=Z(s)I(s)$
$\sum U=0,\sum I=0$	$\sum \dot{U}=0,\sum \dot{I}=0$	$\sum U(s)=0,\sum I(s)=0$

对于如图 5-16(b) 所示的复频域电路，可以用列 KVL 方程求得电流为

$$I(s)=\frac{U(s)+LI_0-U_0/s}{R+sL+1/(sC)}=\frac{U(s)}{R+sL+1/(sC)}+\frac{LI_0-U_0/s}{R+sL+1/(sC)}$$

显然，电流响应 $I(s)$ 可以分解为零状态响应与零输入响应之和。其中，零状态响应为

$$I_{zs}(s)=\frac{U(s)}{R+sL+1/(sC)}$$

它只与激励电源有关。零输入响应为

$$I_{zi}(s)=\frac{LI_0-U_0/s}{R+sL+1/(sC)}$$

它是由初始状态引起的。由于初始条件化为信号源，由初始值引起的响应即零输入响应，实际上变为由等效信号源引起的零状态响应。所以，s 域网络的电源分为激励源和初值电源两类。初始电源单独作用产生零输入响应；激励源单独作用产生零状态响应。

5.6.3 动态电路的复频域分析

用拉氏变换分析动态电路与时域分析法比较，它的基本思路是怎么样的呢？图 5-17 所示的是这种分析方法的示意图。

在时域分析中，要对动态网络列微分方程，电路变量是时间的函数，列微分方程和求

解均十分困难。在复频域分析中，电路变量是象函数，对运算电路运用以前所学的各种分析方法列网络方程。这时的网络方程是代数方程，通过代数运算求得响应的象函数，再进行拉氏反变换求得时间函数。

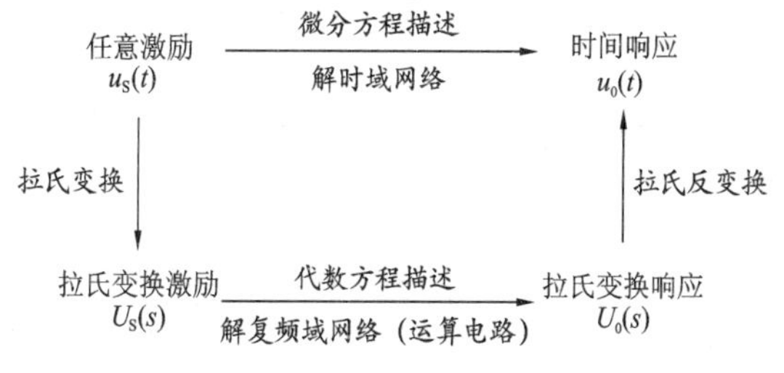

图 5-17 运算法的基本思路

用拉氏变换分析动态电路的步骤如下。

(1) 求动态电路中初始值：$u_C(0_-)$、$i_L(0_-)$。

(2) 将电路中电源的时间函数进行拉氏变换。常用的拉氏变换有

$$\text{常数 } A \Leftrightarrow \frac{A}{s},\quad \mathrm{e}^{-at}\varepsilon(t) \Leftrightarrow \frac{1}{s+a},\quad \varepsilon(t)-\varepsilon(t-t_0) \Leftrightarrow \frac{1-\mathrm{e}^{-s}}{s}$$

(3) 画出 s 域电路图(特别注意初值电源)，其步骤如下：

① 电感、电容和互感分别用它们的 s 域模型替代；

② 检查初值电源的方向和数值；

③ 电源函数用其象函数(拉氏变换式) 表示；

④ 电路变量用其象函数表示：$i(t) \Leftrightarrow I(s)$，$u(t) \Leftrightarrow U(s)$。

(4) 运用直流电路的方法求解电路变量的象函数。可用以前学过的所有电路分析方法计算，如网孔法、节点法、叠加定理、戴维南定理、分压分流公式、电源等效变换等。

(5) 拉氏反变换求原函数。

根据上述思路，以下将通过一些实例说明拉氏变换在线性动态电路中的应用。

【例 5.28】 电路如图 5-18(a) 所示，开关打开前电路处于稳态，$t=0$ 时开关S打开，用拉氏变换分析法求电路中的电压 $u_{L1}(t)$、$i_2(t)$。

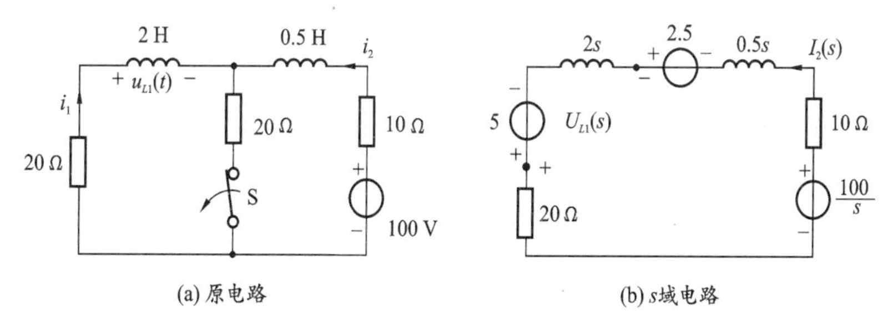

图 5-18 例 5.28 电路

解　先求出初始值：$i_1(0_-)=-2.5$ A；$i_2(0_-)=5$ A。对电压源求拉氏变换为 $100/s$，该电路的运算电路如图 5-18(b) 所示。

列 KVL 方程
$$(30+2.5s)I_2(s)=100/s+7.5$$

解得电流为
$$I_2(s)=\frac{100/s+7.5}{30+2.5s}=\frac{40/s+3}{s+12}=\frac{3s+40}{s(s+12)}=\frac{10/3}{s}+\frac{-1/3}{s+12}$$

电压为
$$U_{L1}(s)=5-2sI_2=5-2\frac{3s+40}{s+12}=-1-\frac{8}{s+12}$$

求其拉氏反变换，故有
$$i_2(t)=[(10/3)-(1/3)\mathrm{e}^{-12t}]\varepsilon(t)\ (\mathrm{A})$$
$$u_{L1}(t)=(-\delta(t)-8\mathrm{e}^{-12t}\varepsilon(t))(\mathrm{V})$$

从此题可知，电感中的电流在 $t=0$ 时就不连续了，即 $i_1(0_+)=i_2(0_+)=3$ A，而 $i_1(0_-)=-2.5$ A，$i_2(0_-)=5$ A。所以，$i_1(0_+)\neq i_1(0_-)$，$i_2(0_+)\neq i_2(0_-)$。

【例 5.29】　电路如图 5-19(a) 所示，开关 S 打开前电路已稳定，$t=0$ 时开关 S 打开，用运算法求电容电压 $u_C(t)$。

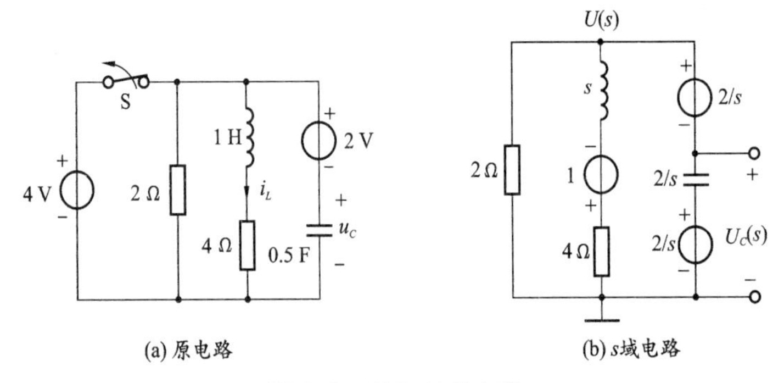

图 5-19　例 5.29 的电路

解　先求出电路的初始值：$i_L(0_-)=1$A；$u_C(0_-)=2$V。对电压源求拉氏变换，该电路的运算电路如图 5-19(b) 所示。

用节点分析法列节点方程为
$$U(s)=\frac{-(4+s)^{-1}+4s^{-1}\times 0.5s}{0.5+(s+4)^{-1}+0.5s}=\frac{4s+14}{s^2+5s+6}=\frac{6}{s+2}-\frac{2}{s+3}$$

电容电压为
$$U_C(s)=U(s)-\frac{2}{s}=\frac{6}{s+2}-\frac{2}{s+3}-\frac{2}{s}$$

求其拉氏反变换，故有
$$u_C(t)=(-2+6\mathrm{e}^{-2t}-2\mathrm{e}^{-3t})\varepsilon(t)(\mathrm{V})$$

用 Matlab 计算此题的程序如下。

```
% 用拉氏变换计算电路 LT5_29.m
syms Y Is U s
Y=1/2+1/(s+4)+s/2;
Is=-1/(s+4)+2;
```

```
U = Is/Y;
Uc = U - 2/s;
Uc = diff(int(Uc))
uc = ilaplace(Uc)
```

运行程序后屏幕在命令窗口显示：

```
Uc =
-2/(s+3)+6/(s+2)-2/s
uc =
-2*exp(-3*t)+6*exp(-2*t)-2
```

这里使用了 diff( ) 和 int( ) 运算来实现部分分式展开。

【例 5.30】 电路如图 5-20(a) 所示，已知：$e_1(t)=\varepsilon(t)$ (V)，$e_2(t)=\mathrm{e}^{-t}\varepsilon(t)$(V)，$u_C(0)=1$ V，$i_L(0)=1$ A。试求电路的网孔电路 $i_1(t)$ 和 $i_2(t)$。

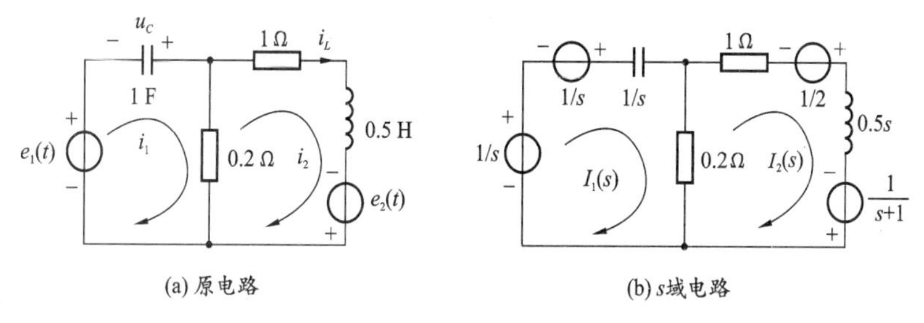

(a) 原电路　　(b) s域电路

图 5-20　例 5.30 的电路

解　对电压源求拉氏变换后，画出该电路的运算电路如图 5-20(b) 所示。网孔方程为

$$\begin{bmatrix}1/5+1/s & -1/5\\ -1/5 & 6/5+s/2\end{bmatrix}\begin{bmatrix}I_1(s)\\ I_2(s)\end{bmatrix}=\begin{bmatrix}s^{-1}+s^{-1}\\ 1/2+(s+1)^{-1}\end{bmatrix}$$

可解得

$$I_1(s)=\frac{11s^2+37s+24}{(s+3)(s+4)(s+1)}=\frac{-6}{s+3}+\frac{52/3}{s+4}+\frac{-1/3}{s+1}$$

$$I_2(s)=\frac{(s+5)(s+3)+4(s+1)}{(s+3)(s+4)(s+1)}=\frac{4}{s+3}+\frac{-13/3}{s+4}+\frac{4/3}{s+1}$$

求其拉氏反变换，故有

$$i_1(t)=[-6\mathrm{e}^{-3t}+(52/3)\mathrm{e}^{-4t}-(1/3)\mathrm{e}^{-t}]\varepsilon(t)$$

$$i_2(t)=[4\mathrm{e}^{-3t}-(13/3)\mathrm{e}^{-4t}+(4/3)\mathrm{e}^{-t}]\varepsilon(t)$$

用 Matlab 计算此题的全响应、零输入响应和零状态响应的程序如下。

```
% 用拉氏变换计算电路 LT5_30.m
syms Z I Us s
Z = [1/5+1/s -1/5; -1/5 6/5+s/2];        % 阻抗矩阵
Us = [1/s+1/s 1/2+1/(s+1)]';              % 电压源列向量
I = Z\Us;                                 % 解线性方程组,求电流 I
```

```
i = ilaplace(I);                    % 拉氏反变换
disp('    全响应 ')
pretty(i)
Us = [1/s 1/2]';                    % 电压源列向量令输入电源为 0
I = Z\Us;                           % 解线性方程组,求电流 I
i = ilaplace(I);                    % 拉氏反变换
disp('    零输入响应 ')
pretty(i)
Us = [1/s 1/(s+1)]';                % 电压源列向量令初值电源为 0
I = Z\Us;                           % 解线性方程组,求电流 I
i = ilaplace(I);                    % 拉氏反变换
disp('    零状态响应 ')
```

运行程序后屏幕在命令窗口显示：

```
>> 全响应
                 [52/3exp(-4t) - 6exp(-3t) - 1/3exp(-t)]
                 [                                      ]
                 [4/3exp(-t) - 13/3exp(-4t) + 4exp(-3t)]
零输入响应
                        [12 exp(-4t) - 6exp(-3t)]
                        [                       ]
                        [-3exp(-4t) + 4exp(-3t)]
零状态响应
                      [-1/3exp(-t) + 16/3exp(-4t)]
                      [                          ]
                      [4/3exp(-t) - 4/3exp(-4t)]
```

通过例5.30的计算可知,用Matlab解题可以解决大量复杂的计算问题,而编程却十分容易,因为Matlab语言更接近科学计算的语言。

5.7 任意信号输入的零状态响应

因为初始条件视为等效电源(初值电源)后,零输入响应就是初值电源单独作用时的零状态响应,所以,这时只讨论零状态响应的求法。

对于线性非时变系统的零状态响应,在时域中可用卷积积分求得

$$y_{zs}(t) = h(t) * f(t) \tag{5-70}$$

式中:$h(t)$ 是系统的冲激响应;$f(t)$ 为输入信号。根据拉氏变换的时域卷积定理,有

$$Y_{zs}(s) = H(s)F(s) \tag{5-71}$$

因此

$$h(t) \Leftrightarrow H(s) \tag{5-72}$$

而

$$H(s) = \frac{Y_{zs}(s)}{F(s)} \tag{5-73}$$

是冲激响应的象函数,称为系统函数,由前面时域分析知道,要求解系统的高阶方程的冲激响应 $h(t)$ 是很麻烦的,但有了拉氏变换这个方法,就使问题变得简便了。求出系统函数 $H(s)$ 后,利用式(5-71)求得零状态响应的象函数,再进行拉氏反变换就求出系统在任意信号输入时的零状态响应。

由于任意信号输入时求系统的零状态响应计算比较复杂,下面主要用 Matlab 来计算。

【例 5.31】 电路如图 5-21(a) 所示,电感的初始电流为零,$u_2(t)$ 为响应。

(a) 若激励信号 $f(t)=f_1(t)$ 如图 5-21(b) 所示,求电路的零状态响应并画出波形;

(b) 若激励信号 $f(t)=f_2(t)$ 如图 5-21(c) 所示,求电路的零状态响应并画出波形。

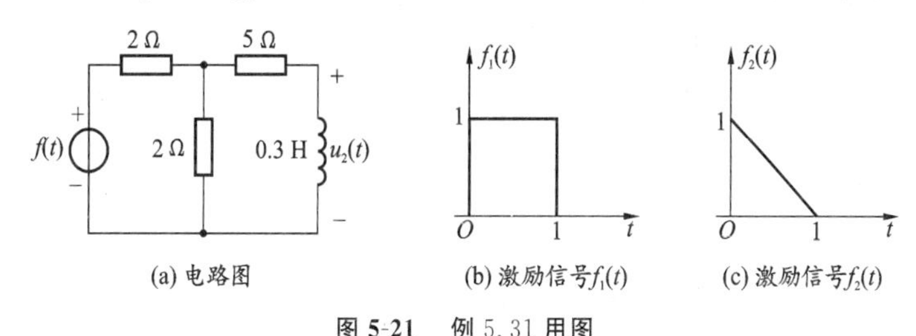

(a) 电路图　(b) 激励信号 $f_1(t)$　(c) 激励信号 $f_2(t)$

图 5-21　例 5.31 用图

解　用 Matlab 计算的程序如下。

```
% 用拉氏变换计算电路   LT5_31.m
syms Z I Us s;
Z=[4 -2;-2 7+0.3*s];                % 阻抗矩阵
Us=[1/s-1/s*exp(-s) 0]';            % 电压源列向量
I=Z\Us;                             % 解线性方程组,求电流 I
U2=0.3*s*I(2);                      % 计算输出电压 u2
u21=ilaplace(U2);                   % 拉氏反变换
t=0:0.005:2;
y=subs(u21);                        % 将符号表达式中的 t 代换后得其数值
subplot(1,2,1),plot(t,y,'linewidth',2);
axis([0 2 -0.55 0.55]);xlabel('t(sec)');
title('输入为矩形波的响应');
Us=[1/s-1/s^2*(1-exp(-s)) 0]';      % 电压源列向量
I=Z\Us;                             % 解线性方程组,求电流 I
U2=0.3*s*I(2);                      % 计算输出电压 u2
u22=ilaplace(U2);                   % 拉氏反变换
t=0:0.005:2;
y=subs(u22);
subplot(1,2,2),plot(t,y,'linewidth',2);
title('输入为三角波的响应');
axis([0 2 -0.1 0.51]);xlabel('t(sec)');
disp('输入为矩形波的响应');
```

```
pretty(u21);
disp('输入为三角波的响应');
pretty(u22);
```

运行程序后屏幕在命令窗口显示：

```
输入为矩形波的响应
        1/2 exp(-20 t)-1/2 Heaviside(t-1) exp(-20t+20)
输入为三角波的响应
21
-- exp(-20t)-1/40+1/40Heaviside(t-1)
40
   -1/40Heaviside(t-1)exp(-20t+20)
```

两种输入信号作用下显示的响应波形如图 5-22 所示。

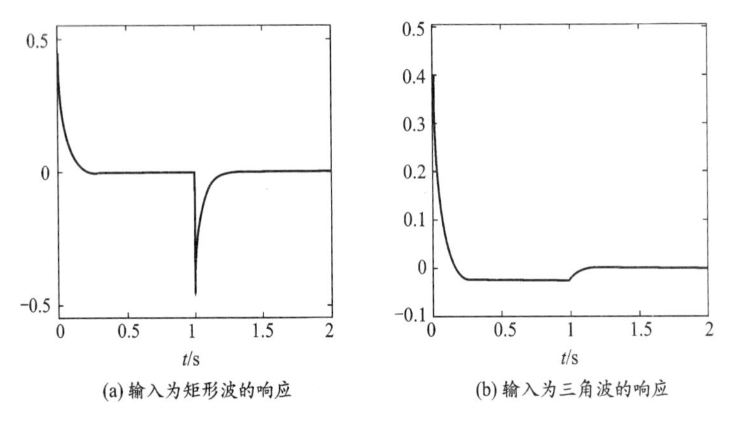

(a) 输入为矩形波的响应　　(b) 输入为三角波的响应

图 5-22　矩形波和三角波输入时的响应

【例 5.32】 RL 电路如图 5-23(a) 所示，电感的初始电流为零，$t=0$ 时开关 S 闭合，电源电压 $u_S(t)=U_m\sin(\omega t)$(V)，电流 $i(t)$ 为响应。求电路的零状态响应并画出波形。

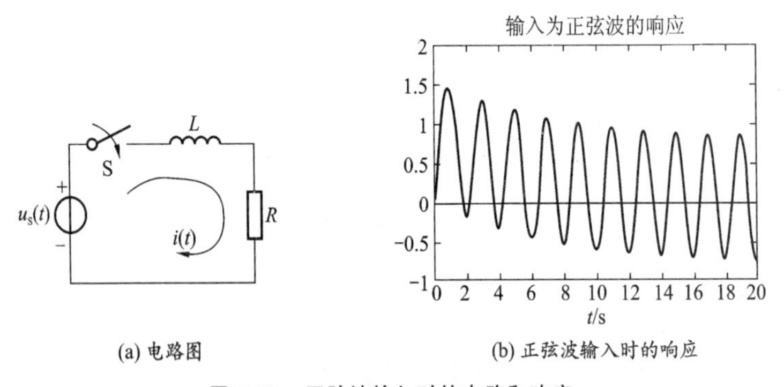

(a) 电路图　　(b) 正弦波输入时的响应

图 5-23　正弦波输入时的电路和响应

解　用 Matlab 计算的程序如下。

```
% 用拉氏变换计算电路   LT5_32.m
syms Z I Us s R L w Vm
Z = R+L* s;
Us = Vm* w/(s^2+w^2);
I = Us/Z;
i = ilaplace(I);
i = simple(i);
t = 0:0.01:20;
R = 0.3;L = 2;w = pi;Vm = 5;
y = eval(i);
plot(t,y,'linewidth',2);
line([0 20],[0 0],'color','r');
axis([0 20 -1 2]);xlabel('t(sec)');
title('输入为正弦波的响应');
disp('输入为正弦波的响应');
i = simple(i)
pretty(i);
```

运行程序后屏幕在命令窗口显示。

```
>>输入为正弦波的响应
i =
-Vm* ((L* cos(w* t)-L* exp(-R* t/L))* w-R* sin(w* t))/(w^2* L^2+R^2)
```

$$\frac{\mathrm{Vm}\left(\left(\mathrm{L}\cos(\mathrm{wt})-\mathrm{L}\exp\left(-\frac{\mathrm{Rt}}{\mathrm{L}}\right)\right)\mathrm{w}-\mathrm{R}\sin(\mathrm{w\,t})\right)}{\mathrm{w}^2\mathrm{L}^2+\mathrm{R}^2}$$

正弦波输入作用下显示的响应波形如图 5-23(b) 所示。

【例 5.33】 已知某系统的冲激响应 $h(t)=\mathrm{e}^{-t}\varepsilon(t)$，输入信号 $f(t)$ 如图 5-24(a) 所示，求系统的零状态响应 $y(t)$ 以及稳态响应的波形。

解 系统函数为 $H(s)=(s+1)^{-1}$，输入信号的第一周期及象函数为

$$f_1(t)=\varepsilon(t)+\varepsilon(t-1)-2\varepsilon(t-2),\quad F_1(s)=s^{-1}(1+\mathrm{e}^{-s}-2\mathrm{e}^{-2s})$$

第一周期的响应为

$$Y_1(s)=H(s)F_1(s)=\frac{1}{s+1}\cdot\frac{1}{s}(1+\mathrm{e}^{-s}-2\mathrm{e}^{-2s})=\left(\frac{1}{s}+\frac{-1}{s+1}\right)(1+\mathrm{e}^{-s}-2\mathrm{e}^{-2s})$$

所以 $y_1(t)=(1-\mathrm{e}^{-t})\varepsilon(t)+(1-\mathrm{e}^{-(t-1)})\varepsilon(t-1)-2(1-\mathrm{e}^{-(t-2)})\varepsilon(t-2)$

总响应为 $y(t)=y_1(t)+y_1(t-3)\varepsilon(t-3)+y_1(t-6)\varepsilon(t-6)+\cdots$

为求稳态响应 $y_{ss}(t)$，从 $y_1(t)$ 中减去自由响应 $y_h(t)=K\mathrm{e}^{-t}\varepsilon(t)$，得

$$\begin{aligned}y_{ss}(t)&=y_1(t)-y_h(t)\\&=(1-\mathrm{e}^{-t})\varepsilon(t)+(1-\mathrm{e}^{-(t-1)})\varepsilon(t-1)-2(1-\mathrm{e}^{-(t-2)})\varepsilon(t-2)-K\mathrm{e}^{-t}\varepsilon(t)\end{aligned}$$

用下列方式可求出 K，令 $y_{ss}(0)=y_{ss}(3)$，得

$$0-K=1-\mathrm{e}^{-3}+1-\mathrm{e}^{-2}-2(1-\mathrm{e}^{-1})-K\mathrm{e}^{-3}$$

所以 $$K=\frac{2e^{-1}-e^{-2}-e^{-3}}{e^{-3}-1}=-0.5795$$

系统稳态响应为 $$y_{ss}(t)=(1-0.4205e^{-t})\varepsilon(t)+(1-e^{-(t-1)})\varepsilon(t-1)-2(1-e^{-(t-2)})\varepsilon(t-2)$$

三个稳态值为 $y_{ss}(0)=0.5795$， $y_{ss}(1)=0.8453$， $y_{ss}(2)=1.5752$

用 Matlab 计算的程序如下。

```
% 用拉氏变换计算电路   LT5_33.m
syms  s
H=1/(s+1);                              % 计算系统函数 H(s)
F1=1/s*(1+exp(-s)-2*exp(-2*s)); % 计算输入信号第一周期的象函数
                                        % 计算输入信号五个周期的象函数
F=F1+F1*exp(-3*s)+F1*exp(-6*s)+F1*exp(-9*s)+F1*exp(-12*s);
Y=H.*F;                                 % 响应 Y(s)
Y1=H.*F1;                               % 响应第一周期 Y1(s)
y=ilaplace(Y);                          % 响应的拉氏反变换 y(t)
y=simple(y);
t=0:0.02:9;
f=u(t)+u(t-1)-2*u(t-2)+u(t-3)+u(t-4)-2*u(t-5)+u(t-6)+u(t-7)-2*
u(t-8);
yn=subs(y);
subplot(2,1,1),plot(t,f,'linewidth',2);
line([0 9],[0 0],'color','r');
axis([0 9- 0.5 2.2]);xlabel('t(sec)');ylabel('f(t)')
subplot(2,1,2),plot(t,yn,'linewidth',2);hold on
plot(t,f,'k:'),hold off
line([0 9],[0 0],'color','r');
axis([0 9-0.5 2.2]);xlabel('t(sec)');ylabel('y(t)')
t=12:14;                                % 响应第五个周期的时间
ys=subs(y,t,'t');                       % 第五周期的三个值
disp('输入为周期信号的响应第一周期');
y1=ilaplace(Y1);                        % 响应第一周期拉氏反变换 y1(t)
pretty(y1);
disp('输出稳态周期信号的三个值');
ys
```

运行程序后屏幕在命令窗口显示。

输入为周期信号的响应第一周期

```
1-exp(-t)+Heaviside(t-1)-Heaviside(t-1)exp(-t+1)
-2 Heaviside(t-2)+2 Heaviside(t-2)exp(-t+2)
```

输出稳态周期信号的三个值

```
ys=
```

```
0.5795    0.8453    1.5752
```

周期信号输入作用下显示的响应波形如图 5-24(b) 所示。

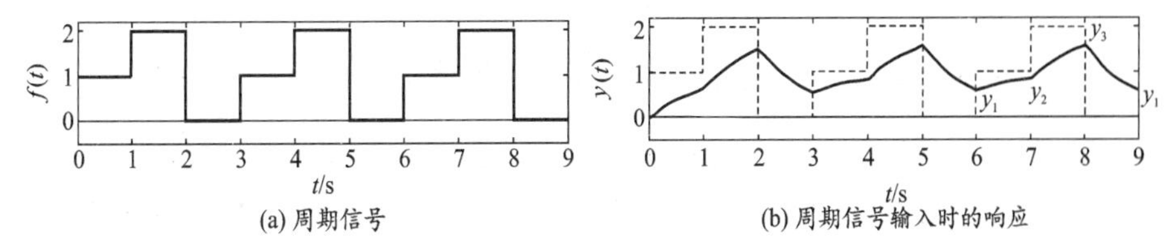

(a) 周期信号　　(b) 周期信号输入时的响应

图 5-24　输入的周期信号和响应波形

在计算时，认为系统响应到第五个周期，即 $t=12\sim14$ s，系统早已到达稳态。在图 5-24(b) 中的三个稳态值是：$y_1=y(12)=0.5795$，$y_2=y(13)=0.8453$，$y_3=y(14)=1.5752$，与理论分析结果一致。

【例 5.34】 已知某系统，当激励 $f_1(t)=\delta(t)$ 时，全响应为 $y_1(t)=\delta(t)+e^{-t}\varepsilon(t)$；当激励 $f_2(t)=\varepsilon(t)$ 时，全响应为 $y_2(t)=3e^{-t}\varepsilon(t)$。

(a) 求系统的冲激响应 $h(t)$ 与零输入响应 $y_{zi}(t)$；

(b) 求当激励为如图 5-25 所示的 $f(t)$ 时的全响应 $y(t)$。

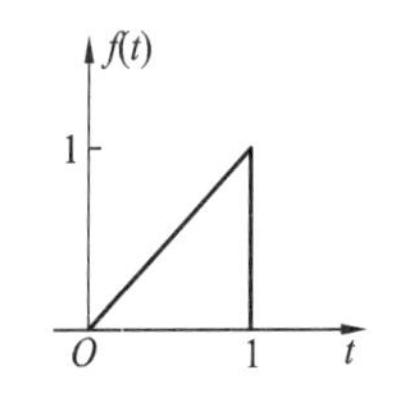

图 5-25　例 5.34 用图

解　(a) 当 $f_1(t)=\delta(t)$ 时，全响应为

$$Y_1(s)=H(s)+Y_{zi}(s)$$

即
$$1+\frac{1}{s+1}=H(s)+Y_{zi}(s) \tag{1}$$

当 $f_2(t)=\varepsilon(t)$ 时，全响应为

$$Y_2(s)=H(s)\frac{1}{s}+Y_{zi}(s)$$

即
$$\frac{3}{s+1}=H(s)\frac{1}{s}+Y_{zi}(s) \tag{2}$$

(1)、(2) 两式联解，得

$$H(s)=\frac{s}{s+1},\quad Y_{zi}(s)=\frac{2}{s+1}$$

故得系统的冲激响应为

$$h(t)=\delta(t)-e^{-t}\varepsilon(t)$$

系统的零输入响应为

$$y_{zi}(t)=2e^{-t}\varepsilon(t)$$

(b) 当激励为如图 5-25 所示信号时，$f(t)$ 可表示为

$$f(t)=t\varepsilon(t)-(t-1)\varepsilon(t-1)-\varepsilon(t-1)$$

其拉氏变换为
$$F(s)=\frac{1}{s^2}-\frac{1}{s^2}e^{-s}-\frac{1}{s}e^{-s}$$

故
$$Y_{zs}(s)=H(s)F(s)=\frac{s}{s+1}\left(\frac{1}{s^2}-\frac{1}{s^2}e^{-s}-\frac{1}{s}e^{-s}\right)=\frac{1}{s(s+1)}(1-e^{-s})-\frac{1}{s+1}e^{-s}$$

$$=\frac{1}{s}(1-e^{-s})-\frac{1}{s+1}(1-e^{-s})-\frac{1}{s+1}e^{-s}=\frac{1}{s}-\frac{1}{s}e^{-s}-\frac{1}{s+1}$$

故零状态响应为 $y_{zs}(t) = \varepsilon(t) - \varepsilon(t-1) - e^{-t}\varepsilon(t)$

全响应为 $y(t) = y_{zs}(t) + y_{zi}(t) = \varepsilon(t) - \varepsilon(t-1) + e^{-t}\varepsilon(t)$

*5.8 拉氏变换与傅里叶变换的关系

由于拉氏变换是傅里叶变换在复频域的推广，因此，在傅里叶变换存在的前提下，当$\sigma = 0$时，拉氏变换就是傅里叶变换。考虑因果信号即$t < 0$时，$f(t) = 0$。拉氏变换表达式为

$$F(s) = \int_{0}^{+\infty} f(t)e^{-st}dt, \quad \mathrm{Re}[s] = \sigma > \sigma_0$$

而傅里叶变换表达式为

$$F(j\omega) = \int_{-\infty}^{+\infty} f(t)e^{-j\omega t}dt$$

下面讨论它们之间的关系，根据收敛域的不同，将整个复频域分为三种情况讨论：$\sigma_0 < 0$，极点在左半平面；$\sigma_0 > 0$，极点在右半平面；$\sigma_0 = 0$，极点在虚轴上。

1. $\sigma_0 < 0$(极点在左半平面)

此时收敛域包含虚轴，因此取积分路径$\sigma = 0$、$s = j\omega$在收敛域内，其拉氏变换即是傅里叶变换。

$$F(j\omega) = F(s)\Big|_{s=j\omega} \tag{5-74}$$

例如 $f(t) = e^{-2t}\varepsilon(t)$，其拉氏变换为$F(s) = (s+2)^{-1}$，极点$s = \sigma_0 = -2$在左半平面，收敛域包含虚轴，令$\sigma = 0$，其傅里叶变换为$F(j\omega) = F(s)\Big|_{s=j\omega} = (j\omega + 1)^{-1}$。而$f(t) = e^{2t}\varepsilon(t)$有拉氏变换而没有傅里叶变换，这是下面要讨论的第二种情况。

2. $\sigma_0 > 0$(极点在右半平面)

此时收敛域不包含虚轴，即在虚轴上$s = j\omega$拉氏变换不收敛，因此也就没有傅里叶变换。

3. $\sigma_0 = 0$(极点在虚轴上)

极点在虚轴上，但收敛域不包含虚轴，函数即有拉氏变换，也有傅里叶变换。例如，阶跃信号$\varepsilon(t)$，其拉氏变换为$1/s$，极点$s = \sigma_0 = 0$在虚轴上，但收敛域不包含虚轴；其傅里叶变换为$(1/j\omega) + \pi\delta(\omega)$。可见其傅里叶变换必然包含冲激函数或其导数。下面分两种情况讨论。

1)$F(s)$有单极点的情况

设$F(s)$在虚轴上有单极点，此外在s左半平面也有极点，于是$F(s)$可表示为

$$F(s) = \frac{B(s)}{A(s)(s-j\omega_1)(s-j\omega_2)\cdots} = F_a(s) + \sum_{i=1}^{n}\frac{K_i}{s-j\omega_i} = F_a(s) + F_b(s)$$

式中：$F_a(s)$ 的极点均在 s 左半平面，因而它在虚轴处收敛，故有

$$F_a(j\omega)=F_a(s)\Big|_{s=j\omega}$$

已知拉氏变换为 $$\sum_{i=1}^{n}\frac{K_i}{s-j\omega_i}\Leftrightarrow\sum_{i=1}^{n}K_i e^{j\omega_i t}\varepsilon(t)$$

由于傅里叶变换为 $$e^{j\omega_i t}\varepsilon(t)\Leftrightarrow\pi\delta(\omega-\omega_i)+\frac{1}{j(\omega-\omega_i)}$$

所以 $$F_b(j\omega)=\sum_{i=1}^{n}\frac{K_i}{j(\omega-\omega_i)}+\sum_{i=1}^{n}K_i\delta(\omega-\omega_i)$$

于是 $$F_b(j\omega)=F_b(s)\Big|_{s=j\omega}+\sum_{i=1}^{n}\pi K_i\delta(\omega-\omega_i)$$

即有 $$F(j\omega)=F(s)\Big|_{s=j\omega}+\sum_{i=1}^{n}\pi K_i\delta(\omega-\omega_i)\tag{5-75}$$

【例 5.35】 已知 $f(t)=\cos^2(\omega_0 t)\varepsilon(t)$ 求其傅里叶变换。

解 由于 $$F(s)=\frac{s^2+2\omega_0^2}{s(s^2+4\omega_0^2)}=\frac{K_1}{s}+\frac{K_2}{s+2j\omega_0}+\frac{K_3}{s-2j\omega_0}$$

虚轴上有三个单极点 $s=0, s=\pm 2j\omega_0$，部分分式法的展开系数为

$$K_1=sF(s)\Big|_{s=0}=0.5$$

$$K_2=(s+2j\omega_0)F(s)\Big|_{s=-2j\omega_0}=0.25$$

$$K_3=(s-2j\omega_0)F(s)\Big|_{s=2j\omega_0}=0.25$$

因此 $$\begin{aligned}F(j\omega)&=F(s)\Big|_{s=j\omega}+\pi K_1\delta(\omega)+\pi K_2\delta(\omega+2\omega_0)+K_3\delta(\omega-2\omega_0)\\&=(2\omega_0^2-\omega^2)[j\omega(4\omega_0^2-\omega^2)]^{-1}+0.5\pi\delta(\omega)+0.25\pi\delta(\omega+2\omega_0)+0.25\pi\delta(\omega-2\omega_0)\end{aligned}$$

2）$F(s)$ 在虚轴上有重极点的情况

设 $F(s)$ 在虚轴上有重极点，此外在 s 左半平面也有极点，于是 $F(s)$ 可表示为

$$F(s)=\frac{B(s)}{A(s)(s-j\omega_1)(s-j\omega_2)\cdots}=F_a(s)+\frac{K}{(s-j\omega_0)^n}=F_a(s)+F_b(s)$$

式中：$F_a(s)$ 的极点均在 s 左半平面，因而它在虚轴处收敛，故有

$$F_a(j\omega)=F_a(s)\Big|_{s=j\omega}$$

已知拉氏变换为 $$\frac{K}{(s-j\omega_0)^n}\Leftrightarrow\frac{K}{(n-1)!}t^{n-1}e^{-j\omega_0 t}\varepsilon(t)$$

由于傅里叶变换为 $$\frac{1}{(n-1)!}t^{n-1}e^{-j\omega_0 t}\varepsilon(t)\Leftrightarrow\frac{\pi j^{n-1}}{(n-1)!}\delta^{(n-1)}(\omega-\omega_0)+\frac{1}{(j\omega-j\omega_0)^n}$$

所以 $$F_b(j\omega)=F_b(s)\Big|_{s=j\omega}+\frac{K\pi j^{n-1}}{(n-1)!}\delta^{(n-1)}(\omega-\omega_0)$$

即有
$$F(\mathrm{j}\omega)=F(s)\Big|_{s=\mathrm{j}\omega}+\frac{K\pi\mathrm{j}^{n-1}}{(n-1)!}\delta^{(n-1)}(\omega-\omega_0) \tag{5-76}$$

【例 5.36】 已知 $f(t)=t\sin(\omega_0 t)\varepsilon(t)$，求其傅里叶变换。

解 由于
$$F(s)=\frac{2\omega_0 s}{(s^2+\omega_0^2)^2}=\frac{\mathrm{j}}{2}\cdot\frac{1}{(s+\mathrm{j}\omega_0)^2}-\frac{\mathrm{j}}{2}\cdot\frac{1}{(s-\mathrm{j}\omega_0)^2}$$

虚轴上有两个共轭重极点 $s=\pm\mathrm{j}\omega_0$，$K_1=0.5\mathrm{j}$，$K_2=-0.5\mathrm{j}$，所以

$$\begin{aligned}F(\mathrm{j}\omega)&=F(s)\Big|_{s=\mathrm{j}\omega}+K_1\pi\mathrm{j}\delta'(\omega+\omega_0)+K_2\pi\mathrm{j}\delta'(\omega-\omega_0)\\&=\frac{2\mathrm{j}\omega_0\omega}{(\omega_0^2-\omega^2)^2}-\frac{1}{2}\pi\delta'(\omega+\omega_0)+\frac{1}{2}\pi\delta'(\omega-\omega_0)\end{aligned}$$

5.9 工程应用实例：浪涌保护器与示波器探头补偿

5.9.1 浪涌保护器

浪涌也称为突波，顾名思义就是超出正常工作电压的瞬间过电压。本质上讲，浪涌是发生在几百万分之一秒时间内的一种剧烈脉冲。可能引起浪涌的原因有：重型设备启动或停止、短路、电源切换或大型发动机的接入等。而含有浪涌阻绝装置的产品可以有效地吸收突发的巨大能量，以保护连接设备免于受损。

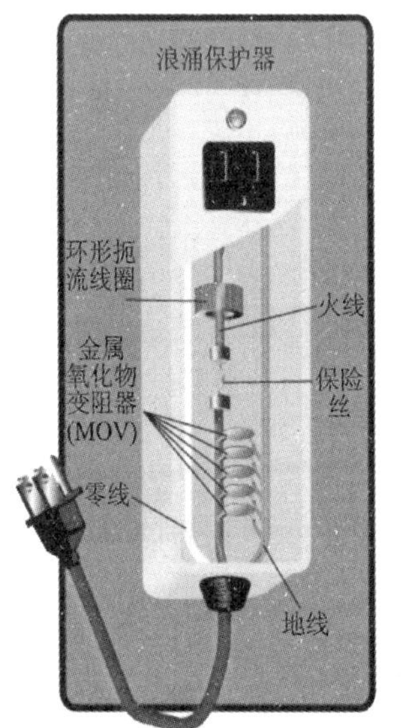

图 5-26 简单的浪涌保护器

在配置计算机系统时，您可能购买的一个标准元件将是浪涌保护器。浪涌保护器的大部分设计都是将多个元件安装在一个电源插座里。带有浪涌保护器的电源板的功能是保护计算机中电子设备免受电源浪涌的损害。下面来了解一下浪涌保护器（也称为浪涌抑制器），揭示其作用、适用情况和工作效果。

浪涌保护系统的主要作用是保护电子设备免受“浪涌”的损害。如果浪涌或尖峰电压足够高，高电压就可能对计算机造成某种严重损坏。标准浪涌保护器会将来自电源插座的电流输送给电源板上插接的多个电气和电子设备。如果产生浪涌或尖峰，使电压超过了可接受的级别，则浪涌保护器会将多出来的电流转移到电源插座的地线上。

最常见的浪涌保护器都有一个称为金属氧化物变阻器（metal oxide varistor，MOV）的元件，用来转移多余的电压。如图 5-26 所示，MOV 将火线和地线连接在一起。MOV 由三部分组成：中间是一根金属氧化物材料制成的导线，由两个半导体连接着电源和地线。

这些半导体具有随着电压变化而改变的可变电阻。当电压低于某个特定值时，半导体中的电子运动将产生极高的电阻。反之，当电压超过该特定值时，电子运动会发生变化，半导体电阻会大幅降低。如果电压正常，MOV 会闲在一旁。而当电压过高时，MOV 可以传导大量电流，消除多余的电压。随着多余的电流经 MOV 转移到地线，火线电压会恢复正常，从而导致 MOV 的电阻再次迅速增大。按照这种方式，MOV 仅转移浪涌电流，同时允许标准电流继续为与浪涌保护器连接的设备供电。可以说，MOV 的作用类似一个压敏阀门，只有在压力过高时才会打开。

在日常的家庭用电中也有浪涌的现象，考虑如图 5-27(a) 所示电路在正弦稳态电路的工作中，当开关接通或断开负载时，供电系统各中间负载之间是如何产生电压浪涌的。

图 5-27 所示电路是家庭电路的模型，有三个负载，其中之一在 $t=0$ 时断开。为了简化电路计算，设 $u_o = 220\sqrt{2}\cos(314t)$ V，即 $\dot{U}_o = 220\angle 0°$ V，$R_1 = 12\ \Omega$，$R_2 = 8\ \Omega$，$X_i = 1\ \Omega$，$L_i = 0.0032$ H，$X_1 = 40\ \Omega$，$L_1 = 0.1273$ H。开关S打开前，电路处于正弦稳态状态。用相量法计算，得

$$\dot{I}_1 = \frac{220}{12}\ \text{A} = 18.33\angle 0°\ \text{A},\quad \dot{I}_2 = \frac{220}{\text{j}40}\ \text{A} = 55\angle(-90°)\ \text{A},\quad \dot{I}_3 = \frac{220}{8}\ \text{A} = 27.5\angle 0°\ \text{A}$$

$$\dot{I} = \dot{I}_1 + \dot{I}_2 + \dot{I}_3 = 46.2\angle(-6.84°)\ \text{A}$$

所以，$i = 46.2\sqrt{2}\cos(314t - 6.84°)$ A，初始值为 $i(0_-) = 64.87$ A，$i_2(0_-) = 0$。输入电压为

$$\dot{U}_i = \text{j}\dot{I} + \dot{U}_o = 230\angle 11.5°\ \text{V}$$

或
$$u_i = 230\sqrt{2}\cos(314t + 11.5°)\text{V}$$

开关断开后，电源电压 u_i 不变，s 域电路如图 5-27(b) 所示。可以用分压公式计算得

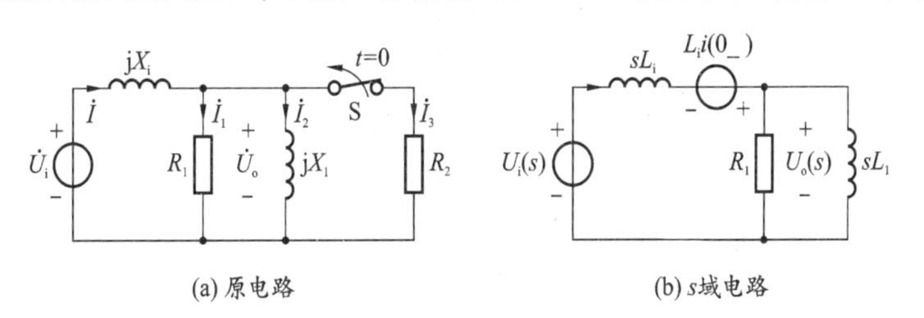

图 5-27 产生电压浪涌的电路

$$U_o(s) = \frac{R_1//sL_1}{sL_i + R_1//sL_1}[U_i(s) - L_i i(0_-)] = \frac{R_1/L_i}{s + R_1\dfrac{L_1 + L_i}{L_1 L_i}}[U_i(s) - L_i i(0_-)]$$

代入已知数据，再进行拉氏反变换，得

$$u_o = (463.63\text{e}^{-3862t} + 314.2\cos(314t) - 37.69\sin(314t))\ \text{V}(t \geqslant 0)$$

开关断开后的瞬间，$u_o(0_+) = 777.82$ V；而开关断开前的瞬间，$u_o(0_-) = 220\sqrt{2}$ V $= 311$ V，因此，当负载 R_2 断开时，电阻 R_1 上的电压将由 311 V 跃变到 777.82 V。如果电

阻负载无法承受这样大的电压,就应该采取保护措施,即在其中连接一个浪涌保护器。

5.9.2 示波器探头补偿

作为一名电子工程师,每天都在使用各种数字示波器进行相关电气信号量的测量。与这些示波器相配的探头种类非常多,如无源探头(包括高压探头、传输线探头)、有源探头(包括有源单端探头、有源差分探头等),电流探头、光探头等。每种探头各有其优缺点,因而各有其适用的场合。每个工程师使用示波器的入门级探头通常是无源探头。最常见的 500 mHz 的无源电压探头适用于一般的电路测量和快速诊断,可以满足大多数的低速数字信号、TV、电源和其他一些典型的示波器应用。下面讨论无源探头的工作原理。

为了有效抑制外界干扰信号,示波器探头通过屏蔽电缆与示波器输入端连接。一般来说,无源探头的电缆存在(8 ~ 10)pF/ft 的容性负载(1 ft = 12 in = 0.3048 m)。一个 6 ft 的电缆就存在 60 pF 容性负载,加上一般示波器的 20 pF 的输入电容以及一些杂散电容,为 90 pF 左右。为此,可以在探头中增加一个和示波器输入端电路模型串联的 *RC* 并联电路,以减少探头的容性负载效应,如图 5-28 所示。

图 5-28 所示电路中,探头电缆的电容与示波器输入电容用 C_i 表示,R_i 是示波器的输入电阻为 1 MΩ,串联电阻 R_p 为 9 MΩ,这就是一个 10∶1 的衰减探头。R_p 和 C_p 分别为补偿电阻和补偿电容。下面分析 R_p 和 C_p 对电路响应的影响。

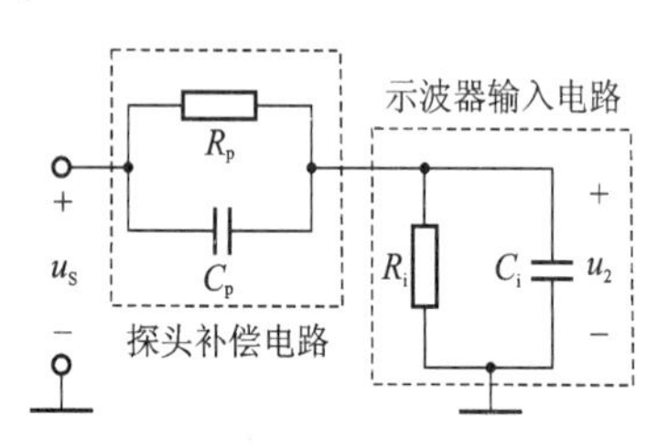

图 5-28 示波器探头电路模型

设两个电容均无储能,即初始电压为零。用拉氏变换并应用分压公式有

$$U_2(s) = \frac{Z_i(s)}{Z_p(s) + Z_i(s)} U_s(s)$$

或

$$U_2(s) = \frac{Y_p(s)}{Y_i(s) + Y_p(s)} U_s(s)$$

式中:$Y_p(s) = 1/R_p + sC_p$;$Y_i(s) = 1/R_i + sC_i$;$U_s(s) = 1/s$。u_2 的阶跃响应为

$$U_2(s) = \frac{1/R_p + sC_p}{1/R_i + sC_i + 1/R_p + sC_p} \cdot \frac{1}{s} = \frac{C_p}{C_p + C_i} \cdot \frac{s + 1/(R_p C_p)}{s + \dfrac{R_p + R_i}{R_p R_i (C_p + C_i)}} \cdot \frac{1}{s}$$

经拉氏反变换,得

$$u_2(t) = \frac{R_i}{R_p + R_i} + \left(\frac{C_p}{C_p + C_i} - \frac{R_i}{R_p + R_i} \right) e^{-at}$$

式中:$a = \dfrac{R_p + R_i}{R_p R_i (C_p + C_i)}$;$\dfrac{C_p}{C_p + C_i} - \dfrac{R_i}{R_p + R_i} = \dfrac{R_p C_p - R_i C_i}{(R_p + R_i)(C_p + C_i)}$。

可见,当 $R_p C_p = R_i C_i$ 时,暂态响应消失,输入和输出的波形没有失真,示波器中的波形如图 5-29(a) 所示,称为全补偿。当 $R_p C_p > R_i C_i$ 时,输入和输出的波形有失真,示波器中的波形如图 5-29(b) 所示,称为过补偿。当 $R_p C_p < R_i C_i$ 时,输入和输出的波形有失真,

示波器中的波形如图 5-29(c) 所示，称为欠补偿。

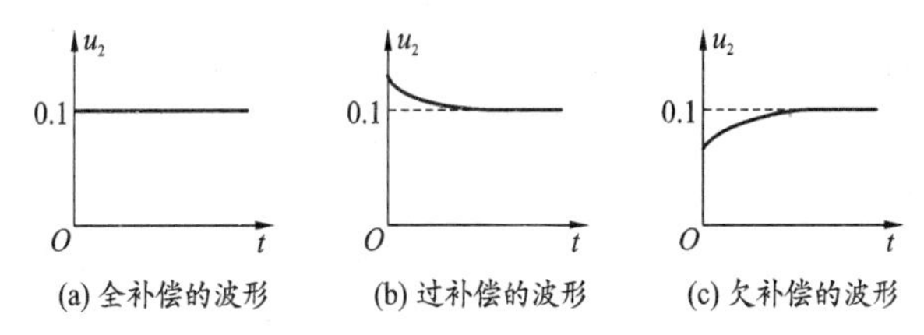

(a) 全补偿的波形　(b) 过补偿的波形　(c) 欠补偿的波形

图 5-29　探头补偿对测量结果的影响

本章小结

本章主要介绍了线性非时变系统的基本分析工具——拉氏变换，以及拉氏变换在求解微分方程、动态电路中的应用。在系统分析中，应用拉氏变换的优点在于它将描述系统的微分方程变成代数方程。与傅里叶变换相比，拉氏变换适用的信号范围更加广泛。拉氏变换在求解动态电路时，其优越性是显而易见的。下面给出了本章的知识要点。

(1) 单边拉氏变换的定义为

$$F(s)=\int_{0_-}^{\infty} f(t)\mathrm{e}^{-st}\,\mathrm{d}t$$

$$f(t)=\frac{1}{2\pi \mathrm{j}}\int_{\sigma-\mathrm{j}\infty}^{\sigma+\mathrm{j}\infty} F(s)\mathrm{e}^{st}\,\mathrm{d}s(t>0)$$

在本书中，积分下限定义为 $t=0_-$。因此，单位冲激函数 $\delta(t)\Leftrightarrow 1$，求解微分方程时，初始条件取为 $t=0_-$。

(2) 拉氏变换收敛域。使得拉氏变换存在的 s 平面上 σ 的取值范围称为拉氏变换的收敛域。$f(t)$ 是有限长时，收敛域为整个 s 平面；$f(t)$ 是右边信号时，收敛域为 $\sigma>\sigma_0$ 的右边区域；$f(t)$ 是左边信号时，收敛域为 $\sigma<\sigma_0$ 的左边区域；$f(t)$ 是双边信号时，收敛域是 s 平面上一条带状区域。要说明的是，讨论单边拉氏变换时，只要 σ 取得足够大，总是能满足绝对可积条件，因此一般不写收敛域。

(3) 拉氏正变换求解。利用公式可求简单函数拉氏变换，也可查表求得，还可利用性质求解。为了方便读者学习本章内容，我们将拉氏变换的性质列于表 5-1 中。将常用函数拉氏变换对列于表 5-2 中。掌握好这些性质，熟练运用常用拉氏变换对，对求拉氏变换是大有帮助的。

(4) 拉氏反变换求解：简单的象函数 $F(s)$ 表达式可直接查表 5-1 求出对应的原信号。在实际应用中，大部分象函数都是有理真分式，可用部分分式法，这种方法使用较多。

① 单实根时，有

$$\frac{K}{s+a}\Leftrightarrow K\mathrm{e}^{-at}\varepsilon(t)$$

② 多重根时，有

$$\frac{K}{(s+a)^n}\Leftrightarrow \frac{K}{(n-1)!}t^{n-1}\mathrm{e}^{-at}\varepsilon(t)$$

③ 复根时，有

$$\frac{Cs+D}{(s+a)^2+\beta}\Leftrightarrow \mathrm{e}^{-at}\left[C\cos(\beta t)+\frac{D-aC}{\beta}\sin(\beta t)\right]\varepsilon(t)$$

$$\frac{A+\mathrm{j}B}{s+a-\mathrm{j}\beta}+\frac{A+\mathrm{j}B}{s+a+\mathrm{j}\beta}\Leftrightarrow 2\mathrm{e}^{-at}[A\cos(\beta t)-B\sin(\beta t)]\varepsilon(t)$$

$$\frac{M\angle\theta}{s+a-\mathrm{j}\beta}+\frac{M\angle(-\theta)}{s+a+\mathrm{j}\beta}\Leftrightarrow 2M\mathrm{e}^{-at}\cos(\beta t+\theta)\varepsilon(t)$$

(5) 微分方程的拉氏变换分析。当线性非时变系统用线性常系数微分方程描述时，可对方程取拉氏变换，并代入初始条件，从而将时域方程转化为 s 域代数方程，求出响应的象函数，再对其求反变换得到系统的响应。

(6) 动态电路的 s 域模型。所谓动态电路的 s 域模型，就是拉氏变换的等效电路。电容元件和电感元件的 s 域模型都有两种形式，即串联模型和并联模型。一般串联模型用得多些。耦合电感的 s 域模型比较复杂。在这些模型中，初始条件都化成初值电源。初值电源的值和方向对 s 域模型来说特别重要。由时域电路模型能正确画出 s 域电路模型，是用拉氏变换分析电路的基础。

(7) 引入复频域阻抗后，电路定律的复频域形式与其相量形式相似。因此，复频域法与相量法或直流电路分析法完全一样，即直流电路应用的所有计算方法、定理、等效变换等可以完全用于复频域法来求解动态电路。

(8) 由于初始条件化为信号源，由初始值引起的响应即零输入响应，实际上变为由等效信号源引起的零状态响应。所以，s 域网络的电源分为激励源和初值电源等两类。初始电源单独作用产生零输入响应；激励源单独作用产生零状态响应。

(9) 系统的零状态响应为

$$Y_{zs}(s)=H(s)F(s)$$

式中：$h(t)\Leftrightarrow H(s)$，$H(s)$ 是冲激响应的象函数，称为系统函数。对于任意输入信号作用于系统的零状态响应，可用上式求解。系统函数定义为

$$H(s)=\frac{Y_{zs}(s)}{F(s)}$$

系统函数的应用将在第 6 章中详细讨论。

(10) 拉氏变换与傅里叶变换的关系。当 $F(s)$ 极点在左半平面，此时收敛域包含虚轴，其傅里叶变换为

$$F(\mathrm{j}\omega)=F(s)\Big|_{s=\mathrm{j}\omega}$$

当 $F(s)$ 极点在右半平面时，收敛域不包含虚轴，即在虚轴上拉氏变换不收敛，因此也就没有傅里叶变换。

当 $F(s)$ 极点在虚轴上，但收敛域不包含虚轴，函数既有拉氏变换，也有傅里叶变换。

思考题

5-1 拉氏变换与傅里叶变换有什么不同？有了傅里叶变换，为什么还要进一步学习拉氏变换？

5-2 试分析时限信号、左边信号、右边信号、双边信号的拉氏变换收敛域。

5-3 在什么情况下，双边拉氏变换与单边拉氏变换一样？

5-4 综述拉氏变换性质，并与傅里叶变换进行比较，有哪些不同？

5-5 初值定理，终值定理应用条件是什么？

5-6 求拉氏反变换有几种方法？每种方法有什么特点？

5-7 如果 $F(s)$ 是假分式，如何利用部分分式法求原函数？

5-8 如果 $F(s)$ 是无理函数，能否用部分分式法求原函数？

5-9 “凡是存在拉氏变换的函数，必然存在傅里叶变换。”这种说法对吗？试举例说明。

5-10 系统的复频域分析方法的基本思想是什么？与时域分析方法比有什么优点？

5-11 对于动态电路采用 s 域模型后，其分析方法有什么特点？

5-12 如何用 s 域模型求零输入响应、零状态响应、全响应？

习题

基本练习题

5-1 求下列函数的拉氏变换。

(a) $f(t) = te^{-3t}\varepsilon(t)$　　(b) $f(t) = t^2\varepsilon(t-1)$

(c) $f(t) = \delta(t) + e^{-3t}\cos(2t)\varepsilon(t)$　　(d) $f(t) = \cos(3t + 0.25\pi)\varepsilon(t)$

(e) $f(t) = e^{-2t}[\varepsilon(t) - \varepsilon(t-2)]$　　(f) $f(t) = \delta(t) - \delta(t-2)$

5-2 求题图 5-2 所示信号 $f(t)$ 的拉氏变换 $F(s)$。

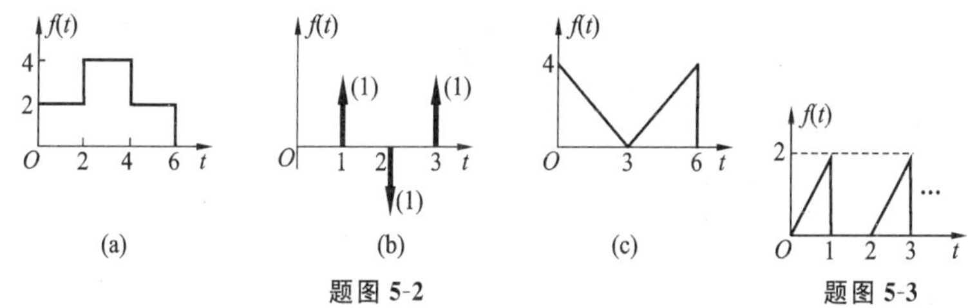

题图 5-2　　题图 5-3

5-3 求题图 5-3 所示周期因果信号 $f(t)$ 的拉氏变换 $F(s)$。

5-4 求下列象函数拉氏反变换 $f(t)$ 的初值。

(a) $F(s) = \dfrac{1}{s+2}$　　(b) $F(s) = \dfrac{s^4+1}{s^2(s+2)}$

(c) $F(s) = \dfrac{s^2+s}{2s^2+2s+1}$　　(d) $F(s) = \dfrac{-4s^2+3}{s^3+s^2+3s+3}$

5-5 求下列各象函数拉氏反变换 $f(t)$ 的终值。

(a) $F(s) = \dfrac{2s^2+1}{s^3+3s^2+2s}$　　(b) $F(s) = \dfrac{1-e^{-2s}}{s^2(s^2+4)}$

(c) $F(s) = \dfrac{s^3+s^2+2s+1}{(s+1)(s+3)(s+5)}$　　(d) $F(s) = \dfrac{2s^3+s^2+1}{(s-1)(s-3)(s+5)}$

5-6 用部分分式法求下列象函数的拉氏反变换。

(a) $F(s) = \dfrac{s^2+4s+2}{(s+1)(s+2)}$　　(b) $F(s) = \dfrac{4}{(s+1)(s+2)^3}$

(c) $F(s) = \dfrac{3s+9}{s(s^2+9)}$　　(d) $F(s) = \dfrac{2s+10}{s^2+4s+13}$

5-7 用拉氏变换分析法求下列系统的响应。

(a) $y'(t) + 3y(t) = f(t)$，　且 $y(0_-) = 2$，$f(t) = e^{-t}\varepsilon(t)$。

(b) $y''(t) + 4y'(t) + 3y(t) = f(t)$，　且 $y'(0_-) = y(0_-) = 0$，$f(t) = e^{-2t}\varepsilon(t)$。

(c) $y''(t) + 5y'(t) + 4y(t) = 0$，且 $y'(0_-) = y(0_-) = 1$。

5-8 已知某线性非时变系统可用微分方程 $y''(t) + 3y'(t) + 2y(t) = 2f'(t)$ 描述，若 $f(t) =$

$e^{-3t}\varepsilon(t)$，$y'(0_-)=1$，$y(0_-)=-1$，试求该系统的零输入响应 $y_{zi}(t)$，零状态响应 $y_{zs}(t)$ 以及全响应 $y(t)$。

5-9　题图 5-9 所示电路中，已知 $i_L(0_-)=2\ \text{A}$，$u_C(0_-)=1\ \text{V}$，$u_S(t)=\varepsilon(t)\ \text{V}$，求电压 $u(t)$ 的零状态响应 $u_{zs}(t)$、零输入响应 $u_{zi}(t)$ 和全响应 $u(t)$。

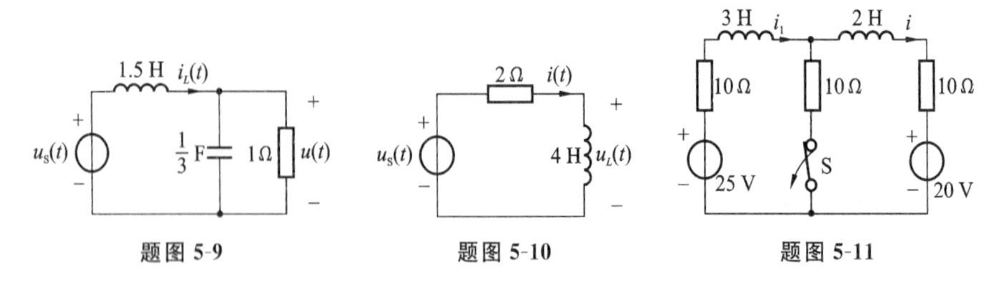

题图 5-9　　题图 5-10　　题图 5-11

5-10　题图 5-10 电路中，已知初始电流 $i(0_-)=1\ \text{A}$，电压源为 $u_S(t)=e^{-t}\varepsilon(t)$ (V)，求电感电压 $u_L(t)$。

5-11　如题图 5-11 所示电路，开关动作前电路已稳定。$t=0$ 时，断开开关 S，当 $t\geqslant 0$ 时，试求电路中的电流 $i(t)$。

5-12　如题图 5-12 所示电路，开关动作前电路已稳定。$t=0$ 时，合上开关 S，用拉氏变换方法求 $t\geqslant 0$ 时的电压 $u_L(t)$。

5-13　题图 5-13 所示电路原是稳定的，在 $t=0$ 时刻将开关 S 由 a 打到 b 处，试用拉氏变换法求 $t>0$ 时的输出电压 $u(t)$。

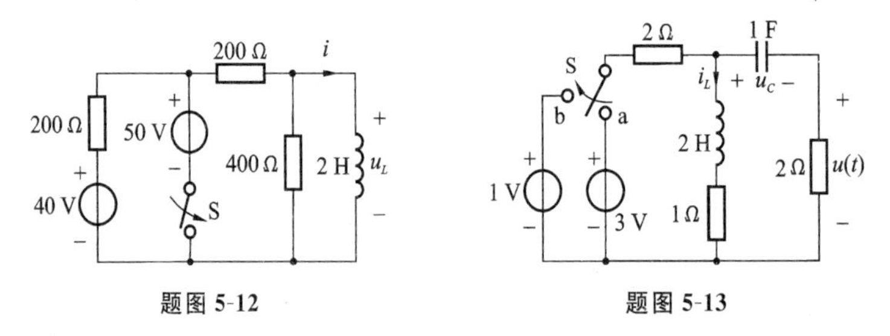

题图 5-12　　题图 5-13

5-14　考虑下列系统。

(a) 令 $f(t)=e^{-t}\varepsilon(t)$，用拉氏变换求出响应 $y(t)$，并用时域的卷积检验结果。

(b) 令 $f(t)=\varepsilon(t)$，用拉氏变换求出响应 $y(t)$，并用时域的卷积检验结果。

$$f(t)\rightarrow\boxed{h(t)=2e^{-t}\varepsilon(t)-\delta(t)}\rightarrow y(t)$$

5-15　有一线性非时变系统的系统函数 $H(s)=\dfrac{s+2}{s^2+4s+3}$。

(a) 求系统的单位冲激响应 $h(t)$；

(b) 若输入信号为 $f(t)=e^{-5t}\varepsilon(t)$，求系统的零状态响应 $y_{zs}(t)$。

5-16　已知某线性非时变系统的微分方程为 $y''(t)+5y'(t)+4y(t)=f(t)$，

(a) 求系统的冲激响应 $h(t)$；

(b) 若已知输入信号为 $f(t)=\varepsilon(t)$，全响应为 $y(t)=(0.25-0.25e^{-4t}+e^{-t})\varepsilon(t)$，试确定系统的起始状态 $y(0_-)$，$y'(0_-)$。

复习提高题

5-17　利用拉氏变换性质，求下列信号的象函数 $F(s)$。

(a) $f(t)=t\sin t\varepsilon(t)$　　(b) $f(t)=\sin(\pi t)[\varepsilon(t)-\varepsilon(t-1)]$

(c) $f(t)=t[\varepsilon(t)-\varepsilon(t-2)]$　　(d) $f(t)=[t^3+te^{-3t}\cos(2t)]\varepsilon(t)$

5-18　已知 $f(t)=\sin(2t)\varepsilon(t)$，求下列信号的拉氏变换。

(a) $f_1(t)=f(0.2t-0.2)$　　(b) $f_1(t)=tf(0.2t)$

(c) $f_1(t)=e^{-2t}f(5t)$　　(d) $f_1(t)=e^{-2t}f(5t-5)$

5-19　求题图 5-19 有始周期信号的拉氏变换。

5-20　求下列象函数的拉氏反变换。

(a) $F(s)=\dfrac{se^{-2s}+1}{(s+1)(s+2)}$　　(b) $F(s)=\dfrac{1+e^{-(s-1)}}{s(s+1)}$

(c) $F(s)=\dfrac{1}{1-e^{-2s}}$　　(d) $F(s)=\dfrac{1-e^{-s}}{4s(s^2+1)}$

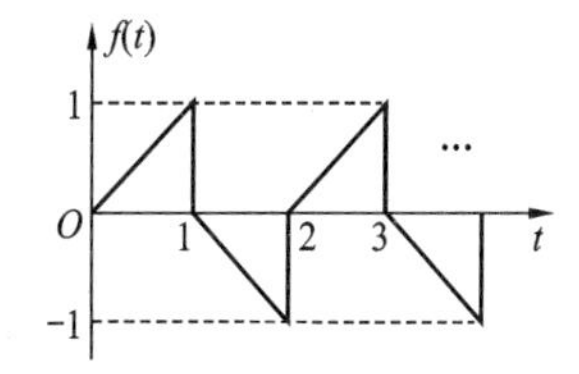

题图 5-19

5-21　求 $F(s)$ 拉氏反变换 $f(t)$，并画出它的波形。

(a) $F(s)=\dfrac{1}{s(1+e^{-s})}$　　(b) $F(s)=\dfrac{s-1+e^{-s}}{s^2(1-e^{-2s})}$

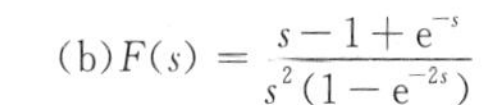

5-22　用网孔法求例 5-33 中的电压 $u_C(t)$。

5-23　如题图 5-23 所示电路中，开关 S 闭合已久，在 $t=0$ 时 S 断开，试用拉氏变换分析法，求输出电压 $u(t)$。

5-24　已知一线性非时变系统激励为 $f(t)=e^{-3t}\varepsilon(t)$，零状态响应为 $y_{zs}(t)=(e^{-t}-e^{-2t}+e^{-3t})\varepsilon(t)$，(a) 求系统的单位冲激响应 $h(t)$；(b) 若状态 $y(0_-)=2$，$y'(0_-)=1$，求零输入响应 $y_{zi}(t)$ 及全响应 $y(t)$。

5-25　已知系统的微分方程为 $y''(t)+6y'(t)+5y(t)=2f'(t)+6f(t)$，(a) 若激励信号 $f(t)=f_1(t)$ 如题图 5-25(a) 所示，求系统的零状态响应；(b) 若激励信号 $f(t)=f_2(t)$ 如题图 5-25(b) 所示，求电路的零状态响应。

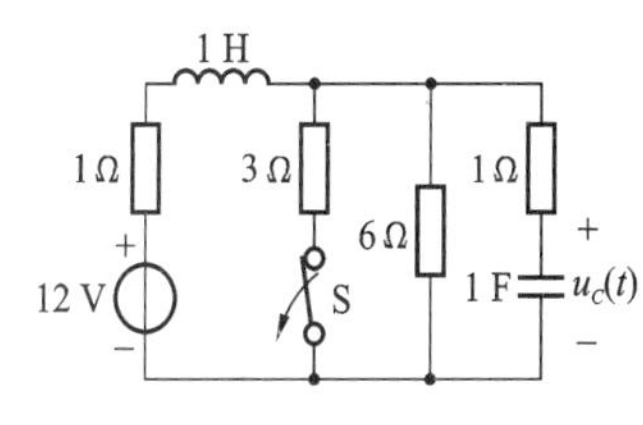

题图 5-23

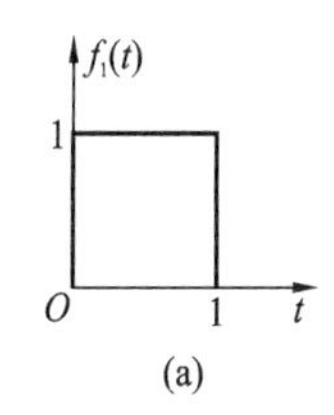

$f_2(t)$　1　e^{-t}　O　1　t　(b)

题图 5-25

5-26　试由下列信号拉氏变换 $F(s)$，求信号的傅里叶变换 $F(j\omega)$。

(a) $F(s)=\dfrac{s+2}{(s+1)(s+3)}$　　(b) $F(s)=\dfrac{3}{s^2+9}$

(c) $F(s)=\dfrac{1}{s^2(s+2)}$　　(d) $F(s)=\dfrac{s}{(s+2)^2}$

(e) $F(s)=\dfrac{4}{(s+3)^2+4}$　　(f) $F(s)=\dfrac{4}{(s^2+4)^2}$

应用 Matlab 的练习题

5-27 用 Matlab 求习题 5-6 的原函数。

5-28 仿照例 5.27 的程序计算习题 5-7、5-8。

5-29 用 Matlab 计算习题 5-9。

5-30 用 Matlab 计算习题 5-22。

5-31 用 Matlab 计算习题 5-23。

5-32 用 Matlab 计算习题 5-25,并画出系统零状态响应波形。

5-33 仿照例题 LT5_33.m。用 Matlab 计算题图 5-33(a) 所示 *RC* 电路的响应 $y(t)$。

(a) 题图 5-33(b) 所示周期方波电压作用下的零状态响应及稳态响应的波形。

(b) 题图 5-33(c) 所示周期锯齿波电压作用下的零状态响应及稳态响应的波形。

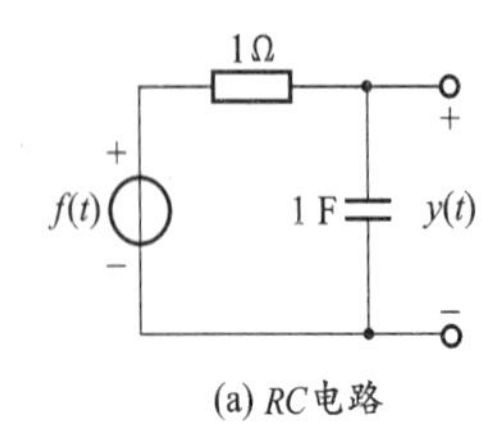

(a) *RC* 电路

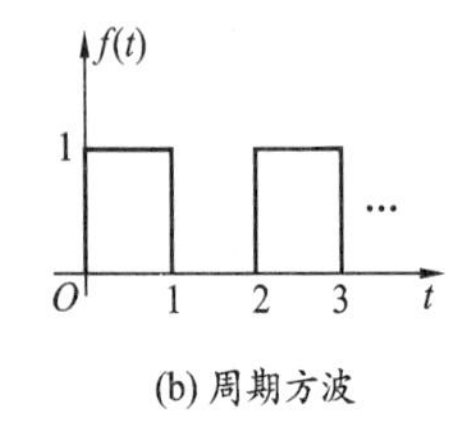

(b) 周期方波

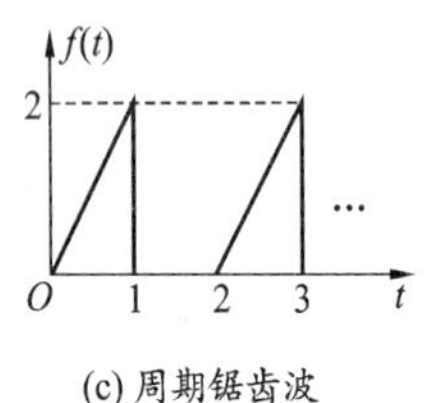

(c) 周期锯齿波

题图 5-33

连续系统的系统函数

连续系统的系统函数在复频域最能表征系统的特性。本章讨论连续系统的系统函数及其在系统分析中的应用。根据系统函数的零极点分布，可以决定系统的时域响应、频域响应和系统的稳定性。本章还将对描述系统的系统框图和信号流图作介绍，重点讨论梅森公式及其应用。系统的信号流图表示法对于系统的实现与模拟有着重要的作用。

6.1 系统函数

在复频域分析中，系统函数起着十分重要的作用。在系统零状态条件下，利用系统函数可以求解系统的自由响应与强迫响应、暂态响应与稳态响应；利用系统函数的零极点分布还可以方便地求得系统的频率响应特性；稳定性研究和梅森公式的应用也离不开系统函数。所以，系统函数是一个非常重要的概念。

6.1.1 系统函数的定义

系统函数是描述线性非时变单输入、单输出系统本身特性的函数，它在系统理论中占有重要地位。对于任意输入信号，借助系统函数可以求解系统的零状态响应。当所有初始条件均为零时，线性非时变系统的系统函数定义为系统输出信号的拉氏变换与系统输入信号的拉氏变换之比。设输出信号为 $y_{zs}(t)$，输入信号为 $f(t)$，则系统函数可表示为

$$H(s)=\frac{\text{零状态响应的拉氏变换}}{\text{激励信号的拉氏变换}}=\frac{Y_{zs}(s)}{F(s)} \tag{6-1}$$

式(6-1) 对于任意信号均成立。这里需要注意以下几点：

(1) 系统函数是系统本身的特性，与具体的输入信号无关；

(2) 系统函数是在所有初始状态均为零的情况下得出的；

(3) 线性非时变系统的系统函数是 s 的有理函数；

(4) 设 $s=\mathrm{j}\omega$，可以由 $H(s)$ 得到系统的频率响应 $H(\mathrm{j}\omega)$，则 $H(\mathrm{j}\omega)$ 的模为幅频响应函数，其相角表示相频响应函数。

系统函数 $H(s)$ 还包含如下两层含义。

1. 系统函数与冲激响应

在连续系统的时域分析时，零状态响应是冲激响应与输入信号的卷积，即

$$y_{zs}(t) = h(t) * f(t) \tag{6-2}$$

根据拉氏变换的时域卷积定理，式(6-2)可表示为

$$Y_{zs}(s) = H(s)F(s) \tag{6-3}$$

式中：$H(s) = Y_{zs}(s)/F(s)$；如果 $f(t) = \delta(t)$，则 $F(s) = 1$。显然 $H(s)$ 为系统单位冲激响应的拉氏变换，即有

$$h(t) \Leftrightarrow H(s) \tag{6-4}$$

这些表明，在时域中，冲激响应 $h(t)$ 表征了系统的特性；在复频域中，系统函数 $H(s)$ 表征了系统的特性。

2. 系统函数与复指数信号

当输入信号为 $f(t) = e^{st}$ 时，系统的零状态响应为

$$y_{zs}(t) = h(t) * f(t) = h(t) * e^{st} = \int_{-\infty}^{+\infty} h(\tau) e^{s(t-\tau)} d\tau = e^{st} \int_{-\infty}^{+\infty} h(\tau) e^{-s\tau} d\tau$$

即有

$$y_{zs}(t) = H(s) e^{st} \tag{6-5}$$

可见，系统函数 $H(s)$ 可视为系统对复指数信号的加权系数，它与输入无关，反映系统本身特性。利用式(6-5)，还可以求出某些强迫响应。e^{st} 称为系统的本征信号。

从以上两点可知，冲激响应 $h(t)$ 是系统在时域的描述，而系统函数 $H(s)$ 则是系统在复频域的描述。

对于电网络，系统函数也称为网络函数。系统函数中的激励与响应既可以是电压信号，也可以是电流信号，因此系统函数可以是阻抗、导纳，也可以是电压放大倍数或电流放大倍数，有时也称转移函数或传递函数。

【例 6.1】 求如图 6-1(a) 所示电路的系统函数 $H(s) = \dfrac{U_o(s)}{U_S(s)}$。

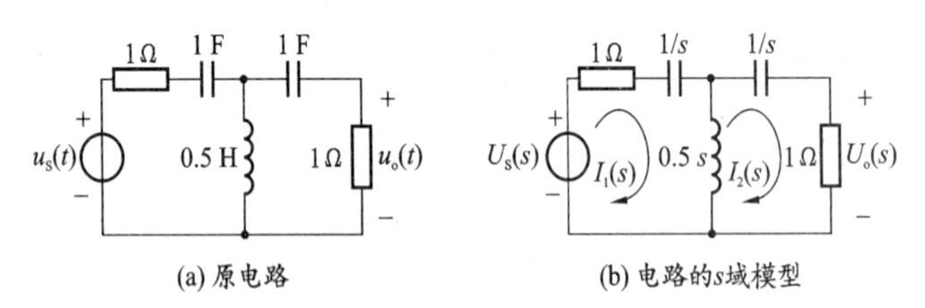

图 6-1 例 6.1 的电路图

解 用网孔法。设网孔电流为 $I_1(s)$、$I_2(s)$，列网孔方程为

$$(1 + 1/s + 0.5s) I_1(s) - 0.5s I_2(s) = U_S(s) \tag{1}$$

$$-0.5s I_1(s) + (1 + 1/s + 0.5s) I_2(s) = 0 \tag{2}$$

由式(2)解得 $I_1(s) = (1 + 1/s + 0.5s)(0.5s)^{-1} I_2(s) = (2s^{-1} + 2s^{-2} + 1) I_2(s) \quad (3)$

将式(3)代入式(1)整理，得

$$(1+s^{-1}+0.5s)(2s^{-1}+2s^{-2}+1)I_2(s)-0.5sI_2(s)=U_S(s)$$

因为$U_o(s)=1\times I_2(s)$，经整理，系统函数为

$$H(s)=\frac{U_o(s)}{U_S(s)}=\frac{s^3}{2s^3+4s^2+4s+2}$$

令$U_S(s)=1$，用 Matlab 计算可用如下命令。

```
syms s Z U
>>Z=[1+1/s+0.5* s -0.5* s;- 0.5* s 1+1/s+0.5* s]
Z =
[ 1+1/s+1/2* s,     -1/2* s]
[     -1/2* s, 1+1/s+1/2* s]
>>U=[1 0]'
U =
    1
    0
>>I=Z\U
I =
[1/2* s* (2* s+2+s^2)/(2* s^2+2* s+s^3+1)]
[     1/2* s^3/(2* s^2+2* s+s^3+1)]
>>pretty(I(2))

                       3
                      s
          1/2 -----------------
                 2          3
              2 s  + 2 s+ s  + 1
```

6.1.2 系统函数的零极点分布

描述线性非时变系统的微分方程是线性常系数微分方程，可表示为

$$a_n\frac{\mathrm{d}^n y(t)}{\mathrm{d}t^n}+a_{n-1}\frac{\mathrm{d}^{n-1}y(t)}{\mathrm{d}t^{n-1}}+\cdots+a_0y(t)=b_m\frac{\mathrm{d}^m y(t)}{\mathrm{d}t^m}+b_{m-1}\frac{\mathrm{d}^{m-1}y(t)}{\mathrm{d}t^{m-1}}+\cdots+b_0y(t) \tag{6-6}$$

式中：a_n、b_m 均为实数。所以，线性非时变系统的系统函数一般是一个实系数的 s 的有理分式，即

$$H(s)=\frac{N(s)}{D(s)}=\frac{b_ms^m+b_{m-1}s^{m-1}+\cdots+b_1s+b_0}{a_ns^n+a_{n-1}s^{n-1}+\cdots+a_1s+a_0} \tag{6-7a}$$

式中：$N(s)$ 和 $D(s)$ 都是 s 的有理多项式。令 $N(s)=0$ 的根 $z_1,z_2,\cdots,z_m$ 称为 $H(s)$ 的零点；$D(s)=0$ 的根 $p_1,p_2,\cdots,p_n$ 称为 $H(s)$ 的极点。由于分子多项式 $N(s)$ 和分母多项式 $D(s)$ 均为实系数，这表明它们的根为实数或者共轭复数。式(6-7a)可表示为

$$H(s)=H_0\frac{(s-z_1)(s-z_2)\cdots(s-z_m)}{(s-p_1)(s-p_2)\cdots(s-p_n)}=H_0\frac{\prod_{i=1}^{m}(s-z_i)}{\prod_{j=1}^{n}(s-p_j)} \tag{6-7b}$$

式中：H_0 为一实系数。将 $H(s)$ 的零点和极点画于 s 平面上，用"○"表示零点，用"×"表示极点，就是系统函数 $H(s)$ 的零极点分布图。

【例 6.2】 已知系统函数为 $H(s)=\dfrac{s+1}{(s+1)^2+4}$，求系统的冲激响应 $h(t)$，并画出零极点分布图。

解 根据系统函数与冲激响应的关系

$$h(t)\Leftrightarrow H(s)$$

已知
$$\cos(2t)\varepsilon(t)\Leftrightarrow s(s^2+4)^{-1}$$

应用频移性质，有
$$e^{-t}\cos(2t)\varepsilon(t)\Leftrightarrow(s+1)[(s+1)^2+4]^{-1}$$

系统冲激响应为
$$h(t)=e^{-t}\cos(2t)\varepsilon(t)$$

$H(s)$ 的零极点分布如图 6-2(a) 所示。系统函数 $H(s)$ 的模是 s 的函数，$s=\sigma+j\omega$，即同时也是 σ 和 ω 两个变量的函数，所以可在三维空间中把它表示为随 σ 和 ω 变化而变化的曲面，$H(s)$ 的三维表示如图 6-2(b) 所示。

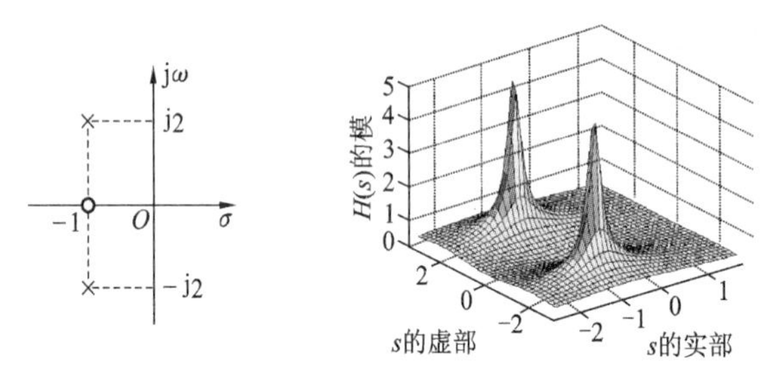

(a) H(s)的零极点分布图　　(b) H(s)的三维图

图 6-2　$H(s)$ 的零极点分布图和三维图

【例 6.3】 图 6-3(a) 所示电路的输入阻抗 $Z(s)$ 的零极点分布图如图 6-3(b) 所示，已知 $Z(0)=3\ \Omega$。求 R,L,C 的值。

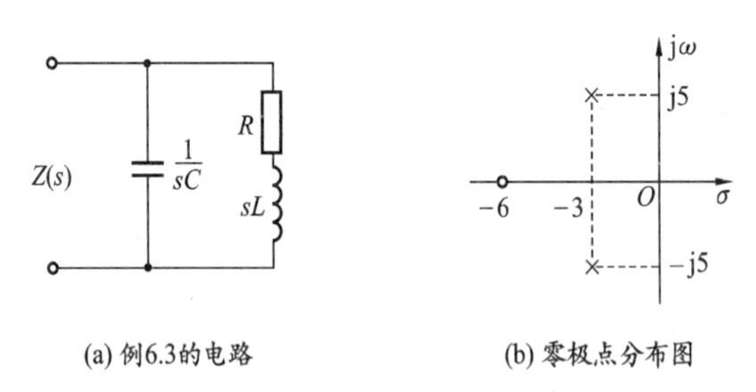

(a) 例6.3的电路　　(b) 零极点分布图

图 6-3　例 6.3 的电路和零极点分布图

解 由图 6-3(b) 可写出系统函数为

$$Z(s)=K\frac{s+6}{(s+3-j5)(s+3+j5)}=K\frac{s+6}{s^2+6s+34}$$

因 $Z(0)=3$，故有 $Z(0)=Z(s)\big|_{s=0}=K\dfrac{6}{34}=3$，即 $K=17$。由图 6-3(a) 所示电路得

$$H(s)=\frac{U(s)}{I(s)}=Z(s)=\frac{(1/sC)(sL+R)}{R+sL+1/sC}=\frac{sL+R}{s^2LC+sRC+1}=\frac{1}{C}\cdot\frac{(s+R/L)}{(s^2+sR/L+1/LC)}$$

比较以上两式的系数，得 $1/C=K=17, R/L=6, 1/(LC)=34$。解得

$$C=1/17\text{F},\quad L=0.5\text{H},\quad R=3\ \Omega$$

【例 6.4】 已知系统函数 $H(s)$ 的零极点分布如图 6-4 所示，$h(0_+)=1$。若激励 $f(t)=\varepsilon(t)$，求零状态响应 $y_{zs}(t)$。

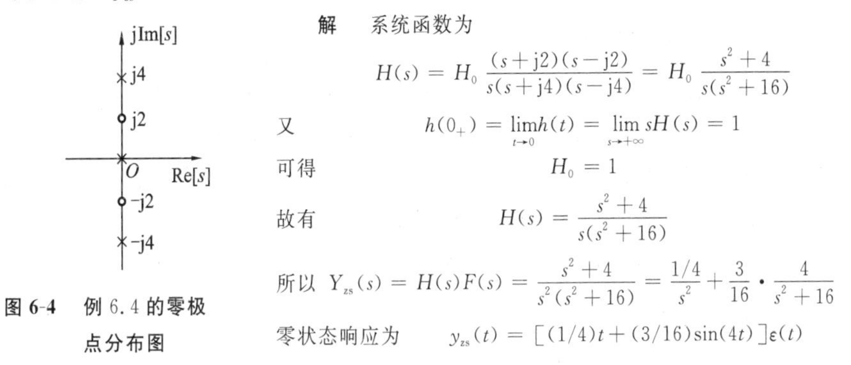

图 6-4　例 6.4 的零极点分布图

解　系统函数为

$$H(s)=H_0\frac{(s+\mathrm{j}2)(s-\mathrm{j}2)}{s(s+\mathrm{j}4)(s-\mathrm{j}4)}=H_0\frac{s^2+4}{s(s^2+16)}$$

又

$$h(0_+)=\lim_{t\to 0}h(t)=\lim_{s\to+\infty}sH(s)=1$$

可得

$$H_0=1$$

故有

$$H(s)=\frac{s^2+4}{s(s^2+16)}$$

所以 $Y_{zs}(s)=H(s)F(s)=\dfrac{s^2+4}{s^2(s^2+16)}=\dfrac{1/4}{s^2}+\dfrac{3}{16}\cdot\dfrac{4}{s^2+16}$

零状态响应为　$y_{zs}(t)=[(1/4)t+(3/16)\sin(4t)]\varepsilon(t)$

6.1.3　Matlab 画零极点分布图

用 Matlab 画系统函数的零极点分布图是非常方便的，下面给出一个实例。

【例 6.5】 已知系统函数为 $H(s)=\dfrac{s^2-4}{s^4+2s^3-3s^2+2s+1}$，试用 Matlab 画出系统的零极点分布图。

解　先写出系统函数 $H(s)$ 的分子、分母的系数行向量；然后求零点和极点，在 s 平面上零点用“○”表示，极点用“×”表示。为了使零极点分布图中的零点、极点处在适当的位置，加了坐标刻度自动定位，并在零点和极点旁标出它的数值。实现的 Matlab 程序如下。

```
% 例 6.5  画零极点分布图  LT6_5.m
b=[1 0 -4];                                % 分子系数行向量
a=[1 2 -3 2 1];                            % 分母系数行向量
N_a=length(a)-1;
N_b=length(b)-1;
zs=roots(b);                               % 求零点
ps=roots(a);                               % 求极点
rzs=real(zs);                              % 求零点的实部
izs=imag(zs);                              % 求零点的虚部
rps=real(ps);                              % 求极点的实部
ips=imag(ps);                              % 求极点的虚部
R_max=max(abs([rzs',rps']))+0.5;           % 求实部的绝对值最大值
I_max=max(abs([izs',ips']))+0.5;           % 求虚部的绝对值最大值
plot(rzs,izs,'o',rps,ips,'kx','markersize',12,'linewidth',2);
```

```
line([-R_max R_max],[0 0],'color','r');
line([0 0],[-I_max I_max],'color','r');
axis([-R_max R_max-I_max I_max]);
legend('零点','极点');                    % 在图中标出图例
title('系统函数的零极点分布图')
for i=1:N_b                              % 在零点旁标出数值
    text(rzs(i),izs(i)+0.15,num2str(zs(i),'%5.3g'));
end
for  i=1:N_a                             % 在极点旁标出数值
    text(rps(i),ips(i)+0.15,num2str(ps(i),'%5.3g'));
end
```

运行结果如图 6-5(a) 所示。

例 6.5 的 Matlab 程序中用到以下几个函数。

text(x,y, string) 表示在图形的(x,y)处显示字符串 string。

num2str(数值,'% 5.3g') 数值转换成字符,用于在图中显示。显示格式为 5 位,其中小数 3 位,采用 g 格式。

plot(rzs,izs,'o',rps,ips,'kx','markersize',12,'linewidth',2)

表示在坐标(rzs,izs)上画 'o',默认蓝色;在坐标(rps,ips)上画黑色的 'x'。字体为 12 号,并且线条为 2 号。

在 Matlab 中还有一种更简便的方法用来画系统函数的零极点分布图,即应用 pzmap() 函数来画,其调用形式为:pzmap(b,a)。在 Matlab 的命令窗中输入下面的语句:

```
b=[1 0-4]
a=[1 2-3 2 1]
pzmap(b,a)
```

例 6.5 就可显示如图 6-5(b) 所示的零极点分布图。

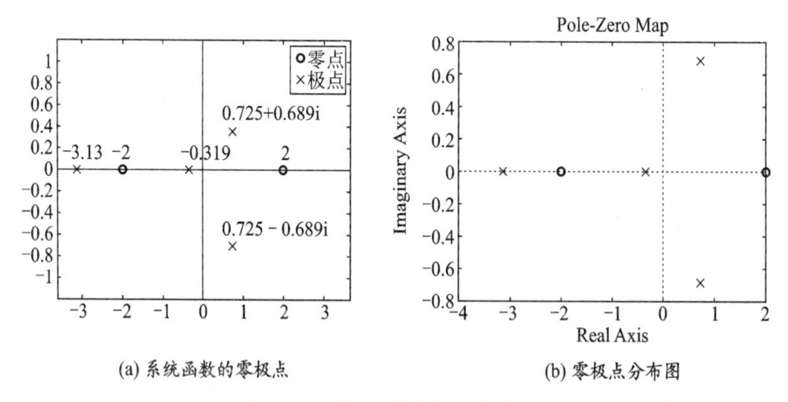

(a) 系统函数的零极点　　(b) 零极点分布图

图 6-5　例 6.5 的零极点分布图

6.2 系统函数的零极点分布与时域响应

由于 $h(t)$ 与 $H(s)$ 之间存在着对应关系，故可以从 $H(s)$ 的典型形式透视 $h(t)$ 的内在性质。当系统函数 $H(s)$ 为有理函数时，其分子多项式和分母多项式指明了其零点和极点的位置，从这些零极点分布情况，便可确定系统时域响应的性质。

6.2.1 零极点分布与冲激响应

在系统函数 $H(s)$ 中，若分子多项式 $N(s)$ 的阶次高于分母多项式，即 $m \geqslant n$，则 $H(s)$ 可分解为 s 的有理多项式与 s 的有理真分式之和。有理多项式部分比较容易分析，故这里只讨论 $H(s)$ 为有理真分式的情况，即式(6-7a) 中 $m < n$ 的情况。

设系统函数 $H(s)$ 具有单极点时，系统函数 $H(s)$ 可按部分分式法展开为

$$H(s) = \sum_{i=1}^{n} \frac{K_i}{s - p_i} \tag{6-8}$$

冲激响应为

$$h(t) = \sum_{i=1}^{n} K_i e^{p_i t} \varepsilon(t) \tag{6-9}$$

从式(6-9) 可见，冲激响应 $h(t)$ 的性质完全由系统函数 $H(s)$ 的极点 p_i 决定，p_i 称为系统的自然频率或固有频率，而待定系数 K_i 由零点和极点共同决定。下面分极点在左半平面(不包含虚轴)、极点在虚轴上、极点在右半平面(不包括虚轴) 三种情况讨论。将系统函数的极点分布与对应的冲激响应的关系归纳成表 6-1。

表 6-1 系统函数的极点与冲激响应波形对应

	$H(s)$	零、极点	$h(t)$	时域波形
极点在左半平面	$\frac{1}{s+a}$	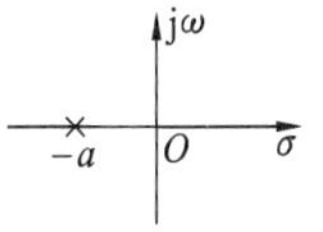 jω, ×, $-a$, O, σ	$e^{-at}\varepsilon(t)$	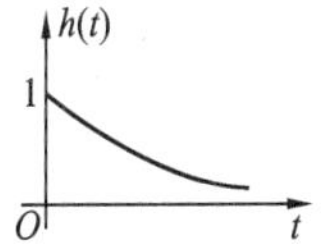 h(t), 1, O, t
	$\frac{1}{(s+a)^2}$	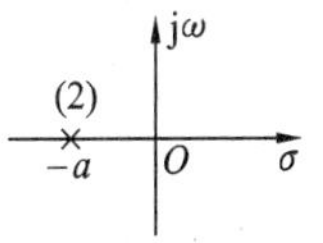 jω, (2), ×, $-a$, O, σ	$te^{-at}\varepsilon(t)$	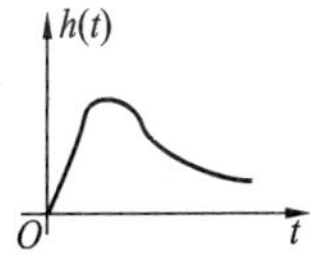 h(t), O, t
	$\frac{\omega_0}{(s+a)^2+\omega_0^2}$	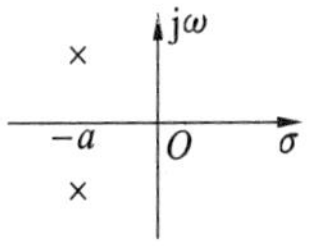 jω, ×, ×, $-a$, O, σ	$e^{-at}\sin(\omega_0 t)\varepsilon(t)$	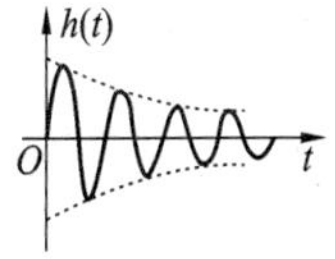 h(t), O, t

续表

	$H(s)$	零、极点	$h(t)$	时域波形
极点在虚轴上	$\frac{1}{s}$	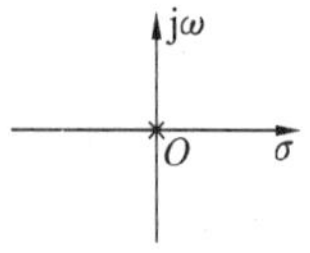	$\varepsilon(t)$	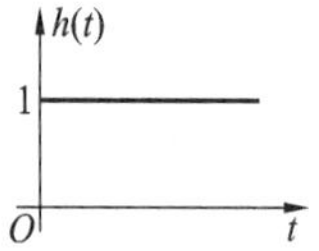
	$\frac{1}{s^2}$	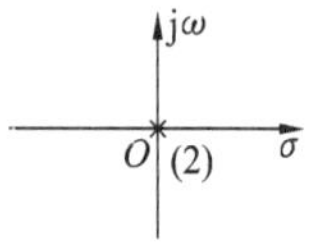	$t\varepsilon(t)$	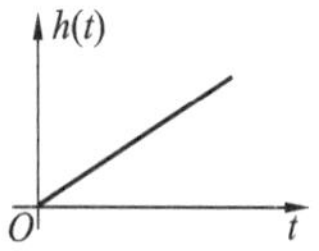
	$\frac{\omega_0}{s^2+\omega_0^2}$	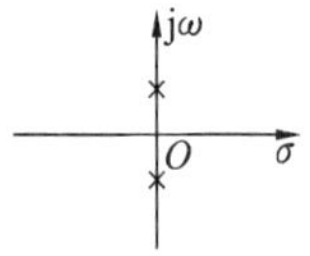	$\sin(\omega_0 t)\varepsilon(t)$	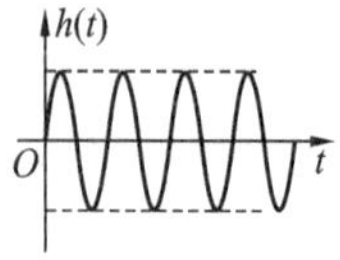
	$\frac{2\omega_0 s}{(s^2+\omega_0^2)^2}$	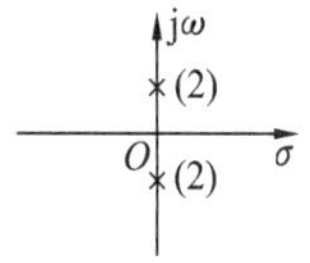	$t\sin(\omega_0 t)\varepsilon(t)$	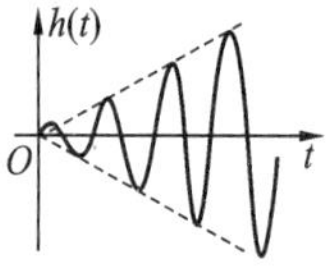
极点在右半平面	$\frac{1}{s-a}$	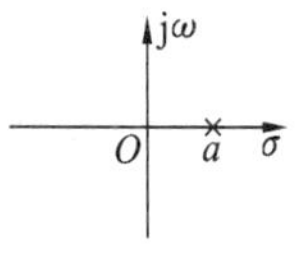	$e^{at}\varepsilon(t)$	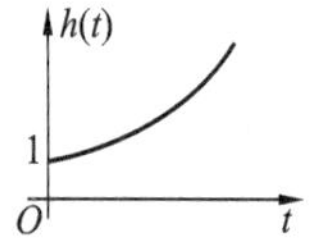
	$\frac{\omega_0}{(s-a)^2+\omega_0^2}$	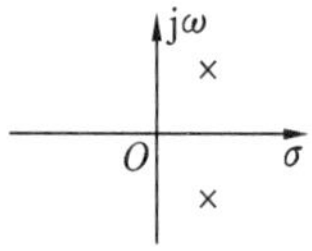	$e^{at}\sin(\omega_0 t)\varepsilon(t)$	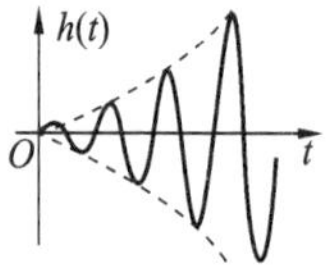

从表 6-1 中可以得出以下**结论**。

① 极点决定了冲激响应 $h(t)$ 的形式，而各系数 K_i 则由零、极点共同决定。

② 系统的稳定性由极点在 s 平面上的分布决定，而零点不影响稳定性。

③ 极点分布在 s 左半平面，系统是稳定的；极点在虚轴上有单极点，系统是临界稳定的；极点在 s 右半平面或在虚轴上有重极点，系统不稳定。

对于任意一个系统函数，要知道其零极点分布图和冲激响应、阶跃响应波形，用 Matlab 实现非常容易。下面用实例来说明。

【例 6.6】 已知系统函数为 $H(s)=\frac{s^2-2s+0.8}{s^3+2s^2+2s+1}$，试用 Matlab 画出系统的零极点分布图、冲激响应波形、阶跃响应波形。

解 Matlab的程序如下

```
% 例6.6零极点分布图,冲激响应,阶跃响应    LT6_6.m
num=[1-2 0.8];
den=[1 2 2 1];
subplot(1,3,1);
pzmap(num,den);              % 计算零极点并画其分布图
t=0:0.02:15;
subplot(1,3,2);
impulse(num,den,t);          % 计算冲激响应并画其波形
subplot(1,3,3);
step(num,den,t);             % 计算阶跃响应并画其波形
```

运行程序后图形显示如图6-6所示。

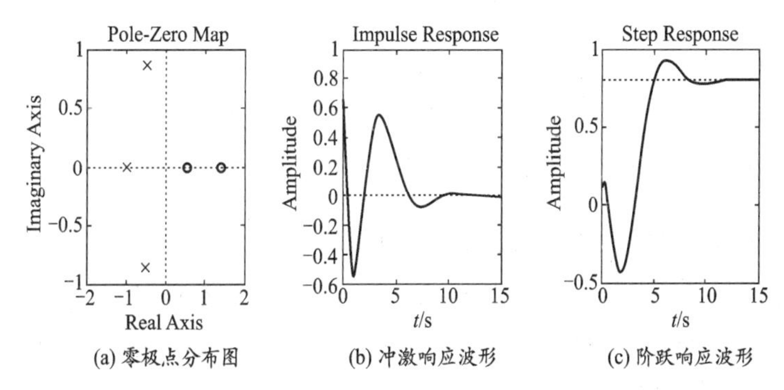

图6-6 例6.6的零极点分布图以及冲激响应和阶跃响应波形

6.2.2 系统函数与系统响应

对于一个初始条件非零的线性非时变系统,系统响应为零输入响应与零状态响应之和。零状态响应可以利用系统函数求出,即

$$Y_{zs}(s)=H(s)F(s)$$

用拉氏变换求零输入响应,必须先求出微分方程,令输入信号 $f(t)=0$,对其取拉氏变换并代入初始值,再求解。当然,也可以用时域的方法求输入响应。下面以实例说明。

【例6.7】 一个二阶系统的系统函数为 $H(s)=\dfrac{1}{s^2+3s+2}$,求它的零状态响应、零输入响应和系统响应。设输入信号 $f(t)=4\mathrm{e}^{-2t}\varepsilon(t)$,初始条件 $y(0_-)=3$,$y'(0_-)=4$。

解 (a) 求零状态响应。输入信号的拉氏变换为 $F(s)=4(s+2)^{-1}$,由 $Y_{zs}(s)=H(s)F(s)$ 可得

$$Y_{zs}(s)=\frac{4}{(s^2+3s+2)(s+2)}=\frac{4}{s+1}-\frac{4}{(s+2)^2}-\frac{4}{s+2}$$

零状态响应为 $$y_{zs}(t)=(4\mathrm{e}^{-t}-4t\mathrm{e}^{-2t}-4\mathrm{e}^{-2t})\varepsilon(t)$$

(b) 求零输入响应。将系统函数改写成微分方程,得

$$y''(t)+3y'(t)+2y(t)=f(t)$$

设定输入为零，其初始条件非零，则有

$$s^2Y_{zi}(s)-sy(0_-)-y'(0_-)+3[sY_{zi}(s)-y(0_-)]+2Y_{zi}(s)=0$$

代入初始条件 $y(0_-)=3$，$y'(0_-)=4$，得

$$(s^2+3s+2)Y_{zi}(s)=3s+13$$

所以

$$Y_{zi}(s)=\frac{3s+13}{s^2+3s+2}=\frac{10}{s+1}-\frac{7}{s+2}$$

零输入响应为

$$y_{zi}(t)=(10e^{-t}-7e^{-2t})\varepsilon(t)$$

实际上，用时域方法求零输入响应显得更简单些，系统的特征根(系统函数的极点)为 $p_1=-1$，$p_2=-2$，则零输入响应为

$$y_{zi}(t)=C_1e^{-t}+C_2e^{-2t}\quad(t\geqslant 0)$$

代入初始条件 $y(0_-)=3$，$y'(0_-)=4$，得

$$C_1+C_2=3,\quad -C_1-2C_2=4$$

解得 $C_1=10$，$C_2=-7$。代入即可得出零输入响应。

(c) 系统响应为

$$y(t)=y_{zi}(t)+y_{zs}(t)=(14e^{-t}-4te^{-2t}-11e^{-2t})\varepsilon(t)$$

6.2.3　系统函数与自由响应和强迫响应

在第2章讨论过，线性非时变系统的时域解可以分解为自由响应和强迫响应之和。齐次解常称为系统的自由响应，而特解称为强迫响应。现在，在 s 域从极点分布的观点来讨论自由响应和强迫响应。

若线性非时变系统的系统函数如式(6-7b)所示，即

$$H(s)=H_0\frac{\prod_{j=1}^{m}(s-z_j)}{\prod_{i=1}^{n}(s-p_i)}$$

式中：z_j 为 $H(s)$ 的第 j 个零点；p_i 为 $H(s)$ 的第 i 个极点。有 n 个单极点。设输入信号 $f(t)$ 的拉氏变换为

$$F(s)=F_0\frac{\prod_{l=1}^{u}(s-z_l)}{\prod_{k=1}^{v}(s-p_k)}$$

式中：z_l 为 $F(s)$ 的第 l 个零点；p_k 为 $F(s)$ 的第 k 个极点。有 v 个单极点。

若 $H(s)$ 与 $F(s)$ 没有相同的极点，系统的零状态响应为

$$Y_{zs}(s)=H(s)F(s)=K\frac{\prod_{j=1}^{m}(s-z_j)}{\prod_{i=1}^{n}(s-p_i)}\cdot\frac{\prod_{l=1}^{u}(s-z_l)}{\prod_{k=1}^{v}(s-p_k)}=\sum_{i=1}^{n}\frac{K_i}{s-p_i}+\sum_{k=1}^{v}\frac{K_k}{s-p_k}\tag{6-10}$$

由式(6-10)可知，$Y_{zs}(s)$ 的极点包括两部分，一部分是 $H(s)$ 的极点 p_i，另一部分是 $F(s)$ 的极点 p_k。对式(6-10)进行拉氏反变换，可得系统的零状态响应为

$$y_{zs}(t)=y_h(t)+y_p(t)=\sum_{i=1}^{n}K_i e^{p_i t}+\sum_{k=1}^{v}K_k e^{p_k t} \tag{6-11}$$

由式(6-11)可以看到，$y_{zs}(t)$ 由两部分组成，前一部分 $y_h(t)$ 为自由响应，由系统函数的极点所形成；后一部分 $y_p(t)$ 为强迫响应，由激励函数的极点所形成。

由此，可以得出以下**结论**。

① 自由响应时间函数的形式仅由 $H(s)$ 极点决定，即由系统的固有频率决定。而各系数 K_i 则与 $H(s)$ 和 $F(s)$ 都有关系。应该指出，这里讨论的自由响应只是零状态响应中的自由响应，系统的自由响应还应包括零输入响应。

② 强迫响应时间函数的形式仅由 $F(s)$ 极点决定，而各系数 K_k 则与 $H(s)$ 和 $F(s)$ 都有关系。

③ 系统函数 $H(s)$ 只能用于研究零状态响应，$H(s)$ 包含了系统为零状态响应提供的全部信息。但是，它不包含零输入响应的全部信息，这是因为当 $H(s)$ 的零点、极点相消时，某些固有频率要丢失。

下面讨论强迫响应的一般求解方法。设 $H(s)$ 与 $F(s)$ 没有相同的极点。

若输入信号 $f(t)=e^{-\alpha t}\varepsilon(t)$，则系统的零状态响应为

$$Y_{zs}(s)=H(s)\frac{1}{s+\alpha}=Y_h(s)+Y_p(s) \tag{6-12}$$

式中：$Y_h(s)$ 为自由响应，由系统函数的极点决定；$Y_p(s)=K/(s+\alpha)$ 为强迫响应，由输入信号的极点决定。用部分分式法，显然有

$$K=H(s)\big|_{s=-\alpha}=H(-\alpha) \tag{6-13}$$

故强迫响应为

$$y_p(t)=H(-\alpha)e^{-\alpha t}\varepsilon(t) \tag{6-14}$$

若输入信号 $f(t)=\varepsilon(t)$，系统的强迫响应为

$$y_p(t)=H(0)\varepsilon(t) \tag{6-15}$$

【例 6.8】　求系统 $H(s)=\dfrac{s+8}{(s+1)(s+2)}$ 对输入 $f(t)=4e^{-3t}\varepsilon(t)$ 的强迫响应。

解　首先找出复频率为 $s_0=-3$，则有 $H(s)\big|_{s=-3}=\dfrac{5}{(-2)(-1)}=2.5$，故强迫响应为

$$y_p(t)=2.5\times 4e^{-3t}\varepsilon(t)=10e^{-3t}\varepsilon(t)$$

【例 6.9】　已知如图 6-7 所示电路。

(a) 求 $H(s)=\dfrac{U_2(s)}{U_1(s)}$；

(b) 若激励 $u_1(t)=\cos(2t)\varepsilon(t)$(V)，欲使响应中不出现强迫响应分量(正弦稳态响应分量)，求乘积 LC 的值；

(c)　若 $R=1\ \Omega$，$L=1$ H，按(b)条件求 $u_2(t)$。

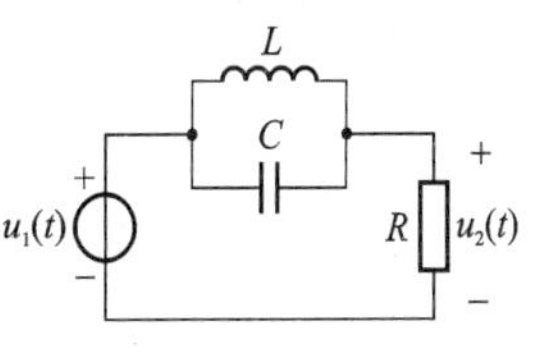

图 6-7　例 6.9 的电路

解　(a) 根据分压公式，可得

$$H(s)=\frac{R}{R+\dfrac{Ls/(Cs)}{Ls+1/(Cs)}}=\frac{s^2+1/(LC)}{s^2+s/(RC)+1/(LC)}$$

(b) 输入信号 $U_1(s)=s(s^2+4)^{-1}$，则有

$$U_2(s)=H(s)U_1(s)=\frac{s^2+1/(LC)}{s^2+s/(RC)+1/(LC)}\times\frac{s}{s^2+4}$$

可见，欲使 $u_2(t)$ 中不出现强迫响应分量，应将输入信号的极点与系统函数的零点相抵消。从上式看出，必须有

$$s^2+4=s^2+1/(LC)$$

故得

$$LC=1/4$$

(c) 因 $L=1\ \text{H}$，故得 $C=1/4\ \text{F}$。此时

$$U_2(s)=\frac{s}{s^2+4s+4}=\frac{1}{s+2}-\frac{2}{(s+2)^2}$$

故

$$u_2(t)=(\mathrm{e}^{-2t}-2t\mathrm{e}^{-2t})\varepsilon(t)\quad(\text{V})$$

6.2.4　系统函数与正弦稳态响应

设系统为线性非时变因果的稳定系统，系统函数 $H(s)$ 的频域形式为

$$H(\mathrm{j}\omega)=|H(\mathrm{j}\omega)|\mathrm{e}^{\mathrm{j}\varphi(\omega)}\tag{6-16}$$

当激励为正弦函数 $f(t)=A\cos(\omega_0 t+\theta)\varepsilon(t)$ 时，试证明系统的正弦稳态响应为

$$y_{\mathrm{ss}}(t)=|H(\mathrm{j}\omega_0)|A\cos[\omega_0 t+\theta+\varphi(\omega_0)]\tag{6-17}$$

证　激励函数可表示为　$f(t)=0.5A(\mathrm{e}^{\mathrm{j}\omega_0 t}\mathrm{e}^{\mathrm{j}\theta}+\mathrm{e}^{-\mathrm{j}\omega_0 t}\mathrm{e}^{-\mathrm{j}\theta})$

激励的拉氏变换为　$F(s)=0.5A[\mathrm{e}^{\mathrm{j}\theta}(s-\mathrm{j}\omega_0)^{-1}+\mathrm{e}^{-\mathrm{j}\theta}(s+\mathrm{j}\omega_0)^{-1}]$

系统零状态响应为　$Y_{\mathrm{zs}}(s)=H(s)F(s)=Y_{\mathrm{h}}(s)+Y_{\mathrm{ss}}(s)$

式中：$Y_{\mathrm{h}}(s)$ 为系统函数 $H(s)$ 的极点决定的响应，即暂态响应(自由响应)。有

$$y_{\mathrm{h}}(t)=\sum_{i=1}^{n}K_i\mathrm{e}^{p_i t}\varepsilon(t)$$

式中：p_i 为 $H(s)$ 的极点，由于系统稳定，应为负实部。当 $t\to+\infty$ 时，暂态响应将趋于0，即

$$\lim_{t\to+\infty}y_{\mathrm{h}}(t)=0$$

$Y_{\mathrm{ss}}(s)$ 为激励函数 $F(s)$ 的极点决定的响应，即稳态响应(强迫响应)，有

$$Y_{\mathrm{ss}}(s)=K_1(s-\mathrm{j}\omega_0)^{-1}+K_1^*(s+\mathrm{j}\omega_0)^{-1}$$

由部分分式法，有

$$\begin{aligned}K_1&=(s-\mathrm{j}\omega_0)H(s)\cdot 0.5A[\mathrm{e}^{\mathrm{j}\theta}(s-\mathrm{j}\omega_0)^{-1}+\mathrm{e}^{-\mathrm{j}\theta}(s+\mathrm{j}\omega_0)^{-1}]\Big|_{s=\mathrm{j}\omega_0}\\&=0.5A|H(\mathrm{j}\omega_0)|\mathrm{e}^{\mathrm{j}\varphi(\omega_0)}\mathrm{e}^{\mathrm{j}\theta}=0.5A|H(\mathrm{j}\omega_0)|\mathrm{e}^{\mathrm{j}[\varphi(\omega_0)+\theta]}\end{aligned}$$

式中：$H(\mathrm{j}\omega_0)=|H(\mathrm{j}\omega_0)|\mathrm{e}^{\mathrm{j}\varphi(\omega_0)}$。所以，系统的稳态响应为

$$y_{\mathrm{ss}}(t)=2|K_1|\cos(\omega_0 t+\angle K_1)=|H(\mathrm{j}\omega_0)|A\cos[\omega_0 t+\theta+\varphi(\omega_0)]$$

从而证明了式(6-17)对计算正弦稳态响应十分有用。它也说明线性非时变系统对一个正弦输入的稳态响应也是一个与输入信号同频率的正弦波,只是幅值变为系统函数的振幅 $|H(j\omega_0)|$ 乘以输入振幅 A,相位变为输入相位 θ 加上系统函数的相位 $\varphi(\omega_0)$。对于多个输入,只需对每一个输入信号的时域响应进行叠加就可以了。

【例 6.10】 对于一个 $H(s)=\dfrac{s-2}{s^2+4s+4}$ 的系统,求出下列输入的稳态响应 $r_{ss}(t)$。

(a) $f(t)=8\cos(2t)$　　　(b) $f(t)=4\varepsilon(t)+8\cos(2t+15^\circ)$

解 (a) 由于 $\omega=2$,有 $H(j2)=\dfrac{j2-2}{-4+j8+4}=0.3536\angle 45^\circ$

其稳态响应为 $y_{ss}(t)=0.3536\times 8\cos(2t+45^\circ)=2.8284\cos(2t+45^\circ)$

(b) 对于第一项,由于 $H(0)=-0.5$,其对应的强迫响应为

$$y_{ss1}(t)=-0.5\times 4=-2$$

对于第二项,由于 $\omega=2$,有 $H(j2)=0.3536\angle 45^\circ$,其对应的强迫响应为

$$y_{ss2}(t)=0.3536\times 8\cos(2t+15^\circ+45^\circ)=2.8284\cos(2t+60^\circ)$$

系统的强迫响应为

$$y_{ss}(t)=y_{ss1}(t)+y_{ss2}(t)=-2+2.8284\cos(2t+60^\circ)$$

【例 6.11】 某连续系统的微分方程为 $y'(t)+ay(t)=bf(t)$,当激励 $f(t)=\cos(2t)(-\infty<t<+\infty)$ 时,$y(t)=2\cos(2t-45^\circ)$。求微分方程中的未知常数 a、b 和该系统的系统函数 $H(s)$。

解 根据题意知,系统响应为正弦稳态响应,该系统的系统函数为

$$H(s)=b(s+a)^{-1}$$

根据系统函数与正弦稳态响应的关系,正弦稳态响应为

$$y(t)=|H(j2)|\cos[2t+\varphi(2)]$$

式中:$|H(j2)|=|b/(j2+a)|=b/\sqrt{a^2+4}$;$\varphi(2)=-\arctan(2/a)$。与 $y(t)=2\cos(2t-45^\circ)$ 比较,得

$$a=2,\quad b=4\sqrt{2}$$

该系统的系统函数为 $H(s)=4\sqrt{2}(s+2)^{-1}$

6.3 系统函数的零极点分布与频率响应

所谓频率响应,是指系统在正弦信号激励之下稳态响应随信号频率变化而变化的情况,包括幅度随频率的响应和相位随频率的响应。

6.3.1 几何作图法确定频率响应

利用系统函数的零极点分布,并借助几何作图的方法可以确定系统的频率响应。下面介绍这种方法的原理。

当 $s=j\omega$ 时,系统函数 $H(s)$ 就变成系统频率特性:

$$H(\mathrm{j}\omega)=\frac{K\prod(\mathrm{j}\omega-z_{\mathrm{j}})}{\prod(\mathrm{j}\omega-p_{i})} \tag{6-18}$$

在 s 平面上，任一复数都可用一向量来表示，如某一极点 p_i 可以看成自坐标原点指向该极点的向量，如图 6-8(a) 所示；$\mathrm{j}\omega$ 也可以表示成向量，所以 $\mathrm{j}\omega-p_i$ 就是向量 $\mathrm{j}\omega$ 与向量 p_i 之差，如图 6-8(a) 所示。当 ω 变化时，差向量 $\mathrm{j}\omega-p_i$ 也随之变化。对于任意的极点 p_i 和零点 z_j，都可以用因子 $\mathrm{j}\omega-p_i$ 和 $\mathrm{j}\omega-z_j$ 来表示，即

$$\mathrm{j}\omega-p_i=M_i\angle\theta_i \tag{6-19}$$

$$\mathrm{j}\omega-z_{\mathrm{j}}=N_j\angle\phi\mathrm{j} \tag{6-20}$$

如图 6-8(b) 所示。若系统函数为一对共轭复极点，一个实零点，则频率响应为

$$H(\mathrm{j}\omega)=\frac{(\mathrm{j}\omega-z_1)}{(\mathrm{j}\omega-p_1)(\mathrm{j}\omega-p_2)}=\frac{N_1}{M_1M_2}\angle(\phi_1-\theta_1-\theta_2) \tag{6-21}$$

它的几何图形如图 6-8(c) 所示。

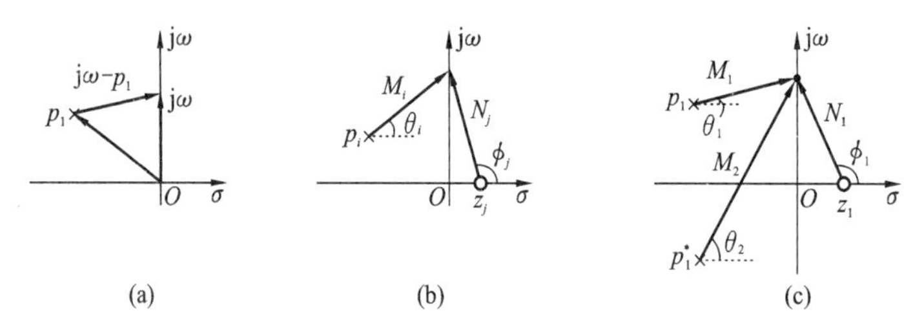

图 6-8 零点与极点的向量表示

当 ω 从 $0\rightarrow+\infty$($\mathrm{j}\omega$ 在虚轴从 O 点向上移动)时，$H(\mathrm{j}\omega)$ 的幅值和相位也随之变化。其中：$|H(\mathrm{j}\omega)|=N_1/(M_1M_2)$ 称为幅频特性；$\varphi(\omega)=\angle(\phi_1-\theta_1-\theta_2)$ 称为相频特性。所以，在 s 平面上借助零点、极点图用向量作图法可分析系统的频率特性。

6.3.2 低通网络

研究如图 6-9 所示的 RC 低通网络的频率响应。求出该网络的系统函数为

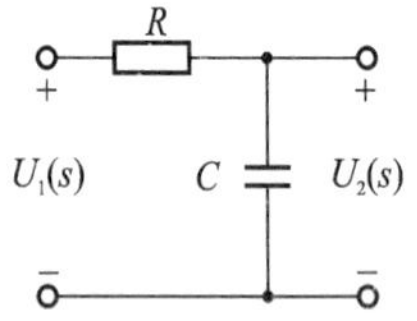

$$H(s)=\frac{1/(sC)}{R+1/(sC)}=\frac{1/(RC)}{s+1/(RC)}$$

可见，有一阶实极点 $p_1=-1/(RC)$，其频率响应为

$$H(\mathrm{j}\omega)=\frac{1/(RC)}{\mathrm{j}\omega+1/(RC)}$$

图 6-9 RC 低通网络

令 $\tau=RC$，则频率响应为

$$H(\mathrm{j}\omega)=(1+\mathrm{j}\omega\tau)^{-1} \tag{6-22}$$

其幅频特性和相频特性分别为

$$|H(\mathrm{j}\omega)|=(\sqrt{1+\omega^2\tau^2})^{-1},\quad \varphi(\omega)=-\arctan(\omega\tau) \tag{6-23}$$

RC 低通网络的零极点分布如图 6-10(a) 所示，由该图可知，当 ω 增加时，M 增大，$|H(\mathrm{j}\omega)|$

随 ω 增加而单调下降，如图 6-10(b) 所示。当 ω 由 $0 \to +\infty$ 时，$\varphi(\omega)$ 则由 $0 \to -\pi/2$，如图 6-10(c) 所示。

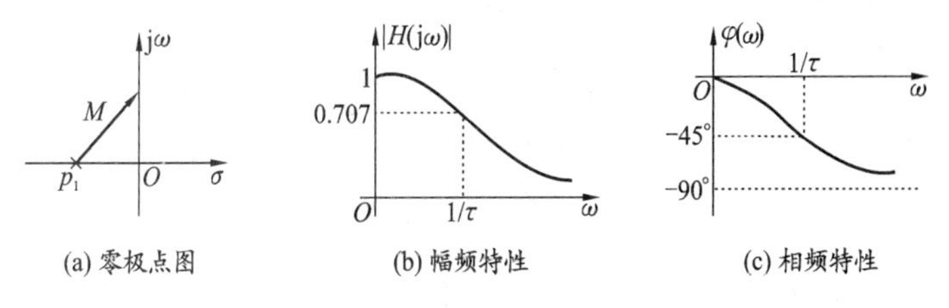

图 6-10 *RC* 低通网络的频率响应

因为 $|H(j\omega)|$ 从 $|H(0)|=1$ 到最小值 $|H(+\infty)|=0$ 单调递减，所以这一系统描述的是一个低通滤波器。该系统的半功率点频率(此处 $H(j\omega)=H_{max}/\sqrt{2}$) 为 $\omega=1/\tau$，也称为它的半功率带宽。同时，系统的相位在 $\omega=0$ 处的相位为 0°，然后逐渐下降，当 $\omega \to +\infty$ 时为 $-90°$；在 $\omega=1/\tau$ 处的相位为 $-45°$，故也称为相位滞后网络。

6.3.3 高通网络

研究如图 6-11 所示的 *RC* 高通网络的频率响应。求出该网络的系统函数为

$$H(s)=\frac{R}{R+1/(sC)}=\frac{s}{s+1/(RC)}$$

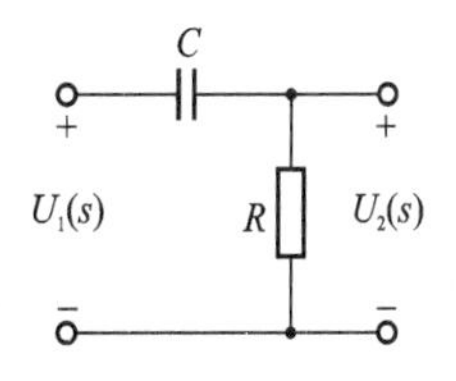

图 6-11 *RC* 高通网络

可见，有一阶实极点 $p_1=-1/(RC)$，在原点处有一零点 $z_1=0$，其频率响应为

$$H(j\omega)=\frac{j\omega}{j\omega+1/(RC)}$$

令 $\tau=RC$，则频率响应为

$$H(j\omega)=j\omega\tau(1+j\omega\tau)^{-1} \tag{6-24}$$

其幅频特性和相频特性分别为

$$|H(j\omega)|=\omega\tau(\sqrt{1+\omega^2\tau^2})^{-1},\quad \varphi(\omega)=0.5\pi-\arctan(\omega\tau) \tag{6-25}$$

RC 高通网络的零极点分布如图 6-12(a) 所示。由该图可知，当 $\omega=0$ 时，$|H(j0)|=0$，ω 增加时，M 和 N 增大，$|H(j\omega)|$ 随 ω 增加而单调上升；当 $\omega \to +\infty$ 时，$|H(j0)|=1$，如图 6-12(b) 所示。当 ω 由 $0 \to +\infty$ 时，$\varphi(\omega)$ 则由 $\pi/2 \to 0$，如图 6-12(c) 所示。

因为 $|H(j\omega)|$ 从 $|H(0)|=0$ 到最大值 $H_{max}=|H(\infty)|=1$ 单调递增，所以这一系统描述的是一个高通滤波器。该系统的半功率点频率(此处 $H(j\omega)=H_{max}/\sqrt{2}$) 为 $\omega=1/\tau$，而它的半功率带宽则为无穷大。同时，系统的相位在 $\omega=0$ 处取得最大值 90°；然后逐渐下降，当 $\omega \to +\infty$ 时为 0°，在 $\omega=1/\tau$ 处的相位为 45°，故也称为相位超前网络。

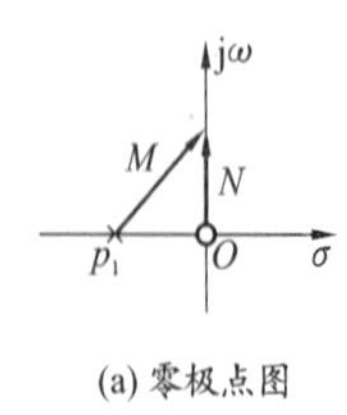

(a) 零极点图

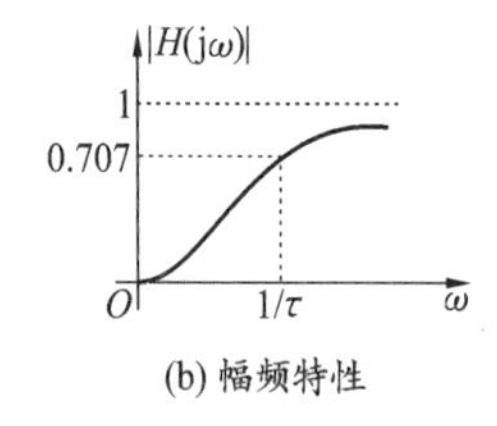

(b) 幅频特性

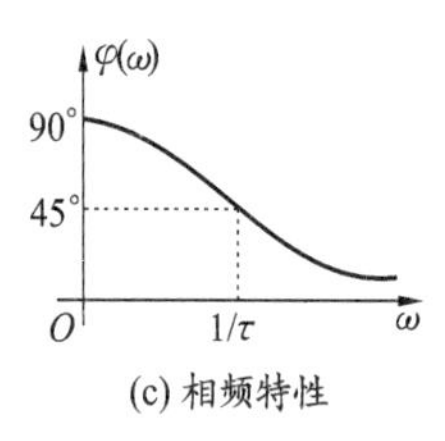

(c) 相频特性

图 6-12 *RC* 高通网络的频率响应

6.3.4 带通网络

研究如图 6-13 所示的 *RLC* 带通网络的频率响应。求出该网络的系统函数为

$$H(s)=\frac{R}{R+sL+1/(sC)}=\frac{sR/L}{s^2+sR/L+1/(LC)}$$

$$=\frac{sR/L}{(s-p_1)(s-p_2)}$$

图 6-13 *RLC* 带通网络

令 $p_{1,2}=-\alpha\pm j\beta$ 为共轭极点，$z_1=0$ 为零点。为方便起见，令 $R=1\ \Omega, L=1\ \mathrm{H}, C=1\ \mathrm{F}$，其频率响应为

$$H(j\omega)=\frac{j\omega}{(1-\omega^2)+j\omega} \tag{6-26}$$

其幅频特性和相频特性分别为

$$|H(j\omega)|=\omega\left(\sqrt{(1-\omega^2)^2+\omega^2}\right)^{-1},\quad \varphi(\omega)=0.5\pi-\arctan[\omega(1-\omega^2)^{-1}] \tag{6-27}$$

RLC 带通网络的零极点分布如图 6-14(a) 所示。由该图可知，当 $\omega=0$ 时，$|H(j\omega)|=0$，$\varphi(\omega)=\pi/2$；当 $\omega=\omega_0=1/\sqrt{LC}$ 时，$|H(j\omega)|=1$，$\varphi(\omega)=0$。当 $\omega\to+\infty$ 时，$|H(j\omega)|=0$，$\varphi(\omega)=-\pi/2$，幅频特性和相频特性分别如图 6-14(b) 和图 6-14(c) 所示。

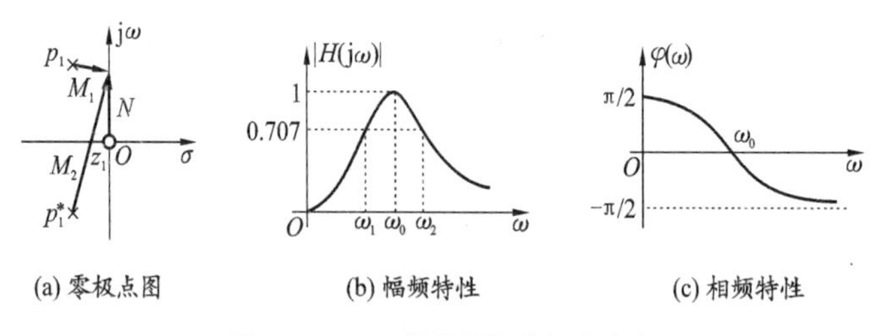

(a) 零极点图　(b) 幅频特性　(c) 相频特性

图 6-14 *RLC* 带通网络的频率响应

带通滤波器的频域参数通常包括：① 半功率点 ω_1、ω_2，此处的值为峰值的 $1/\sqrt{2}$，相位为 $\pm45°$；② 中心频率 ω_0（定义 $\omega_0=\sqrt{\omega_1\omega_2}$，即为半功率频率 ω_1、ω_2 的几何均值），此时的幅值为最大，相位值为 0°；③ 半功率带宽（带宽 $B=\omega_2-\omega_1$）。

【例 6.12】 设某系统的系统函数为 $H(s)=\frac{s^2+1.02}{s^2+1.21}$,试用向量作图法绘出粗略的幅频响应曲线和相频响应曲线。

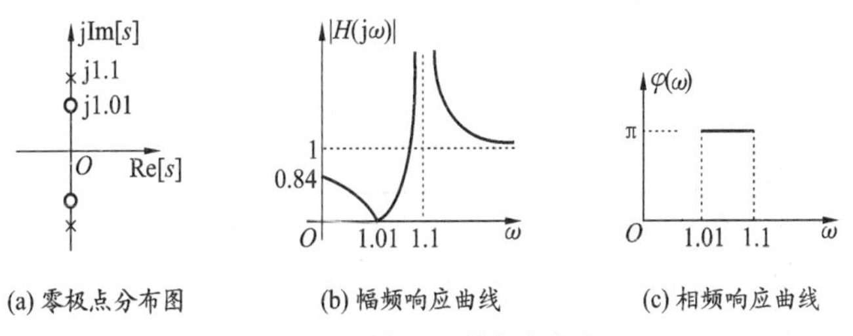

(a) 零极点分布图 (b) 幅频响应曲线 (c) 相频响应曲线

图 6-15 例 6.12 的频率响应

解 该系统有一对虚数极点 $p_{1,2}=\pm \mathrm{j}\sqrt{1.21}=\pm \mathrm{j}1.1$ 和一对虚数零点 $z_{1,2}=\pm \mathrm{j}\sqrt{1.02}=\pm \mathrm{j}1.01$,其零极点分布如图 6-15 所示。

当 $\omega=0$ 时,$|H(0)|=1.02/1.21\approx 0.84$,$\varphi(0)=0$;当 $\omega=1.01$ 时,$|H|=0$、$\varphi(\omega)$ 处于临界点,$\omega>1.01$ 则 $\varphi(\omega)=\pi$;当 $\omega=1.1$ 时,$|H|=+\infty$、$\varphi(\omega)$ 处于临界点,而 $\omega>1.1$ 则 $\varphi(\omega)=0$。系统的幅频特性和相频特性分别如图 6-15(b)、(c) 所示。

显然,这是一个带阻 - 带通滤波网络。

6.3.5 全通网络

系统函数的极点位于左半平面,零点位于右半平面,而且零点与极点对于 $\mathrm{j}\omega$ 轴互为镜像,则系统函数称为全通函数。

若某一系统的系统函数为

$$H(s)=\frac{s-a}{s+a} \tag{6-28}$$

其极点 $p_1=-a$,位于 s 左半平面;零点 $z_1=a$,位于 s 右半平面。极点和零点对于虚轴是镜像对称的,如图 6-16(a) 所示。由零极点图可知,对于任何 ω,都有 $M=N$,因此,其幅频特性为

$$|H(\mathrm{j}\omega)|=1 \tag{6-29}$$

其相频特性为

$$\varphi(\omega)=\pi-2\arctan(\omega/a) \tag{6-30}$$

幅频特性和相频特性分别如图 6-16(b)、(c) 所示。幅频特性为一常数,因此对所有频率的信号,其系统函数的模相同,因而该系统称为全通系统或全通网络。上述全通系统只有一个极点,故称为一阶全通系统。

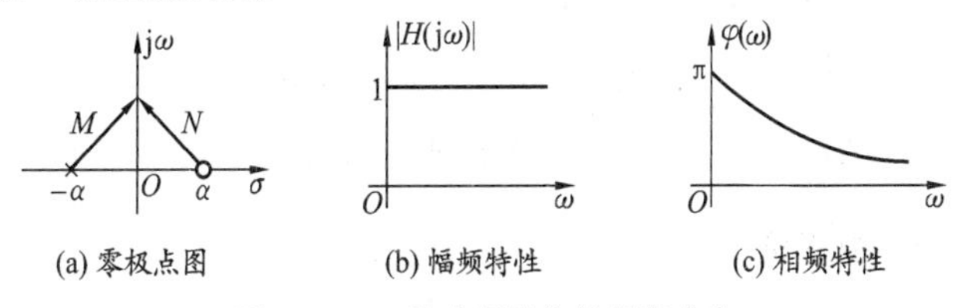

(a) 零极点图 (b) 幅频特性 (c) 相频特性

图 6-16 一阶全通网络的频率响应

推广上述结果，图 6-17(a) 所示的是一个三阶全通系统的零极点分布图。从该图中可以得出，对于任何频率，幅频特性为一常数。当 $\omega = 0$ 时，$\varphi(0) = \pi$；当 $\omega \to +\infty$ 时，极点相位为 $270°$，零点相位为 $90° + 90° - 270° = -90°$，所以 $\varphi(+\infty) = -2\pi$。三阶全通系统的频率特性如图 6-17(b)、(c) 所示。

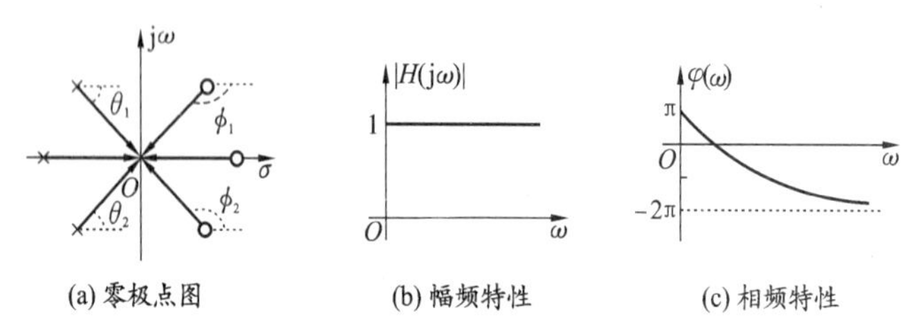

(a) 零极点图　　(b) 幅频特性　　(c) 相频特性

图 6-17　三阶全通网络的频率响应

可见，全通网络的幅频特性为常数，而它的系统函数为

$$H(s) = \frac{P(-s)}{p(s)} \tag{6-31}$$

对于全部频率的正弦信号都能按同样的幅度传输系数通过该网络，但相频特性不受约束。因此，全通网络可以保证不影响待传送信号的幅度频谱特性，只改变信号的相位频谱特性，在传输系统中常用来进行相位校正，如用做延迟均衡器，与其他滤波器级联以调节相位或对相位失真进行补偿。

【例 6.13】　如图 6-18 所示电路，证明它们是全通滤波器。画出系统函数的零极点图、幅频特性和相频特性图。

解　先求系统函数，因

$$U_0(s) = \frac{R}{R + 1/(sC)} U_i(s) - \frac{1}{2} U_i(s)$$

系统函数为

$$H(s) = \frac{U_0(s)}{U_i(s)} = \frac{R}{R + 1/(sC)} - \frac{1}{2} = \frac{1}{2} \cdot \frac{s - 1/(RC)}{s + 1/(RC)}$$

显然，这是一阶全通滤波器。零极点图、幅频特性和相频特性图如图 6-19 所示。

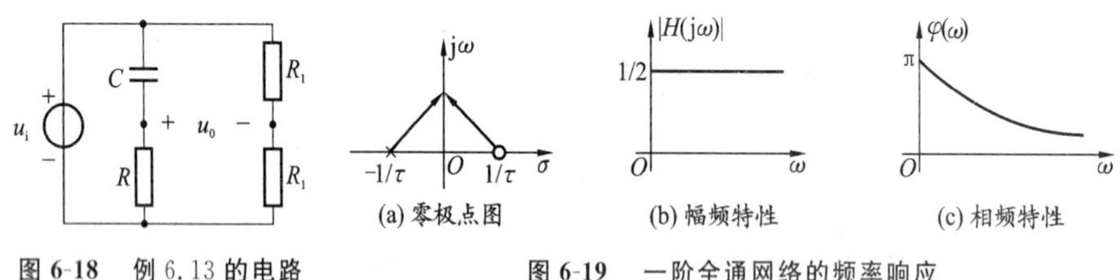

(a) 零极点图　　(b) 幅频特性　　(c) 相频特性

图 6-18　例 6.13 的电路　　**图 6-19　一阶全通网络的频率响应**

6.3.6　最小相移网络

两个网络的零极点分布分别如图 6-20(a)、(b) 所示，它们的特点是极点相同，零点却

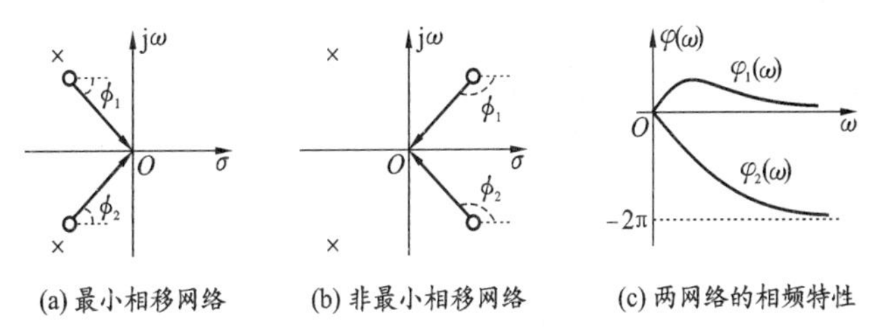

(a) 最小相移网络　　(b) 非最小相移网络　　(c) 两网络的相频特性

图 6-20　最小相移网络的频率响应

对 jω 轴成镜像关系。

可见，它们的幅频特性是相同的，但相频特性不同。图 6-20(a) 所示的相频特性用 $\varphi_1(\omega)$ 表示，图 6-20(b) 所示的相频特性用 $\varphi_2(\omega)$ 表示。当 $\omega=0$ 时，$\varphi_1(\omega)=0$，$\varphi_2(\omega)=0$；当 $\omega=+\infty$ 时，$\varphi_1(\omega)=0$，$\varphi_2(\omega)=-2\pi$。它们的相频特性如图 6-20(c) 所示。图 6-20(a) 所示的网络称为最小相移网络。所以，零点仅位于左半平面或虚轴的系统称为“最小相移网络”，或最小相位系统；否则，为“非最小相移网络”。

【例 6.14】 考虑如下稳定系统的系统函数，试判断它们是否为最小相位系统。

(a) $H_1(s)=\dfrac{(s+1)(s+2)}{(s+3)(s+4)(s+5)}$　　(b) $H_2(s)=\dfrac{(s-1)(s+2)}{(s+3)(s+4)(s+5)}$

(c) $H_3(s)=\dfrac{(s-1)(s-2)}{(s+3)(s+4)(s+5)}$

解　显然，这些系统函数具有相同的幅度，而它们的相位却不同。$H_1(s)$ 具有最小的相位，因为在右半平面没有零点，是最小相位系统；$H_2(s)$、$H_3(s)$ 为非最小相位系统。

6.3.7 Matlab 绘制系统的频率响应图

Matlab 提供了专用绘制频率响应的函数。信号处理工具箱提供的 freqs( ) 函数可直接计算系统的频率响应，其一般调用形式为

```
H = freqs(num,den,w)
```

其中的 num 为系统函数 $H(s)$ 的有理多项式中分子多项式的系数向量，den 为分母多项式的系数向量，w 为需计算的频率采样点向量，单位为 rad/s。如果没有输出参数，直接调用

```
freqs(num,den)
```

则 matlab 会在当前绘图窗口自动画出幅频和相频响应曲线图形。不过，横坐标频率将取对数刻度做单位；幅频特性的纵坐标取对数刻度做单位，相频特性的纵坐标取(°)做单位。下面举例说明。

【例 6.15】 设某系统的系统函数为 $H(s)=\dfrac{s^2+1}{s^2+2s+5}$，试用 Matlab 绘出系统的幅频响应曲线

和相频响应曲线。

```
% 例 6.15 零极点分布图,幅频响应,相频响应   LT6_15.m
num=[1 0 1];
den=[1 2 5];
subplot(1,3,1);
pzmap(num,den);                    % 画零极点分布图
axis([-1.2,0.5,-2.4,2.4])          % 定义坐标
title('零极点分布图')
w=linspace(0,10,200);              % ω取线性刻度,从 0 到 10,共 200 点。
H=freqs(num,den,w);                % 求频率响应值
subplot(1,3,2);
plot(w,abs(H));                    % 画幅频特性
set(gca,'xtick',[0 1 4 6 8 10]);   % 重新标记横坐标
title('幅频响应曲线')
xlabel('\omega(rad/s)');ylabel('| H(j\omega)| ');grid on;
subplot(1,3,3);
plot(w,180/pi* angle(H));          % 画相频特性
set(gca,'xtick',[0 1 4 6 8 10]);   % 重新标记横坐标
set(gca,'ytick',[-40  -26.6  0  40  80  120  153.4  180]);
xlabel('\omega(rad/s)');
ylabel('\phi(\omega)');grid on;
title('相频响应曲线')
```

程序运行后的结果显示如图 6-21 所示,与理论分析完全一致。

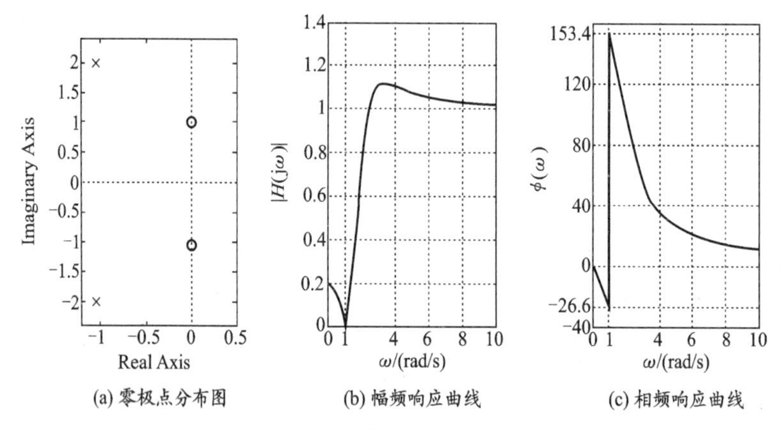

(a) 零极点分布图　(b) 幅频响应曲线　(c) 相频响应曲线

图 6-21　例 6.15 的频率响应 1

直接调用 freqs( ) 函数也可十分方便地画出频率响应。执行下面的命令:

```
num=[1 0 1];
den=[1 2 5];
freqs(num,den);
```

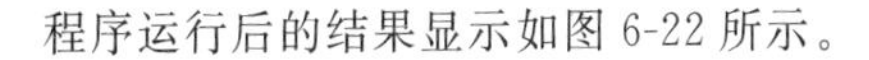
程序运行后的结果显示如图 6-22 所示。

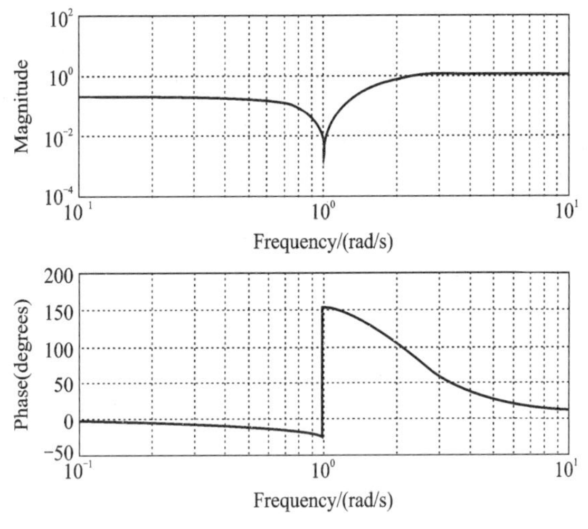

图 6-22　例 6.15 的频率响应 2

6.4　系统的稳定性

稳定性概念在系统分析和设计中是非常重要的。系统能否稳定地工作是系统分析和设计最基本的问题，也是系统性能符合设计要求应满足的最低条件。

按照研究问题的不同类型和不同角度，系统稳定性的定义有不同的形式。常用的稳定性的概念有两种。稳定性的第一个概念与加入一般输入信号时的系统性能有关：如果输入有界时(bounded input)只能产生有界输出(bounded output)的系统，称为稳定系统，这一稳定性准则称为 BIBO 稳定性准则。它适用于一般系统，可以是线性系统，也可以是非线性系统，可以是非时变系统也可以是时变系统(也称外部稳定)。

稳定性的第二个概念与短时间内出现小的干扰时的系统性能有关：当一个系统受到某种干扰信号作用时，其所引起的系统输出始终保持有界，并且最后趋于原状态，则系统就是稳定的；如果系统输出变为无界，则系统是不稳定的；如果系统输出保持有界，但是并不趋附于原来的状态，则称系统为临界稳定的。例如，临界稳定系统可以表现为持续振荡或者恒定输出(也称内部稳定)。

6.4.1　BIBO 稳定性

BIBO 稳定性称为有界输入 / 有界输出稳定性。根据定义，当且仅当每个有界的输入都能产生有界的输出时，系统为 BIBO 稳定的。

对于线性非时变系统，可以得到满足 BIBO 稳定性的冲激响应条件。考虑系统的零

状态响应为

$$y(t)=f(t)*h(t)=\int_{-\infty}^{+\infty}f(t)h(t-\tau)\mathrm{d}\tau \tag{6-32}$$

可得

$$|y(t)|=\left|\int_{-\infty}^{+\infty}f(t)h(t-\tau)\mathrm{d}\tau\right|\leqslant\int_{-\infty}^{+\infty}|f(t)||h(t-\tau)|\mathrm{d}\tau \tag{6-33}$$

如果输入有界，则

$$|f(t)|\leqslant M<+\infty \tag{6-34}$$

式中：M 为有界常数。用 M 代替式(6-33)中的 $|f(t)|$，可得

$$|y(t)|\leqslant M\int_{-\infty}^{+\infty}|h(t-\tau)|\mathrm{d}\tau \tag{6-35}$$

替换变量 $x=t-\tau$，可得

$$|y(t)|\leqslant M\int_{-\infty}^{+\infty}|h(x)|\mathrm{d}x \tag{6-36}$$

如果有

$$\int_{-\infty}^{+\infty}|h(\tau)|\mathrm{d}\tau<+\infty \tag{6-37}$$

则输出有界，也就是说，式(6-37)是稳定性的充分条件。

为说明这同时也是必要条件，现在证明，如果 $\int_{-\infty}^{+\infty}|h(\tau)|\mathrm{d}\tau$ 无界，则至少有一个有界的 $f(t)$ 产生无界的 $y(t)$。考虑输入信号

$$f(t)=\begin{cases}+1 & (h(t-\tau)>0)\\ 0 & (h(t-\tau)=0)\\ -1 & (h(t-\tau)<0)\end{cases} \tag{6-38}$$

于是有 $f(t)h(t-\tau)=|h(t-\tau)|$，由于被积函数非负，由式(6-33)，对于任意固定的 t，有

$$|y(t)|=\left|\int_{-\infty}^{+\infty}|h(t-\tau)|\mathrm{d}\tau\right|=\int_{-\infty}^{+\infty}|h(x)|\mathrm{d}x \tag{6-39}$$

因此，如果式(6-37)不成立，输出将无界。也就是说，式(6-37)同时也是BIBO稳定性的必要条件。

在时域中，线性非时变因果系统的BIBO稳定含有以下条件。

① 要求在微分方程中，输入信号的最高阶导数不超过输出信号的最高阶导数；如果超过的话，冲激响应 $h(t)$ 中将含有 $\delta(t)$ 的导数，$h(t)$ 就不绝对可积。

② 特征方程的根有负实部。为了符合绝对可积条件，在 $t\to+\infty$ 时，$h(t)\to 0$，即

$$\lim_{t\to+\infty}h(t)=0 \tag{6-40}$$

在 s 域中，这些条件转化为要求系统函数 $H(s)=N(s)/D(s)$ 中，多项式 $N(s)$ 的阶数 M 不能超过 $D(s)$ 的阶数 N，其极点位于 s 左半平面(除去虚轴)。原因如下。

(1) 位于右半平面的极点将使 $h(t)$ 指数增长，对于任一有界的或其他输入，会产生无界的响应，如

$$h(t)=\mathrm{e}^{2t}\Leftrightarrow H(s)=(s-2)^{-1}$$

(2) $\mathrm{j}\omega$ 轴上的多重极点会使 $H(s)$ 含有 $(s^2+a^2)^{-2}$ 或 s^{-2} 的项，如

$$h(t) = t\varepsilon(t) \Leftrightarrow H(s) = s^{-2}$$

或

$$h(t) = t\cos t\varepsilon(t) \Leftrightarrow H(s) = (s^2+1)^{-2}$$

(3)jω 轴上的单极点会使 $H(s)$ 含有 $(s^2+a^2)^{-1}$ 或 s^{-1} 的项。如果系统的输入信号也有相同的形式，则响应中就会包含 $(s^2+a^2)^{-2}$ 或 s^{-2} 的因子，从而使响应无界。所以，稳定区域除去了 jω 轴。从 BIBO 稳定性划分来看，由于未规定临界稳定类型，因而属于不稳定的范围。

【例 6.16】 试用 BIBO 准则判别下列因果系统是否稳定的？为什么？

(a) $H(s) = \dfrac{s+2}{s^2-2s-3}$　　(b) $H(s) = \dfrac{s+1}{s^2+4}$

(c) $H(s) = \dfrac{s^2+2}{s^2+2s+3}$　　(d) $H(s) = \dfrac{s^3+2}{s^2+2s+3}$

解 (a) 由于有右半平面的极点 $s=3$，所以系统不稳定。

(b) 由于在虚轴上有单极点 $s=\pm \mathrm{j}2$，所以系统不稳定。

(c) 系统函数分子分母的阶数相同，极点都在左半平面，所以系统是稳定的。

(d) 因为 $H(s)$ 分子的阶数大于分母的阶数，冲激响应中必含有 $\delta(t)$ 的导数项，所以系统不稳定。

6.4.2 其他稳定性

与 BIBO 稳定性定义不同的是，有一种观点认为稳定性是系统本身的性质所决定的，与外加信号无关。

1. 系统函数的极点与冲激响应的关系确定稳定性

6.2 节讨论了系统的冲激响应 $h(t)$ 与系统函数极点分布的关系。对于因果系统，在时间 $t\to+\infty$ 时，$h(t)\to 0$，系统是稳定的；若时间 $t\to+\infty$ 时，$h(t)$ 是趋于有限值，则系统是临界稳定的；若时间 $t\to+\infty$ 时，$h(t)$ 是增长的，则系统是不稳定的。这样，就把因果系统的稳定性分为三种类型。

在 s 域，系统函数 $H(s)$ 的极点位于 s 左半平面，系统是稳定的；极点在虚轴上有单极点，系统是临界稳定的；极点在 s 右半平面或在虚轴上有重极点，系统不稳定。

2. 零输入响应确定稳定性

对于所有的初始条件，$y(0)$，$y'(0)$，…，$y^{(n-1)}(0)$，当 $t\to+\infty$ 时，系统的零输入响应 $y_{zi}(t)\to 0$，则系统为渐近稳定系统。也就是说，当 $t\to+\infty$ 时，系统中任何初始储能产生的响应都会逐渐消失。

如果满足

$$|y_{zi}(t)| < M \qquad (0 < t < +\infty) \tag{6-41}$$

式中：M 是一个有界的正常数，则称系统为临界稳定的；如果 $t\to+\infty$ 时，$y_{zi}(t)$ 无限增长，则系统是不稳定的。

对应电路分析的实际问题，通常不含受控源的 RLC 电路构成稳定系统。不含受控源也不含电阻 R(无损耗)，只由 LC 元件构成的电路会出现 $H(s)$ 极点位于虚轴的情况，$h(t)$ 呈等幅振荡。从物理概念上讲，上述两种情况都是无源网络，它们不能对外部供给能量，响应函数幅度是有限的，属稳定或临界稳定系统。

6.4.3 稳定性与罗斯阵列

对于线性非时变系统，其稳定性等价于确定是否所有的极点均位于 s 域的左半平面。怎样才能做到这一点呢?一种途径是对特征多项式进行因式分解，从而求出根的精确位置。然而，这涉及 s 的 n 阶多项式的因式分解，除非借助计算机辅助计算，否则 n 阶多项式分解是很困难的。而且我们也不需要掌握根的确切位置，只需要知道是否所有的根均位于 s 左半平面。罗斯(Routh)判据就提供了这样的判断方法。它不必解特征方程就可知道有多少特征根在右半平面。罗斯判据表述如下。

设线性系统的特征方程为

$$D(s)=a_n s^n+a_{n-1}s^{n-1}+\cdots+a_1 s+a_0=0 \tag{6-42}$$

则系统稳定的充分必要条件是特征方程的全部系数为正值，并且由特征方程系数组成的罗斯阵列的第一列系数也为正值。罗斯阵列的形式如表 6-2 所示。阵列前两行的元素直接从多项式系数得到，第三行元素由前两行按照下列运算关系产生：

$$b_1=\frac{a_{n-1}a_{n-2}-a_n a_{n-3}}{a_{n-1}},\quad b_2=\frac{a_{n-1}a_{n-4}-a_n a_{n-5}}{a_{n-1}} \tag{6-43}$$

以下各元素以此类推，直到把 a 项用完。第四行由前两行按照下列运算关系产生：

$$c_1=\frac{b_1 a_{n-3}-b_2 a_{n-1}}{b_1},\quad c_2=\frac{b_1 a_{n-5}-b_3 a_{n-1}}{b_1} \tag{6-44}$$

用同样的方法计算下面各行，直到阵列终止在只有一个元素的 s^0 行。

得到阵列之后，检查第一列元素的符号变化。符号变化的次数等于特征根在右半平面的个数。

表 6-2 罗斯阵列的形成

s^n	a_n	a_{n-2}	a_{n-4}	…
s^{n-1}	a_{n-1}	a_{n-3}	a_{n-5}	…
s^{n-2}	b_1	b_2	b_3	…
⋮	c_1	c_2	c_3	…
⋮	⋮	⋮	⋮	⋮
s^2	d_1	d_2		
s^1	e_1			
s^0	f_1			

【例 6.17】 三阶系统的特征方程为 $a_3s^3+a_2s^2+a_1s+a_0=0$，要使系统稳定，系数 a_i 应满足什么条件？

解 可排出罗斯阵列如表 6-3 所示，则系统稳定的充分必要条件为

$$\begin{cases} a_i>0 \quad (i=0,1,2,3) \\ a_1a_2-a_0a_3>0 \end{cases}$$

表 6-3 例 6.17 的罗斯阵列

s^3	a_3	a_1
s^2	a_2	a_0
s^1	$\dfrac{a_1a_2-a_0a_3}{a_2}$	0
s^0	a_0	

【例 6.18】 线性系统的特征方程为 $s^4+2s^3+3s^2+4s+5=0$，试判断系统的稳定性。

解 可排出罗斯阵列如表 6-4 所示。由可见系统不稳定，改变符号次数为 2，表明有两个正实部的根。

用 Matlab 可以求得特征根。这只要执行一条命令即可：

```
roots([1 2 3 4 5])
ans =
  0.2878+1.4161i
  0.2878-1.4161i
 -1.2878+0.8579i
 -1.2878-0.8579i
```

系统的特征根为 $p_{1,2}=0.2878\pm \mathrm{j}1.4161$，$p_{3,4}=-1.2878\pm \mathrm{j}0.8579$。显然有两个正实部的根。

在计算罗斯阵列时，有某一行第一项系数为零，而其余系数不为零的情况。这时因为下一行的所有元素都以这个元素为分母而无法进行计算，阵列也无法继续排下去。遇到这种情况，可用有限小的正数 ε 代替零计算。

表 6-4 例 6.18 的罗斯阵列

s^4	1	3	5
s^3	2	4	0
s^2	$(6-4)/2=1$	$(10-0)/2=5$	0
s^1	$(4-10)/1=-6$	0	改变一次符号
s^0	5	0	改变一次符号

表 6-5 例 6.19 的罗斯阵列

s^3	1	-3	
s^2	$0\approx\varepsilon$	2	
s^1	$\varepsilon^{-1}(-3\varepsilon-2)$	0	改变一次符号
s^0	2		改变一次符号

【例 6.19】 线性系统的特征方程为 $s^3-3s+2=0$，试判断系统的稳定性。

解 可排出罗斯阵列如表 6-5 所示。因为 $\varepsilon\to 0$ 时，$\varepsilon^{-1}(-3\varepsilon-2)$ 为负值，罗斯阵列变号两次，故有两个根在右半平面，系统不稳定。

用 Matlab 可以求得特征根。这只要执行一条命令即可：

```
roots([1 0-3 2])
ans =
-2.0000
  1.0000
  1.0000
```

显然,系统有两个根为正值。

在计算罗斯阵列时,有某一行全为零的情况,这时阵列也无法继续排下去。遇到这种情况,表明特征方程有一些大小相等,方向相反的根,即在虚轴上有极点。可由全零行的前一行元素组成一个辅助多项式,用此多项式的导数的系数来代替全零行,继续排出罗斯阵列。此时除观察罗斯阵列是否变化符号之外,还要检查辅助多项式的根,如在虚轴上的根为单根则临界稳定,如在虚轴上有重根则不稳定。

【例 6.20】 线性系统的特征方程为 $s^4+3s^3+4s^2+6s+4=0$,试判断系统的稳定性。

解 可排出罗斯阵列如表 6-6 所示。这时,出现全行为零,可由前一行构成辅助多项式 $Q(s)=2s^2+4$,其导数为 $Q'(s)=4s$。用 4,0 代替全零行,再排罗斯阵列如表 6-7 所示。

表 6-6 例 6.20 的罗斯阵列 1

s^4	1	4	4
s^3	3	6	0
s^2	2	4	0
s^1	0	0	0

表 6-7 例 6.20 的罗斯阵列 2

s^4	1	4	4
s^3	3	6	0
s^2	2	4	0
s^1	4	0	0
s^0	4	0	0

由表 6-7 可知,系统没有正实部根,有共轭虚根,其根为 $Q(s)=2s^2+4=0$,得 $s_{1,2}=\pm j\sqrt{2}$,故该系统是临界稳定的。

用 Matlab 可以求得特征根。这只要执行一条命令即可:

```
roots([1 3 4 6 4])
ans =
  0.0000+1.4142i
  0.0000-1.4142i
 - 2.0000
 - 1.0000
```

所以,系统有两个虚根,两个负实根。

罗斯阵列通常用来确定保证系统的稳定性的某些系统参数的取值范围。这种情况在控制系统的研究中经常出现,其中的参数绝大多数是放大器的增益。下面举例说明。

【例 6.21】 线性系统的特征方程为 $s^3+2s^2+4s+K=0$。求系统稳定时 K 的取值范围。

解 可排出罗斯阵列如表 6-8 所示。要使系统稳定,罗斯阵列的第一列必须为正值,即

$$K>0,\quad 8-K>0$$

故 K 的取值范围是 $0<K<8$

表 6-8 例 6.21 的罗斯阵列

s^3	1	4
s^2	2	K
s^1	$0.5(8-K)$	0
s^0	K	

【例 6.22】　已知如图 6-23 所示系统，欲使系统稳定，试确定 K 的取值范围；若系统属临界稳定，试确定它们在 $j\omega$ 轴上的极点的值。

解　先求系统函数，设变量 $X(s)$，令

$$H_1(s)=\frac{K}{s(s^2+2s+2)},\quad H_2(s)=\frac{1}{s+3}$$

则
$$X(s)=F(s)-H_2(s)Y(s),\quad Y(s)=H_1(s)X(s)$$

有
$$Y(s)=H_1(s)[F(s)-H_2(s)Y(s)]$$

所以
$$Y(s)=\frac{H_1(s)F(s)}{1+H_1(s)H_2(s)}$$

将 $H_1(s)$、$H_2(s)$ 代入表达式，系统函数为

$$H(s)=\frac{Y(s)}{F(s)}=\frac{H_1(s)}{1+H_1(s)H_2(s)}=\frac{K(s^3+2s^2+2s)^{-1}}{1+K(s^3+2s^2+2s)^{-1}\cdot(s+3)^{-1}}=\frac{K(s+3)}{s^4+5s^3+8s^2+6s+K}$$

系统的特征多项式为

$$D(s)=s^4+5s^3+8s^2+6s+K$$

罗斯阵列如表 6-9 所示。系统稳定时 K 的取值范围为 $0<K<204/25$。要使系统属临界稳定，应使罗斯阵列的某一行为 0，即 $K=204/25$，则辅助多项式为

$$Q(s)=(34/5)s^2+204/25$$

其导数为
$$Q'(s)=(68/5)s$$

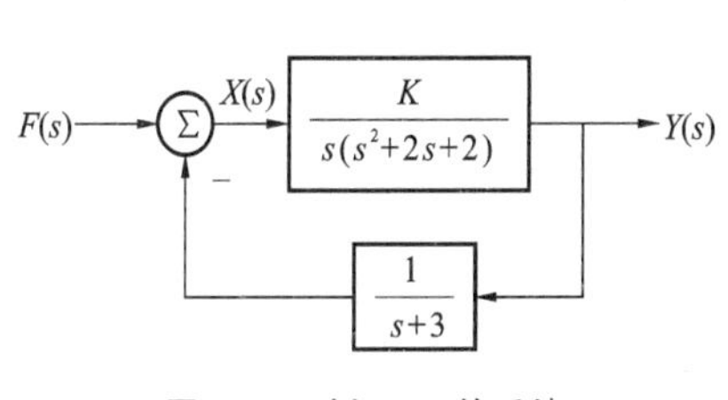

图 6-23　例 6.22 的系统

表 6-9　例 6.22 的罗斯阵列 1

s^4	1	8	K
s^3	5	6	0
s^2	$(40-6)/5=34/5$	K	
s^1	$6-(25/34)K$	0	
s^0	K		

可重排罗斯阵列如表 6-10 所示，由表可知，系统没有正实部根，有共轭虚根，其根为

$$Q(s)=(34/5)s^2+(204/25)=0,\quad s_{1,2}=\pm j\sqrt{6/5}=\pm j1.1$$

表 6-10　例 6.22 的罗斯阵列 2

s^4	1	8	K
s^3	5	6	0
s^2	$(40-6)/5=34/5$	K	
s^1	$68/5$	0	
s^0	K		

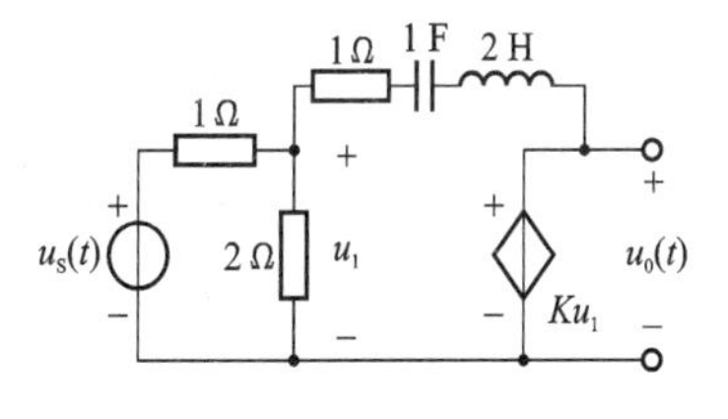

图 6-24　例 6.23 的电路

【例 6.23】　如图 6-24 所示电路，试求：(a) 函数 $H(s)=U_0(s)/U_S(s)$；(b) K 为何值时，系统稳定？(c) 取 $K=0.5$，$u_S(t)=\sin t\varepsilon(t)$，求零状态响应 $u_0(t)$。

解 (a) 用节点法列方程,可得

$$\left(1+\frac{1}{2}+\frac{1}{1+1/s+2s}\right)U_1(s)-\frac{1}{1+1/s+2s}KU_1(s)=U_S(s)$$

整理,得
$$\left(\frac{3}{2}+\frac{s-Ks}{2s^2+s+1}\right)U_1(s)=U_S(s)$$

系统函数为
$$H(s)=\frac{U_0(s)}{U_S(s)}=\frac{KU_1(s)}{U_S(s)}=\frac{2K(2s^2+s+1)}{6s^2+(5-2K)s+3}$$

(b) 欲使系统稳定,必有

$$5-2K>0,\quad 即\quad K<2.5$$

(c) 取 $K=0.5, u_S(t)=\sin t\varepsilon(t)$,系统函数为

$$H(s)=\frac{2K(2s^2+s+1)}{6s^2+(5-2K)s+3}=\frac{2s^2+s+1}{6s^2+4s+3}$$

$$U_0(s)=H(s)U_S(s)=\frac{2s^2+s+1}{6s^2+4s+3}\cdot\frac{1}{s^2+1}=\frac{Ms+N}{6s^2+4s+3}+\frac{As+B}{s^2+1}$$

用比较系数法,得
$$\begin{cases}M+6A=0, N+4A+6B=2\\ M+3A+4B=1, N+3B=1\end{cases}$$

解得
$$A=1/25,\quad B=7/25,\quad M=-6/25,\quad N=4/25$$

$$U_0(s)=\frac{-(6/25)s+4/25}{6s^2+4s+3}+\frac{(1/25)s+7/25}{s^2+1}$$

$$=\frac{-(1/25)(s+1/3)}{(s+1/3)^2+7/18}+\frac{(1/25)\cdot\sqrt{18/7}\cdot\sqrt{7/18}}{(s+1/3)^2+7/18}+\frac{s/25}{s^2+1}+\frac{7/25}{s^2+1}$$

所以,系统的零状态响应为

$$u_0(t)=-(1/25)e^{-t/3}\cos(\sqrt{7/18}t)+(1/25)\sqrt{18/7}e^{-t/3}\sin(\sqrt{7/18}t)+(1/25)\cos t+(7/25)\sin t\quad(t\geqslant 0)$$

用 Matlab 进行拉氏反变换的命令如下。

```
>>f=ilaplace(sym('(2*s^2+s+1)/(6*s^2+4*s+3)/(s^2+1)'))
f=
3/175*exp(-1/3*t)*14^(1/2)*sin(1/6*14^(1/2)*t)-1/25*exp(-1/3*t)
*cos(1/6*14^(1/2)*t)+1/25*cos(t)+7/25*sin(t)
>>pretty(f)
                           1/2            1/2
3/175  exp(-1/3t)14   sin(1/614t)
                                          1/2
-1/25  exp(-1/3 t) cos(1/6 14 t)+1/25 cos(t)+7/25 sin(t)
```

可见与上述计算结果一致,但十分容易。

6.5 系统模拟

系统框图是系统模型的另一种形式,也称为系统模拟图。第 2 章曾经用时域冲激响应作为系统模型,这里,用 s 域的系统框图来模拟系统,使系统模拟的方法更加实用与简

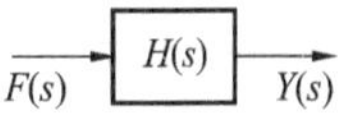

捷。系统框图在大型系统的分析中非常有用。框图是系统的数学模型与原理图模型的结合产物，它不仅可以给出系统各部分的方程，也表示了各组成部分之间的相互联系情况。因此，框图为系统的结构提供了大量信息，并为确定系统方程或系统函数提供了所需的全部信息。系统最简单的模拟图如图 6-25 所示。

F(s)
H(s)
Y(s)

图 6-25 最简单的系统模拟图

图 6-25 中，信号只能沿着箭头的方向传输。$F(s)$ 是输入信号的拉氏变换，$Y(s)$ 是输出信号的拉氏变换，$H(s)$ 是系统函数。输入信号可以写成

$$Y(s)=H(s)F(s) \tag{6-45}$$

6.5.1 基本模拟单元及连接方式

线性非时变系统的模拟通常由三种功能单元组成，即加法器、数乘器和积分器，它们的符号与功能如表 6-11 所示。

表 6-11 时域和 s 域的基本模拟单元

类　　型	时　　域	s 域
积分器	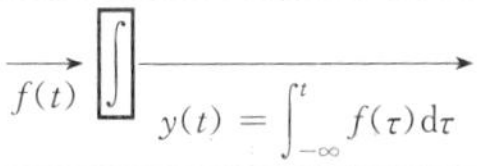 $f(t)$ → $\int$ → $y(t)=\int_{-\infty}^{t} f(\tau)\mathrm{d}\tau$	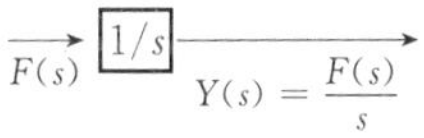 $F(s)$ → $1/s$ → $Y(s)=\frac{F(s)}{s}$
加法器	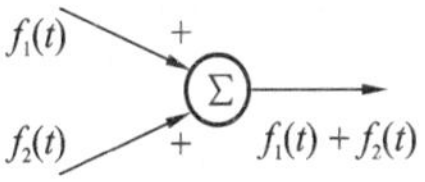 $f_1(t)$ (+), $f_2(t)$ (+) → Σ → $f_1(t)+f_2(t)$	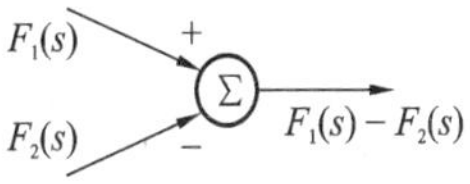 $F_1(s)$ (+), $F_2(s)$ (−) → Σ → $F_1(s)-F_2(s)$
数乘器	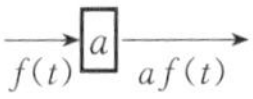 $f(t)$ → a → $af(t)$	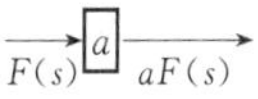 $F(s)$ → a → $aF(s)$

一个较复杂的系统，通常可以由许多子系统互联组成，每个子系统可以用相应的框图表示。最简单的框图连接方式是级联（串联）方式，如图 6-26 所示。容易写出其系统函数，因为

$$Y(s)=H_2(s)X(s),\quad X(s)=H_1(s)F(s) \tag{6-46}$$

所以

$$Y(s)=H_1(s)H_2(s)F(s) \tag{6-47}$$

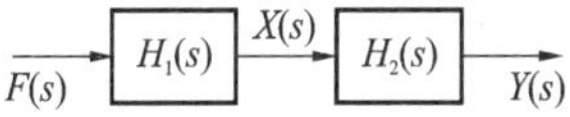

F(s)
$H_1(s)$
X(s)
$H_2(s)$
Y(s)

图 6-26 两个子系统级联

即有

$$H(s)=\frac{Y(s)}{F(s)}=H_1(s)H_2(s) \tag{6-48}$$

上述结果可推广到多个子系统的级联。

当系统由两个子系统并联时，如图 6-27 所示，则有

$$Y(s)=H_1(s)F(s)+H_2(s)F(s)=[H_1(s)+H_2(s)]F(s) \tag{6-49}$$

上述结果可推广到多个子系统的并联。

当两个子系统反馈连接时，如图 6-28 所示的单环反馈系统，则子系统 $G(s)$ 的输出通过子系统 $H(s)$ 反馈到输入端，$H(s)$ 的输出称为反馈信号。“—”代表负反馈，即输入信号与反馈信号相减。没有反馈通路的系统称为开环系统，具有反馈通路的系统称为闭环系统。对于反馈系统，因为

$$Y(s)=G(s)E(s) \tag{6-50}$$

而且

$$E(s)=F(s)-H_1(s)Y(s) \tag{6-51}$$

将式(6-51)代入式(6-50),可得

$$Y(s)=G(s)F(s)-G(s)H_1(s)Y(s) \tag{6-52}$$

即

$$Y(s)[1+G(s)H_1(s)]=G(s)F(s) \tag{6-53}$$

可得系统函数为

$$H(s)=\frac{Y(s)}{F(s)}=\frac{G(s)}{1+G(s)H_1(s)} \tag{6-54}$$

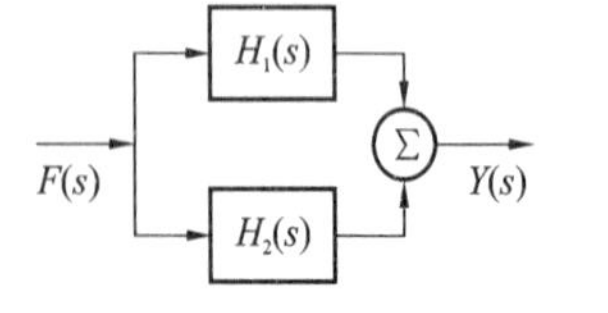

图 6-27　两个子系统并联

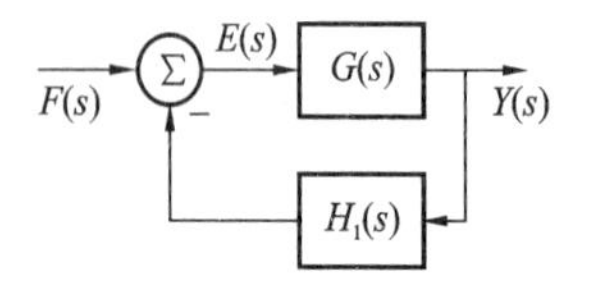

图 6-28　单环反馈系统

如果系统框图非常复杂,列方程以及解方程求整个系统的系统函数就非常烦琐。这时可以将系统框图化简,表6-12归纳了简化框图的几个等效关系。利用这些关系,可以对复杂的系统进行化简。下面将举例说明。

表 6-12　系统框图化简的几个等效关系

原　框　图	等效框图
$F(s)\longrightarrow\boxed{H_1(s)}\longrightarrow\boxed{H_2(s)}\longrightarrow Y(s)$	$F(s)\longrightarrow\boxed{H_1(s)H_2(s)}\longrightarrow Y(s)$
F(s), H₁(s), H₂(s), Σ, Y(s)	$F(s)\longrightarrow\boxed{H_1(s)+H_2(s)}\longrightarrow Y(s)$
X(s), F(s), G(s), Σ, Y(s)	X(s), 1/G(s), F(s), Σ, G(s), Y(s)
X(s), F(s), Σ, G(s), Y(s)	X(s), G(s), F(s), G(s), Σ, Y(s)
F(s), G(s), Y(s), X(s)	F(s), G(s), Y(s), G(s), X(s)
F(s), Σ, −, G(s), Y(s), H₁(s)	$F(s)\longrightarrow\boxed{\dfrac{G(s)}{1+G(s)H_1(s)}}\longrightarrow Y(s)$

【例 6.24】　求如图 6-29 中所示系统框图的系统函数 $H(s)=\dfrac{Y(s)}{F(s)}$。

解　首先，将 $G_2(s)$ 与 $G_4(s)$ 的级联替换为 $G_2(s)G_4(s)$ 的等效框，新框又与 $G_3(s)$ 并联，进一步化简，得到系统函数为 $G_3(s)+G_2(s)G_4(s)$ 的框，此时的系统如图 6-30 所示。

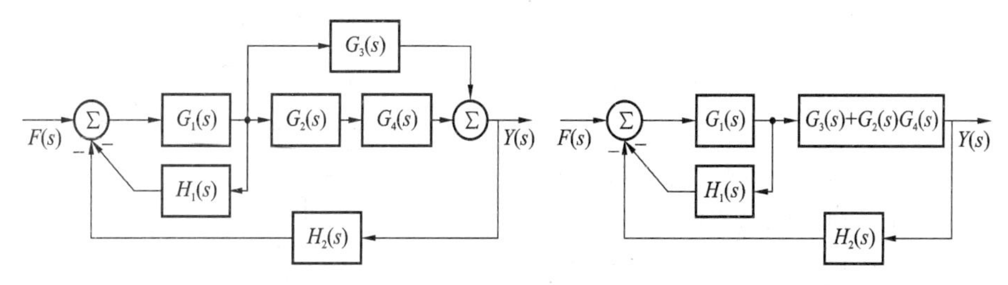

图 6-29　例 6.24 的系统框图　　　　图 6-30　部分化简系统框图

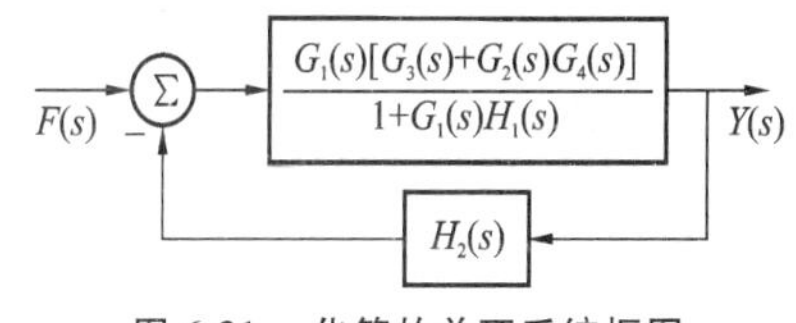

图 6-31　化简的单环系统框图

第二步，将 $G_1(s)$ 和 $H_1(s)$ 组成的内部环路用它的系统函数为 $G_1(s)[1+G_1(s)H_1(s)]^{-1}$ 的等效形式代替，然后再与 $G_3(s)+G_2(s)G_4(s)$ 级联。此时的系统框图已经化简为如图 6-31 所示的单环形式。

所以，该系统的系统函数为

$$H(s)=\frac{Y(s)}{F(s)}=\frac{G_1(s)[G_3(s)+G_2(s)G_4(s)]/[1+G_1(s)H_1(s)]}{1+H_2(s)G_1(s)[G_3(s)+G_2(s)G_4(s)]/[1+G_1(s)H_1(s)]}$$

将结果化简，可得

$$H(s)=\frac{Y(s)}{F(s)}=\frac{G_1(s)[G_3(s)+G_2(s)G_4(s)]}{1+G_1(s)H_1(s)+H_2(s)G_1(s)[G_3(s)+G_2(s)G_4(s)]}$$

6.5.2　系统模拟

线性非时变系统的系统框图有三种形式。也就是说，对同一个系统而言，系统框图的形式并不是唯一的。这三种不同的形式，就是直接形式、级联形式和并联形式。

1. 直接形式

考虑二阶系统，设系统函数为

$$H(s)=\frac{b_2s^2+b_1s+b_0}{s^2+a_1s+a_0}=\frac{b_2+b_1s^{-1}+b_0s^{-2}}{1+a_1s^{-1}+a_0s^{-2}}$$

把系统函数 $H(s)$ 变成含 s^{-1} 的多项式，这是为了能用积分器实现。系统响应为

$$Y(s)=H(s)F(s)=\frac{b_2+b_1s^{-1}+b_0s^{-2}}{1+a_1s^{-1}+a_0s^{-2}}F(s)$$

设 $W(s)$ 为中间变量，并令

$$W(s)=\frac{F(s)}{1+a_1s^{-1}+a_0s^{-2}}$$

则得两个代数方程分别为

$$Y(s)=(b_2+b_1s^{-1}+b_0s^{-2})W(s)$$

$$W(s)=F(s)-a_1s^{-1}W(s)-a_0s^{-2}W(s)$$

根据上述两个代数方程，可画出系统框图如图 6-32 所示，这就是系统模拟的直接形式。

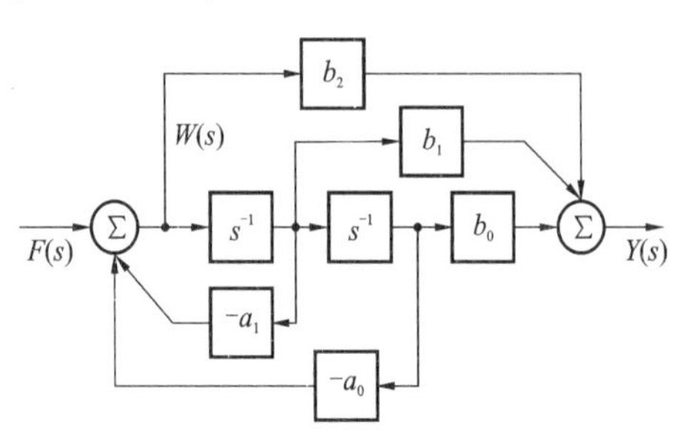

图 6-32　二阶系统直接模拟

从系统框图可知，如果系统任一参数 a_i 或 b_i 发生变化，则系统函数的所有极点或零点在 s 平面上的位置都将重新配置。因此，有时用直接模拟来分析系统参数对系统功能的影响就不太方便，特别对于大系统尤其如此。

2. 级联形式

系统由若干一阶或二阶子系统级联构成，如图 6-33 所示，这种连接形式常称为级联模拟。显然，级联时系统函数为各子系统的系统函数之积。

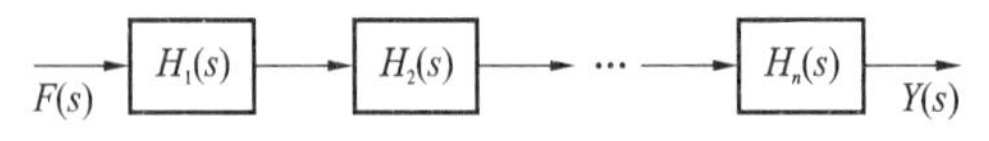

图 6-33　系统的级联模拟

一阶子系统也称为一阶节，二阶子系统也称为二阶节。一阶节的框图分两种，当无零点时，系统函数为

$$H(s)=\frac{K}{s+a_0}=\frac{Ks^{-1}}{1+a_0s^{-1}}$$

可用画直接形式的框图的方法画出，如图 6-34(a) 所示。当有一阶零点时，系统函数为

$$H(s)=\frac{s+b_0}{s+a_0}=\frac{1+b_0s^{-1}}{1+a_0s^{-1}}$$

可用画直接形式的框图的方法画出，如图 6-34(b) 所示。

二阶节的框图如图 6-32 所示。

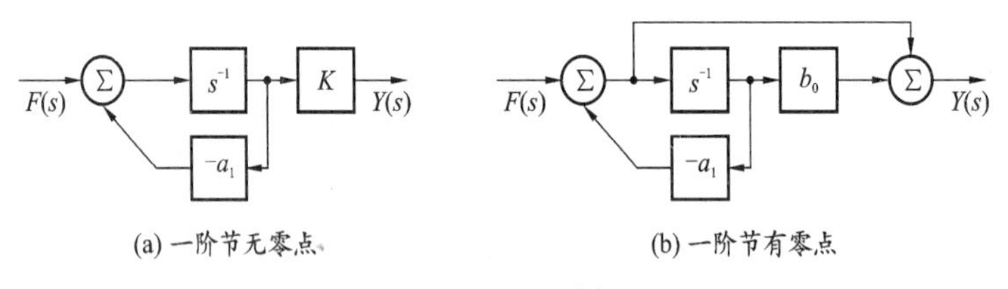

图 6-34　一阶系统框图

3. 并联形式

系统由若干一阶或二阶子系统并联构成，如图 6-35 所示，这种连接形式常称为并联

模拟。显然，并联时系统函数为各子系统的系统函数之和。

将大系统分解成子系统并联时，可将系统函数用部分分式展开，即

$$H(s)=\frac{K_1}{s+p_1}+\frac{K_2}{s+p_2}+\cdots+\frac{K_n}{s+p_n}$$

具有单极点的部分分式项构成与图 6-34(a) 所示类似的一阶节，具有共轭复数极点的项构成二阶节。

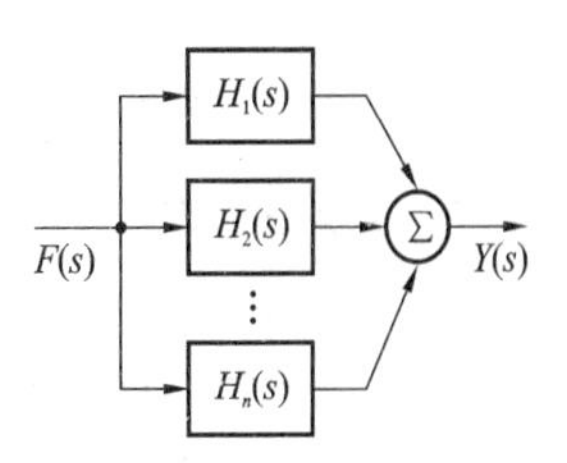

图 6-35　系统的并联模拟

【例 6.25】 已知 $H(s)=\frac{2s+3}{s(s+3)(s+2)^2}$，试画出直接形式、级联形式、并联形式的系统框图。

解　(a) 先将系统函数变成含 s^{-1} 的多项式形式，即

$$H(s)=\frac{2s+3}{s(s+3)(s+2)^2}=\frac{2s+3}{s^4+7s^3+16s^2+12s}=\frac{2s^{-3}+3s^{-4}}{1+7s^{-1}+16s^{-2}+12s^{-3}}$$

显然这是四阶系统，需要用四个积分器。用上述方法设中间变量，得到两个代数方程。就可画出直接形式的系统框图，如图 6-36 所示。

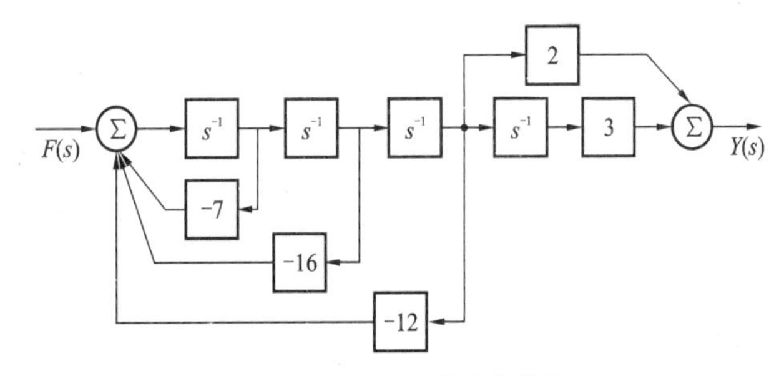

图 6-36　例 6.25 的直接模拟

(b) 将系统函数写成若干一阶节或二阶节相乘，即

$$H(s)=\frac{2s+3}{s(s+3)(s+2)^2}=\frac{1}{s}\cdot\frac{1}{s+2}\cdot\frac{2s+3}{s+2}\cdot\frac{1}{s+3}$$

可见，系统由四个一阶节级联构成，级联形式的系统框图如图 6-37 所示。

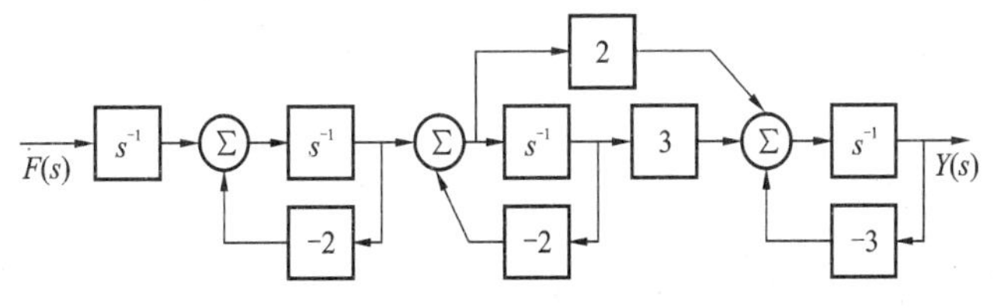

图 6-37　例 6.25 的级联模拟

(c) 将系统函数按部分分式法展开，得

$$H(s)=\frac{2s+3}{s(s+3)(s+2)^2}=\frac{1/4}{s}+\frac{1}{s+3}+\frac{1/2}{(s+2)^2}+\frac{-5/4}{s+2}$$

并联形式的系统框图如图 6-38 所示。

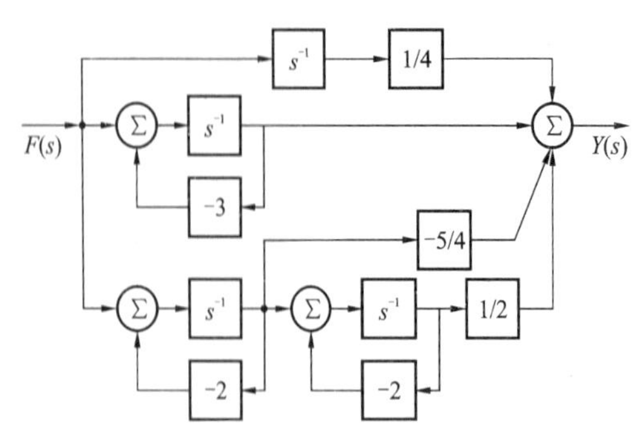

图 6-38 例 6.25 的并联模拟

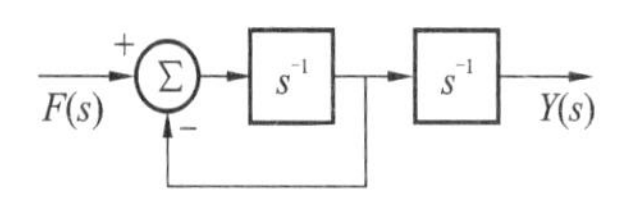

图 6-39 例 6.26 的系统框图

【例 6.26】 已知线性非时变系统的系统框图如图 6-39 所示。

求:(a)$H(s)=Y(s)/F(s)$;(b) 冲激响应 $h(t)$ 与阶跃响应 $g(t)$;(c) 若 $f(t)=\varepsilon(t-1)-\varepsilon(t-2)$,求零状态响应 $y(t)$。

解 (a) 该系统可以看成是两个子系统的级联,系统函数为

$$H(s)=\frac{Y(s)}{F(s)}=\frac{1}{s+1}\cdot\frac{1}{s}=\frac{1}{s(s+1)}=\frac{1}{s}-\frac{1}{s+1}$$

(b) 冲激响应为
$$h(t)=(1-\mathrm{e}^{-t})\varepsilon(t)$$

阶跃响应的拉氏变换

$$G(s)=H(s)\frac{1}{s}=\frac{1}{s^2(s+1)}=\frac{1}{s^2}-\frac{1}{s}+\frac{1}{s+1}$$

故阶跃响应为
$$g(t)=(t-1+\mathrm{e}^{-t})\varepsilon(t)$$

(c) 根据线性非时变性质,零状态响应为

$$y(t)=g(t-1)-g(t-2)=(t-2+\mathrm{e}^{-(t-1)})\varepsilon(t-1)-(t-3+\mathrm{e}^{-(t-2)})\varepsilon(t-2)$$

6.6 信号流图与梅森公式

系统的信号流图是系统模型的另一种表示形式,而梅森(Mason) 公式是求系统函数的非常有效的方法。作为线性非时变系统表示与分析的一种工具,信号流图的应用十分广泛。

6.6.1 信号流图

信号流图是由节点与支路构成的表征系统中信号流动方向与系统功能的图。信号流图简化了系统框图的表示方法,将方框用有向线段代替,并省去了加法器,用一些节点和线段来表示。例如,图 6-40(a) 所示的系统框图可用图 6-40(b) 所示的信号流图来代替。其中节点代表信号(即系统变量),支路代表信号流动方向与支路的传输值 $H(s)$。传输值实际上是两节点间的传输函数。信号流图基本上包含了框图所包含的信息,它是系统的另一种描述方法。用这种方法表示系统比用框图表示系统更加简明、清晰,而且可以直接

应用梅森公式求得系统函数。

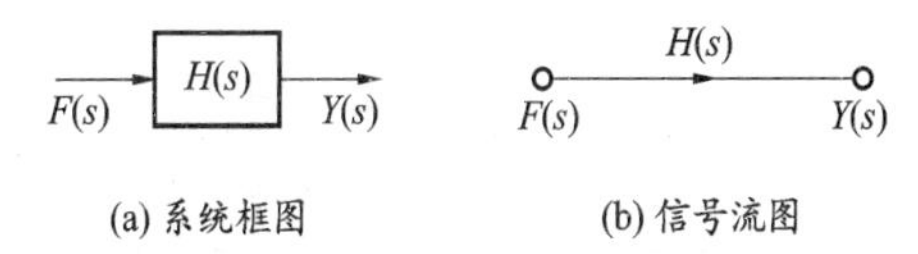

(a) 系统框图　　(b) 信号流图

图 6-40　系统框图与信号流图

信号流图中，信号只能沿着箭头的方向传输。$F(s)$ 是输入信号的拉氏变换，$Y(s)$ 是输出信号的拉氏变换，$H(s)$ 是系统函数。输入信号可以写成

$$Y(s) = H(s)F(s) \tag{6-55}$$

两个子系统级联和并联的信号流图分别如图 6-41(a)、(b) 所示，若两个子系统级联，则输出为

$$Y(s) = H_1(s)H_2(s)F(s) \tag{6-56}$$

若两个子系统并联，则输出为

$$Y(s) = [H_1(s) + H_2(s)]F(s) \tag{6-57}$$

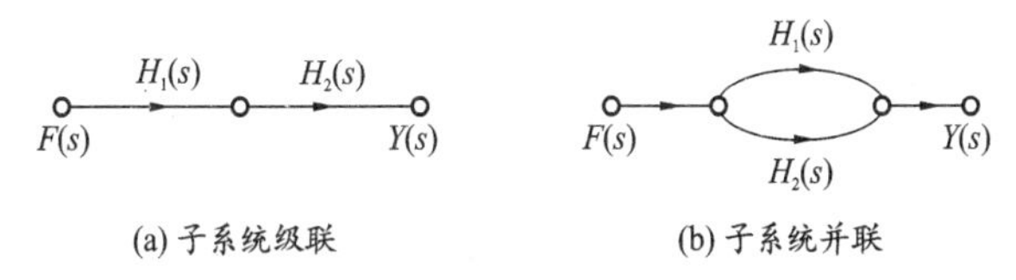

(a) 子系统级联　　(b) 子系统并联

图 6-41　系统级联和并联的信号流图

此外，图 6-42(a)、(c) 所示的一阶系统的系统框图，可分别用图 6-42(b)、(d) 所示的信号流图来表示。

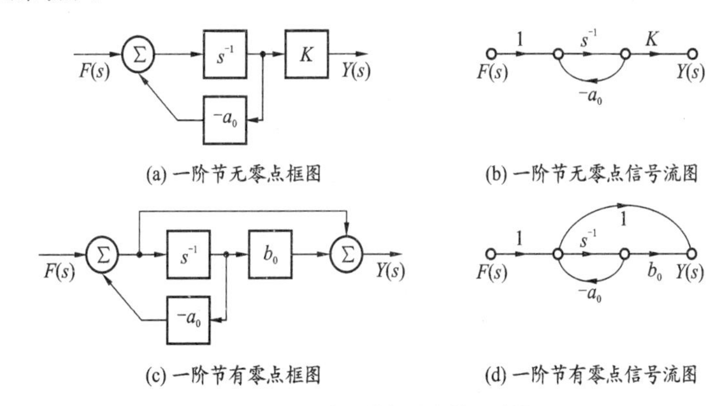

(a) 一阶节无零点框图　　(b) 一阶节无零点信号流图

(c) 一阶节有零点框图　　(d) 一阶节有零点信号流图

图 6-42　一阶系统框图和信号流图

在信号流图中，节点兼有加法器的作用，同时省去了方框。因此，信号流图比方框图简单方便。下面介绍一些信号流图的术语。

(1) 节点：表示信号变量的点，如图 6-42 中的 $F(s)$、$Y(s)$ 等。

(2) 支路：表示信号变量间传输关系的有向线段。

(3) 支路传输值：支路变量间的转移函数。

(4) 输入节点：信号只从该节点流出，它对应的是输入信号。

(5) 输出节点：信号只从该节点流入，它对应的是输出信号。

(6) 通路：从任一节点沿支路箭头方向连续穿过各相连支路到达另一节点的路径。

(7) 闭环：信号流通的闭合路径，流经的节点只能有一次。

(8) 环路增益：环路中各支路传输值的乘积。

(9) 不接触环路：两环路之间没有任何公共节点，称为不接触环路。

(10) 前向通路：从输入节点到输出节点的通路，通过任一节点不多于一次。前向通路中，各支路传输值的乘积称为前向通路增益。

6.6.2　信号流图的性质

在应用信号流图时，应该遵守信号流图的基本规则和性质。下面介绍这些性质。

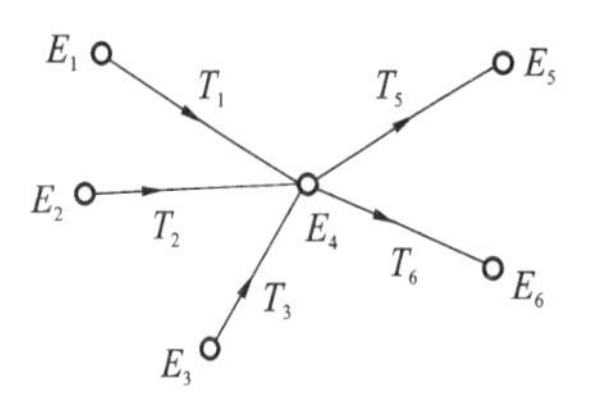

图 6-43　信号流图

1. 节点规则

节点代表变量或信号，具有输入和输出支路的节点，节点变量上的值为所有输入支路信号之和。如图 6-43 所示信号流图中，有 5 条支路，6 个节点。变量 E_4 可表示为

$$E_4 = T_1E_1 + T_2E_2 + T_3E_3$$

变量 E_4 是所有输入该节点的信号之和，而

$$E_5 = T_5E_4,\quad E_6 = T_6E_4$$

2. 支路规则

支路表示一个信号对另一信号的函数关系，它是有权的(有正有负)，信号只能沿支路的箭头方向流动。支路的输出是其输入变量与支路传输值的乘积。

3. 信号流图的组成

信号流图是表达线性代数方程式或线性代数方程组的。当系统由微分方程描述时，可用拉氏变换变成代数方程，代数方程应写成因果形式。

【例 6.27】　线性代数方程组如下，试画出它的信号流图。

$$x_2 = a_{12}x_1 + a_{32}x_3$$
$$x_3 = a_{23}x_2 + a_{43}x_4$$
$$x_4 = a_{24}x_2 + a_{34}x_3 + a_{44}x_4$$
$$x_5 = a_{25}x_2 + a_{45}x_4$$

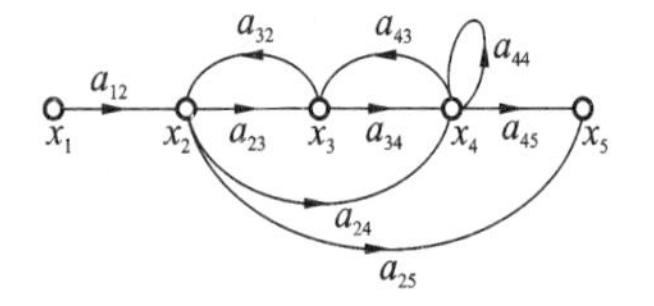

图 6-44　例 6.27 的信号流图

解　从方程组可知，变量有5个，即 $x_1 \sim x_5$。相应地设5个节点，又由于是 4 个等式，必有 4 个加法器，即有 4 个节点作加法。然后对每一个方程(必须是因果关系)画流图，也就是对作加法的节点找信号流入的关系。这个线性代数方程组的信号流图如图 6-44 所示。

4. 转置定理

将信号流图中所有支路箭头方向倒转，同时把输入节点与输出节点对换，这样形成的流图称为转置流图。对于互为转置的流图，其系统函数相同，即二者表示同一系统。

如二阶系统的信号流图如图 6-45(a) 所示；将流图中所有支路箭头方向反转，$F(s)$ 与 $Y(s)$ 互换位置，就得到图 6-45(b) 所示流图；再将此流图画成习惯的形式，即输入信号在左边，输出信号在右边，就变成图 6-45(c) 所示流图。

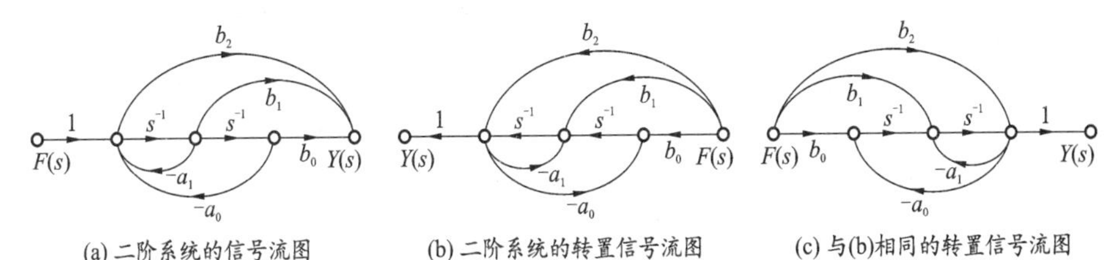

(a) 二阶系统的信号流图　(b) 二阶系统的转置信号流图　(c) 与(b)相同的转置信号流图

图 6-45　二阶系统的信号流图和它的转置

可以求出，二阶系统的信号流图及其转置的信号流图的系统函数是相同的，即

$$H(s)=\frac{b_2s^2+b_1s+b_0}{s^2+a_1s+a_0}=\frac{b_2+b_1s^{-1}+b_0s^{-2}}{1+a_1s^{-1}+a_0s^{-2}}$$

5. 非唯一性

同一个系统，其信号流图不是唯一的，即同一个系统的方程可以表示成不同形式的信号流图。这可以很容易说明，如一个高阶系统，就有三种模拟方法，即直接形式、级联形式和并联形式，也就说明它有三种信号流图。显然，这三种模拟方法产生的信号流图都是等效的。

6.6.3　梅森公式

利用梅森公式可以很方便地根据信号流图求得系统函数。梅森公式为

$$H(s)=\frac{\sum_k G_k(s)\Delta_k}{\Delta} \tag{6-58}$$

式中：H 为系统的总增益(总传输值)；$G_k(s)$ 由输入节点到输出节点的第 k 条前向通路增益；Δ_k 不与第 k 条前向通路相接触的那一部分 Δ 值，即把第 k 条前向通路去掉后的 Δ 值；Δ 为信号流图所表示的方程组的系数矩阵行列式，

$$\begin{aligned}\Delta &= 1-\sum_i L_i+\sum_{i,j}L_iL_j-\sum_{i,j,k}L_iL_jL_k+\cdots \\ &= 1-\begin{pmatrix}\text{所有不同环路}\\ \text{的增益之和}\end{pmatrix}+\begin{pmatrix}\text{所有两个互不接触}\\ \text{环路的增益之和}\end{pmatrix}-\begin{pmatrix}\text{所有三个互不接触}\\ \text{环路的增益之和}\end{pmatrix}+\cdots\end{aligned} \tag{6-59}$$

其中：L_i 为第 i 个环路的增益(传输值)；L_iL_j 为各个可能的互不接触的两个环路增益的

乘积;$L_iL_jL_k$ 为各个可能的互不接触的三个环路增益的乘积。

下面用实例来说明梅森公式的应用。

【例 6.28】 试利用梅森公式求图 6-46 所示信号流图的传输值 $H(s)=X_5(s)/X_1(s)$。

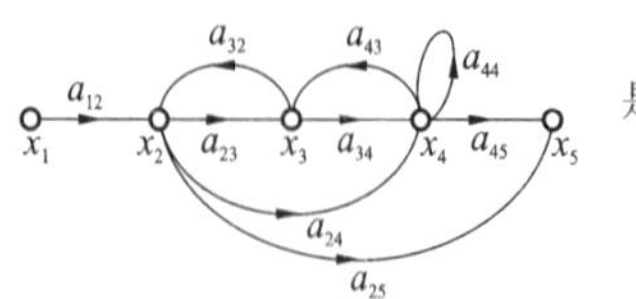

图 6-46　例 6.28 的信号流图

解　求 Δ 值,先求环路增益,图中有 4 个不同的环路,分别是

$$L_1=a_{23}a_{32};\quad L_2=a_{43}a_{34}$$

$$L_3=a_{44}\text{,称为自环};\quad L_4=a_{24}a_{43}a_{32}$$

其中,两两互不接触的环路为 L_1 与 L_3,因此

$$\Delta=1-(a_{23}a_{32}+a_{43}a_{34}+a_{44}+a_{24}a_{43}a_{32})+a_{32}a_{23}a_{44}$$

前向通路有 3 条,前向通路增益为

$$G_1=a_{12}a_{23}a_{34}a_{45};\quad G_2=a_{12}a_{24}a_{45};\quad G_3=a_{12}a_{25}$$

将第 1、2 条前向通路分别去掉后,都没有环路 L_2 与 L_3 存在,所以

$$\Delta_1=1,\quad \Delta_2=1$$

将第 3 条前向通路去掉后,有两个环路存在,但没有两两互不接触的环路,所以

$$\Delta_3=1-a_{43}a_{34}-a_{44}$$

按梅森公式,系统的传输值为

$$H(s)=\frac{X_5(s)}{X_1(s)}=\frac{a_{12}a_{23}a_{34}a_{45}+a_{12}a_{24}a_{45}+a_{12}a_{25}(1-a_{43}a_{34}-a_{44})}{1-(a_{23}a_{32}+a_{43}a_{34}+a_{44}+a_{24}a_{43}a_{32})+a_{32}a_{23}a_{44}}$$

【例 6.29】 试用梅森公式求如图 6-47 所示信号流图的系统函数 $X_2(s)/X_1(s)$,$X_3(s)/X_1(s)$。

解　(a) 求 $X_2(s)/X_1(s)$,先求 Δ 值。图中有 5 个不同的环路,分别是

$$L_1=ac;\quad L_2=abd;\quad L_3=gi$$

$$L_4=ghj;\quad L_5=aegf$$

其中,两两互不接触的环路为

$$L_1L_3=acgi;\quad L_1L_4=acghj$$

$$L_2L_3=abdgi;\quad L_2L_4=abdghj$$

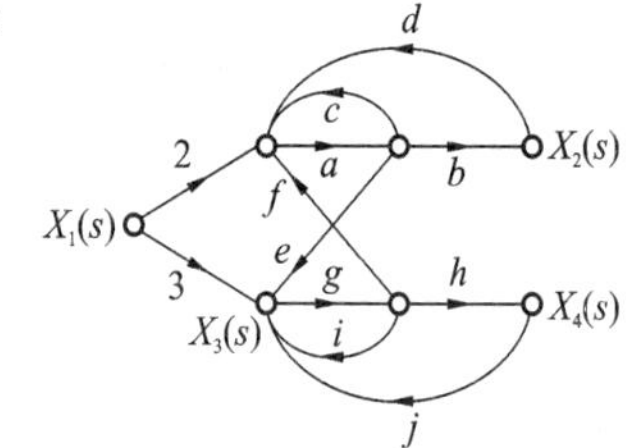

图 6-47　例 6.29 的信号流图

显然,有 3 个互不接触的环路不存在。因此

$$\begin{aligned}\Delta&=1-(ac+abd+gi+ghj+aegf)+(acgi+acghj+abdgi+abdghj)\\&=1-[ac+abd+gi+ghj+aegf]+[ag(i+hj)(c+bd)]\end{aligned}$$

前向通路有两条,前向通路增益分别为

$$G_1(s)=2ab;\quad G_2(s)=3gfab$$

将第 1 条前向通路去掉后,有环路 L_3 与 L_4 存在,但没有两两互不接触的环路,所以

$$\Delta_1=1-gi-ghj$$

将第 2 条前向通路去掉后,没有环路存在,所以

$$\Delta_2=1$$

按梅森公式,系统函数为

$$\frac{X_2(s)}{X_1(s)}=\frac{2ab(1-gi-ghj)+3gfab}{\Delta}$$

(b) 读者可以按上述方法,自行求出系统函数

$$\frac{X_3(s)}{X_1(s)}=\frac{3(1-ac-abd)+2ae}{\Delta}$$

【例 6.30】 如图 6-48(a) 所示系统,已知 $H(s)=\frac{Y(s)}{F(s)}=2$。(a) 画出其信号流图;(b) 求 $H_2(s)$;(c) 欲使子系统 $H_2(s)$ 为稳定系统,求 K 值的范围。

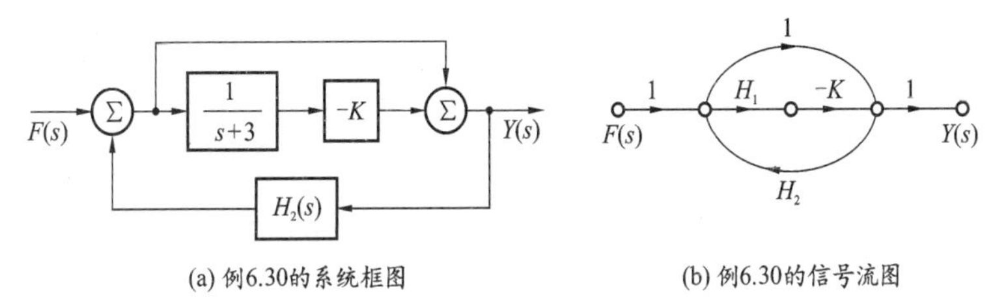

(a) 例6.30的系统框图　　(b) 例6.30的信号流图

图 6-48　例 6.30 的系统框图和信号流图

解　(a) 设 $H_1(s)=1/(s+3)$,则信号流图如图 6-48(b) 所示。

(b) 由梅森公式求得系统函数为

$$H(s)=\frac{Y(s)}{F(s)}=\frac{1-KH_1(s)}{1+KH_1(s)H_2(s)-H_2(s)}$$

将 $H_1(s)=(s+3)^{-1}$ 代入上式,并根据已知条件,得

$$H(s)=\frac{s+3-K}{s+3+KH_2(s)-H_2(s)[s+3]}=2$$

因此

$$\frac{s+3-K}{s+3-H_2(s)[s+3-K]}=2$$

可解得

$$H_2(s)=\frac{s+3+K}{2(s+3-K)}$$

(c) 由上式可见,欲使子系统 $H_2(s)$ 稳定,则必有 $3-K>0$,即 $K<3$。

6.7　工程应用实例:PID 控制器

控制系统一般分为开环控制系统和闭环控制系统两大类。开环系统如图 6-49(a) 所示。开环系统不具备自动调节的能力,故控制精度低。然而系统总会有各种干扰信号,如电压波动、温度变化、元件老化等。这种变化会引起相同输入下系统输出的改变,即有

$$Y(s)=G(s)H(s)F(s)+V(s)$$

闭环系统如图 6-49(b) 所示。将系统输出信号全部或部分返回到系统输入端与输入信号叠加,这就是反馈。具有反馈的系统称为闭环系统。若输入信号 $f(t)$ 与反馈信号 $w(t)$ 相减,即误差信号 $e(t)=f(t)-w(t)$,称为负反馈;反之称为正反馈。一个具有闭环的自动控制系统总是负反馈系统。

反馈控制系统具有自动调节能力,当输出 $y(t)$ 由于某种原因增加时,反馈信号 $w(t)$

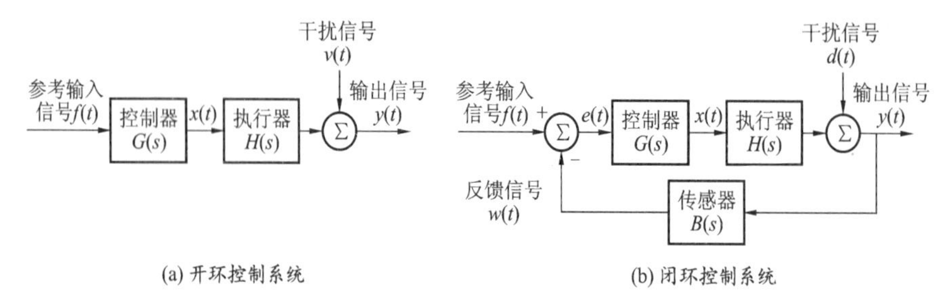

(a) 开环控制系统　　(b) 闭环控制系统

图 6-49　控制系统的框图

也随之增加,使误差信号 $e(t)=f(t)-w(t)$ 减小,从而迫使系统输出 $y(t)$ 减小。

反馈控制系统对干扰信号也有抑制作用,把输入信号和干扰信号看成系统的两个激励,输出可表示为

$$Y(s)=\frac{G(s)H(s)}{1+G(s)H(s)B(s)}F+\frac{1}{1+G(s)H(s)B(s)}D(s) \tag{6-60}$$

可见,反馈的应用具有把干扰信号 $d(t)$ 降低到原值的 $1/[1+G(s)H(s)B(s)]$ 的作用。

在工程实际中,应用最为广泛的控制器控制规律为比例、积分、微分控制规律,简称PID控制规律,又称为PID调节。PID控制器问世至今已有近70年历史,它以结构简单、稳定性好、工作可靠、调整方便而成为工业控制的主要技术之一。当被控对象的结构和参数不能完全掌握,或得不到精确的数学模型、而控制理论的其他技术又难以采用时,系统控制器的结构和参数必须依靠经验和现场调试来确定,这时应用PID控制技术最为方便。也就是说,当不完全了解一个系统和被控对象,或不能通过有效的测量手段来获得系统参数时,最适合用PID控制技术来控制被控对象。PID控制,实际中也有PI和PD控制。PID控制器就是根据系统的误差,利用比例、积分、微分计算出控制量进行控制的。下面举例说明。

一辆在水平面上行驶的汽车构成的系统,在 t 时刻的输出 $y(t)$ 是汽车的位移,输入 $f(t)$ 是作用于汽车的驱动力或制动力。根据牛顿的第二运动定律,$y(t)$ 和 $f(t)$ 之间的关系为

$$\frac{\mathrm{d}^2y(t)}{\mathrm{d}t^2}+\frac{k_\mathrm{f}}{M}\frac{\mathrm{d}y(t)}{\mathrm{d}t}=\frac{1}{M}f(t) \tag{6-61}$$

式中:M 是汽车的质量;k_f 是摩擦因数。根据速度 $v(t)=\mathrm{d}y(t)/\mathrm{d}t$,微分方程可化简为

$$\frac{\mathrm{d}v(t)}{\mathrm{d}t}+\frac{k_\mathrm{f}}{M}v(t)=\frac{1}{M}f(t) \tag{6-62}$$

设 $M=1000$,$k_\mathrm{f}=10$,系统函数为

$$G_\mathrm{P}(s)=\frac{V(s)}{F(s)}=\frac{1/M}{s+k_\mathrm{f}/M}=\frac{10^{-3}}{s+10^{-2}} \tag{6-63}$$

构成的反馈控制系统如图 6-50 所示。

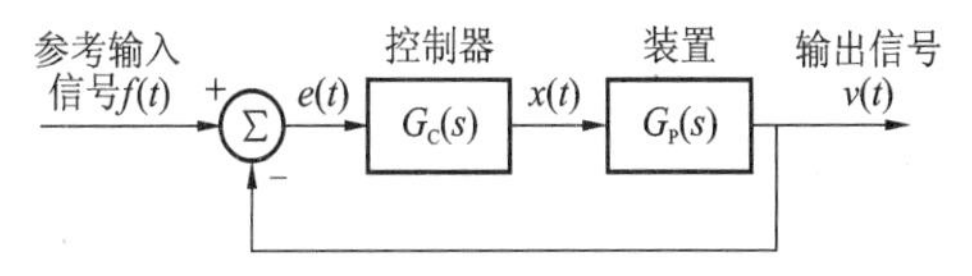

图 6-50 汽车控制系统的框图

1. 比例(P)控制

比例控制是一种最简单的控制方式。其控制器的输出与输入误差信号成比例关系。当仅有比例控制时系统输出存在稳态误差(steady-state error)。

设控制器的比例值,即控制器传递函数为

$$G_{\mathrm{C}}(s)=K_{\mathrm{P}} \tag{6-64}$$

则闭环系统的系统函数为

$$H(s)=\frac{G_{\mathrm{C}}(s)G_{\mathrm{P}}(s)}{1+G_{\mathrm{C}}(s)G_{\mathrm{P}}(s)}=\frac{10^{-3}K_{\mathrm{P}}}{s+0.01(1+0.1K_{\mathrm{P}})} \tag{6-65}$$

阶跃响应为

$$G(s)=H(s)\frac{1}{s}=\frac{10^{-3}K_{\mathrm{P}}}{[s+0.01(1+0.1K_{\mathrm{P}})]s}=\frac{K}{s}-\frac{K}{s+0.01(1+0.1K_{\mathrm{P}})} \tag{6-66}$$

式中:$K=K_{\mathrm{P}}(10+K_{\mathrm{P}})^{-1}$,故有

$$g(t)=K(1-\mathrm{e}^{-0.01(1+0.1K_{\mathrm{P}})t})\varepsilon(t) \tag{6-67}$$

可见,比例控制可以通过调节 K_{P} 获得较快的响应速度,但当 $t\rightarrow+\infty$ 时,有

$$g(+\infty)=K=\frac{K_{\mathrm{P}}}{10+K_{\mathrm{P}}} \tag{6-68}$$

稳态误差为

$$1-\frac{K_{\mathrm{P}}}{10+K_{\mathrm{P}}}=\frac{10}{10+K_{\mathrm{P}}} \tag{6-69}$$

2. 积分(I)控制

在积分控制中,控制器的输出与输入误差信号的积分成正比关系。对于一个自动控制系统,如果在进入稳态后存在稳态误差,则称这个控制系统是有稳态误差的或简称为有差系统(system with steady-state error)。为了消除稳态误差,在控制器中必须引入"积分项"。积分项误差取决于时间的积分,随着时间的增加,积分项会增大。这样,即便误差很小,积分项也会随着时间的增加而加大,它推动控制器的输出增大使稳态误差进一步减小,直到等于零为止。因此,比例+积分(PI)控制器,可以使系统在进入稳态后无稳态误差。

设控制器为 PI 控制,即控制器传递函数为

$$G_{\mathrm{C}}(s)=K_{\mathrm{P}}+\frac{K_{\mathrm{I}}}{s}=\frac{K_{\mathrm{P}}s+K_{\mathrm{I}}}{s} \tag{6-70}$$

则闭环系统的系统函数为

$$H(s)=\frac{G_C(s)G_P(s)}{1+G_C(s)G_P(s)}=\frac{10^{-3}(K_P s+K_I)}{s^2+0.01(1+0.1K_P)s+10^{-3}K_I} \tag{6-71}$$

阶跃响应为

$$G(s)=H(s)\frac{1}{s}=\frac{10^{-3}(K_P s+K_I)}{s^2+0.01(1+0.1K_P)s+10^{-3}K_I}\cdot\frac{1}{s} \tag{6-72}$$

根据拉氏变换的终值定理,有

$$g(+\infty)=\lim_{s\to 0}sG(s)=1 \tag{6-73}$$

可见,稳态误差为0。当 $K_P=200$,$K_I=0.5$、2、8时的阶跃响应曲线如图6-51所示。

3. 微分(D)控制

在微分控制中,控制器的输出与输入误差信号的微分(即误差的变化率)成正比关系。自动控制系统在克服误差的调节过程中可能会出现振荡甚至失稳,这是由于存在较大惯性组件(环节)或滞后(delay)组件,具有抑制误差的作用,其变化总是落后于误差的变化。解决的办法是使抑制误差的作用的变化"超前",即在误差接近零时,抑制误差的作用就应该是零。这就是说,在控制器中仅引入"比例"项往往是不够的,比例项的作用仅是放大误差的幅值,而目前需要增加的是"微分项",它能预测误差变化的趋势,这样,具有比例+微分(PD)的控制器,就能够提前使抑制误差的控制作用等于零,甚至为负值,从而避免被控量的严重超调。对于有较大惯性或滞后的被控对象,PD控制器能改善系统在调节过程中的动态特性。

设控制器为PD控制,即控制器传递函数为

$$G_C(s)=K_P+K_D s \tag{6-74}$$

被控对象的传递函数为

$$G_P(s)=\frac{10}{s(s+0.1)} \tag{6-75}$$

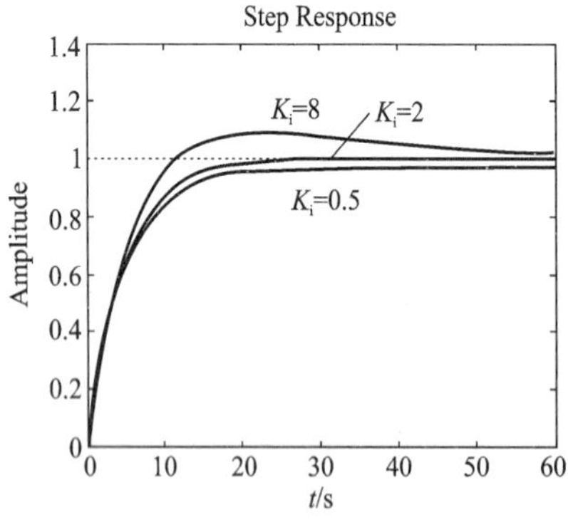

图6-51 PI控制的阶跃响应

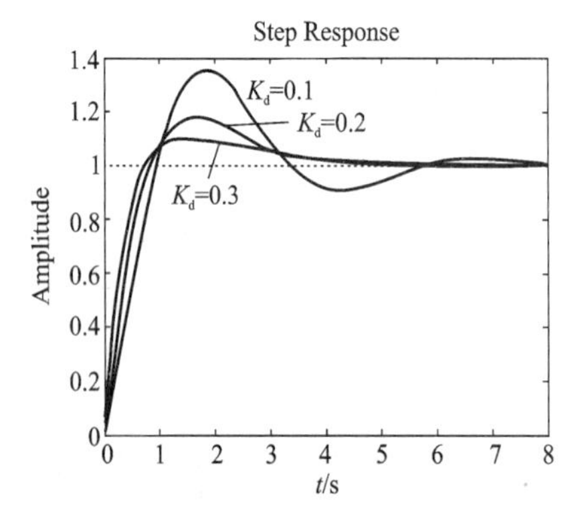

图6-52 PD控制的阶跃响应

则闭环系统的系统函数为

$$H(s)=\frac{G_C(s)G_P(s)}{1+G_C(s)G_P(s)}=\frac{10(K_P+K_Ds)}{s^2+(0.1+10K_D)s+10K_P} \tag{6-76}$$

当 $K_P=0.2$，$K_D=0.1$、0.2、0.3 时的阶跃响应曲线如图 6-52 所示。

将上述三种控制方式综合起来，就是PID控制，即图 6-50 中 $x(t)$ 与误差信号 $e(t)$ 的关系为

$$x(t)=K_Pe(t)+K_I\int_0^t e(\tau)\mathrm{d}\tau+K_D\frac{\mathrm{d}e(t)}{\mathrm{d}t} \tag{6-77}$$

控制器的传递函数为

$$G_C(s)=K_P+K_Is^{-1}+K_Ds=(K_Ds^2+K_Ps+K_I)s^{-1} \tag{6-78}$$

由于三个参数 K_P、K_I、K_D 要根据控制对象和系统的性能指标来确定，因此产生了一系列关于确定 PID 参数的研究。如模糊 PID 控制、自寻优 PID 控制、最优化 PID 控制、自适应 PID 控制、数字 PID 控制等。

大量需求的控制对象是一些较为简单的单输入单输出线性系统，而且对这些对象的自动控制要求是保持输出变量为要求的恒值，消除或减少输出变量与给定值之误差、误差速度等。而 PID 控制的结构，正适合于这种对象的控制要求。另一方面，PID 控制结构简单，调试方便，用一般电子线路、电气机械装置很容易实现，在无计算机条件下，这种PID 控制比其他复杂控制方法具有可实现的优先条件；即使到了计算机出现的时代，由于 PID 控制技术的成熟，往往将 PID 公式离散化，就可用计算机的硬软件实现数字 PID 控制器。实际应用中，在不能或难以获得高阶信息或不知系统模型的条件下，PID 控制器仍是主要的应用方法。

本章小结

本章研究了连续系统的系统函数及其应用，讨论了系统函数零极点分布对系统时域响应和频率响应的影响，介绍了判断系统稳定性的方法，还对描述系统模型的另外两种形式——系统框图和信号流图作了详细的介绍。下面是本章的主要结论。

(1) 系统函数 $H(s)$ 是系统零状态响应的拉氏变换与输入信号的拉氏变换之比，它体现了系统本身的特性。系统函数 $H(s)$ 与冲激响应 $h(t)$ 构成拉氏变换对。$H(s)$ 在系统分析与设计中具有十分重要的地位。

(2) 线性非时变系统的响应可以写成零输入响应与零状态响应的和。其中，前者是由系统的初始条件引起的；后者是在初始条件为零时仅由输入信号作用的结果。零输入响应可以用时域方法求解(在第 2 章中的方法)，也可以对微分方程做拉氏变换，并设输入为零进行求解。零状态响应用系统函数的方法求解。

(3) 线性非时变系统的响应也可以写成自由响应与强迫响应之和。其中，前者是系统的固有响应，由系统的极点决定；后者只与输入信号的形式有关，由输入信号的极点决定。这些响应可以分别看成微分方程的齐次解和特解。

(4) 系统的本征信号 e^{st} 作为输入信号时，其强迫响应的一般形式为

$$y_p(t) = H(s)e^{st}$$

若输入信号是直流信号，$f(t) = A\varepsilon(t)$，则强迫响应为

$$y_p(t) = H(0)A\varepsilon(t)$$

若输入信号是指数函数信号，$f(t) = Ae^{-at}\varepsilon(t)$，则强迫响应为

$$y_p(t) = H(-a)Ae^{-at}\varepsilon(t)$$

若输入信号是正弦函数信号，$f(t) = A\cos(\beta t)\varepsilon(t) = \mathrm{Re}[Ae^{j\beta t}]\varepsilon(t)$，则强迫响应为

$$y_p(t) = |H(j\beta)| A\cos(\beta t + \angle H)\varepsilon(t)$$

(5) 系统函数的零极点在s平面上的分布直接影响系统的频率响应。在s平面上用几何向量作图的方法可以粗略地画出系统的幅频响应和相频响应。用这种方法很容易判别滤波器的类型。特别是全通网络和最小相移网络。

(6) 线性非时变系统 BIBO 稳定的充分必要条件是

$$\int_{-\infty}^{+\infty} |h(\tau)| d\tau < +\infty$$

即冲激响应绝对可积。对于因果系统，系统函数的极点必须位于s左半平面。

(7) 根据冲激响应$h(t)$与系统函数$H(s)$的关系可知，系统的稳定性与$H(s)$的极点分布有关：极点位于s左半平面，系统稳定；极点在虚轴上，且有单极点，系统临界稳定；极点在s右半平面或在虚轴上有重极点，系统不稳定。

(8) 用罗斯阵列可以判断系统特征方程的根是否位于s左半平面，因而不用求解特征方程只用其系数就可以判断系统的稳定性。罗斯判据通常用来确定保证系统稳定性的某些系统参数的取值范围。

(9) 系统框图和信号流图都是系统模型的表示形式，二者可以互换。系统模拟的方法有直接、级联和并联三种形式。用梅森公式可以计算较复杂系统的信号流图的总增益，同时也可以用来画出信号流图。

思考题

6-1 什么是系统函数$H(s)$?试述系统函数$H(s)$、转移算子$H(p)$、单位冲激响应$h(t)$和频率特性$H(j\omega)$之间的关系。

6-2 系统函数$H(s)$的零点、极点与系统特性有何关系?

6-3 为什么说$H(s)$是由系统结构所确定，而与外界激励无关?为什么说$H(s)$可以确定零状态响应?

6-4 在什么情况下，零状态响应就是强迫响应、也是稳态响应?自然响应是否就是零输入响应?

6-5 系统函数$H(s)$的极点与零输入响应有什么关系?

6-6 判断系统稳定性的原理是什么?

6-7 可用哪些器件来实现系统模拟?实现系统模拟时梅森公式是如何应用的?

6-8 什么是信号流图?梅森公式在系统分析中有什么用途?

6-9 试用傅里叶变换和拉氏变换方法求系统在正弦激励下的稳态响应。

6-10 综述复频域分析方法与频域分析方法有什么区别和联系。

习题

基本练习题

6-1 画出下列系统的零极点分布图，并说明哪一个系统是稳定的系统。

(a) $H(s)=\dfrac{(s+1)^2}{s^2+1}$　　(b) $H(s)=\dfrac{s^2}{(s+2)(s^2+2s-3)}$

(c) $H(s)=\dfrac{s-2}{s(s+1)}$　　(d) $H(s)=\dfrac{2(s^2+4)}{s(s+2)(s^2+1)}$

(e) $H(s)=\dfrac{16}{s^2(s+4)}$　　(f) $H(s)=\dfrac{2(s+1)}{s(s^2+1)^2}$

6-2 求下列系统的系统函数、微分方程以及系统的阶数，并判断系统是否稳定。

(a) $h(t)=\mathrm{e}^{-2t}\varepsilon(t)$　　(b) $h(t)=(1-\mathrm{e}^{-2t})\varepsilon(t)$

(c) $h(t)=t\mathrm{e}^{-t}\varepsilon(t)$　　(d) $h(t)=0.5\delta(t)$

(e) $h(t)=\delta(t)-\mathrm{e}^{-t}\varepsilon(t)$　　(f) $h(t)=(\mathrm{e}^{-t}+\mathrm{e}^{-2t})\varepsilon(t)$

6-3 求下列系统的系统函数和冲激响应。

(a) $y''(t)+3y'(t)+2y(t)=2f'(t)+f(t)$　　(b) $y''(t)+4y'(t)+4y(t)=2f'(t)+f(t)$

(c) $y(t)=0.2f(t)$

6-4 已知某系统函数 $H(s)$ 的零极点分布如题图 6-4 所示，且 $H(0)=1/3$。试写出系统函数，并求冲激响应和阶跃响应。

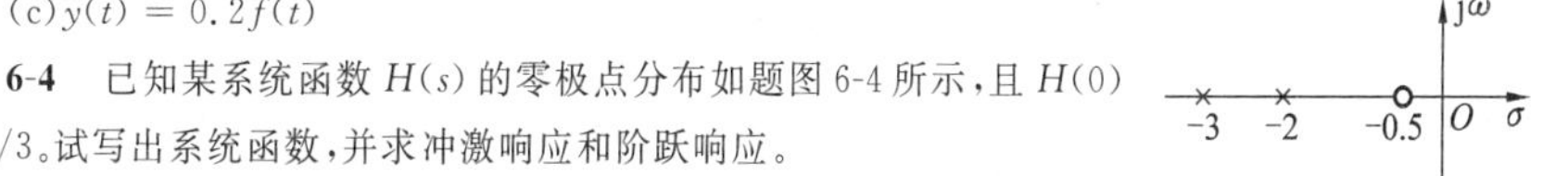

题图 6-4

6-5 已知系统函数 $H(s)=\dfrac{s}{s^2+3s+2}$。求系统对下列输入信号的响应，并指出其自由响应分量与强迫响应分量。

(a) $f(t)=10\varepsilon(t)$　　(b) $f(t)=10\sin t\cdot\varepsilon(t)$

6-6 已知系统函数为 $H(s)=\dfrac{2s+2}{s^2+4s+4}$，求系统对下列输入的稳态响应 $y_{ss}(t)$。

(a) $f(t)=4\varepsilon(t)$

(b) $f(t)=4\cos 2t\cdot\varepsilon(t)$

6-7 如题图 6-7 所示电路中，若输入信号 $u_1(t)=(3\mathrm{e}^{-2t}+2\mathrm{e}^{-3t})\varepsilon(t)$，求电路的响应 $u_2(t)$，并指出响应中的强迫响应分量、自由响应分量、暂态响应分量与稳态响应分量。

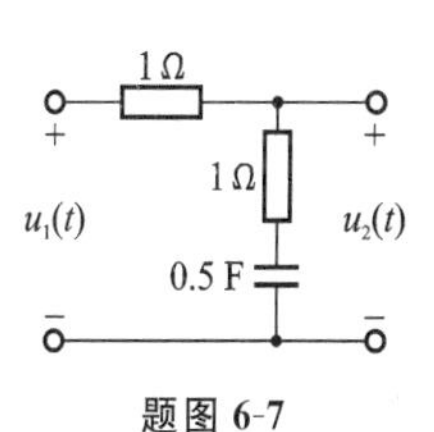

题图 6-7

6-8 若 $H(s)$ 的零极点分布如题图 6-8 所示，试分析它们是低通、高通、带通还是带阻滤波网络。

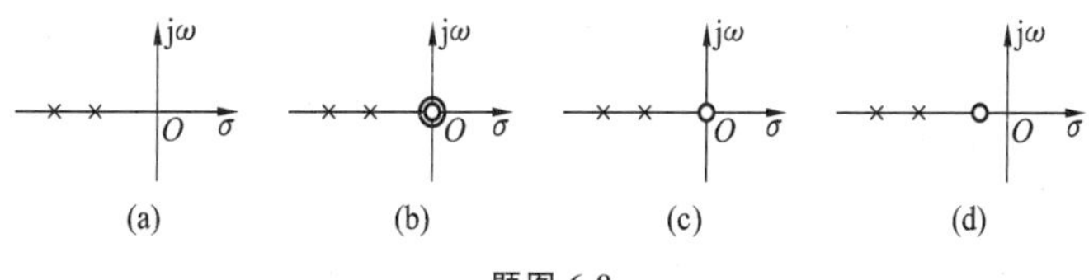

题图 6-8

6-9 利用罗斯阵列判别下述方程是否具有实部为正值的根。

(a) $s^3+s^2+s+6=0$

(b) $s^4+3s^3+3s^2+3s+2=0$

(c) $s^4+2s^3+3s^2+2s+1=0$

(d) $s^5+2s^4+2s^3+4s^2+11s+10=0$

6-10 如题图 6-10 所示反馈系统，为使其稳定，试确定 k 值。

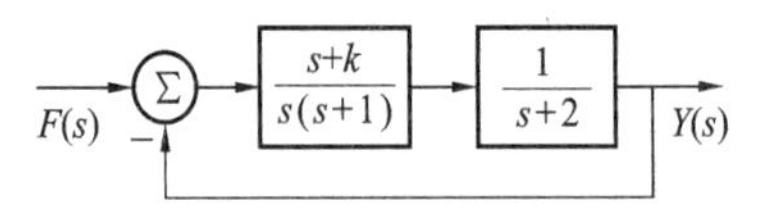

题图 6-10

6-11 已知某系统函数为 $H(s)=\dfrac{5(s+1)}{s(s+2)(s+5)}$，试画出三种形式的信号流图。

6-12 试求题图 6-12 所示信号流图的系统传输函数 $H(s)=\dfrac{Y(s)}{X(s)}$。

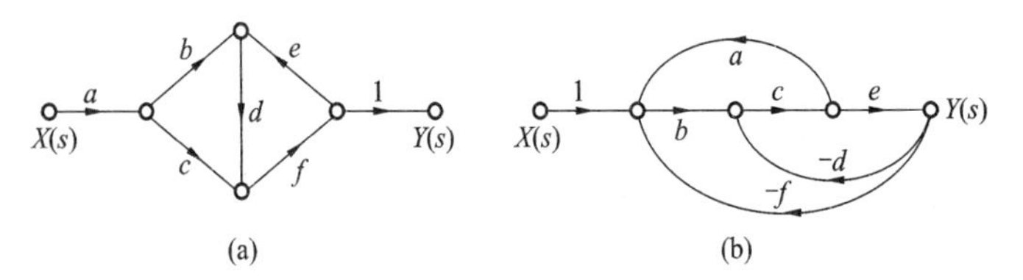

题图 6-12

6-13 如题图 6-13 所示线性非时变系统，已知当输入 $f(t)=\varepsilon(t)$ 时，系统全响应为 $y(t)=(1-e^{-t}+3e^{-3t})\varepsilon(t)$，试求系统框图中的值 a、b 和系统函数 $H(s)$。

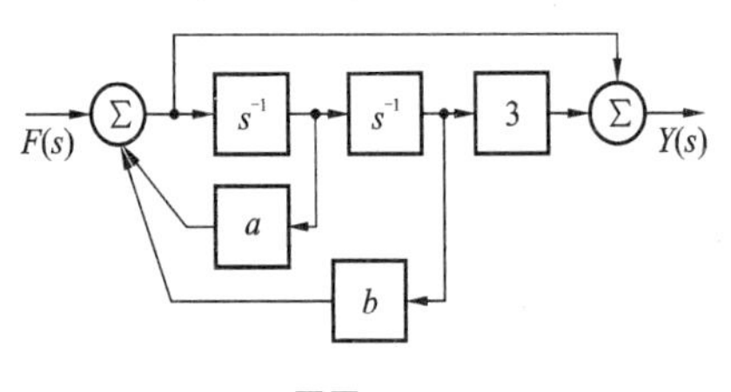

题图 6-13

复习提高题

6-14 考虑一个冲激响应为 $h(t)=2e^{-2t}\varepsilon(t)$ 的系统，求当下列输入信号作用时系统的零状态响应。

(a) $f(t)=e^{-t}\varepsilon(t)$　　(b) $f(t)=\cos(2t)$　　(c) $f(t)=\cos(2t)\varepsilon(t)$

6-15 考虑一个冲激响应为 $h(t)=2e^{-2t}\cos t\cdot\varepsilon(t)$ 的系统，已知系统的响应如下，求其相应的输入信号 $f(t)$。

(a) $y(t)=\cos(2t)$　　(b) $y(t)=2+\cos(2t)$

6-16 某线性非时变系统的系统函数 $H(s)=\dfrac{s+c}{s^2+as+b}$，已知当输入 $f(t)=\varepsilon(t)$ 时，其响应为 $y(t)=(1-e^{-2t}+2e^{-3t})\varepsilon(t)$。求系统函数中的 a、b、c 值和该系统的零输入响应。

6-17 题图 6-17 所示为 $H(s)$ 的零极点分布图，试判别它们是低通、高通、带通、带阻中哪一种

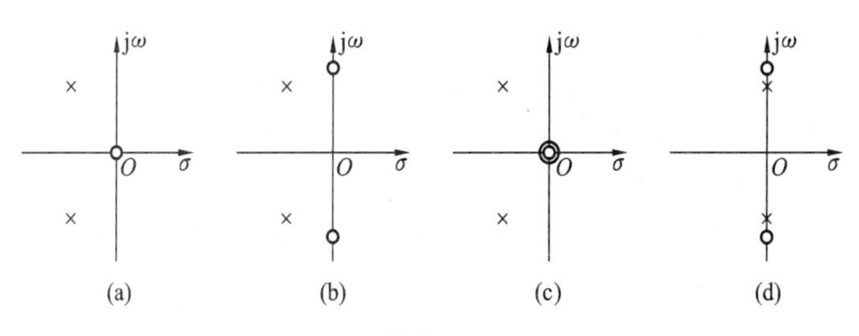

题图 6-17

网络？

6-18 某二阶连续因果系统和系统函数的极点位于 $-2\pm\mathrm{j}$，若该系统为全通系统，且 $h(0_+)=-4$，求其系统函数 $H(s)$。

6-19 考虑一个冲激响应为 $h(t)=\mathrm{e}^{-t}\varepsilon(t)$ 的低通滤波器。设该滤波器的输入为 $f(t)=\cos t$，此时系统的输出为 $y_1(t)=A\cos(t+\theta)$，试计算 A 和 θ 的值。如果一个一阶全通滤波器和这个低通滤波器级联，该全通滤波器可以对相位失真进行校正，并且输出信号为 $y_2(t)=B\cos t$，试计算此时的系统函数。

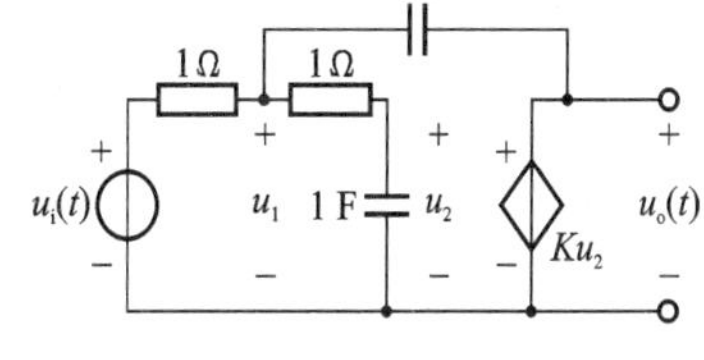

题图 6-20

6-20 如题图 6-20 所示的反馈电路。求系统函数 $H(s)=\dfrac{U_o(s)}{U_i(s)}$；$K$ 满足什么条件时系统稳定？

6-21 一个理想积分器由 $y(t)=\int_{-\infty}^{t}f(t)\mathrm{d}t$ 描述。求：(a) 其系统函数 $H(s)$，并使用 BIBO 稳定性证明这个系统是不稳定的；(b) 在时域检验所求的冲激响应 $h(t)$ 及所用的 BIBO 稳定性条件。

6-22 指出下列系统函数中，哪些是作为 BIBO 稳定的线性非时变系统，并分析原因。

(a) $H(s)=\dfrac{s}{s^2+4}$　　(b) $H(s)=\dfrac{s+1}{(s+1)^2+9}$

(c) $H(s)=\dfrac{s^2+1}{s^2+2s+1}$　　(d) $H(s)=\dfrac{s^3+1}{s^2+2s+5}$

6-23 用梅森公式求题图 6-23 所示信号流图的系统函数 $H(s)=Y(s)/X(s)$。

6-24 将题图 6-24 所示的系统框图改画为信号流图，并求系统函数 $H(s)$。

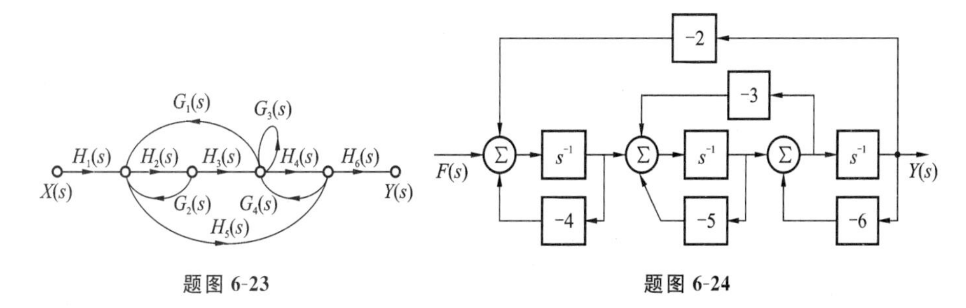

题图 6-23　　题图 6-24

应用 Matlab 的练习题

6-25 用 Matlab 计算习题 6-1,画出其冲激响应波形来验证稳定性。

6-26 用 Matlab 计算习题 6-3,画出其冲激响应波形和阶跃响应波形。

6-27 用 Matlab 的符号计算功能计算习题 6-5。

6-28 用 Matlab 画出习题 6-8 的幅频响应和相频响应,极点和零点根据零极点分布图设定。

6-29 用 Matlab 计算习题 6-9,验证结果。

6-30 给定下列系统函数,用 Matlab 计算并画出每个系统的冲激响应、阶跃响应和频率响应。

(a) $H(s)=\dfrac{s+4}{s^2+5s+6}$　　(b) $H(s)=\dfrac{s^2+3s+4}{s^3+6s^2+11s+6}$

(c) $H(s)=\dfrac{s^3+2s^2+3s+2}{s^4+10s^3+35s^2+50s+24}$

6-31 用 Matlab 验证例 6.14,画出它们的幅频特性和相频特性。

7

离散系统的时域分析

本章讨论离散信号与系统的基本概念，先定义几种基本的离散时间信号，然后讨论离散系统的性质——线性性、非时变性与因果性，详细介绍利用常系数线性差分方程来表示一种离散系统的方法及其求解过程——离散系统的时域分析法，重点介绍离散系统的时域特性，即单位函数响应以及卷积和的计算。

7.1 引言

前面几章着重分析了连续时间信号和连续时间系统，认识了信号和系统的许多特性和系统分析的方法。与连续时间信号和系统相对应，离散时间信号与系统的分析同样是十分重要的研究领域。第7、8章将讨论离散时间信号与系统的一般特性和分析方法，第7章着重介绍离散时间系统的时域分析方法，第8章将讨论离散时间系统的Z变换分析方法。

由于连续时间信号和离散时间信号与系统的研究各有其应用背景，因此二者沿着各自的道路平行地发展。连续时间信号与系统的理论主要在物理学和电路理论方面得到发展，而离散时间信号与系统的理论则在数值分析、预测和统计等方面开展研究工作。随着数字计算机功能日趋完善、使用日益广泛，超大规模集成电路研制的进展使得体积小、重量轻、成本低、机动性好的离散系统有可能实现。因此，离散时间信号与系统的分析越来越受到人们的重视。

离散时间信号与系统的分析方法在许多方面与连续时间信号与系统的分析方法有着相似性。在连续系统中，描述系统的数学模型是微分方程；而在离散系统中，描述系统的数学模型是差分方程。差分方程的解法与微分方程的解法也是类似的。在连续系统中，卷积积分有着重要意义；而在离散系统中，“卷积和”方法具有同等重要的地位。在连续系统中，大都采用变换域方法，即傅里叶变换与拉氏变换方法；而在离散系统中，则广泛采用傅里叶变换与Z变换方法。因此，在学习离散时间信号与系统时，应常常和对应的连续时间信号与系统的分析方法联系起来，比较二者之间的异同，只有这样，才能更好地掌握离散系统某些独特的性能，巩固和加深对连续系统的理解。

表 7-1 列出了连续系统与离散系统在时域分析中类似的地方,供读者参考。

表 7-1　离散系统与连续系统的比较

连续系统	离散系统
系统由微分方程描述	系统由差分方程描述
响应　$r(t)=r_{zi}(t)+r_{zs}(t)$	响应　$y(k)=y_{zi}(k)+y_{zs}(k)$
卷积积分	卷积和
线性和非时变性	线性和位移不变性
以冲激信号 $\delta(t)$ 为基本信号	以离散冲激 $\delta(k)$ 为基本信号
$y_{zs}(t)=h(t)*f(t)$	$y_{zs}(k)=h(k)*f(k)$

7.2　离散时间信号及其时间特性

7.2.1　离散时间信号及其描述方法

前面所讨论的信号,无论是周期的还是非周期的,都有一个共同的特点,即除个别间断点外,都是时间 t 的连续函数,其波形都是光滑曲线。

离散时间信号可以是自然产生的,如每年的人口、学生的成绩、每个人的体重等;也可以是连续信号采样,如语音、图像、温度等信号采样而得到的。一个采样的或离散的信号 $f(k)$ 就是与整数序号 k 相对应的值的有序序列,其中 k 体现了信号随时间变化的变化。

离散时间信号可以从两个方面来定义。

(1) 在一些离散时刻 $k(k=0,\pm1,\pm2,\cdots)$ 才有定义(确定的函数值)的信号称为离散时间信号,简称离散信号,用 $f(k)$ 表示。

(2) 连续时间信号 $f(t)$ 经过采样(即离散化)后所得到的采样信号通常也称为离散信号,用 $f(kT)$ 表示,T 为采样周期。$f(kT)$ 一般简写为 $f(k)$。

1. 离散信号的描述方法

离散信号 $f(k)$ 的描述方式有三种形式:数学解析式、图形形式、序列形式。

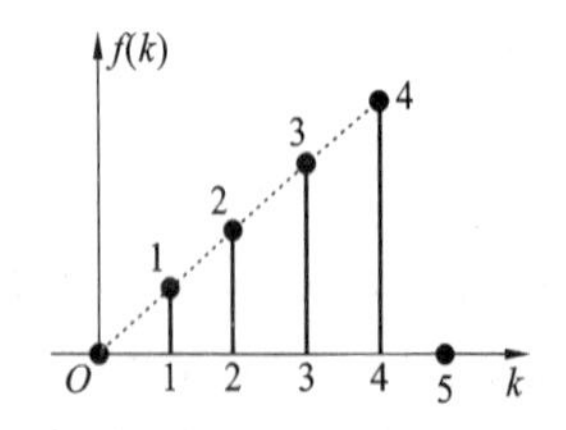

图 7-1　离散信号的图形表示

如离散信号　$f(k)=\begin{cases}k & (0\leqslant k\leqslant 4)\\ 0 & (k\text{ 为其他值})\end{cases}$

这是它的解析式,它的图形形式如图 7-1 所示。它的序列形式可写为

$$f(k)=[\underset{\uparrow}{0},1,2,3,4]$$

用($\uparrow$)表示起点 $k=0$。若序列任一边有无限大的范围,则用省略号($\cdots$)表示,如

$$f(k)=k \quad (k>0)$$

可写为

$$f(k)=[\underset{\uparrow}{0},1,2,3,4,\cdots]$$

2. 按持续时间分类

(1) 右边序列：当 $k<M$ 时 $f(k)=0$，则离散信号称为右边序列。

(2) 左边序列：当 $k>M$ 时 $f(k)=0$，则离散信号称为左边序列。

(3) 因果序列：当 $k<0$ 时 $f(k)=0$，则离散信号称为因果序列，显然因果序列是右边序列的特殊情况。

(4) 反因果序列：当 $k>0$ 时 $f(k)=0$，则离散信号称为反因果序列，显然反因果序列是左边序列的特殊情况。

(5) 有限长序列：当 $a<k<b$ 时 $f(k)\neq 0$；k 为其他值时，$f(k)=0$，则离散序列称为有限长序列。

(6) 周期序列：每 N 个采样点重复一次，即有

$$f(k)=f(k\pm mN) \quad (m=1,2,3,\cdots) \tag{7-1}$$

周期 N 是最小的重复采样点。与它所对应的连续信号不同，离散信号的周期 N 总是一个整数。

各种序列的波形如图 7-2 所示。

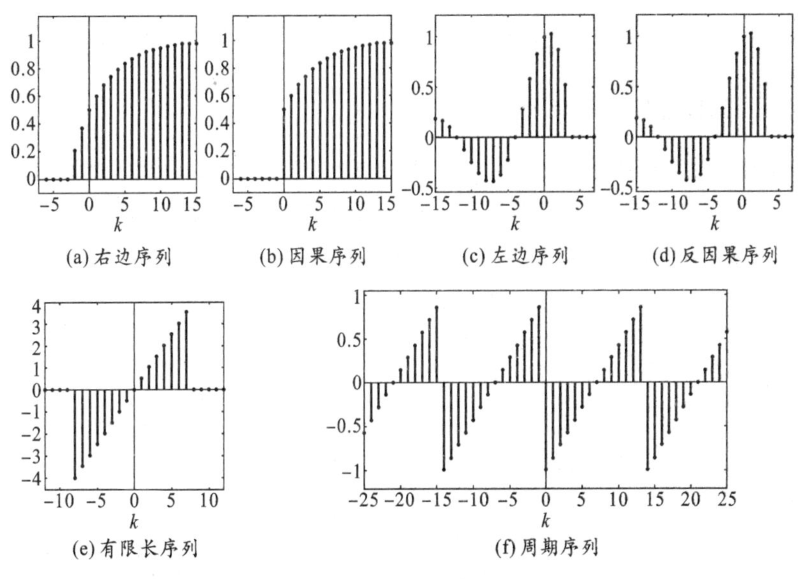

(a) 右边序列　(b) 因果序列　(c) 左边序列　(d) 反因果序列

(e) 有限长序列　(f) 周期序列

图 7-2　离散信号的各种波形

3. 离散信号的能量与功率

与连续信号类似，离散信号也可分为能量信号和功率信号两类。对于非周期的离散信号，信号能量定义为

$$E=\sum_{k=-\infty}^{+\infty}|f(k)|^2 \tag{7-2}$$

对于周期的离散信号 $f(k)$，由于其能量无限大，故常常用功率 P 来作其测量参数。设周期为 N 的离散信号 $f(k)$，其功率定义为

$$P=\frac{1}{N}\sum_{k=0}^{N-1}|f(k)|^2 \tag{7-3}$$

能量有限的信号称为能量信号，功率有限的信号称为功率信号。所有周期信号都是功率信号。

【例 7.1】 计算下列离散信号的能量或功率。

(a) $f(k)=3(0.5)^k \quad (k\geqslant 0)$ (b) $f(k)=6\cos(2\pi k/4)$ (c) $f(k)=6\mathrm{e}^{\mathrm{j}2\pi k/4}$

解 (a) 该离散信号为衰减的指数信号，其能量是

$$E=\sum_{k=-\infty}^{+\infty}|f(k)|^2=\sum_{k=0}^{+\infty}|3(0.5)^k|^2\ \mathrm{J}=\sum_{k=0}^{+\infty}9(0.25)^k\ \mathrm{J}=\frac{9}{1-0.25}\ \mathrm{J}=12\ \mathrm{J}$$

(b) 该离散信号是周期为 $N=4$ 的周期序列，其功率是

$$P=\frac{1}{N}\sum_{k=0}^{N-1}|f(k)|^2=\frac{1}{4}\sum_{k=0}^{3}|6\cos(2\pi k/4)|^2\,\mathrm{W}=\frac{1}{4}(36+36)\mathrm{W}=18\ \mathrm{W}$$

(c) 该离散信号是一个复数周期信号，周期为 $N=4$，其功率是

$$P=\frac{1}{N}\sum_{k=0}^{N-1}|f(k)|^2=\frac{1}{4}\sum_{k=0}^{3}|6\mathrm{e}^{\mathrm{j}2\pi k/4}|^2\,\mathrm{W}=\frac{1}{4}(36+36+36+36)\mathrm{W}=36\ \mathrm{W}$$

7.2.2 基本离散时间信号

常见的离散时间信号在离散系统的分析中有着重要的作用，有些信号和连续时间的基本信号相似，但也有一些很重要的不同之处，这将在以下的讨论中予以指出。

1. 离散的单位冲激、单位阶跃、单位斜坡信号

离散的单位冲激 $\delta(k)$、单位阶跃 $\varepsilon(k)$ 和单位斜坡信号 $R(k)$ 的定义分别为

$$\delta(k)=\begin{cases}1 & (k=0)\\ 0 & (\text{其他})\end{cases},\quad \varepsilon(k)=\begin{cases}1 & (k\geqslant 0)\\ 0 & (k<0)\end{cases},\quad R(k)=k\varepsilon(k) \tag{7-4}$$

$\delta(k)$ 有时也称为单位样值序列或单位序列。与连续信号相比，主要的区别是 $\delta(k)$ 和 $\varepsilon(k)$ 在 $k=0$ 处有定义，而 $\delta(t)$ 和 $\varepsilon(t)$ 在 $t=0$ 处是不确定的。它们的波形如图 7-3 所示，主要性质如下。

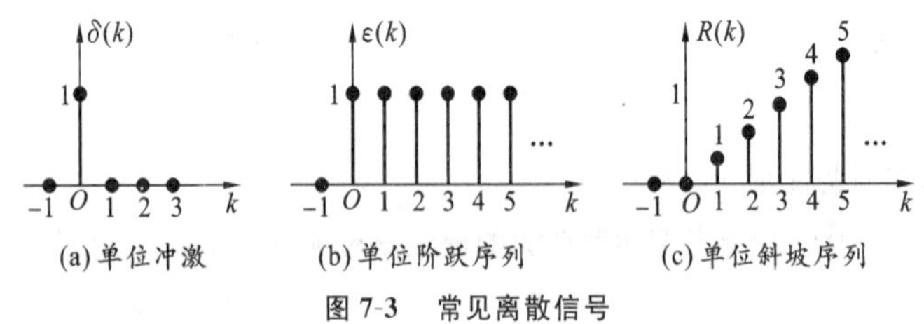

(a) 单位冲激 (b) 单位阶跃序列 (c) 单位斜坡序列

图 7-3 常见离散信号

(1) 乘积特性　　$f(k)\delta(k-M)=f(M)\delta(k-M)$　　(7-5)

因此,可以将任意离散信号 $f(k)$ 表示为一系列延时单位函数的加权和,即

$f(k)=\cdots f(-2)\delta(k+2)+f(-1)\delta(k+1)+f(0)\delta(k)+f(1)\delta(k-1)+f(2)\delta(k-2)+\cdots$

$$=\sum_{i=-\infty}^{+\infty}f(i)\delta(k-i) \tag{7-6}$$

(2) 采样特性　　$\sum_{k=-\infty}^{+\infty}f(k)\delta(k-M)=f(M)$　　(7-7)

(3) $\delta(k)$ 与 $\varepsilon(k)$ 的关系　　$\varepsilon(k)=\sum_{n=-\infty}^{k}\delta(n)$　　(7-8)

令 $n=k-m$,则有　　$\varepsilon(k)=\sum_{m=0}^{+\infty}\delta(k-m)$　　(7-9)

$$\delta(k)=\varepsilon(k)-\varepsilon(k-1) \tag{7-10}$$

(4) 矩形序列

$$G_N(k)=\begin{cases}1 & (0\leqslant k\leqslant N-1)\\ 0 & (\text{其他})\end{cases} \tag{7-11}$$

$G_N(k)$ 的图形如图 7-4 所示,矩形序列可以用单位阶跃序列表示,即

$$G_N(k)=\varepsilon(k)-\varepsilon(k-N) \tag{7-12}$$

连续冲激函数 $\delta(t)$ 与离散冲激函数 $\delta(k)$ 的性质有相似之处,列于表 7-2 中供查阅。

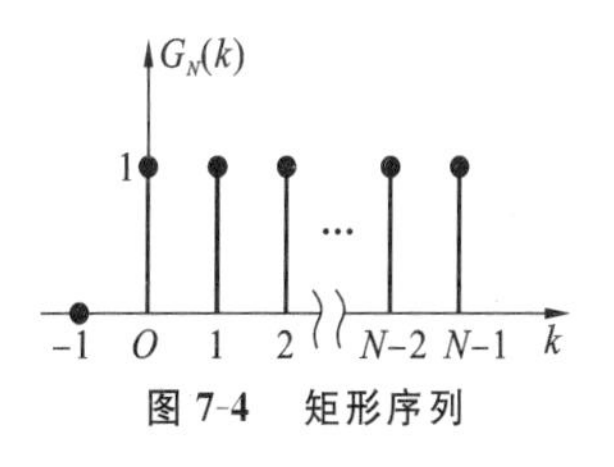

图 7-4　矩形序列

表 7-2　连续冲激函数与离散冲激函数的性质比较

性　　质	连续信号	离散信号
乘积	$f(t)\delta(t)=f(0)\delta(t)$ $f(t)\delta(t-a)=f(a)\delta(t-a)$	$f(k)\delta(k)=f(0)\delta(k)$ $f(k)\delta(k-M)=f(M)\delta(k-M)$
积分与求和	$\int_{-\infty}^{+\infty}\delta(t)\mathrm{d}t=1$	$\sum_{k=-\infty}^{+\infty}\delta(k)=1$
采样	$\int_{-\infty}^{+\infty}f(t)\delta(t)\mathrm{d}t=f(0)$ $\int_{-\infty}^{+\infty}f(t)\delta(t-a)\mathrm{d}t=f(a)$	$\sum_{k=-\infty}^{+\infty}f(k)\delta(k)=f(0)$ $\sum_{k=-\infty}^{+\infty}f(k)\delta(k-M)=f(M)$
冲激与阶跃	$\int_{-\infty}^{t}\delta(t)\mathrm{d}t=\varepsilon(t)$ $\delta(t)=\frac{\mathrm{d}}{\mathrm{d}t}\varepsilon(t)$	$\sum_{i=-\infty}^{k}\delta(i)=\varepsilon(k),\sum_{i=0}^{+\infty}\delta(k-i)=\varepsilon(k)$ $\delta(k)=\varepsilon(k)-\varepsilon(k-1)$

2. 实指数信号

实指数序列　　$f(k)=Ca^k$　　(7-13)

式中：C 和 a 为实数。当 $|a|>1$ 时，指数为上升曲线；当 $|a|<1$ 时，指数为衰减曲线；当 a 为负时，$f(k)$ 的值符号交替变化；当 a 为正时，$f(k)$ 的值均为正。

实指数序列波形如图 7-5 所示。

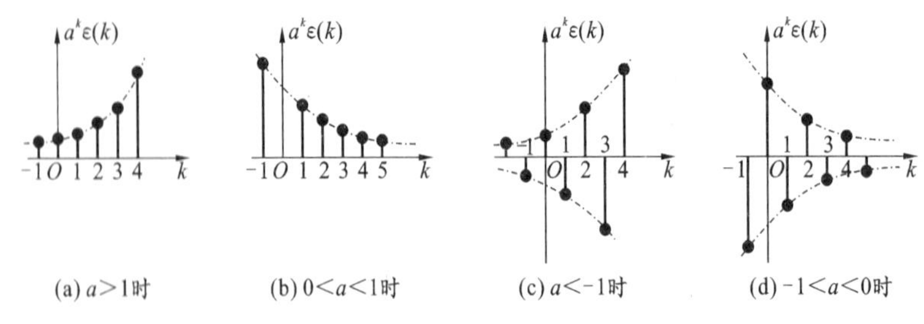

图 7-5　实指数序列

3. 复指数信号

复指数序列
$$f(k)=Ca^k \tag{7-14}$$
式中：$C=A\angle\theta, a=|a|e^{j\Omega_0}$，可写成
$$f(k)=A|a|^k e^{j(\Omega_0 k+\theta)}=A|a|^k\cos(\Omega_0 k+\theta)+jA|a|^k\sin(\Omega_0 k+\theta) \tag{7-15}$$
当 $|a|=1$ 时，实部和虚部都是正弦序列；当 $|a|<1$ 时，实部和虚部都是指数衰减的正弦序列；当 $|a|>1$ 时，实部和虚部都是指数增长的正弦序列。指数衰减和增长的正弦序列如图 7-6 所示。

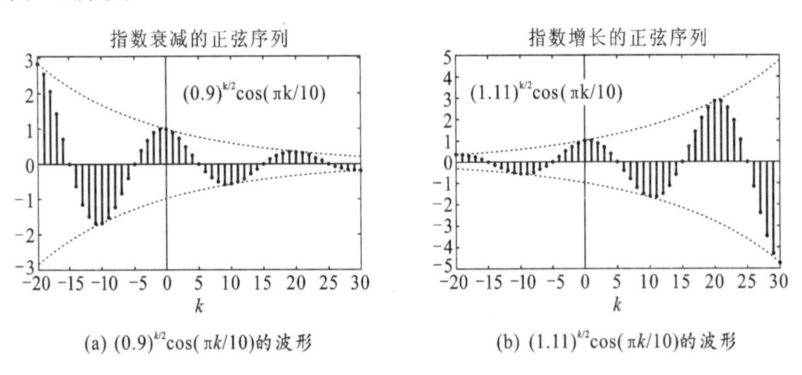

(a) $(0.9)^{k/2}\cos(\pi k/10)$的波形　(b) $(1.11)^{k/2}\cos(\pi k/10)$的波形

图 7-6　指数衰减和增长的正弦序列

4. 正弦信号

正弦序列
$$f(k)=A\sin(\Omega_0 k) \tag{7-16}$$
正弦序列不一定为周期序列，周期序列的定义为 $f(k+N)=f(k)$，式中 N 为序列的周期，N 只能为任意整数。与模拟正弦信号不同，离散正弦序列是否为周期函数取决于比值 $2\pi/\Omega_0$ 是正整数、有理数还是无理数。

当 $2\pi/\Omega_0=N$ 是正整数时，周期为 N。因为

$$A\sin[\Omega_0(k+N)]=A\sin[\Omega_0(k+2\pi/\Omega_0)]=A\sin(\Omega_0 k)$$

当 $2\pi/\Omega_0=N/m$ 是有理数时，周期为 $N=m2\pi/\Omega_0$。$2\pi/\Omega_0$ 为无理数时，正弦序列就不再是周期序列，但其包络线仍是正弦函数。

如正弦序列 $\cos(\pi k/10)$，$\Omega_0=0.1\pi$，则周期 $N=2\pi/\Omega_0=2\pi/0.1\pi=20$；而正弦序列 $\cos(0.5k)$，$\Omega_0=0.5$，$2\pi/\Omega_0=4\pi$ 为无理数，故该序列不是周期的。但两序列的包络线均是周期的，它们的波形如图 7-7 所示。

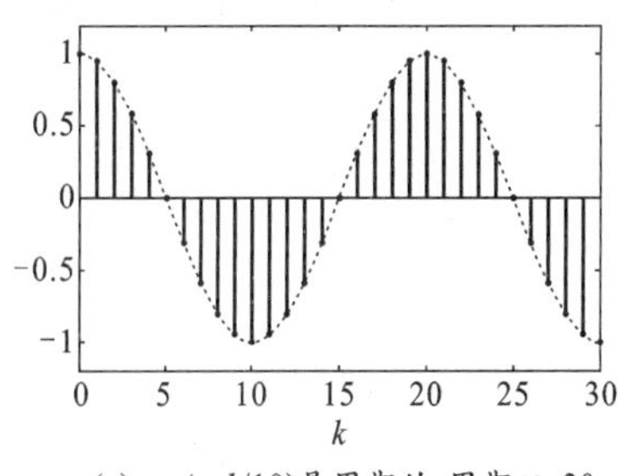

(a) cos(πk/10)是周期的，周期N=20

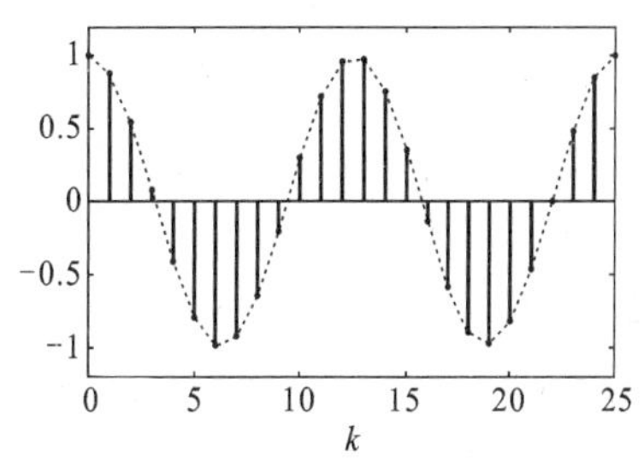

(b) cos(0.5k)不具有周期性

图 7-7 正弦序列的周期性

除了以上概念外，对于正弦序列，还应注意以下几点。

(1) 数字角频率 Ω_0 与模拟角频率 ω_0 的关系。由于离散信号定义的时间为 kT，显然有

$$\Omega_0=\omega_0 T \tag{7-17}$$

模拟角频率 ω_0 的单位是 rad/s，而数字角频率 Ω_0 的单位为 rad。ω_0 表示每秒变化的弧度值，Ω_0 表示相邻两个样值间弧度的变化量。它们的区别如图 7-8 所示。

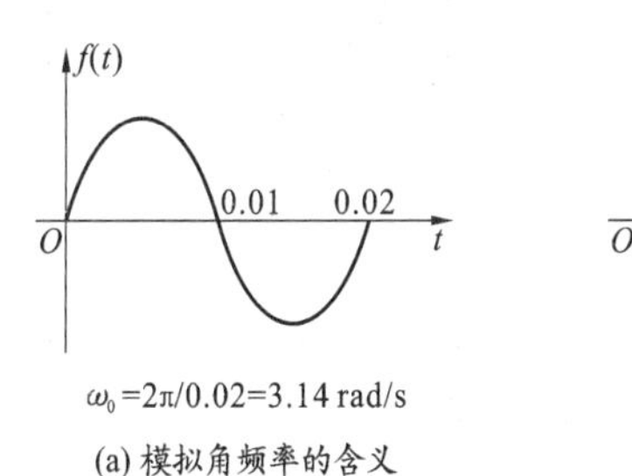

ω_0=2π/0.02=3.14 rad/s

(a) 模拟角频率的含义

f(k)
O 1 2 3 4 5 6 7 8 k

Ω_0=2π/8=π/4 rad

(b) 数字角频率的含义

图 7-8 模拟和数字角频率的关系

(2) 周期离散正弦组合的公共周期的计算。由若干周期离散正弦组合的信号，它的周期(公共周期) 等于各周期的最小公倍数(LCM)。

【例 7.2】 判断下列离散信号的周期性；如果是周期的，试确定其周期。

(a) $f(k)=A\sin(\pi k/5)+B\cos(\pi k/3)$　　(b) $f(k)=A\sin(k/6)+B\cos(\pi k/3)$

(c) $f(k)=e^{j0.2k\pi}+e^{-j0.3k\pi}$

解 (a) $f(k)$ 的每个分量的周期分别为 $N_1=2\pi/(\pi/5)=10$，$N_2=2\pi/(\pi/3)=6$。所以，它的公共周期为 $N=LCM(10,6)=30$，故 $f(k)$ 是周期 $N=30$ 的周期信号。

(b)$f(k)$ 的每个分量的周期分别为 $N_1 = 2\pi/(1/6) = 12\pi$，$N_2 = 2\pi/(\pi/3) = 6$。因此，无法找出公共周期，故 $f(k)$ 是非周期的。

(c)$f(k)$ 的每个分量的周期分别为 $N_1 = 2\pi/(0.2\pi) = 10$，$2\pi/(0.3\pi) = 20/3$，$N_2 = 20$。所以，它的公共周期为 $N = LCM(10,20) = 20$，故 $f(k)$ 是周期 $N = 20$ 的周期信号。

7.2.3 离散信号的运算

离散信号的常用运算包括逐点相加与相乘，与连续信号相对应的还有下列运算。

1. 时移

信号 $y(k) = f(k-5)$ 表示将 $f(k)$ 延迟(右移)5 个单位。若 $y(k) = f(k+5)$，则是将 $f(k)$ 向前(左移)5 个单位。

2. 反折

信号 $y(k) = f(-k)$ 是将信号 $f(k)$ 反折后的信号，而 $y(k) = f(-k+5)$ 含有两种运算，即反折和时移。与连续信号一样，两种运算的先后顺序不改变其结果。

【例 7.3】 已知离散时间信号

$$f(k) = (k+2)[\varepsilon(k+2) - \varepsilon(k-4)]$$

试画出 $f(k)$，$f(k-3)$，$f(-k)$，$f(-k-3)$ 的图形。

解 所画图形如图 7-9 所示。

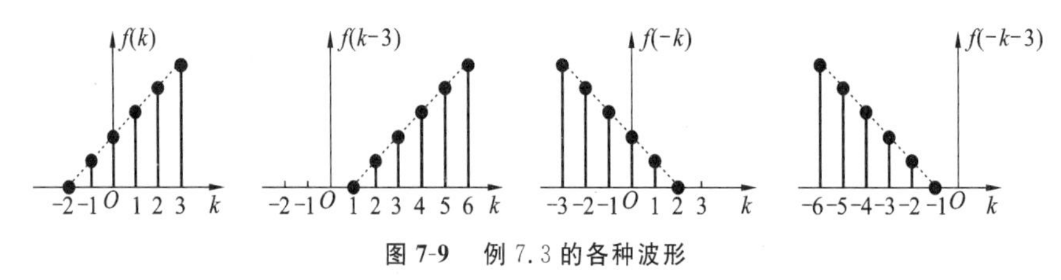

图 7-9 例 7.3 的各种波形

3. 序列的差分

序列的差分是与连续信号中的微分对应的运算，一阶前向差分定义为

$$\Delta f(k) = f(k+1) - f(k) \tag{7-18}$$

二阶前向差分定义为

$$\Delta^2 f(k) = \Delta[\Delta f(k)] = \Delta f(k+1) - \Delta f(k) = f(k+2) - 2f(k+1) + f(k) \tag{7-19}$$

一阶后向差分定义为

$$\nabla f(k) = f(k) - f(k-1) \tag{7-20}$$

二阶后向差分定义为

$$\nabla^2 f(k) = \nabla[\nabla f(k)] = \nabla f(k) - \nabla f(k-1) = f(k) - 2f(k-1) + f(k-2) \tag{7-21}$$

4. 序列的求和(累加)

序列的求和运算是与连续信号中的积分对应的运算，表示为

$$f_1(k)=\sum_{i=-\infty}^{+\infty}f(i)$$

典型的求和公式有 $\sum_{i=-\infty}^{k}\delta(i)=\varepsilon(k)$， $\sum_{i=-\infty}^{k}\varepsilon(i)=(k+1)\varepsilon(k)$

$$\sum_{i=-\infty}^{k}i\varepsilon(i)=\frac{1}{2}k(k+1)\varepsilon(k),\quad \sum_{i=-\infty}^{k}a^i\varepsilon(i)=\frac{1-a^{k+1}}{1-a}\varepsilon(k)\quad (a\neq 1)$$

这些求和运算公式，读者可以自行证明。

7.2.4 Matlab 的应用

用 Matlab 可以画出离散信号的波形，并对离散信号进行运算。下面先介绍几个函数。

(1) stem() 函数。stem() 函数与 plot() 函数在用法和功能上几乎完全相同，只不过通常用 stem() 函数绘制离散信号的图形，即绘制出来的图形是点点分立的；而用 plot() 函数绘制连续信号的图形，即绘制出来的图形是点点相连的。调用格式：

```
stem(k,y)  k为横坐标，取整数。y为计算出的离散信号的值。用"o"标记各数据点。
stem(k,y,'fill')用"o"标记各数据点，并填充蓝色（默认色）。
stem(k,y,'.')用"."小圆点标记各数据点。
```

(2) 离散冲激函数。在绘离散信号的图形中，经常要画 $\delta(k)$，自定义冲激函数的语句如下。

```
function[f,k] = delta(k)
f = [k == 0];
```

调用格式： delta(k)　计算 $\delta(k)$； delta(k－4)　计算 $\delta(k-4)$ 等。

(3) 其他基本函数。离散信号的其他基本函数与连续信号的相同，如阶跃函数 u(k)、门函数 rectpuls(k,w)、三角波 tripuls(k,w)、指数 exp(k)、正弦 sin(k)、余弦 cos(k) 等。

用 Matlab 画出例 7.3 的图形。先定义函数 $f(k)$：

```
function f = fd1(k)
f = (k+2).* (u(k+2)-u(k-4));
```

程序如下。

```
% 例7.3的波形  LT7_3.m
k0 =-10;k1 = 10
k = k0:k1;
f = fd1(k);
subplot(1,4,1),stem(k,f,'.'),
f_max = max(f);f_min = min(f);
axis([k0,k1,f_min-0.5,f_max+0.5]);
line([0 0],[f_min-0.5,f_max+0.5],'color','r');
```

```
title('f(k)')
f = fd1(k-3);
subplot(1,4,2),stem(k,f,'.'),
f_max = max(f);f_min = min(f);
axis([k0,k1,f_min-0.5,f_max+0.5]);
line([0 0],[f_min-0.5,f_max+0.5],'color','r');
title('f(k-3)')
f = fd1(-k);
subplot(1,4,3),stem(k,f,'.'),
f_max = max(f);f_min = min(f);
axis([k0,k1,f_min-0.5,f_max+0.5]);
line([0 0],[f_min-0.5,f_max+0.5],'color','r');
title('f(-k)')
f = fd1(-k-3);
subplot(1,4,4),stem(k,f,'.'),
f_max = max(f);f_min = min(f);
axis([k0,k1,f_min-0.5,f_max+0.5]);
line([0 0],[f_min-0.5,f_max+0.5],'color','r');
title('f(-k-3)')
```

程序运行结果如图 7-10 所示。

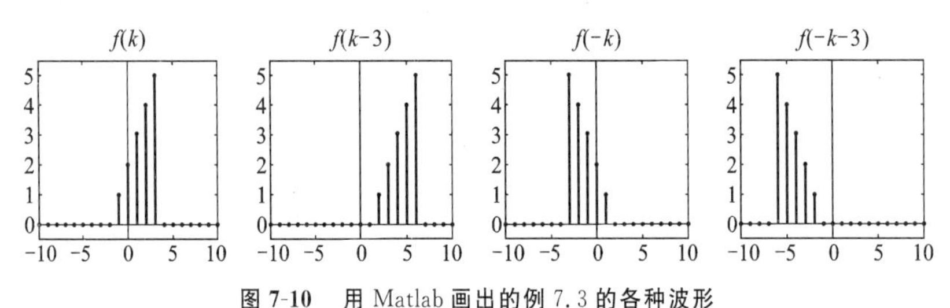

图 7-10　用 Matlab 画出的例 7.3 的各种波形

7.3　离散系统的描述及其性质

7.3.1　离散系统的数学模型

若系统的输入信号和输出信号都是离散时间信号，则该系统称为离散时间系统，简称离散系统。连续系统用微分方程描述，离散系统是用差分方程来描述的。微分方程与差分方程十分相似。表 7-3 将微分方程与差分方程进行了比较。

差分方程有如下两种形式。

(1)n 阶前向差分方程

$$\begin{aligned}&y(k+n)+a_{n-1}y(k+n-1)+\cdots+a_1y(k+1)+a_0y(k)\\&\quad=b_mf(k+m)+b_{m-1}f(k+m-1)+\cdots+b_1f(k+1)+b_0f(k)\end{aligned}\tag{7-22}$$

式中：$f(k)$，$y(k)$ 分别为激励与响应。前向差分方程多用于状态变量分析法。

(2)n 阶后向差分方程

$$y(k-n)+a_{n-1}y(k-n+1)+\cdots+a_1y(k-1)+a_0y(k)$$
$$=b_mf(k-m)+b_{m-1}f(k-m+1)+\cdots+b_1f(k-1)+b_0f(k) \quad (7\text{-}23)$$

后向差分方程多用于因果系统与数字滤波器的分析。

差分方程的重要特点是：系统当前的输出(即在 k 时刻的输出)$y(k)$，不仅与激励 $f(k)$ 有关，而且与系统过去的输出 $y(k-1)$，$y(k-2)$，…，$y(k-n)$ 有关，即系统具有记忆功能。

表 7-3　微分方程与差分方程的比较

比较内容	微分方程	差分方程
方程形式	$y''(t)+A_1y'(t)+A_2y(t)=Bf(t)$	$y(k)+a_1y(k-1)+a_2y(k-2)=bf(k)$
函数比较	含有 $y''(t)$，$y'(t)$，$y(t)$	含有 $y(k)$，$y(k-1)$，$y(k-2)$
阶数	导数的最高次数	自变量序号最高与最低之差
常系数线性方程	A，B 为常数	a，b 为常数
初始条件	$y(0_-)$，$y'(0_-)$	$y(-1)$，$y(-2)$

7.3.2　系统的性质

1. 线性性质

一个离散系统，输入为 $f(k)$，输出为 $y(k)$，可将该系统表示为

$$y(k)=T[f(k)] \quad (7\text{-}24)$$

式中：$T[f(k)]$ 表示对 $f(k)$ 的响应。一般离散系统如图 7-11 所示。与连续系统一样，同时满足齐次性和叠加性的系统称为线性系统；否则就为非线性系统。线性系统如图 7-12 所示，设

$$T[f_1(k)]=y_1(k),\quad T[f_2(k)]=y_2(k)$$

则有

$$T[c_1f_1(k)+c_2f_2(k)]=c_1y_1(k)+c_2y_2(k) \quad (7\text{-}25)$$

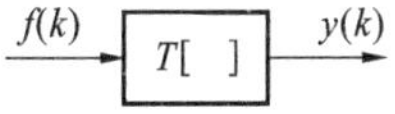

f(k)　T[ ]　y(k)

图 7-11　一般离散系统

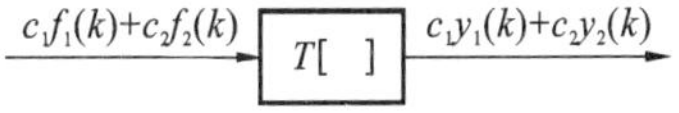

c1f1(k)+c2f2(k)　T[ ]　c1y1(k)+c2y2(k)

图 7-12　线性系统

2. 非时变性

系统的非时变性(也称为非移变性)是指响应 $y(k)$ 的波形仅依赖于输入 $f(k)$ 的波形，而与输入时间无关。可表示为，若 $T[f(k)]=y(k)$，则

$$T[f(k-a)]=y(k-a) \quad (7\text{-}26)$$

3. 线性非时变系统

由线性常系数差分方程描述的线性非时变系统(LTI) 如式(7-23) 所示。若要判断由差分方程描述的系统的线性性或非时变性，可用线性性质式(7-25) 或非时变性质式(7-26) 对其检验，但这样太复杂。不过，可以用一般化结论识别非线性或非时变。结论如下。

(1) 判别线性与非线性：差分方程中所有的项都只含 $f(k)$ 或 $y(k)$，则它是线性的；若任何一项是常数，或是包含了 $f(k)$ 和(或)$y(k)$ 的乘积，或是 $f(k)$ 或 $y(k)$ 的非线性函数，则它是非线性的。

(2) 判别时变与非时变：差分方程中任何一项的系数都是常数，则它是非时变的；若 $f(k)$ 或 $y(k)$ 中的任何一项的系数是 k 的显式函数，则它是时变的。

4. 因果性

如果在激励信号作用之前系统不产生响应，这样的系统称为因果系统；否则称为非因果系统。也就是说，如果响应 $y(k)$ 并不依赖于将来的激励[如 $f(k+2)$]，那么系统就是因果的。

造成系统差分方程为非因果的因素是：若最小延迟输出项是 $y(k)$ 且有一输入项为 $f(k+M)$ 的形式($M>0$)，那么它就是非因果的。

【例 7.4】 设 $f(k)$ 和 $y(k)$ 分别表示离散时间系统的输入和输出序列，分析以下系统的线性性、非时变性、因果性。

(a)$3k^2y(k+2)+2(k+1)^{-1}y(k)=f(k)$　　(b)$y(k)=2f(k)+3$

(c)$y(k)-4y(k)y(2k)=f(k+1)$　　(d)$y(k)=f(2k)$

解　(a) 系统是线性的、时变的(系数是 k 的函数)、因果的系统。

(b) 系统是非线性的(含有常数项)、非时变的、因果的系统。

(c) 系统是非线性的(系数含有 $y(k)$)、时变的(含 $y(2k)$)、非因果的系统。

(d) 系统是线性的、时变的(含 $f(2k)$)、非因果的系统。

7.4　差分方程的解法

在连续系统中，可用常系数线性微分方程来表示其输出与输入关系；离散系统则用常系数线性差分方程来描述，其一般形式为

$$\sum_{i=0}^{N}a_iy(k-i)=\sum_{i=0}^{M}b_if(k-i) \tag{7-27}$$

式中：a 和 b 为常系数；$f(k)$ 的最大移位阶次为 M；$y(k)$ 的最大移位阶次为 N。

常系数线性差分方程的求解一般有以下几种方法。

(1) 迭代法：可以利用手算或计算机递推法算，方法简便，概念清楚，但对于复杂问题直接得到一个解析式(或称闭式) 解答较为困难。

(2) 经典法：和连续系统的时域分析法相似，先求齐次解和特解，再根据边界条件求

待定系数，时域法求解过程比较烦琐，但各响应分量的物理概念比较清楚。

(3) 卷积和法：利用卷积和法求系统的零状态响应，再由齐次解求零输入响应，零状态响应与零输入响应之和即为系统的完全响应。

(4)Z 变换法：Z 变换法将在第 8 章讨论，该法求解差分方程比较简便有效。

7.4.1　差分方程的迭代解法

令式(7-27) 中的 $a_0=1$，则常系数线性差分方程为

$$y(k)=-\sum_{i=1}^{N}a_i y(k-i)+\sum_{i=0}^{M}b_i f(k-i) \tag{7-28}$$

令式(7-28) 中 $k=0$，有

$$y(0)=-a_1 y(-1)-a_2 y(-2)-\cdots-a_N y(-N)+b_0 f(0)+b_1 f(-1)+\cdots+b_M f(-M)$$

即 $y(0)$ 是差分方程的系数与 $y(-1), y(-2), \cdots, y(-N)$ 和 $f(0), f(-1), \cdots, f(-M)$ 的线性组合。令式(7-28) 中 $k=1$，有

$$y(1)=-a_1 y(0)-a_2 y(-1)-\cdots-a_N y(-N+1)+b_0 f(1)+b_1 f(0)+\cdots+b_M f(-M+1)$$

所以，$y(1)$ 是差分方程的系数与 $y(0), y(-1), \cdots, y(-N+1)$ 和 $f(1), f(0), \cdots, f(-M+1)$ 的线性组合。

以此类推，通过反复迭代，就可以求出任意时刻的响应值。这种迭代方法最适合用计算机计算，下面用 Matlab 来实现这种计算。

为了找出迭代计算的一般规律，式(7-28) 中的求和计算可写成矩阵的形式，如第一项可写为

$$\sum_{i=1}^{N}a_i y(k-i)=[a_N \quad a_{N-1} \quad \cdots \quad a_1]\begin{bmatrix} y(k-N) \\ y(k-N+1) \\ \vdots \\ y(k-1) \end{bmatrix} \tag{7-29}$$

第二项求和与上式类似。用 Matlab 编写的计算迭代法计算差分方程的函数如下。

```
function y = recur(a,b,n,f,f0,y0);
% recur 是用迭代法计算差分方程的解
% 其中 a 是差分方程左边除第一项外的系数
% b 是差分方程右边的系数,n 计算的点数
% f 输入信号,f0 输入信号的初始值
% y0 系统的初始值
%
N = length(a);y = [y0 zeros(1,length(n))];
M = length(b)-1;f = [f0 f];
a1 = a(N:-1:1);          % a 的元素反转
b1 = b(M+1:-1:1);        % b 的元素反转
for i = N+1:N+length(n),
```

```
    y(i)=-a1*y(i-N:i-1)'+b1*f(i-N:i-N+M)';
end
y=y(N+1:N+length(n));
```

【例 7.5】 求差分方程 $y(k)-1.5y(k-1)+y(k-2)=2f(k-2)$ 的解。其中,输入信号 $f(k)=\varepsilon(k)$,初始条件 $y(-1)=1,y(-2)=2$。

解 Matlab 程序如下。

```
% 计算例 7.5 的程序  LT7_5.m
a=[-1.5 1];b=[0 0 2];
y0=[2 1];f0=[0 0];
n=0:30;
f=ones(1,length(k));
y=recur(a,b,n,f,f0,y0);
stem(n,y,'.'),
xlabel('k'),ylabel('y(k)')
```

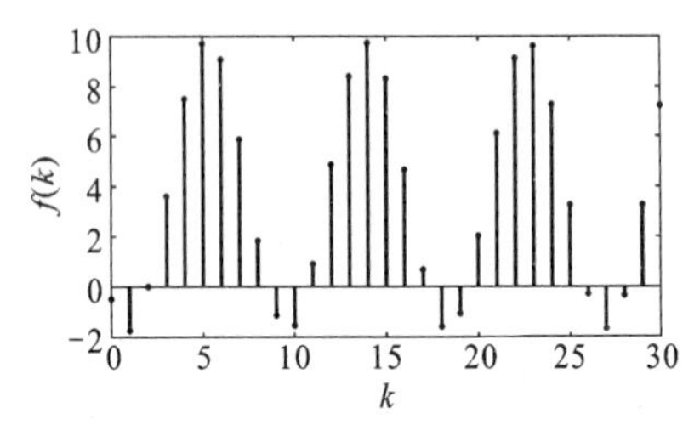

图 7-13 例 7.5 的系统响应波形

运行程序后,系统响应波形如图 7-13 所示。

7.4.2 差分方程的经典解法

下面讨论常系数线性差分方程的经典求解法。它与微分方程的经典解法十分相似。

(1) 齐次解:一般差分方程对应的齐次差分方程可表示为

$$\sum_{i=0}^{N} a_i y(k-i)=0 \tag{7-30}$$

考虑最简单的情形,若 $N=1,a_0=1,a_1=-\alpha$,则上式可表示为

$$y(k)-\alpha y(k-1)=0$$

因而得到

$$\alpha=y(k)/y(k-1)$$

这意味着 $y(k)$ 是一个公比为 α 的等比级数,可以写出

$$y(k)=C\alpha^k \tag{7-31}$$

式中:C 是待定系数,由初始条件决定。对于任意阶的差分方程,其齐次解是否和一阶差分方程的一样,由 $C\alpha^k$ 项组合而成呢?将式(7-31)代入式(7-30),于是

$$\sum_{i=0}^{N} a_i C\alpha^{k-i}=0 \tag{7-32}$$

消去常数 C,并逐项乘以 α^{N-k},可以得到

$$\sum_{i=0}^{N} a_i \alpha^{N-i}=0 \tag{7-33}$$

式(7-33)即为齐次差分方程式(7-30)的特征方程。如果 α_i 是式(7-33)的根,比较式(7-30)和式(7-32),可以得到 $y(k)=C\alpha_i^k$ 是差分方程的一个齐次解,特征方程的根 α_i 称为差分方程的特征根。若特征根为 $\alpha_i(i=1,2,\cdots,N)$,且无重根,则可以得到差分方程的齐次解 $y_h(k)$ 为

$$y_h(k)=\sum_{i=1}^{N}C_i\alpha_i^k \tag{7-34}$$

式中：$C_i(i=1,2,\cdots,N)$ 为待定系数，由初始条件决定。表 7-4 列出了特征根为其他情况时齐次解的形式。

表 7-4　不同特征根所对应的齐次解的形式

特征根 λ	响应函数 $y(t)$ 的齐次解
单实根 λ	$C\lambda^k$
重实根 λ^p	$\lambda^k(C_0+C_1k+\cdots+C_{p-1}k^{k-1})$
共轭复根 $re^{j\theta}$	$r^k[C_1\cos(k\theta)+C_2\sin(k\theta)]$

(2) 特解：差分方程的特解的函数形式与激励函数的形式有关。表 7-5 列出了几种激励及其所对应的特解。选定特解后，将它代入到差分方程中，求出各待定系数，就得到方程的特解 $y_p(t)$。

表 7-5　不同激励所对应的特解

激励函数 $f(k)$	响应函数 $y(k)$ 的特解
E(常数)	B
k^p	$B_pk^p+B_{p-1}k^{p-1}+\cdots+B_1k+B_0$
a^k	Ba^k
a^k	a 为特征根时，$(B_0+B_1k)a^k$
$\cos k\Omega$ 或 $\sin k\Omega$	$B_1\cos k\Omega+B_2\sin k\Omega$

(3) 全解：即全响应是齐次解和特解之和，有

$$y(k)=y_h(k)+y_p(k) \tag{7-35}$$

对于 n 阶常系数线性差分方程，利用已知的 n 个初始条件 $y(-1),y(-2),\cdots,y(-N)$ 就可求得全部待定系数 C_i。

作为系统的响应，齐次解的函数特性仅依赖于系统本身的特性，与激励信号的函数形式无关。因此，齐次解也称为系统的自由响应或自然响应。特解的形式由激励函数决定，因而称为系统的受迫响应或强迫响应。

【例 7.6】 描述某线性非时变系统的差分方程为 $y(k)+3y(k-1)+2y(k-2)=2^k\varepsilon(k)$，试求当初始状态为 $y(-1)=0,y(-2)=0.5$ 时系统的全响应。

解　(a) 求齐次解。特征方程为

$$\lambda^2+3\lambda+2=0$$

因此，特征根为 $\lambda_1=-1,\lambda_2=-2$，由于是单实根，所以，齐次解的形式为

$$y_h(k)=C_1(-1)^k+C_2(-2)^k \quad (k\geqslant 0)$$

(b) 求特解。设特解为 $y_p(k)=P(2)^k$，将 $y_p(k)$ 代入原差分方程，得

$$P(2)^k+3P(2)^{k-1}+2P(2)^{k-2}=2^k$$

解得 $P=1/3$,故特解为 $y_p(k)=(1/3)(2)^k \quad (k\geqslant 0)$

(c) 用初始值求常数。系统的全响应为

$$y(k)=y_h(k)+y_p(k)=C_1(-1)^k+C_2(-2)^k+(1/3)(2)^k$$

将初始条件代入上式,得

$$\begin{cases} y(-1)=-C_1-C_2/2+1/6=0 \\ y(-2)=C_1+C_2/4+1/12=1/2 \end{cases}$$

解之得 $C_1=2/3, C_2=-1$。将其代入式①,则全响应为

$$y(k)=\underbrace{(2/3)(-1)^k-(-2)^k}_{\text{自由响应}}+\underbrace{(1/3)(2)^k}_{\text{强迫响应}} \quad (k\geqslant 0)$$

7.4.3 零输入响应和零状态响应

通常,将线性非时变系统的响应表示为零状态响应 $y_{zs}(k)$ 和零输入响应 $y_{zi}(k)$ 之和更加方便,这与连续系统的分析是相同的。

(1) 零输入响应的求法与齐次解一样。在无重根时

$$y_{zi}(k)=\sum_{i=1}^{n}C_i\lambda_i^k \tag{7-36}$$

式中:λ_i 为特征根;C_i 为常数,由初始值确定。

(2) 零状态响应的求法与求解非齐次方程一样,即

$$y_{zs}(k)=\text{齐次解}+\text{特解}=\sum_{j=1}^{n}C_j\lambda_i^k+y_p(k)$$

【例 7.7】 求例 7.6 的零输入响应、零状态响应和全响应。

解 (a) 零输入响应。特征根为 $\lambda_1=-1, \lambda_2=-2$,由于是单实根,所以,零输入响应的形式为

$$y_{zi}(k)=C_1(-1)^k+C_2(-2)^k$$

已知 $y_{zi}(-1)=0, y_{zi}(-2)=1/2$,代入原方程可求得 $C_1=1, C_2=-2$,零输入响应为

$$y_{zi}(k)=(-1)^k-2(-2)^k$$

(b) 零状态响应。例 7.6 已求出特解 $y_p(k)=(1/3)(2)^k$,所以,零状态响应的形式为

$$y_{zs}(k)=C_1(-1)^k+C_2(-2)^k+(1/3)(2)^k$$

已知 $y_{zs}(-1)=0, y_{zs}(-2)=0$,代入原方程可求得 $C_1=-1/3, C_2=1$,所以,零状态响应为

$$y_{zs}(k)=-(1/3)(-1)^k+(-2)^k+(1/3)(2)^k$$

(c) 全响应。$y(k)=y_{zi}(k)+y_{zs}(k)=(-1)^k-2(-2)^k-(1/3)(-1)^k+(-2)^k+(1/3)(2)^k$

$$=(2/3)(-1)^k-(-2)^k+(1/3)(2)^k \quad (k\geqslant 0)$$

【例 7.8】 系统的差分方程为 $y(k+2)+2y(k+1)+2y(k)=f(k)$。已知 $y_{zi}(0)=0, y_{zi}(1)=1$,求系统的零输入响应 $y_{zi}(k)$。

解 特征根为 $\lambda_1=-1+\mathrm{j}=\sqrt{2}\mathrm{e}^{\mathrm{j}0.75\pi}, \lambda_2=-1-\mathrm{j}=\sqrt{2}\mathrm{e}^{-\mathrm{j}0.75\pi}$,由于特征根为共轭复数,由表 7-4 可知,

$$y_{zi}(k)=(\sqrt{2})^k[C_1\cos(0.75k\pi)+C_2\sin(0.75k\pi)]$$

代入初始值，解得 $C_1=0, C_2=1$，所以，零输入响应为

$$y_{zi}(k)=(\sqrt{2})^k\sin(0.75k\pi) \qquad (k\geqslant 0)$$

7.4.4 离散系统的初始状态

1. 离散系统初始状态的概念

正如连续系统中 0_+ 和 0_- 初始值不同一样，离散系统的初始值也有两个，即零输入初始值 $y_{zi}(0)$ 和系统的初始值 $y(0)$。其中：$y_{zi}(0)$ 表示激励信号作用之前（零输入）系统的初始条件，它与系统的激励信号无关，是系统的初始储能、历史的记忆，是系统真正的初始状态；$y(0)$ 表示系统在有了激励信号之后系统的初始条件，它既有零输入时初始状态（初始储能），又有激励信号的贡献。

在离散系统中，几个初始值的关系为

$$y(0)=y_{zi}(0)+y_{zs}(0) \tag{7-37}$$

式中：$y_{zs}(0)$ 为零状态的初始值，它仅由激励信号产生。

2. 后向差分方程的初始状态

对于后向差分方程，如

$$y(k)+ay(k-1)+by(k-2)=f(k) \tag{7-38}$$

当 $f(k)$ 在 $k=0$ 时刻作用于系统时，系统的初始状态为

$$y(-1)=y_{zi}(-1), y(-2)=y_{zi}(-2), \text{而 } y(0)\neq y_{zi}(0)$$

这表示，系统初始值与零输入初始值在 $k=-1$、-2 时是相同的，而在 $k=0$ 时则不同。

当 $f(k)$ 在 $k=-1$ 时刻作用于系统时，系统的初始状态为

$$y(-2)=y_{zi}(-2), y(-3)=y_{zi}(-3), \text{而 } y(-1)\neq y_{zi}(-1)$$

3. 前向差分方程的初始状态

对于前向差分方程，如

$$y(k+2)+ay(k+1)+by(k)=f(k) \tag{7-39}$$

当 $f(k)$ 在 $k=0$ 时刻作用于系统时，令 $k=-1$、0，则有

$$y(1)+ay(0)+by(-1)=0, \quad y(2)+ay(1)+by(0)=f(0)$$

这说明 $y(1)$，$y(0)$，$y(-1)$ 与激励无关。系统的初始状态为

$$y(0)=y_{zi}(0), \quad y(1)=y_{zi}(1), \quad \text{而} \quad y(2)\neq y_{zi}(2) \tag{7-40}$$

这表示，在 $k=0$、1 时，系统初始值就是零输入初始值，而在 $k=2$ 时则不同。

也可以将前向差分方程式(7-39)延迟至 2，使之变成后向差分方程，即

$$y(k)+ay(k-1)+by(k-2)=f(k-2)$$

激励就变为 $k=2$ 时作用，这样就有与式(7-40)相同的结论。

4. 初始状态的应用

在求零输入响应时，应采用零输入初始值 $y_{zi}(0)$；若系统给出的初始值是 $y(0)$，要判

断并找出 $y_{zi}(0)$。在求零状态响应时，所谓零状态是指系统的初始储能为零，即 $y_{zi}(0)=0$，而不是 $y(0)=0$。在求全响应时，用初始条件确定常数，采用 $y(0)$；若系统给出的初始值是 $y_{zi}(0)$，则要先求出 $y_{zs}(0)$，再根据 $y(0)=y_{zi}(0)+y_{zs}(0)$ 计算。

【例 7.9】 系统的差分方程为 $6y(k)-5y(k-1)+y(k-2)=(-1)^{k+2}\varepsilon(k-2)$，已知 $y(0)=15$，$y(1)=9$，求系统的零输入响应。

解 特征根为 $\lambda_1=1/2$，$\lambda_2=1/3$，则零输入响应为

$$y_{zi}(k)=C_1(1/2)^k+C_2(1/3)^k$$

题中所给的 $f(k)$ 是在 $k=2$ 时刻作用于系统，故系统的初始状态应为 $y(0)$，$y(1)$，即初始值为

$$y_{zi}(0)=y(0)=15,y_{zi}(1)=y(1)=9$$

代入初始值 $\begin{cases}C_1+C_2=15\\(1/2)C_1+(1/3)C_2=9\end{cases}$，解得 $C_1=24$，$C_2=-9$，所以

$$y_{zi}(k)=24(1/2)^k-9(1/3)^k\quad(k\geqslant 0)$$

【例 7.10】 系统的差分方程为 $y(k)+3y(k-1)+2y(k-2)=f(k)+f(k-1)$，已知 $f(k)=(-2)^k\varepsilon(k)$，$y(0)=y(1)=0$，求系统的零输入响应。

解 特征根为 $\lambda_1=-1$，$\lambda_2=-2$，零输入响应为

$$y_{zi}(k)=C_1(-1)^k+C_2(-2)^k$$

题中所给的 $f(k)$ 是在 $k=0$ 时刻作用于系统，故系统的初始状态应为 $y(-1)$，$y(-2)$。令原方程的 $k=1$，有

$$y(1)+3y(0)+2y(-1)=f(1)+f(0)$$

故有

$$y(-1)=-1/2$$

令原方程的 $k=0$，有 $\quad y(0)+3y(-1)+2y(-2)=f(0)+f(-1)$

故有

$$y(-2)=5/4$$

代入初始值 $\begin{cases}-C_1-(1/2)C_2=-1/2\\C_1+(1/4)C_2=5/4\end{cases}$，解得 $C_1=2$，$C_2=-3$，故零输入响应

$$y_{zi}(k)=2(-1)^k-3(-2)^k\quad(k\geqslant 0)$$

7.5 单位冲激响应

输入信号为离散冲激 $\delta(k)$ 时离散系统的零状态响应，称为单位冲激响应，用 $h(k)$ 表示。它同连续系统的冲激响应 $h(t)$ 有相同的地位和作用。冲激响应为利用“卷积和”求解任意输入的零状态响应提供了极为有效的方法。通常使用冲激响应和阶跃响应来评价离散系统的时域性能。

7.5.1 单位冲激响应

现以三阶后向差分方程为例，首先考虑单输入情况，即

$$y(k)+a_2y(k-1)+a_1y(k-2)+a_0y(k-3)=\delta(k)\tag{7-41}$$

其响应记为 $h_0(k)$，则有

$$h_0(k)+a_2h_0(k-1)+a_1h_0(k-2)+a_0h_0(k-3)=\delta(k)$$

对于 $k>0$ 时，由于 $\delta(k)=0$，因而上式为

$$h_0(k)+a_2h_0(k-1)+a_1h_0(k-2)+a_0h_0(k-3)=0 \tag{7-42}$$

就是说，对于 $k>0$，单位冲激响应 $h_0(k)$ 是一个特殊的零输入响应。若特征根为单根，则冲激响应的形式为

$$h_0(k)=C_1\lambda_1^k+C_2\lambda_2^k+C_3\lambda_3^k \tag{7-43}$$

需要三个初始条件来确定其三个系数。令 $k=0$，有

$$h_0(0)+a_2h_0(-1)+a_1h_0(-2)+a_0h_0(-3)=\delta(0)=1$$

由于是零状态响应，$h_0(k)=0,k<0$，所以

$$h_0(0)=1$$

得初始值为 $h_0(-1)=h_0(-2)=0,\quad h_0(0)=1$

对于 N 阶系统，可以用类似的方法得出 N 个初始值为

$$h_0(-1)=h_0(-2)=\cdots=h_0(-N+1)=0,\quad h_0(0)=1 \tag{7-44}$$

单位冲激响应 $h_0(k)=\left(\sum_{i=1}^{N}C_i\lambda_i^k\right)\varepsilon(t)$ 的 N 个常数可由以上 N 个初始值确定。

对于多输入系统，可利用叠加原理，再根据线性系统的非时变特性，设

$$\delta(k)\rightarrow h_0(k)$$

由非时变性质，有 $\delta(k-n)\rightarrow h_0(k-n)$

由可叠加性，有 $\sum A\delta(k-j)\rightarrow\sum Ah_0(k-j)$

对于前向差分方程，可将其转换成后向差分方程再用上述方法求解冲激响应。下面用实例来说明上述求解方法。

【例 7.11】 已知系统的差分方程为 $y(k)-(5/6)y(k-1)+(1/6)y(k-2)=\delta(k)-\delta(k-2)$，试求系统的冲激响应 $h(k)$。

解 (a) 先只考虑 $\delta(k)$ 的作用，差分方程为

$$h_0(k)-(5/6)h_0(k-1)+(1/6)h_0(k-2)=\delta(k)$$

特征方程为 $\lambda^2-(5/6)\lambda+1/6=0$，解得特征根为 $\lambda_1=1/2,\lambda_2=1/3$，所以，冲激响应的形式为

$$h_0(k)=C_1(1/2)^k+C_2(1/3)^k \tag{1}$$

根据式(7-44)，系统的初始条件为

$$h_0(0)=1,\quad h_0(-1)=0 \tag{2}$$

将初始条件式(2)代入式(1)，得

$$\begin{cases}C_1+C_2=1\\2C_1+3C_2=0\end{cases}$$

解得 $C_1=3,C_2=-2$，于是有

$$h_0(k)=[3(1/2)^k-2(1/3)^k]\varepsilon(k)$$

(b) 根据系统的非时变性质，系统的冲激响应为

$$h(k)=h_0(k)-h_0(k-2)$$
$$=[3(1/2)^k-2(1/3)^k]\varepsilon(k)-[3(1/2)^{k-2}-2(1/3)^{k-2}]\varepsilon(k-2)$$

【例 7.12】 已知系统的差分方程为 $y(k+2)-5y(k+1)+6y(k)=f(k+2)-3f(k)$，试求系统的冲激响应 $h(k)$。

解 (a) 首先将前向差分方程转换成后向差分方程

$$y(k)-5y(k-1)+6y(k-2)=\delta(k)-3\delta(k-2)$$

先只考虑 $\delta(k)$ 的作用，其冲激响应记为 $h_0(k)$，则差分方程写为

$$h_0(k)-5h_0(k-1)+6h_0(k-2)=\delta(k)$$

特征方程为 $\lambda^2-5\lambda+6=0$，解得 $\lambda_1=3,\lambda_2=2$，有

$$h_0(k)=[C_1(3)^k+C_2(2)^k]\varepsilon(k) \tag{1}$$

根据式(7-44)，系统的初始条件为

$$h_0(-1)=0,\quad h_0(0)=1 \tag{2}$$

将初始条件式(2)代入式(1)，得

$$\begin{cases}C_1+C_2=1\\(1/3)C_1+(1/2)C_2=0\end{cases}$$

解得 $C_1=3,C_2=-2$，所以

$$h_0(k)=[3(3)^k-2(2)^k]\varepsilon(k)$$

(b) 根据系统的非时变性质，系统的冲激响应为

$$h(k)=h_0(k)-3h_0(k-2)$$
$$=[3(3)^k-2(2)^k]\varepsilon(k)-3[3(3)^{k-2}-2(2)^{k-2}]\varepsilon(k-2)$$
$$=[3(3)^k-2(2)^k]\varepsilon(k)-[(3)^k-1.5(2)^k]\varepsilon(k-2)$$

将上式化简，即用 $\varepsilon(k-2)=\varepsilon(k)-\delta(k)-\delta(k-1)$ 代入上式，合并有

$$h(k)=[3(3)^k-2(2)^k]\varepsilon(k)-[(3)^k-1.5(2)^k]\varepsilon(k)-0.5\delta(k)$$
$$=[2(3)^k-0.5(2)^k]\varepsilon(k)-0.5\delta(k)$$

7.5.2 阶跃响应与冲激响应的关系

离散系统的阶跃响应定义为输入信号为阶跃信号 $\varepsilon(k)$ 时，系统的零状态响应，用 $g(k)$ 表示。由于

$$\delta(k)=\nabla\varepsilon(k)=\varepsilon(k)-\varepsilon(k-1)$$

所以

$$h(k)=\nabla g(k)=g(k)-g(k-1) \tag{7-45}$$

又由于

$$\varepsilon(k)=\sum_{i=0}^{k}\delta(i)$$

所以有

$$g(k)=\sum_{i=0}^{k}h(i) \tag{7-46}$$

【例 7.13】 已知阶跃响应为 $g(k)=6[1-0.5(1/2)^k]\varepsilon(k)$，求冲激响应 $h(k)$。

解 冲激响应为

$$h(k)=g(k)-g(k-1)=6[1-0.5(1/2)^k]\varepsilon(k)-6[1-0.5(1/2)^{k-1}]\varepsilon(k-1)$$
$$=6[1-0.5(1/2)^k]\varepsilon(k)-6[1-(1/2)^k]\varepsilon(k)=3(1/2)^k\varepsilon(k)$$

【例 7.14】 已知单位函数响应为$h(k)=[(1/6)\delta(k)-0.5(2)^k+(1/3)(3)^k]\varepsilon(k)$，求阶跃响应$g(k)$。

解 阶跃响应为

$$
\begin{aligned}
g(k) &= \sum_{i=0}^{k}h(i)=(1/6)\sum_{i=0}^{k}\delta(i)-(1/2)\sum_{i=0}^{k}(2)^i+(1/3)\sum_{i=0}^{k}(3)^i \\
&= (1/6)\varepsilon(k)-(1/2)\cdot\frac{1-2^{k+1}}{1-2}\varepsilon(k)+(1/3)\cdot\frac{1-3^{k+1}}{1-3}\varepsilon(k) \\
&= [(1/2)-2^k+(1/2)\cdot 3^k]\varepsilon(k)
\end{aligned}
$$

注意:有限项等比数列求和公式为

$$
\sum_{i=0}^{k}a^i=\frac{1-a_1a_n}{1-q}=\frac{1-a^{k+1}}{1-a}\quad (a\neq 1)
$$

式中:a_1 为首项;a_n 为末项;q 为比例系数。

7.5.3 Matlab 的应用

1. impz() 函数求离散系统的冲激响应

Matlab 为用户提供了专门用于求离散系统冲激响应，并绘制时域波形的函数 impz()。调用格式如下。

```
Impz(b,a)         a 为差分方程左边系数行向量;b 为差分方程右边系统的行向量。
Impz(b,a,n)       横坐标取 0～n。
Impz(b,a,n1:n2)横坐标取 n1～n2。
y=Impz(b,a,n) 不画波形,求冲激响应的数值解。
```

2. stepz() 函数求离散系统的阶跃响应

此函数的用法与 Impz(b,a) 相同，调用格式如下。

```
stepz(b,a)
stepz(b,a,n)
```

3. filter() 函数求离散系统的零状态响应

调用格式如下。

```
filter(b,a,x)         b,a 的含义同上,x 为输入序列的行向量。
```

【例 7.15】 已知描述某离散系统的差分方程为$2y(k)-2y(k-1)+y(k-2)=f(k)+3f(k-1)+2f(k-2)$，试用 Matlab 绘出该系统 0～25 时间范围内冲激响应$h(k)$、阶跃响应$g(k)$的波形。

解 用 Matlab 编程如下。

```
% 例 7.15 的波形   LT7_15.m
a=[2-2 1];
b=[1 3 2];
subplot(1,2,1),impz(b,a,25)
```

```
title('离散系统的冲激响应')
subplot(1,2,2),stepz(b,a,25)
title('离散系统的阶跃响应')
```

程序运行后显示的冲激响应和阶跃响应如图 7-14 所示。

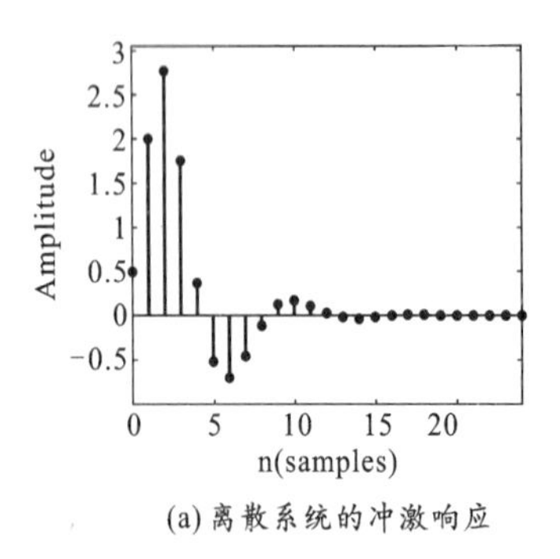

(a) 离散系统的冲激响应

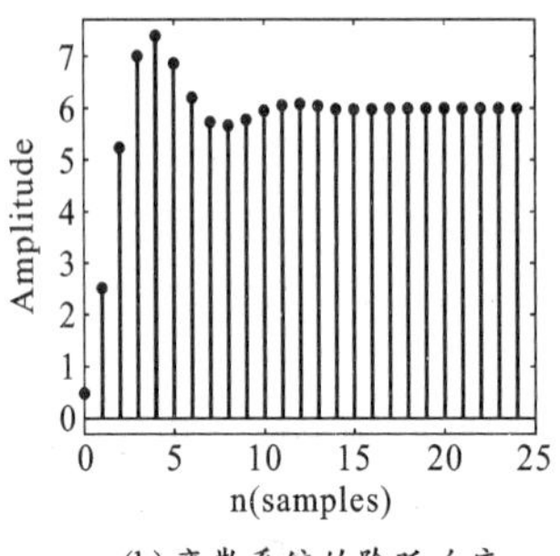

(b) 离散系统的阶跃响应

图 7-14 系统的冲激响应和阶跃响应

【例 7.16】 已知描述某离散系统的差分方程为 $y(k)-0.25y(k-1)+0.5y(k-2)=f(k)+f(k-1)$，输入信号为 $f(k)=(0.5)^k\varepsilon(k)$，试用 Matlab 绘出该系统 0～20 时间范围内零状态响应的波形。

解 用 Matlab 编程如下。

```
% 例 7.16 的波形   LT7_16.m
a=[1-0.25 0.5];
b=[1 1 0];
k=0:20;
x=0.5.^k;
y=filter(b,a,x);
subplot(1,2,1),stem(k,x,'fill')
axis([0,20,-0.2,1.2]);
title('输入信号')
subplot(1,2,2),stem(k,y,'fill')
title('零状态响应')
```

程序运行后显示的输入信号和零状态响应如图 7-15 所示。

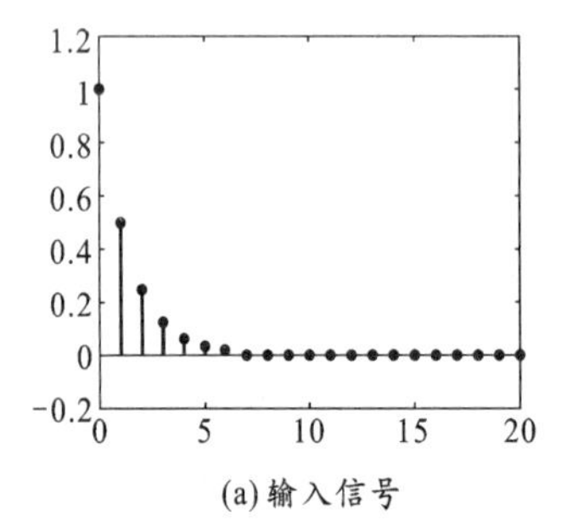

(a) 输入信号

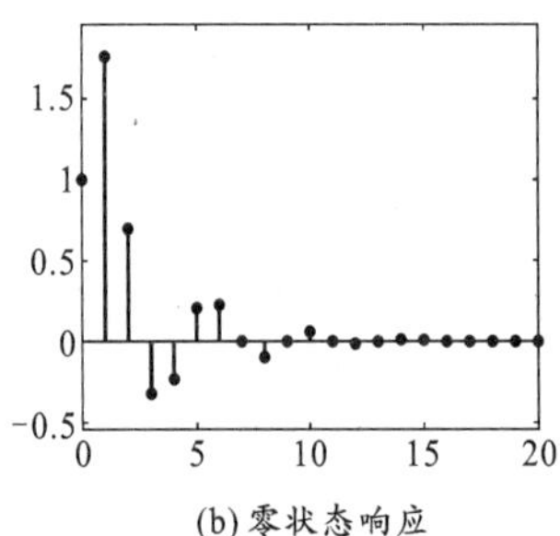

(b) 零状态响应

图 7-15 系统的输入信号和零状态响应

7.6 离散卷积

离散系统的卷积和与连续系统的卷积积分相对应，卷积和也称为离散卷积或褶积。在连续系统中，利用卷积积分求零状态响应，方法是将输入信号分解为冲激序列，求各自的响应，再叠加，即得到总的零状态响应。在离散系统中，激励信号分解为冲激序列很容易做到，求各个冲激分量的响应再叠加，即得到零状态响应 $y_{zs}(k)$。

7.6.1　卷积和的含义

1. 任意离散信号可分解为冲激函数

任意离散信号 $f(k)$ 如图 7-16 所示，可以表示为离散冲激 $\delta(k)$ 的线性组合。因为

$$\delta(k)=\begin{cases}1 & (k=0)\\0 & (k\neq 0)\end{cases}$$

于是有

$$f(k)\delta(k-i)=\begin{cases}f(i) & (k=i)\\0 & (k\neq i)\end{cases}$$

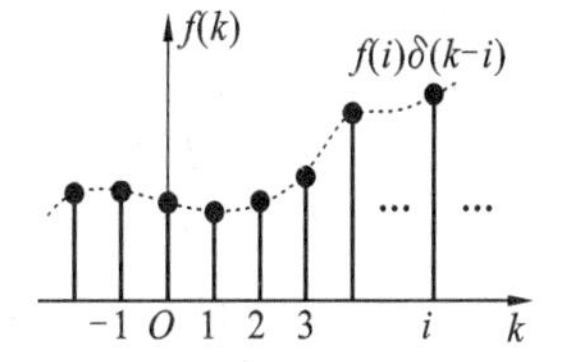

图 7-16　离散信号的冲激表示

所以任意离散信号 $f(k)$ 均可写为

$$\begin{aligned}f(k)&=\cdots+f(-1)\delta(k+1)+f(0)\delta(k)+f(1)\delta(k-1)+\cdots+f(i)\delta(k-i)+\cdots\\&=\sum_{i=-\infty}^{+\infty}f(i)\delta(k-i)=f(k)*\delta(k)\end{aligned}\tag{7-47}$$

式(7-47) 表示，任意离散信号 $f(k)$ 可以分解为无穷多个不同幅值的离散冲激之和，定义

$$f_1(k)*f_2(k)=\sum_{i=-\infty}^{+\infty}f_1(i)f_2(k-i)=\sum_{i=-\infty}^{+\infty}f_2(i)f_1(k-i)\tag{7-48}$$

称为卷积和或离散卷积，与连续信号的卷积积分十分相似。

2. 任意激励信号的零状态响应

对于线性非时变离散系统，若激励信号为 $\delta(k)$ 时，零状态响应为 $h(k)$，即

$$\delta(k)\rightarrow h(k)$$

则由非时变性质，有

$$\delta(k-i)\rightarrow h(k-i)$$

由齐次性，有

$$f(i)\delta(k-i)\rightarrow f(i)h(k-i)$$

由可加性，有

$$\sum_{i=-\infty}^{+\infty}f(i)\delta(k-i)\rightarrow\sum_{i=-\infty}^{+\infty}f(i)h(k-i)$$

由式(7-47) 可知

$$f(k)=\sum_{i=-\infty}^{+\infty}f(i)\delta(k-i)$$

这意味着，当输入为任意离散信号 $f(k)$ 时，系统的零状态响应为

$$y_{zs}(k)=\sum_{i=-\infty}^{+\infty}f(i)h(k-i)=f(k)*h(k)\tag{7-49}$$

式(7-49) 表明，线性非时变离散系统的零状态响应等于输入序列 $f(k)$ 与冲激响应 $h(k)$ 的卷积和。

7.6.2　卷积和的性质

1. 代数性质

离散卷积的运算满足交换律、分配律和结合律，与连续卷积相同。

(1) 交换律

$$f(k)*h(k)=h(k)*f(k) \tag{7-50}$$

证明 $$f(k)*h(k)=\sum_{i=-\infty}^{+\infty}f(k)h(k-i)$$

令 $k-i=n$,则上式可写成

$$f(k)*h(k)=\sum_{n=-\infty}^{+\infty}h(n)f(k-n)=h(k)*f(k)$$

(2) 结合律

$$h(k)*[f_1(k)*f_2(k)]=[h(k)*f_1(k)]*f_2(k) \tag{7-51}$$

(3) 分配律

$$h(k)*[f_1(k)+f_2(k)]=h(k)*f_1(k)+h(k)*f_2(k) \tag{7-52}$$

对于式(7-51) 与式(7-52),读者可自行证明。

2. 位移性质

若输入为 $f(k)$,冲激响应为 $h(k)$,则零状态响应

$$y(k)=f(k)*h(k)$$

根据线性非时变性质,输入移位 $f(k-N)$,则输出也将移位 N,即 $y(k-N)$,故

$$y(k-N)=f(k-N)*h(k)=f(k)*h(k-N) \tag{7-53}$$

进而有

$$f_1(k-n)*f_2(k-m)=f_1(k-m)*f_2(k-n)=f(k-n-m) \tag{7-54}$$

3. 与冲激 $\delta(k)$ 或 $\varepsilon(k)$ 的卷积和

(1) $f(k)$ 与 $\delta(k)$ 的卷积和:

$$f(k)*\delta(k)=f(k),\quad f(k)*\delta(k-k_0)=f(k-k_0) \tag{7-55a}$$

$$f(k-n)*\delta(k-m)=f(k-n-m) \tag{7-55b}$$

(2) $f(k)$ 与 $\varepsilon(k)$ 的卷积和:

$$f(k)*\varepsilon(k)=\sum_{i=-\infty}^{k}f(i),\quad f(k)*\varepsilon(k-n)=\sum_{i=-\infty}^{k-n}f(i)=\sum_{i=-\infty}^{k}f(i-n) \tag{7-56}$$

4. 卷积和的上下限

由于 $\varepsilon(k)\varepsilon(N-k)=\varepsilon(k)-\varepsilon(k-N-1)$ 为宽度从 $0\sim N$ 的门函数,这对确定卷积和的上下限十分有用。

(1) $f_1(k)$, $f_2(k)$ 均为因果序列,则

$$\begin{aligned}f_1(k)\varepsilon(k)*f_2(k)\varepsilon(k)&=\sum_{i=-\infty}^{+\infty}f_1(i)\varepsilon(i)f_2(k-i)\varepsilon(k-i)\\&=\sum_{i=0}^{k}f_1(i)f_2(k-i)\end{aligned} \tag{7-57}$$

扩展这个结果就有,两个左边信号的卷积和也是左边信号;两个右边信号的卷积和也是右边信号。

(2)$f_1(k)$ 为因果序列,$f_2(k)$ 为一般序列,则

$$f_1(k)\varepsilon(k)*f_2(k)=\sum_{i=-\infty}^{+\infty}f_1(i)\varepsilon(i)f_2(k-i)=\sum_{i=0}^{+\infty}f_1(i)f_2(k-i) \quad (7\text{-}58)$$

(3)$f_1(k)$ 为一般序列,$f_2(k)$ 为因果序列,则

$$f_1(k)*f_2(k)\varepsilon(k)=\sum_{i=-\infty}^{+\infty}f_1(i)f_2(k-i)\varepsilon(k-i)=\sum_{i=-\infty}^{k}f_1(i)f_2(k-i) \quad (7\text{-}59)$$

7.6.3　卷积和的计算

对于有限长序列,它们的卷积和可用多种方法求出。两个有限长度序列 $f(k)$ 和 $h(k)$ 的卷积 $y(k)$ 长度也是有限的,它符合以下规则:

(1)$y(k)$ 的起始序号等于 $f(k)$ 和 $h(k)$ 的起始序号之和;

(2)$y(k)$ 的结束序号等于 $f(k)$ 和 $h(k)$ 的结束序号之和;

(3)$y(k)$ 的长度 L_y 与 $f(k)$ 和 $h(k)$ 的长度 L_f 和 L_h 的关系是 $L_y=L_f+L_h-1$。

1. 图解法

离散卷积的图解方法与连续系统的卷积类似,同样采用反折、移位(扫描)、乘积及求和的步骤。下面用实例来说明。

【例 7.17】　已知两序列 $f_1(k)$ 和 $f_2(k)$ 的波形如图 7-17 所示,试用图解法求离散卷积 $y(k)=f_1(k)*f_2(k)$。

解　先将变量 k 换成 i,选 $f_1(k)$ 反折为 $f_1(k-i)$,并将从左到右扫描。

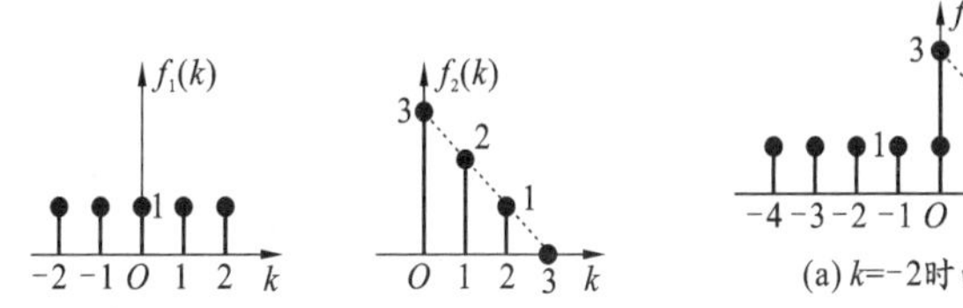

图 7-17　两个离散信号

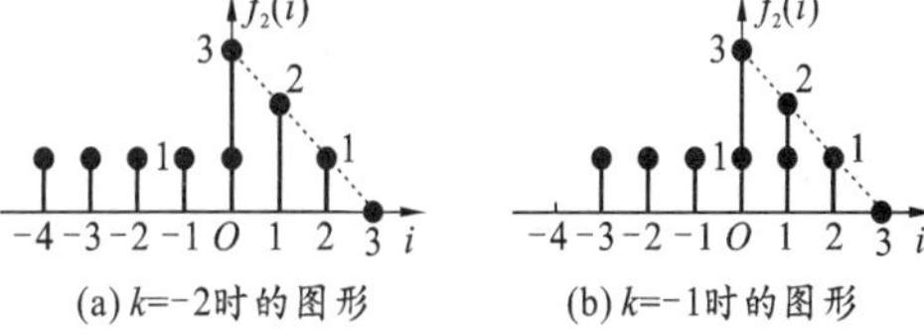

图 7-18　离散信号的卷积过程

当 $k<-2$ 时,两序列无相交,即 $k<-2$ 时,$y(k)=0$。当 $k=-2$ 时,两序列相交,如图 7-18(a) 所示,即 $k=-2$ 时,$y(k)=3$。扫描的序列向右移位 1($k=-1$),两序列相交,如图 7-18(b) 所示,即 $k=-1$ 时,$y(k)=1\times3+1\times2=5$。以此类推,可以计算卷积结果为

$$y(k)=f_1(k)*f_2(k)=[3,5,\underset{\uparrow}{6},6,6,3,1]$$

2. 不进位乘法

对于两个有限序列,可以利用不进位乘法较快地求出卷积结果。

【例 7.18】　两序列为 $f_1(k)=\begin{cases}2 & (k=0,1,2)\\0 & (k\text{ 为其他值})\end{cases}$,$f_2(k)=\begin{cases}k^2 & (k=1,2,3)\\0 & (k\text{ 为其他值})\end{cases}$。求其卷积和 $f_1(k)*f_2(k)$。

解　将两序列采样值以各自 k 的最高值按右端对齐,进行不进位乘法运算。对位排列如下:

$$
\begin{array}{lrrrrr}
f_1(k) & & & 2 & 2 & 2 \\
\underline{f_2(k)} & & \times & 1 & 4 & 9 \\
\hline
 & & & 18 & 18 & 18 \\
 & & 8 & 8 & 8 & \\
 & +2 & 2 & 2 & & \\
\hline
 & 2 & 10 & 28 & 26 & 18
\end{array}
$$

其中,两序列采样值 k 的最低值之和为卷积和序列的 k 最低值,即起点为 $0+1=1$,卷积和为

$$f_1(k)*f_2(k)=[\underset{\uparrow}{0},2,10,28,26,18]$$

不难发现,不进位乘法实质上将图解法过程的反折与移位两步骤以对位排列方式巧妙地取代。

3. 解析法

对于无限长序列,或需要得到卷积和的解析解时,必须按定义求卷积和。

【例 7.19】 求下列序列的卷积和。

(a) $y(k)=\varepsilon(k)*\varepsilon(k)$ (b) $y(k)=(0.5)^k\varepsilon(k)*[\varepsilon(k)-\varepsilon(k-5)]$

(c) $y(k)=(0.5)^k\varepsilon(-k)*(3)^k[\varepsilon(k)-\varepsilon(k-2)]$ (d) $y(k)=(2)^k\varepsilon(-k)*(3)^k\varepsilon(-k)$

解 (a) $y(k)=\sum\limits_{i=0}^{k}\varepsilon(i)\varepsilon(k-i)=\sum\limits_{i=0}^{k}1=(1+k)\varepsilon(k)$

(b) 由卷积的分配律,将卷积和分为两项,先计算

$$
\begin{aligned}
y_1(k)=(0.5)^k\varepsilon(k)*\varepsilon(k)&=\sum_{i=0}^{k}(0.5)^i\varepsilon(i)\varepsilon(k-i)\\
&=\sum_{i=0}^{k}(0.5)^i=\frac{1-(0.5)^{k+1}}{1-0.5}\varepsilon(k)=[2-(0.5)^k]\varepsilon(k)
\end{aligned}
$$

根据卷积的移位性质,有

$$y_2(k)=(0.5)^k\varepsilon(k)*\varepsilon(k-5)=y_1(k-5)=[2-(0.5)^{k-5}]\varepsilon(k-5)$$

所以,卷积和的结果为

$$y(k)=y_1(k)-y_2(k)=[2-(0.5)^k]\varepsilon(k)-[2-(0.5)^{k-5}]\varepsilon(k-5)$$

(c) 因为 $[\varepsilon(k)-\varepsilon(k-2)]=\delta(k)+\delta(k-1)$

所以

$$
\begin{aligned}
y(k)&=(0.5)^k\varepsilon(-k)*[\delta(k)+3\delta(k-1)]=(0.5)^k\varepsilon(-k)*\delta(k)+(0.5)^k\varepsilon(-k)*3\delta(k-1)\\
&=(0.5)^k\varepsilon(-k)+3(0.5)^{k-1}\varepsilon(-k+1)=(0.5)^k\varepsilon(-k)+3(0.5)^{k-1}[\varepsilon(-k)+\delta(k-1)]\\
&=(0.5)^k\varepsilon(-k)+3(0.5)^{k-1}\varepsilon(-k)+3\delta(k-1)=7(0.5)^k\varepsilon(-k)+3\delta(k-1)
\end{aligned}
$$

(d) 按定义求得

$$
\begin{aligned}
y(k)&=\sum_{i=-\infty}^{+\infty}(2)^i\varepsilon(-i)(3)^{k-i}\varepsilon(-k+i)=\left[\sum_{i=k}^{0}(2)^i(3)^{k-i}\right]\varepsilon(-k)\\
&=(3)^k\sum_{i=k}^{0}(2/3)^i\varepsilon(-k)=(3)^k\frac{(2/3)^k-2/3}{1-2/3}\varepsilon(-k)\\
&=[3(2)^k-2(3)^k]\varepsilon(-k)
\end{aligned}
$$

7.6.4 离散卷积的 Matlab 计算

Matlab 信号处理工具箱提供了计算两个离散序列卷积和的函数 conv(),其调用格式为

y = conv(f,h),f、h 分别为待卷积的两序列的向量表示,y 是卷积的结果

例 7.8 用 Matlab 编程计算结果如下。

```
>> f1 = [2 2 2];
>> f2 = [1 4 9];
>> y = conv(f1,f2)
y =
   2  10  28  26  18
```

对于有限长序列,我们建立一个通用函数,它可以计算并画出两个有限长序列卷积的结果和波形;能使三个波形的横坐标统一,间隔相同。卷积结果显示在横坐标的中间位置。这个函数取名为 DSCONV(),程序如下。

```
function x = DSCONV(f1,n1,f2,n2,M);
                                          % 计算有限长离散卷积
                                          % n1,f1,n2,f2 为序列的起始点,序列值
                                          % 将卷积值显示在中间,左右插入 M 点
y = conv(f1,f2);                          % 两序列的卷积值
ny0 = n1(1) + n2(1);                      % 卷积值 y 的起始点
n0 = ny0-M;n10 = n0-n1(1);n20 = n0-n2(1); % 计算 y,f1,f2 要插入的点数
L = length(y);k = n0:ny0 + L + M-1;       % 计算所有序列的起始点和终止点
f = [zeros(1,M) y zeros(1,M)];            % 在卷积值左右插入 M 个零点
                                          % 在 f1,f2 左右插入零点,与自变量 k 的
                                            点数一致
f11 = [zeros(1,abs(n10)) f1 zeros(1,L+2*M-length(f1)-abs(n10))];
f22 = [zeros(1,abs(n20)) f2 zeros(1,L+2*M-length(f2)-abs(n20))];
                                          % 画出 f1,f2 和 f1*f2 的波形
subplot(3,1,1),stem(k,f11,'fill'),ylabel('f1(k)');
max_f = max(f11);min_f = min(f11);
axis([k(1) k(L+2*M) min_f-0.5 max_f+0.5]);
subplot(3,1,2),stem(k,f22,'fill'),ylabel('f2(k)');
max_f = max(f22);min_f = min(f22);
axis([k(1) k(L+2*M) min_f-0.5max_f+0.5]);
subplot(3,1,3),stem(k,f,'fill'),ylabel('f1(k)*f2(k)');
max_f = max(f);min_f = min(f);
axis([k(1) k(L+2*M) min_f-0.5max_f+0.5]);
y                                         % 在命令窗口显示卷积值
```

【例 7.20】 用 Matlab 求下列序列的卷积和。

(a) $f_1(k)=[2,2,\underset{\uparrow}{2},2,2,2]$，$f_2(k)=[\underset{\uparrow}{1},1,1,1,1,1]$

(b) $f_1(k)=\begin{cases}1 & (-2\leqslant k\leqslant 2)\\ 0 & (k\text{为其他值})\end{cases}$，$f_2(k)=\begin{cases}k & (1\leqslant k\leqslant 5)\\ 0 & (k\text{为其他值})\end{cases}$

解　(a) 用 Matlab 并调用 DSCONV() 函数，程序如下。

```
% 计算离散信号的卷积   LT7_20a.m
n1 = -2;f1 = [2 2 2 2 2 2];          % 序列的起始点,序列值
n2 = 0;f2 = [1 1 1 1 1 1];           % 序列的起始点,序列值
M = 6;                               % 将卷积值显示在中间,左右插入 M 点
dsconv(f1,n1,f2,n2,M)
```

在命令窗口显示的卷积结果

```
y =
2  4  6  8  10  12  10  8  6  4  2
```

运行后显示的波形如图 7-19(a) 所示。

(b) 用 Matlab 并调用 DSCONV() 函数，程序如下。

```
% 计算离散信号的卷积   LT7_20b.m
n1 = -2:2;f1 = [1 1 1 1 1];          % 序列的起始点,序列值
n2 = 1:5;f2 = n2;                    % 序列的起始点,序列值
M = 6;                               % 将卷积值显示在中间,左右插入 M 点
dsconv(f1,n1,f2,n2,M)
```

在命令窗口显示的卷积结果

```
y =
   1  3  6  10  15  14  12  9  5
```

运行后显示的波形如图 7-19(b) 所示。

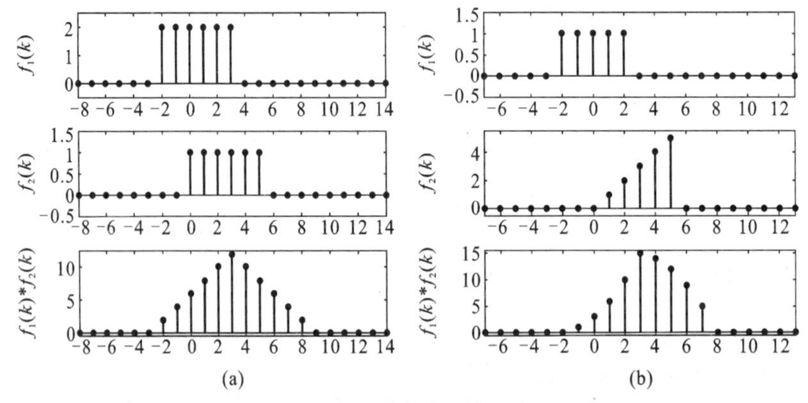

图 7-19　离散卷积的图形

【例 7.21】 用 Matlab 求下列系统的零状态响应 $y(k)=h(k)*f(k)$。

(a) $f(k)=\sin(0.2k)\varepsilon(k), h(k)=\sin(0.5k)\varepsilon(k)$

(b) $f(k)=(0.9)^k\varepsilon(k), h(k)=(0.8)^k\varepsilon(k)$

解 (a) 用 Matlab 编写程序如下。

```
% 计算无限长离散卷积  LT7_21a.m
n = 0:40;
f = sin(.2* n);
h = sin(.5* n);
y = conv(f,h)
subplot(3,1,1),stem(n,f,'.'),ylabel('f(k)');
subplot(3,1,2),stem(n,h,'.'),ylabel('h(k)');
subplot(3,1,3),stem(n,y(1:length(n)),'.'),ylabel('y(k)');
```

运行后显示的波形如图 7-20(a) 所示。

(b) 用 Matlab 编写程序如下。

```
% 计算无限长离散卷积  LT7_21b.m
n = 0:40;
f = .9.^n;
h = .8.^n;
y = conv(f,h)
subplot(3,1,1),stem(n,f,'.'),ylabel('f(k)');
subplot(3,1,2),stem(n,h,'.'),ylabel('h(k)');
subplot(3,1,3),stem(n,y(1:length(n)),'.'),ylabel('y(k)');
% 用理论计算结果验证
hold on;y1 = 9* .9.^n- 8* .8.^n;
subplot(3,1,3),stem(n,y1,'r- .')
hold off
```

运行后显示的波形如图 7-20(b) 所示。用理论计算的结果画出的波形与用 conv() 计算出的波形完全重合。

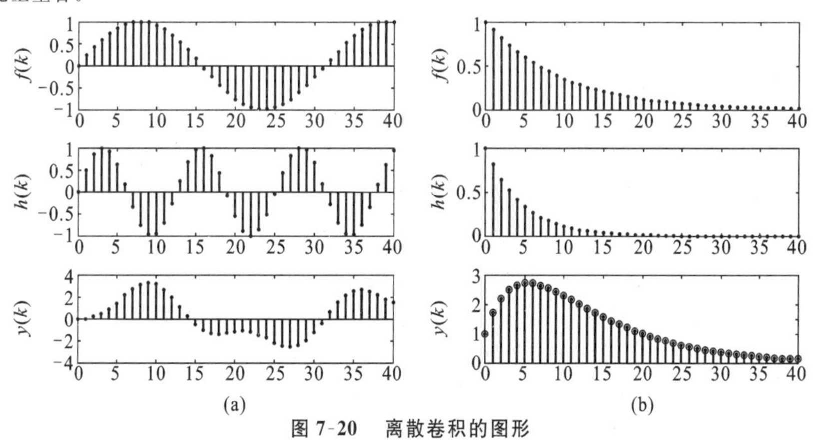

图 7-20 离散卷积的图形

7.7 工程应用实例:反卷积及其应用

已知系统的冲激序列响应 $h(k)$ 和激励 $f(k)$,用离散卷积可求得系统响应 $y(k)$,即

$$y(k)=f(k)*h(k)$$

但在许多信号处理的实际问题中,常常需要进行卷积的逆运算,如由给定的 $h(k)$ 和 $y(k)$ 反过来求 $f(k)$,或者由给定的 $f(k)$ 和 $y(k)$ 反过来求 $h(k)$,这种运算称为反卷积,也称为解卷积。

对于因果离散系统,系统响应由离散卷积表示为

$$y(k)=f(k)*h(k)=\sum_{i=0}^{+\infty}f(i)h(k-i)$$

下面从 $k=0$ 开始,逐步展开可得

$$\begin{aligned}
y(0)&=f(0)h(0)\\
y(1)&=f(0)h(1)+f(1)h(0)\\
y(2)&=f(0)h(2)+f(1)h(1)+f(2)h(0)\\
&\vdots
\end{aligned}$$

由此可推导出求 $f(k)$ 的表达式为

$$\begin{aligned}
f(0)&=y(0)/h(0)\\
f(1)&=[y(1)-f(0)h(1)]/h(0)\\
f(2)&=[y(2)-f(0)h(2)+f(1)h(1)]/h(0)\\
&\vdots
\end{aligned}$$

可以归纳出求 $f(k)$ 的公式为

$$f(k)=\left[y(k)-\sum_{i=0}^{k-1}f(i)h(k-i)\right]/h(0) \tag{7-60}$$

同理,也可推导出已知 $f(k)$ 和 $y(k)$ 反过来求 $h(k)$ 的公式为

$$h(k)=\left[y(k)-\sum_{i=0}^{k-1}h(i)f(k-i)\right]/f(0) \tag{7-61}$$

反卷积的方法被广泛应用于地震勘探中。用地震仪器将天然地震发生时产生的地震波记录下来之后,地震学家用这些资料就可以推断灾区地质结构和岩石性质。如今地震勘探工作者就是利用地震波来研究地下岩石性质,并寻找石油和天然气的。所不同的是,他们不是利用天然地震时产生的地震波,而是用人工制造的、可移动的、可控制振动能量大小的地震波。用人工制造的地震波进行的地质探测称为地震勘探。

地震勘探实际上是把地层看做一个系统,把震源激发的稳定波形 —— 子波看做系统的输入,那么地震记录就是系统的输出,如图7-21所示。地震记录是子波与反射系数的卷积。反卷积,是在知道系统的输入和输出的情况下了解系统内部的特性的方法,从信号处理的角度又可以称为系统辨识,反卷积的作用就是利用地震记录和提取的子波来恢复系统的内部特性 —— 地层的反射系数。当然这种恢复是有限的。

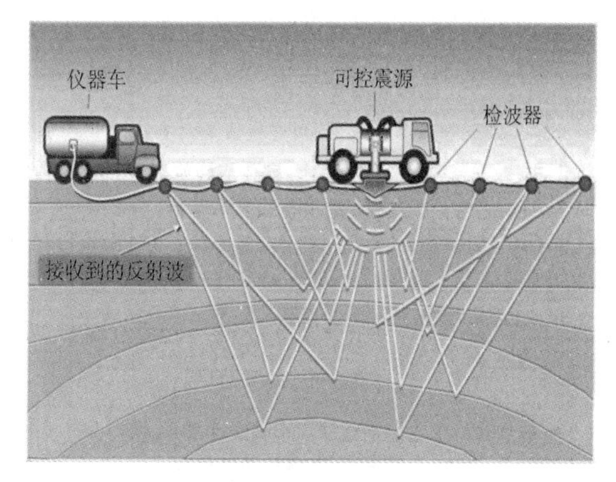

图 7-21　地震勘探原理图

这种地震反射法的原理基础是地下岩层的波阻抗的差异。沉积岩层的岩相变化及岩石孔隙中所含流体(油、气、水)性质的不同,使岩层的波阻抗发生变化,影响地震反射波的振幅。根据地震反射法所记录的反射波行走的时间,可以计算出波的速度和反射界面的埋藏深度,从而了解基底表面起伏和沉积岩内部构造。根据记录的地震反射波振幅等特点,以及所计算出来的地震波速度等资料,可以了解地下岩层的岩性、岩相变化和岩石孔隙中所含流体的性质。

本章小结

本章主要介绍了线性非时变离散系统的时域分析法,包括经典解法和离散卷积法;并详细介绍了系统冲激响应和阶跃响应的意义及求解;重点讨论了卷积和的运算规律及其性质。下面是本章的主要结论。

(1) 离散信号有两种定义方式:即本来就是离散信号或由连续信号采样得来的。描述离散信号有三种方式:数学表达式和图形、序列表达式。

(2) 离散信号的功率和能量:能量有限的信号称为能量信号,其能量为

$$E=\sum_{k=-\infty}^{+\infty}|f(k)|^2$$

功率有限的信号称为功率信号。所有周期信号都是功率信号,其功率为

$$P=\frac{1}{N}\sum_{k=0}^{N-1}|f(k)|^2$$

(3) 离散冲激 $\delta(k)$ 与连续冲激 $\delta(t)$ 有类似的关系,归纳于表 7-2 中。

(4) 关于离散正弦信号有如下基本概念:连续的正弦信号总是周期的;但离散正弦信号不一定是周期的。数字角频率 Ω_0 与模拟角频率 ω_0 是完全不同的两个概念。由若干周期离散正弦信号组合的信号是不是周期的,要看是否存在公共周期。

(5) 离散系统的线性、非时变性和因果性的判别方法与连续系统的类似。

(6) 描述离散系统的差分方程与描述连续系统的微分方程有着对应的关系,因此二者的解法也相似。时域分析方法分为经典法和离散卷积法两种,全响应也按三种方式分解:

全响应 $y(k)$ = 零输入响应 $y_{zi}(k)$ + 零状态响应 $y_{zs}(k)$

全响应 $y(k)$ = 自由响应 $y_h(k)$ + 强迫响应 $y_p(k)$

全响应 $y(k)$ = 瞬态响应 $y_t(k)$ + 稳态响应 $y_{ss}(k)$

(7) 离散系统的差分方程最适合计算机求解,用迭代法是最直接简单的方法。

(8) 正如连续系统中 0_+ 和 0_- 初始值不同一样,离散系统的初始值也有两个,即零输入初始值 $y_{zi}(0)$ 和系统的初始值 $y(0)$。其中:$y_{zi}(0)$ 表示激励信号作用之前(零输入)系统的初始条件,它与系统的激励信号无关,是系统的初始储能、历史的记忆结果,是系统真正的初始状态;$y(0)$ 表示系统在有了激励信号之后系统的初始条件,它既有零输入时初始状态(初始储能),又有激励信号的贡献。

(9) 任意离散信号可分解为一系列离散冲激的和,即

$$f(k)=\sum_{i=-\infty}^{+\infty}f(i)\delta(k-i)=f(k)*\delta(k)$$

那么系统的零状态响应为激励信号与单位冲激响应的卷积和,即

$$y_{zs}(k)=f(k)*h(k)$$

(10) 卷积和的计算方法有解析法、图解法和不进位乘法等三种。其中,图解法与连续卷积的计算过程相同。一般来说,有限长序列用不进位乘法或图解法,无限长序列用解析法。

对于有限长序列,它们的卷积和可用多种方法求出。两个有限长度序列 $f(k)$ 和 $h(k)$ 的卷积 $y(k)$ 长度也是有限的,它符合以下规则:

①$y(k)$ 的起始序号等于 $f(k)$ 和 $h(k)$ 的起始序号之和;

②$y(k)$ 的结束序号等于 $f(k)$ 和 $h(k)$ 的结束序号之和;

③$y(k)$ 的长度 L_y 与 $f(k)$ 和 $h(k)$ 的长度 L_f 和 L_h 的关系是:$L_y=L_f+L_h-1$。

思考题

7-1 离散信号与连续信号有何异同?

7-2 正弦序列是否一定是周期序列?你能举出不是周期序列的正弦序列吗?

7-3 离散序列 $\delta(k)$ 是不是奇异信号 $\delta(t)$ 的取样序列?离散序列 $\varepsilon(k)$ 与阶跃信号 $\varepsilon(t)$ 的取样信号序列有何不同?

7-4 同一种序列可能有多种表示形式,试举例说明。每一种表示形式是唯一的吗?

7-5 离散卷积和与连续卷积有何联系?有何相似和相异之处?

7-6 描述离散系统的差分方程与描述连续系统的微分方程有何相似之处?

7-7 前向差分方程和后向差分方程有什么区别和联系?

7-8 离散系统的初始值有什么特点?系统初始值、零输入初始值和零状态初始值有什么区别和关系?

7-9 卷积和有几种解法?如何求解?

7-10 总结离散系统时域分析的经典法和卷积和法的主要优点。

7-11 比较离散系统的时域分析与连续系统的时域分析,找出它们之间的相似之处和不同之处。

习题

基本练习题

7-1 画出下列各信号的波形。

(a) $f(k)=(k+1)\varepsilon(k)$　　(b) $f(k)=k[\varepsilon(k)-\varepsilon(k-5)]$

(c) $f(k)=(-0.5)^{-k}\varepsilon(k)$　　(d) $f(k)=2^{-k}\varepsilon(k)$

7-2　画出下列各信号的波形，求能量或功率。

(a) $f(k)=[\underset{\uparrow}{6},4,2,2]$　　(b) $f(k)=[-3,-2,-\underset{\uparrow}{1},0,1]$

(c) $f(k)=\cos(0.5k\pi)$　　(d) $f(k)=8(0.5)^{k}\varepsilon(k)$

7-3　对于题图7-3所示的每一个信号，(a) 写出其数值序列，并用箭头标出序列 $k=0$；(b) 利用离散冲激函数写出每个信号的表达式；(c) 利用阶跃函数写出每个信号的表达式；(d) 求信号能量。

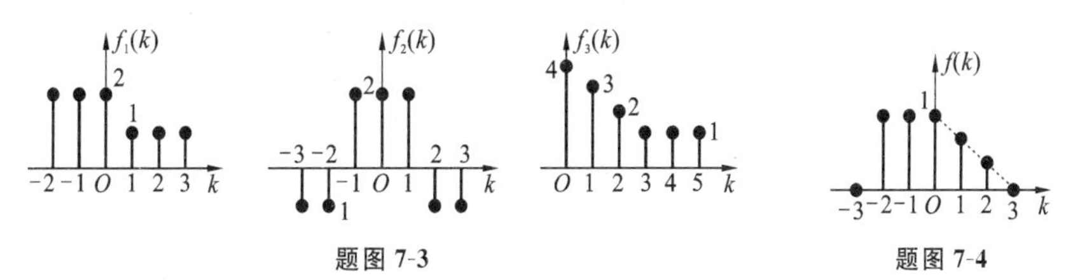

题图 7-3　　**题图 7-4**

7-4　信号 $f(k)$ 的波形如题图7-4所示，画出下列各信号的波形。

(a) $f(k+2)$　　(b) $f(k+2)\varepsilon(-k-2)$

(c) $f(-k+2)$　　(d) $f(-k+2)\varepsilon(k-1)$

7-5　在以下系统中，$f(k)$ 是输入，$y(k)$ 是输出。研究每个系统的线性性、时变性和因果性。

(a) $y(k)+y(k+1)=kf(k)$　　(b) $y(k)-y(k+1)=f(k+2)$

(c) $y(k+1)-f(k)y(k)=kf(k+2)$　(d) $y(k)+y(k-3)=f^{2}(k)+f(k+6)$

7-6　解差分方程 $y(k)-y(k-1)=k$，$y(-1)=0$。(a) 用迭代法逐次求出数值解，对于 $k\geqslant 0$，归纳一个闭式解；(b) 分别求出齐次解和特解，讨论此题应如何假设特解函数式。

7-7　求下列差分方程的零输入响应、零状态响应和全响应。

(a) $y(k)+3y(k-1)+2y(k-2)=\varepsilon(k)$，$y(-1)=1$，$y(-2)=0$

(b) $y(k)+2y(k-1)=2^{k}\varepsilon(k)$，$y(0)=-1$

7-8　已知差分方程为 $y(k)-3y(k-1)+2y(k-2)=f(k)+f(k-1)$，初始状态 $y_{zi}(-1)=2$，$y_{zi}(0)=0$。(a) 求系统的零输入响应 $y_{zi}(k)$，(b) 求单位冲激响应 $h(k)$，(c) 求阶跃响应 $g(k)$。

7-9　已知某系统的单位冲激响应为 $h(k)=(0.2^{k}-0.4^{k})\varepsilon(k)$，若激励信号 $f(k)=2\delta(k)-4\delta(k-2)$，求系统的零状态响应 $y(k)$。

7-10　求下列序列的卷积和 $y(k)=f_1(k)*f_2(k)$。

(a) $f_1(k)=(0.3)^{k}\varepsilon(k)$，$f_2(k)=(0.5)^{k}\varepsilon(k)$

(b) $f_1(k)=\{\underset{\uparrow}{1},2,0,1\}$，$f_2(k)=\{\underset{\uparrow}{2},2,3\}$

(c) $f_1(k)=\varepsilon(k+2)$，$f_2(k)=\varepsilon(k-3)$

(d) $f_1(k)=(0.5)^{k}\varepsilon(k)$，$f_2(k)=(0.5)^{k}[\varepsilon(k+3)-\varepsilon(k-4)]$

复习提高题

7-11　画出下列各信号的波形。

(a) $f(k)=-(0.5)^{-k}\varepsilon(-k)$　　(b) $f(k)=(0.5)^{k+1}\varepsilon(k+1)$

(c) $f(k)=[1+(-1)^{k}]\varepsilon(k)$　　(d) $f(k)=2^{k}[\varepsilon(3-k)-\varepsilon(-k)]$

7-12　题图7-12所显示的两个信号可以表示如下，求每个表达式中的常数。可能的话，求出信号能量或功率。

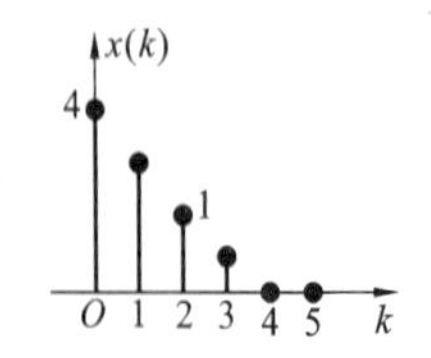

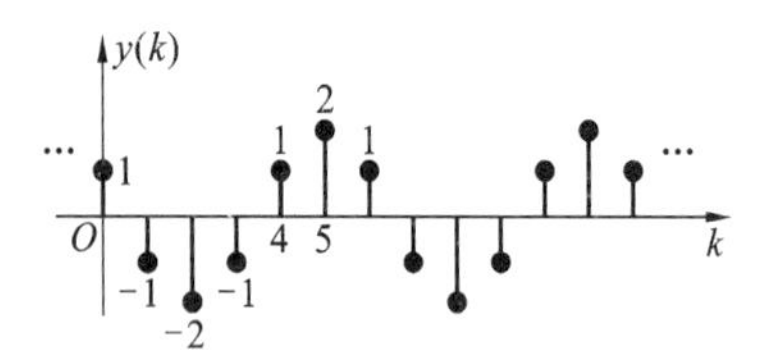

题图 7-12

(a) $x(k)=Aa^{k}[\varepsilon(k)-\varepsilon(k-N)]$　　(b) $y(k)=A\cos(\Omega k+\theta)$

7-13　已知离散信号 $f(k)=\sin(k\pi/5)[\varepsilon(k)-\varepsilon(k-11)]$，试画出下述信号的图形。

(a) $f(k)$　　(b) $f(k-2)$

(c) $f(3-k)$　　(d) $\sum_{i\to-\infty}^{k} f(i)$

7-14　判断下述各序列的周期性；如果是周期的，试确定其周期。

(a) $f(k)=A\cos(3\pi k/7-\pi/8)$　　(b) $f(k)=e^{j(k/8)}$

(c) $f(k)=\sin(k\pi/4)-2\cos(k\pi/6)$　　(d) $f(k)=4-3\sin(7k\pi/4)$

7-15　用经典法解差分方程 $y(k)+2y(k-1)+2y(k-2)=\sin(0.5k\pi)$。已知初始条件 $y(0)=1$，$y(-1)=0$。

7-16　解下列差分方程。

(a) $y(k)+(2/3)y(k-1)=(-2)^{k}\varepsilon(k)$，$y(0)=2$

(b) $y(k)+2y(k-1)+y(k-2)=\varepsilon(k)$，$y(0)=y(-1)=0$

7-17　一个乒乓球从 H 米高度自由下落至地面，每次弹跳起的最高值是前一次最高值的 2/3，若以 $y(k)$ 表示第 k 次跳起的最高值，试列写描述此过程的差分方程。若 $H=2$ m，解此差分方程。

7-18　若第 k 个月初向银行存款 $f(k)$ 元，月息为 α，每月利息不取出，试用差分方程写出第 k 月初的本利和 $y(k)$。设 $f(k)=10$ 元，$\alpha=0.003$，$y(0)=20$ 元，求 $y(k)$。若 $k=12$，$y(12)=$?

7-19　求下述信号的卷积。

(a) $2^{k}\varepsilon(k)*G_4(k)$　　(b) $2^{-k}\varepsilon(-k)*3^{-k}\varepsilon(-k)$

7-20　对于下述每一个系统，试判别它是否为线性、非时变、因果系统。

(a) $y(k)=\begin{cases} f(k+1) & (k\ \text{为偶数}) \\ f(k-3) & (k\ \text{为奇数}) \end{cases}$　　(b) $y(k)=f(k)\cos(\omega_0 k+0.25\pi)$

应用 Matlab 的练习题

7-21　用 Matlab 画出习题 7-1、习题 7-2 的波形。

7-22　用 Matlab 画出习题 7-4 的波形。

7-23　用 Matlab 计算习题 7-6、习题 7-7、习题 7-8 的数值解及波形。

7-24　用 Matlab 画出习题 7-10 的离散卷积波形。

7-25　用 Matlab 画出习题 7-11 的波形。

7-25　用 Matlab 画出习题 7-13 的波形。

7-26　用 Matlab 画出习题 7-14 的波形，并观察它们的周期，与理论分析加以比较。

7-27　用 Matlab 计算习题 7-15、习题 7-16 的数值解。

离散系统的 Z 域分析

在连续时间线性非时变信号与系统的分析中，拉氏变换起着重要的作用。与此相对应，在离散时间信号与系统分析中，序列 Z 变换起着同样重要的作用。本章首先介绍 Z 变换的定义、性质；然后讨论 Z 反变换，比较 Z 变换和拉氏变换，指明二者间的关系；在此基础上，研究离散时间系统的 Z 域分析，离散系统的系统函数、系统稳定性和频率响应。

8.1 引言

第 5 章讨论了拉氏变换，把它作为连续时间傅里叶变换的一种推广。作这种推广的部分原因是拉氏变换比傅里叶变换有更广的适用范围；因为有不少信号，其傅里叶变换不存在，却存在拉氏变换。譬如，拉氏变换对不稳定的系统也能进行变换域分析。

第 8 章讨论 Z 变换，将 Z 变换当作离散时间情况下与拉氏变换相对应的分析方法。将会看到，在引入 Z 变换的原因、性质等方面都与连续时间情况下拉氏变换十分类似，而且在利用它们来作系统分析方面也有很多相似之处。离散系统也可用类似于分析连续系统所采用的变换法进行分析。在分析连续系统时，经过拉氏变换将微分方程变换为代数方程，从而使分析简化。在分析离散系统中，Z 变换的地位和作用类似于连续系统中的拉氏变换，利用 Z 变换把差分方程变换为代数方程，从而使离散系统的分析大为简化。离散时间系统除了可以从时域变换到 Z 域去分析外，仍然可以变换到频域去分析。

8.2 Z 变换及收敛域

Z 变换是离散时间系统分析和综合的基本工具。下面将讨论 Z 变换的基本特性，并说明如何使用 Z 变换对离散时间系统进行描述和分析。

8.2.1 Z 变换的定义

Z 变换的定义可以借助采样信号的拉氏变换引出，首先来看采样信号的拉氏变换。将离散时间信号看成连续时间信号 $f(t)$ 通过采样而得到的冲激序列，即

$$f_s(t)=f(t)\delta_T(t)=f(t)\sum_{k=-\infty}^{+\infty}\delta(t-kT)=\sum_{k=-\infty}^{+\infty}f(t)\delta(t-kT)=\sum_{k=-\infty}^{+\infty}f(kT)\delta(t-kT) \tag{8-1}$$

式中:T 为采样间隔。对上式取双边拉氏变换,得到

$$F_s(s)=\int_{-\infty}^{+\infty}f_s(t)e^{-st}dt=\int_{-\infty}^{+\infty}\left[\sum_{k=-\infty}^{+\infty}f(kT)\delta(t-kT)\right]e^{-st}dt$$

将积分与求和的次序对调,可得

$$F_s(s)=\sum_{k=-\infty}^{+\infty}f(kT)\int_{-\infty}^{+\infty}\delta(t-kT)e^{-st}dt=\sum_{k=-\infty}^{+\infty}f(kT)e^{-skT} \tag{8-2}$$

令 $z=e^{sT}$,式(8-2)就变成了复变量 z 的函数式 $F(z)$,即

$$F(z)=\sum_{k=-\infty}^{+\infty}f(kT)z^{-k} \tag{8-3}$$

通常令 $T=1$,则有

$$F(z)=\sum_{k=-\infty}^{+\infty}f(k)z^{-k} \tag{8-4}$$

$$z=e^s \tag{8-5}$$

式(8-4)称为采样序列 $f(k)$ 的 Z 变换,而 $F(z)$ 称为 $f(k)$ 的象函数。二者的关系为

$$f(k)\Leftrightarrow F(z)\quad 或\quad F(z)=\mathscr{Z}[f(k)] \tag{8-6}$$

注意:这里去掉了原来用于标注采样值的下标 s。这样做不会产生混淆,因为 Z 变换中只用到采样值。因此当函数的参数为 z 时,下标 s 就是多余的。

对几种特殊序列的 Z 变换定义如下。

(1) 若 $f(k)$ 为一个右边序列($k\geqslant 0$ 时,才有 $f(k)\neq 0$),即因果序列,则

$$F(z)=\sum_{k=0}^{+\infty}f(k)z^{-k} \tag{8-7}$$

(2) 若 $f(k)$ 为一个左边序列($k<0$ 时,才有 $f(k)\neq 0$),即反因果序列,则

$$F(z)=\sum_{k=-\infty}^{-1}f(k)z^{-k} \tag{8-8}$$

令 $k=-n$,则 $F(z)=\sum_{n=1}^{+\infty}f(-n)z^{n}$,为与式(8-7)形成对照,可将此式中的 n 改写为 k,其结果仍保持不变,则得

$$F(z)=\sum_{k=1}^{+\infty}f(-k)z^{k} \tag{8-9}$$

(3) 若 $f(k)$ 为一个有限长序列,则式(8-4)可写为

$$F(z)=\sum_{k=k_1}^{k_2}f(k)z^{-k} \tag{8-10}$$

上面的 Z 变换中,式(8-4)是在$(-\infty,+\infty)$中进行的,所以称为双边 Z 变换。实用中,信号为因果信号,系统也为因果系统,只考虑$[0,+\infty)$;式(8-7)相应的变换称为单边 Z 变换。单边 Z 变换用得较多,所以在无特别说明时,Z 变换一般就是指单边变换。正如在拉

氏变换情况所看到的，由于双边拉氏反变换的不唯一性，双边变换要复杂一些。与此相反，单边变换有唯一的反变换，这就简化了系统的分析。

8.2.2 Z 变换的收敛域

式(8-9)表明 $F(z)$ 是复变量 z^{-1} 的幂级数。要使 Z 变换 $F(z)$ 存在，级数必须收敛。判别 Z 变换的收敛是一个级数求和问题，通常把使级数收敛的所有 z 值的集合称为 Z 变换 $F(z)$ 的收敛域(ROC)。下面通过一些简单的例子来说明不同类型序列的收敛域。

【例 8.1】 试求序列 $f(k)=a^k\varepsilon(k)$ 的 Z 变换。

解 根据 Z 变换的定义，有

$$F(z)=\sum_{k=-\infty}^{+\infty}f(k)z^{-k}=\sum_{k=-\infty}^{+\infty}a^k\varepsilon(k)z^{-k}=\sum_{k=0}^{+\infty}(a/z)^k$$

要使 $F(z)$ 收敛，则 $|a/z|<1$ 或 $|z|>|a|$，因此 $F(z)=\dfrac{1}{1-(a/z)}=\dfrac{z}{z-a}$，收敛域为 $|z|>|a|$，收敛域如图 8-1 所示。

若 $a=1$，则为阶跃序列的 Z 变换 $\varepsilon(k)\Leftrightarrow\dfrac{z}{z-1}$，收敛域为 $|z|>1$。

【例 8.2】 试求序列 $f(k)=-a^k\varepsilon(-k-1)$ 的 Z 变换。

解 用 Z 变换的定义，有

$$F(z)=\sum_{k=-\infty}^{+\infty}f(k)z^{-k}=-\sum_{k=-\infty}^{+\infty}a^k\varepsilon(-k-1)z^{-k}=-\sum_{k=-\infty}^{-1}(a/z)^k=-\sum_{k=1}^{+\infty}(z/a)^k=1-\sum_{k=0}^{+\infty}(z/a)^k$$

要使 $F(z)$ 收敛，则 $|z/a|<1$ 或 $|z|<|a|$，因此 $F(z)=1-\dfrac{1}{1-(z/a)}=\dfrac{z}{z-a}$，收敛域为 $|z|<|a|$，收敛域如图 8-2 所示。

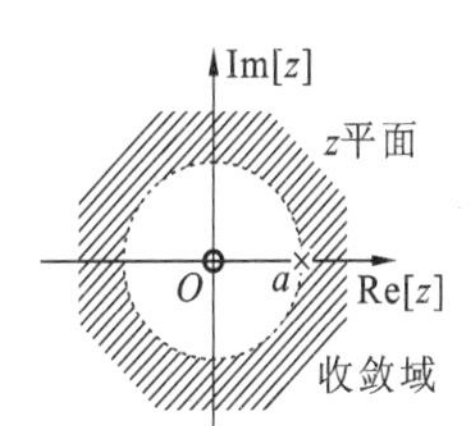

图 8-1 例 8.1 的收敛域

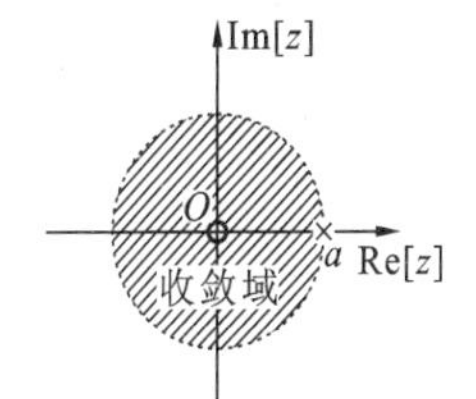

图 8-2 例 8.2 的收敛域

从例 8.1 和例 8.2 可知，两个序列的 Z 变换可能一样，但原函数相差很大。区别主要在于收敛域不同。因此，标明收敛域是很重要的。

【例 8.3】 试求序列 $f(k)=(1/3)^{|k|}$ 的 Z 变换。

解 用 Z 变换的定义，有

$$\begin{aligned}F(z)&=\sum_{k=-\infty}^{+\infty}f(k)z^{-k}=\sum_{k=-\infty}^{+\infty}(1/3)^{|k|}z^{-k}=\sum_{k=-\infty}^{-1}(1/3)^{-k}z^{-k}+\sum_{k=0}^{+\infty}(1/3)^kz^{-k}\\&=\sum_{k=1}^{+\infty}(z/3)^k+\sum_{k=0}^{+\infty}(1/3z)^k\end{aligned}$$

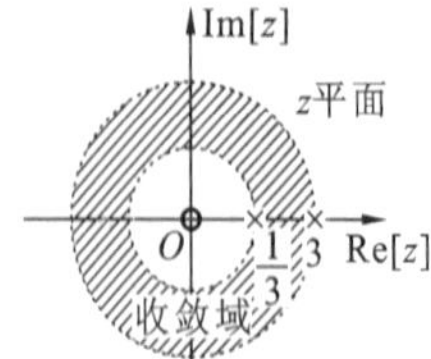

图 8-3 例 8.3 的收敛域

当 $|z|<3$ 时,第一项收敛于 $-z/(z-3)$,对应于左边序列;$|z|>1/3$ 时,第二项收敛于 $z/(z-1/3)$,对应于右边序列;当 $1/3<|z|<3$ 时,$F(z)=-z/(z-3)+z/(z-1/3)=-(8/3)z/[(z-3)(z-1/3)]$,零点为 0,极点为 3 和 1/3,收敛域如图 8-3 所示。

例 8.3 说明,$f(k)$ 的 Z 变换存在多个收敛域时,取其公共部分(重叠部分)为其收敛域。若无公共收敛域,则 Z 变换不存在。

8.2.3 几个基本信号的 Z 变换

1. 单位冲激函数序列 $\delta(k)$

$$\mathscr{Z}[\delta(k)]=\sum_{k=0}^{+\infty}\delta(k)z^{-k}=[1\times z^{-k}]_{k=0}=1 \tag{8-11}$$

单位函数 $\delta(k)$ 的 Z 变换为常数 1,记为: $\delta(k)\Leftrightarrow 1$,收敛域为整个 z 平面。

2. 指数函数序列 $a^k\varepsilon(k)$

$$\mathscr{Z}[a^k\varepsilon(k)]=\sum_{k=0}^{+\infty}a^kz^{-k}=\frac{1}{1-az^{-1}}=\frac{z}{z-a}\quad(收敛域为\ |z|>a)$$

即

$$a^k\varepsilon(k)\Leftrightarrow\frac{z}{z-a}\quad(|z|>a) \tag{8-12}$$

3. 单位阶跃序列 $\varepsilon(k)$

若令式(8-12) 中的 $a=1$,则指数序列变为单位阶跃序列

$$\varepsilon(k)\Leftrightarrow\frac{z}{z-1}\quad(|z|>1) \tag{8-13}$$

4. 虚指数函数序列 $e^{j\beta k}\varepsilon(k)$

若令式(8-12) 中的 $a=e^{\pm j\beta}$,则

$$e^{\pm j\beta k}\varepsilon(k)\Leftrightarrow\frac{z}{z-e^{\pm j\beta}}\quad(|z|>1) \tag{8-14}$$

8.3 Z 变换的性质

根据 Z 变换的定义可以推导出许多性质,这些性质表示函数序列在时域的特性和在 z 域的特性,及其之间的关系,其中有不少可和拉氏变换的特性相对应。单边 Z 变换的性质总结如表 8-1 所示。由于一般利用 Z 变换性质求 Z 变换,收敛域可能会发生变化,这可以根据计算结果的零点、极点加以判别,因此表中没有列出每一运算性质的收敛域。

8.3.1 线性性质

Z 变换是线性运算,当

$$f_1(k)\Leftrightarrow F_1(z),\quad f_2(k)\Leftrightarrow F_2(z)$$

时，对于任意常数 a、b，有

$$af_1(k) \pm bf_2(k) \Leftrightarrow aF_1(z) \pm bF_2(z) \tag{8-15}$$

由 Z 变换的定义式很容易证明线性性质。显然，Z 变换是一种线性运算，它具有叠加性。与拉氏变换同一性质相对应，叠加后新的 Z 变换的收敛域是原来两个 Z 变换收敛域的重叠部分。如果两个收敛域没有重叠部分，则 Z 变换不存在。另外，由于线性运算后，可能出现零点、极点相消，因此收敛域可能扩大。

表 8-1　Z 变换的运算性质

性　　质	Z 变换对 / 性质
线　性	$af_1(k) \pm bf_2(k) \Leftrightarrow aF_1(z) \pm bF_2(z)$
乘以 a^k	$a^k f(k)\varepsilon(k) \Leftrightarrow F(z/a)$
右　移	$f(k-m)\varepsilon(k-m) \Leftrightarrow z^{-m}F(z)$ $f(k-m)\varepsilon(k) \Leftrightarrow z^{-m}\left[F(z)+\sum_{k=-m}^{-1} f(k)z^{-k}\right]$ $f(k-1)\varepsilon(k) \Leftrightarrow z^{-1}F(z)+f(-1)$ $f(k-2)\varepsilon(k) \Leftrightarrow z^{-2}F(z)+z^{-1}f(-1)+f(-2)$ $f(k-3)\varepsilon(k) \Leftrightarrow z^{-3}F(z)+z^{-2}f(-1)+z^{-1}f(-2)+f(-3)$
左　移	$f(k+m)\varepsilon(k) \Leftrightarrow z^{m}\left[F(z)-\sum_{k=0}^{m-1} f(k)z^{-k}\right]$ $f(k+1)\varepsilon(k) \Leftrightarrow zF(z)-zf(0)$ $f(k+2)\varepsilon(k) \Leftrightarrow z^2F(z)-z^2f(0)-zf(1)$ $f(k+3)\varepsilon(k) \Leftrightarrow z^3F(z)-z^3f(0)-z^2f(1)-zf(2)$
z 域微分	$kf(k)\varepsilon(k) \Leftrightarrow -z\dfrac{\mathrm{d}}{\mathrm{d}z}F(z)$
时域卷积	$f_1(k) * f_2(k) \Leftrightarrow F_1(z)F_2(z)$
时域求和	$\sum_{i=0}^{k} f(i) \Leftrightarrow z/(z-1)^{-1}F(z)$
初值定理	$f(0)=\lim_{z\to+\infty} F(z)$
终值定理	$f(m)=\lim_{z\to+\infty} z^m\left[F(z)-\sum_{i=0}^{m-1} f(i)z^{-i}\right]$ $f(+\infty)=\lim_{z\to 1}(z-1)F(z)$　（极点在单位圆内）

【例 8.4】　试求下列序列的 Z 变换。

(a) 正弦序列 $f(k)=\sin(\beta k)\cdot\varepsilon(k)$　　(b) 余弦序列 $f(k)=\cos(\beta k)\cdot\varepsilon(k)$

(c) $f(k)=(0.5)^k\varepsilon(k)+\delta(k)$

解 (a) 因 $\sin(\beta k)\cdot\varepsilon(k)=(1/2\mathrm{j})(\mathrm{e}^{\mathrm{j}\beta k}-\mathrm{e}^{-\mathrm{j}\beta k})\varepsilon(k)$，根据线性性质可推得

$$\sin(\beta k)\varepsilon(k)\Leftrightarrow\frac{1}{2\mathrm{j}}\left[\frac{z}{z-\mathrm{e}^{\mathrm{j}\beta}}-\frac{z}{z-\mathrm{e}^{-\mathrm{j}\beta}}\right]=\frac{1}{2\mathrm{j}}\cdot\frac{z(z-\mathrm{e}^{-\mathrm{j}\beta})-z(z-\mathrm{e}^{\mathrm{j}\beta})}{z^2-z(\mathrm{e}^{\mathrm{j}\beta}+\mathrm{e}^{-\mathrm{j}\beta})+1}$$

$$=\frac{z\sin\beta}{z^2-2z\cos\beta+1}\quad(|z|>1)\tag{1}$$

(b) 同理可证：

$$\cos(\beta k)\cdot\varepsilon(k)\Leftrightarrow\frac{z(z-\cos\beta)}{z^2-2z\cos\beta+1}\quad(|z|>1)\tag{2}$$

(c) 因为 $(0.5)^k\varepsilon(k)\Leftrightarrow\dfrac{z}{z-0.5}$ 收敛域为 $|z|>0.5$；$\delta(k)\Leftrightarrow 1$，收敛域为整个 z 平面。所以

$$F(z)=1+\frac{z}{z-0.5}=\frac{2z-0.5}{z-0.5}=\frac{4z-1}{2z-1}$$

收敛域为 $|z|>0.5$。

8.3.2 尺度变换性质

若 $f(k)\Leftrightarrow F(z)$，常数 $a\neq 0$，则

$$a^kf(k)\Leftrightarrow F(z/a)\tag{8-16}$$

式(8-16)可根据 Z 变换的定义证明如下

$$\mathscr{Z}[a^kf(k)]=\sum_{-\infty}^{+\infty}a^kf(k)z^{-k}=\sum_{-\infty}^{+\infty}f(k)(z/a)^{-k}=F(z/a)$$

【例 8.5】 试求指数正弦函数 $a^k\sin(\beta k)\cdot\varepsilon(k)(0<a<1)$ 的 Z 变换。

解 由例 8.4 式(1)可知

$$\sin(\beta k)\cdot\varepsilon(k)\Leftrightarrow\frac{z\sin\beta}{z^2-2z\cos\beta+1}$$

应用尺度变换性质，有

$$a^k\sin\beta k\cdot\varepsilon(k)\Leftrightarrow\frac{(z/a)\sin\beta}{(z/a)^2-2(z/a)\cos\beta+1}=\frac{az\sin\beta}{z^2-2az\cos\beta+a^2}$$

8.3.3 移序性质

移序性质表示序列位移后的 Z 变换与原序列 Z 变换的关系。在实际中，一般有序列左移(超前)或右移(延迟)两种不同的情况。

若 $f(k)\varepsilon(k)\Leftrightarrow F(z)$，则有

$$f(k-m)\varepsilon(k-m)\Leftrightarrow z^{-m}F(z)\tag{8-17}$$

$$f(k-m)\varepsilon(k)\Leftrightarrow z^{-m}\left[F(z)+\sum_{k=-m}^{-1}f(k)z^{-k}\right]\tag{8-18}$$

$$f(k+m)\varepsilon(k)\Leftrightarrow z^{m}\left[F(z)-\sum_{k=0}^{m-1}f(k)z^{-k}\right]\tag{8-19}$$

证明 因为

$$\mathscr{Z}[f(k-m)\varepsilon(k-m)]=\sum_{k=m}^{+\infty}f(k-m)z^{-k}=z^{-m}\sum_{k=m}^{+\infty}f(k-m)z^{-(k-m)}$$

令 $w=k-m$，则上式为

$$\mathscr{Z}[f(k-m)\varepsilon(k-m)]=z^{-m}\sum_{w=0}^{+\infty}f(w)z^{-w}=z^{-m}F(z)$$

因为 $\mathscr{Z}[f(k-m)\varepsilon(k)]=\sum_{k=0}^{+\infty}f(k-m)z^{-k}=\sum_{k=0}^{m-1}f(k-m)z^{-k}+\sum_{k=m}^{+\infty}f(k-m)z^{-(k-m)}z^{-m}$

令上式中 $k-m=w$，则

$$\mathscr{Z}[f(k-m)\varepsilon(k)]=z^{-m}\sum_{w=-m}^{-1}f(w)z^{-w}+z^{-m}\sum_{w=0}^{+\infty}f(w)z^{-w}=z^{-m}F(z)+z^{-m}\sum_{w=-m}^{-1}f(w)z^{-w}$$

将上式中的 w 简单替换为 k，不会影响结果，则

$$f(k-m)\varepsilon(k)\Leftrightarrow z^{-m}\left[F(z)+\sum_{k=-m}^{-1}f(k)z^{-k}\right]\tag{8-20}$$

依照同样的方法可以证明

$$f(k+m)\varepsilon(k)\Leftrightarrow z^{m}\left[F(z)-\sum_{k=0}^{m-1}f(k)z^{-k}\right]\tag{8-21}$$

移序特性与拉氏变换中的微分特性很相似，它可将差分方程转化为代数方程。

【例 8.6】 试求下列离散信号的 Z 变换。

(a) 延时的离散冲激 $\delta(k-N)$　　(b) 冲激串序列 $\delta_N(k)=\sum_{i=0}^{+\infty}\delta(k-iN)$

解　(a) 因为

$$\delta(k)\Leftrightarrow 1$$

应用移序性质，有

$$\delta(k-N)\Leftrightarrow z^{-N}$$

(b) 对于冲激串，其 Z 变换为

$$\delta_N(k)\Leftrightarrow 1+z^{-N}+z^{-2N}+\cdots=\frac{1}{1-z^{-N}}=\frac{z^N}{z^N-1}$$

8.3.4　z 域微分

若 $f(k)\varepsilon(k)\Leftrightarrow F(z)$，则

$$kf(k)\Leftrightarrow -z\frac{\mathrm{d}}{\mathrm{d}z}F(z)\tag{8-22}$$

证明　根据 Z 变换定义得

$$F(z)=\sum_{k=0}^{+\infty}f(k)z^{-k}$$

将上式对 z 求导，得

$$\frac{\mathrm{d}F(z)}{\mathrm{d}z}=\frac{\mathrm{d}}{\mathrm{d}z}\sum_{k=0}^{+\infty}f(k)z^{-k}=\sum_{k=0}^{+\infty}\frac{\mathrm{d}}{\mathrm{d}z}f(k)z^{-k}$$

$$=-z^{-1}\sum_{k=0}^{+\infty}kf(k)z^{-k}=-z^{-1}\mathscr{Z}[kf(k)]$$

即
$$kf(k) \Leftrightarrow -z\frac{\mathrm{d}}{\mathrm{d}z}F(z)$$

8.3.5　时域卷积

若 $f_1(k) \Leftrightarrow F_1(z)$ 和 $f_2(k) \Leftrightarrow F_2(z)$，则
$$f_1(k) * f_2(k) \Leftrightarrow F_1(z) \cdot F_2(z) \tag{8-23}$$

证明　因为
$$\mathscr{Z}[f_1(k) * f_2(k)] = \sum_{k=-\infty}^{+\infty}\left\{\sum_{m=-\infty}^{+\infty} f_1(m)f_2(k-m)\right\}z^{-k} = \sum_{m=-\infty}^{+\infty} f_1(m)\sum_{k=-\infty}^{+\infty} f_2(k-m)z^{-k}$$
根据序列 $f_2(k)$ 的移序性质，得
$$\mathscr{Z}[f_1(k) * f_2(k)] = \sum_{m=-\infty}^{+\infty} f_1(m)z^{-m}F_2(z)$$
而 $\sum\limits_{m=-\infty}^{+\infty} f_1(m)z^{-m} = F_1(z)$，则
$$\mathscr{Z}[f_1(k) * f_2(k)] = F_1(z) \cdot F_2(z)$$
即
$$f_1(k) * f_2(k) \Leftrightarrow F_1(z) \cdot F_2(z)$$

【例 8.7】　求斜坡序列 $k\varepsilon(k)$ 的 Z 变换。

解　方法一　因为 $\varepsilon(k) * \varepsilon(k) = (k+1)\varepsilon(k)$，　$\varepsilon(k) \Leftrightarrow z(z-1)^{-1}$

应用卷积定理　　$\varepsilon(k) * \varepsilon(k) = (k+1)\varepsilon(k) \Leftrightarrow z^2(z-1)^{-2}$

右移一个单位　　$k\varepsilon(k-1) = k\varepsilon(k) \Leftrightarrow z^{-1} \cdot z^2(z-1)^{-2} = z(z-1)^{-2}$

方法二　应用 z 域微分性质
$$k\varepsilon(k) \Leftrightarrow -z\frac{\mathrm{d}}{\mathrm{d}z}[z(z-1)^{-1}] = z(z-1)^{-2}$$

由此推导出　　$k^2\varepsilon(k) \Leftrightarrow -z\dfrac{\mathrm{d}}{\mathrm{d}z}[z(z-1)^{-2}] = z(z+1)(z-1)^{-3}$

【例 8.8】　求下列序列的 Z 变换。

(a)$(k-3)\varepsilon(k)$　(b)$(k-3)\varepsilon(k-3)$　(c)$|k-3|\varepsilon(k)$

解　(a)$f(k) = (k-3)\varepsilon(k) = k\varepsilon(k) - 3\varepsilon(k)$

所以　　$F(z) = z(z-1)^{-2} - 3z(z-1)^{-1} = (4z-3z^2)(z-1)^{-2}$　$(|z|>1)$

(b) 先考虑　　$k\varepsilon(k) \Leftrightarrow z(z-1)^{-2}$

根据移序性质　$(k-3)\varepsilon(k-3) \Leftrightarrow z^{-3} \cdot z(z-1)^{-2} = z^{-2}(z-1)^{-2}$　$(|z|>1)$

(c) 先画出波形图，波形如图 8-4 所示，所以 $|k-3|\varepsilon(k)$ 可表示为
$$f(k) = 3\delta(k) + 2\delta(k-1) + \delta(k-2) + (k-3)\varepsilon(k-3)$$
$$F(z) = 3 + 2z^{-1} + z^{-2} + z^{-2}(z-1)^{-2}$$
$$= (3z^2 - 4z + 2z^{-2})(z-1)^{-2} \quad (|z|>1)$$

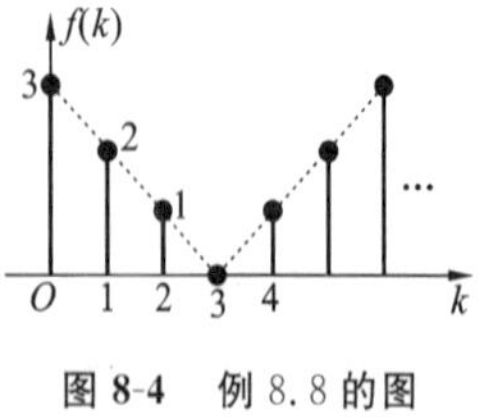

图 8-4　例 8.8 的图

应用 Matlab 可以求解 Z 变换，Matlab 中实现 Z 变换的命令为：Z 变换 ztrans(f) 和 Z 反变换 iztrans(F)。命令中的 f 和 F

分别表示要变换的函数表达式和象函数的表达式。注意:用 Matlab 求解单边 Z 变换和反变换只适用于因果信号,对于反因果信号可以先按照因果信号求取,然后再根据二者的关系转换即可。对于例 8.8 用 Matlab 计算命令如下。

```
>>F=ztrans(sym('k-3'))                  % 计算(a)  (k-3)ε(k)
F=
z/(z-1)^2-3*z/(z-1)
>>F=simplify(F)
F=
-z*(-4+3*z)/(z-1)^2
>>pretty(F)
                        z(-4+3z)
                        --------
                              2
                        (z-1)
>>F=ztrans(sym('(k-3)*Heaviside(k-3)'))  % 计算(b)  (k-3)ε(k-3)
F=                                       % Heaviside 表示阶跃序列
1/z^2*(-2+3*z)/(z-1)^2-3*z/(z-1)+3+3/z+3/z^2
>>F=simplify(F)
F=
1/z^2/(z-1)^2
>>pretty(F)
                            1
                        ----------
                         2 2      2
                        z z (z-1)
>>F=ztrans(sym('3*charfcn[0](k)+2*charfcn[1](k)+charfcn[2](k)
+(k-3)*Heaviside(k-3)'))                 % 计算(c)  |k-3|ε(k)
F=                                       % charfcn[0](k) 表示冲激 δ(k)
6+5/z+4/z^2+1/z^2*(3*z-2)/(z-1)^2-3*z/(z-1)
>>F=simple(F)
F=
(3*z^4-4*z^3+2)/z^2/(z-1)^2
>>pretty(F)
                          4    3
                        3z -4z +2
                        ---------
                         2      2
                        z (z-1)
```

8.3.6 时域求和

若 $f(k)\Leftrightarrow F(z)$,则

$$\sum_{i=0}^{k} f(i)\Leftrightarrow z(z-1)^{-1}F(z) \tag{8-24}$$

证明 因为任意序列与单位阶跃序列 $\varepsilon(k)$ 的卷积等于对此序列的求和,所以有

$$\mathscr{Z}[f(k)*\varepsilon(k)]=\mathscr{Z}\left[\sum_{i=0}^{k} f(i)\right]$$

而 $\mathscr{Z}[\varepsilon(k)]=z(z-1)^{-1}$ 的收敛域为 $|z|>1$,根据两序列的时域卷积特性,可证得

$$\mathscr{Z}\left[\sum_{i=0}^{k} f(i)\right] = z(z-1)^{-1}F(z)$$

其收敛域是序列 $f(k)$ 和单位阶跃序列 $\varepsilon(k)$ 各自 Z 变换收敛域的重叠部分。

8.3.7　初值与终值定理

若因果序列 $f(k) \Leftrightarrow F(z)$ 收敛域为 $|z|>R$,则

$$f(0) = \lim_{z\to+\infty} F(z) \quad \text{初值定理} \tag{8-25}$$

$$f(+\infty) = \lim_{z\to1}(z-1)F(z) \quad \text{终值定理} \tag{8-26}$$

证明　根据 Z 变换定义得

$$F(z) = \sum_{k=0}^{\infty} f(k)z^{-k} = f(0) + f(1)z^{-1} + f(2)z^{-2} + \cdots$$

可见,当 $z \to +\infty$ 时,上式右边只剩下一项,故有 $f(0) = \lim\limits_{z\to+\infty} F(z)$。

将初值定理推广,可得

$$f(m) = \lim_{z\to+\infty} z^m \left[F(z) - \sum_{i=0}^{m-1} f(i)z^{-i}\right] \tag{8-27}$$

又由 Z 变换定义,有

$$\mathscr{Z}[f(k+1)-f(k)] = \sum_{k=0}^{+\infty}[f(k+1)-f(k)]z^{-k}$$

根据移序性质

$$\mathscr{Z}[f(k+1)-f(k)] = z[F(z)-f(0)] - F(z)$$

因此,有

$$\sum_{k=0}^{\infty}[f(k+1)-f(k)]z^{-k} = (z-1)F(z) - zf(0)$$

如果 $(z-1)F(z)$ 的收敛域包含单位圆,则上式中 $z \to 1$ 存在,可得

$$f(+\infty) - f(0) = \lim_{z\to1}(z-1)F(z) - f(0)$$

即

$$f(+\infty) = \lim_{z\to1}(z-1)F(z)$$

根据式(8-25)和式(8-26),当已知序列的 Z 变换时,可以直接从 Z 域求序列的初值和终值。但在应用终值定理时,只有序列终值存在,终值定理才适用。也就是说,$F(z)$ 的极点必须位于单位圆内(在单位圆上只能位于 $z=+1$ 点且是一阶极点),应用时应加以注意。

为方便读者学习,将常用序列的 Z 变换对列于表 8-2。

表 8-2　常用序列的 Z 变换对

编号	Z 变换对 $f(k) \Leftrightarrow F(z)$	推导说明
1	$\delta(k) \Leftrightarrow 1$	直接计算
2	$\varepsilon(k) \Leftrightarrow z(z-1)^{-1}$	直接计算
3	$k\varepsilon(k) \Leftrightarrow z(z-1)^{-2}$	频域微分性质
4	$(k+1)\varepsilon(k) \Leftrightarrow z^2(z-1)^{-2}$	频域微分性质
5	$a^k\varepsilon(k) \Leftrightarrow z(z-a)^{-1}$	直接计算

续表

编号	Z 变换对 $f(k)\Leftrightarrow F(z)$	推导说明
6	$ka^k\varepsilon(k)\Leftrightarrow az(z-a)^{-2}$	利用 5 和频域微分或利用 3 和尺度变换
7	$\sin(\beta k)\varepsilon(k)\Leftrightarrow z\sin\beta(z^2-2z\cos\beta+1)^{-1}$	利用 5 和线性性质
8	$\cos\beta k\cdot\varepsilon(k)\Leftrightarrow z(z-\cos\beta)(z^2-2z\cos\beta+1)^{-1}$	利用 6 和线性性质
9	$\delta(k-N)\Leftrightarrow z^{-N}$	利用 8 和频移性质
10	$\delta_N(k)\Leftrightarrow z^N(z^N-1)^{-1}$	利用 9 和频移性质

【例 8.9】 已知因果序列的 Z 变换如下所列，不经 Z 反变换计算，用 Z 变换的性质求 $f(0)$、$f(1)$、$f(\infty)$。

(a) $F(z)=\dfrac{1+z^{-1}+z^{-2}}{(1-z^{-1})(1-2z^{-1})}$　　(b) $F(z)=\dfrac{z^2+1}{(z^2-1)(z+0.5)}$

解 (a) $f(0)=\lim\limits_{z\to+\infty}F(z)=1$，$f(1)=\lim\limits_{z\to+\infty}z[F(z)-f(0)]=4$

因为有一个极点在单位圆外，序列不收敛，所以 $f(+\infty)$ 不存在。

(b) $f(0)=\lim\limits_{z\to+\infty}F(z)=0$，$f(1)=\lim\limits_{z\to+\infty}z[F(z)-f(0)]=1$

因为有一个极点为 $z=-1$，所以 $f(+\infty)$ 不存在。

8.4 Z 反变换

与需要进行拉氏反变换一样，在离散时间系统的分析中，也要对 Z 变换进行反变换，求出其在时域中对应的离散时间函数。Z 变换式 $F(z)$ 的反变换常记为 $\mathscr{Z}^{-1}[F(z)]$。

进行 Z 反变换最直接的方法当然是查现成的变换表，但众多变换表中所载的变换式有限，难以适应实际应用中多种多样的变换式。因此有时仍要自行作 Z 反变换。

Z 反变换的方法一般有两种：第一种是把 Z 变换式展开为 z^{-1} 的幂级数，由此可以直接得到一个原函数的序列；第二种是把 Z 变换式展开成它的部分分式之和，每一个部分分式都是较简单的基本函数形式，以便把它们分别进行反变换。现在简要介绍如下。

8.4.1 幂级数展开法

根据 Z 变换的定义，因果序列和反因果序列的象函数分别是 z^{-1} 和 z 的幂级数。因此，根据给定的收敛域可将 $F_1(z)$ 和 $F_2(z)$ 展开为幂级数，其系数就是相应的原序列的值。展开的方法可使用长除法，但用这种方法只能求得原函数序列开头若干有限项值，一般无法得到序列 $f(k)$ 的解析表达式。另外，这种方法可能得到多个解，无法与收敛域相结合，求出正确的原序列。

由 Z 变换的定义

$$F(z)=\sum_{k=0}^{+\infty}f(k)z^{-k}=f(0)+f(1)z^{-1}+f(2)z^{-2}+\cdots \tag{8-28}$$

若把 $F(z)$ 展开成 z^{-1} 的幂级数之和,则该级数的各系数就是序列 $f(k)$ 的值。

幂级数展开法就是将 Z 变换式展开成 z^{-1} 的幂级数,例如对于单边 Z 变换即为

$$F(z)=\frac{N(z)}{D(z)}=a_0+a_1z^{-1}+a_2z^{-2}+\cdots \tag{8-29}$$

比较式(8-29)与式(8-28)可看出

$$a_0=f(0),a_1=f(1),a_2=f(2),\cdots$$

分式 $F(z)$ 的幂级数可以应用代数中的长除法得到,除后所得商的 z^{-1} 的各幂次项的系数即分别等于 $f(0),f(1),f(2),\cdots$ 等值。具体求法见下述例题。

【例 8.10】 已知 $F(z)=\dfrac{10z}{z^2-3z+3}$,求序列 $f(k)$。

解 利用长除法将 $F(z)$ 展开成 z^{-1} 的幂级数,有

$$\begin{array}{r|l}
 & 10z^{-1}+30z^{-2}+70z^{-3}+150z^{-4}+\cdots \\
\hline
z^2-3z+2 & 10z \\
 & \underline{10z-30+20z^{-1}} \\
 & 30-20z^{-1} \\
 & \underline{30-90z^{-1}+60z^{-2}} \\
 & 70z^{-1}-60z^{-2} \\
 & \underline{70z^{-1}-210z^{-2}+140z^{-3}} \\
 & 150z^{-2}-140z^{-3} \\
 & \underline{150z^{-2}-450z^{-3}+300z^{-4}} \\
 & 310z^{-3}-300z^{-4} \\
 & \cdots
\end{array}$$

除后所得商即 $$F(z)=10z^{-1}+30z^{-2}+70z^{-3}+150z^{-4}+\cdots$$

z^{-1} 的各幂次项的系数值即序列

$$f(k)=[\underset{\uparrow}{0},10,30,70,150,\cdots]$$

用 Matlab 可以进行多项式的乘法和除法的运算,乘法用 conv() 函数进行计算,除法用 deconv() 函数进行计算。

```
>>a=[1-3 2];
>>b=[10 0 0 0 0 0 0 0];
>>[c,r]=deconv(b,a)           % 用b除以a,c为商,r的余数。
c=
   10    30    70    150    310    630
r=
   columns 1 through 6
          0        0        0        0        0        0
columns 7 through 8
     1270    -1260
>>y=conv(a,c)+r               % 用a乘以c加上余数还原成b。
y=
   10   0   0   0   0   0   0   0
```

8.4.2　部分分式展开法

同拉氏反变换一样，Z 反变换也可使用部分分式展开法来求取原序列。其主要思想依然是将有理分式的象函数分解为基本已知序列的象函数之和，从而求出原序列。若 $F(z)$ 为有理式，则可表达为

$$F(z)=\frac{N(z)}{D(z)}=\frac{b_m z^m+b_{m-1}z^{m-1}+\cdots+b_1 z+b_0}{a_n z^n+a_{n-1}z^{n-1}+\cdots+a_1 z+a_0} \tag{8-30}$$

式中：$m<n$；$N(z)$ 和 $D(z)$ 分别为 $F(z)$ 的分母和分子多项式。在 $m>n$ 时，通常先从 $F(z)$ 由长除法分出常数项，再将余下的真分式展开为部分分式；也可以先将 $F(z)/z$ 展开，然后再乘以 z，这时式(8-30) 变为

$$\frac{F(z)}{z}=\frac{N(z)}{zD(z)}=\frac{b_m z^m+b_{m-1}z^{m-1}+\cdots+b_1 z+b_0}{z(a_n z^n+a_{n-1}z^{n-1}+\cdots+a_1 z+a_0)} \tag{8-31}$$

式中：$m<n+1$。$D(z)=0$ 的 n 个根 $z_1,z_2,\cdots,z_n$ 称为 $F(z)$ 的极点，一般有以下几种情况。

1. $F(z)$ 单极点

如果 $F(z)$ 的极点 $p_i(i=1,2,\cdots,n)$ 互不相同，且不等于 0，则 $F(z)/z$ 可展开为

$$\frac{F(z)}{z}=\frac{K_0}{z}+\frac{K_1}{z-p_1}+\cdots+\frac{K_n}{z-p_n} \tag{8-32}$$

式中：$K_0,K_1,\cdots,K_n$ 为待定系数。上式两边同乘$(z-p_i)$，并取 $z\to p_i$ 时的极限，得

$$K_i=(z-p_i)\frac{F(z)}{z}\bigg|_{z=p_i}=\frac{z-p_i}{z}F(z)\bigg|_{z=p_i} \tag{8-33}$$

式(8-30) 可表示为

$$F(z)=K_0+\sum_{i=1}^{n}\frac{K_i z}{z-p_i} \tag{8-34}$$

即可求得 $F(z)$ 的原序列为

$$f(k)=K_0\delta(k)+\sum_{i=1}^{n}K_i(p_i)^k\varepsilon(k) \tag{8-35}$$

2. $F(z)$ 多重极点

如果 $F(z)$ 在 $z=a$ 处有 r 阶重极点，则可将 $F(z)/z$ 展开为

$$\frac{F(z)}{z}=\frac{K_1}{(z-a)^r}+\frac{K_2}{(z-a)^{r-1}}+\cdots+\frac{K_r}{z-a} \tag{8-36}$$

与在拉氏反变换时的解法相同，系数 K_i 为

$$K_i=\frac{1}{(i-1)!}\cdot\frac{\mathrm{d}^{i-1}}{\mathrm{d}z^{i-1}}\left[(z-a)^r\frac{F(z)}{z}\right]\bigg|_{z=a} \tag{8-37}$$

将求出的系数 K_i 代入式(8-36) 并整理，得

$$F(z)=\frac{zK_1}{(z-a)^r}+\frac{zK_2}{(z-a)^{r-1}}+\cdots+\frac{zK_r}{z-a} \tag{8-38}$$

若 $r=3$，系数 K_i 的表达式为

$$K_1=(z-a)^3\frac{F(z)}{z}\bigg|_{z=a},\quad K_2=\frac{\mathrm{d}}{\mathrm{d}z}\left[(z-a)^3\frac{F(z)}{z}\right]\bigg|_{z=a}$$

$$K_3=\frac{1}{2}\cdot\frac{\mathrm{d}^2}{\mathrm{d}z^2}\left[(z-a)^3\frac{F(z)}{z}\right]\bigg|_{z=a}$$

式(8-38)各项对应的反变换为

$$\frac{z}{(z-a)^3}\Rightarrow 0.5k(k-1)a^{k-2}\varepsilon(k-2)$$

$$\frac{z}{(z-a)^2}\Rightarrow ka^{k-1}\varepsilon(k-1),\quad \frac{z}{z-a}\Rightarrow a^k\varepsilon(k)$$

即可求得 $F(z)$ 的原序列为

$$f(k)=0.5K_1k(k-1)a^{k-2}\varepsilon(k-2)+K_2ka^{k-1}\varepsilon(k-1)+K_3a^k\varepsilon(k)\tag{8-39}$$

3. $F(z)$ 有复数极点

如果 $F(z)$ 有一对复数共轭单极点 $p_{1,2}=c\pm \mathrm{j}d=\alpha^{\pm \mathrm{j}\beta}$，其中 $\alpha=\sqrt{c^2+d^2}$，$\beta=\arctan(d/c)$，则可将 $F(z)/z$ 展开为

$$\frac{F(z)}{z}=\frac{K_1}{z-(c+\mathrm{j}d)}+\frac{K_2}{z-(c-\mathrm{j}d)}\tag{8-40}$$

K_1 的求法仍可使用单极点的方法。如

$$K_1=(z-c-\mathrm{j}d)\frac{F(z)}{z}\Big|_{z=c+\mathrm{j}d}=A+\mathrm{j}B=|K_1|\angle\theta_1=|K_1|\mathrm{e}^{\mathrm{j}\theta}\tag{8-41}$$

由于 $F(z)$ 是 z 的实系数有理函数，则应有 $K_2=K_1^*$，此时称 K_2 与 K_1 互为共轭复数，于是有

$$K_2=K_1^*=|K_1|\angle(-\theta_1)=|K_1|\mathrm{e}^{-\mathrm{j}\theta}=A-\mathrm{j}B$$

故可得

$$F(z)=|K_1|\left(\frac{z\mathrm{e}^{\mathrm{j}\theta}}{z-\alpha\mathrm{e}^{\mathrm{j}\beta}}+\frac{z\mathrm{e}^{-\mathrm{j}\theta}}{z-\alpha\mathrm{e}^{-\mathrm{j}\beta}}\right)\tag{8-42}$$

其 Z 反变换为

$$\begin{aligned}f(k)&=(K_1a^k\mathrm{e}^{\mathrm{j}\beta k}+K_2a^k\mathrm{e}^{-\mathrm{j}\beta k})\cdot\varepsilon(k)=[|K_1|a^k\mathrm{e}^{\mathrm{j}(\beta k+\theta)}+|K_1|a^k\mathrm{e}^{-\mathrm{j}(\beta k+\theta)}]\cdot\varepsilon(k)\\&=2|K_1|a^k\cos(\beta k+\theta)\cdot\varepsilon(k)\end{aligned}\tag{8-43}$$

或

$$\begin{aligned}f(k)&=K_1a^k\mathrm{e}^{\mathrm{j}\beta k}+K_2a^k\mathrm{e}^{-\mathrm{j}\beta k}=(A+\mathrm{j}B)a^k\mathrm{e}^{\mathrm{j}\beta k}+(A-\mathrm{j}B)a^k\mathrm{e}^{-\mathrm{j}\beta k}\\&=a^k[A(\mathrm{e}^{\mathrm{j}\beta k}+\mathrm{e}^{-\mathrm{j}\beta k})+\mathrm{j}B(\mathrm{e}^{\mathrm{j}\beta k}-\mathrm{e}^{-\mathrm{j}\beta k})]=2a^k[A\cos\beta k-B\sin\beta k]\varepsilon(k)\end{aligned}\tag{8-44}$$

【例 8.11】 已知 $F(z)=\dfrac{z^3+6}{(z+1)(z^2+4)}$，收敛域 $|z|>2$，求 $f(k)$。

解 根据 $F(z)$ 表达式，得三个极点 $z_1=-1$，$z_{2,3}=\pm\mathrm{j}2=2\mathrm{e}^{\pm\mathrm{j}\pi/2}$，得

$$\frac{F(z)}{z}=\frac{z^3+6}{z(z+1)(z^2+4)}=\frac{K_1}{z}+\frac{K_2}{z+1}+\frac{K_3}{z-\mathrm{j}2}+\frac{K_3^*}{z+\mathrm{j}2}$$

式中：

$$K_1=\frac{6}{4}=\frac{3}{2};\quad K_2=\frac{z^3+6}{z(z^2+4)}\bigg|_{z=-1}=\frac{5}{-5}=-1$$

$$K_3=\frac{z^3+6}{z(z+1)(z+\mathrm{j}2)}\bigg|_{z=\mathrm{j}2}=\frac{-\mathrm{j}8+6}{\mathrm{j}2(1+\mathrm{j}2)\cdot\mathrm{j}4}=\frac{-3+\mathrm{j}4}{4(1+\mathrm{j}2)}=0.25+\mathrm{j}0.5=\frac{\sqrt{5}}{4}\angle 63.5^\circ$$

所以序列 $f(k)=(3/2)\delta(k)-(-1)^k+(\sqrt{5}/2)(2)^k\cos(0.5\pi k+63.5^\circ)\quad(k\geqslant 0)$

或 $f(k)=(3/2)\delta(k)-(-1)^k+2(2)^k[0.25\cos(0.5\pi k)-0.5\sin(0.5\pi k)]\quad(k\geqslant 0)$

用 Matlab 可以实现 Z 反变换，一种是调用 iztrans() 函数的方法来实现，该方法能直接得到原序列的解析解，但这种方法受限于多种场合，例 8.11 就无法用它求出来。这里用 residue() 函数进行求解，从概念上讲，这种方法更为一目了然。使用 Matlab 求解例 8.11 的部分分式展开的命令如下。

```
>>b=[1 0 0 6];a=poly([0-1 j*2-j*2]);  % (8-52)的极点转换成多项式系数
>>[r,p,k]=residue(b,a)
r=                                    % F(z)/z 的部分分式的留数(r)
   0.2500+0.5000i
   0.2500-0.5000i
  -1.0000
   1.5000
p=                                    % 极点(p)
  -0.0000+2.0000i
  -0.0000-2.0000i
  -1.0000
        0
k=
   []
>>abs(r)                              % 求模
ans=
   0.5590
   0.5590
   1.0000
   1.5000
>>angle(r)*180/pi                     % 求相位
ans=
   63.4349
  -63.4349
  180.0000
        0
```

部分分式展开式为

$$\frac{F(z)}{z}=\frac{z^3+6}{z(z+1)(z^2+4)}=\frac{1.5}{z}+\frac{-1}{z+1}+\frac{0.25+\mathrm{j}0.5}{z-\mathrm{j}2}+\frac{0.25-\mathrm{j}0.5}{z+\mathrm{j}2}$$

或

$$\frac{F(z)}{z}=\frac{z^3+6}{z(z+1)(z^2+4)}=\frac{1.5}{z}+\frac{-1}{z+1}+\frac{0.559\angle 63.4^\circ}{z-\mathrm{j}2}+\frac{0.559\angle(-63.4^\circ)}{z+\mathrm{j}2}$$

表 8-3 列出了通过部分分式进行 Z 反变换的一些有用的变换对。

【例 8.12】 已知 $F(z)=\dfrac{2z^2-3z+1}{z^2-4z-5}$，收敛域为 $|z|>5$，求序列 $f(k)$。

解 部分分式法

因

$$\frac{F(z)}{z}=\frac{2z^2-3z+1}{z(z+1)(z-5)}=\frac{-1/5}{z}+\frac{1}{z+1}+\frac{6/5}{z-5}$$

表 8-3　部分分式展开的 Z 反变换

编号	Z 变换 $F(z)$	因果信号 $f(k)$
1	$z(z-a)^{-1}$	a^k
2	$z(z-a)^{-2}$	ka^{k-1}
3	$\frac{z}{(z-a)^{N+1}}$	$\frac{k(k-1)\cdots(k-N+1)}{N!}a^{k-N}$
4	$\frac{z(C+\mathrm{j}D)}{z-a\mathrm{e}^{\mathrm{j}\Omega}}+\frac{z(C-\mathrm{j}D)}{z-a\mathrm{e}^{-\mathrm{j}\Omega}}$	$2a^k[C\cos(\Omega k)-D\sin(\Omega k)]$
5	$\frac{zA\angle\phi}{z-a\mathrm{e}^{\mathrm{j}\Omega}}+\frac{zA\angle(-\phi)}{z-a\mathrm{e}^{-\mathrm{j}\Omega}}$	$2Aa^k\cos(\Omega k+\phi)$
6	$\frac{z(C+\mathrm{j}D)}{(z-a\mathrm{e}^{\mathrm{j}\Omega})^2}+\frac{z(C-\mathrm{j}D)}{(z-a\mathrm{e}^{-\mathrm{j}\Omega})^2}$	$2ka^{k-1}\{C\cos[\Omega(k-1)]-D\sin[\Omega(k-1)]\}$
7	$\frac{zA\angle\phi}{(z-a\mathrm{e}^{\mathrm{j}\Omega})^2}+\frac{zA\angle(-\phi)}{(z-a\mathrm{e}^{-\mathrm{j}\Omega})^2}$	$2Aka^{k-1}\cos[\Omega(k-1)+\phi]$

所以根据各分式的 Z 反变换，可求得序列为

$$f(k)=(-1/5)\delta(k)+(-1)^k\varepsilon(k)+(6/5)(5)^k\varepsilon(k)$$

Matlab 求解解析解的命令如下。

```
>>syms z k
>>F=(2*z^2-3*z+1)/(z^2-4*z-5);
>>f=iztrans(F,k)
f=
-1/5*charfcn[0](k)+(-1)^k+6/5*5^k
```

或因　$F(z)=\frac{2z^2-3z+1}{z^2-4z-5}=2+\frac{5z+11}{z^2-4z-5}=2+\frac{5z+11}{(z+1)(z-5)}=2+\frac{-1}{z+1}+\frac{6}{z-5}$

序列也可为 $f(k)=2\delta(k)-(-1)^{k-1}\varepsilon(k-1)+6(5)^{k-1}\varepsilon(k-1)$。

8.5　Z 变换与拉氏变换的关系

Z 变换的定义可以借助采样信号的拉氏变换引出，首先来看采样信号的拉氏变换。将离散时间信号看成是连续时间信号 $f(t)$ 通过采样而得到的冲激序列，如图 8-5 所示。

$$\begin{aligned}f_s(t)&=f(t)\delta_T(t)=f(t)\sum_{k=-\infty}^{+\infty}\delta(t-kT)=\sum_{k=-\infty}^{+\infty}f(t)\delta(t-kT)\\&=\sum_{k=-\infty}^{+\infty}f(kT)\delta(t-kT)\end{aligned}\tag{8-45}$$

式中：T 为采样时间间隔。对上式取双边拉氏变换，得到

$$F_s(s)=\int_{-\infty}^{+\infty}f_s(t)\mathrm{e}^{-st}\mathrm{d}t=\int_{-\infty}^{+\infty}\Big[\sum_{k=-\infty}^{+\infty}f(kT)\delta(t-kT)\Big]\mathrm{e}^{-st}\mathrm{d}t$$

将积分与求和的次序对调，可得

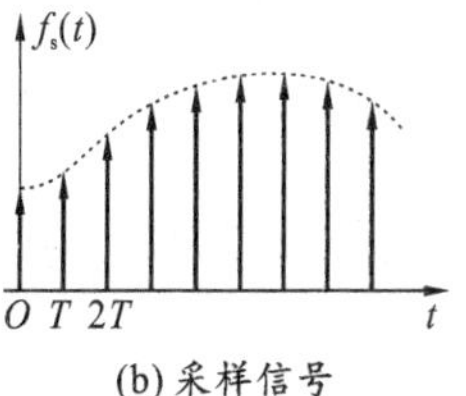

(a) 离散信号　　(b) 采样信号

图 8-5　离散信号与采样信号

$$F_s(s) = \sum_{k=-\infty}^{+\infty} f(kT)\int_{-\infty}^{+\infty}\delta(t-kT)e^{-st}dt = \sum_{k=-\infty}^{+\infty} f(kT)e^{-skT} \tag{8-46}$$

令 $z = e^{sT}$，上式就变成了复变量 z 的函数式 $F(z)$，即

$$F(z) = \sum_{k=-\infty}^{+\infty} f(kT)z^{-k} \tag{8-47}$$

通常令 $T = 1$，则有

$$F(z) = \sum_{k=-\infty}^{+\infty} f(k)z^{-k} \tag{8-48}$$

$$z = e^{s} \tag{8-49}$$

Z 变换和拉氏变换间的关系也可由二者的 z 平面和 s 平面极点间的关系来考察。将 s 平面极点 $s = \sigma + j\omega$ 代入 $z = e^{sT}$，有 z 平面极点

$$z = e^{(\sigma+j\omega)T} = e^{\sigma t}e^{j\omega t} = \rho e^{j\theta_i} \tag{8-50}$$

故

$$\rho = e^{\sigma t},\quad \theta = \omega t \tag{8-51}$$

表示 z 平面中极点的模量和辐角分别与 s 平面中极点的实部和虚部的关系。例如，当 $F(s)$ 的极点位于 s 平面的虚轴上时，与之相应的 $F(z)$ 的极点将位于 z 平面中的单位圆上，因为此时 $\rho = e^{0} = 1$。s 平面的原点 $s = 0$，映射到 z 平面的 $z = 1$ 点。但应注意，s 平面中的单阶极点映射到 z 平面中不一定是单阶极点，因为具有同样实部而虚部相差 $2\pi/T$ 的 s 平面中的两个极点，在 z 平面中的对应极点却是相同的。这就是说，s 平面和 z 平面中极点间的映射关系并不是唯一的。两平面的关系如图 8-6 所示。

图 8-6 中，我们很清楚地看出 s 平面与 z 平面的映射关系：$\sigma < 0$，s 左半平面，则 $\rho = |z| < 1$，即 s 平面的左半平面映射为 z 平面中单位圆内区域；$\sigma > 0$，s 右半平面，则 $\rho = |z| > 1$，即 s 平面的右半平面映射为 z 平面中单位圆外区域；$\sigma = 0$，s 平面虚轴，则 $\rho = |z| = 1$，即 s 平面的虚轴映射为 z 平面的单位圆。

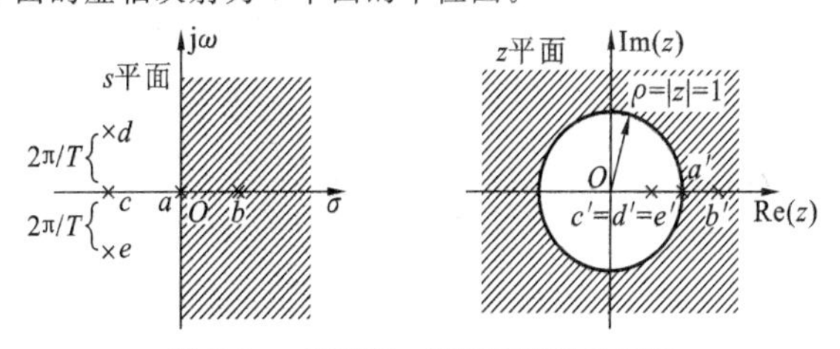

图 8-6　s 平面和 z 平面的映射关系图

s 平面中的极点 a 和 b 分别映射为 z 平面中的 a' 和 b'；s 平面中的极点 c、d、e 具有相同的实部，而虚部相差为 $2\pi/T$(或其倍数)，映射到 z 平面的同一点 $c'=d'=e'$。

8.6 差分方程的 Z 变换解

第7章讨论了差分方程的时域求解方法，这里将利用 Z 变换求解差分方程。Z 变换可将求解差分方程问题转变成为求解代数方程问题，从而使求解过程得以简化。

下面讨论利用单边 Z 变换求解差分方程，这是单边 Z 变换的主要应用。

8.6.1 前向差分方程

现以二阶系统为例，设线性非时变系统的输入为 $f(k)$，响应为 $y(k)$，则可用线性常系数差分方程描述系统，即

$$a_2y(k+2)+a_1y(k+1)+a_0y(k)=b_2f(k+2)+b_1f(k+1)+b_0f(k) \quad (8\text{-}52)$$

1. 已知零输入初始值 $y_{zi}(0)$ 和 $y_{zi}(1)$

对式(8-52)两边取 Z 变换，有

$$\begin{aligned}&(a_2z^2+a_1z+a_0)Y(z)-a_2y_{zi}(0)z^2-a_2y_{zi}(1)z-a_1y_{zi}(0)z\\&=(b_2z^2+b_1z+b_0)F(z)\end{aligned} \quad (8\text{-}53)$$

整理得

$$Y(z)=\frac{(a_2z^2+a_1z)y_{zi}(0)+a_2y_{zi}(1)z}{a_2z^2+a_1z+a_0}+\frac{b_2z^2+b_1z+b_0}{a_2z^2+a_1z+a_0}F(z) \quad (8\text{-}54)$$

式(8-54)的第一项为零输入响应，第二项为零状态响应，即

$$Y(z)=Y_{zi}(z)+Y_{zs}(z)$$

式中：$Y_{zs}(z)$ 为零状态响应，有

$$Y_{zs}(z)=H(z)F(z)$$

令 $H(z)=\dfrac{b_2z^2+b_1z+b_0}{a_2z^2+a_1z+a_0}$，$H(z)$ 称为离散系统的 z 域系统函数。

2. 已知系统初始值 $y(0)$ 和 $y(1)$

如果已知系统响应初始值 $y(0)$，$y(1)$。对式(8-52)两边取 Z 变换，有

$$\begin{aligned}&(a_2z^2+a_1z+a_0)Y(z)-a_2y(0)z^2-a_2y(1)z-a_1y(0)z\\&=(b_2z^2+b_1z+b_0)F(z)-b_2f(0)z^2-b_2f(1)z-b_1f(0)z\end{aligned} \quad (8\text{-}55)$$

令 $M(z)=(a_2z^2+a_1z)y(0)+a_2y(1)z-(b_2z^2+b_1z)f(0)-b_2f(1)z$，则

$$Y(z)=\frac{M(z)}{z^2+a_1z+a_0}+\frac{b_2z^2+b_1z+b_0}{z^2+a_1z+a_0}F(z) \quad (8\text{-}56)$$

即

$$Y(z)=Y_{zi}(z)+Y_{zs}(z)$$

与前一种情况比较：

$$y_{zi}(0)=y(0)-b_2f(0)/a_2 \quad (8\text{-}57)$$

$$y_{zi}(1)=y(1)-b_2f(1)/a_2-(b_1-a_1b_2)f(0)/a_2 \quad (8\text{-}58)$$

即
$$y_{zs}(0)=b_2f(0)/a_2$$
$$y_{zs}(1)=b_2f(1)/a_2+(b_1-a_1b_2)f(0)/a_2$$

以上两种情况下，两个初始值的概念有所不同：$y_{zi}(0)$为未加激励$f(k)$时的初始值，是系统的初始储能引起的；$y_{zs}(0)$是由$f(k)$引起的，与系统的初始状态无关。$y(0)=y_{zi}(0)+y_{zs}(0)$为系统响应的初始值，既有初始储能又有$f(k)$的贡献。但零状态响应是相同的。

【例8.13】 描述某离散系统的差分方程为$y(k+2)+3y(k+1)+2y(k)=f(k+1)+3f(k)$，激励信号$f(k)=\varepsilon(k)$，若初始条件$y_{zi}(1)=1$，$y_{zi}(2)=3$，试分别求其零输入响应$y_{zi}(k)$、零状态响应$y_{zs}(k)$和全响应。

解　方法一　按Z变换的公式所需要的是$y_{zi}(0)$和$y_{zi}(1)$，将$y_{zi}(1)=1$，$y_{zi}(2)=3$代入原方程的齐次差分方程，并取$k=0$，得$y_{zi}(2)+3y_{zi}(1)+2y_{zi}(0)=0$，故$y_{zi}(0)=-3$。

对差分方程两边取Z变换，有
$$(z^2+3z+2)Y(z)-y_{zi}(0)z^2-y_{zi}(1)z-3y_{zi}(0)z=(z+3)F(z)$$

整理得
$$Y(z)=\frac{y_{zi}(0)z^2+y_{zi}(1)z+3y_{zi}(0)z}{z^2+3z+2}+\frac{z+3}{z^2+3z+2}F(z)$$

零输入响应为$Y_{zi}(z)=\dfrac{y_{zi}(0)z^2+y_{zi}(1)z+3y_{zi}(0)z}{z^2+3z+2}=\dfrac{-3z^2-8z}{(z+1)(z+2)}=\dfrac{-5z}{z+1}+\dfrac{2z}{z+2}$

即
$$y_{zi}(k)=[-5(-1)^k+2(-2)^k]\varepsilon(k)$$

零状态响应为
$$Y_{zs}(z)=\frac{z+3}{z^2+3z+2}\cdot\frac{z}{z-1}=\frac{z+3}{(z+1)(z+2)}\cdot\frac{z}{z-1}=\frac{2}{3}\frac{z}{z-1}+\frac{-z}{z+1}+\frac{1}{3}\frac{z}{z+2}$$

即
$$y_{zs}(k)=[(2/3)-(-1)^k+(1/3)(-2)^k]\varepsilon(k)$$

全响应为
$$\begin{aligned}y(k)=y_{zi}(k)+y_{zs}(k)&=[-5(-1)^k+2(-2)^k+(2/3)-(-1)^k+(1/3)(-2)^k]\varepsilon(k)\\&=[(2/3)-6(-1)^k+(7/3)(-2)^k]\varepsilon(k)\end{aligned}$$

方法二　按时域方法求零输入响应：特征根分别为-1，-2，故有
$$y_{zi}(k)=C_1(-1)^k+C_2(-2)^k$$

代入初始值，有　$y_{zi}(1)=-C_1-2C_2=1$，　$y_{zi}(2)=C_1+4C_2=3$

解得
$$C_1=-5,\quad C_2=2$$

零输入响应为
$$y_{zi}(k)=[-5(-1)^k+2(-2)^k]\varepsilon(k)$$

零状态响应为　$Y_{zs}(z)=H(z)F(z)=\dfrac{z+3}{z^2+3z+2}\cdot\dfrac{z}{z-1}$

余下计算步骤同上。

用Matlab编写的程序如下。

```
% 用 Z 变换计算前向差分方程的零输入响应,零状态响应,全响应
% 这是一个求二阶前向差分方程的通用程序    LT8_13.m
% 特征根为复根不能计算
% 已知 yzi(0),yzi(1),则令 f=[0 0];已知 y(0),y(1),则必须输入 f=[f(0)f(1)]
```

```
syms z real
a =[1 3 2];                              % 差分方程左边系数 an
b =[0 1 3];                              % 差分方程左边系数 bm
F = z/(z-1);                             % 输入信号 Z 变换
y0 =[-3 1];                              % 初始条件 y(0),y(1) 等
f =[0 0];                                % 输入的初值 f(0),f(1) 等
Zn =[z^2 z 1];                           % z 的多项式
An = a* Zn';                             % 形成分母多项式
B = b* Zn';                              % 形成分子多项式
H = b/an;                                % 计算系统函数 H(z)
Yzs = H.* F;                             % 计算零状态响应的 Z 变换
yzs = iztrans(Yzs);                      % Z 反变换
disp('      零状态响应 ')
pretty(yzs)
A =[a(1)* z^2+a(2)* za(1)* z];
Bf =[b(1)* z^2+ b(2)* zb(1)* z];
Y0s = A* y0'-Bf* f';                     % 形成分子多项式
Yzi = Y0s/An;                            % 计算零输入响应的 Z 变换
yzi = iztrans(Yzi);                      % Z 反变换
disp('      零输入响应 ')
pretty(yzi)
y = yzs+ yzi;                            % 计算全响应
disp('      全响应 ')
pretty(y)
```

程序运行后在命令窗口显示的结果：

```
>>  零状态响应
                        - (-1)^n +1/3(-2)^n +2/3
    零输入响应
                          -5(-1)^n +2(-2)^n
    全响应
                       -6(-1)^n +7/3(-2)^n +2/3
```

【例 8.14】 若例 8.13 的初始条件为 $y(1)=1$，$y(2)=3$，再求解例 8.13 的问题。

解　方法一　直接用系统全响应的初始值求，Z 变换的公式所需要的是 $y(0)$ 和 $y(1)$，令原方程取$k=0$，得 $y(2)+3y(1)+2y(0)=f(1)+f(0)=4$，故 $y(0)=-1$。

对差分方程两边取 Z 变换，有

$$(z^2+3z+2)Y(z)-y(0)z^2-y(1)z-3y(0)z=(z+3)F(z)-zf(0)$$

$$Y(z)=\frac{y(0)z^2+y(1)z+3y(0)z+zf(0)}{z^2+3z+2}+\frac{z+3}{z^2+3z+2}F(z)$$

零输入响应为

$$Y_{zi}(z)=\frac{y(0)z^2+y(1)z+3y(0)z-f(0)z}{z^2+3z+2}=\frac{-z^2-3z}{(z+1)(z+2)}=\frac{-2z}{z+1}+\frac{z}{z+2}$$

即 $$y_{zi}(k)=[-2(-1)^k+(-2)^k]\varepsilon(k)$$

零状态响应为 $$y_{zs}(k)=[(2/3)-(-1)^k+(1/3)(-2)^k]\varepsilon(k)$$

全响应为 $$y(k)=y_{zi}(k)+y_{zs}(k)=[(2/3)-3(-1)^k+(4/3)(-2)^k]\varepsilon(k)$$

方法二 按时域方法求零输入响应，特征根分别为 $-1,-2$，故有

$$y_{zi}(k)=C_1(-1)^k+C_2(-2)^k$$

零状态响应为 $y_{zs}(k)=[(2/3)-(-1)^k+(1/3)(-2)^k]\varepsilon(k)$，计算同例 8.13。

全响应为

$$y(k)=y_{zi}(k)+y_{zs}(k)=C_1(-1)^k+C_2(-2)^k+[(2/3)-(-1)^k+(1/3)(-2)^k]\varepsilon(k)$$

代入初始值有 $y(1)=-C_1-2C_2+1=1,\quad y(2)=C_1+4C_2+1=3$

解得 $$C_1=-2,\quad C_2=1$$

零输入响应为 $$y_{zi}(k)=[-2(-1)^k+(-2)^k]\varepsilon(k)$$

全响应为 $$y(k)=[(2/3)-3(-1)^k+(4/3)(-2)^k]\varepsilon(k)$$

只要将 LT8_13.m 中的两行改为：

```
y0 =[-1 1];          % 初始条件 y(0),y(1) 等
f =[1 1];            % 输入的初值 f(0),f(1) 等
```

程序运行后在命令窗口显示的结果。

```
>>  零状态响应
              - (-1)^n +1/3(-2)^n +2/3
    零输入响应
                 -2(-1)^n + (-2)^n
    全响应
              -3(-1)^n +4/3(-2)^n +2/3
```

求解差分方程的重要结论如下。

(1) 求系统全响应 Z 变换的方法：先将描写系统的差分方程的两边进行 Z 变换；然后消去变换式中有关激励信号初始值 $f(0)$、$f(1)$ 等诸项，并以零输入初始值 $y_{zi}(0)$、$y_{zi}(1)$ 等代入，可得全响应的 Z 变换。

(2) 当已知的是系统响应的初始值 $y(0)$、$y(1)$ 时，对差分方程两边取 Z 变换，可直接代入 $y(0)$、$y(1)$。这时必须代入激励信号初始值 $e(0)$、$e(1)$ 等诸项。

(3) 为了避免初始值计算的麻烦，可用时域方法求零输入响应。当已知 $y_{zi}(0)$、$y_{zi}(1)$ 时，可先求出零输入响应 $y_{zi}(k)$。当已知 $y(0)$、$y(1)$ 时，零输入响应 $y_{zi}(k)$ 的常数在全响应时求出。

(4) 零状态响应求法为 $\qquad Y(z)=H(z)F(z)$

8.6.2 后向差分方程

后向差分方程的求解过程要简单一些。现以二阶系统为例，设线性非时变系统的输入为 $f(k)$，响应为 $y(k)$，可用线性常系数差分方程描述系统，即

$$a_2y(k)+a_1y(k-1)+a_0y(k-2)=b_2f(k)+b_1f(k-1)+b_0f(k-2) \quad (8\text{-}59)$$

设输入为因果信号，则初始值 $y_{zi}(-1)=y(-1)$，$y_{zi}(-2)=y(-2)$。

对式(8-59)两边取 Z 变换，有

$$\begin{aligned}&(a_2+a_1z^{-1}+a_0z^{-2})Y(z)+a_0y_{zi}(-1)z^{-1}+a_0y_{zi}(-2)+a_1y_{zi}(-1)\\&=(b_2z^{-2}+b_1z^{-1}+b_0)F(z)\end{aligned} \quad (8\text{-}60)$$

整理得 $$Y(z)=\frac{-(a_0z^{-1}+a_1)y_{zi}(-1)-a_0y_{zi}(-2)}{a_2+a_1z^{-1}+a_0z^{-2}}+\frac{b_2+b_1z^{-1}+b_0z^{-2}}{a_2+a_1z^{-1}+a_0z^{-2}}F(z) \quad (8\text{-}61)$$

上式的第一项为零输入响应，第二项为零状态响应，即

$$Y(z)=Y_{zi}(z)+Y_{zs}(z)$$

【例 8.15】 描述某线性非时变系统的差分方程为 $y(k)+3y(k-1)+2y(k-2)=2^k\varepsilon(k)$，当初始状态为 $y(-1)=0$，$y(-2)=1/2$ 时，求全响应。

解　对差分方程取 Z 变换，有

$$\begin{aligned}Y(z)&=\frac{-1}{1+3z^{-1}+2z^{-2}}+\frac{1}{1+3z^{-1}+2z^{-2}}\cdot\frac{z}{z-2}=\frac{-z^2}{(z+1)(z+2)}+\frac{z^3}{(z+1)(z+2)(z-2)}\\&=\frac{2z^2}{(z+1)(z+2)(z-2)}=\frac{(2/3)z}{z+1}+\frac{-z}{z+2}+\frac{(1/3)z}{z-2}\end{aligned}$$

故全响应为　$$y(k)=(2/3)(-1)^k-(-2)^k+(1/3)(2)^k \quad (k\geqslant 0)$$

对于后向差分方程的 Matlab 求解程序，可以仿照前向差分方程的求解方法，利用式(8-61)编程，有兴趣的读者可以试一试。必将对这种计算方法有进一步的了解。

8.7　离散系统的系统函数

与连续系统的复频域系统函数 $H(s)$ 一样，离散系统的 z 域系统函数 $H(z)$ 在离散系统的分析和设计中占有十分重要的作用。

8.7.1　系统函数的定义

如果线性非时变的离散系统可以用差分方程

$$\sum_{i=0}^{n}a_iy(k-i)=\sum_{j=0}^{m}b_jf(k-j) \quad (8\text{-}62)$$

描述，则当激励信号为因果信号时，可求得系统零状态响应的 Z 变换，即有

$$Y_{zs}(z)=\frac{\sum_{j=0}^{m}b_jz^{-j}}{\sum_{i=0}^{n}a_iz^{-i}}F(z)=H(z)F(z) \quad (8\text{-}63)$$

令 $$H(z)=\frac{Y_{zs}(z)}{F(z)}=\frac{\sum_{j=0}^{m}b_jz^{-j}}{\sum_{i=0}^{n}a_iz^{-i}} \quad (8\text{-}64)$$

在系统分析理论中，称 $H(z)$ 为系统函数，或传递函数(转移函数)，式(8-64) 是系统函数的基本定义式。可见，系统函数 $H(z)$ 是系统零状态响应的 Z 变换和系统激励信号的 Z 变换之比。

系统函数与系统差分方程之间有着密切的联系，这种联系体现在式(8-64) 之中，从这个关系可以得到两个重要的结论。

首先，从式(8-64) 可以看到，该式右边是一个变量 z 的有理式。这表明，如果一个离散时间系统可以由差分方程表述，则该系统的系统函数一定是一个有理式。这是一个很重要的结论，它为系统函数的许多应用提供了理论依据。

其次，在式(8-64) 右边的有理式中，其分母、分子都只和差分方程的相关系数 a_i、b_j 有关，而与系统的激励和响应无关。这表明，系统函数只由系统本身的特性决定，这也是将 $H(z)$ 称为系统函数以及可以利用系统函数来描述系统的基本原因。

系统函数不仅和系统的差分方程有着密切的联系，而且和系统冲激响应之间是一对 Z 变换的关系。

我们知道，系统零状态响应等于激励信号和系统冲激响应的卷积，即

$$y(k) = f(k) * h(k) \tag{8-65}$$

利用 Z 变换的卷积性质不难求得

$$Y_{zs}(z) = F(z)H(z) \tag{8-66}$$

这表明

$$h(k) \Leftrightarrow H(z) \tag{8-67}$$

根据系统函数的定义，可以有如下多种方法求解系统函数。

(1) 如果已知系统的冲激响应，则可以通过式(8-67) 求系统函数；

(2) 如果已知系统的差分方程，则可利用式(8-64) 求系统函数；

(3) 当然，如果已知激励信号和系统零状态响应的 Z 变换，则可以利用定义式(8-64) 来求系统函数；

(4) 由系统的信号流图，根据梅森公式求 $H(z)$，即　$H(z) = \frac{1}{\Delta}\sum_k G_k \Delta_k$。

显然，这四者之间的相互关系不仅给系统分析带来了方便，也为系统分析带来了许多灵活性。

【例 8.16】　求下列离散系统的系统函数 $H(z)$。

(a) 系统的差分方程为　$y(k) - 0.5y(k-1) + 0.25y(k-2) = -f(k) + 2f(k-3)$。

(b) 系统的冲激响应为　$h(k) = \delta(k) + \delta(k-1) + 2\delta(k-2) + 2\delta(k-3)$。

(c) 系统的信号流图如图 8-7 所示。

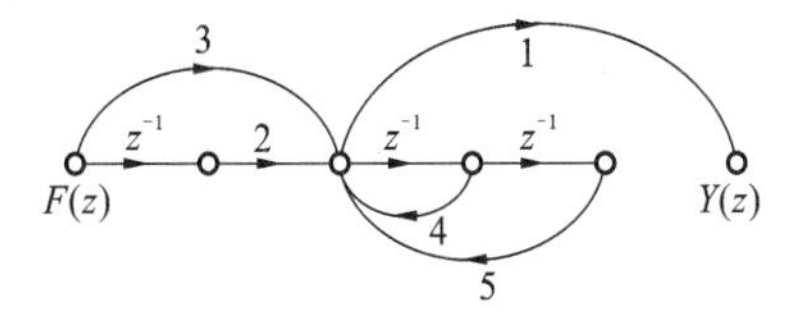

图 8-7　离散系统的信号流图

解　(a) 根据式(8-64),系统函数为

$$H(z)=\frac{-1+2z^{-3}}{1-0.5z^{-1}+0.25z^{-2}}$$

或
$$H(z)=\frac{-z^3+2}{z^3-0.5z^2+0.25z}$$

(b) 由于冲激响应与系统函数是一对 Z 变换,所以

$$H(z)=\mathscr{Z}[h(k)]=1+z^{-1}+2z^{-2}+2z^{-3}=(z^3+z^2+2z+2)z^{-3}$$

(c) 用梅森公式可得系统函数为

$$H(z)=\frac{3+2z^{-1}}{1-4z^{-1}-5z^{-2}}=\frac{3z^2+2z}{z^2-4z-5}$$

8.7.2　系统函数的零点和极点

如前所述,线性非时变系统的系统函数一般是 z 的有理分式,它是 z 的有理多项式 $B(z)$ 与 $A(z)$ 之比,即

$$H(z)=\frac{B(z)}{A(z)}=\frac{b_m z^m+b_{m-1}z^{m-1}+\cdots+b_1 z+b_0}{a_n z^n+a_{n-1}z^{n-1}+\cdots+a_1 z+a_0} \tag{8-68}$$

式中:系数 $a_i(i=0,1,2,\cdots,n)$ 和 $b_j(j=0,1,2,\cdots,m)$ 都是实常数,其中 $a_n=1$。

$A(z)$ 和 $B(z)$ 都是 z 的有理多项式,因而能求得多项式等于零的根。其中 $A(z)=0$ 的根 $p_1,p_2,\cdots,p_n$ 称为系统函数 $H(z)$ 的极点;$B(z)=0$ 的根 $z_1,z_2,\cdots,z_n$ 称为系统函数的零点。这样,将 $A(z)$、$B(z)$ 分解因式后可得

$$H(z)=\frac{B(z)}{A(z)}=\frac{b_m\prod_{j=1}^{m}(z-z_j)}{\prod_{i=1}^{n}(z-p_i)} \tag{8-69}$$

极点 p_i 和零点 z_j 的值可能是实数、虚数或复数。由于 $A(z)$ 和 $B(z)$ 的系数都是实数,所以零点、极点若为虚数或复数,则必共轭成对。若它们不是共轭成对的,则多项式 $A(z)$ 或 $A(z)$ 系数必有一部分是虚数或复数,而不能全为实数。所以,$H(z)$ 的极(零)点有以下几种类型:

(1) 一阶极(零)点,它位于 z 平面的实轴上;

(2) 一阶共轭虚极(零)点,它们位于 z 平面虚轴上并且对称于实轴;

(3) 一阶共轭复极(零)点,它们对称于 z 平面实轴,此外还有二阶和二阶以上的实、虚、复极(零)点。

【例 8.17】　已知一离散因果线性非时变系统的系统函数为

$$H(z)=\frac{z^{-1}+2z^{-2}+z^{-3}}{1-0.5z^{-1}-0.005z^{-2}+0.3z^{-3}}$$

求该系统的零极点,并画出零极点分布图。

解　用 Matlab 的函数 tf2zp() 可以求解系统的零极点,调用形式为[z,p,k] = tf2zp(b,a),其中

b 和 a 分别是式(8-68) 中分子多项式和分母多项式的系数向量。它的作用是将式(8-68) 的有理多项式转换为零点、极点和增益常数表示式，即

$$H(z)=k\frac{(z-z_m)(z-z_{m-1})\cdots(z-z_1)}{(z-p_n)(z-p_{n-1})\cdots(z-p_1)}$$

因此可将系统函数改写为

$$H(z)=\frac{z^2+2z+1}{z^3-0.5z^2-0.005z+0.3}$$

用 Matlab 的函数 tf2zp() 求系统的零点、极点，程序如下。

```
% 求解系统函数的零极点 LT8_17.m
b=[1 2 1];                    % H(z) 分子多项式的系数向量
a=[1-0.5-0.005 0.3];          % H(z) 分母多项式的系数向量
figure(1);zplane(b,a);        % 在 z 平面画出单位圆,零点和极点
title('零极点分布图')
[z,p,k]=tf2zp(b,a)
```

程序运行结果为

```
z=-1    -1
p=0.5198+0.5346i    0.5198
    -0.5346i    -0.5396
k=1
```

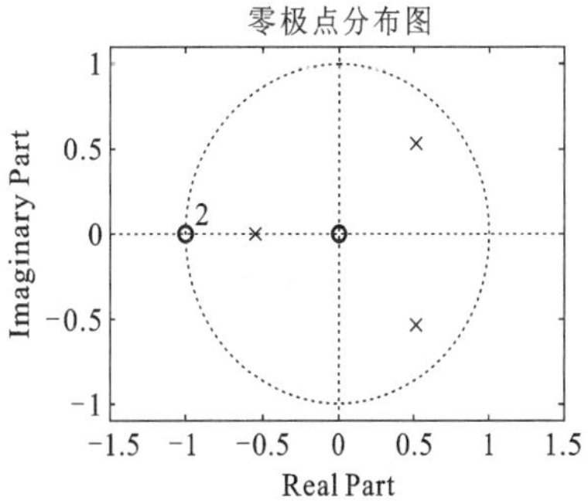

可得系统函数 $H(z)$ 的零极点分布如图 8-8 所示，图中符号○表示零点，符号旁的数字表示零点的阶数，符号×表示极点，图中虚线圆表示单位圆。

图 8-8　例 8.17 的零极点分布图

8.7.3　离散系统的模拟

1. 离散系统的连接

一个复杂的离散时间系统可以由一些简单的子系统以特定方式连接而组成。若掌握系统的连接，并知道各子系统的性能，就可以通过这些子系统来分析复杂系统，使复杂系统的分析简单化。同连续系统一样，离散系统连接的基本方式有级联、并联、反馈三种，如图 8-9 所示。

2. 离散系统的模拟

离散时间系统的模拟用延迟器、加法器、数乘器等基本单元模拟原系统，使其与原系统具有相同的数学模型，以便利用计算机进行模拟实验，研究参数或输入信号对系统响应的影响，进而选择系统的参数、工作条件。

离散时间系统可以直接用差分方程模拟，也可以用系统函数来模拟。对于系数函数，采用不同的运算方法，可以得到直接形式、级联形式、并联形式以及梯形、方格形等多种形式的实现方案。下面仅介绍直接形式、级联形式、并联形式方框图。

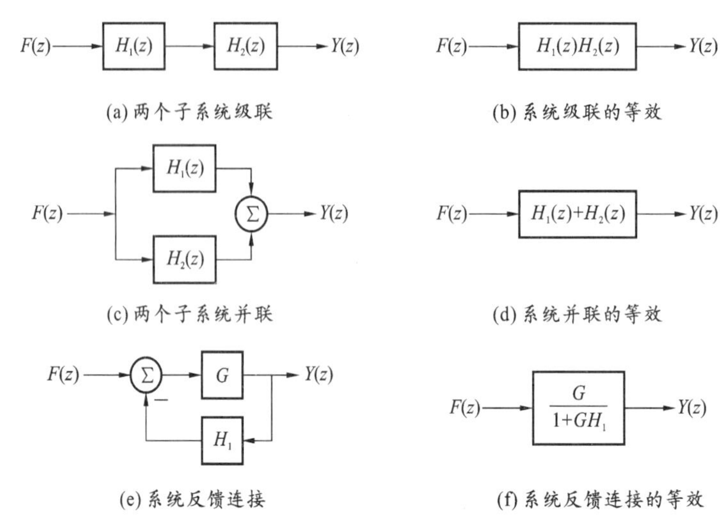

(a) 两个子系统级联　(b) 系统级联的等效

(c) 两个子系统并联　(d) 系统并联的等效

(e) 系统反馈连接　(f) 系统反馈连接的等效

图 8-9　三种连接方式及等效图

第 6 章详细介绍了连续系统的这三种系统模拟方式，离散系统的模拟方式与连续系统的是相同的。不同的是连续系统的模拟单元是积分器，而离散系统的模拟单元是延迟器。在时域中，延迟器用 D 表示，在 z 域中则用 z^{-1} 表示。离散系统的系统框图更加简捷，将数乘器去掉，直接把数据写在旁边，如图 8-10 所示。

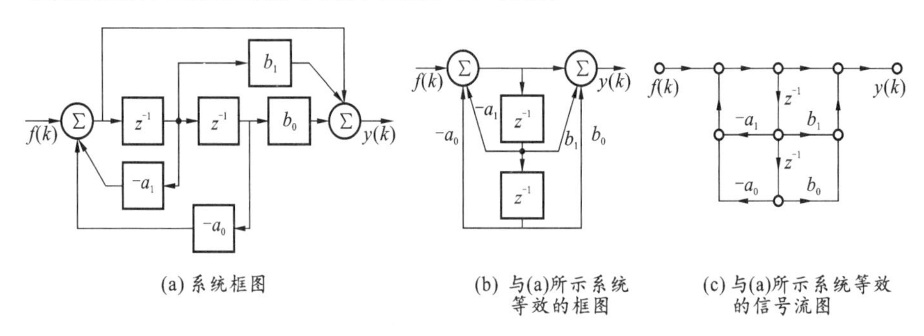

(a) 系统框图　(b) 与(a)所示系统等效的框图　(c) 与(a)所示系统等效的信号流图

图 8-10　离散系统的框图和信号流图

【例 8.18】　已知离散系统的单位冲激响应 $h(k)=(0.5^k-0.4^k)\varepsilon(k)$，试画出该系统的信号流图。

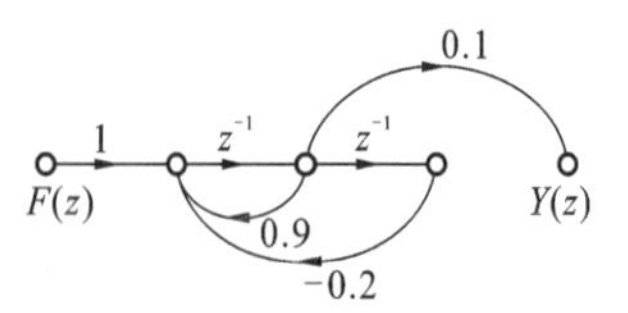

图 8-11　例 8.18 的信号流图

解　根据指数序列 Z 变换，可得系统函数为

$$H(z)=\frac{z}{z-0.5}-\frac{z}{z-0.4}=\frac{0.1z}{(z-0.5)(z-0.4)}$$

$$=\frac{0.1z}{z^2-0.9z+0.2}=\frac{0.1z^{-1}}{1-0.9z^{-1}+0.2z^{-2}}$$

根据梅森公式，系统的信号流图如图 8-11 所示。

【例 8.19】　离散线性因果系统的差分方程为

$$y(k)-(3/4)y(k-1)+(1/8)y(k-2)=f(k)+(1/3)f(k-1)$$

画出实现该系统的模拟框图：直接形式；并联形式；级联形式。

解　由差分方程可得直接形式的系统函数为

$$H(z)=\frac{1+(1/3)z^{-1}}{1-(3/4)z^{-1}+(1/8)z^{-2}}$$

直接形式的模拟方框图如图 8-12(a) 所示。并联形式的系统函数为

$$H(z)=\frac{10/3}{1-(1/2)z^{-1}}+\frac{-7/3}{1-(1/4)z^{-1}}$$

并联形式的模拟方框图如图 8-12(b) 所示。级联形式的系统函数为

$$H(z)=\frac{1}{1-(1/2)z^{-1}}\cdot\frac{1+(1/3)z^{-1}}{1-(1/4)z^{-1}}$$

级联形式的模拟方框图如图 8-12(c) 所示。

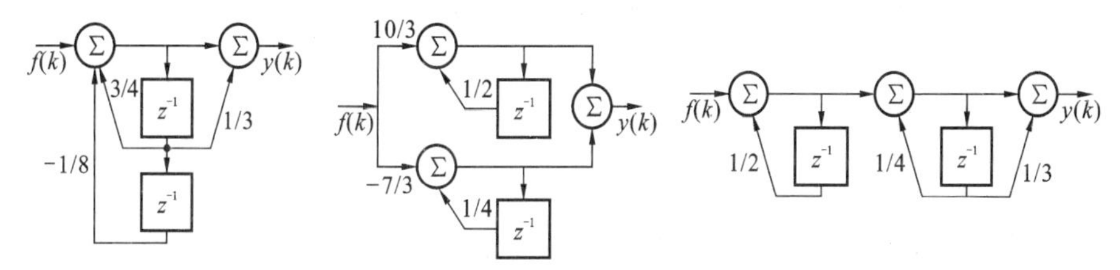

(a) 直接形式的模拟框图　(b) 并联形式的模拟框图　(c) 级联形式的模拟框图

图 8-12　例 8.19 的三种模拟方框图

【例 8.20】　已知如图 8-13 所示系统，求系统的冲激响应 $h(k)$；若 $f(k)=(3)^k\varepsilon(k)$，求系统的零状态响应 $y(k)$。

解　由图 8-13 可写出系统函数为

$$H(z)=\frac{1}{z+1}+\frac{1}{z+2}$$

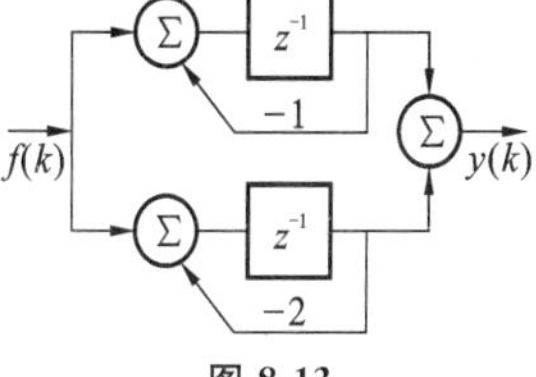

图 8-13

冲激响应为 $h(k)=[(-1)^{k-1}+(-2)^{k-1}]\varepsilon(k-1)$

系统函数为　$H(z)=\dfrac{2z+3}{(z+1)(z+2)}$

输入激励 $f(k)=(3)^k\varepsilon(k)$ 的 Z 变换为　$F(z)=z(z-3)^{-1}$

因此输出响应 $y(k)$ 的 Z 变换为

$$Y(z)=H(z)F(z)=\frac{2z+3}{(z+1)(z+2)}\cdot\frac{z}{z-3}=\frac{(9/20)z}{z-3}-\frac{(1/4)z}{z+1}-\frac{(1/5)z}{z+2}$$

对 $Y(z)$ 求 Z 反变换，即得系统的零状态响应为

$$y(k)=[(9/20)(3)^k-(1/4)(-1)^k-(1/5)(-2)^k]\varepsilon(k)$$

【例 8.21】　已知系统的阶跃响应 $g(k)=[(1/6)+(1/2)(-1)^k-(2/3)(-2)^k]\varepsilon(k)$，求系统在 $f(k)=(-3)^k\varepsilon(k)$ 激励下的零状态响应 $y_{zs}(k)$，写出该系统的差分方程，画出一种模拟图。

解　先由阶跃响应求系统函数。阶跃响应的 Z 变换为

$$G(z)=\mathscr{Z}[g(k)]=\frac{(1/6)z}{z-1}+\frac{(1/2)z}{z+1}-\frac{(2/3)z}{z+2}=\frac{z^2}{(z-1)(z+1)(z+2)}$$

因为阶跃序列的 Z 变换为　　$\varepsilon(k) \Leftrightarrow z(z-1)^{-1}$

因此　　$G(z) = H(z)z(z-1)^{-1}$

由此得系统函数为　　$H(z) = \dfrac{z}{(z+1)(z+2)} = \dfrac{z}{z^2+3z+2} = \dfrac{z^{-1}}{1+3z^{-1}+2z^{-2}}$

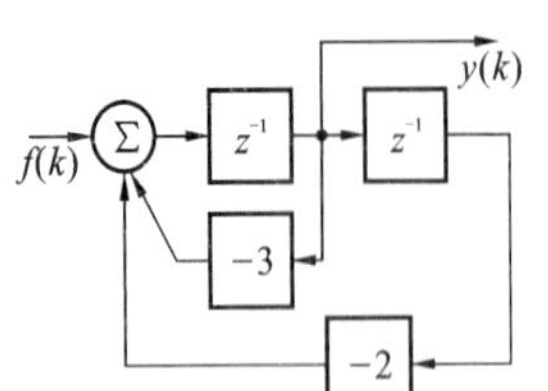

图 8-14　例 8.21 的模拟图

又输入激励的 Z 变换为　　$F(z) = \mathscr{Z}[f(k)] = z(z+3)^{-1}$

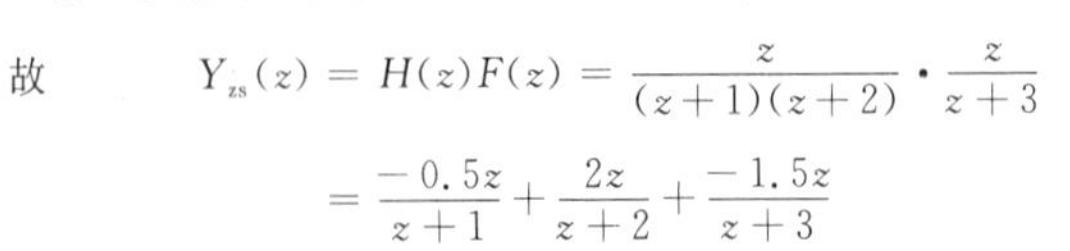

故　　$Y_{zs}(z) = H(z)F(z) = \dfrac{z}{(z+1)(z+2)} \cdot \dfrac{z}{z+3}$

$$= \frac{-0.5z}{z+1} + \frac{2z}{z+2} + \frac{-1.5z}{z+3}$$

零状态响应为　　$y_{zs}(k) = [-0.5(-1)^k + 2(-2)^k - 1.5(-3)^k]\varepsilon(k)$

系统的差分方程为　　$y(k) + 3y(k-1) + 2y(k-2) = f(k-1)$

模拟图如图 8-14 所示。

8.8　离散系统的因果性和稳定性

8.8.1　因果性

离散系统的因果性可从时域或 z 域进行判断。

因果系统(离散的)指的是系统的零状态响应 $y_{zs}(k)$ 不会出现在激励 $f(k)$ 之前的系统。也就是说,对于 $k<0$,输入激励 $f(k)=0$,系统的零状态响应都有 $y_{zs}(k)=0\ (k<0)$。或者系统的冲激响应在 $k<0$ 时恒为零,即

$$h(k) = 0 \quad (k<0) \tag{8-70}$$

该系统就称为因果系统,否则为非因果系统。

根据系统的响应等于激励与冲激响应的卷积可以证明这个条件,证明较为简单,此处从略。

从 z 域来看,系统函数是冲激响应的 Z 变换,即

$$H(z) = \sum_{k=-\infty}^{+\infty} h(k)z^{-k}$$

由于因果系统的冲激响应是一个因果序列,故其系统函数将不可能有 z 的正幂级数,这表明系统函数 $H(z)$ 的收敛域在以极点为圆的外侧,并在 $+\infty$ 处收敛,即系统函数的收敛域包括 $+\infty$ 点。如果从 $H(z)$ 的有理分式来看,收敛域包括 $+\infty$ 点等效于 $H(z)$ 的分子阶数不高于分母的阶数。

因此,z 域中因果系统的判别准则如下。

(1) $H(z)$ 中不会出现 z 的正幂。

(2) $H(z)$ 的收敛域必在某圆外。

(3) 在 $H(z) = \dfrac{b_m z^m + b_{m-1}z^{m-1} + \cdots + b_1 z + b_0}{a_n z^n + a_{n-1}z^{n-1} + \cdots + a_1 z + a_0}$ 中,只能有 $m \leqslant n$。

8.8.2　稳定性

离散系统 BIBO 稳定性和内部稳定性的概念和准则与连续系统的完全相同。第 6 章关于连续系统外部和内部稳定性之间区别的讨论同样适用于离散系统。

一个线性非时变离散系统，如果对于任意的有界输入，其零状态响应也是有界的，则称该系统是有界输入 - 有界输出(BOBI) 稳定的系统，简称为稳定系统。也就是说，假设 M_f、M_y 为正实常数，如果系统对于所有的激励

$$|f(k)| \leqslant M_f \tag{8-71}$$

其零状态响应为

$$|y_{yz}(k)| \leqslant M_y \tag{8-72}$$

则称系统是稳定的。

对于离散系统是稳定系统的充分必要条件，也可分别从时域或 z 域得出。在时域，当且仅当其冲激响应 $h(k)$ 绝对可和时，该系统才是稳定的，即

$$\sum_{k=-\infty}^{+\infty} |h(k)| < +\infty \tag{8-73}$$

离散系统的稳定性的充要条件的时域证明与第 3 章连续系统的相似，这里从略，读者可自行练习。

在 z 域中，对因果系统而言，如果 $H(z)$ 的全部极点都在单位圆内，那么在 $h(k)$ 中的全部项都是衰减的指数，从而 $h(k)$ 是绝对可加的。结果这个系统是 BIBO 稳定的；否则，系统是 BIBO 不稳定的。

如果系统的特征根与系统函数 $H(z)$ 的分母一致，即 $H(z)$ 的极点就是系统的特征根。系统的内部稳定性准则通过 $H(z)$ 的极点重述如下。

(1) 系统函数 $H(z)$ 的极点都在 z 平面的单位圆内(不包括单位圆本身)，系统是渐近稳定的。这些极点可以是重极点或单极点。

(2) $H(z)$ 至少有一个极点在单位圆外或(和) 在单位圆上有重极点，系统是不稳定的。

(3) $H(z)$ 在单位圆上有单极点，此系统是边界稳定的。

【例 8.22】　为使如图 8-15 所示系统稳定，求 K(K 为实数) 的取值范围。

解　由图可写出系统函数为

$$H(z) = \frac{2z^{-1} + z^{-2}}{1 + z^{-1} + Kz^{-2}} = \frac{2z + 1}{z^2 + z + K}$$

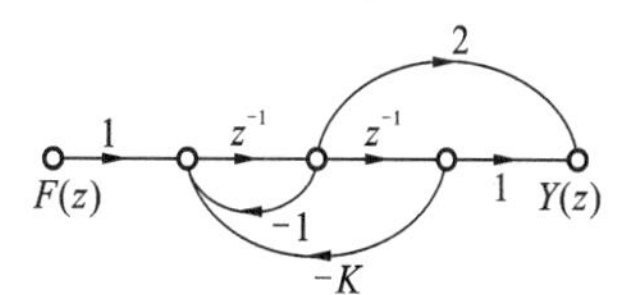

图 8-15　例 8.22 的系统

得系统极点为　$p_{1,2} = -0.5 \pm 0.5\sqrt{1-4K}$

当 $1-4K \geqslant 0$ 时，有 $K \leqslant 0.25$；又因稳定条件要求极点在 z 平面单位圆内，即

$$|z| = 0.5 + 0.5\sqrt{1-4K} < 1$$

化简后得 $K > 0$，所以此时有 $0 < K \leqslant 0.25$。

当 $1-4K \leqslant 0$ 时，有 $K \geqslant 0.25$；又因 $p_{1,2} = -0.5 \pm \mathrm{j}0.5\sqrt{4K-1}$，稳定性条件要求有

$$|z|^2 = 0.25 + 0.25(4K-1) < 1$$

化简后 $K < 1$,即有 $$0.25 \leqslant K < 1$$

故综上两种情况,K 的取值范围为 $$0 < K < 1$$

8.8.3 朱里准则

前面已知道,线性非时变离散系统是稳定因果系统的充分必要条件是,其系统函数 $H(z)$ 的极点都位于单位圆的内部。

要判别系统是否稳定,就要判别系统函数 $H(z)=B(z)/A(z)$ 的特征方程 $A(z)=0$ 的所有根的绝对值是否小于 1。朱里提出了一种列表的检验方法,称为朱里准则。设 $H(z)$ 的特征多项式为

$$A(z) = a_n z^n + a_{n-1} z^{n-1} + \cdots + a_1 z + a_0 \tag{8-74}$$

将 $A(z)$ 的系数排列如表 8-4 中的第 1、2 行。表中第 1 行列出 $A(z)$ 的系数,第 2 行也是 $A(z)$ 的系数,但按反序排列;第 3 行按下列规则求出:

$$c_{n-1} = \begin{vmatrix} a_n & a_0 \\ a_0 & a_n \end{vmatrix}, c_{n-2} = \begin{vmatrix} a_n & a_1 \\ a_0 & a_{n-1} \end{vmatrix}, c_{n-3} = \begin{vmatrix} a_n & a_2 \\ a_0 & a_{n-2} \end{vmatrix}, \cdots \tag{8-75}$$

表 8-4 朱里列表

行							
1	a_n	a_{n-1}	a_{n-2}	$\cdots$	a_2	a_1	a_0
2	a_0	a_1	a_2	$\cdots$	a_{n-2}	a_{n-1}	a_n
3	c_{n-1}	c_{n-2}	c_{n-3}	$\cdots$	c_1	c_0	
4	c_0	c_1	c_2	$\cdots$	c_{n-2}	c_{n-1}	
5	d_{n-2}	d_{n-3}	d_{n-4}	$\cdots$	d_0		
6	d_0	d_1	d_2	$\cdots$	d_{n-2}		
$\vdots$	$\vdots$	$\vdots$	$\vdots$	$\vdots$			
$2n-3$	r_2	r_1	r_0				

第 4 行将第 3 行的各元素按反序排列。由第 3、4 两行的元素再用上述规则求得第 5 行的元素为

$$d_{n-2} = \begin{vmatrix} c_{n-1} & c_0 \\ c_0 & c_{n-1} \end{vmatrix}, d_{n-3} = \begin{vmatrix} c_{n-1} & c_1 \\ c_0 & c_{n-2} \end{vmatrix}, \cdots \tag{8-76}$$

依此类推,一直到第$(2n-3)$行。

朱里准则指出,$A(z)=0$ 的所有根都在单位圆内的充分必要条件是

$$A(1) > 0, (-1)^n A(-1) > 0, a_n > |a_0|$$
$$c_{n-1} > |c_0|, \cdots, r_2 > |r_0| \tag{8-77}$$

式(8-77)关于元素的条件就是:各奇数行,其第一个元素必大于最后一个元素的绝对值。

对于二阶系统，特征多项式为 $A(z)=a_2z^2+a_1z+a_0$，容易推出其根均在单位圆内的条件是

$$A(1)>0, A(-1)>0, a_2>|a_0| \tag{8-78}$$

【例 8.23】 若系统的特征方程为 $A(z)=4z^4-4z^3+2z-1$，该系统是否稳定？

解 根据朱里准则有

$$A(1)=4-4+2-1=1>0$$

$$(-1)^4A(-1)=4+4-2-1=5>0$$

将 $A(z)$ 的系数排成朱里表如表 8-5 所示。

表 8-5 例 8.23 的朱里列表

行					
1	4	−4	0	2	−1
2	−1	2	0	−4	4
3	15	−14	0	4	
4	4	0	−14	15	
5	209	−210	56		

由表 8-5 可见

$$4>|-1|, 15>|4|, 209>|56|$$

即满足式(8-78)的所有条件，所以系统是稳定的。

【例 8.24】 用朱里准则重解例 8.22。

解 系统函数为

$$H(z)=\frac{2z^{-1}+z^{-2}}{1+z^{-1}+Kz^{-2}}=\frac{2z+1}{z^2+z+K}$$

特征方程为 $A(z)=z^2+z+K$，根据朱里准则，有

$A(1)=1+1+K>0$ 即 $K>-2$

$(-1)^2A(-1)=1-1+K>0$ 即 $K>0$

$1>|K|$ 即 $-1<K<1$

表 8-6 例 8.24 的朱里列表

行			
1	1	1	K
2	K	1	1

综上可作朱里表如表 8-6 所示，可知 K 的取值范围是 $0<K<1$，与例 8.22 的结果相同。

8.9 离散系统的频率响应

8.9.1 系统函数 $H(z)$ 与频率响应

与连续系统类似，离散系统中，一个重要的概念是频率响应(或称为频率特性)。现在研究输入为复指数采样序列时线性非时变离散系统的响应(如果输入为余弦或正弦系列则可取复指数序列的实部或虚部)。

如果连续复指数信号为 $f(t)=\dot{A}e^{j\omega t}$，其中 $\dot{A}=Ae^{j\phi}$，A 是信号幅度，ϕ 为初相角。若以周期为 T_s 的采样序列对 $f(t)$ 采样，所得信号为复指数序列，即

$$f(k)=f(kT_s)=\dot{A}e^{jk\omega T_s} \tag{8-79}$$

式中：ω 是信号角频率；T_s 为采样周期。为简便，令 $\theta=\omega T_s$，则系统的响应为

$$y(k)=h(k)*f(k)=\sum_{i=-\infty}^{+\infty}h(i)f(k-i)=\sum_{i=-\infty}^{+\infty}h(i)\dot{A}e^{j(k-i)\theta}=\sum_{i=-\infty}^{+\infty}h(i)(e^{j\theta})^{-i}\dot{A}e^{jk\theta} \tag{8-80}$$

根据 Z 变换定义，令

$$H(e^{j\theta}) = H(z)\mid_{z=e^{j\theta}} = \sum_{k=-\infty}^{+\infty} h(k)z^{-k}\mid_{z=e^{j\theta}} = \sum_{k=-\infty}^{+\infty} h(k)(e^{j\theta})^{-k} \tag{8-81}$$

则 $y(k)$ 可写为

$$y(k) = H(e^{j\theta})\dot{A}e^{jk\theta} = H(e^{j\theta})f(k) \tag{8-82}$$

式中：$\theta = \omega T_s$。由上式可见，当线性非时变离散系统的输入是角频率为 ω，采样周期为 T_s 的复指数序列(或正弦序列)时，系统的稳态响应也是同频率、同采样周期的复指数序列(或正弦序列)。这里 $H(e^{j\theta})$ 是离散系统的正弦稳态响应函数，称为离散系统的频率响应或频率特性，它一般是复函数，可以写成指数形式，即

$$H(e^{j\theta}) = H(e^{j\omega T_s}) = |H(e^{j\theta})| e^{j\varphi(\theta)} \tag{8-83}$$

式中：$|H(e^{j\theta})|$ 为幅频响应；$\varphi(\theta)$ 为相频响应。

这样，若输入为 $f(k) = A\cos(k\theta+\phi) = \mathrm{Re}[\dot{A}e^{jk\theta}]$，则离散系统的稳态响应为

$$y_{ss}(k) = \mathrm{Re}[H(e^{j\theta})\dot{A}e^{jk\theta}] = A|H(e^{j\theta})|\cos[k\theta+\phi+\varphi(\theta)] \tag{8-84}$$

【例 8.25】 已知差分方程为 $y(k) = 0.5y(k-1)+f(k)$，求它对 $f(k) = 10\cos(0.5\pi k+60°)$ 的稳态响应 $y_{ss}(k)$。

解 系统函数为 $H(z) = (1-0.5z^{-1})^{-1}$

$$H(e^{j0.5\pi}) = (1-0.5e^{-j0.5\pi})^{-1} = (1+j0.5)^{-1} = 0.89443\angle(-26.6°)$$

故稳态响应为

$$y_{ss}(k) = 10(0.89443)\cos(0.5\pi k+60°-26.6°) = 8.9443\cos(0.5\pi k+33.4°)$$

【例 8.26】 已知系统函数 $H(z) = \dfrac{2z-1}{z^2+0.5z+0.5}$，求它对 $f(k) = 6\varepsilon(k)$ 的稳态响应 $y_{ss}(k)$。

解 因为对于 $k \geqslant 0$，输入是常数，输入频率 $\omega_0 = 0$，即 $z = e^{j\omega_0} = 1$，有

$$H(1) = 0.5$$

故稳态响应为

$$y_{ss}(k) = 6\times 0.5 = 3\varepsilon(k)$$

【例 8.27】 已知一离散因果线性非时变系统的系统函数为 $H(z) = \dfrac{z^2+2z+1}{z^3-0.5z^2-0.005z+0.3}$，试画出系统的零极点分布图，求系统的单位冲激响应 $h(k)$ 和频率响应 $H(e^{j\omega})$，并判断系统是否稳定。

解 如果已知系统函数，要求系统的单位冲激响应和频率响应，则可分别使用 Matlab 中的函数 impz() 和 freqz() 来实现。根据已知的 $H(z)$，用 zplane() 即可画出系统的零极点分布图。而利用 impz() 函数和 freqz() 函数求系统的单位冲激响应和频率响应时需要将 $H(z)$ 改写为

$$H(z) = \frac{z^{-1}+2z^{-2}+z^{-3}}{1-0.5z^{-1}-0.005z^{-2}+0.3z^{-3}}$$

程序如下。

```
% 画例 8.27 的冲激响应和频率响应   LT8_27.m
b=[1,2,1];                       % 分子系数
a=[1,-0.5,-0.005,0.3];           % 分母系数
figure(1);zplane(b,a);
num=[0,1,2,1];
```

```
den =[1,-0.5,-0.005,0.3];
h = impz(num,den);                    % 求冲激响应
figure(2);stem(h)
xlabel('k')
title(' 冲激响应 ')
[H,w] = freqz(num,den);               % 求频率响应
figure(3);plot(w/pi,abs(H))
xlabel(' 频率 \omega')
title(' 幅度响应 ')
figure(4);plot(w/pi,angle(H))
xlabel(' 频率 \omega')
title(' 相位响应 ')
```

程序运行结果如图 8-16 所示。图 8-16(a) 所示为系统函数的零极点分布图，由图知极点都在单位圆内，故系统是稳定的。

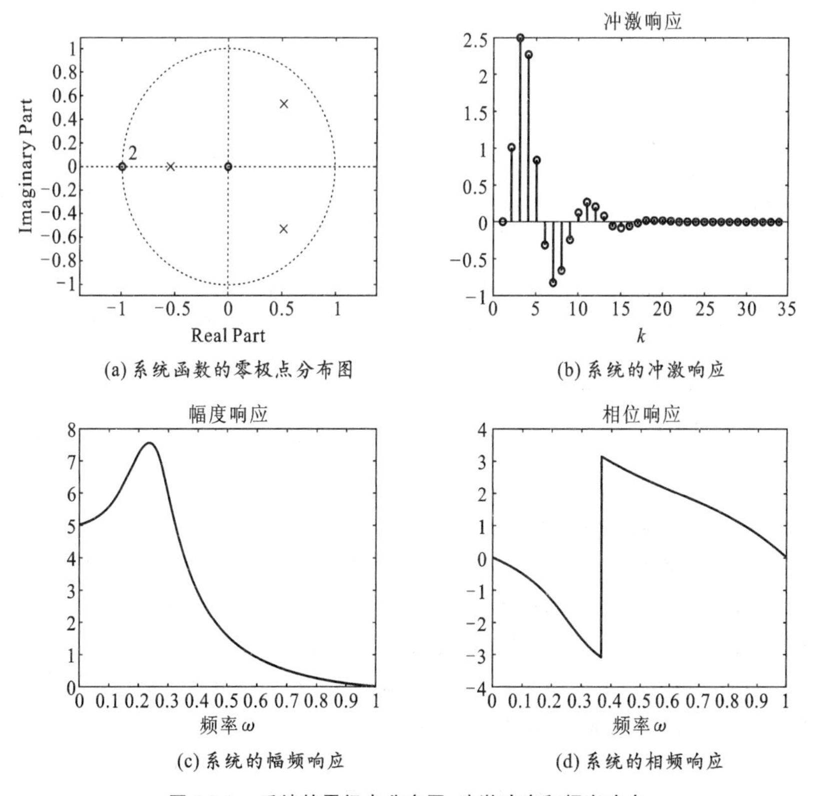

(a) 系统函数的零极点分布图　　(b) 系统的冲激响应

(c) 系统的幅频响应　　(d) 系统的相频响应

图 8-16　系统的零极点分布图、冲激响应和频率响应

8.9.2　频率特性的几何确定法

类似于连续系统，也可以用系统函数 $H(z)$ 在平面上的零极点分布，通过几何方法简便而直观地求出离散系统的频率响应特性。

若已知
$$H(z)=H_0\frac{\prod_{r=1}^{m}(z-z_r)}{\prod_{m=1}^{n}(z-p_m)}$$

则
$$H(e^{j\omega})=H_0\frac{\prod_{r=1}^{m}(e^{j\omega}-z_r)}{\prod_{m=1}^{n}(e^{j\omega}-p_m)}=|H(e^{j\omega})|e^{j\varphi(\omega)}\tag{8-85}$$

令
$$e^{j\omega}-z_r=A_re^{j\phi_r},\quad e^{j\omega}-p_m=B_me^{j\theta_m}$$

于是幅频特性为
$$|H(e^{j\omega})|=H_0\frac{\prod_{r=1}^{m}A_r}{\prod_{m=1}^{n}B_m}\tag{8-86}$$

相频特性为
$$\varphi(\omega)=\sum_{r=1}^{M}\phi_r-\sum_{m=1}^{N}\theta_m\tag{8-87}$$

显然，式(8-86)和式(8-87)中 A_r、ϕ_r 分别表示 z 平面上零点 z_r 到单位圆上某点 $e^{j\omega}$ 的向量($e^{j\omega}-z_r$)的模与幅角；B_m、θ_m 表示极点 p_m 到 $e^{j\omega}$ 的向量($e^{j\omega}-p_m$)的模与幅角，如图 8-17 所示。

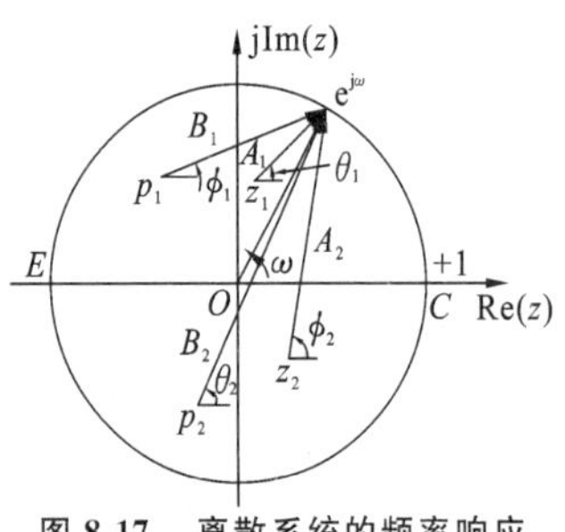

图 8-17　离散系统的频率响应的几何确定

图 8-17 所示 C 点对应于 $\omega=0$，E 点对应于 $\omega=\pi$。由于离散系统的频率特性是周期性的，因此只要 D 点转一周就可以了。利用这种方法可以比较方便地由 $H(z)$ 零极点位置求出该系统的频率特性。可见频率特性的形状取决于 $H(z)$ 零极点分布，也就是说，取决于离散系统的形式及差分方程各系数的大小。

不难看出，位于 $z=0$ 处的零点或极点对幅频特性不产生作用，因而在 $z=0$ 处加入或去除零点、极点，不会使幅频特性发生变化，而只会影响相频特性。此外，还可以看出，当 $e^{j\omega}$ 旋转到某个极点(p_m)附近时，如果向量的 B_m 的长度最短，则频率响应在该点可能出现峰值。若极点 p_m 越靠近单位圆，B_m 越短，则频率响应在峰值附近越尖锐。如果极点 p_m 落在单位圆上，$B_m=0$，则频率响应的峰值趋于无穷大。对于零点来说，其作用与极点正好相反，在这里不再赘述。

【例 8.28】　用向量作图法画出离散系统的频率特性，系统函数为 $H(z)=\frac{z+1}{z-0.5}$。

解　根据系统函数，求得系统有一个极点 $p_1=0.5$ 和一个零点 $z_1=-1$。系统函数的零极点分布图如图 8-18 所示，再由 ω 的不同取值，根据零极点分布图上各向量的模和角度，可列出对应的幅度和相位，如表 8-7 所示。

当 $\omega=0$ 时，$M=2$，$N=0.5$，$|H|=4$。此时 $\theta=0$，$\phi=0$，所以 $\varphi=0$。

当 ω 增大，M 减小，N 增大，$|H|$ 减小；同时，θ，ϕ 都增大，但 θ 增加大于 ϕ 的增加，故，$\varphi=\phi-\theta$ 为负。

表 8-7　幅度和相位

ω	$\lvert H(e^{j\omega})\rvert$	$\varphi(\omega)$
0	4	0
$<\pi$	↓	$\phi-\theta$ 为负
π_-	0	$-90°$
π_+	0	$90°$
↑	↑	$\phi-\theta$ 为正
2π	4	0

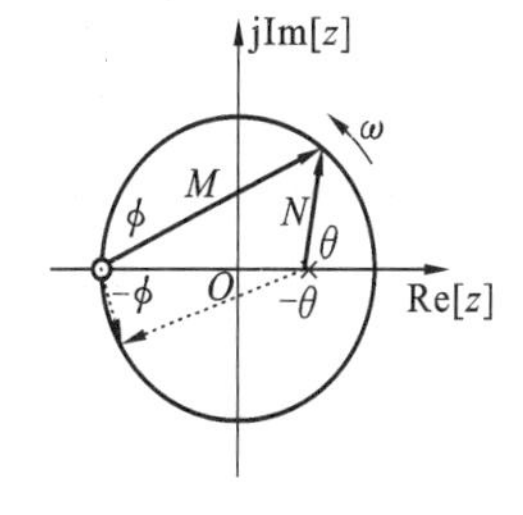

图 8-18　系统的向量表示图

其他情况以此类推。根据表 8-7，参照图 8-18，利用向量的旋转描绘出幅频特性和相频特性，如图 8-19 所示。显然，从主周期看这是一个低通滤波器。

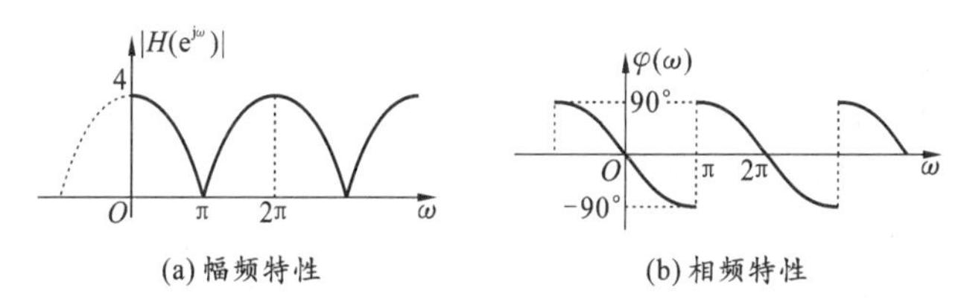

(a) 幅频特性　　(b) 相频特性

图 8-19　系统的向量表示图

8.9.3　全通滤波器

对于任意频率的信号，如果系统的幅频响应均为常数，则称该系统为全通滤波器，其相应的系统函数称为全通函数。

可以借助连续系统全通函数零极点分布特征来导出离散系统全通函数的特征。在连续系统中，全通函数的极点位于 s 左半平面，零点位于 s 右半平面，且零点与极点对于 $j\omega$ 轴互为镜像。如图 8-20(a) 所示。

设连续系统的极点 $p_{1,2}=-\alpha\pm j\beta$，零点 $z_{1,2}=\alpha\pm j\beta$。根据 s 平面与 z 平面的映射关系 $z=e^s$，所以，在 z 平面上的极点为

$$p_{1,2}=e^{-\alpha\pm j\beta}=e^{-\alpha}e^{\pm j\beta}=r\angle(\pm\beta)$$

零点为

$$z_{1,2}=e^{\alpha\pm j\beta}=e^{\alpha}e^{\pm j\beta}=r^{-1}\angle(\pm\beta)$$

画出的零极点分布图如图 8-20(b) 所示。不难看出，离散系统的全通函数的零点与极点的模互为倒数，辐角相等。

上面从 s 平面与 z 平面的映射关系得出了离散系统全通滤波器的特点。还可以从 z 域系统函数本身来说明。全通函数要求 $|H(e^{j\omega})|=$ 常数，即有

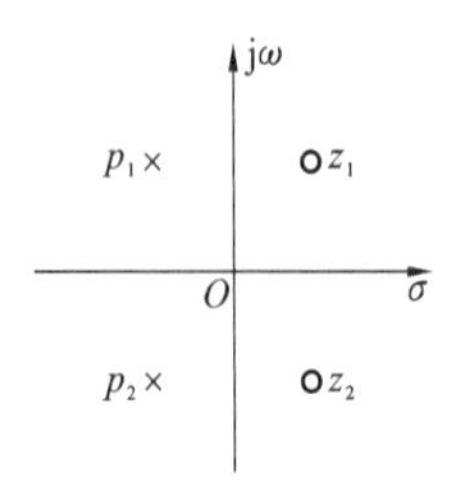

(a) s平面全通系统的零极点分布图

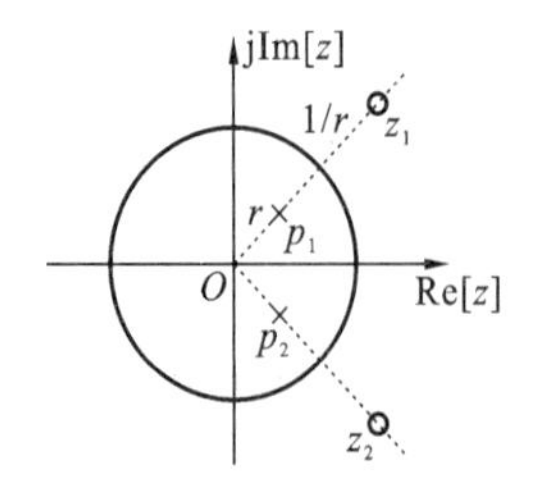

(b) z平面全通系统的零极点分布图

图 8-20 s 平面与 z 平面的映射关系

$$H(e^{j\omega})H^*(e^{j\omega}) = 常数 \tag{8-88}$$

而 $H^*(e^{j\omega}) = H(e^{-j\omega})$，因为这时有 $z = e^{j\omega}$，它的系统函数满足以下关系：

$$H(z)H(z^{-1}) = 常数 \tag{8-89}$$

一个 N 阶全通滤波器的分子、分母都有 N 阶，系数顺序相反，即

$$H(z) = K\frac{N(z)}{D(z)} = K\frac{C_N + C_{N-1}z^{-1} + \cdots + C_1 z^{-N+1} + z^{-N}}{1 + C_1 z^{-1} + C_2 z^{-2} + \cdots + C_N z^{-N}} \tag{8-90}$$

上式正好满足式(8-89)。注意 $D(z) = z^{-N}N(1/z)$，结果是：如果 $N(z)$ 的根(零点) 是 r_k，$D(z)$ 的根(极点) 就是其倒数 $1/r_k$。这与上面分析的结果是一致的。

判别全通滤波器的方法如下。

(1) 从系统函数 $H(z) = N(z)/D(z)$ 看：$N(z)$ 和 $D(z)$ 的系数顺序是相反的。

(2) 从系统的零极点分布图看：零点与极点的模互为倒数，辐角相等。

【例 8.29】 已知某线性非时变离散系统的系统函数为 $H(z) = \dfrac{1 - a^{-1}z^{-1}}{1 - az^{-1}}$，其中 a 为大于零的正实常数。(a) 确定 a 值在什么范围内系统稳定。(b) 该系统是否为因果系统？(c) 证明该系统为一个全通系统。

解 (a) 欲使系统稳定，极点 $p = a$ 应在单位圆内，即 $0 < a < 1$。

(b) 由
$$H(z) = \frac{1 - a^{-1}z^{-1}}{1 - az^{-1}} = \frac{z - 1/a}{z - a} = \frac{z}{z - a} - \frac{1/a}{z - a}$$

故冲激响应为
$$h(k) = a^k\varepsilon(k) - a^{-1}(a)^{k-1}\varepsilon(k-1)$$

可知该系统为因果系统。

(c) 若满足 $0 < a < 1$，则 $H(z) = \dfrac{1 - a^{-1}z^{-1}}{1 - az^{-1}} = \dfrac{1}{a}\,\dfrac{a - z^{-1}}{1 - az^{-1}}$

用判别法一，可知该系统是全通系统。进一步可以计算得

$$H(e^{j\omega}) = \frac{1}{a}\cdot\frac{(a - e^{-j\omega})}{(1 - ae^{-j\omega})} = \frac{1}{a}\cdot\frac{a - \cos\omega + j\sin\omega}{1 - a\cos\omega + ja\sin\omega}$$

$$|H(e^{j\omega})| = \frac{1}{a}\cdot\frac{\sqrt{(a - \cos\omega)^2 + \sin^2\omega}}{\sqrt{(1 - a\cos\omega)^2 + a^2\sin^2\omega}} = \frac{1}{a}$$

可见，对于任意的 ω，其幅频特性均恒定为 $1/a$，故该系统为全通系统。

8.9.4　最小相位系统

系统稳定的条件为系统函数的极点均位于单位圆内，那么它的零点位于单位圆内对于系统函数特性又有什么样的影响？

考虑一个由分式形式描述的系统

$$H(z)=K\frac{(z-z_1)(z-z_2)\cdots(z-z_m)}{(z-p_1)(z-p_2)\cdots(z-p_n)}\tag{8-91}$$

如果用 $(z^{-1}-a)$ 或 $(1-az)$ 来代替因子 $(z-a)$，其频率响应的模 $|H(e^{j\omega})|$ 不变，只是相位受到了影响。若 $H(z)$ 的所有极点和零点都在单位圆内，就是稳定的最小相位系统；有零点在单位圆外，就是非最小相位系统。

【例 8.30】 判断下列系统函数的系统是否最小相位系统。

(a) $H_1(z)=\dfrac{(z+1/2)(z+1/4)}{(z-1/3)(z-1/5)}$　　(b) $H_2(z)=\dfrac{(1+z/2)(z+1/4)}{(z-1/3)(z-1/5)}$

(c) $H_3(z)=\dfrac{(1+z/2)(1+z/4)}{(z-1/3)(z-1/5)}$

解　根据零(极)点的定义，画出三个系统函数的零极点分布如图 8-21 所示。

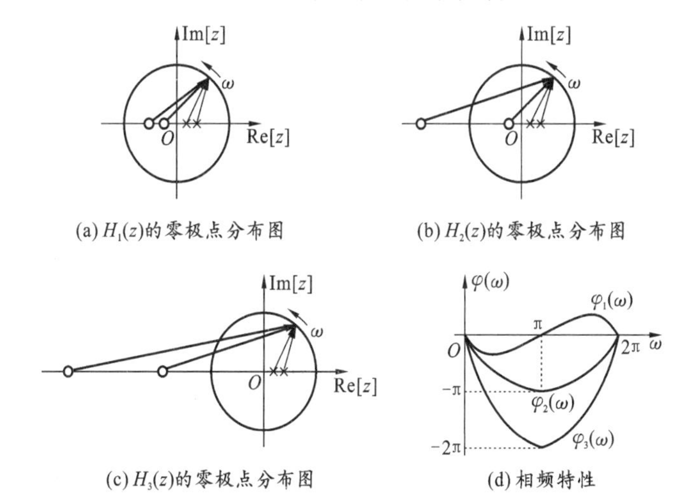

图 8-21　例 8.30 系统函数零极点分布图

从以上零极点分布图可以看出，每个系统的极点都在单位圆内，所以三个系统是稳定的。这些系统频率特性的幅度相同，而它们的相频特性不同。由相频特性可知，$H_1(z)$ 没有零点在单位圆外，是最小相位系统；$H_2(z)$ 有一个零点在单位圆外，$H_3(z)$ 所有零点在单位圆外，是非最小相位系统。

8.10　工程应用实例：数字梳状滤波器

电视机接收视频的信号称为混合视频信号(composite video signal)，也称复合信号,其中混合(composite)信号包括了亮度(Y)和色度/彩度(C)两方面的信号,视频电路要做的工作就是对Y/C进行分离处理,目前的梳状滤波器是在保证图像细节的情况下解决视频信号亮色互窜的唯一方法,其内部有许多按一定频率间隔相同排列的通带和阻带,只让某些特定频率范围的信号通过,因为其特性曲线像梳子一样,故称为梳状滤波器。

最简单的数字梳状滤波器的系统函数为

$$H(z) = 1 - z^{-N} \tag{8-92a}$$

或

$$H(z) = 1 + z^{-N} \tag{8-92b}$$

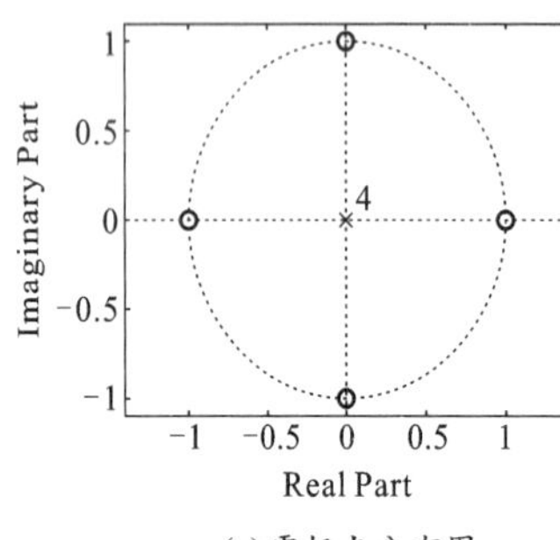

(a) 零极点分布图

(b) 幅频特性

图 8-22 $H(z) = 1 - z^{-4}$ 的零极点分布图和幅频特性

当$N = 4$时,式(8-92a)有4个零点,原点有4重极点,如图8-22(a)所示;幅频特性如图8-22(b)所示。式(8-92b)也有4个零点和原点有4重极点,如图8-23(a)所示;幅频特性如图8-23(b)所示。

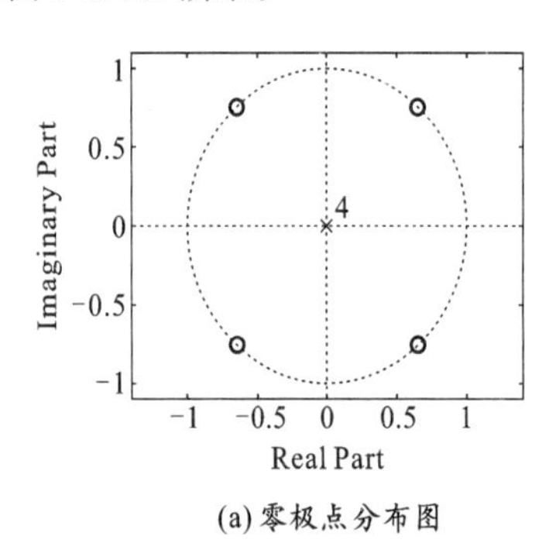

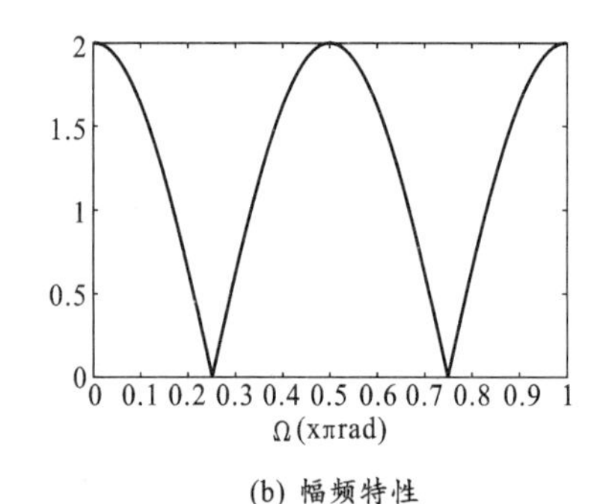

(a) 零极点分布图

(b) 幅频特性

图 8-23 $H(z) = 1 + z^{-4}$ 的零极点分布图和幅频特性

随着电视技术的飞速发展,电视机中的亮度信号(Y)与色度信号(C)的分离,由原始的频率分离法(利用陷波器和带通滤波器)发展到普通的模拟梳状滤波器和自适应模拟动态梳状滤波器等两种方法。虽然模拟动态梳状滤波器大大改善了活动图像信号Y/C分离效果,进一步提高了图像质量,但它调整点多,调整工艺复杂,在大批量生产中难以保证质量，因此人们才考虑采用数字式梳状滤波器。目前，数字化彩色电视机中广泛采用的是数字梳状滤波器。

我国电视采用PAL-D制，亮度信号频谱范围为0～6 MHz，频谱集中在nf_H附近，色度信号频谱范围为3.13～5.73 MHz，与亮度信号错开$f_H/4$，色度有正交分量U、V色差信号，电视信号的频谱如图8-24所示。

PAL-D制电视信号由于色副载波与亮度信号采用$f_H/4$频谱间置，亮度信号的幅频特性值仍在nf_H上，色度信号幅频特性的峰值则在$(nf_H \pm f_H/4)$上，Y/C分离的数字梳状滤波器结构如图8-25所示。

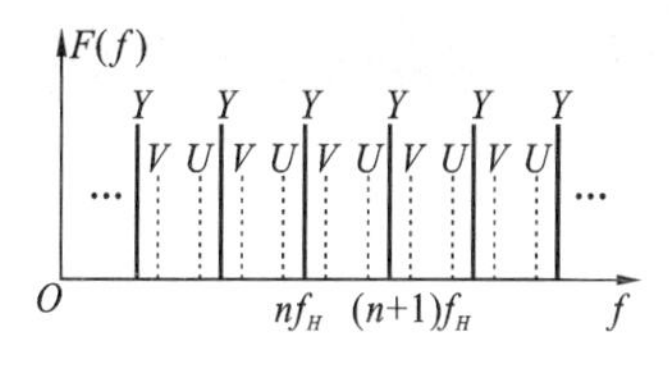

图 8-24　电视信号的频谱

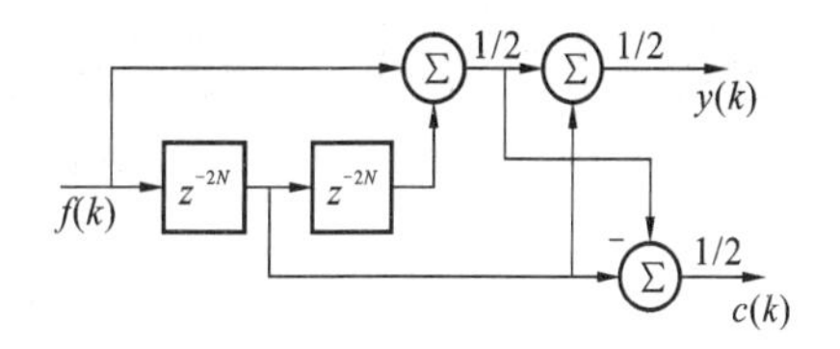

图 8-25　数字梳状滤波器方框图

设T_H为行的周期，采样频率为f_s，采样周期为T，N为一行采样点总数，则$T_H = TN$。亮度Y的系统函数为

$$H_Y = Y(z)/F(z) = 0.25 + 0.25z^{-4N} + 0.5z^{-2N} = 0.5z^{-2N}[1 + 0.5(z^{2N} + z^{-2N})] \tag{8-93a}$$

色度C的系统函数为

$$\begin{aligned} H_C = C(z)/F(z) &= -0.25 - 0.25z^{-4N} + 0.5z^{-2N} \\ &= 0.5z^{-2N}[1 - 0.5(z^{2N} + z^{-2N})] \end{aligned} \tag{8-93b}$$

将$z = e^{j\omega t}$分别代入式(8-93a)，式(8-93b)得

$$H_Y(e^{j\omega t}) = e^{-j2N\omega t}0.5(1 + \cos 2N\omega t)$$

$$H_C(e^{j\omega t}) = e^{-j2N\omega t}0.5(1 - \cos 2N\omega t)$$

因$f_s = Nf_H$，故$T = T_H/N$相应的频率响应为

$$H_Y(e^{j\omega t}) = e^{-j\omega 2T_H}0.5(1 + \cos\omega 2T_H) = e^{-j\omega 2T_H}\cos^2(2\pi f/f_H) \tag{8-94a}$$

$$H_C(e^{j\omega t}) = e^{-j\omega 2T_H}0.5(1 - \cos\omega 2T_H) = e^{-j\omega 2T_H}\sin^2(2\pi f/f_H) \tag{8-94b}$$

由式(8-94a)，式(8-94b)可画出亮色分离数字滤波器的幅频特性，如图8-26所示，仍满足亮度信号的幅频特性峰值在nf_H上而色度信号幅频特性的峰值在$(nf_H \pm f_H/4)$上

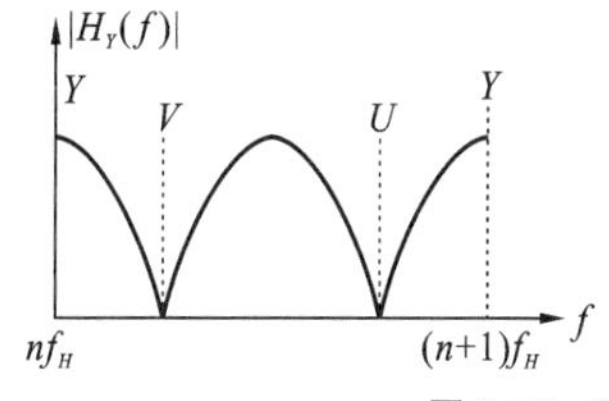

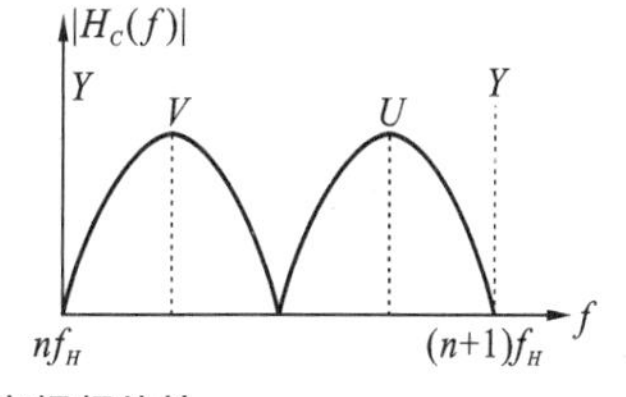

图 8-26　Y/C分离幅频特性

的要求。

目前最先进的数字梳状滤波器是3D数字式梳状滤波器,它能够从空间(2D)、时间(第三维方向)将每组画面的亮度及色度信号精确地分离,有效消除影响信号中的杂波、斑点、色彩重叠现象,使画面更加清晰,如图8-27所示。

(a) 普通梳状滤波器

(b) 数字梳状滤波器,可提高水平/垂直分辨率

(c) 3D数字梳状滤波器,可提高水平/垂直/斜线分辨率

图 8-27 各种梳状滤波器的效果

本章小结

本章从采样信号的拉氏变换引出Z变换,介绍Z变换的性质以及Z反变换的计算方法,讨论了拉氏变换与Z变换之间的联系,阐述了离散系统Z变换分析方法。对离散系统的系统函数及应用作了深入的讨论,这包括利用零极点分析系统的频率特性、系统的模拟方法、系统的因果性和稳定性。下面是本章的主要结论。

(1) 序列$f(k)$的Z变换$F(z)$是复变量z^{-1}的幂级数。要使$F(z)$存在,级数必须收敛。判别Z变换的收敛是一个级数求和问题,通常把使级数收敛的所有z值的集合称为Z变换$F(z)$的收敛域(ROC)。要说明的是,这里只讨论单边Z变换,因此一般不写收敛域。

(2) 根据Z变换的定义式可以直接求出某些常用右边序列的Z变换。实际中复杂的序列表达式总可以化简为这些常用序列的变换表达式的组合。

(3)Z变换的基本性质可由其定义推导得出,包括线性、尺度变换、移序、z域微分、z域积分、时间反折、时域卷积、时域求和、初值定理和终值定理等。

(4)Z反变换的方法一般有两种:幂级数展开法和部分分式展开法。部分分式展开法,更是一种较简便、用得最多的方法。

(5) 采样信号的Z变换与拉氏变换的关系可以归结为

$$F(s)=F(z)\big|_{z=e^{sT}} \quad \text{或} \quad F(z)=F(s)\big|_{S=(1/T)\ln z}$$

二者的关系也可由二者的z平面和s平面极点间的关系来考察。z平面与s平面的映射关系如下。

①s平面的左半平面映射为z平面中单位圆内区域。

②s平面的右半平面映射为z平面中单位圆外区域。

③s平面的虚轴映射为z平面的单位圆。

(6) 利用Z变换求解离散系统的差分方程时,可用以下两种方法求解。

① 对方程取Z变换,并代入初始条件,从而将时域方程转化为z域代数方程,求出响应的Z变换,再对其求反变换得到系统的响应;也可以表示成零输入响应与零状态响应之和。

② 用时域分析方法求零输入响应，用系统函数的方法求零状态响应，可得系统响应。

(7) 如果一个离散时间系统可以由差分方程表述，则该系统的系统函数一定是一个有理式。通过差分方程可以得到系统函数，但在确定系统的收敛域时，必须利用系统的因果性、稳定性等附加条件。系统函数和系统冲激响应之间是一对 Z 变换的关系。

线性定常非时变系统的系统函数可以写成 z 的有理多项式 $B(z)$ 与 $A(z)$ 之比，即

$$H(z)=\frac{B(z)}{A(z)}=\frac{b_m z^m+b_{m-1}z^{m-1}+\cdots+b_1 z+b_0}{a_n z^n+a_{n-1}z^{n-1}+\cdots+a_1 z+a_0}$$

式中：$A(z)=0$ 的根 $p_1,p_2,\cdots,p_n$ 称为系统函数 $H(z)$ 的极点；$B(z)=0$ 的根 $z_1,z_2,\cdots,z_n$ 称为系统函数的零点。

极点 p_i 和零点 z_j 的值可能是实数、虚数或复数。由于 $A(z)$ 和 $B(z)$ 的系数都是实数，所以零点、极点若为虚数或复数，则必共轭成对。若它们不是共轭成对的，则多项式 $A(z)$ 或 $A(z)$ 系数必有一部分是虚数或复数，而不能全为实数。

同连续时间系统一样，离散时间系统连接的基本方式有级联、并联、反馈环路三种。

离散时间系统的模拟可以通过系统函数模拟。根据采用不同的运算方法，可以得到直接形式，级联形式、并联形式、梯形、方格形等多种形式的实现方案。

(8) 离散系统的因果性可从时域或 z 域进行判断。时域下，因果系统的判决准则为系统的冲激响应在 $k<0$ 时恒为零。z 域中，因果系统的判别准则为：① $H(z)$ 中不会出现 z 的正幂；② $H(z)$ 的收敛域必在某圆外；③ 在 $H(z)=\dfrac{b_m z^m+b_{m-1}z^{m-1}+\cdots+b_1 z+b_0}{a_n z^n+a_{n-1}z^{n-1}+\cdots+a_1 z+a_0}$ 中，只能有 $m\leqslant n$。

(9) 稳定性的概念分为以下两类。

外部稳定性：线性非时变系统 BIBO 稳定的充分必要条件是

$$\sum_{k=-\infty}^{+\infty}|h(k)|<+\infty$$

内部稳定性：系统的稳定性与系统特征根（系统极点）有关，系统函数 $H(z)$ 的极点位于 z 平面的单位圆内，系统是稳定的；极点在单位圆上有单极点，系统是边界稳定的；极点在单位圆外或在单位圆上有重极点，系统不稳定。

(10) 离散系统中，若 $H(z)$ 在单位圆 $|z|=1$ 上收敛，则 $H(z)$ 在单位圆上的函数就是系统的频率响应，即

$$H(e^{j\theta})=|H(e^{j\theta})|e^{j\varphi(\theta)}=H(z)|_{z=e^{j\theta}}$$

频率响应 $H(e^{j\theta})$ 是周期为 2π 的周期函数，幅频响应 $|H(e^{j\theta})|$ 是 ω（或 $\theta=\omega t_s$）的偶函数，相频响应 $\varphi(\theta)$ 是 ω（或 $\theta=\omega t_s$）的奇函数。

用系统函数 $H(z)$ 在平面上的零极点分布，通过几何方法可以简便而直观地求出离散系统的频率响应特性。

若系统函数 $H(z)$ 的极点均位于单位圆内，零点均位于单位圆外，而且零点与极点相对于 $j\omega$ 轴互为镜像，则此类系统就称为全通系统，也常称为全通网络。

若系统函数 $H(z)$ 的所有极点和零点都在单位圆内，则此类系统就是稳定的最小相位系统；如有零点在单位圆外，就是非最小相位系统。

思考题

8-1　在何种情况下 Z 变换才有实际意义？

8-2 有限长序列、右边序列、左边序列及双边序列对 Z 变换的收敛域有何影响?

8-3 Z 反变换常用的方法有几种?各自适用的范围?

8-4 Z 变换的性质与 s 变换的性质有哪些异同?

8-5 Z 变换与 s 变换的关系中 z 平面与 s 平面的映射关系是怎样的?

8-6 Z 变换的系统函数 $H(z)$ 有何实际意义?在哪些方面得到应用?

8-7 何谓朱里准则?有何应用?

8-8 幅频响应和相频响应的实际意义是什么?

8-9 系统的零极点分布对系统特性有何影响?

8-10 离散系统的因果性和稳定性怎样进行判断?它们与零极点分布及收敛域之间有怎样的联系?

8-11 系统框图的级联形式和并联形式是否有本质的区别?为什么我们要采用不同方式来描述系统?

习题

基本练习题

8-1 求以下各序列的 Z 变换 $F(z)$,并注明收敛域。

(a) $(1/3)^{-k}\varepsilon(k)$　　(b) $(1/2)^{k}\varepsilon(k)+\delta(k)$

(c) $(1/2)^{k}[\varepsilon(k)-\varepsilon(k-10)]$　　(d) $(1/2)^{k}\varepsilon(k)+(1/3)^{k}\varepsilon(k)$

8-2 已知 $f(k)$ 的 Z 变换是 $F(z)=\dfrac{4z}{(z+0.5)^2}$,$|z|>0.5$。运用性质求下列信号的 Z 变换,并指出收敛域。

(a) $f(k-2)$　　(b) $(2)^{k}f(k)$　　(c) $kf(k)$

8-3 求下列 $F(z)$ 的 Z 反变换 $f(k)$。

(a) $F(z)=\dfrac{1}{1+0.5z^{-1}}\ (|z|>0.5)$　　(b) $F(z)=\dfrac{1-0.5z^{-1}}{1+0.75z^{-1}+0.125z^{-2}}\ (|z|>0.5)$

(c) $F(z)=\dfrac{1-0.5z^{-1}}{1-0.25z^{-1}}\ (|z|>0.25)$　　(d) $F(z)=\dfrac{1-az^{-1}}{z^{-1}-a}\ (|z|>|1/a|)$

8-4 用 Z 变换计算下列 $y(k)$,运用时域卷积求 $y(k)$ 来验证结果。

(a) $y(k)=[\underset{\uparrow}{-1},2,0,3]*[2,0,\underset{\uparrow}{3}]$　　(b) $y(k)=2^{k}\varepsilon(k)*2^{k}\varepsilon(k)$

(c) $y(k)=2^{k}\varepsilon(k)*3^{k}\varepsilon(k)$

8-5 用 Z 变换解下列各差分方程。

(a) $y(k)-0.9y(k-1)+0.2y(k-2)=0.5^{k}\varepsilon(k)$,$y(-1)=1$,$y(-2)=-4$

(b) $y(k+2)-0.7y(k+1)+0.1y(k)=7f(k+2)-2f(k+1)$,$y(0)=0$,$y(1)=3$,$f(k)=\varepsilon(k)$

8-6 描述某线性非时变系统的差分方程为 $y(k)-y(k-1)-2y(k-2)=f(k)+2f(k-2)$,已知 $y(-1)=2$,$y(-2)=-0.5$,$f(k)=\varepsilon(k)$,求系统的零输入响应和零状态响应和全响应。

8-7 对于差分方程所表示的离散系统 $y(k)+y(k-1)=f(k)$,(a) 求系统函数 $H(z)$ 及单位冲激响应 $h(k)$,并说明系统的稳定性;(b) 若系统起始状态为零,如果 $f(k)=10\varepsilon(k)$,求系统的响应。

8-8 求下列因果系统的系统函数和差分方程,并判别系统的稳定性。

(a) $h(k)=(2)^{k}\varepsilon(k)$　　(b) $h(k)=[1-(1/3)^{k}]\varepsilon(k)$

(c)$h(k)=k(1/3)^k\varepsilon(k)$　　(d)$h(k)=\delta(k)-(-1/3)^k\varepsilon(k)$

8-9 求下列离散系统的系统函数 $H(z)$。(a) 系统的差分方程为 $y(k+2)-5y(k+1)+6y(k)=-f(k+1)+4f(k)$；(b) 系统的冲激响应为 $h(k)=\delta(k)-(-1/3)^k\varepsilon(k)$；(c) 系统的信号流图如题图 8-9 所示。

8-10 写出题图 8-10 所示因果离散系统的差分方程，并求系统函数 $H(z)$ 及单位冲激响应 $h(k)$。

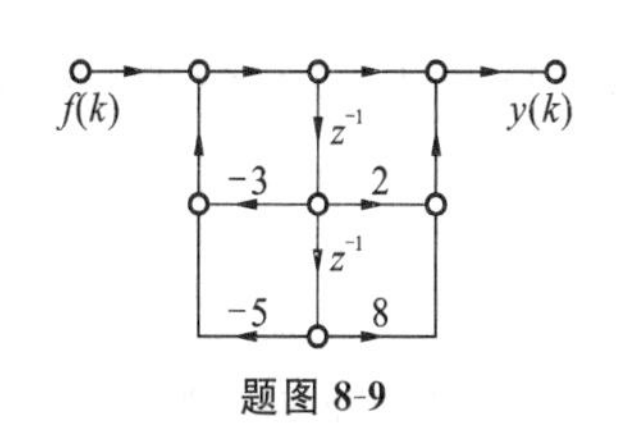

题图 8-9

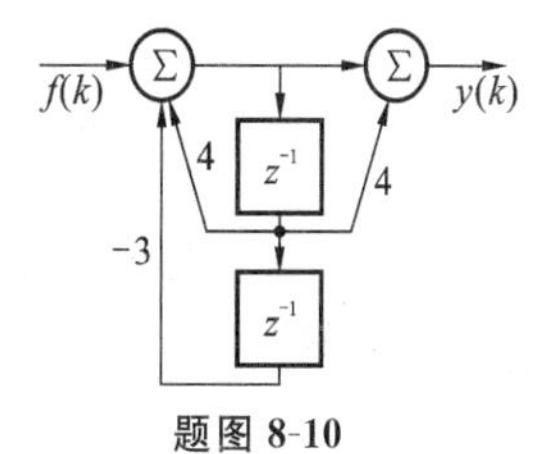

题图 8-10

8-11 已知二阶因果离散系统的差分方程为 $y(k)-0.25y(k-2)=f(k)+2f(k-1)$，求系统的冲激响应 $h(k)$、阶跃响应 $g(k)$，画出系统的零极点分布图、模拟框图。

8-12 已知系统的阶跃响应 $g(k)=[(1/6)+0.5(-1)^k-(4/3)(-2)^k]\varepsilon(k)$，若需获得的零状态响应 $y_{zs}(k)=[4.5(-3)^k-4(-2)^k+0.5(-1)^k]\varepsilon(k)$，(a) 写出该系统的差分方程、画出一种模拟图，(b) 并求激励信号 $f(k)$。

8-13 一个数字滤波器的输入是 $f(k)=[\underset{\uparrow}{1},0.5]$，响应是 $y(k)=\delta(k+1)-2\delta(k)-\delta(k-1)$，(a) 求滤波器的系统函数 $H(z)$。(b) 此滤波器是稳定的吗？是因果的吗？

8-14 对滤波器 $H(z)=A\dfrac{z-a}{z-0.5a}$，如果输入是 $\varepsilon(t)$，它的稳态响应为 1，如果输入是 $\cos(\pi k)$，它的稳态响应为 0。A 和 a 的值是什么？

复习提高题

8-15 求下列系统的 Z 变换，并注明收敛域。

(a)$f(k)=(2)^{k+2}\varepsilon(k)$　　(b)$f(k)=(2)^{k+2}\varepsilon(k-1)$

(c)$f(k)=(k+1)(2)^k\varepsilon(k)$　　(d)$f(k)=(k-1)(2)^{k+2}\varepsilon(k-1)$

8-16 求下列 $F(z)$ 的反变换 $f(k)$。

(a)$F(z)=\dfrac{z}{(z-1)^2(z-2)}(|z|>2)$　　(b)$F(z)=\dfrac{z^2}{(ze-1)^3},(|z|>1/\mathrm{e})$

8-17 已知一阶因果离散系统的差分方程为 $y(k)+3y(k-1)=f(k)$。试求：(a) 系统的单位冲激响应 $h(k)$；(b) 若 $f(k)=(k+k^2)\varepsilon(k)$，求零状态响应 $y_{zs}(k)$。

8-18 某离散系统差分方程为 $y(k+2)-3y(k+1)+2y(k)=f(k+1)-2f(k)$，系统初始条件为 $y(0)=1,y(-1)=1$，输入激励 $f(k)=\varepsilon(k)$。试求系统的零输入响应 $y_{zi}(k)$，零状态响应 $y_{zs}(k)$，并画出该系统的模拟框图。

8-19 描述某离散系统的差分方程为

$$y(k)-0.5y(k-1)+0.25y(k-2)-0.125y(k-3)=2f(k)-2f(k-2)$$

用级联和并联形式模拟该系统。

8-20 某离散系统的系统函数 $H(z)=\dfrac{z^2+1}{z^2+0.5z+(K+1)}$，为使系统稳定，常数 K 应满足什

么条件?

8-21 某系统的系统函数是 $H(z)=\dfrac{2z(z-1)}{z^2+0.25}$,求下列输入时的稳态响应。

(a) $f(k)=4\varepsilon(k)$　　(b) $f(k)=4\cos(0.5\pi k+0.25\pi)$

8-22 对下列滤波器,画出其幅频谱图,并说明滤波器的类型。

(a) $h(k)=\delta(k)-\delta(k-2)$　　(b) $y(k)-0.25y(k-1)=f(k)-f(k-1)$

(c) $H(z)=(z-2)(z-0.5)^{-1}$

8-23 一个系统的冲激响应是 $h(k)=\delta(k)-\alpha\delta(k-1)$。确定 α,若系统要求下述作用,画出零极点分布图。

(a) 低通滤波器　(b) 高低滤波器　(c) 全通滤波器

应用 Matlab 的练习题

8-24 已知系统函数为 $H(z)=\dfrac{z^2}{z^2-(1/6)z-(1/6)}$,求单位冲激响应,并画出系统的零极点分布图和冲激响应波形。

8-25 求 $y(k)-y(k-1)+0.9y(k-2)=2f(k)+3f(k-1)$ 的单位冲激响应。

8-26 已知离散系统的系统函数为 $H(z)=\dfrac{(z^2+z)}{(z-0.4)(z+0.6)}$,收敛域为 $|z|>0.6$,求系统的单位冲激响应和单位阶跃响应。

8-27 用 Matlab 编程,求差分方程

$$y(k)-0.95y(k-1)+0.9025y(k-2)=(1/3)[f(k)+f(k-1)+f(k-2)]$$

式中:$f(k)=\cos(\pi k/3)$,$y(-1)=-2$,$y(-2)=-3$,$f(-1)=f(-2)=1$。

8-28 因果线性非时变系统 $y(k)=0.81y(k-1)+f(k)-f(k-2)$,求系统的冲激响应 $h(k)$,单位阶跃 $\varepsilon(k)$ 的响应,$H(e^{j\omega})$,并绘出幅频和相频特性曲线。

系统的状态变量分析

本章首先建立状态、状态变量和状态方程的概念；系统地讨论连续系统与离散系统状态方程的建立方法，包括电网络的状态方程、由微分方程(差分方程)或系统函数所描述系统的状态方程的建立方法；对连续系统和离散系统状态方程的求解也进行详细介绍，包括时域解法和变换域解法。

9.1 引言

系统的分析方法有两类：即输入/输出法和状态变量法。前面几章讨论的方法主要应用于单输入/单输出系统。输入/输出法在经典理论中占有重要地位，特别是分析单输入/单输出系统时，显得比较简单方便。因为此法容易建立响应 $y(\cdot)$ 和激励 $f(\cdot)$ 之间的关系，从而容易求得响应 $y(\cdot)$。但不论是在时域还是在频域，这种描述方法都是用 $h(t)$ 或 $h(k)$ 来表征整个系统的外部特征的，关心的只是系统的输入和输出，而不涉及系统的内部结构。因此，线性非时变系统的输入/输出描述法是一种“黑盒子”的方法。但如果系统是多输入/多输出系统，则用输入/输出法将很麻烦，特别是现代控制理论中，有时输入/输出法就无能为力了，因为它不能研究系统内部情况的各种问题。

要解决上述问题，不仅要关心系统的输出，而且对系统内部的一些变量也要进行研究，以便设计系统的结构和参量达到最优控制，这就需要以系统内部变量为基础的状态变量分析法(可称为内部法)。状态变量分析法对多输入/多输出系统较方便，容易推广。可应用于时变系统或非线性系统。另外，从系统计算机仿真的观点看，一般来说状态变量法是最为有效的方法。正是这些特性，使我们更倾向于采用状态变量法来处理复杂的系统。

9.2 状态及状态方程的概念

什么是系统的状态和状态变量?状态变量如何选取?什么是状态方程?本节将对这些问题进行叙述。

9.2.1 状态和状态变量

为了说明状态和状态变量的概念，现以一个简单的 RLC 并联电路为例。

【例 9.1】 图 9-1 所示 RLC 并联电路中，选电感电流(用 x_1 表示)、电容电压(用 x_2 表示)为状态变量，写出状态方程。

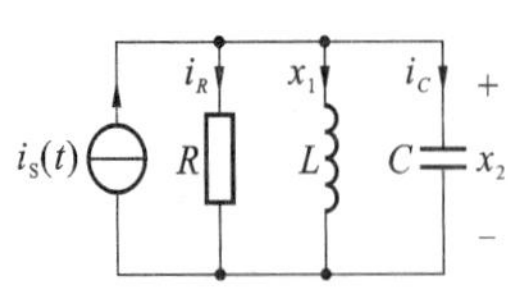

图 9-1　RLC 并联电路

解　电阻的伏安关系为　$i_R(t)=(1/R)x_2(t)$

电感的伏安关系为　$x_2(t)=L[\mathrm{d}x_1(t)/\mathrm{d}t]$　(1)

电容的伏安关系为　$i_C(t)=C[\mathrm{d}x_2(t)/\mathrm{d}t]$　(2)

根据 KCL 有　$i_R(t)+x_1(t)+i_C(t)=i_S(t)$　(3)

状态变量 $x_1(t)$、$x_2(t)$ 的一阶导数由式(1)、式(2)、式(3)可表示为

$$\frac{\mathrm{d}x_1(t)}{\mathrm{d}t}=\frac{1}{L}x_2(t),\quad \frac{\mathrm{d}x_2(t)}{\mathrm{d}t}=\frac{1}{C}\left[-x_1(t)-\frac{1}{R}x_2(t)+i_S(t)\right] \tag{4}$$

这是以 $x_1(t)$、$x_2(t)$ 为状态变量的一阶微分方程组。式(4)就称为状态方程。将状态方程写成矩阵的形式为

$$\begin{bmatrix}\dot{x}_1\\ \dot{x}_2\end{bmatrix}=\begin{bmatrix}0 & 1/L\\ -1/C & -1/RC\end{bmatrix}\begin{bmatrix}x_1\\ x_2\end{bmatrix}+\begin{bmatrix}0\\ 1/C\end{bmatrix}i_S(t) \tag{5}$$

式中：$\dot{x}_1$ 表示 $\mathrm{d}x_1(t)/\mathrm{d}t$；$\dot{x}_2$ 表示 $\mathrm{d}x_2(t)/\mathrm{d}t$。这种表示更加简捷。实际上，电路的输出信号可能由多个状态变量以及输入信号的作用组合而成，于是还需列写输出方程。对于图 9-1 所示的电路，若令电容电压为输出信号，用 $y(t)$ 表示，则有

$$y(t)=\begin{bmatrix}0 & 1\end{bmatrix}\begin{bmatrix}x_1\\ x_2\end{bmatrix} \tag{6}$$

式(5)和式(6)合称为系统的动态方程或系统的状态变量表达式。当系统的阶次较高因而状态变量增多时，式(5)和式(6)矩阵的维数也相应要增加，但系统状态方程和输出方程的形式与式(5)和式(6)是相同的。

系统的状态变量的定义如下。

动态系统的状态是表示系统的一组最少变量(称为状态变量)所描述的，它能满足如下两条要求：

(1) 只要知道 $t=t_0$ 时这组变量和 $t\geqslant t_0$ 的输入函数；

(2) 就能决定 $t\geqslant t_0$ 的系统的全部的其他变量。

但系统的状态变量不是唯一的。

在例 9.1 中，只要知道电感电流 $x_1(t)$ 和电容电压 $x_2(t)$ 的初始条件和激励信号 $i_S(t)$，就可确定电路其他变量。为了加深印象，下面再举例说明。

【例 9.2】 如图 9-2 所示电路中，选 x_1、x_2 为状态变量。今已知 $t=1$ s时的状态为 $x_1(1)=5$ V，$x_2(1)=2$ A；激励 $f(t)=7$ V。试求 $t=1$ s时的 $i_1(1)$、$i_2(1)$、$i_C(1)$、$u_3(1)$。

解　各电压、电流计算如下：

$$i_1(1)=f(1)-x_1(1)=(7-5)\text{ A}=2\text{ A},\quad i_2(1)=x_1(1)/5=1\text{ A}$$

$$u_3(1)=3\times x_2(1)=6\text{ V},i_C(1)=i_1(1)-i_2(1)-x_2(1)=(2-1-2)\text{ A}=-1\text{ A}$$

此题说明，只要知道状态 $x_1(t)$ 和 $x_2(t)$ 在 $t=1$ s 的状态和激励信号 $i_S(t)$，就可确定电路其他变量。

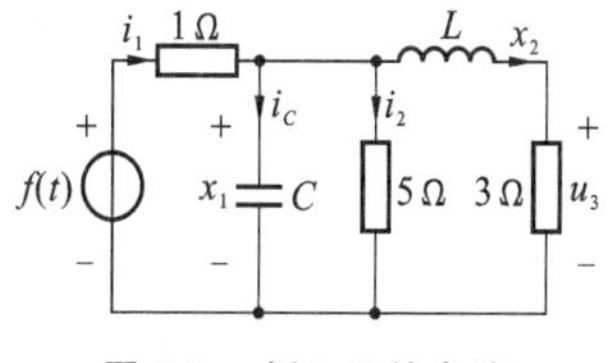

图 9-2 例 9.2 的电路

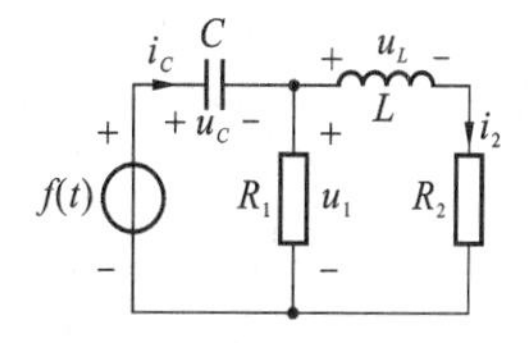

图 9-3 例 9.3 的电路

【例 9.3】 如图 9-3 所示电路中，下面几组变量是否可以作为状态变量？

(a) $u_L(t), i_2(t)$ (b) $u_C(t), i_C(t)$ (c) $u_C(t), u_1(t)$

解 (a) 首先看两个变量是否相互独立

$$u_L(t) = L[\mathrm{d}i_2(t)/\mathrm{d}t]$$

显然，$u_L(t), i_2(t)$ 是相互独立的，即不是线性相关的；再检验是否能用它们表示其他任意变量。

$$u_C(t) = f(t) - u_L(t) - R_2 i_2(t), \quad u_1(t) = R_2 i_2(t) + u_L(t)$$

$$i_C(t) = [u_1(t)/R_1] + i_2(t) = (R_2/R_1) i_2(t) + (1/R_1) u_L(t) + i_2(t)$$

可见，$u_L(t), i_2(t)$ 可以作为状态变量。

(b) 首先看两个变量是否相互独立

$$i_C(t) = C[\mathrm{d}u_C(t)/\mathrm{d}t]$$

显然，$u_C(t), i_C(t)$ 是相互独立的，即不是线性相关的；再检验能否用它们表示其他变量。

$$u_1(t) = f(t) - u_C(t), \quad u_L(t) = f(t) - u_C(t) - R_2 i_2(t)$$

$$i_2(t) = i_C(t) - (u_1(t)/R_1) = i_C(t) - (1/R_1) f(t) - (1/R_1) u_C(t)$$

可见，$u_C(t), i_C(t)$ 可以作为状态变量。

(c) 首先看两个变量是否相互独立

$$u_C(t) = f(t) - u_1(t)$$

显然，$u_C(t), u_1(t)$ 不是相互独立的，所以不能作为状态变量。

*9.2.2 状态变量的选取

状态变量的选取一般不是唯一的，对于同一个系统，选择不同的状态变量可得出不同的状态方程。但状态变量间必须是相互独立的，它们之间不能互求。比如，对于线性非时变电路，选取状态变量最常用的方法是，选取全部独立的电容电压和电感电流，即储能元件的个数就是状态变量的个数。从上面三个例子就可以看出来。但并不是所以网络都是这样，下面两类网络就是特殊情况，储能元件的个数并不是状态变量的个数。

1. 纯电容构成的回路

如图 9-4(a) 所示的电路是一个含有电容的回路，电容电压之间的关系为

$$u_{C1} = u_{C2} + u_{C3}$$

任一电容电压都能由其余两个电容电压表示，因而若选电压为状态变量，则它们之中只有两个是独立的。图 9-4(b) 所示电路是只含有电容和电压源构成的回路，根据 KVL，有

$$u_{C1} = u_{C2} + e(t)$$

可见，只有一个电容电压是独立的，因此只能选其中之一作为独立的状态变量。

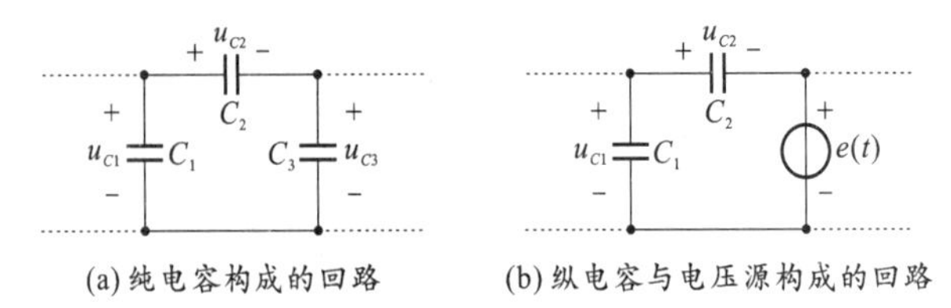

(a) 纯电容构成的回路　　(b) 纵电容与电压源构成的回路

图 9-4　纯电容及电压源构成的回路

2. 纯电感构成的割集

图 9-5(a) 和(b) 所示的是只含有电感(或只含有电感和理想电流源) 的节点或割集。根据 KCL，图 9-5(a) 中任一电感电流都能由其余两个电流表示，即

$$i_{L1}+i_{L2}+i_{L3}=0$$

因而若选电感电流为状态变量，则它们中只有两个是独立的；对于图 9-5(b) 所示电路，在

$$i_{L1}+i_{L2}+i_{S}=0$$

两个电感电流中只能选其中一个为独立的状态变量。

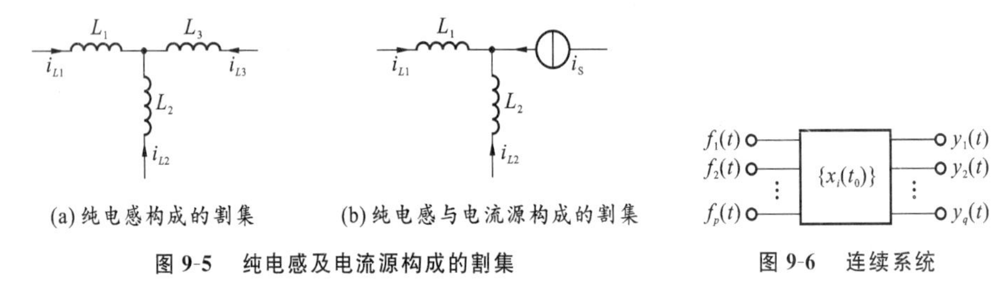

(a) 纯电感构成的割集　　(b) 纯电感与电流源构成的割集

图 9-5　纯电感及电流源构成的割集　　**图 9-6　连续系统**

9.2.3　状态方程的一般形式

1. 连续系统

设有一个 n 阶多输入 / 多输出连续系统如图 9-6 所示。它有 p 个输入 $f_1(t)$，$f_2(t)$，…，$f_p(t)$ 和 q 个输出 $y_1(t)$，$y_2(t)$，…，$y_q(t)$，现将系统的 n 个状态变量记为 $x_1(t)$，$x_2(t)$，…，$x_n(t)$。

由于在连续时间系统中，状态变量是连续时间函数，因此，对于线性的因果系统，在任意瞬时，状态变量的一阶导数是状态变量和输入的函数，它可以写为

$$\begin{bmatrix}\dot{x}_1(t)\\ \dot{x}_2(t)\\ \vdots\\ \dot{x}_n(t)\end{bmatrix}=\begin{bmatrix}a_{11} & a_{12} & \cdots & a_{1n}\\ a_{21} & a_{22} & \cdots & a_{2n}\\ \vdots & & & \vdots\\ a_{n1} & a_{n2} & \cdots & a_{nn}\end{bmatrix}\begin{bmatrix}x_1(t)\\ x_2(t)\\ \vdots\\ x_n(t)\end{bmatrix}+\begin{bmatrix}b_{11} & b_{12} & \cdots & b_{1p}\\ b_{21} & b_{22} & \cdots & b_{2p}\\ \vdots & & & \vdots\\ b_{n1} & b_{n2} & \cdots & b_{np}\end{bmatrix}\begin{bmatrix}f_1(t)\\ f_2(t)\\ \vdots\\ f_p(t)\end{bmatrix}\tag{9-1}$$

式中：a_{ij}，b_{ij} 是由系统参数确定的系数，在线性非时变系统中它们都是常数；对于线性时

变系统它们则是时间的函数。

式(9-1)可简记为

$$\dot{\boldsymbol{x}}(t)=\boldsymbol{A}\cdot\boldsymbol{x}(t)+\boldsymbol{B}\cdot\boldsymbol{f}(t) \tag{9-2}$$

式中:$\boldsymbol{x}(t)=[x_1(t)\quad x_2(t)\quad\cdots\quad x_n(t)]^{\mathrm{T}}$ 为系统的状态向量;

$\dot{\boldsymbol{x}}(t)=[\dot{x}_1(t)\quad\dot{x}_2(t)\quad\cdots\quad\dot{x}_n(t)]^{\mathrm{T}}$ 为系统状态变量的一阶导数向量;

$\boldsymbol{f}(t)=[f_1(t)\quad f_2(t)\quad\cdots\quad f_p(t)]^{\mathrm{T}}$ 为输入信号的向量。

而

$$\boldsymbol{A}=\begin{bmatrix}a_{11}&a_{12}&\cdots&a_{1n}\\a_{21}&a_{22}&\cdots&a_{2n}\\\vdots&&&\vdots\\a_{n1}&a_{n2}&\cdots&a_{nn}\end{bmatrix},\quad\boldsymbol{B}=\begin{bmatrix}b_{11}&b_{12}&\cdots&b_{1p}\\b_{21}&b_{22}&\cdots&b_{2p}\\\vdots&&&\vdots\\b_{n1}&b_{n2}&\cdots&b_{np}\end{bmatrix} \tag{9-3}$$

式中:$\boldsymbol{A}$ 为 $n\times n$ 矩阵,称为系统矩阵;$\boldsymbol{B}$ 为 $n\times p$ 矩阵,称为控制矩阵。对于线性非时变系统,它们都是常量矩阵。

同理,也可写出输出方程为

$$\begin{bmatrix}y_1(t)\\y_2(t)\\\vdots\\y_q(t)\end{bmatrix}=\begin{bmatrix}c_{11}&c_{12}&\cdots&c_{1n}\\c_{21}&c_{22}&\cdots&c_{2n}\\\vdots&&&\vdots\\c_{q1}&c_{q2}&\cdots&c_{qn}\end{bmatrix}\begin{bmatrix}x_1\\x_2\\\vdots\\x_n\end{bmatrix}+\begin{bmatrix}d_{11}&d_{12}&\cdots&d_{1p}\\d_{21}&d_{22}&\cdots&d_{2p}\\\vdots&&&\vdots\\d_{q1}&d_{q2}&\cdots&d_{qp}\end{bmatrix}\begin{bmatrix}f_1(t)\\f_2(t)\\\vdots\\f_p(t)\end{bmatrix} \tag{9-4}$$

简记为

$$\boldsymbol{y}(t)=\boldsymbol{C}\cdot\boldsymbol{x}(t)+\boldsymbol{D}\cdot\boldsymbol{f}(t) \tag{9-5}$$

式中:

$$\boldsymbol{y}(t)=[y_1(t)\quad y_2(t)\cdots y_q(t)]^{\mathrm{T}} \tag{9-6}$$

是输出向量,而

$$\boldsymbol{C}=\begin{bmatrix}c_{11}&c_{12}&\cdots&c_{1n}\\c_{21}&c_{22}&\cdots&c_{2n}\\\vdots&&&\vdots\\c_{q1}&c_{q2}&\cdots&c_{qn}\end{bmatrix},\quad\boldsymbol{D}=\begin{bmatrix}d_{11}&d_{12}&\cdots&d_{1p}\\d_{21}&d_{22}&\cdots&d_{2p}\\\vdots&&&\vdots\\d_{q1}&d_{q2}&\cdots&d_{qp}\end{bmatrix} \tag{9-7}$$

式中:$\boldsymbol{C}$ 是 $q\times n$ 矩阵,称为输出矩阵;$\boldsymbol{D}$ 是 $q\times p$ 矩阵。对于线性非时变系统,它们都是常量矩阵。

2. 离散系统

类似地,对于线性离散系统,也可以用状态变量分析方法来分析。

设有一个 n 阶多输入/多输出离散系统如图 9-7 所示。它有 p 个输入 $f_1(k),f_2(k),\cdots,f_p(k)$ 和 q 个输出 $y_1(k),y_2(k),\cdots,y_q(k)$。现将系统的 n 个状态变量记为 $x_1(k),x_2(k),\cdots,x_n(k)$。

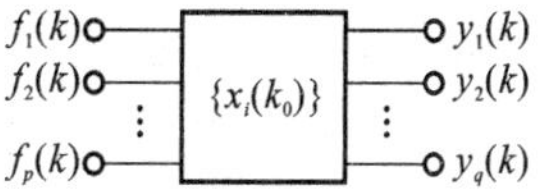

$f_1(k)$ $f_2(k)$ $\vdots$ $f_p(k)$ $\{x_i(k_0)\}$ $y_1(k)$ $y_2(k)$ $\vdots$ $y_q(k)$

图 9-7 离散系统

则此系统的状态方程为一阶独立的差分方程组,输出方程是含有状态变量的代数方程。

$$\boldsymbol{x}(k+1)=\boldsymbol{A}\cdot\boldsymbol{x}(k)+\boldsymbol{B}\cdot\boldsymbol{f}(k)$$

$$\boldsymbol{y}(k) = \boldsymbol{C} \cdot \boldsymbol{x}(k) + \boldsymbol{D} \cdot \boldsymbol{f}(k) \tag{9-8}$$

式中:$\boldsymbol{x}(k) = [x_1(k) \quad x_2(k) \quad \cdots \quad x_n(k)]^{\mathrm{T}}$ 是状态向量;$\boldsymbol{f}(k) = [f_1(k) \quad f_2(k) \quad \cdots \quad f_p(k)]^{\mathrm{T}}$ 是输入向量;$\boldsymbol{y}(k) = [y_1(k) \quad y_2(k) \quad \cdots \quad y_q(k)]^{\mathrm{T}}$ 是输出向量;$\boldsymbol{A}$、$\boldsymbol{B}$、$\boldsymbol{C}$ 和 $\boldsymbol{D}$ 矩阵为系数矩阵,形式与连续系统的相同。

9.3 状态方程的建立

状态变量分析法是以动态系统中的状态为变量列写的一阶微分(差分)方程组来描述系统的。状态方程的建立有多种方法,一般而言,动态系统(连续的或离散的)状态方程和输出方程可根据描述该系统的输入/输出方程(微分或差分方程)、系统函数、系统的模拟框图或信号流图等列出。对于电路,则可直接按电路图列出。下面分别介绍这些方法。

9.3.1 电网络的状态方程

为建立电路状态方程,首先要选择状态变量。对于线性非时变电路,通常选电容电压和电感电流为状态变量,这样便于用 KCL 和 KVL 列写状态方程。对于线性时变电路,常选电容电荷和电感电磁链为状态变量。这里主要讨论线性非时变电路。

需要指出,所选择的状态变量必须是相互独立的(即线性无关的)。

状态方程的标准形式(9-1)中,由状态变量本身和输入表示状态变量的一阶导数。由此应对接有电容的节点列写其电流方程;或利用包含电感的回路列写电压方程。根据电路结构直接列写系统的状态方程的方法通常称为直观法,其步骤如下。

(1) 选择所有独立电容电压、电感电流为状态变量。

(2) 对每个独立电容,列写独立节点电流方程,其中必然包括 $C[\mathrm{d}u_C(t)/\mathrm{d}t]$ 项;对每一个独立电感,列写独立回路电压方程,其中必然包括 $L[\mathrm{d}i_L(t)/\mathrm{d}t]$ 项(注意尽量将求导项放在方程左边)。

(3) 利用适当的辅助方程,消去非状态变量,整理成标准形式。

(4) 把状态方程和输出方程表示为矩阵形式。

下面用例子来说明由电路图列写状态方程的方法。

【例 9.4】 图 9-8 所示的是两个动态元件的二阶系统,图中 $i_S(t)$ 和 $u_S(t)$ 分别是电流源和电压源,$y_1(t)$ 和 $y_2(t)$ 分别为输出信号。选电容电压 $x_1(t)$ 和电感电流 $x_2(t)$ 为状态变量。试列写电路的状态方程和输出方程。

解 根据电容电流 $i_C(t) = C(\mathrm{d}x_1(t)/\mathrm{d}t)$,电感电压 $u_L(t) = L(\mathrm{d}x_2(t)/\mathrm{d}t)$,可列写连接电容支路的 A 节点电流方程,以及含有电感的回路电压方程,即

$$\begin{cases} C \cdot \dot{x}_1(t) = x_2(t) + (1/R_2)[u_S(t) - x_1(t)] \\ L \cdot \dot{x}_2(t) = -x_1(t) + R_1[i_S(t) - x_2(t)] \end{cases}$$

整理上式可得
$$\begin{cases}\dot{x}_1 = -(1/R_2C)x_1 + (1/C)x_2 + (1/R_2C)u_S(t)\\ \dot{x}_2 = -(1/L)x_1 - (R_1/L)x_2(t) + (R_1/L)i_S(t)\end{cases}$$

写成矩阵形式为
$$\begin{bmatrix}\dot{x}_1\\ \dot{x}_2\end{bmatrix} = \begin{bmatrix}-1/(R_2C) & (1/C)\\ -(1/L) & -(R_1/L)\end{bmatrix}\cdot\begin{bmatrix}x_1\\ x_2\end{bmatrix} + \begin{bmatrix}1/(R_2C) & 0\\ 0 & R_1/L\end{bmatrix}\cdot\begin{bmatrix}u_S(t)\\ i_S(t)\end{bmatrix}$$

输出方程为
$$\begin{cases}y_1(t) = -R_1x_2(t) + R_1i_S(t)\\ y_2(t) = x_1(t) - u_S(t)\end{cases}$$

写成矩阵形式为
$$\begin{bmatrix}y_1(t)\\ y_2(t)\end{bmatrix} = \begin{bmatrix}0 & -R_1\\ 1 & 0\end{bmatrix}\cdot\begin{bmatrix}x_1(t)\\ x_2(t)\end{bmatrix} + \begin{bmatrix}0 & R_1\\ -1 & 0\end{bmatrix}\cdot\begin{bmatrix}u_S(t)\\ i_S(t)\end{bmatrix}$$

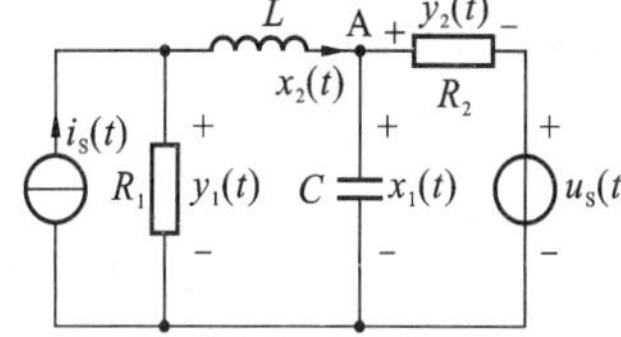

图 9-8　例 9.4 的电路

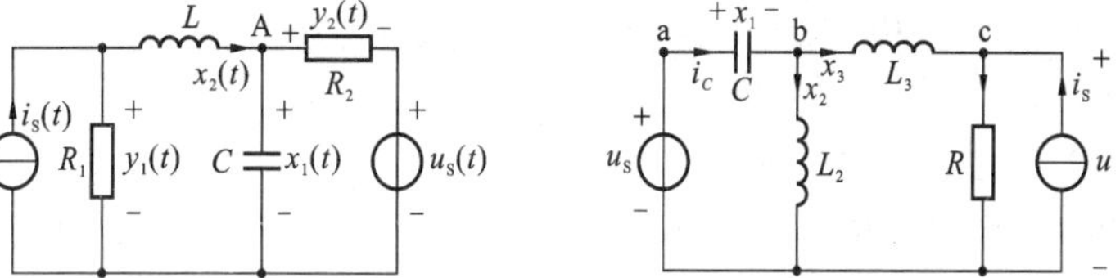

图 9-9　例 9.5 的电路

【例 9.5】　图 9-9 所示电路中电流 i_C 和电压 u 为输出，列写出状态方程和输出方程。

解　选电容电压和电感电流 i_{L2}、i_{L3} 为状态变量，并令

$$x_1 = u_C,\quad x_2 = i_{L2},\quad x_3 = i_{L3}$$

对状态变量列写一阶导数方程

$$\begin{cases}C\dot{x}_1 = x_2 + x_3\\ L_2\dot{x}_2 = u_S - u_C = u_S - x_1\\ L_3\dot{x}_3 = u_S - x_1 - u\end{cases}$$

消去非状态变量 u，这里 u 为

$$u = (i_{L3} + i_S)\cdot R = (x_3 + i_S)\cdot R$$

把 u 代入方程组，并整理成矩阵形式，有

$$\begin{bmatrix}\dot{x}_1\\ \dot{x}_2\\ \dot{x}_3\end{bmatrix} = \begin{bmatrix}0 & 1/C & 1/C\\ -1/L_2 & 0 & 0\\ -1/L_3 & 0 & -R/L_3\end{bmatrix}\cdot\begin{bmatrix}x_1\\ x_2\\ x_3\end{bmatrix} + \begin{bmatrix}0 & 0\\ 1/L_2 & 0\\ 1/L_2 & -R/L_3\end{bmatrix}\cdot\begin{bmatrix}u_S\\ i_S\end{bmatrix}$$

输出方程为　$y_1 = i_C = x_2 + x_3$，　$y_2 = u = R(x_3 + i_S) = Rx_3 + Ri_S$

写成矩阵形式为

$$\begin{bmatrix}y_1\\ y_2\end{bmatrix} = \begin{bmatrix}i_C\\ u\end{bmatrix} = \begin{bmatrix}0 & 1 & 1\\ 0 & 0 & R\end{bmatrix}\cdot\begin{bmatrix}x_1\\ x_2\\ x_3\end{bmatrix} + \begin{bmatrix}0 & 0\\ 0 & R\end{bmatrix}\cdot\begin{bmatrix}u_S\\ i_S\end{bmatrix}$$

【例 9.6】　图 9-10 所示电路中电压 u 为输出，列写出状态方程和输出方程。

解　选电感电流 $i_L(t)$，电容电压 $u_{C1}(t)$，$u_{C2}(t)$ 为状态变量，分别列写连接电容的节点电流方程和包含电感的回路电压方程。列回路 Ⅰ 电压方程，有

$$0.5[\mathrm{d}i_L(t)/\mathrm{d}t] = -u_{C1}(t) + u_S(t) \tag{1}$$

列节点A电流方程,有 $\quad [\mathrm{d}u_{C1}(t)/\mathrm{d}t] = i_L(t) + i_{R1}(t) - i_{R2}(t) \qquad (2)$

列节点B电流方程,有 $\quad [\mathrm{d}u_{C2}(t)/\mathrm{d}t] = i_{R1}(t) - i_{R2}(t) \qquad (3)$

将以上方程中的非状态变量项用状态变量代替,即设法消去非状态变量,有

$$\begin{cases} i_{R1}(t) = u_S(t) - u_{C1}(t) - u_{C2}(t) \\ i_{R2}(t) = u_{C1}(t) + u_{C2}(t) \end{cases} \tag{4}$$

将式(4)代入式(2)、式(3),消去 $i_{R1}(t)$ 和 $i_{R2}(t)$。令 $x_1 = i_L$、$x_2 = u_{C1}$、$x_3 = u_{C2}$,并整理得

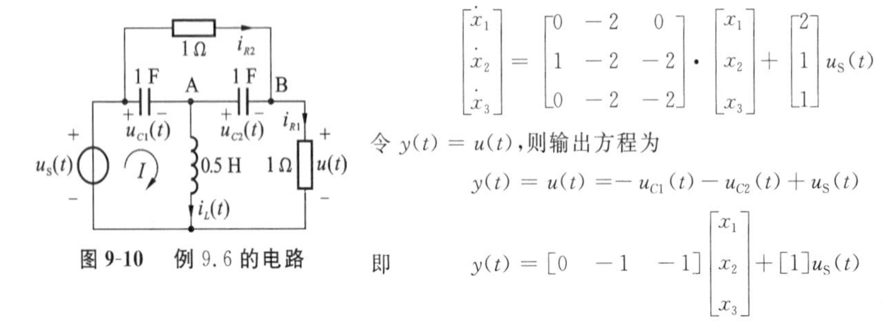

图 9-10 例 9.6 的电路

$$\begin{bmatrix} \dot{x}_1 \\ \dot{x}_2 \\ \dot{x}_3 \end{bmatrix} = \begin{bmatrix} 0 & -2 & 0 \\ 1 & -2 & -2 \\ 0 & -2 & -2 \end{bmatrix} \cdot \begin{bmatrix} x_1 \\ x_2 \\ x_3 \end{bmatrix} + \begin{bmatrix} 2 \\ 1 \\ 1 \end{bmatrix} u_S(t)$$

令 $y(t) = u(t)$,则输出方程为

$$y(t) = u(t) = -u_{C1}(t) - u_{C2}(t) + u_S(t)$$

即

$$y(t) = \begin{bmatrix} 0 & -1 & -1 \end{bmatrix} \begin{bmatrix} x_1 \\ x_2 \\ x_3 \end{bmatrix} + [1] u_S(t)$$

9.3.2 由系统函数求状态方程

一般连续系统的状态方程和输出方程可根据描述系统的微分方程或系统函数、模拟框图、信号流图等列出。对于单输入/单输出系统,可以用系统方框图或信号流图法、系统函数表示。由于它们之间有十分简明的对应关系,相互容易导出,而信号流图更为简练、直观,因而这里着重分析由系统方框图或信号流图列写法。系统有三种模拟方式。

1. 直接模拟

下面以三阶系统为例,已知系统函数为

$$H(s) = \frac{b_3 s^2 + b_2 s^2 + b_1 s + b_0}{s^3 + a_2 s^2 + a_1 s + a_0} \tag{9-9}$$

信号流图如图 9-11 所示。

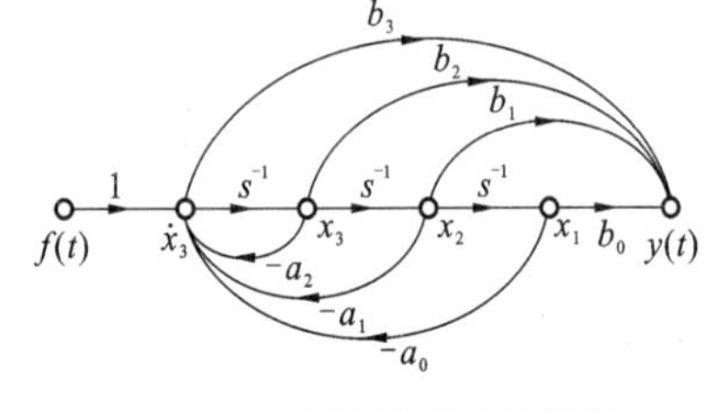

图 9-11 式(9-9)的信号流图

设积分器输出作为状态变量,则有 $\dot{x}_1 = x_2$,$\dot{x}_2 = x_3$,$\dot{x}_3 = -a_2 x_3 - a_1 x_2 - a_0 x_1 + f(t)$,所以,状态方程为

$$\begin{bmatrix} \dot{x}_1 \\ \dot{x}_2 \\ \dot{x}_3 \end{bmatrix} = \begin{bmatrix} 0 & 1 & 0 \\ 0 & 0 & 1 \\ -a_0 & -a_1 & -a_2 \end{bmatrix} \begin{bmatrix} x_1 \\ x_2 \\ x_3 \end{bmatrix} + \begin{bmatrix} 0 \\ 0 \\ 1 \end{bmatrix} f(t) \tag{9-10}$$

输出方程为

$$\begin{aligned} y(t) &= b_0 x_1 + b_1 x_2 + b_2 x_3 + b_3 \dot{x}_3 \\ &= b_0 x_1 + b_1 x_2 + b_2 x_3 + b_3[-a_2 x_3 - a_1 x_2 - a_0 x_1 + f(t)] \\ &= (b_0 - a_0 b_3) x_1 + (b_1 - a_1 b_3) x_2 + (b_2 - a_2 b_3) x_3 + b_3 f(t) \end{aligned}$$

即
$$\boldsymbol{y}(t)=\begin{bmatrix}b_0-a_0b_3 & b_1-a_1b_3 & b_2-a_2b_3\end{bmatrix}\begin{bmatrix}x_1\\x_2\\x_3\end{bmatrix}+b_3f(t) \tag{9-11}$$

若系统函数为真分式，即
$$H(s)=\frac{b_1s+b_0}{s^3+a_2s^2+a_1s+a_0} \tag{9-12}$$
信号流图如图 9-12 所示，则有 $\dot{x}_1=x_2$，$\dot{x}_2=x_3$，$\dot{x}_3=-a_2x_3-a_1x_2-a_0x_1+f(t)$，所以，状态方程为
$$\begin{bmatrix}\dot{x}_1\\\dot{x}_2\\\dot{x}_3\end{bmatrix}=\begin{bmatrix}0&1&0\\0&0&1\\-a_0&-a_1&-a_2\end{bmatrix}\begin{bmatrix}x_1\\x_2\\x_3\end{bmatrix}+\begin{bmatrix}0\\0\\1\end{bmatrix}\boldsymbol{f}(t) \tag{9-13}$$
可见，状态方程没有改变，与式(9-10)相同。输出方程为
$$y(t)=b_0x_1+b_1x_2$$
即
$$\boldsymbol{y}(t)=\begin{bmatrix}b_0&b_1&0\end{bmatrix}\begin{bmatrix}x_1\\x_2\\x_3\end{bmatrix} \tag{9-14}$$
显然，输出方程改变了。

下面讨论同一个系统采用不同的信号流图表示时，对状态方程和输出方程有什么影响。将图 9-12 所示的信号流图转换成转置形式，如图 9-13 所示。

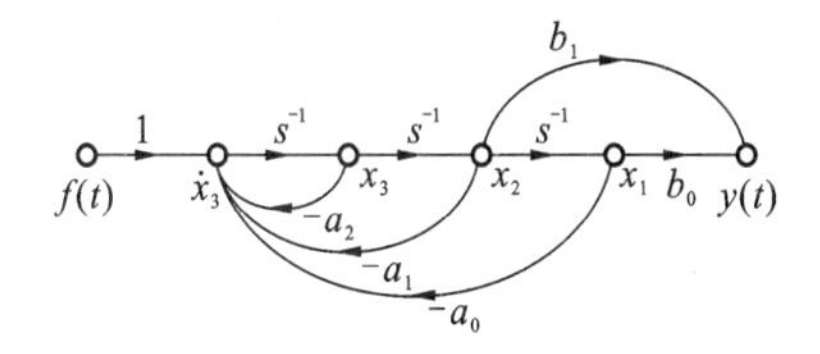

图 9-12　式(9-12)的信号流图

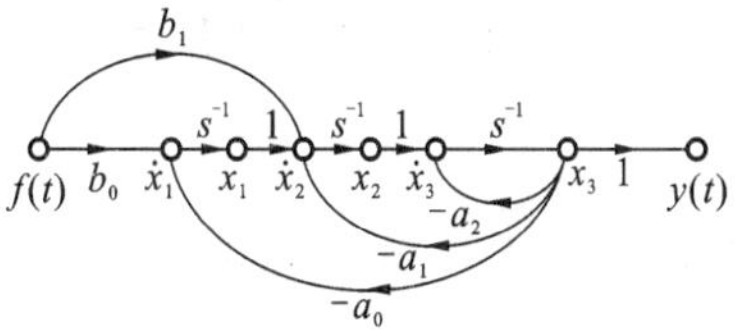

图 9-13　图 9-12 信号流图的转置

设积分器输出作为状态变量，则有

$\dot{x}_1=-a_0x_3+b_0f(t)$，$\dot{x}_2=x_1-a_1x_3+b_1f(t)$，$\dot{x}_3=x_2-a_2x_3$，$y(t)=x_3$，

所以，状态方程和输出方程分别为
$$\begin{bmatrix}\dot{x}_1\\\dot{x}_2\\\dot{x}_3\end{bmatrix}=\begin{bmatrix}0&0&-a_0\\1&0&-a_1\\0&1&-a_2\end{bmatrix}\begin{bmatrix}x_1\\x_2\\x_3\end{bmatrix}+\begin{bmatrix}b_0\\b_1\\0\end{bmatrix}\boldsymbol{f}(t) \tag{9-15}$$
$$\boldsymbol{y}(t)=\begin{bmatrix}0&0&1\end{bmatrix}\begin{bmatrix}x_1\\x_2\\x_3\end{bmatrix} \tag{9-16}$$
比较式(9-13)、式(9-14)与式(9-15)、式(9-16)，可以发现各系数矩阵之间存在转置关系。

两个系统的**A**是互为转置的,**B**和**C**也是互为转置的。同时也说明,同一系统,有不同的状态方程和输出方程的形式。

2. 并联模拟

用并联结构形式来表示式(9-12),并建立状态方程和输出方程。式(9-12)按部分分式法展开为

$$H(s)=\frac{K_1}{s-\lambda_1}+\frac{K_2}{s-\lambda_2}+\frac{K_3}{s-\lambda_3} \tag{9-17}$$

信号流图如图9-14所示。它由三个一阶节并联构成。

设积分器输出作为状态变量,则有 $\dot{x}_1=\lambda_1 x_1+f(t)$,$\dot{x}_2=\lambda_2 x_2+f(t)$,$\dot{x}_3=\lambda_3 x_3+f(t)$,$y(t)=K_1x_1+K_2x_2+K_3x_3$,所以,状态方程和输出方程分别为

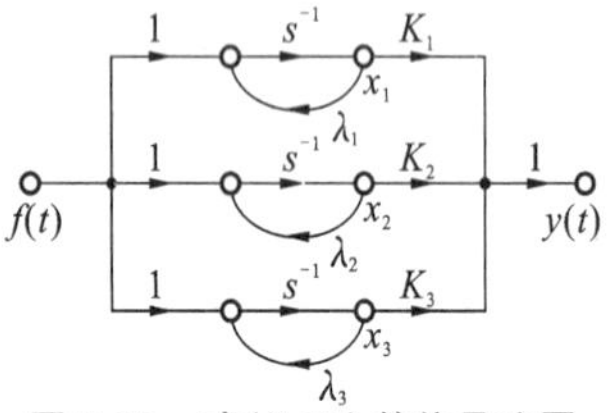

图9-14 式(9-17)的信号流图

$$\begin{bmatrix}\dot{x}_1\\ \dot{x}_2\\ \dot{x}_3\end{bmatrix}=\begin{bmatrix}\lambda_1 & 0 & 0\\ 0 & \lambda_2 & 0\\ 0 & 0 & \lambda_3\end{bmatrix}\begin{bmatrix}x_1\\ x_2\\ x_3\end{bmatrix}+\begin{bmatrix}1\\ 1\\ 1\end{bmatrix}\boldsymbol{f}(t) \tag{9-18}$$

$$\boldsymbol{y}(t)=\begin{bmatrix}K_1 & K_2 & K_3\end{bmatrix}\begin{bmatrix}x_1\\ x_2\\ x_3\end{bmatrix} \tag{9-19}$$

由上式可见,**A**矩阵为对角阵,对角元素为系统的特征根,这是一种很有用的形式。

3. 级联模拟

用级联结构形式也可以表示式(9-12),并建立状态方程和输出方程。若系统的特征根为 λ_1、λ_2、λ_3,则式(9-12)可表示为

$$H(s)=\frac{b_1 s+b_0}{s-\lambda_1}\cdot\frac{1}{s-\lambda_2}\cdot\frac{1}{s-\lambda_3} \tag{9-20}$$

信号流图如图9-15所示。它由三个一阶节点级联构成。

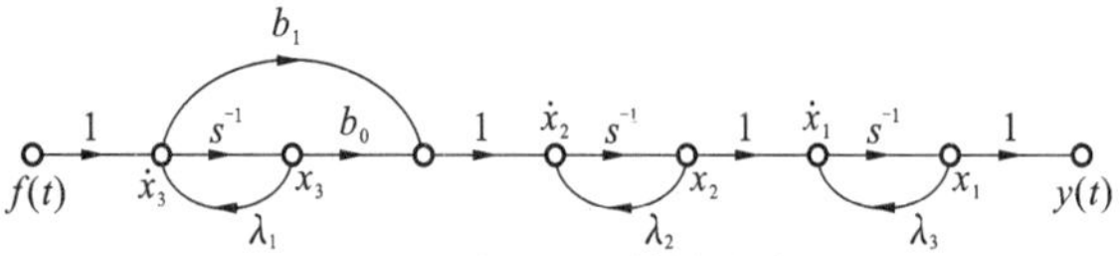

图9-15 式(9-20)的信号流图

设积分器输出作为状态变量,则有 $\dot{x}_1=\lambda_3 x_1+x_2$,$\dot{x}_3=\lambda_1 x_3+f(t)$,$\dot{x}_2=\lambda_2 x_2+b_0 x_3+b_1\dot{x}_3=\lambda_2 x_2+(b_0+b_1\lambda_1)x_3+b_1 f(t)$,$y(t)=x_1$,所以,状态方程和输出方程分别为

$$\begin{bmatrix}\dot{x}_1\\ \dot{x}_2\\ \dot{x}_3\end{bmatrix}=\begin{bmatrix}\lambda_3 & 1 & 0\\ 0 & \lambda_2 & b_0+b_1\lambda_1\\ 0 & 0 & \lambda_1\end{bmatrix}\begin{bmatrix}x_1\\ x_2\\ x_3\end{bmatrix}+\begin{bmatrix}0\\ b_1\\ 1\end{bmatrix}\boldsymbol{f}(t) \tag{9-21}$$

$$\boldsymbol{y}(t)=\begin{bmatrix}1 & 0 & 0\end{bmatrix}\begin{bmatrix}x_1\\ x_2\\ x_3\end{bmatrix} \tag{9-22}$$

由上式可见，**A** 矩阵为三角阵，对角元素为系统的特征根。以上从系统函数列写系统状态方程和输出方程的方法很容易推广到高阶系统。由系统函数画出信号流图或模拟框图，再列写状态方程的步骤可归纳如下。

(1) 将微分方程转换成对应的系统函数，按要求可以画出不同形式的信号流图。

(2) 选各积分器(或一阶子系统)的输出端信号作为状态变量 $x_i(t)$，则其输入端信号就可用相应状态变量的一阶导数 $\dot{x}_i(t)$ 表示。

(3) 在积分器(或一阶子系统)的输入端列写状态方程，然后整理成一般形式。

【例 9.7】 设系统的微分方程如下，试画出三种模拟形式的信号流图，写出状态方程和输出方程。

$$y'''(t)+8y''(t)+19y'(t)+12y(t)=4f'(t)+10f(t)$$

解　系统的转移函数为

$$H(s)=\frac{Y(s)}{F(s)}=\frac{4s+10}{s^3+8s^2+19s+12}=\frac{4s^{-2}+10s^{-3}}{1+8s^{-1}+19s^{-2}+12s^{-3}}$$

(a) 由直接模拟形式列写状态方程，上述系统的直接模拟图采用图 9-12 所示的形式。状态方程与式(9-13) 相似，输出方程与式(9-14) 相似，即

$$\begin{bmatrix}\dot{x}_1\\ \dot{x}_2\\ \dot{x}_3\end{bmatrix}=\begin{bmatrix}0 & 1 & 0\\ 0 & 0 & 1\\ -12 & -19 & -8\end{bmatrix}\begin{bmatrix}x_1\\ x_2\\ x_3\end{bmatrix}+\begin{bmatrix}0\\ 0\\ 1\end{bmatrix}\boldsymbol{f}(t),\quad \boldsymbol{y}(t)=\begin{bmatrix}10 & 4 & 0\end{bmatrix}\begin{bmatrix}x_1\\ x_2\\ x_3\end{bmatrix}$$

(b) 由并联模拟形式列写状态方程，系统函数的部分分式展开式为

$$H(s)=\frac{4s+10}{s^3+8s^2+19s+12}=\frac{1}{s+1}+\frac{1}{s+3}-\frac{2}{s+4}$$

系统的并联模拟图采用图 9-14 所示的形式。状态方程与式(9-18) 相似，输出方程与式(9-19) 相似，即

$$\begin{bmatrix}\dot{x}_1\\ \dot{x}_2\\ \dot{x}_3\end{bmatrix}=\begin{bmatrix}-1 & 0 & 0\\ 0 & -3 & 0\\ 0 & 0 & -4\end{bmatrix}\begin{bmatrix}x_1\\ x_2\\ x_3\end{bmatrix}+\begin{bmatrix}1\\ 1\\ 1\end{bmatrix}\boldsymbol{f}(t),\quad \boldsymbol{y}(t)=\begin{bmatrix}1 & 1 & -2\end{bmatrix}\begin{bmatrix}x_1\\ x_2\\ x_3\end{bmatrix}$$

(c) 由级联模拟形式列写状态方程，系统函数写为

$$H(s)=\frac{Y(s)}{F(s)}=\frac{4s+10}{s^3+8s^2+19s+12}=\frac{4s+10}{(s+1)}\cdot\frac{1}{(s+3)}\cdot\frac{1}{(s+4)}$$

系统的级联模拟图采用图 9-15 所示的形式。状态方程与式(9-21) 相似，输出方程与式(9-22) 相似，即

$$\begin{bmatrix}\dot{x}_1\\ \dot{x}_2\\ \dot{x}_3\end{bmatrix}=\begin{bmatrix}-4 & 1 & 0\\ 0 & -3 & 6\\ 0 & 0 & -1\end{bmatrix}\begin{bmatrix}x_1\\ x_2\\ x_3\end{bmatrix}+\begin{bmatrix}0\\ 4\\ 1\end{bmatrix}\boldsymbol{f}(t),\quad \boldsymbol{y}(t)=\begin{bmatrix}1 & 0 & 0\end{bmatrix}\begin{bmatrix}x_1\\ x_2\\ x_3\end{bmatrix}$$

由此例可以看出，对于同一个微分方程，根据不同的实现方法可得到不同形式的模拟框图和信号流图，从而状态方程和输出方程也不相同，也就是说，对同一个系统其状态变量的选取不是唯一的，其状态方程和输出方程也不是唯一的。

需要说明,这里的微分方程和状态方程都是系统的时域描述,而系统函数、信号流图则是系统的 s 域描述,二者的含义不同,不能混淆。不过,若撇开它们的具体含义,而只是把“s^{-1}”看做是积分器的“符号”,则它们并没有原则区别。因此,这里“形式”地运用系统函数和 s 域信号流图,以它们为中介,列出系统的状态方程,使其更简便,更直观。

例 9.7 的系统有三种不同的状态方程和输出方程其最终结果是否相同呢?为了证实这个问题,用 Matlab 计算一下。程序如下。

```
% 验证例 9.7 三种状态方程的结果的正确性   LT9_7.m
t=0:0.02:6;
a=[1 8 19 12];
b=[4 10];
step(b,a,t);hold on          % 用系统函数直接画阶跃响应波形,颜色蓝色
                             % 直接模拟形式的状态方程
A=[0 1 0;0 0 1;-12-19-8];B=[0 0 1]';C=[10 4 0];D=[0];
zi=[0 0 0];                  % 初始条件为零
x=ones(1,length(t));         % 输入信号为阶跃函数
sys=ss(A,B,C,D);
y=lsim(sys,x,t,zi);          % 数值计算
plot(t,y,'m-')               % 画出波形,颜色品红
                             % 并联模拟形式的状态方程
A=[-1 0 0;0-3 0;0 0-4];B=[1 1 1]';C=[1 1-2];D=[0];
y=lsim(sys,x,t,zi);
plot(t,y,'r-')               % 画出波形,颜色大红
                             % 级联模拟形式的状态方程
A=[-4 1 0;0-3 6;0 0-1];B=[0 4 1]';C=[1 0 0];D=[0];
y=lsim(sys,x,t,zi);
plot(t,y,'k-');hold off      % 画出波形,颜色黑色
```

显示的阶跃响应波形如图 9-16 所示,四条曲线是重合的。

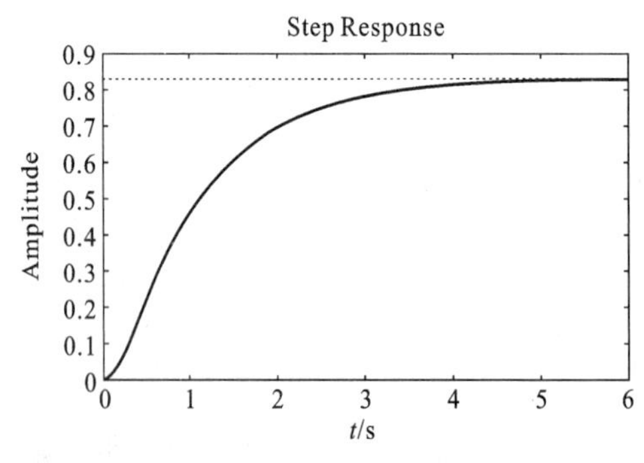

图 9-16　例 9.7 的阶跃响应波形

*9.3.3 由微分方程组或方框图求状态方程

由微分方程组或方框图所描述的系统，如何求出其状态方程？下面举例说明。

【例 9.8】 系统框图如图 9-17 所示，试求其状态方程和输出方程。

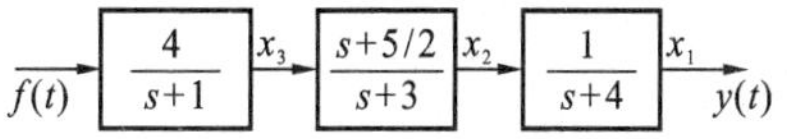

图 9-17 例 9.8 的系统框图

解 可以直接在系统框图上设一阶子系统的输出为状态变量。三个子系统输出与输入之间的关系分别为

$$\frac{X_1(s)}{X_2(s)}=\frac{1}{s+4},\quad \frac{X_2(s)}{X_3(s)}=\frac{s+(5/2)}{s+3},\quad \frac{X_3(s)}{F(s)}=\frac{4}{s+1}$$

由上式得

$$\dot{x}_1=-4x_1+x_2,\quad \dot{x}_3=-x_3+4f(t)$$

$$\dot{x}_2=-3x_2+\dot{x}_3+\frac{5}{2}x_3=-3x_2+\frac{3}{2}x_3+4f(t)$$

$$y(t)=x_1$$

所以，状态方程和输出方程分别为

$$\begin{bmatrix}\dot{x}_1\\ \dot{x}_2\\ \dot{x}_3\end{bmatrix}=\begin{bmatrix}-4 & 1 & 0\\ 0 & -3 & \frac{3}{2}\\ 0 & 0 & -1\end{bmatrix}\begin{bmatrix}x_1\\ x_2\\ x_3\end{bmatrix}+\begin{bmatrix}0\\ 4\\ 4\end{bmatrix}f(t),\quad y(t)=\begin{bmatrix}1 & 0 & 0\end{bmatrix}\begin{bmatrix}x_1\\ x_2\\ x_3\end{bmatrix}$$

【例 9.9】 描述系统的微分方程组如下，试求状态方程和输出方程。

$$\dot{y}_1(t)+y_2(t)=f_1(t)$$

$$\ddot{y}_2(t)+\dot{y}_1(t)+\dot{y}_2(t)+y_1(t)=f_2(t)$$

解 这是一个二输入/二输出系统，其方程可写为

$$\dot{y}_1(t)=f_1(t)-y_2(t)$$

$$\ddot{y}_2(t)=f_2(t)-\dot{y}_1(t)-\dot{y}_2(t)-y_1(t)$$

根据上式的因果关系，可以画出系统框图如图 9-18 所示。

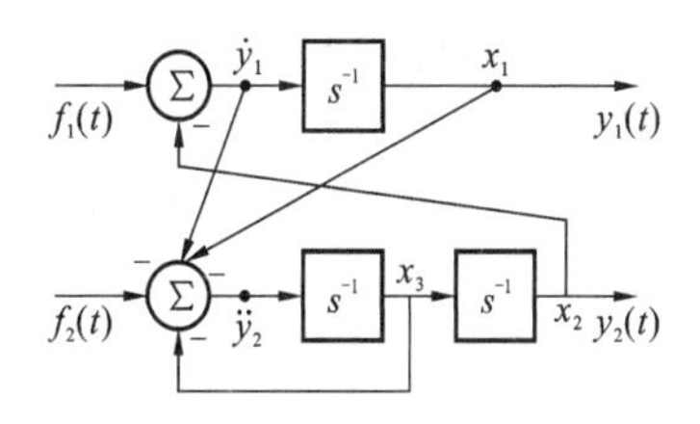

图 9-18 例 9.9 的系统框图

设积分器输出作为状态变量，则有

$$\dot{x}_1=f_1(t)-x_2,\quad \dot{x}_2=x_3$$

$$\dot{x}_3=f_2(t)-x_3-x_1-f_1(t)+x_2$$

所以，状态方程和输出方程分别为

$$\begin{bmatrix}\dot{x}_1\\ \dot{x}_2\\ \dot{x}_3\end{bmatrix}=\begin{bmatrix}0 & -1 & 0\\ 0 & 0 & 1\\ -1 & 1 & -1\end{bmatrix}\begin{bmatrix}x_1\\ x_2\\ x_3\end{bmatrix}+\begin{bmatrix}1 & 0\\ 0 & 0\\ -1 & 1\end{bmatrix}\begin{bmatrix}f_1(t)\\ f_2(t)\end{bmatrix},\quad \begin{bmatrix}y_1\\ y_2\end{bmatrix}=\begin{bmatrix}1 & 0\\ 0 & 1\end{bmatrix}\begin{bmatrix}x_1\\ x_2\end{bmatrix}$$

【例 9.10】 一个线性非时变系统有两个输入 $f_1(t)$、$f_2(t)$ 和两个输出 $y_1(t)$、$y_2(t)$，描述该系统的方程如下，试写出该系统的状态方程和输出方程。

$$\dot{y}_1(t)+2y_1(t)-3y_2(t)=f_1(t)$$

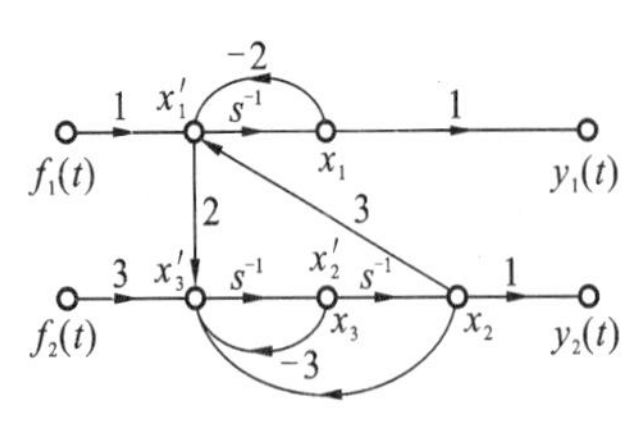

图 9-19 例 9.10 的信号流图

$$\ddot{y}_2(t)+3y_2'(t)+y_2(t)-2y_1'(t)=3f_2(t)$$

解 将以上二式改写为

$$\dot{y}_1(t)=-2y_1(t)+3y_2(t)+f_1(t)$$

$$\ddot{y}_2(t)=-3y_2'(t)-y_2(t)+2y_1'(t)+3f_2(t)$$

按上式令 $x_1=y_1, x_2=y_2$,不难画出其信号流图如图 9-19 所示。选各积分器的输出端为状态变量,可列写出各积分器输入端信号为

$$\dot{x}_1=-2x_1+3x_2+f_1,\quad \dot{x}_2=x_3$$

$$\dot{x}_3=-3x_3-x_2+2x_1+3f_2=-4x_1+5x_2-3x_3+2f_1+3f_2$$

$$y_1=x_1,\quad y_2=x_2$$

写成矩阵形式,得其状态方程和输出方程分别为

$$\begin{bmatrix}\dot{x}_1\\ \dot{x}_2\\ \dot{x}_3\end{bmatrix}=\begin{bmatrix}-2 & 3 & 0\\ 0 & 0 & 1\\ -4 & 5 & -3\end{bmatrix}\cdot\begin{bmatrix}x_1\\ x_2\\ x_3\end{bmatrix}+\begin{bmatrix}1 & 0\\ 0 & 0\\ 2 & 3\end{bmatrix}\cdot\begin{bmatrix}f_1\\ f_2\end{bmatrix},\quad \begin{bmatrix}y_1\\ y_2\end{bmatrix}=\begin{bmatrix}1 & 0 & 0\\ 0 & 1 & 0\end{bmatrix}\cdot\begin{bmatrix}x_1\\ x_2\\ x_3\end{bmatrix}$$

9.3.4 离散时间系统状态方程的建立

离散时间系统状态方程的建立方法和连续时间系统的相仿,从信号流图上比较容易得出其方程,若已知离散系统的差分方程,则先画出信号流图或模拟框图。由信号流图或模拟框图列写状态方程的步骤如下。

(1) 选各延迟器(或一阶子系统)的输出端信号作为状态变量 $x_i(k)$,则其输入端信号就可用相应状态变量的前向移序 $x_i(k+1)$ 表示。

(2) 在延迟器的输入端列写状态方程,然后整理成一般形式。

【例 9.11】 描述离散系统的差分方程如下,试列写其状态方程和输出方程。

$$y(k)+2y(k-1)-3y(k-2)+4y(k-3)=f(k-1)+2f(k-2)-3f(k-3)$$

解 由上述差分方程可写出该系统的系统函数为

$$H(z)=\frac{z^{-1}+2z^{-2}-3z^{-3}}{1+2z^{-1}-3z^{-2}+4z^{-3}}$$

根据系统函数可画出其 z 域信号流图,如图 9-20 所示。

设每个延迟器的输出端的信号为状态变量 $x_1(k)$、$x_2(k)$、$x_3(k)$,状态方程和输出方程分别为

$$x_1(k+1)=x_2(k),\quad x_2(k+1)=x_3(k)$$

$$x_3(k+1)=-4x_1(k)+3x_2(k)-2x_3(k)+f(k)$$

$$y(k)=-3x_1(k)+2x_2(k)+x_3(k)$$

写成矩阵形式分别为

$$\begin{bmatrix}x_1(k+1)\\ x_2(k+1)\\ x_3(k+1)\end{bmatrix}=\begin{bmatrix}0 & 1 & 0\\ 0 & 0 & 1\\ -4 & 3 & -2\end{bmatrix}\cdot\begin{bmatrix}x_1(k)\\ x_2(k)\\ x_3(k)\end{bmatrix}+\begin{bmatrix}0\\ 0\\ 1\end{bmatrix}\cdot \boldsymbol{f}(k),\quad \boldsymbol{y}(k)=\begin{bmatrix}-3 & 2 & 1\end{bmatrix}\cdot\begin{bmatrix}x_1(k)\\ x_2(k)\\ x_3(k)\end{bmatrix}$$

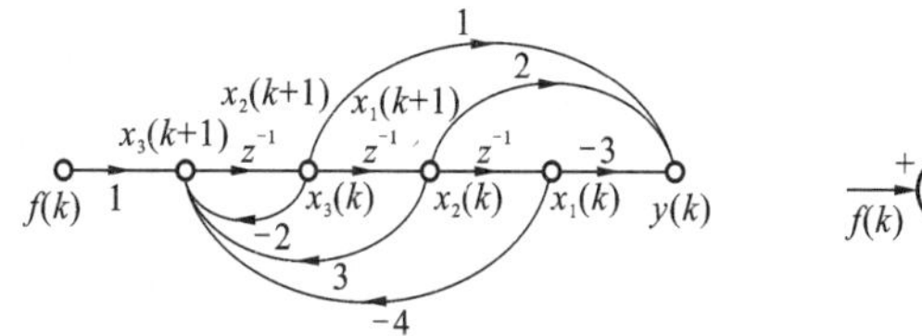

图 9-20 例 9.11 的信号流图

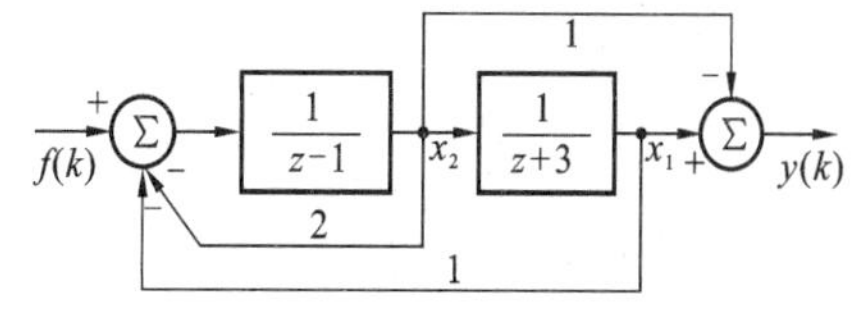

图 9-21 例 9.12 用图

【例 9.12】 写出图 9-21 所示系统的状态方程和输出方程。

解 对于图 9-21 所示的离散系统，选一阶子系统的输出端信号为状态变量 x_1，x_2，在其输入端列方程，得状态方程为

$$\begin{cases} x_1(k+1)+3x_1(k)=x_2(k) \\ x_2(k+1)-x_2(k)=-x_1(k)-2x_2(k)+f(k) \end{cases}$$

输出方程为
$$y(k)=x_1(k)-x_2(k)$$

整理成矩阵形式分别为

$$\begin{bmatrix} x_1(k+1) \\ x_2(k+1) \end{bmatrix}=\begin{bmatrix} -3 & 1 \\ -1 & -1 \end{bmatrix}\cdot\begin{bmatrix} x_1(k) \\ x_2(k) \end{bmatrix}+\begin{bmatrix} 0 \\ 1 \end{bmatrix}f(k),\quad \boldsymbol{y}(t)=[1 \quad -1]\cdot\begin{bmatrix} x_1(k) \\ x_2(k) \end{bmatrix}$$

需要指出的是，差分方程、状态方程和 k 域框图是对离散系统的 k 域描述，而系统函数、信号流图是对系统的 z 域描述，二者含义不同，不能混淆。不过，若只把“z^{-1}”看做延迟单元的“符号”或算子，则从图的角度而言，它们并没有原则区别。

9.3.5 Matlab 的应用

线性非时变系统的系统模型有状态空间型、系统函数的多项式型、系统函数的零极点型。它们都能描述系统的特性，但各有不同的应用场合。对于线性非时变系统，这几种模型是可以互相转换的，用 Matlab 就可以实现这一转换。

1. 状态空间型与系统函数的多项式型互相转换

用 Matlab 提供的函数

```
[b,a]=ss2tf(A,B,C,D)
```

可以将状态空间型转换成 $H(s)$ 的多项式型，其中，b，a 为 $H(s)$ 的分子、分母多项式系统，A，B，C，D 为状态空间型的系数矩阵；而用 Matlab 函数

```
[A,B,C,D]=tf2ss(b,a)
```

可以将 $H(s)$ 的多项式型转换成状态空间型。

以例 9.7 为例，由 $H(s)$ 的多项式型转换成状态空间型，在命令窗口输入命令如下。

```
>>b=[4 10];
>>a=[1 8 19 12];
>>[A,B,C,D]=tf2ss(b,a)
A=
-8  -19  -12
```

```
1    0    0
0    1    0
  B =
  1
  0
  0
C =
  0    4    10
D =
  0
```

再由状态空间型转换成 $H(s)$ 的多项式型的 Matlab 程序命令如下。

```
>>[b,a] = ss2tf(A,B,C,D)
b =
   0        0.0000    4.0000     10.0000
a =
   1.0000   8.0000    19.0000    12.0000
```

2. 状态空间型与系统函数的零极点型互相转换

用 Matlab 提供的函数

```
[z,p,k] = ss2zp(A,B,C,D)
```

可以将状态空间型转换成 $H(s)$ 的零极点型,其中,z,p,k 为 $H(s)$ 的零点、极点、增益,A,B,C,D 为状态空间型的系数矩阵;而用 Matlab 函数

```
[A,B,C,D] = zp2ss(z,p,k)
```

可以将 $H(s)$ 的零极点型转换成状态空间型。

3. 系统函数的零极点型与多项式型互相转换

将 $H(s)$ 多项式型转换成零极点型,要调用 Matlab 函数

```
[z,p,k] = tf2zp(b,a)
```

将 $H(s)$ 的零极点型转换成多项式型,要调用 Matlab 函数

```
[b,a] = zp2tf(z,p,k)
```

以例 9.11 为例,由状态空间型转换成 $H(s)$ 的零极点型,在命令窗口输入命令如下。

```
>>A = [0 1 0;0 0 1;-4 3-2];B = [0 0 1]';C = [-3 2 1];D = [0];
>>[z,p,k] = ss2zp(A,B,C,D)
z =
   -3.0000
   1.0000
p =
   -3.2843
   0.6421+0.8975i
   0.6421-0.8975i
k =
```

```
    1.0000
```

再由零极点型转换成 $H(s)$ 的多项式型的 Matlab 程序命令如下。

```
>>[b,a]=zp2tf(z,p,k)
b=
    0       1.0000    2.0000    -3.0000
a=
    1.0000  2.0000    -3.0000    4.0000
```

可见，与例 9.11 的 $H(s)$ 的多项式型一致。这三种系统模型之间可以用 Matlab 任意转换，读者可以试一试。

9.4 连续系统状态方程的解

求解连续系统状态方程的方法仍然是时域分析法和变换域分析法。本节先讨论用时域分析方法，然后用拉氏变换法来求解状态变量的输出响应。

9.4.1 状态方程的时域解

线性非时变系统的状态方程和输出方程的一般形式分别为

$$\begin{aligned}\dot{\boldsymbol{x}}(t) &= \boldsymbol{A}\cdot\boldsymbol{x}(t)+\boldsymbol{B}\cdot\boldsymbol{f}(t)\\ \boldsymbol{y}(t) &= \boldsymbol{C}\cdot\boldsymbol{x}(t)+\boldsymbol{D}\cdot\boldsymbol{f}(t)\end{aligned} \tag{9-23}$$

式中：$\boldsymbol{x}(t)=[x_1(t)\quad x_2(t)\cdots x_n(t)]^{\mathrm{T}}$ 是状态向量；$\boldsymbol{f}(t)=[f_1(t)\quad f_2(t)\cdots f_p(t)]^{\mathrm{T}}$ 是输入向量；$\boldsymbol{y}(t)=[y_1(t)\quad y_2(t)\cdots y_q(t)]^{\mathrm{T}}$ 是输出向量；$\boldsymbol{A},\boldsymbol{B},\boldsymbol{C},\boldsymbol{D}$ 是系数矩阵，对于线性非时变系统，它们都是常量矩阵。

1. 状态变量和输出的解

对式(9-23)状态方程两边乘以 $\mathrm{e}^{-\boldsymbol{A}t}$ 并移项，有

$$\mathrm{e}^{-\boldsymbol{A}t}\dot{\boldsymbol{x}}(t)-\mathrm{e}^{-\boldsymbol{A}t}\cdot\boldsymbol{A}\cdot\boldsymbol{x}(t)=\mathrm{e}^{-\boldsymbol{A}t}\cdot\boldsymbol{B}\cdot\boldsymbol{f}(t) \tag{9-24}$$

即

$$\frac{\mathrm{d}}{\mathrm{d}t}[\mathrm{e}^{-\boldsymbol{A}t}\boldsymbol{x}(t)]=\mathrm{e}^{-\boldsymbol{A}t}\cdot\boldsymbol{B}\cdot\boldsymbol{f}(t) \tag{9-25}$$

对式(9-25)等号两端从 t_0 到 t 积分，得

$$\mathrm{e}^{-\boldsymbol{A}t}\boldsymbol{x}(t)-\mathrm{e}^{-\boldsymbol{A}t_0}\cdot\boldsymbol{x}(t_0)=\int_{t_0}^{t}\mathrm{e}^{-\boldsymbol{A}\tau}\cdot\boldsymbol{B}\cdot\boldsymbol{f}(\tau)\cdot\mathrm{d}\tau \tag{9-26}$$

取 $t_0=0$ 代入式(9-26)得

$$\mathrm{e}^{-\boldsymbol{A}t}\boldsymbol{x}(t)=\boldsymbol{x}(0)+\int_{0}^{t}\mathrm{e}^{-\boldsymbol{A}\tau}\cdot\boldsymbol{B}\cdot\boldsymbol{f}(\tau)\mathrm{d}\tau \tag{9-27}$$

最后得

$$\boldsymbol{x}(t)=\mathrm{e}^{\boldsymbol{A}t}\boldsymbol{x}(0)+\int_{0}^{t}\mathrm{e}^{-\boldsymbol{A}(t-\tau)}\cdot\boldsymbol{B}\cdot\boldsymbol{f}(\tau)\mathrm{d}\tau \tag{9-28}$$

为了得到简捷的表达式，定义两个矩阵函数的卷积积分为

$$\begin{bmatrix} f_1 & f_2 \\ f_3 & f_4 \\ f_5 & f_6 \end{bmatrix} * \begin{bmatrix} g_1 & g_2 \\ g_3 & g_4 \end{bmatrix} \triangleq \begin{bmatrix} f_1 * g_1 + f_2 * g_3 & f_1 * g_2 + f_2 * g_4 \\ f_3 * g_1 + f_4 * g_3 & f_3 * g_2 + f_4 * g_4 \\ f_5 * g_1 + f_6 * g_3 & f_5 * g_2 + f_6 * g_4 \end{bmatrix} \tag{9-29}$$

有了函数矩阵卷积定义后，函数变量可写为

$$\boldsymbol{x}(t) = \mathrm{e}^{\boldsymbol{A}t}\boldsymbol{x}(0) + \mathrm{e}^{\boldsymbol{A}t} * \boldsymbol{Bf}(t) = \boldsymbol{\Phi}(t)\boldsymbol{x}(0) + \boldsymbol{\Phi}(t) * \boldsymbol{Bf}(t) \tag{9-30}$$

式中：$\boldsymbol{\Phi}(t) = \mathrm{e}^{\boldsymbol{A}t}$ 称为状态转移矩阵，有

$$\boldsymbol{\Phi}(t) = \mathrm{e}^{\boldsymbol{A}t} = \boldsymbol{I} + \boldsymbol{A}t + \frac{\boldsymbol{A}^2}{2!}t^2 + \cdots + \frac{\boldsymbol{A}^n t^n}{n!} + \cdots = \sum_{k=0}^{+\infty} \frac{\boldsymbol{A}^k t^k}{k!} (\text{定义 } 0! = 1) \tag{9-31}$$

和 $\mathrm{e}^{at} = 1 + at + \frac{a^2}{2!}t^2 + \cdots + \frac{a^n t^n}{n!} + \cdots = \sum_{k=0}^{+\infty} \frac{a^k t^k}{k!}$ 相仿，把 $\boldsymbol{x}(t)$ 表达式代入输出方程，有

$$\boldsymbol{y}(t) = \boldsymbol{Cx}(t) + \boldsymbol{Df}(t) = \boldsymbol{C} \cdot [\mathrm{e}^{\boldsymbol{A}t}\boldsymbol{x}(0) + \mathrm{e}^{\boldsymbol{A}t} * \boldsymbol{B} \cdot \boldsymbol{f}(t)] + \boldsymbol{D} \cdot \boldsymbol{f}(t) \tag{9-32}$$

现定义一个 $\boldsymbol{\delta}(t)$ 函数矩阵，即主对角线为 $\delta(t)$，其余元素均为零的矩阵，有

$$\boldsymbol{\delta}(t) \triangleq \begin{bmatrix} \delta(t) & 0\cdots0 \\ 0 & \delta(t)\cdots0 \\ \vdots & \ddots \quad \vdots \\ 0 & 0\cdots\delta(t) \end{bmatrix} \tag{9-33}$$

它是一个 $p \times p$ 阶方阵，显然有 $\boldsymbol{\delta}(t) * \boldsymbol{f}(t) = \boldsymbol{f}(t)$。另外注意到

$$\mathrm{e}^{\boldsymbol{A}t} * \boldsymbol{Bf}(t) = \mathrm{e}^{\boldsymbol{A}t}\boldsymbol{B} * \boldsymbol{f}(t) \tag{9-34}$$

故最后得

$$\begin{aligned} \boldsymbol{y}(t) &= \boldsymbol{C} \cdot [\mathrm{e}^{\boldsymbol{A}t}\boldsymbol{x}(0) + \mathrm{e}^{\boldsymbol{A}t} * \boldsymbol{B} \cdot \boldsymbol{f}(t)] + \boldsymbol{D} \cdot \boldsymbol{\delta}(t) * \boldsymbol{f}(t) \\ &= \boldsymbol{C}\mathrm{e}^{\boldsymbol{A}t}\boldsymbol{x}(0) + [\boldsymbol{C}\mathrm{e}^{\boldsymbol{A}t}\boldsymbol{B} + \boldsymbol{D} \cdot \boldsymbol{\delta}(t)] * \boldsymbol{f}(t) = \boldsymbol{y}_{zi}(t) + \boldsymbol{y}_{zs}(t) \end{aligned} \tag{9-35}$$

式中：

$$\boldsymbol{y}_{zi}(t) = \boldsymbol{C}\mathrm{e}^{\boldsymbol{A}t}\boldsymbol{x}(0)$$

$$\boldsymbol{y}_{zs}(t) = [\boldsymbol{C}\mathrm{e}^{\boldsymbol{A}t}\boldsymbol{B} + \boldsymbol{D} \cdot \boldsymbol{\delta}(t)] * \boldsymbol{f}(t) = \boldsymbol{h}(t) * \boldsymbol{f}(t)$$

分别为 $\boldsymbol{y}(t)$ 的零输入响应和零状态响应。其中，

$$\boldsymbol{h}(t) = \boldsymbol{C}\mathrm{e}^{\boldsymbol{A}t}\boldsymbol{B} + \boldsymbol{D}\boldsymbol{\delta}(t)$$

称为单位冲激响应矩阵。

2. 状态转移矩阵 $\mathrm{e}^{\boldsymbol{A}t}$ 的计算

只要知道 $\mathrm{e}^{\boldsymbol{A}t}$，那么 $\boldsymbol{x}(t)$、$\boldsymbol{y}(t)$ 就可比较容易确定。在时域中，计算 $\mathrm{e}^{\boldsymbol{A}t}$ 的方法很多，这里介绍成分矩阵法。

根据凯莱-哈密顿定理可知，矩阵函数 $p(\mathbf{A})$ 可化为矩阵的多项式之和，即

$$p(\mathbf{A}) = \alpha_0 \boldsymbol{I} + \alpha_1 \mathbf{A} + \alpha_2 \mathbf{A}^2 + \cdots + \alpha_{n-1}\mathbf{A}^{n-1} = \sum_{j=0}^{n-1} \alpha_j \mathbf{A}^j \tag{9-36}$$

式中：n 为 $\mathbf{A}$ 矩阵方阵的阶数；系数 $\alpha_j (j = 0,1,\cdots,n-1)$ 是与函数矩阵有关的待定系数。如 $p(\mathbf{A})$ 为 $\mathrm{e}^{\boldsymbol{A}t}$ 时，有

$$\mathrm{e}^{\boldsymbol{A}t} = \alpha_0 \boldsymbol{I} + \alpha_1 \boldsymbol{A} + \alpha_2 \boldsymbol{A}^2 + \cdots + \alpha_{n-1}\boldsymbol{A}^{n-1} = \sum_{j=0}^{n-1} \alpha_j \boldsymbol{A}^j \tag{9-37}$$

待定系数 $\alpha_j (j = 0,1,\cdots,n-1)$ 可由凯莱-哈密顿定理推论确定。该推论指出，矩阵

函数$p(\mathbf{A})$中$\mathbf{A}$矩阵的特征根也满足其矩阵函数$p(\mathbf{A})$化为多项式之和，即可用$\mathbf{A}$的特征根来替代式(9-36)中的$\mathbf{A}$。根据$\mathbf{A}$的特征根情况讨论如下。

1)$\mathbf{A}$的特征根均为单根

设$n\times n$阶方阵$\mathbf{A}$的特征根为$\lambda_1,\lambda_2,\cdots,\lambda_n$，全是单根，则它们分别代替式(9-36)中的$\mathbf{A}$得

$$\begin{cases} p(\lambda_1)=\alpha_0+\alpha_1\lambda_1+\alpha_2\lambda_1^2+\cdots+\alpha_{n-1}\lambda_1^{n-1} \\ p(\lambda_2)=\alpha_0+\alpha_1\lambda_2+\alpha_2\lambda_2^2+\cdots+\alpha_{n-1}\lambda_2^{n-1} \\ \quad\vdots \\ p(\lambda_n)=\alpha_0+\alpha_1\lambda_n+\alpha_2\lambda_n^2+\cdots+\alpha_{n-1}\lambda_n^{n-1} \end{cases} \tag{9-38}$$

解得

$$\begin{bmatrix}\alpha_0\\ \alpha_2\\ \vdots\\ \alpha_{n-1}\end{bmatrix}=\begin{bmatrix}1 & \lambda_1 & \lambda_1^2\cdots\lambda_1^{n-1}\\ 1 & \lambda_2 & \lambda_2^2\cdots\lambda_2^{n-1}\\ \vdots & \vdots & \vdots\quad\vdots\\ 1 & \lambda_n & \lambda_n^2\cdots\lambda_n^{n-1}\end{bmatrix}^{-1}\begin{bmatrix}p(\lambda_1)\\ p(\lambda_2)\\ \vdots\\ p(\lambda_n)\end{bmatrix} \tag{9-39}$$

2)$\mathbf{A}$的特征根含有重根

设$\mathbf{A}$的特征根λ_1为r阶重根，而其余$n-r$个是单根，对于重根部分以下方程组成立：

$$\begin{aligned} &p(\lambda_1)=\alpha_0+\alpha_1\lambda_1+\alpha_2\lambda_1^2+\cdots+\alpha_{n-1}\lambda_1^{n-1} \\ &\frac{\mathrm{d}}{\mathrm{d}\lambda_1}p(\lambda_1)=\frac{\mathrm{d}}{\mathrm{d}\lambda_1}[\alpha_0+\alpha_1\lambda_2+\alpha_2\lambda_2^2+\cdots+\alpha_{n-1}\lambda_2^{n-1}] \\ &\quad\vdots \\ &\frac{\mathrm{d}^{r-1}}{\mathrm{d}\lambda_1^{r-1}}p(\lambda_n)=\frac{\mathrm{d}^{r-1}}{\mathrm{d}\lambda_1^{r-1}}[\alpha_0+\alpha_1\lambda_n+\alpha_2\lambda_n^2+\cdots+\alpha_{n-1}\lambda_n^{n-1}] \end{aligned} \tag{9-40}$$

连同$(n-r)$个单根的方程就可求得$\alpha_j(j=0,1\cdots n-1)$，再把$\alpha_j$代入式(9-36)就得到$p(\mathbf{A})$的表达式。

【例 9.13】　已知状态方程的系数矩阵$\mathbf{A}=\begin{bmatrix}1 & 2\\ 0 & -1\end{bmatrix}$，求状态转移矩阵$e^{\mathbf{A}t}$。

解　$\mathbf{A}$的特征方程

$$p(\lambda)=\det(\lambda\mathbf{I}-\mathbf{A})=\begin{vmatrix}\lambda-1 & 2\\ 0 & \lambda+1\end{vmatrix}=(\lambda-1)(\lambda+1)$$

所以，特征根为
$$\lambda_1=1,\quad \lambda_2=-1$$

根据式(9-38)有
$$\alpha_0+\alpha_1=e^t,\quad \alpha_0-\alpha_1=e^{-t}$$

解得
$$\alpha_0=0.5(e^t+e^{-t}),\quad \alpha_1=0.5(e^t-e^{-t})$$

状态转移矩阵为

$$e^{\mathbf{A}t}=\alpha_0\mathbf{I}+\alpha_1\mathbf{A}=0.5(e^t+e^{-t})\begin{bmatrix}1 & 0\\ 0 & 1\end{bmatrix}+0.5(e^t-e^{-t})\begin{bmatrix}1 & 2\\ 0 & -1\end{bmatrix}=\begin{bmatrix}e^t & e^t-e^{-t}\\ 0 & e^{-t}\end{bmatrix}$$

【例 9.14】　已知连续系统的状态方程和输出方程为

$$\begin{bmatrix}\dot{x}_1\\ \dot{x}_2\end{bmatrix}=\begin{bmatrix}1 & 2\\ 0 & -1\end{bmatrix}\begin{bmatrix}x_1\\ x_2\end{bmatrix}+\begin{bmatrix}0 & 1\\ 1 & 0\end{bmatrix}\begin{bmatrix}f_1\\ f_2\end{bmatrix},\quad \boldsymbol{y}(t)=[2\quad 3]\begin{bmatrix}x_1\\ x_2\end{bmatrix}$$

初始状态$\begin{bmatrix}x_1(0)\\ x_2(0)\end{bmatrix}=\begin{bmatrix}1\\ -1\end{bmatrix}$,输入信号　$\begin{bmatrix}f_1\\ f_2\end{bmatrix}=\begin{bmatrix}\varepsilon(t)\\ \delta(t)\end{bmatrix}$,试求:状态变量 $\boldsymbol{x}(t)$ 和输出 $\boldsymbol{y}(t)$。

解　由式(9-30),状态变量

$$\boldsymbol{x}(t)=\mathrm{e}^{\boldsymbol{A}t}\boldsymbol{x}(0)+\mathrm{e}^{\boldsymbol{A}t}*\boldsymbol{Bf}(t)$$

状态转移矩阵由上例算出。因此,状态变量

$$\begin{bmatrix}x_1\\ x_2\end{bmatrix}=\begin{bmatrix}\mathrm{e}^t & \mathrm{e}^t-\mathrm{e}^{-t}\\ 0 & \mathrm{e}^{-t}\end{bmatrix}\begin{bmatrix}1\\ -1\end{bmatrix}+\begin{bmatrix}\mathrm{e}^t & \mathrm{e}^t-\mathrm{e}^{-t}\\ 0 & \mathrm{e}^{-t}\end{bmatrix}*\begin{bmatrix}0 & 1\\ 1 & 0\end{bmatrix}\begin{bmatrix}\varepsilon(t)\\ \delta(t)\end{bmatrix}$$

$$=\begin{bmatrix}\mathrm{e}^{-t}\\ -\mathrm{e}^{-t}\end{bmatrix}+\begin{bmatrix}\mathrm{e}^t & \mathrm{e}^t-\mathrm{e}^{-t}\\ 0 & \mathrm{e}^{-t}\end{bmatrix}*\begin{bmatrix}\delta(t)\\ \varepsilon(t)\end{bmatrix}=\begin{bmatrix}2\mathrm{e}^t+2\mathrm{e}^{-t}-2\\ 1-2\mathrm{e}^{-t}\end{bmatrix}\varepsilon(t)$$

输出响应为　$y(t)=[2\quad 3]\begin{bmatrix}x_1\\ x_2\end{bmatrix}=-1+4\mathrm{e}^t-2\mathrm{e}^{-t}\quad(t\geqslant 0)$

3. 用 Matlab 计算 $\mathrm{e}^{\boldsymbol{A}t}$

前面多次用过 Matlab 的指数函数 exp(),那是对标量的,即使涉及矩阵,也是对矩阵的各个元素作运算,即元素群运算。在此,要把方阵 $\boldsymbol{A}t$ 作为一个整体求指数函数,就需要调用 Matlab 的矩阵指数函数 expm()。注意它与 exp() 函数不同,多了一个 m,表示矩阵指数函数。如例 9.13 的计算命令如下。

```
>>A=[1 2;0-1];
>>syms t
>>Q=expm(A*t)
Q=
[        exp(t),exp(t)-exp(-t)]
[          0,       exp(-t)]
```

可见,与理论计算结果一致。

9.4.2　状态方程的拉氏变换解

连续系统状态方程的一般形式为

$$\dot{\boldsymbol{x}}(t)=\boldsymbol{A}\cdot\boldsymbol{x}(t)+\boldsymbol{B}\cdot\boldsymbol{f}(t)$$

$$\boldsymbol{y}(t)=\boldsymbol{C}\cdot\boldsymbol{x}(t)+\boldsymbol{D}\cdot\boldsymbol{f}(t)$$

式中:$\boldsymbol{x}(t)$ 是 $n\times 1$ 阶矩阵;$\boldsymbol{f}(t)$ 是 $p\times 1$ 阶矩阵;$\boldsymbol{y}(t)$ 是 $q\times 1$ 阶矩阵;$\boldsymbol{x}(t)$、$\boldsymbol{f}(t)\boldsymbol{y}(t)$ 是向量矩阵;$\boldsymbol{A}$、$\boldsymbol{B}$、$\boldsymbol{C}$、$\boldsymbol{D}$ 分别是 $n\times n$,$n\times p$,$q\times n$,$q\times p$ 阶系数矩阵。$\boldsymbol{A}$、$\boldsymbol{B}$、$\boldsymbol{C}$、$\boldsymbol{D}$ 都是常数矩阵。

1. 状态变量和输出的解

根据拉氏变换 $x_i(t)\Leftrightarrow X_i(s)$ 可得状态变量的拉氏变换为

$$\mathscr{L}[\boldsymbol{x}(t)] = \mathscr{L}\begin{bmatrix} x_1(t) \\ x_2(t) \\ \vdots \\ x_n(t) \end{bmatrix} = \begin{bmatrix} X_1(s) \\ X_2(s) \\ \vdots \\ X_n(s) \end{bmatrix} = \boldsymbol{X}(s) \tag{9-41}$$

也是 n 维向量，同样输入、输出向量的拉氏变换为

$$\boldsymbol{F}(s) = \mathscr{L}[\boldsymbol{f}(t)], \quad \boldsymbol{Y}(s) = \mathscr{L}[\boldsymbol{y}(t)]$$

又根据拉氏变换的微分特性，有

$$\mathscr{L}[\dot{\boldsymbol{x}}(t)] = s\boldsymbol{X}(s) - \boldsymbol{x}(0_-)$$

应用以上关系，对状态方程取拉氏变换，得

$$s\boldsymbol{X}(s) - \boldsymbol{x}(0_-) = \boldsymbol{A} \cdot \boldsymbol{X}(s) + \boldsymbol{B} \cdot \boldsymbol{F}(s)$$

即

$$[s\boldsymbol{I} - \boldsymbol{A}]\boldsymbol{X}(s) = \boldsymbol{x}(0_-) + \boldsymbol{B} \cdot \boldsymbol{F}(s)$$

式中：$\boldsymbol{I}$ 为 $n \times n$ 阶单位矩阵。于是

$$\begin{aligned} \boldsymbol{X}(s) &= (s\boldsymbol{I} - \boldsymbol{A})^{-1}\boldsymbol{x}(0_-) + (s\boldsymbol{I} - \boldsymbol{A})^{-1}\boldsymbol{B} \cdot \boldsymbol{F}(s) \\ &= \boldsymbol{\Phi}(s)\boldsymbol{x}(0_-) + \boldsymbol{\Phi}(s)\boldsymbol{B}\boldsymbol{F}(s) = \boldsymbol{X}_{zi}(s) + \boldsymbol{X}_{zs}(s) \end{aligned} \tag{9-42}$$

式中：$\boldsymbol{\Phi}(s) = (s\boldsymbol{I} - \boldsymbol{A})^{-1}$ 称为状态转移矩阵。$\boldsymbol{\Phi}(s)$ 是 $\boldsymbol{\Phi}(t) = \mathrm{e}^{\boldsymbol{A}t}$ 的拉氏变换。对式(9-42)取拉氏反变换，有

$$\boldsymbol{x}(t) = \boldsymbol{x}_{zi}(t) + \boldsymbol{x}_{zs}(t)$$

第一项为 $\boldsymbol{x}(t)$ 的零输入响应，第二项为 $\boldsymbol{x}(t)$ 的零状态响应。

状态变量 $\boldsymbol{x}(t)$ 求得后，输出 $\boldsymbol{Y}(s)$ 也将方便地得到。对输出方程取拉氏变换，得

$$\boldsymbol{Y}(s) = \boldsymbol{C} \cdot \boldsymbol{X}(s) + \boldsymbol{D} \cdot \boldsymbol{F}(s)$$

将 $\boldsymbol{X}(s)$ 代入上式，得

$$\boldsymbol{Y}(s) = \boldsymbol{C}(s\boldsymbol{I} - \boldsymbol{A})^{-1}\boldsymbol{x}(0_-) + [\boldsymbol{C}(s\boldsymbol{I} - \boldsymbol{A})^{-1}\boldsymbol{B} + \boldsymbol{D}] \cdot \boldsymbol{F}(s) = \boldsymbol{Y}_{zi}(s) + \boldsymbol{Y}_{zs}(s) \tag{9-43}$$

式中：$\boldsymbol{Y}_{zi}(s) = \boldsymbol{C}(s\boldsymbol{I} - \boldsymbol{A})^{-1}\boldsymbol{x}(0_-)$ 为零输入响应；$\boldsymbol{Y}_{zs}(s) = [\boldsymbol{C}(s\boldsymbol{I} - \boldsymbol{A})^{-1}\boldsymbol{B} + \boldsymbol{D}] \cdot \boldsymbol{F}(s)$ 为零状态响应。最后得

$$\boldsymbol{y}(t) = \mathscr{L}^{-1}[\boldsymbol{Y}(s)]$$

2. 系统函数矩阵 $\boldsymbol{H}(s)$

上面已经得到 $\boldsymbol{Y}_{zs}(s) = [\boldsymbol{C}(s\boldsymbol{I} - \boldsymbol{A})^{-1}\boldsymbol{B} + \boldsymbol{D}] \cdot \boldsymbol{F}(s)$，仿照连续时间系统拉氏变换分析得 $\boldsymbol{Y}_{zs}(s) = \boldsymbol{H}(s) \cdot \boldsymbol{F}(s)$。很自然，在多输入/多输出的状态变量分析法中，系统函数矩阵 $\boldsymbol{H}(s)$ 可由 $\boldsymbol{Y}_{zs}(s)$ 得到定义，即

$$\boldsymbol{Y}_{zs}(s) = [\boldsymbol{C}(s\boldsymbol{I} - \boldsymbol{A})^{-1}\boldsymbol{B} + \boldsymbol{D}] \cdot \boldsymbol{F}(s) = \boldsymbol{H}(s) \cdot \boldsymbol{F}(s) \tag{9-44}$$

式中：

$$\boldsymbol{H}(s) = \boldsymbol{C}(s\boldsymbol{I} - \boldsymbol{A})^{-1}\boldsymbol{B} + \boldsymbol{D} \tag{9-45}$$

或者 $\boldsymbol{Y}_{zs}(s)$ 与 $\boldsymbol{F}(s)$ 的关系为

$$\begin{bmatrix} Y_1(s) \\ Y_2(s) \\ \vdots \\ Y_q(s) \end{bmatrix} = \begin{bmatrix} H_{11}(s) & H_{12}(s)\cdots H_{1p}(s) \\ H_{21}(s) & H_{22}(s)\cdots H_{2p}(s) \\ \vdots & \vdots \quad\quad \vdots \\ H_{q1}(s) & H_{q2}(s) \quad H_{qp}(s) \end{bmatrix} \cdot \begin{bmatrix} F_1(s) \\ F_2(s) \\ \vdots \\ F_p(s) \end{bmatrix}$$

$\boldsymbol{H}(s)$ 的元素 $H_{ij}(s)$ 为

$$H_{ij}(s) = \frac{Y_i(s)}{F_j(s)}\Big|_{F_m(s)=0, m=1,2,\cdots j-1,j+1,\cdots p} \tag{9-46}$$

它表示在输入函数 $F_j(s)$ 单独作用下的输出函数 $Y_i(s)$ 与 $F_j(s)$ 间的转移函数。通过 $\boldsymbol{H}(s)$ 可以研究系统的稳定性，或仅研究 $(s\boldsymbol{I}-\boldsymbol{A})^{-1}$ 也能判断系统是否稳定。

3. 状态转移矩阵 $\boldsymbol{\Phi}(s)$

通过研究 $\boldsymbol{H}(s)$ 可以判断系统是否稳定，当仔细研究 $(s\boldsymbol{I}-\boldsymbol{A})^{-1}$ 之后，就能确定系统是否稳定。由于非时变系统中，$\boldsymbol{A}$、$\boldsymbol{B}$、$\boldsymbol{C}$、$\boldsymbol{D}$ 都是常量矩阵，转移函数矩阵中仅有矩阵 $(s\boldsymbol{I}-\boldsymbol{A})^{-1}$ 含有复变量 s，令

$$\boldsymbol{\Phi}(s) = (s\boldsymbol{I}-\boldsymbol{A})^{-1} \tag{9-47}$$

称为状态转移矩阵，它可以这样计算

$$\boldsymbol{\Phi}(s) = (s\boldsymbol{I}-\boldsymbol{A})^{-1} = \frac{\mathrm{adj}(s\boldsymbol{I}-\boldsymbol{A})}{|s\boldsymbol{I}-\boldsymbol{A}|} \tag{9-48}$$

式中：$|s\boldsymbol{I}-\boldsymbol{A}|$ 称为特征多项式；$|s\boldsymbol{I}-\boldsymbol{A}|=0$ 称为特征方程。特征方程的根称为特征根，所以通过 $|s\boldsymbol{I}-\boldsymbol{A}|=0$ 的特征根就能判断系统是否稳定。

【例 9.15】 设某系统的状态方程和输出方程分别为

$$\dot{x}_1(t) = x_1(t)+f(t),\quad \dot{x}_2(t) = x_1(t)-3x_2(t),\quad y(t) = -0.25x_1(t)+x_2(t)$$

系统的初始状态为 $x_1(0)=1, x_2(0)=2$，输入信号 $f(t)=\varepsilon(t)$，试求输出 $y(t)$。

解 系统的状态方程和输出方程的标准形式分别为

$$\begin{bmatrix}\dot{x}_1\\ \dot{x}_2\end{bmatrix} = \begin{bmatrix}1 & 0\\ 1 & -3\end{bmatrix}\cdot\begin{bmatrix}x_1\\ x_2\end{bmatrix}+\begin{bmatrix}1\\ 0\end{bmatrix}\cdot \boldsymbol{f}(t),\quad \boldsymbol{y}(t) = [-(1/4)\quad 1]\cdot\begin{bmatrix}x_1\\ x_2\end{bmatrix}$$

初始条件 $\boldsymbol{x}(0) = \begin{bmatrix}x_1(0)\\ x_2(0)\end{bmatrix} = \begin{bmatrix}1\\ 2\end{bmatrix}$，状态转移矩阵为

$$\begin{aligned}\boldsymbol{\Phi}(s) = (s\boldsymbol{I}-\boldsymbol{A})^{-1} &= \left(\begin{bmatrix}s & 0\\ 0 & s\end{bmatrix}-\begin{bmatrix}1 & 0\\ 1 & -3\end{bmatrix}\right)^{-1}\\ &= \begin{bmatrix}s-1 & 0\\ -1 & s+3\end{bmatrix}^{-1} = \frac{1}{(s-1)(s+3)}\begin{bmatrix}s+3 & 0\\ 1 & s-1\end{bmatrix}\end{aligned}$$

由特征根 $s_1=1, s_2=-3$ 可以判断此系统不稳定。系统函数为

$$\boldsymbol{H}(s) = \boldsymbol{C}\cdot\boldsymbol{\Phi}(s)\cdot\boldsymbol{B}+\boldsymbol{D} = [-1/4\quad 1]\cdot\begin{bmatrix}(s-1)^{-1} & 0\\ (s-1)^{-1}(s+3)^{-1} & (s+3)^{-1}\end{bmatrix}\cdot\begin{bmatrix}1\\ 0\end{bmatrix} = -\frac{1}{4}\cdot\frac{1}{s+3}$$

系统响应为

$$\begin{aligned}\boldsymbol{Y}(s) &= \boldsymbol{C}\cdot\boldsymbol{\Phi}(s)\cdot\boldsymbol{x}(0)+\boldsymbol{H}(s)\cdot\boldsymbol{F}(s)\\ &= [-1/4\quad 1]\cdot\begin{bmatrix}(s-1)^{-1} & 0\\ (s-1)^{-1}(s+3)^{-1} & (s+3)^{-1}\end{bmatrix}\cdot\begin{bmatrix}1\\ 2\end{bmatrix}+\left(-\frac{1}{4}\right)\frac{1}{s+3}\cdot\frac{1}{s}\\ &= \frac{7}{4}\cdot\frac{1}{s+3}+\frac{1}{12}\left(\frac{1}{s+3}-\frac{1}{s}\right) = \frac{11}{6}\cdot\frac{1}{s+3}-\frac{1}{12}\cdot\frac{1}{s}\end{aligned}$$

故有　　$y(t)=[(11/6)e^{-3t}-1/12]\cdot\varepsilon(t)$

当然，也可以分别求出零输入响应 $y_{zi}(t)$ 和零状态响应 $y_{zs}(t)$。虽然从响应中看不出系统的稳定性，这是由于在运算中恰好把因子 $(s-1)^{-1}$ 项约去了。如果参数有变化或有干扰等，则此系统就不稳定了，因此该系统实际上是不能应用的。

【例 9.16】　已知如图 9-22 所示电路，以 $x_1(t)$、$x_2(t)$ 为状态变量，$y(t)$ 为响应。(a) 列写电路的状态方程与输出方程；(b) 求 $H(s)$ 与 $h(t)$。

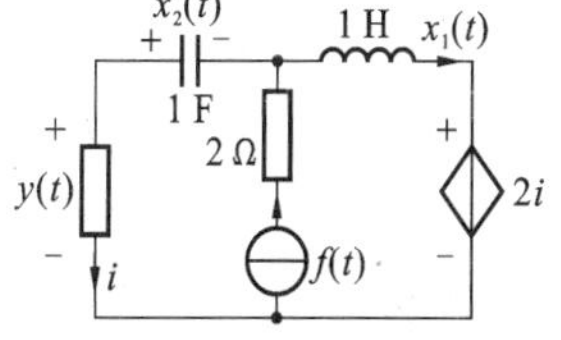

图 9-22　例 9.16 的电路

解　(a) 电路的状态方程与输出方程分别为

$$\dot{x}_1=-2i+i-x_2$$

$$i=f(t)-x_1$$

所以

$$\dot{x}_1=-f(t)+x_1-x_2$$

$$\dot{x}_2=-f(t)+x_1$$

写成标准形式为

$$\begin{bmatrix}\dot{x}_1\\\dot{x}_2\end{bmatrix}=\begin{bmatrix}1&-1\\1&0\end{bmatrix}\begin{bmatrix}x_1\\x_2\end{bmatrix}+\begin{bmatrix}-1\\-1\end{bmatrix}f(t),\quad \boldsymbol{y}(t)=[-1\quad 0]\begin{bmatrix}x_1\\x_2\end{bmatrix}+\boldsymbol{f}(t)$$

(b) 先求状态转移矩阵，即

$$\boldsymbol{\Phi}(s)=(s\boldsymbol{I}-\boldsymbol{A})^{-1}=\begin{bmatrix}s-1&1\\-1&s\end{bmatrix}^{-1}=\frac{1}{s(s-1)+1}\begin{bmatrix}s&-1\\1&s-1\end{bmatrix}$$

系统函数为

$$\boldsymbol{H}(s)=\boldsymbol{C\Phi}(s)\boldsymbol{B}+\boldsymbol{D}=[-1\quad 0]\begin{bmatrix}\Phi_1&\Phi_2\\\Phi_3&\Phi_4\end{bmatrix}\begin{bmatrix}-1\\-1\end{bmatrix}+1$$

$$=[-\Phi_1\quad -\Phi_2]\begin{bmatrix}-1\\-1\end{bmatrix}+1=\Phi_1+\Phi_2+1=\frac{s-1}{s^2-s+1}+1$$

$$=\frac{s-1/2-1/2}{(s-1/2)^2+(\sqrt{3}/2)^2}+1=1+\frac{s-1/2}{(s-1/2)^2+(\sqrt{3}/2)^2}+\frac{-(\sqrt{3}/2)\cdot(1/\sqrt{3})}{(s-1/2)^2+(\sqrt{3}/2)^2}$$

系统冲激响应为 $h(t)=\delta(t)+e^{0.5t}\cos(\sqrt{3}t/2)\cdot\varepsilon(t)-(1/\sqrt{3})e^{0.5t}\sin(\sqrt{3}t/2)\cdot\varepsilon(t)$

【例 9.17】　图 9-23 所示的是某线性非时变系统的信号流图。(a) 列写状态方程与输出方程；(b) 求系统的微分方程；(c) 已知 $f(t)=\varepsilon(t)$ 时的全响应 $y(t)=[(1/3)+(1/2)e^{-t}-(5/6)e^{-3t}]\varepsilon(t)$，求系统的零输入响应 $y_{zi}(t)$ 与初始状态 $\boldsymbol{x}(0_-)$。

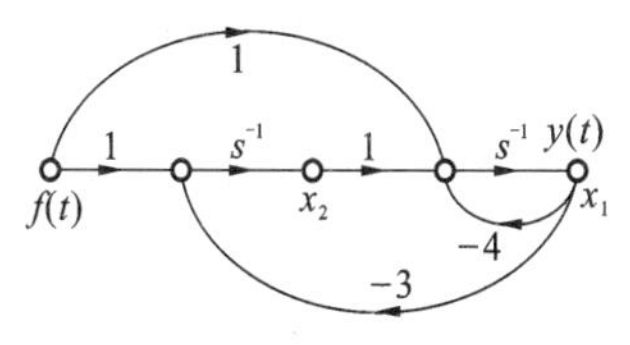

图 9-23　例 9.17 的信号流图

解　(a) 系统的状态方程和输出方程分别为

$$\dot{x}_1=-4x_1+x_2+f(t)$$

$$\dot{x}_2=-3x_1+f(t)$$

$$y(t)=x_1(t)$$

标准形式为

$$\begin{bmatrix}\dot{x}_1\\\dot{x}_2\end{bmatrix}=\begin{bmatrix}-4&1\\-3&0\end{bmatrix}\begin{bmatrix}x_1\\x_2\end{bmatrix}+\begin{bmatrix}1\\1\end{bmatrix}\boldsymbol{f}(t),\quad \boldsymbol{y}(t)=[1\quad 0]\begin{bmatrix}x_1\\x_2\end{bmatrix}$$

(b) 方法一　用梅森公式直接求系统函数，有

$$H(s)=\frac{s^{-1}+s^{-2}}{1+4s^{-1}+3s^{-2}}=\frac{s+1}{s^2+4s+3}$$

方法二　先求状态转移矩阵,即

$$\boldsymbol{\Phi}(s)=(s\boldsymbol{I}-\boldsymbol{A})^{-1}=\begin{bmatrix}s+4 & -1\\ 3 & s\end{bmatrix}^{-1}$$

$$=\frac{1}{s(s+4)+3}\begin{bmatrix}s & 1\\ -3 & s+4\end{bmatrix}=\frac{1}{s^2+4s+3}\begin{bmatrix}s & 1\\ -3 & s+4\end{bmatrix}$$

系统函数为
$$\boldsymbol{H}(s)=\boldsymbol{C\Phi}(s)\boldsymbol{B}+\boldsymbol{D}=[1\quad 0]\begin{bmatrix}\Phi_1 & \Phi_2\\ \Phi_3 & \Phi_4\end{bmatrix}\begin{bmatrix}1\\ 1\end{bmatrix}$$

$$=[\Phi_1\quad \Phi_2]\begin{bmatrix}1\\ 1\end{bmatrix}=\Phi_1+\Phi_2=\frac{s+1}{s^2+4s+3}=\frac{1}{s+3}$$

微分方程为
$$y''(t)+4y'(t)+3y(t)=f'(t)+f(t)$$

(c) 先求零状态响应,有

$$Y_{zs}(s)=H(s)F(s)=\frac{1}{s+3}\cdot\frac{1}{s}=\frac{1/3}{s}-\frac{1/3}{s+3}$$

$$y_{zs}(t)=[(1/3)-(1/3)\mathrm{e}^{-3t}]\varepsilon(t)$$

零输入响应为
$$y_{zi}(t)=y(t)-y_{zs}(t)=(0.5\mathrm{e}^{-t}-0.5\mathrm{e}^{-3t})\varepsilon(t)$$

求系统的初始状态,因有
$$y_{zi}(t)=\boldsymbol{C}\mathrm{e}^{\boldsymbol{A}t}\boldsymbol{x}(0_-)$$

故有
$$y_{zi}(0)=\boldsymbol{CIx}(0_-)=\boldsymbol{Cx}(0_-)=[1\quad 0]\begin{bmatrix}x_1(0_-)\\ x_2(0_-)\end{bmatrix}=0,\quad 即\quad x_1(0_-)=0$$

$$y'_{zi}(t)=\boldsymbol{CA}\mathrm{e}^{\boldsymbol{A}t}\boldsymbol{x}(0_-)$$

$$y'_{zi}(0)=\boldsymbol{CAx}(0_-)=[1\quad 0]\begin{bmatrix}-4 & 1\\ -3 & 0\end{bmatrix}\begin{bmatrix}x_1(0_-)\\ x_2(0_-)\end{bmatrix}=1,\quad 即\quad x_2(0_-)=1$$

由以上两式联解得
$$\boldsymbol{x}(0_-)=\begin{bmatrix}0\\ 1\end{bmatrix}$$

9.4.3　状态方程的 Matlab 解

1. 求系统的特征根(矩阵 A 的特征值)

确定大型矩阵的特征值通常不是容易的事,Matlab 的 eig() 函数可以解决这个问题。如对于例 9.17 的系统特征根计算的命令如下。

```
>>A=[-4 1;-3 0];
>>eig(A)
ans =
    -3
    -1
```

2. 拉氏变换求系统响应的解析解

用 Matlab 的拉氏变换和反变换,以及矩阵运算,可以得到状态方程和输出方程的解析解。计算例 9.14 的程序如下。

```
% 用拉氏变换求例 9.14  LT9_14.m
syms s t
A=[1 2;0-1];B=[0 1;1 0]';C=[2 3];D=[0];
x0=[1-1]';                    % 初始条件
F=[1/s 1]';                   % 输入信号
Q=s*eye(2)-A;                 % 计算(sI-A)
Q=inv(Q);                     % 计算(sI-A)的逆
X=Q*x0+Q*B*F;                 % 计算状态变量 X(s)
x=ilaplace(X)                 % 拉氏反变换 x(t)
y=C*x
```

运行程序后,在命令窗口显示状态变量和输出的解,即

```
x=
[2*exp(t)+2*exp(-t)-2]
[-2*exp(-t)+1]
y=
4*exp(t)-2*exp(-t)-1
```

对上述程序稍加修改,就可以计算例 9.15,程序如下。

```
% 用拉氏变换求例 9.15  LT9_15s.m
syms s t
A=[1 0;1-3];B=[1 0]';C=[-0.25 1];D=[0];
x0=[1 2]';                    % 初始条件
F=[1/s];                      % 输入信号
Q=s*eye(2)-A;                 % 计算(sI-A)
Q=inv(Q);                     % 计算(sI-A)的逆
X=Q*x0+Q*B*F;                 % 计算状态变量 X(s)
x=ilaplace(X)                 % 拉氏反变换 x(t)
y=C*x
```

运行程序后,在命令窗口显示状态变量和输出的解,即

```
x=
[2*exp(t)-1]
[1/2*exp(t)+11/6*exp(-3*t)-1/3]
y=
-1/12+11/6*exp(-3*t)
```

3. lsim()函数求系统响应的数值解

在前面曾用到过这个函数,它的功能特别强,能对系统函数模型和状态空间模型对线性非时变系统仿真,对状态空间模型可以求系统全响应、零输入响应、零状态响应的数值解。下面程序可画出例 9.15 的系统响应波形,为了曲线显示明显,将输入信号改为正

弦函数。

```
% 计算状态方程和输出方程的数值解   LT9_15n.m
t = 0:0.01:3;
A = [1 0;1 -3];B = [1 0]';C = [-0.25 1];D = [0];
zi = [1 2];                    % 初始条件
f = 15* sin(2* pi* t);         % 输入信号
sys = ss(A,B,C,D)
[y,t,x] = lsim(sys,f,t,zi)  % 计算全响应
f = zeros(1,length(t));      % 令输入为零
yzi = lsim(sys,f,t,zi);      % 计算零输入响应
f = 15* sin(2* pi* t);
zi = [0 0];                    % 令初始条件为零
yzs = lsim(sys,f,t,zi);      % 计算零状态响应
figure(1)
plot(t,x(:,1),'- ',t,x(:,2),'- .','linewidth',2)
legend('x(1)','x(2)')         % 显示图例
title(' 状态变量波形 ')
xlabel('t(sec)')
figure(2)
plot(t,y,'- ',t,yzi,'- .',t,yzs,':','linewidth',2)
legend('y','yzi','yzs')    % 显示图例
title(' 系统响应,零输入响应,零状态响应 ')
xlabel('t(sec)')
```

运行程序后,系统全响应、零输入响应、零状态响应显示如图 9-24 所示。

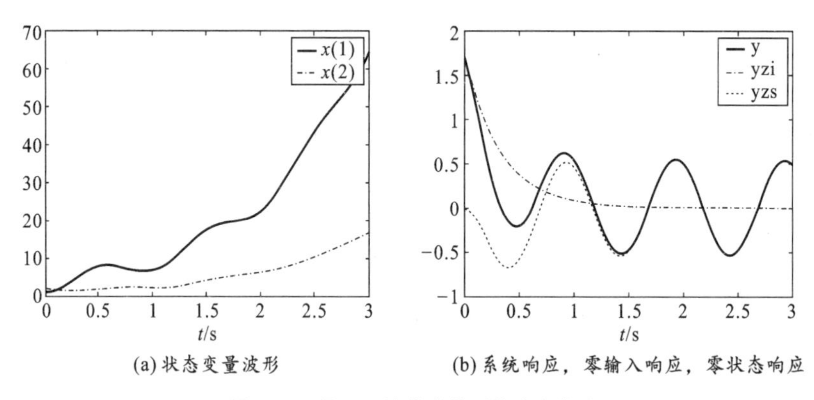

(a) 状态变量波形　　(b) 系统响应, 零输入响应, 零状态响应

图 9-24　用 lsim( ) 仿真的系统响应波形

通过理论分析可知,状态变量由于系统特征根为正值而发散,而系统响应由于系统极点为正值的根被抵消而稳定。以上分析证明了这一点。

9.5 离散系统状态方程的解

与连续系统状态变量的分析方法类似，离散系统的状态方程也有两种分析方法，即时域法和 Z 变换法。

9.5.1 离散系统状态方程的时域解

设离散系统的状态方程和输出方程分别为

$$\boldsymbol{x}(k+1)=\boldsymbol{A}\boldsymbol{x}(k)+\boldsymbol{B}\boldsymbol{f}(k)$$
$$\boldsymbol{y}(k)=\boldsymbol{C}\boldsymbol{x}(k)+\boldsymbol{D}\boldsymbol{f}(k)$$

用迭代法可以求出 $\boldsymbol{x}(k)$ 和 $\boldsymbol{y}(k)$ 分别为

$$\begin{aligned}
\boldsymbol{x}(1)&=\boldsymbol{A}\boldsymbol{x}(0)+\boldsymbol{B}\boldsymbol{f}(0)\\
\boldsymbol{x}(2)&=\boldsymbol{A}\boldsymbol{x}(1)+\boldsymbol{B}\boldsymbol{f}(1)=\boldsymbol{A}^2\cdot\boldsymbol{x}(0)+\boldsymbol{A}\cdot\boldsymbol{B}\boldsymbol{f}(0)+\boldsymbol{B}\boldsymbol{f}(1)\\
\boldsymbol{x}(3)&=\boldsymbol{A}\boldsymbol{x}(3)+\boldsymbol{B}\boldsymbol{f}(2)=\boldsymbol{A}^3\cdot\boldsymbol{x}(0)+\boldsymbol{A}^2\cdot\boldsymbol{B}\boldsymbol{f}(0)+\boldsymbol{A}\boldsymbol{B}\boldsymbol{f}(1)+\boldsymbol{B}\boldsymbol{f}(2)\\
&\vdots\\
\boldsymbol{x}(k)&=\boldsymbol{A}\boldsymbol{x}(k-1)+\boldsymbol{B}\boldsymbol{f}(k-1)\\
&=\boldsymbol{A}^k\cdot\boldsymbol{x}(0)+\boldsymbol{A}^{k-1}\cdot\boldsymbol{B}\boldsymbol{f}(0)+\boldsymbol{A}^{k-2}\cdot\boldsymbol{B}\boldsymbol{f}(1)+\cdots+\boldsymbol{B}\boldsymbol{f}(k-1)\\
&=\boldsymbol{A}^k\boldsymbol{x}(0)+\sum_{j=0}^{k-1}\boldsymbol{A}^{k-1-j}\cdot\boldsymbol{B}\boldsymbol{f}(j)
\end{aligned}$$

式中：第一项为零输入响应；第二项为零状态响应。可以进一步写为卷积和的形式，即

$$\begin{aligned}
\boldsymbol{x}(k)&=\boldsymbol{A}^k\boldsymbol{x}(0)+\sum_{j=0}^{k-1}\boldsymbol{A}^{k-1-j}\boldsymbol{B}\boldsymbol{f}(j)\\
&=\boldsymbol{A}^k\boldsymbol{x}(0)+\boldsymbol{A}^{k-1}\boldsymbol{B}*\boldsymbol{f}(k)\\
&=\boldsymbol{\Phi}(k)\boldsymbol{x}(0)+\boldsymbol{\Phi}(k-1)\boldsymbol{B}*\boldsymbol{f}(k)
\end{aligned}\tag{9-49}$$

式中：$\boldsymbol{\Phi}(k)=\boldsymbol{A}^k$ 为离散系统的状态转移矩阵。输出的解为

$$\begin{aligned}
\boldsymbol{y}(k)&=\boldsymbol{C}\boldsymbol{x}(k)+\boldsymbol{D}\boldsymbol{f}(k)=\boldsymbol{C}\cdot\boldsymbol{\Phi}(k)\cdot\boldsymbol{x}(0)+\boldsymbol{C}\cdot\boldsymbol{\Phi}(k-1)\boldsymbol{B}*\boldsymbol{f}(k)+\boldsymbol{D}\boldsymbol{f}(k)\\
&=\boldsymbol{C}\cdot\boldsymbol{\Phi}(k)\cdot\boldsymbol{x}(0)+[\boldsymbol{C}\cdot\boldsymbol{\Phi}(k-1)\boldsymbol{B}+\boldsymbol{D}\cdot\boldsymbol{\delta}(k)]*\boldsymbol{f}(k)\\
&=\boldsymbol{C}\cdot\boldsymbol{\Phi}(k)\cdot\boldsymbol{x}(0)+\boldsymbol{h}(k)*\boldsymbol{f}(k)
\end{aligned}\tag{9-50}$$

式中：$\boldsymbol{h}(k)=\boldsymbol{C}\cdot\boldsymbol{\Phi}(k-1)\cdot\boldsymbol{B}+\boldsymbol{D}\cdot\boldsymbol{\delta}(k)$ 为单位冲激响应矩阵；$\boldsymbol{\delta}(k)$ 是主对角线为单位函数 $\delta(k)$ 的序列矩阵。

$\boldsymbol{\Phi}(k)=\boldsymbol{A}^k$ 的计算可以利用凯莱-哈密顿定理

$$\boldsymbol{A}^k=\alpha_0\boldsymbol{I}+\alpha_1\boldsymbol{A}+\alpha_2\boldsymbol{A}^2+\cdots+\alpha_{n-1}\boldsymbol{A}^{n-1}=\sum_{j=0}^{n-1}\alpha_j\boldsymbol{A}^j\tag{9-51}$$

分别用 $\boldsymbol{A}$ 矩阵的特征根代入式(9-51)可解得系数 α_j。单根和重根的情况可根据式(9-38)和式(9-40)计算。下面举例说明。

【例 9.18】 已知矩阵 $\boldsymbol{A}=\begin{bmatrix}3/4 & 0\\ 1/2 & 1/2\end{bmatrix}$，求状态转移矩阵 $\boldsymbol{\Phi}(k)$。

解　矩阵 $\boldsymbol{A}$ 的特征方程为

$$|\lambda \boldsymbol{I}-\boldsymbol{A}|=\begin{bmatrix}\lambda-3/4 & 0\\ -1/2 & \lambda-1/2\end{bmatrix}=(\lambda-3/4)(\lambda-1/2)=0$$

特征根为 $\lambda_1=3/4,\lambda_2=1/2$,则有

$$(3/4)^k=a_1+(3/4)a_2,\quad (1/2)^k=a_1+(1/2)a_2$$

解之得　$$a_1=-2(3/4)^k+3(1/2)^k,\quad a_2=4(3/4)^k-4(1/2)^k$$

所以有　$$\boldsymbol{\Phi}(k)=\boldsymbol{A}^k=a_1\boldsymbol{I}+a_2\boldsymbol{A}=\begin{bmatrix}(3/4)^k & 0\\ 2(3/4)^k-2(1/2)^k & (1/2)^k\end{bmatrix}$$

9.5.2　离散系统状态方程的 z 域解

设离散系统状态方程和输出方程的一般形式分别为

$$\boldsymbol{x}(k+1)=\boldsymbol{A}\boldsymbol{x}(k)+\boldsymbol{B}\boldsymbol{f}(k)$$

$$\boldsymbol{y}(k)=\boldsymbol{C}\boldsymbol{x}(k)+\boldsymbol{D}\boldsymbol{f}(k)$$

对状态方程矩阵进行 Z 变换,得

$$z\boldsymbol{X}(z)-z\boldsymbol{x}(0)=\boldsymbol{A}\cdot\boldsymbol{X}(z)+\boldsymbol{B}\cdot\boldsymbol{F}(z)$$

$$(z\boldsymbol{I}-\boldsymbol{A})\cdot\boldsymbol{X}(z)=z\boldsymbol{x}(0)+\boldsymbol{B}\cdot\boldsymbol{F}(z)$$

所以　$$\boldsymbol{X}(z)=(z\boldsymbol{I}-\boldsymbol{A})^{-1}\cdot z\cdot\boldsymbol{x}(0)+(z\boldsymbol{I}-\boldsymbol{A})^{-1}\cdot\boldsymbol{B}\cdot\boldsymbol{F}(z)\tag{9-52}$$

其第一项为零输入部分,第二项为零状态部分,输出响应为

$$\boldsymbol{Y}(z)=\boldsymbol{C}\boldsymbol{X}(z)+\boldsymbol{D}\boldsymbol{F}(z)=\boldsymbol{C}(z\boldsymbol{I}-\boldsymbol{A})^{-1}z\boldsymbol{x}(0)+[\boldsymbol{C}(z\boldsymbol{I}-\boldsymbol{A})^{-1}\boldsymbol{B}+\boldsymbol{D}]\boldsymbol{F}(z)\tag{9-53}$$

比较 $\boldsymbol{X}(s),\boldsymbol{Y}(s)$ 与 $\boldsymbol{X}(z),\boldsymbol{Y}(z)$,可以得出,只要把 $\boldsymbol{X}(s)$、$\boldsymbol{Y}(s)$ 中的 $\boldsymbol{x}(0)$ 换成 $\boldsymbol{X}(z)$、$\boldsymbol{Y}(z)$ 中的 $z\boldsymbol{x}(0)$,相应地把 s 换成 z 就为 $\boldsymbol{X}(z)$、$\boldsymbol{Y}(z)$ 的表达式了。

仿照连续系统,令

$$\boldsymbol{\Phi}(z)=(z\boldsymbol{I}-\boldsymbol{A})^{-1}z\tag{9-54}$$

称为离散系统的状态转移矩阵,并且有 $\boldsymbol{\Phi}(k)\Leftrightarrow\boldsymbol{\Phi}(z)$,则

$$\boldsymbol{X}(z)=\boldsymbol{\Phi}(z)\boldsymbol{x}(0)+z^{-1}\boldsymbol{\Phi}(z)\boldsymbol{B}\boldsymbol{F}(z)\tag{9-55}$$

和　$$\begin{aligned}\boldsymbol{Y}(z)&=\boldsymbol{C}\boldsymbol{\Phi}(z)\boldsymbol{x}(0)+[\boldsymbol{C}z^{-1}\boldsymbol{\Phi}(z)\boldsymbol{B}+\boldsymbol{D}]\boldsymbol{F}(z)\\ &=\boldsymbol{C}\boldsymbol{\Phi}(z)\boldsymbol{x}(0)+\boldsymbol{H}(z)\boldsymbol{F}(z)\end{aligned}\tag{9-56}$$

式中:$\boldsymbol{H}(z)=\boldsymbol{C}z^{-1}\boldsymbol{\Phi}(z)\boldsymbol{B}+\boldsymbol{D}$ 称为系统函数矩阵。$\boldsymbol{H}(z)$ 的极点就是 $|z\boldsymbol{I}-\boldsymbol{A}|$ 的零点,即系统的特征方程为

$$|z\boldsymbol{I}-\boldsymbol{A}|=0$$

【例 9.19】　某系统状态方程和输出方程分别为

$$\begin{bmatrix}x_1(k+1)\\ x_2(k+1)\end{bmatrix}=\begin{bmatrix}0.5 & 0\\ 0.25 & 0.25\end{bmatrix}\cdot\begin{bmatrix}x_1(k)\\ x_2(k)\end{bmatrix}+\begin{bmatrix}1\\ 0\end{bmatrix}\cdot f(k),\quad \begin{bmatrix}y_1(k)\\ y_2(k)\end{bmatrix}=\begin{bmatrix}1 & 0\\ 1 & -1\end{bmatrix}\cdot\begin{bmatrix}x_1(k)\\ x_2(k)\end{bmatrix}$$

其初始状态和输入方程分别为 $\begin{bmatrix}x_1(0)\\ x_2(0)\end{bmatrix}=\begin{bmatrix}1\\ 2\end{bmatrix}$,$f(k)=\varepsilon(k)$,试分别求出系统的状态方程和输出方

程的解。

解　先求出状态转移矩阵，即

$$\boldsymbol{\Phi}(z)=(z\boldsymbol{I}-\boldsymbol{A})^{-1}\cdot z$$

$$=\begin{bmatrix} z-0.5 & 0 \\ -0.25 & z-0.25 \end{bmatrix}^{-1}\cdot z=\frac{z}{(z-0.5)(z-0.25)}\begin{bmatrix} z-0.25 & 0 \\ 0.25 & z-0.5 \end{bmatrix}$$

系统的状态方程的解为

$$\boldsymbol{X}(z)=\boldsymbol{\Phi}(z)\boldsymbol{x}(0)+z^{-1}\boldsymbol{\Phi}(z)\boldsymbol{B}\boldsymbol{F}(z)$$

$$=\frac{z}{(z-0.5)(z-0.25)}\begin{bmatrix} z-0.25 & 0 \\ 0.25 & z-0.5 \end{bmatrix}\cdot\begin{bmatrix} 1 \\ 2 \end{bmatrix}$$

$$+\frac{1}{(z-0.5)(z-0.25)}\begin{bmatrix} z-0.25 & 0 \\ 0.25 & z-0.5 \end{bmatrix}\cdot\begin{bmatrix} 1 \\ 0 \end{bmatrix}\frac{z}{z-1}$$

$$=\frac{z}{(z-0.5)(z-0.25)(z-1)}\begin{bmatrix} (z-0.25)z \\ (z-0.75)(z-1)+0.25 \end{bmatrix}$$

故状态变量为

$$\boldsymbol{x}(k)=\begin{bmatrix} 2-(1/2)^k \\ (2/3)-(1/2)^k+(7/3)(1/4)^k \end{bmatrix}\cdot\varepsilon(k)$$

输出响应为

$$\boldsymbol{y}(k)=\begin{bmatrix} 1 & 0 \\ 1 & -1 \end{bmatrix}\cdot\begin{bmatrix} x_1(k) \\ x_2(k) \end{bmatrix}=\begin{bmatrix} 2-(1/2)^k \\ (4/3)-(7/3)(1/4)^k \end{bmatrix}\cdot\varepsilon(k)$$

【例 9.20】　离散系统如图 9-25 所示。(a) 求系统的状态方程和输出方程。(b) 求系统的冲激响应 $h(k)$。(c) 若初始条件 $x_1(0)=x_2(0)=1$，激励 $f(k)=\varepsilon(k)$，求其状态变量 $\boldsymbol{x}(k)$ 和响应 $y(k)$。

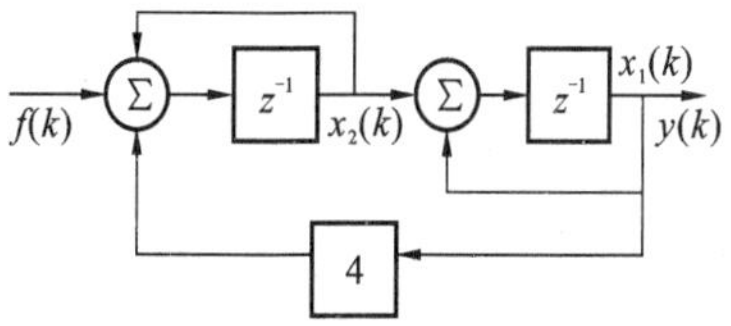

图 9-25　例 9.20 用图

解　(a) 状态方程和输出方程分别为

$$x_1(k+1)=x_1(k)+x_2(k)$$

$$x_2(k+1)=4x_1(k)+x_2(k)+f(k)$$

$$y(k)=x_1(k)$$

$$\begin{bmatrix} x_1(k+1) \\ x_2(k+1) \end{bmatrix}=\begin{bmatrix} 1 & 1 \\ 4 & 1 \end{bmatrix}\begin{bmatrix} x_1(k) \\ x_2(k) \end{bmatrix}+\begin{bmatrix} 0 \\ 1 \end{bmatrix}f(k),\quad \boldsymbol{y}(k)=[1\quad 0]\begin{bmatrix} x_1(k) \\ x_2(k) \end{bmatrix}$$

(b) 先求状态转移矩阵，即

$$\boldsymbol{\Phi}(z)=(z\boldsymbol{I}-\boldsymbol{A})^{-1}z=\begin{bmatrix} z-1 & -1 \\ -4 & z-1 \end{bmatrix}z=\frac{\begin{bmatrix} z-1 & 1 \\ 4 & z-1 \end{bmatrix}z}{(z+1)(z-3)}$$

$$\boldsymbol{H}(z)=\boldsymbol{C}z^{-1}\boldsymbol{\Phi}(z)\boldsymbol{B}+\boldsymbol{D}=[1\quad 0]z^{-1}\begin{bmatrix} \Phi_1 & \Phi_2 \\ \Phi_3 & \Phi_4 \end{bmatrix}\begin{bmatrix} 0 \\ 1 \end{bmatrix}=[\Phi_1\quad \Phi_2]\begin{bmatrix} 0 \\ 1 \end{bmatrix}z^{-1}$$

$$=\Phi_2 z^{-1}=\frac{1}{(z+1)(z-3)}=\frac{-0.25}{z+1}+\frac{0.25}{z-3}$$

冲激响应为

$$h(k)=0.25[(3)^{k-1}-(-1)^{k-1}]\varepsilon(k-1)$$

(c) 由于

$$\boldsymbol{X}(z)=\boldsymbol{\Phi}(z)\boldsymbol{x}(0)+z^{-1}\boldsymbol{\Phi}(z)\boldsymbol{B}\boldsymbol{F}(z)$$

$$\boldsymbol{X}(z)=\begin{bmatrix} \Phi_1 & \Phi_2 \\ \Phi_3 & \Phi_4 \end{bmatrix}\begin{bmatrix} 1 \\ 1 \end{bmatrix}+\begin{bmatrix} \Phi_1 & \Phi_2 \\ \Phi_3 & \Phi_4 \end{bmatrix}\begin{bmatrix} 0 \\ 1 \end{bmatrix}z^{-1}\boldsymbol{F}(z)=\begin{bmatrix} \Phi_1+\Phi_2 \\ \Phi_3+\Phi_4 \end{bmatrix}+\begin{bmatrix} \Phi_2 \\ \Phi_4 \end{bmatrix}z^{-1}\boldsymbol{F}(z)$$

$$= \begin{bmatrix} \dfrac{z^2}{(z+1)(z-3)} + \dfrac{1}{(z+1)(z-3)} \cdot \dfrac{z}{z-1} \\ \dfrac{z(z+3)}{(z+1)(z-3)} + \dfrac{z-1}{(z+1)(z-3)} \cdot \dfrac{z}{z-1} \end{bmatrix} = \begin{bmatrix} \dfrac{0.375z}{z+1} + \dfrac{0.875z}{z-3} + \dfrac{-0.25z}{z-1} \\ \dfrac{-0.75z}{z+1} + \dfrac{1.75z}{z-3} \end{bmatrix}$$

所以
$$x(k) = \begin{bmatrix} 0.375(-1)^k + 0.875(3)^k - 0.25 \\ -0.75(-1)^k + 1.75(3)^k \end{bmatrix} \varepsilon(k)$$

于是
$$y(k) = x_1(k) = [0.375(-1)^k + 0.875(3)^k - 0.25]\varepsilon(k)$$

9.5.3 离散系统状态方程的 Matlab 解

1. Z 变换求离散系统响应的解析解

用 Matlab 的 Z 变换和 Z 反变换，以及矩阵运算，可以得到离散状态方程和输出方程的解析解。计算例 9.19 的 Matlab 程序如下。

```
% 用 Z 变换计算例 9.19  LT9_19z.m
syms z k
A=[0.5 0;0.25 0.25];B=[1 0]';C=[1 0;1-1];D=[0];
x0=[1 2]';                  % 初始条件
F=[z/(z-1)];                % 输入信号 Z 变换
Q=inv(z*eye(2)-A)*z;        % 计算状态转移矩阵
X=Q*x0+1/z*Q*B*F;           % 计算状态变量
x=iztrans(X,k)              % Z 反变换 x(k)
y=C*x                       % 计算输出
```

运行程序后，在命令窗口显示状态变量和输出的解，即

```
x=
[          -(1/2)^k+2]
[-(1/2)^k+7/3*(1/4)^k+2/3]
y=
[       -(1/2)^k+2]
[4/3-7/3*(1/4)^k]
```

2. 状态方程的迭代计算

离散系统的状态方程和输出方程实际上就是两个迭代公式，最适合于计算机计算。现在用例 9.19 的迭代计算来说明。为了显示曲线明显，设输入信号 $f(k) = \sin 0.25\pi k\varepsilon(k)$，Matlab 计算程序如下。

```
% 用迭代法计算例 9.19  LT9_19n.m
A=[0.5 0;0.25 0.25];B=[1 0]';C=[1 0;1-1];D=[0];
x0=[1 2]';                      % 初始条件
n=20;                           % 计算步数
k=1:n;f=sin(pi/4*k);            % 输入信号:正弦波
% f=ones(1,n);
```

```
x(:,1)=x0;                    % 状态变量赋初始值
for i=1:n
x(:,i+1)=A*x(:,i)+B*f(i); % 用迭代公式计算状态变量
end
subplot(2,2,1),stem([0:n],x(1,:),'fill')
ylabel('x(1)'),title('状态变量波形')
subplot(2,2,3),stem([0:n],x(2,:),'fill')
ylabel('x(2)')
y=C*x;                        % 计算输出响应
subplot(2,2,2),stem([0:n],y(1,:),'fill')
ylabel('y(1)'),title('输出响应波形')
subplot(2,2,4),stem([0:n],y(2,:),'fill')
ylabel('y(2)')
```

程序运行后所显示的波形如图 9-26 所示。

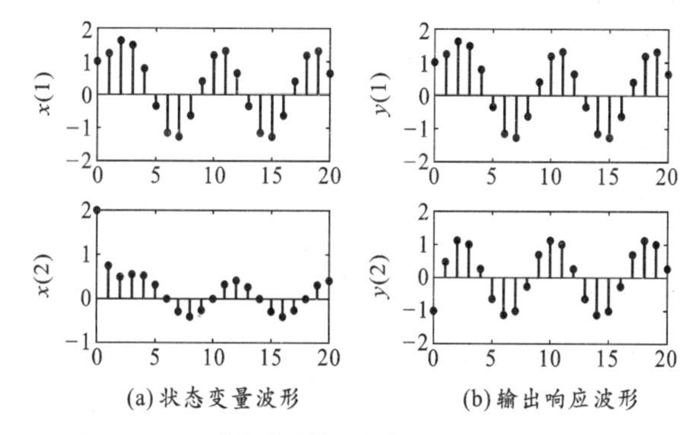

图 9-26 用迭代法计算的状态变量和系统响应波形

3. 迭代法计算连续系统的状态方程

连续系统的状态模型可以先转换成离散状态模型，再用迭代法计算。Matlab 的 c2d() 函数可以实现由连续到离散的模型转换。这相当于将连续系统离散化，当采样间隔很小时，就可以满足精度的要求。

【例 9.21】 设某系统的状态方程和输出方程分别为

$$\begin{bmatrix}\dot{x}_1\\ \dot{x}_2\end{bmatrix}=\begin{bmatrix}1 & 0\\ 1 & -3\end{bmatrix}\cdot\begin{bmatrix}x_1\\ x_2\end{bmatrix}+\begin{bmatrix}1\\ 0\end{bmatrix}\cdot f(t),\quad \boldsymbol{y}(t)=\begin{bmatrix}-1/4 & 1\end{bmatrix}\cdot\begin{bmatrix}x_1\\ x_2\end{bmatrix}$$

初始条件为 $\boldsymbol{x}(0)=\begin{bmatrix}x_1(0)\\ x_2(0)\end{bmatrix}=\begin{bmatrix}1\\ 2\end{bmatrix}$，输入信号为 $f(t)=15\sin(2\pi t)\varepsilon(t)$，试用迭代法借助 Matlab 画出状态变量 $x(t)$ 和输出 $y(t)$ 的波形。

解 Matlab 程序如下。

```
% 用迭代法计算连续系统    LT9_21.m
A=[1 0;1-3];B=[1 0]';C=[-0.25 1];D=[0];
```

```
x0 = [1 2]';                          % 初始条件
ts = 0.01;,nf = 301;
t = 0:ts:3;
f = 15* sin(2* pi* t);                % 输入信号
x = zeros(2,nf);
x(:,1) = x0;                          % 状态变量赋初始值
[Ad,Bd] = c2d(A,B,ts);                % 连续系统模型变换成离散模型
for i = 1:nf-1
x(:,i+1) = Ad* x(:,i) +Bd* f(i);      % 用迭代公式计算状态变量
end
t = (0:nf-1)* ts;
figure(1)
plot(t,x(1,:),'- ',t,x(2,:),':','linewidth',2)
legend('x(1)','x(2)')                 % 显示图例
title(' 状态变量波形 ')
xlabel('t(sec)')
y = C* x;
figure(2)
plot(t,y,'- ','linewidth',2)
title(' 输出响应波形 ')
xlabel('t(sec)')
```

程序运行后显示的波形如图 9-27 所示。可见其波形与图 9-24 所示的相同。

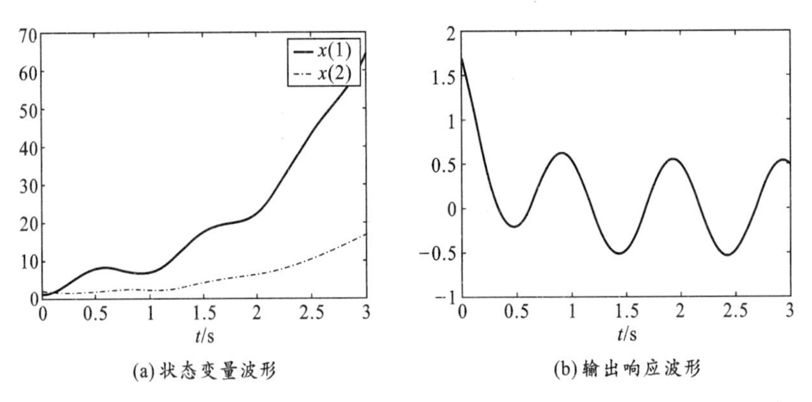

(a) 状态变量波形　　(b) 输出响应波形

图 9-27　用迭代法计算的连续系统响应波形

9.6　工程应用实例:状态变量滤波器

对于特定的频率具有选择功能的装置称为滤波器。以运算放大器作有源单元,再配以无源元件(电阻、电容)可以组成各种性能的有源滤波器。普通的有源滤波器,其中心频率和品质因数相互牵连,难以调节;而且品质因数小,频带宽,不能精细滤波。

状态变量滤波器，又称为多变量滤波器，它用三个运算放大器可同时实现二阶低通、高通及带通功能，其特点是，适当选择元件数值，可使品质因数 Q 与中心频率 f_0 无关；f_0，Q 对元件参数的灵敏度比较低，可以得到比较高的 Q 值。在这里只讨论积分器的状态滤波器。由滤波器理论可知，二阶低通、带通、高通的传递函数分别为

$$H_{\mathrm{LP}}(s)=\frac{A\omega_0^2}{s^2+(\omega_0/Q)s+\omega_0^2} \quad 或 \quad H_{\mathrm{LP}}(s)=\frac{A\omega_0^2 s^{-2}}{1+(\omega_0/Q)s^{-1}+\omega_0^2 s^{-2}} \tag{9-57}$$

$$H_{\mathrm{BP}}(s)=\frac{A(\omega_0/Q)s}{s^2+(\omega_0/Q)s+\omega_0^2} \quad 或 \quad H_{\mathrm{BP}}(s)=\frac{A(\omega_0/Q)s^{-1}}{1+(\omega_0/Q)s^{-1}+\omega_0^2 s^{-2}} \tag{9-58}$$

$$H_{\mathrm{HP}}(s)=\frac{As^2}{s^2+(\omega_0/Q)s+\omega_0^2} \quad 或 \quad H_{\mathrm{HP}}(s)=\frac{A}{1+(\omega_0/Q)s^{-1}+\omega_0^2 s^{-2}} \tag{9-59}$$

用积分器实现的系统框图如图 9-28 所示。从图 9-28 可知，以 $U_1(s)$ 作为输出的是低通滤波器；以 $U_2(s)$ 作为输出的为带通滤波器；以 $U_3(s)$ 作为输出的为高通滤波器。图中的两个积分器和一个加法器可用三个运算放大器实现。二阶有源状态滤波器的典型电路如图 9-29 所示，从三个接点 u_1，u_2，u_3 输出，可实现低通、带通和高通滤波，以带通滤波器为例，系统函数推导如下。

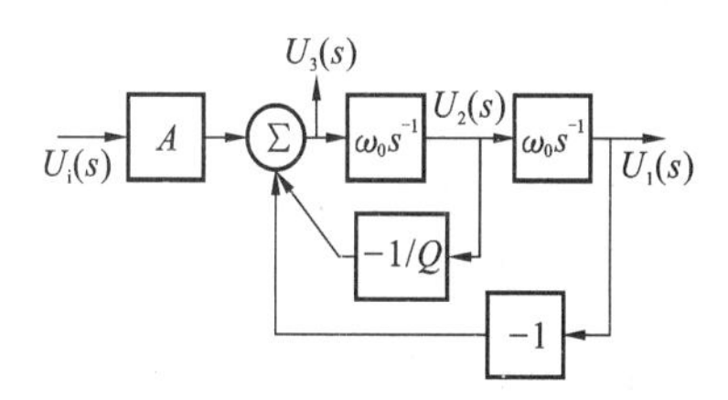

图 9-28 二阶状态变量滤波器方框图

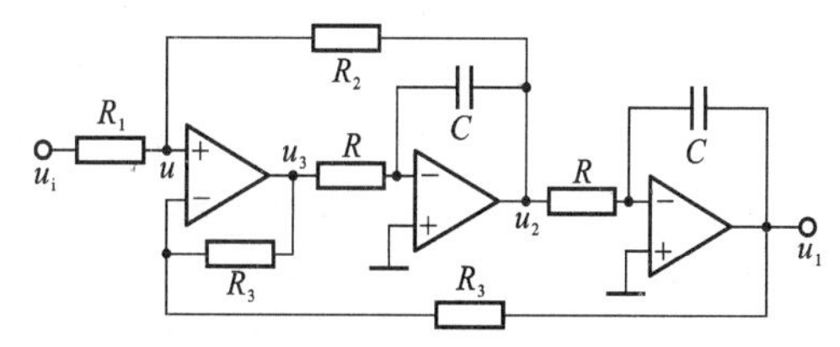

图 9-29 二阶状态变量滤波器电路图

对于节点 u，根据“虚断”，有

$$\frac{U_i-U}{R_1}=\frac{U-U_2}{R_2} \quad 或 \quad \left(\frac{1}{R_1}+\frac{1}{R_2}\right)U-\frac{U_2}{R_2}=\frac{U_i}{R_1} \tag{9-60}$$

根据“虚断”和“虚短”，有

$$\frac{U_3-U}{R_3}=\frac{U-U_1}{R_3} \quad 或 \quad U=\frac{1}{2}(U_1+U_3) \tag{9-61}$$

两个积分器的关系为

$$U_2=-\frac{1}{RC}\cdot\frac{1}{s}U_3,\quad U_1=-\frac{1}{RC}\cdot\frac{1}{s}U_2 \tag{9-62}$$

将式(9-61)代入式(9-60)，得

$$\frac{1}{2}\left(\frac{1}{R_1}+\frac{1}{R_2}\right)(U_1+U_3)-\frac{U_2}{R_2}=\frac{U_i}{R_1} \tag{9-63}$$

将式(9-62)代入式(9-63)，消去 U_1 和 U_3，得

$$\frac{1}{2}\left(\frac{1}{R_1}+\frac{1}{R_2}\right)\left(-\frac{1}{sRC}-sRC\right)U_2-\frac{U_2}{R_2}=\frac{U_i}{R_1} \tag{9-64}$$

式(9-64)两边乘以 R_2,并令 $Q=(1/2)(1+R_2/R_1)$,$\omega_0=1/(RC)$,化简可得

$$Q[-(sRC)^{-1}-sRC]U_2-U_2=R_2U_i/R_1^{-1} \tag{9-65}$$

所以,带通滤波器的系统函数为

$$H_{BP}(s)=\frac{U_2}{U_i}=\frac{-(R_2/R_1)(\omega_0/Q)s}{s^2+(\omega_0/Q)s+\omega_0^2} \tag{9-66}$$

可见,中心频率 ω_0 只与 RC 有关,而与 R_1、R_2 无关;品质因数 Q 只与 R_1、R_2 有关而与 R 无关。因此,中心频率 ω_0 与品质因数 Q 可以独立准确调节;同时,可以将品质因数 Q 设计得很高,相对频带做得很窄,使频谱分析很精细。尽管用了 3 只运算放大器,但现在通用运算放大器价格便宜,因此成本增加不多,性价比却可提高很多。

对于图 9-29 所示电路的高通和低通滤波器的系统函数,读者可自行推导。

本章小结

本章主要介绍了连续系统、离散系统状态变量与状态方程的一般形式,重点讨论了状态方程的建立方法,状态方程的时域解和变域解。下面是本章的主要结论。

(1) 系统在 t_0 时刻的状态是适当选取的一组变量在 t_0 时的值,这些值可提供确定 $t=t_0$ 时系统状态的最必要信号。若给定系统的输入,可以得到 $t>t_0$ 时的系统响应,这些变量称为状态变量。对于同一个系统,状态变量不是唯一的。

(2) 连续系统状态方程和输出方程的一般形式分别为

$$\dot{\boldsymbol{x}}(t)=\boldsymbol{Ax}(t)+\boldsymbol{Bf}(t),\quad \boldsymbol{y}(t)=\boldsymbol{Cx}(t)+\boldsymbol{Df}(t)$$

离散系统状态方程一般形式为

$$\boldsymbol{x}(k+1)=\boldsymbol{Ax}(k)+\boldsymbol{Bf}(k),\quad \boldsymbol{y}(k)=\boldsymbol{Cx}(k)+\boldsymbol{Df}(k)$$

(3) 电网络状态方程的建立方法是:首先选择电容电压和电感电流作为状态变量,然后对选定的每一个电感电流,列写一个包括此电流一阶导数的回路电压方程;对于选定的每一个电容电压,列写一个包括此电压一阶导数的节点电流方程,可得状态方程。

(4) 根据系统的微分方程、系统函数、方框图或信号流图建立状态方程和输出方程的方法是:将其他形式的模型转换成信号流图或方框图,设积分器或延迟器输出的状态变量,再根据其因果关系列写状态方程和输出方程。

(5) 连续系统状态方程的求解。其时域解为

$$\boldsymbol{x}(t)=\mathrm{e}^{\boldsymbol{A}t}\boldsymbol{x}(0)+\int_0^t \mathrm{e}^{\boldsymbol{A}(t-\tau)}\boldsymbol{Bf}(\tau)\mathrm{d}\tau=\mathrm{e}^{\boldsymbol{A}t}\boldsymbol{x}(0)+\mathrm{e}^{\boldsymbol{A}t}*\boldsymbol{Be}(t)=\boldsymbol{\Phi}(t)\boldsymbol{x}(0)+\boldsymbol{\Phi}(t)*\boldsymbol{Bf}(t)$$

式中:$\boldsymbol{\Phi}(t)=\mathrm{e}^{\boldsymbol{A}t}$ 称为状态转移矩阵。其拉氏变换解为

$$\boldsymbol{X}(s)=(s\boldsymbol{I}-\boldsymbol{A})^{-1}\boldsymbol{x}(0)+(s\boldsymbol{I}-\boldsymbol{A})^{-1}\boldsymbol{BF}(s),\quad \boldsymbol{Y}(s)=\boldsymbol{C\Phi}(s)\boldsymbol{x}(0)+[\boldsymbol{C\Phi}(s)\boldsymbol{B}+\boldsymbol{D}]\boldsymbol{F}(s)$$

式中:$\boldsymbol{\Phi}(s)=(s\boldsymbol{I}-\boldsymbol{A})^{-1}$ 为 $\boldsymbol{\Phi}(t)$ 的拉氏变换。

$$\boldsymbol{Y}_{zs}(s)=[\boldsymbol{C\Phi}(s)\boldsymbol{B}+\boldsymbol{D}]\boldsymbol{F}(s)=\boldsymbol{H}(s)\boldsymbol{F}(s)$$

式中:$\boldsymbol{H}(s)=\boldsymbol{C\Phi}(s)\boldsymbol{B}+\boldsymbol{D}$ 称为系统函数,$\boldsymbol{H}(s)$ 的极点就是 $|s\boldsymbol{I}-\boldsymbol{A}|$ 的零点,即系统的特征方程为

$$|s\boldsymbol{I}-\boldsymbol{A}|=0$$

(6) 离散系统状态方程的解。其时域解为

$$x(k)=A^kx(0)+\sum_{j=0}^{k-1}A^{k-1-j}Bf(j)=A^kx(0)+A^{k-1}B*f(k)=\Phi(k)x(0)+\Phi(k-1)B*f(k)$$

式中：$\Phi(k)=A^k$ 称为离散系统的状态转移矩阵。其 Z 变换解为

$$X(z)=(zI-A)^{-1}zx(0)+(zI-A)^{-1}BF(z)$$

$$Y(z)=C\Phi(z)x(0)+[Cz^{-1}\Phi(z)B+D]F(z)$$

式中：$\Phi(z)=(zI-A)^{-1}z$ 为 $\Phi(k)$ 的 Z 变换。

$$Y_{zs}(z)=[Cz^{-1}\Phi(z)B+D]F(z)=H(z)F(z)$$

式中：$H(z)=Cz^{-1}\Phi(z)B+D=C(zI-A)^{-1}B+D$ 称为系统函数，$H(z)$ 的极点就是 $|zI-A|$ 的零点，即系统的特征方程为

$$|zI-A|=0$$

思考题

9-1 什么是系统的状态和状态变量？为什么说状态变量不是唯一的？

9-2 状态变量分析法与传统的输入/输出分析法相比有哪些优点？从数学模型角度来看，它们的根本区别在哪里？

9-3 结合例子说明如何选择状态变量和建立状态方程？

9-4 网络状态变量的数目就是储能元件的个数吗？它们之间是什么关系？

9-5 简述下列名词的数学表示：

n 阶方阵；单位阵；转置矩阵；伴随矩阵；逆矩阵；特征矩阵；特征根。

9-6 状态方程时域解和变换解有哪些步骤？

9-7 $\Phi(t)=e^{At}$ 和 $\Phi(k)=A^k$ 有什么重要性？如何求解？

9-8 为什么说系数矩阵 **A** 的特征值就是系统的特征根？

9-9 同一系统若状态变量选择不同，矩阵 **A** 也不相同，它们的特征值也不相同吗？

9-10 综述状态变量分析法的基本概念和求解方法及步骤。

习题

基本练习题

9-1 写出题图 9-1 所示电路的状态方程（以 i_L 和 u_C 为状态变量）。

9-2 写出题图 9-2 所示电路的状态方程（以 i_L 和 u_C 为状态变量）。

9-3 题图 9-3 所示电路，试列出以 i_L 和 u_C 为状态变量，以电阻电压 $y_1(t)$ 和 $y_2(t)$ 为输出的状态方程和输出方程。

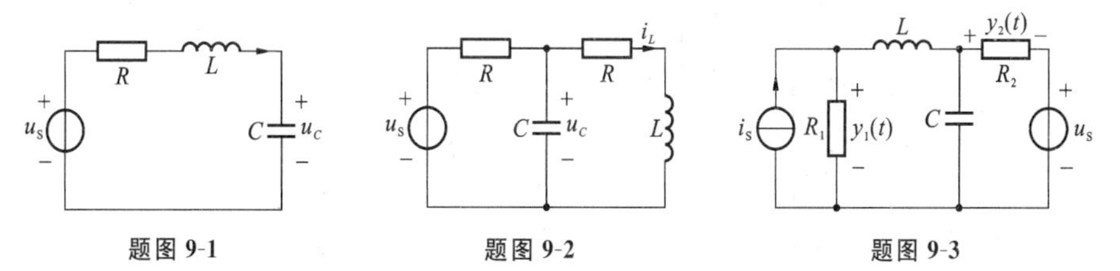

题图 9-1　　题图 9-2　　题图 9-3

9-4 写出题图 9-4 所示系统的状态方程和输出方程。

9-5 写出题图 9-5 所示系统的状态方程和输出方程。

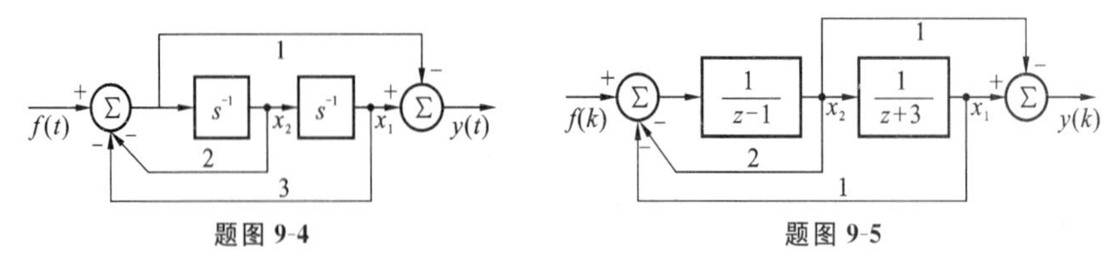

题图 9-4　　　　题图 9-5

9-6 描述连续系统的微分方程如下,写出系统的状态方程和输出方程。

$$y^{(3)}(t)+5y^{(2)}(t)+y^{(1)}(t)+2y(t)=f^{(1)}(t)+2f(t)$$

9-7 描述连续系统的系统函数如下,画出其直接形式的信号流图,写出其相应的状态方程和输出方程。

$$\text{(a)}H(s)=\frac{3s+5}{s^2+3s+6}\quad \text{(b)}H(s)=\frac{s^2+3s}{(s+1)^2(s+2)}\quad \text{(c)}H(s)=\frac{s^2+2}{s^3+2s^2+2s+1}$$

9-8 已知 $\boldsymbol{A}=\begin{bmatrix}0&1&0\\0&0&1\\0&1&0\end{bmatrix}$,计算矩阵指数 e^{At}。

9-9 已知系统的状态方程和初始条件如下,求系统的状态变量。

$$\begin{bmatrix}\dot{x}_1(t)\\\dot{x}_2(t)\end{bmatrix}=\begin{bmatrix}1&-2\\1&4\end{bmatrix}\begin{bmatrix}x_1(t)\\x_2(t)\end{bmatrix},\quad \begin{bmatrix}x_1(0)\\x_2(0)\end{bmatrix}=\begin{bmatrix}3\\2\end{bmatrix}$$

9-10 已知二阶系统的微分方程 $y''(t)+a^2y(t)=0$,求该系统的状态转移矩阵 e^{At}。

复习提高题

9-11 题图 9-11 所示电路,试列出以 i_L 和 u_C 为状态变量,以电阻电压 $y_1(t)$ 和 $y_2(t)$ 为输出的状态方程和输出方程。

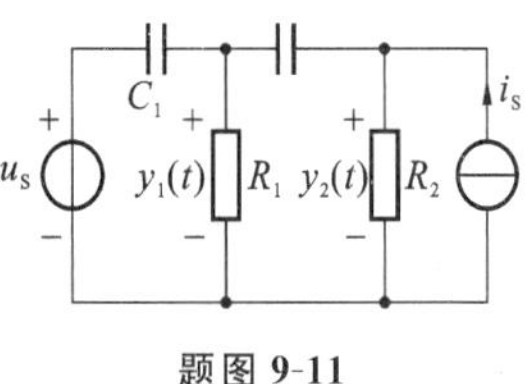

题图 9-11

9-12 列出题图 9-12 所示离散系统的状态方程和输出方程。

9-13 写出题图 9-13 中用信号流图描述的各连续系统的状态方程和输出方程。

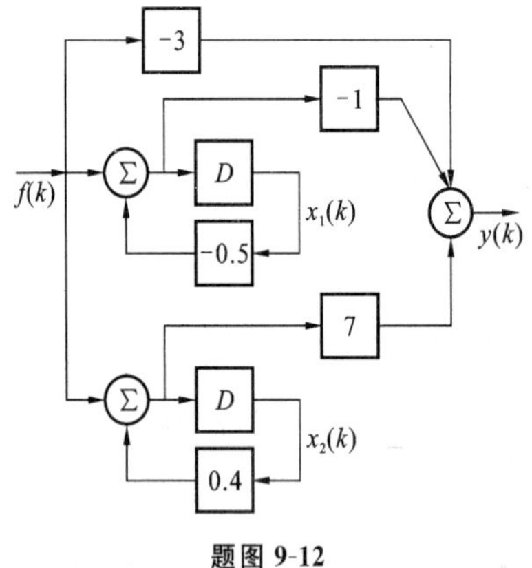

题图 9-12

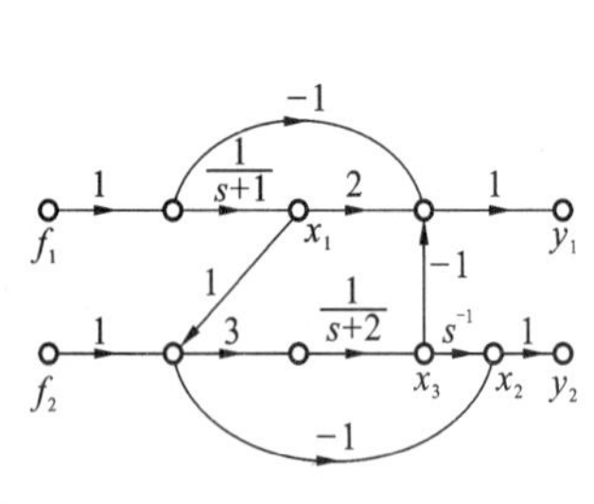

题图 9-13

9-14 已知一线性非时变系统在零输入条件下有：当 $x(0)=\begin{bmatrix}1\\-1\end{bmatrix}$时，$x(t)=\begin{bmatrix}e^{-2t}\\-e^{-2t}\end{bmatrix}$；当 $x(0)=\begin{bmatrix}2\\-1\end{bmatrix}$时，$x(t)=\begin{bmatrix}2e^{-2t}\\-e^{-t}\end{bmatrix}$。试求系统的状态转移矩阵和系统状态方程的系数矩阵 $\boldsymbol{A}$。

9-15 题图 9-15 所示离散因果系统。写出其状态方程和输出方程；判断该系统是否稳定。

9-16 题图 9-16 所示为模拟系统，取积分器输出为状态变量，求系统的状态方程表示式；已知系统在单位阶跃信号作用下有 $\begin{bmatrix}x_1(t)\\x_2(t)\end{bmatrix}=\begin{bmatrix}3e^{-2t}-2e^{-t}-1\\3e^{-2t}-4e^{-t}+1\end{bmatrix}\varepsilon(t)$，求图中 a,b,c 各参数。

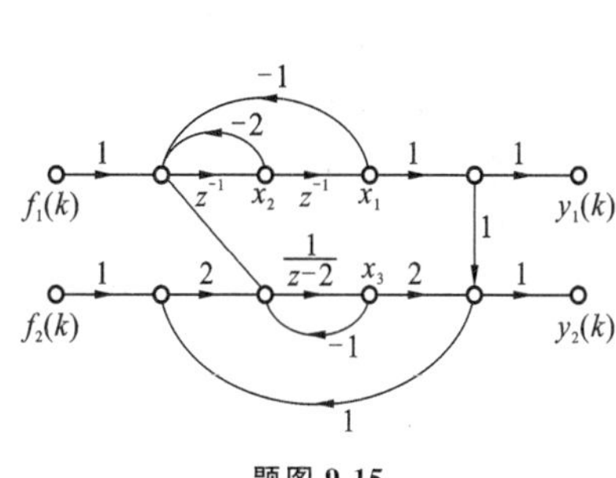

题图 9-15

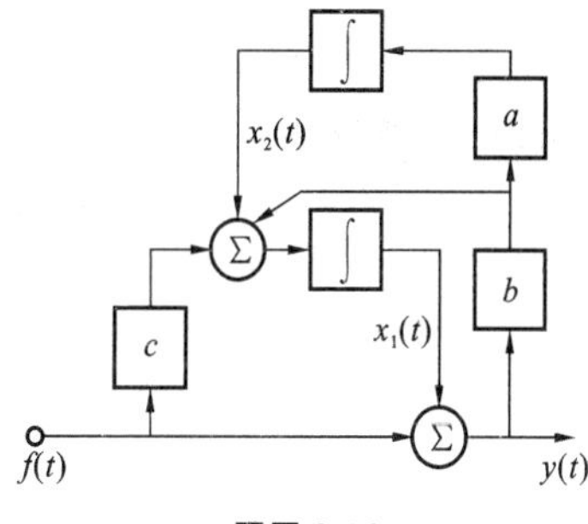

题图 9-16

9-17 已知系统状态方程的系数矩阵为

$$\boldsymbol{A}=\begin{bmatrix}-1&0&0\\0&-4&0\\0&0&-2\end{bmatrix},\quad \boldsymbol{B}=\begin{bmatrix}1\\4\\2\end{bmatrix},\quad \boldsymbol{C}=[1\quad 2\quad 1],\quad \boldsymbol{D}=0$$

输入 $f(t)=\varepsilon(t)$，系统初始状态 $\boldsymbol{x}(0)=[1\quad 3\quad 1]^{\mathrm{T}}$。试计算状态转移矩阵和系统输出响应 $y(t)$。

9-18 设系统状态方程和输出方程分别为

$$\begin{bmatrix}\dot{x}_1(t)\\\dot{x}_2(t)\end{bmatrix}=\boldsymbol{A}\begin{bmatrix}x_1(t)\\x_2(t)\end{bmatrix}+\boldsymbol{B}\boldsymbol{f}(t),\quad \boldsymbol{y}(t)=\boldsymbol{C}\begin{bmatrix}x_1(t)\\x_2(t)\end{bmatrix}+\boldsymbol{D}\boldsymbol{f}(t)$$

状态转移矩阵为
$$\boldsymbol{\Phi}(t)=\begin{bmatrix}2e^{-t}-e^{-2t}&-2e^{-t}+2e^{-2t}\\e^{-t}-e^{-2t}&-e^{-t}+2e^{-2t}\end{bmatrix}f(t)$$

在 $f(t)=\delta(t)$ 作用下零状态解和零状态响应分别为

$$\begin{bmatrix}x_1(t)\\x_2(t)\end{bmatrix}=\begin{bmatrix}12e^{-t}-12e^{-2t}\\6e^{-t}-12e^{-2t}\end{bmatrix}\boldsymbol{f}(t),\quad y(t)=\delta(t)+(6e^{-t}-12e^{-2t})$$

求系统的 $\boldsymbol{A},\boldsymbol{B},\boldsymbol{C},\boldsymbol{D}$ 矩阵。

9-19 设某系统的状态方程和输出方程分别为

$$\begin{bmatrix}\dot{x}_1(t)\\\dot{x}_2(t)\end{bmatrix}=\begin{bmatrix}-1&2\\-1&-4\end{bmatrix}\begin{bmatrix}x_1(t)\\x_2(t)\end{bmatrix}+\begin{bmatrix}1\\1\end{bmatrix}\boldsymbol{f}(t),\quad \boldsymbol{y}(t)=[1\quad -1]\begin{bmatrix}x_1(t)\\x_2(t)\end{bmatrix}$$

且 $\begin{bmatrix}x_1(0)\\x_2(0)\end{bmatrix}=\begin{bmatrix}1\\-1\end{bmatrix}$，$f(t)=\varepsilon(t)$。求状态方程与输出方程的解；若选另一组状态变量

$$\begin{bmatrix} g_1(t) \\ g_2(t) \end{bmatrix} = \begin{bmatrix} 1 & 1 \\ -1 & -2 \end{bmatrix} \begin{bmatrix} x_1(t) \\ x_2(t) \end{bmatrix}$$

试推导以 $\boldsymbol{g}(t)$ 为状态变量的状态方程和输出方程及其解。

9-20 已知离散系统状态方程和输出方程分别为

$$\begin{bmatrix} x_1(k+1) \\ x_2(k+1) \end{bmatrix} = \begin{bmatrix} 1 & -2 \\ a & b \end{bmatrix} \begin{bmatrix} x_1(k) \\ x_2(k) \end{bmatrix} + \begin{bmatrix} 1 \\ 0 \end{bmatrix} \boldsymbol{f}(k), \quad \boldsymbol{y}(k) = \begin{bmatrix} 1 & 1 \end{bmatrix} \begin{bmatrix} x_1(k) \\ x_2(k) \end{bmatrix}$$

零输入响应 $y(k) = 8(-1)^k - 5(-2)^k$，试求常数 a 和 b；状态变量 $x_1(k)$ 和 $x_2(k)$ 的解。

9-21 系统的状态方程和初始条件如下，用两种方法求该系统的状态解。

$$\begin{bmatrix} \dot{x}_1(t) \\ \dot{x}_2(t) \end{bmatrix} = \begin{bmatrix} 1 & -2 \\ 1 & 4 \end{bmatrix} \begin{bmatrix} x_1(t) \\ x_2(t) \end{bmatrix}, \quad \begin{bmatrix} x_1(0) \\ x_2(0) \end{bmatrix} = \begin{bmatrix} 3 \\ 2 \end{bmatrix}$$

应用 Matlab 的练习题

9-22 用 Matlab 的拉氏变换方法，即仿照 LT14.m 计算例 9.16 的解析解。

9-23 用 Matlab 的数值解法，即仿照 LT15n.m 画出例 9.16 的波形。

9-24 线性非时变系统的状态方程和输出方程分别为

$$\dot{\boldsymbol{x}}(t) = \begin{bmatrix} -2 & 1 \\ 0 & -1 \end{bmatrix} \boldsymbol{x}(t) + \begin{bmatrix} 1 \\ 0 \end{bmatrix} \boldsymbol{f}(t), \quad \boldsymbol{y}(t) = \begin{bmatrix} 1 & 0 \end{bmatrix} \boldsymbol{x}(t)$$

设初始状态 $\boldsymbol{x}(0) = [1 \quad 1]^{\mathrm{T}}$，输入激励 $f(t) = \varepsilon(t)$，试用 Matlab 的下列方法求状态变量 $\boldsymbol{x}(t)$ 和输出响应 $\boldsymbol{y}(t)$，画出其图形，并比较其结果。

(a) 拉氏变换法求解析解；(仿照 LT15s.m)

(b) 用 lsim() 函数画出波形(仿照 LT15n.m)；

(c) 将其状态方程离散化，用迭代法画出波形(仿照 LT21.m)。

9-25 用 Matlab 的 Z 变换方法，即仿照 LT19z.m 计算例 9.20 的解析解。

9-26 用 Matlab 的迭代解法，即仿照 LT19n.m 画出例 9.20 的波形。

9-27 如离散系统的动态方程为

$$\begin{bmatrix} x_1(k+1) \\ x_2(k+1) \end{bmatrix} = \begin{bmatrix} 1/2 & 0 \\ 1/4 & 1/4 \end{bmatrix} \begin{bmatrix} x_1(k) \\ x_2(k) \end{bmatrix} + \begin{bmatrix} 1 \\ 0 \end{bmatrix} \boldsymbol{f}(k), \quad \begin{bmatrix} y_1(k) \\ y_2(k) \end{bmatrix} = \begin{bmatrix} 1 & 0 \\ 1 & -1 \end{bmatrix} \begin{bmatrix} x_1(k) \\ x_2(k) \end{bmatrix}$$

用 Matlab 的 Z 变换方法，求该系统的阶跃响应矩阵 $\boldsymbol{Y}(k)$。

附　　录

附录 A　Matlab 的基本知识及其常用函数

A.1　Matlab 的基本知识

A.1.1　窗口与文件管理

1. 命令窗口

单击桌面上的 Matlab 图标，进入 Matlab 后，就可看到命令窗口(command window)。命令窗口是与 Matlab 编译器连接的主窗口，当其中显示符号“>>”时，系统就已处于准备接受命令的状态。

2. 图形窗口

通常，只要执行任一种绘图命令，都会自动产生图形窗口；以后的绘图都在这一个图形窗口进行。如想再建一个或几个图形窗口，则可键入 figure，Matlab 会新建一个图形窗口，并自动给它依次排序。如果要人为规定新图为 3，则可键入 figure(3)。

3. 文本编辑窗口

用 Matlab 计算有两种方式，一种是直接在命令窗口一行一行地输入各种命令。这只能进行简单的计算，对于稍复杂一些的计算，就不方便了。另一种方法是把多行命令组成一个 M 文件，让 Matlab 来自动执行。编写和修改这种文件就要用文本编辑窗口。

4. .m 文件

Matlab 的源文件都是以后缀为.m 的文件来存放的，这种.m 文件其实就是一个纯文本文件，它采用的是 Matlab 所特有的一套语言及语法规则。

.m 文件有两种写法：一种称为脚本，即包含了一连串的 Matlab 命令，执行时依序执行；另一种称为函数，与 Matlab 提供的内部函数一样，可以供其他程序或命令调用。

注意：保存.m 文件所用的文件名不能以数字开头，其中不能包含中文字，也不能包含“.”、“+”、“-”、“^”和空格等特殊字符(但可以包含下划线“_”)，也不能与当前工作空间(wordspace)中的参数、变量、元素同名，当然也不能与 Matlab 的固有内部函数同名。

A.1.2 在线帮助

1. Help 命令

Help命令是查询函数相关信息的最基本方式,信息会直接显示在命令窗口中,如给出

```
>>help sign
```

就会显示如下解释:

```
SIGN  Signum function.
For each element of X, SIGN(X) returns 1 if the element
is greater than zero, 0 if it equals zero and-1 if it is
less than zero. For the nonzero elements of complex X,
SIGN(X) =X ./ ABS(X).
```

Matlab所有的固有函数都是以逻辑群组的方式组织的,而Matlab的目录结构就是按照这些群组的方式来编排的,比如基本函数都在elfun目录中,列出在该目录下的所有函数名称的命令如下。

```
>>help elfun

Elementary math functions.
Trigonometric.
sin         ——Sine.
sinh        ——Hyperbolic sine.
asin        ——Inverse sine.
asinh       ——Inverse hyperbolic sine.
cos         ——Cosine.
cosh        ——Hyperbolic cosine.
acos        ——Inverse cosine.
acosh       ——Inverse hyperbolic cosine.
tan         ——Tangent.
tanh        ——Hyperbolic tangent.
atan        ——Inverse tangent.
atan2       ——Four quadrant inverse tangent.
atanh       ——Inverse hyperbolic tangent.
sec         ——Secant.
sech        ——Hyperbolic secant.
asec        ——Inverse secant.
asech       ——Inverse hyperbolic secant.
csc         ——Cosecant.
csch        ——Hyperbolic cosecant.
acsc        ——Inverse cosecant.
acsch       ——Inverse hyperbolic cosecant.
cot         ——Cotangent.
coth        ——Hyperbolic cotangent.
acot        ——Inverse cotangent.
acoth       ——Inverse hyperbolic cotangent.

Exponential.
exp         ——Exponential.
log         ——logarithm.
```

```
log10        ——Common (base 10) logarithm.
log2         ——Base 2 logarithm and dissect floating point number.
pow2         ——Base 2 power and scale floating point number.
……
```

2. Matlab Help 窗口

通过选择 Held 菜单的“Matlab Help”项，或是选择 View 菜单中的 Help 项，就可以打开 Matlab Held 窗口。窗口中包括 Contents、index、Search、Demos、Favorites 等子模块，可以非常方便地对所需函数信息进行搜索和查询。

A.1.3 使用常识

1. 一般常识

(1)Matlab 使用双精度数据，它区分字母大小写，所有的系统命令都是小写形式。

(2) 采用 format long 以显示双精度数据类型的结果，而 format 则返回缺省显示。

(3) 矩阵是 Matlab 进行数据运算的基本元素，矩阵中的下标从 1 开始(而不是 0)。标量(数量)作为 1×1 的矩阵来处理。

(4) 矩阵与数组是完全不同的两个概念，它们的运算规则差别极大。

(5) 语句或命令结尾的分号“;”会屏蔽当前结果的显示。

(6) 注释(位于 % 之后)不执行。

(7) 使用上下箭头实现命令的滚动显示，用于再编辑和再执行。

(8) 续行符用一个空格加“…”，然后再按回车键即可。

(9) 变量名必须以字母开头，可以由字母、数字和下划线组成，并且区分大小写。

2. 数组操作

大多数的操作都是对数组进行的，需要了解以下知识。

```
t=0:0.01:2;          % 生成一个数组 x，其步长是 0.01
y=x.^2;              % 生成一个由平方值组成的数组
x.*y;                % 相同大小的数组 x 和 y 逐点进行乘法
x./y;                % 相同大小的数组 x 和 y 逐点进行除法
L=length(x);         % 返回数组或向量 x 的长度
P=x(3);              % 数组 x 的第 3 元素
```

3. 常见问题

问：要画出一条平滑的连续信号曲线，最少需要多少个数据点？

答：至少 200 个点。

问：即使已经将 t 和 x 预先做了定义，为什么有时在使用 plot(t,x) 命令时仍会得到一个错误提示？

答：t 和 x 必须具有相同的维数(大小)；要检查是否符合，可使用 size(t) 和 size(x) 命令。

问：为什么当我预先对 t 做了定义，但使用 f(t) = 2^(− t) * sin(2 * t) 时还会提示有错？

答：没有使用数组操作，应改成 f(t) = (2.^(− t)). * sin(2 * t)。

问：怎么才能在同一个图形坐标上绘制多条曲线？

答：可使用 plot(t,f)，hold on，plot(t1,f1)，hold off 或使用 plot(t,f,t1,f1)。

问：如何使用 subplot 命令在同一个图形窗口(2 行 3 列) 中产生 6 个图形？

答:可对第n(n从1到6循环)个图形使用subplot(2,3,n);plot(t,f)(从行开始计数)。用subplot命令产生每一个图形的绘图命令和各自的横坐标、纵坐标、轴、标题等标识。

问:如何在图形中标出ω,ϕ,π等特殊符号?

答:Matlab提供了专用字母来表示这些特殊符号,如表A-1所示。

表A-1 特殊符号的表示法

字符串	符号	字符串	符号	字符串	符号
\alpha	α	\theta	θ	\phi	ϕ
\beta	β	\lambda	λ	\Phi	Φ
\gamma	γ	\tau	τ	\pi	π
\delta	δ	\int	$\int$	\infty	∞
\epsilon	ε	\omega	ω	\Omega	Ω
\leftarrow	←	\uparrow	↑	\leftrightarrow	↔

问:如何在图形中标出$e^{-j\omega t}$?

答:用text(x,y,'\ite^{j\omegat})可以标出,其中,it表示斜体,"^"表示上标。

问:如何改变图形中波形的颜色和线型?

答:Matlab提供了专用字母来表示颜色和线型,如表A-2所示。

表A-2 颜色和线型、点型的标识符

标识符	颜色	标识符	线型和点型	标识符	颜色	标识符	线型和点型
y	黄	.	点	b	蓝	*	星号
m	品红	o	圆圈	w	白	:	虚线
c	青	×	×号	k	黑	-.	点画线
r	红	+	+号			--	长画线
g	绿	-	实线				

A.2 Matlab的基本函数

A.2.1 基本数学函数

Matlab的基本数学函数的表示如表A-3所示。

表A-3 基本数学函数

符号	名称	符号	名称	符号	名称
sin()	正弦	sqrt()	平方根	abs()	绝对值和复数的模
cos()	余弦	round()	四舍五入取整	angle()	求复数的相角
tan()	正切	max()	求数组的最大值	unwrap()	去掉相角突变
atan()	反正切	min()	求数组的最小值	real()	求复数的实部
asin()	反正弦	mean()	求数组的平均值	imag()	求复数的虚部

续表

符　号	名　称	符　号	名　称	符　号	名　称
acos()	反余弦	std	求标准差	conj	求复数的共轭
exp	指数	sum	求和	sign	符号函数
log	对数	log2	以 2 为底的对数	sinc	辛格函数
expm	矩阵指数函数	eig	求矩阵的特征值		

A.2.2 基本作图函数

Matlab 的基本作图函数如表 A-4 所示。

表 A-4 基本作图函数

符　号	名　称	符　号	名　称
plot()	绘制连续波形	title()	为图形加标题
stem()	绘制离散波形	grid()	画网格线
polar()	极坐标绘图	xlable()	为 X 轴加上轴标
loglog()	双对数坐标绘图	ylable()	为 Y 轴加上轴标
plotyy()	用左右两种坐标	text()	在图上加文字说明
semilogx()	半对数 X 坐标	gtext()	用鼠标在图上加文字说明
semilogy()	半对数 Y 坐标	legend()	标注图例
subplot()	分割图形窗口	axis()	定义 x,y 坐标轴标度
hold()	保留当前曲线	line()	画直线
ginput()	从鼠标作图形输入	ezplot()	画符号函数的图形
figure()	定义图形窗口		

A.2.3 多项式运算函数

Matlab 的多项式运算函数如表 A-5 所示。

表 A-5 多项式运算函数

符　号	名　称	符　号	名　称
roots()	求方程的根	poly()	已知根还原成多项式
polyval()	求多项式的值	polyvalm()	求矩阵多项式的值
conv()	多项式的乘法	deconv()	多项式的除法
polyder()	求多项式的微分	residue()	部分分式分解

A.2.4 符号数学运算基本函数

Matlab 的符号数学运算基本函数如表 A-6 所示。

表 A-6 符号运算基本函数

名　称	符号形式	举例说明
阶跃函数 $\varepsilon(t)$	Heaviside(t)	Heaviside(t−1)表示 $\varepsilon(t-1)$
冲激函数 $\delta(t)$	Dirac(t)	Dirac(t−1)表示 $\delta(t-1)$
离散冲激 $\delta(k)$	charfcn[0](k)	charfcn[1](k)表示 $\delta(k+1)$
定义符号变量	syms	Syms t w
定义符号表达式	sym('string')	sym('x^2+x+5')
替代	R=subs(f) R=subs(f,old,new)	用已赋值的变量替代 f 中的默认变量 用 new 替代 f 中 old 变量
化简	Simple(f)	化简使之包含的字符最少
化简	Simplify(f)	化简根式、分数、乘方、指数、三角函数
微分	diff(f) diff(f,a) diff(f,2)二阶导数	diff(x^3) ans=3*X^2 diff(x^n,n) ans=x^n*log(x) diff(sin(2*x),2) ans=−4*sin(2*x)
不定积分 定积分	int(f),int(f,a) int(f,a,b)	int(x^n*log(x),n) ans=x^n int(exp(−x),0,inf) ans=1
解代数方程	solve('string')	solve('x^2+b*x+c=0') ans = [−1/2*b+1/2*(b^2−4*c)^(1/2)] [−1/2*b−1/2*(b^2−4*c)^(1/2)]
求一阶微分方程通解	dsolve('Dy−a*y=5')	ans =−5/a+exp(a*t)*C1
求一阶微分方程全解	dsolve('Dy−2*y=5', 'y(0)=2')	ans=−5/2+9/2*exp(2*t)
求二阶微分方程全解	dsolve('D2y+Dy−2*y=5', 'y(0)=2,Dy(0)=1')	ans =−5/2+10/3*exp(t) +7/6*exp(−2*t)
傅里叶变换	fourier(exp(−abs(t)))	ans = 2/(1+w^2)
傅里叶反变换	ifourier(2/(1+w^2),t)	ans =exp(−t)*Heaviside(t) +exp(t)*Heaviside(−t)
拉氏变换	laplace(exp(−a*t))	ans = 1/(s+a)
拉氏反变换	ilaplace(s^2/(s^2+1))	ans = Dirac(t)−sin(t)
Z 变换	y=simple(ztrans(a^k))	y =−z/(−z+a)
Z 反变换	x=simple(iztrans (z/(z^2+3*z+2)))	x = (−1)^n−(−2)^n

A.3 Matlab在信号与系统中常用函数

A.3.1 波形产生和运算函数

Matlab的波形产生和运算函数如表A-7所示。

表A-7 波形产生和运算函数

符　号	名　称	符　号	名　称
sawtooth()	周期锯齿波或三角波	fliplr()	信号翻转
square()	周期方波	cumsum()	信号累加
sinc()	辛格函数	sum()	信号求和
pulstran()	脉冲串	diff()	信号差分(微分)
rectpuls()	矩形波(门函数)	quad()	数值积分
tripuls()	三角波	conv()	信号卷积
diric()	周期sinc函数	ones(1,N)	阶跃序列$\varepsilon(k)$
rand(1,N)	产生[0,1]区间均匀分布的随机信号	randn(1,N)	产生均值为0，方差为1的白噪声

A.3.2 连续系统分析的部分函数

Matlab中连续系统分析的部分函数如表A-8所示。

表A-8 连续系统分析的函数

调用格式	说　明
z=roots(b),p=roots(a)	由H(s)的分子分母多项式系数求零极点
b=poly(z),a=poly(p)	由零极点求分子分母多项式的系数
[r,p,k]=residue(b,a)	部分分式展开
sys=tf(b,a) sys=zpk(z,p,k) z=tzero(sys),p=pole(sys) Pzmap(sys)	由分子分母多项式构成的系统函数 由零极点形式构成的系统函数 求系统的零极点 绘制零极点图
[H,w]=freqs(b,a) H=freqresp(sys,w)	计算频率响应
Bode(sys) [MAG,PHASE]=bode(sys,w)	画频率响应的bode图
Impulse(sys)	画冲激响应曲线
Step(sys)	画阶跃响应曲线
Lsim(sys)	计算任意输入下的系统响应

续表

调用格式	说明
ss2tf,ss2zp	状态变量形式转换为多项式、零极点形式
tf2zp,tf2ss	多项式形式转换为零极点、状态变量形式
zp2tf,zp2ss	零极点形式转换为多项式、状态变量形式

A.3.3 离散系统分析的部分函数

Matlab中离散系统分析的部分函数如表A-9所示。

表A-9 离散系统分析的函数

调用格式	说明
zplane(b,a)	绘制零极点图
[H,w]=freqz(b,a)	计算频率响应
conv(x,h)	计算卷积和
impz(b,a,k)	画冲激响应曲线
stepz(b,a,k)	画阶跃响应曲线
filer(b,a,f)	计算任意输入下的系统响应

附录B 三大变换的性质和常用变换对

B.1 傅里叶变换的性质

傅里叶变换的运算性质如表B-1所示。

表B-1 傅里叶变换的运算性质

性质	傅里叶变换对/公式
线性	$a_1 f_1(t)+a_2 f_2(t) \Leftrightarrow a_1 F_1(j\omega)+a_2 F_2(j\omega)$
时移	$f(t \pm t_0) \Leftrightarrow e^{\pm j\omega t_0} F(j\omega)$
频移	$f(t) e^{\pm j\omega_0 t} \Leftrightarrow F[j(\omega \mp \omega_0)]$
余弦调制	$f(t)\cos\omega_0 t \ \Leftrightarrow (1/2)\{F[j(\omega+\omega_0)]+F[j(\omega-\omega_0)]\}$
正弦调制	$f(t)\sin\omega_0 t \ \Leftrightarrow (j/2)\{F[j(\omega+\omega_0)]-F[j(\omega-\omega_0)]\}$
尺度变换	$f(at) \Leftrightarrow (1/\mid a \mid) F(j\omega/a)$
反折	$f(-t) \Leftrightarrow F(-j\omega)=F^*(j\omega)$
对偶	$F(jt) \Leftrightarrow 2\pi f(-\omega)$

续表

性　质	傅里叶变换对/公式
时域微分	$f^{(n)}(t)\Leftrightarrow(\mathrm{j}\omega)^n F(\mathrm{j}\omega)$
时域积分	$f^{(-1)}(t)\Leftrightarrow\pi F(0)\delta(\omega)+(1/\mathrm{j}\omega)F(\mathrm{j}\omega)$
频域微分	$(-\mathrm{j}t)^n f(t)\Leftrightarrow F^{(n)}(\mathrm{j}\omega)$
时域卷积	$f_1(t)*f_2(t)\Leftrightarrow F_1(\mathrm{j}\omega)F_2(\mathrm{j}\omega)$
频域卷积	$f_1(t)f_2(t)\Leftrightarrow(1/2\pi)F_1(\mathrm{j}\omega)*F_2(\mathrm{j}\omega)$
帕斯瓦尔定理	$\int_{-\infty}^{+\infty}\mid f(t)\mid^2\mathrm{d}t=(1/2\pi)\int_{-\infty}^{+\infty}\mid F(\mathrm{j}\omega)\mid^2\mathrm{d}\omega$

B.2　常用傅里叶变换对

常用的傅里叶变换对如表 B-2 所示。

表 B-2　常用的傅里叶变换对

编号	傅里叶变换对	推导说明
1	$\delta(t)\Leftrightarrow 1$	直接计算
2	$1\Leftrightarrow 2\pi\delta(\omega)$	与 1 对偶
3	$\delta(t-a)\Leftrightarrow \mathrm{e}^{-\mathrm{j}\omega a}$	利用 1 和时移性质
4	$\mathrm{e}^{\mathrm{j}\beta t}\Leftrightarrow 2\pi\delta(\omega-\beta)$	与 3 对偶或对 2 频移
5	$G_\tau(t)\Leftrightarrow\tau\mathrm{Sa}(0.5\omega\tau)$	直接计算
6	$\tau\mathrm{Sa}(\tau t/2)\Leftrightarrow 2\pi G_\tau(\omega)$	与 5 对偶
7	$\mathrm{e}^{-at}\varepsilon(t)\Leftrightarrow(\mathrm{j}\omega+a)^{-1}\quad(a>0)$	直接计算
8	$t\mathrm{e}^{-at}\varepsilon(t)\Leftrightarrow(\mathrm{j}\omega+a)^{-2}\quad(a>0)$	对 7 频域微分或时域卷积
9	$\mathrm{sgn}(t)\Leftrightarrow 2(\mathrm{j}\omega)^{-1}$	时域微分
10	$\varepsilon(t)\Leftrightarrow\pi\delta(\omega)+(\mathrm{j}\omega)^{-1}$	利用 9 和线性性质
11	$Q_T(t)\Leftrightarrow T\mathrm{Sa}^2(0.5\omega t)$	时域微分或门函数卷积
12	$T\mathrm{Sa}^2(0.5Tt)\Leftrightarrow 2\pi Q_T(\omega)$	与 11 对偶
13	$\cos\omega_0 t\Leftrightarrow\pi[\delta(\omega+\omega_0)+\delta(\omega-\omega_0)]$	利用 4 和线性性质
14	$\sin\omega_0 t\Leftrightarrow\mathrm{j}\pi[\delta(\omega+\omega_0)-\delta(\omega-\omega_0)]$	利用 4 和线性性质
15	$t\varepsilon(t)\Leftrightarrow\mathrm{j}\pi\delta'(\omega)-\omega^{-2}$	对 10 频域微分
16	$\mathrm{Sa}(\alpha t)\cos\omega_0 t\ \Leftrightarrow(\pi/2\alpha)[G_{2\alpha}(\omega-\omega_0)+G_{2\alpha}(\omega-\omega_0)]$	频域卷积
17	$f_T(t)\Leftrightarrow 2\pi\sum_{n\to-\infty}^{+\infty}\dot{F}_n\delta(\omega-n\Omega)$	利用傅里叶系数和 4
18	$\delta_T(t)\Leftrightarrow\Omega\delta_\Omega(\omega)\quad(\Omega=2\pi/T)$	利用 17
19	$f_T(t)\Leftrightarrow F_1(\mathrm{j}\omega)\cdot\Omega\delta_\Omega(\omega)$	利用 18 和时域卷积

续表

编号	傅里叶变换对	推导说明
20	$\delta^{(n)}(t)\Leftrightarrow(\mathrm{j}\omega)^n$	利用1和时域微分
21	$\mathrm{e}^{-a\|t\|}\Leftrightarrow 2a(a^2+\omega^2)^{-1}$	利用7和反折、线性

B.3　拉氏变换的性质

拉氏变换的性质如表B-3所示

表B-3　拉氏变换的性质

性　质	拉氏变换对
线性	$a_1f_1(t)+a_2f_2(t)\Leftrightarrow a_1F_1(s)+a_2F_2(s)$
时移	$f(t-t_0)\varepsilon(t-t_0)\Leftrightarrow \mathrm{e}^{-st_0}F(s)\quad(t_0>0)$
频移	$f(t)\mathrm{e}^{\pm at}\Leftrightarrow F(s\mp a)$
尺度变换	$f(at)\Leftrightarrow(1/a)F(s/a)\quad(a>0)$
时域微分	$f'(t)\Leftrightarrow sF(s)-f(0_-)$ $f''(t)\Leftrightarrow s^2F(s)-sf(0_-)-f'(0_-)$ $f^{(n)}(t)\Leftrightarrow s^nF(s)-\sum\limits_{i=0}^{n-1}s^{n-1-i}f^{(i)}(0_-)$
时域积分	$\int_{0_-}^{t}f(\tau)\mathrm{d}\tau\Leftrightarrow s^{-1}F(s)$
复频域微分	$(-t)^nf(t)\Leftrightarrow F^{(n)}(s)$
复频域积分	$t^{-1}f(t)\Leftrightarrow\int_{s}^{+\infty}F(s)\mathrm{d}s$
时域卷积	$f_1(t)*f_2(t)\Leftrightarrow F_1(s)F_2(s)$
复频域卷积	$f_1(t)f_2(t)\Leftrightarrow(2\pi\mathrm{j})^{-1}F_1(s)*F_2(s)$
初值定理	$f(0_+)=\lim\limits_{t\to0_+}f(t)=\lim\limits_{s\to+\infty}sF(s)$ $f'(0_+)=\lim\limits_{s\to+\infty}[s^2F(s)-sf(0_-)]$
终值定理	$f(+\infty)=\lim\limits_{t\to+\infty}f(t)=\lim\limits_{s\to0}sF(s)$

双边拉氏变换的主要性质如表B-4所示。

表B-4　双边拉氏变换的主要性质(与单边拉氏变换不同的性质)

性　质	$f(t)\Leftrightarrow F(s)$
尺度性	$f(at)\Leftrightarrow\|a\|^{-1}F(s/a)$
时移性	$f(t-t_0)\Leftrightarrow \mathrm{e}^{-st_0}F(s)$
时域微分	$\dfrac{\mathrm{d}f(t)}{\mathrm{d}t}\Leftrightarrow sF(s)$
时域积分	$\int_{-\infty}^{t}f(\tau)\mathrm{d}\tau\Leftrightarrow F(s)/s$

B.4 常用拉氏变换对

常用信号的拉氏变换对如表 B-5 所示。

表 B-5 常用信号的拉氏变换对

编号	拉氏变换对 $f(t)\Leftrightarrow F(s)$	推导说明
1	$\delta(t)\Leftrightarrow 1$	直接计算
2	$\varepsilon(t)\Leftrightarrow s^{-1}$	直接计算
3	$\varepsilon(t)-\varepsilon(t-T)\Leftrightarrow s^{-1}(1-\mathrm{e}^{-sT})$	利用 2 和时移性质
4	$t\varepsilon(t)\Leftrightarrow s^{-2}$	频域微分性质
5	$t^n\varepsilon(t)\Leftrightarrow n!/s^{n+1}$	频域微分性质
6	$\mathrm{e}^{\pm s_0 t}\varepsilon(t)\Leftrightarrow(s\mp s_0)^{-1}$	直接计算
7	$t\mathrm{e}^{-at}\varepsilon(t)\Leftrightarrow(s+a)^{-2}$	利用 6 和频域微分或 利用 4 和频移特性
8	$\sin(\omega_0 t)\varepsilon(t)\Leftrightarrow\omega_0(s^2+\omega_0^2)^{-1}$	利用 6 和线性性质
9	$\cos(\omega_0 t)\varepsilon(t)\Leftrightarrow s(s^2+\omega_0^2)^{-1}$	利用 6 和线性性质
10	$\mathrm{e}^{-\alpha t}\sin(\beta t)\varepsilon(t)\Leftrightarrow\beta[(s+\alpha)^2+\beta^2]^{-1}$	利用 8 和频移性质
11	$\mathrm{e}^{-\alpha t}\cos(\beta t)\varepsilon(t)\Leftrightarrow(s+\alpha)[(s+\alpha)^2+\beta^2]^{-1}$	利用 9 和频移性质
12	$f_T(t)\Leftrightarrow(1-\mathrm{e}^{-sT})^{-1}F_1(s)$（$f_1(t)\Leftrightarrow F_1(s)$ 为第一周期）	时移性质
13	$\delta(t-a)\Leftrightarrow\mathrm{e}^{-as}$	时移性质
14	$\cos^2(\omega_0 t)\varepsilon(t)\Leftrightarrow(s^2+2\omega_0^2)[s(s^2+4\omega_0^2)]^{-1}$	三角公式和线性性质
15	$\sin^2(\omega_0 t)\varepsilon(t)\Leftrightarrow(2\omega_0^2)[s(s^2+4\omega_0^2)]^{-1}$	三角公式和线性性质
16	$t\cos(\omega_0 t)\varepsilon(t)\Leftrightarrow(s^2-\omega^2)[(s^2+\omega_0^2)]^{-2}$	利用 9 和频域微分
17	$t\sin(\omega_0 t)\varepsilon(t)\Leftrightarrow 2\omega_0 s(s^2+\omega_0^2)^{-2}$	利用 8 和频域微分
18	$t\mathrm{e}^{-bt}\cos(\omega_0 t)\varepsilon(t)\Leftrightarrow[(s+b)^2-\omega^2][(s+b)^2+\omega_0^2]^{-2}$	利用 16 和频移性质
19	$t\mathrm{e}^{-bt}\sin(\omega_0 t)\varepsilon(t)\Leftrightarrow 2\omega_0(s+b)[(s+b)^2+\omega_0^2]^{-2}$	利用 17 和频移性质

B.5 Z 变换的性质

Z 变换的运算性质如表 B-6 所示。

表 B-6 Z 变换的运算性质

性　质	Z 变换对
线性	$af_1(k)\pm bf_2(k)\Leftrightarrow aF_1(z)\pm bF_2(z)$
尺度变换	$a^k f(k)\Leftrightarrow F(z/a)$；$\mathrm{e}^{\mathrm{j}\omega_0 k}f(k)\Leftrightarrow F(\mathrm{e}^{-\mathrm{j}\omega_0}z)$

续表

性质		Z变换对
双边Z变换	移序	$f(k\pm m)\Leftrightarrow z^{\pm m}F(z)$;$f(k\pm m)\varepsilon(k\pm m)\Leftrightarrow z^{\pm m}F(z)$
单边Z变换	右移	$f(k-1)\varepsilon(k)\Leftrightarrow z^{-1}F(z)+f(-1)$ $f(k-2)\varepsilon(k)\Leftrightarrow z^{-2}F(z)+z^{-1}f(-1)+f(-2)$ $f(k-m)\varepsilon(k)\Leftrightarrow z^{-m}\left[F(z)+\sum_{k=-m}^{-1}f(k)z^{-k}\right]$
	左移	$f(k+1)\varepsilon(k)\Leftrightarrow zF(z)-f(0)z$ $f(k+2)\varepsilon(k)\Leftrightarrow z^{2}F(z)-f(0)z^{2}-f(1)z$ $f(k+m)\varepsilon(k)\Leftrightarrow z^{m}\left[F(z)-\sum_{k=0}^{m-1}f(k)z^{-k}\right]$
Z域微分		$kf(k)\Leftrightarrow -z\frac{\mathrm{d}}{\mathrm{d}z}F(z)$;$k^{m}f(k)\Leftrightarrow\left[-z\frac{\mathrm{d}}{\mathrm{d}z}\right]^{m}F(z)$
时间反折		$f(-k)\Leftrightarrow F(z^{-1})$; $f(-k\pm m)\Leftrightarrow z^{\mp m}F(z^{-1})$
时域卷积		$f_1(k)*f_2(k)\Leftrightarrow F_1(z)F_2(z)$
Z域卷积		$f_1(k)\cdot f_2(k)\Leftrightarrow(1/2\pi\mathrm{j})\int_C F_1(v)F_2(z/v)v^{-1}\mathrm{d}v$
时域求和		$\sum_{i=0}^{k}f(i)\Leftrightarrow z(z-1)^{-1}F(z)$
初值定理		$f(0)=\lim_{z\to+\infty}F(z)$ $f(1)=\lim_{z\to+\infty}[zF(z)-zf(0)]$ ⋮ $f(m)=\lim_{z\to+\infty}z^{m}\left[F(z)-\sum_{i=0}^{m-1}f(i)z^{-i}\right]$
终值定理		$f(+\infty)=\lim_{z\to 1}(z-1)F(z)$ (极点在单位圆内)

B.6 常用Z变换对

常用序列的Z变换对如表B-7所示。

表B-7 常用序列的Z变换对

编号	Z变换对 $f(k)\Leftrightarrow F(z)$	收敛域
1	$\delta(k)\Leftrightarrow 1$	$\|z\|\geqslant 0$
2	$\varepsilon(k)\Leftrightarrow z(z-1)^{-1}$	$\|z\|>1$
3	$\varepsilon(k-1)\Leftrightarrow(z-1)^{-1}$	$\|z\|>1$
4	$\varepsilon(k)-\varepsilon(k-N)\Leftrightarrow(1-z^{1-N})(z-1)^{-1}$	$\|z\|>0$

续表

编号	Z 变换对 $f(k) \Leftrightarrow F(z)$	收　敛　域
5	$k\varepsilon(k)=k\varepsilon(k-1) \Leftrightarrow z(z-1)^{-2}$	$\|z\|>1$
6	$(k+1)\varepsilon(k) \Leftrightarrow z^2(z-1)^{-2}$	$\|z\|>1$
7	$a^k\varepsilon(k) \Leftrightarrow z(z-a)^{-1}$	$\|z\|>\|a\|$
8	$ka^k\varepsilon(k) \Leftrightarrow az(z-a)^{-2}$	$\|z\|>\|a\|$
9	$(k+1)a^k\varepsilon(k) \Leftrightarrow z^2(z-a)^{-2}$	$\|z\|>\|a\|$
10	$ka^{k-1}\varepsilon(k-1) \Leftrightarrow z(z-a)^{-2}$	$\|z\|>\|a\|$
11	$\sin(\beta k)\varepsilon(k) \Leftrightarrow \dfrac{z\sin\beta}{z^2-2z\cos\beta+1}$	$\|z\|>1$
12	$\cos(\beta k)\cdot\varepsilon(k) \Leftrightarrow \dfrac{z(z-\cos\beta)}{z^2-2z\cos\beta+1}$	$\|z\|>1$
13	$\delta(k-N) \Leftrightarrow z^{-N}$	$\|z\|>0$
14	$\delta_N(k) \Leftrightarrow z^N(z^N-1)^{-1}$　(单边)	$\|z\|>0$
15	$\varepsilon(-k) \Leftrightarrow -(z-1)^{-1}$	$\|z\|<1$
16	$-\varepsilon(-k-1) \Leftrightarrow z(z-1)^{-1}$	$\|z\|<1$
17	$-a^k\varepsilon(-k-1) \Leftrightarrow z(z-a)^{-1}$	$\|z\|<\|a\|$
18	$a^k\varepsilon(-k) \Leftrightarrow -a(z-a)^{-1}$	$\|z\|<\|a\|$
19	$-(k+1)a^k\varepsilon(-k-1) \Leftrightarrow z^2(z-a)^{-2}$	$\|z\|<\|a\|$

附录 C　常用周期信号的傅里叶级数

常用周期信号的波形和傅里叶级数的系数如表 C-1 所示。

表 C-1　常用周期信号的波形和傅里叶级数的系数

名称	信号波形	傅里叶系数	复系数
矩形脉冲	$f(t)$, A, $-T$, $-\tau/2$, O, $\tau/2$, T, t	$a_0=A\tau/T$ $a_n=(2A\tau/T)\mathrm{Sa}(n\pi\tau/T)$ $b_n=0$	$\dot{F}_n=(A\tau/T)\mathrm{Sa}(n\pi t/T)$
偶对称方波	$f(t)$, $A/2$, $-A/2$, $-T$, O, $T/2$, T, t	$a_0=0$ $a_n=(2A/n\pi)\sin(0.5n\pi)$ $b_n=0$	$\dot{F}_n=\begin{cases}(A/n\pi)\sin(0.5n\pi) & (n\text{ 为奇数})\\ 0 & (n\text{ 为偶数})\end{cases}$

续表

名称	信号波形	傅里叶系数	复系数
偶对称三角波		$a_0=0$ $a_n=8A/(n\pi)^2$ $b_n=0$	$\dot{F}_n=\begin{cases}4A/(n\pi)^2 & (n\text{为奇数})\\0 & (n\text{为偶数})\end{cases}$
奇对称锯齿波		$a_0=0$ $a_n=0$ $b_n=(2A/n\pi)(-1)^{n+1}$	$\dot{F}_n=\mathrm{j}\dfrac{A}{n\pi}(-1)^n$
半波整流		$a_0=A/\pi$ $a_n=\dfrac{2A}{\pi(1-n^2)}\cos\left(\dfrac{n\pi}{2}\right)$ $b_n=0$	$\dot{F}_n=\begin{cases}\dfrac{A}{\pi(1-n^2)} & (n\text{为偶数})\\0 & (n\text{为奇数})\end{cases}$
全波整流		$a_0=2A/\pi$ $a_n=\dfrac{4A}{\pi(1-n^2)}\cos\left(\dfrac{n\pi}{2}\right)$ $b_n=0$	$\dot{F}_n=\begin{cases}\dfrac{2A}{\pi(1-n^2)} & (n\text{为偶数})\\0 & (n\text{为奇数})\end{cases}$

附录D 部分习题答案

第1章

1-1 (a)3 Hz,1/3 s;(b) 5 Hz,1/5 s;(c) 非周期的;(d) $1/\pi$ Hz,πs。

1-2 (a) 功率信号,$P=16$ W;(b) 能量信号,$E=37$ J;(c) 能量信号,$E=0.1$ J;(d) 功率信号,$P=1$ W。

1-3 $P=8$ W

1-5 (a)$4\delta(t)$;(b)$0.5\mathrm{e}^{-7.5}\delta(t-2.5)$;(c)$-(\sqrt{3}/2)\delta(t+\pi/2)$;(d)$\mathrm{e}^{-1}\delta(t-3)$。

1-6 (a)-5;(b) 0;(c) 2;(d) 3。

1-9 (a) 线性非时变因果系统;(b) 非线性非时变因果系统;(c) 非线性时变因果系统;(d) 非线性非时变非因果系统。

1-11 (a)$y(t)=2(1-\mathrm{e}^{-2t})\varepsilon(t)-2[1-\mathrm{e}^{-2(t-1)}]\varepsilon(t-1)$;(b)$y(t)=\sqrt{2}\cos[2(t-2)-\pi/4]$;(c)$y(t)=2\mathrm{e}^{-2t}\varepsilon(t)$。

1-12 (a) 功率信号,$P=4$ W;(b) 能量信号,$E=16$ J;(c) 非能量非功率信号;(d) 功率信号,$P=1$ W。

1-13 $P=5/3$ W

1-14 (a)$E_1=48$ J;(b)$E_2=34.67$ J;(c)$E_3=53.33$ J。

1-16 (a)-1;(b)$\varepsilon(t+2)-\varepsilon(t-2)$;(c)8;(d)$\begin{cases}\delta(x-2) & (x=2)\\0 & (x\neq 2)\end{cases}$

1-19 (a) 非线性时变因果系统;(b) 线性非时变因果系统。

1-20 (a) 线性时变因果系统;(b) 线性时变因果系统;(c) 非线性时变因果系统;(d) 线性非时变因果系统。

1-21 (a) 线性非时变因果系统;(b) 非线性非时变因果系统;(c) 非线性非时变因果系统;(d) 线性非时变因果系统。

第 2 章

2-1 $y(t)=(12e^{-t}-11e^{-2t}+2e^{-3t})\varepsilon(t)$;$y_{zi}(t)=(10e^{-t}-7e^{-2t})\varepsilon(t)$;$y_{zs}(t)=(2e^{-t}-4e^{-2t}+2e^{-3t})\varepsilon(t)$。

2-2 $y_{zi}(t)=(1+4t)e^{-2t}\quad(t>0)$。

2-3 (a)$h(t)=3e^{-2t}\varepsilon(t),g(t)=[3/2-(3/2)e^{-2t}]\varepsilon(t)$;(b)$h(t)=\delta(t)+e^{-2t}\varepsilon(t),g(t)=[3/2-(1/2)e^{-2t}]\varepsilon(t)$;(c)$h(t)=\delta(t)+(e^{-t}-4e^{-2t})\varepsilon(t),g(t)=(2e^{-2t}-e^{-t})\varepsilon(t)$。

2-4 (a)$i(t)=(1/L)e^{-Rt/L}\varepsilon(t)$;$u_L(t)=\delta(t)-(R/L)e^{-Rt/L}\varepsilon(t)$;(b)$i(t)=(1/R)(1-e^{-Rt/L})\varepsilon(t)$;$u_L(t)=e^{-Rt/L}\varepsilon(t)$。

2-6 4,1,-2。

2-10 (a)$y_{zs}(t)=(1-e^{-t})\varepsilon(t)$;(b)$y_{zs}(t)=e^{-(t+1)}\varepsilon(t+1)-e^{-(t-1)}\varepsilon(t-1)$;(c)$y_{zs}(t)=\delta(t+1)-\delta(t-1)-e^{-(t+1)}\varepsilon(t+1)+e^{-(t-1)}\varepsilon(t-1)$。

2-11 $h(t)=\delta(t)-3e^{-3t}\varepsilon(t)$。

2-12 $h(t)=\delta(t-1)+\delta(t)+\varepsilon(t-1)-\varepsilon(t-4)$。

2-14 (a)$(t^2/2)\varepsilon(t)$;(b)$-(1/2)[e^{-2t+6}-e^2]\varepsilon(t-2)$;(c)$\sum_{k=-\infty}^{\infty}G_{0.5}(t-k)$;(d)$(e^{-2t}-e^{-3t})\varepsilon(t)$。

2-15 (a)$y(0)=1$;(b)$y(0)=0$;(c)$y(0)=-5/6$;(d)$y(0)=0$。

2-16 (a) 当 $\alpha\neq 1/RC$ 时,$y_{zs}(t)=[\alpha RC/(1-\alpha RC)](e^{-\alpha t}-e^{-t/RC})\varepsilon(t)$;(b) 当 $\alpha=1/RC$ 时,$y_{zs}(t)=(1/RC)te^{-t/RC}\varepsilon(t)$。

2-17 $y(0)=1/2,y'(0)=-1/2;C=1/2$。

2-18 $h(t)=2\delta(t)-2\delta(t-2)$。

第 3 章

3-1 (a)$\Omega=1\,600\pi$ rad/s,$T=1.25$ ms;(b)$a_n=(6/n)\sin^2(n\pi/2)=\begin{cases}6/n & (n\text{ 为奇数})\\ 0 & (n\text{ 为偶数})\end{cases}$,$b_n=0,A_n=a_n,\varphi_n=0,\dot{F}_n=0.5a_n,F_0=A_0=a_0=0$;(c)$f(t)$ 对称性:偶对称和半波对称。

3-3

特　性	波　形					
	(a)	(b)	(c)	(d)	(e)	(f)
纯实系数		√			√	
纯虚系数	√			√		
复系数			√			√
偶次谐波系数为 0	√	√	√	√	√	√
$F_0=0$	√	√	√	√	√	√

3-4 (a)$x(t)=4\cos(20\pi t)-8\cos(40\pi t)-4\cos(80\pi t)$;(b)$x(t)=2(e^{-j20\pi t}+e^{j20\pi t})-4(e^{-j40\pi t}+e^{j40\pi t})-2(e^{-j80\pi t}+e^{j80\pi t}$;(c)$P=4$W。

3-8 (a) $\dfrac{4}{4+\omega^2}e^{-j\omega}$;(b) $\dfrac{j\omega+2}{(j\omega+2)^2+4\pi^2}$;(c)$e^{-j2\omega}G_{4\pi}(\omega)$;(d)$\mathrm{Sa}(\omega/2)e^{-j0.5\omega}$。

3-9 (a)$4e^{-j3\omega}[3\mathrm{Sa}(3\omega)+\mathrm{Sa}(\omega)]$; (b)$2e^{-j3\omega}[6\mathrm{Sa}(3\omega)+\mathrm{Sa}^2(\omega/2)]$; (c)$4e^{-j3\omega}[6\mathrm{Sa}(3\omega)-3\mathrm{Sa}^2(3\omega/2)]$。

3-10 (a)$(1/\mathrm{j}\omega)[2+2\mathrm{e}^{-\mathrm{j}2\omega}-2\mathrm{e}^{-\mathrm{j}4\omega}-2\mathrm{e}^{-\mathrm{j}6\omega}]$; (b)$[1/(\mathrm{j}\omega)^2][\mathrm{j}2\omega+2\mathrm{e}^{-\mathrm{j}2\omega}-4\mathrm{e}^{-\mathrm{j}3\omega}+2\mathrm{e}^{-\mathrm{j}4\omega}-2\mathrm{j}\omega\mathrm{e}^{-\mathrm{j}6\omega}]$;(c)$[1/(\mathrm{j}\omega)^2]\left[\mathrm{j}4\omega-\frac{4}{3}+\frac{8}{3}\mathrm{e}^{-\mathrm{j}3\omega}-\frac{4}{3}\mathrm{e}^{-\mathrm{j}6\omega}-4\mathrm{j}\omega\mathrm{e}^{-\mathrm{j}6\omega}\right]$。

3-11 (a) $\frac{\pi^2}{2}G_2(\omega)$;(b) $\frac{1}{\mathrm{j}\omega}\left[2\mathrm{Sa}\left(\frac{\omega}{2}\right)-2\cos\left(\frac{\omega}{2}\right)\right]$;(c) $\frac{1}{(\mathrm{j}\omega+2)^2}$;(d) $\frac{2}{2-\mathrm{j}\omega}$。

3-13 (a)$0.5[\mathrm{e}^t\varepsilon(-t)-\mathrm{e}^{-t}\varepsilon(t)]$;(b)$0.5\mathrm{e}^{-|t-2|}$;(c)$(2/\pi)\mathrm{Sa}(t)\cos(5t)$;(d)$Q_2(t)$。

3-14 (a) $\frac{2}{\mathrm{j}\omega}[\cos\omega-2\mathrm{Sa}(\omega)]+2\pi\delta(\omega)$;(b) $\frac{1}{\mathrm{j}\omega}[4\mathrm{Sa}(2\omega)-\mathrm{e}^{-\mathrm{j}2\omega}]-\pi\delta(\omega)$。

3-15 (a)$\Omega=100\pi$ rad/s,$T=0.02$ s;(b)$A_n=(6/n)\sin(n\pi/2)$ (n 为奇数),$\varphi_n=\pi/2-n\pi/3$,$a_n=(6/n)\sin(n\pi/2)\sin(n\pi/3)$,$b_n=(6/n)\sin(n\pi/2)\cos(n\pi/3)$,$\dot{F}_n=0.5\dot{A}_n=-0.5\mathrm{j}A_n\mathrm{e}^{\mathrm{j}n\pi/3}$,$F_0=A_0=a_0=0$;(c)$f(t)$ 对称性:半波对称。

3-16 (a)$\Omega=1.5\pi$ rad/s,$T=4/3$ s; (b)$f(t)$ 在区间$(0,T)$上的平均值为 $F_0=1$;(c)$\dot{F}_3=1/(1+\mathrm{j}3\pi)=(1/\sqrt{1+9\pi^2})\angle(-83.9°)$;(d)$f_3(t)=0.21\cos(4.5\pi t-83.9°)$。

3-17 (a)$f(t)$ 只有偶对称性,且 $T=2$;(b)$f(t)$ 只有奇对称性,且 $T=2$;(c)$f(t)$ 具有偶对称和半波对称,且 $T=4$;(d)$f(t)$ 具有奇对称和半波对称;且 $T=4$。

3-18 (a) 谐波次数为 $n=3、5、7$,和直流分量 $a_0=1$;(b) 具有奇对称性,但只有直流和奇次谐波存在,信号隐藏半波对称;(c)$1-4\sin(180\pi t)-2\sin(300\pi t)+\sin(420\pi t)$;(d)$P=11.5$ W。

3-19 (a) $-2\mathrm{j}\mathrm{Sa}(\omega/2)\sin(\omega/2)$; (b)$(\pi/4)G_4(\omega)+(\pi/8)[G_4(\omega+4\pi)+G_4(\omega-2\pi)]$;(c)$[2/(\mathrm{j}\omega)^3][1-\mathrm{e}^{-\mathrm{j}\omega}]-(1/\mathrm{j}\omega)\mathrm{e}^{-\mathrm{j}\omega}[2/(\mathrm{j}\omega)+1]$;(d)$[1/(\mathrm{j}\omega+2)][1-\mathrm{e}^{-2-\mathrm{j}\omega}]$。

3-21 (a)$(1/4)t\mathrm{e}^{-t}\varepsilon(t)$;(b)$2t\mathrm{e}^{-2t}\cos t\cdot\varepsilon(t)$;(c)$-\mathrm{j}t^2\mathrm{e}^{-2t}\varepsilon(t)$;(d)$(1/2)(1-t)\mathrm{e}^{-t}\varepsilon(t)$。

3-22 (a)$\mathrm{j}(2/\pi)\sin t+(3/\pi)\cos(2\pi t)$; (b)$2[G_{0.25}(t+1)+G_{0.25}(t-1)]$; (c)$0.5\mathrm{e}^{-t}\varepsilon(t)+0.5\mathrm{e}^{-(t-1)}\varepsilon(t-1)$;(d)$0.5\mathrm{j}G_6(t-3)$。

3-23 (a)$6\pi\delta(\omega)+2\pi[\delta(\omega+10\pi)+\delta(\omega-10\pi)]$;(b)$3\pi[\delta(\omega+10\pi)+\delta(\omega-10\pi)]+6\pi[\delta(\omega+20\pi)\mathrm{e}^{-\mathrm{j}\pi/4}+\delta(\omega-20\pi)\mathrm{e}^{\mathrm{j}\pi/4}]$。

第4章

4-1 (a)$y(t)=(1/\sqrt{2})\sin(t-45°)$;(b)$y(t)=(1/3)(\mathrm{e}^{-t}-\mathrm{e}^{-4t})\varepsilon(t)$;(c)$y(t)=(1-\mathrm{e}^{-t})\varepsilon(t)$。

4-2 (a)$3\cos(3t)-5\sin(6t-30°)$;(b)$\cos(2t)+(1/2)\cos(4t)+(1/3)\cos(6t)$。

4-3 $y(t)=0.532\cos(2\pi t+57.86°)-0.93\sin(8\pi t+21.7°)$。

4-4 $y(t)=2(1+\cos2\pi t)$。

4-5 $y(t)=2\cos(3\pi t+\pi/2)$。

4-6 $R_1=R_2=1\ \Omega$,这时 $H(\mathrm{j}\omega)=1$。

4-7 (a) 不失真;(b) 相位失真;(c) 相位失真。

4-8 $h(t)=\delta(t-t_0)-(\omega_C/\pi)\mathrm{Sa}[\omega_C(t-t_0)]$。

4-10 (a)$\cos(t-3)$;(b)1。

4-11 (a)4 kHz;(b) 5 kHz。

4-12 (a)$(4/5)+(1/5)\cos(4\pi t-8\pi/5)$;(b)$(4/5)+(3/25)\cos(4\pi t-8\pi/5)-(1/25)\sin(8\pi t-16\pi/5)$。

4-13 $(2/\pi)\cos(\pi t)$。

4-14 $y(t)=1-(2/\pi)\sin(2\pi t)$。

4-15 (a)$H(\mathrm{j}\omega)=\begin{cases}2 & (|\omega|\leqslant\omega_C)\\0 & (\text{其他 }\omega)\end{cases}$,$2\pi\leqslant\omega_C<6\pi$;(b)$H(\mathrm{j}\omega)=\begin{cases}2/3 & (6\pi\leqslant|\omega|\leqslant10\pi)\\0 & (\text{其他 }\omega)\end{cases}$。

4-17 (a)$y(t)=\mathrm{Sa}(2t-6)$; (b)$y(t)=\pi\delta(t-3)-\mathrm{Sa}^2(t-3)$。

4-18 (a) $\frac{3}{2}\mathrm{Sa}\left(\frac{t-1}{2}\right)\cos\left[\frac{5}{2}(t-1)\right]$;(b) $\frac{3}{4}\mathrm{Sa}\left(\frac{t-1}{2}\right)\cos\left[\frac{7}{2}(t-1)\right]$;(c)$2\sin\left[\left(2-\frac{\pi}{2}\right)(t-1)\right]$。

第5章

5-1 (a) $\frac{1}{(s+3)^2}$;(b) $\left(\frac{2}{s^3}+\frac{2}{s^2}+\frac{1}{s}\right)e^{-s}$;(c)$1+\frac{s+3}{(s+3)^2+4}$;(d) $\frac{\sqrt{2}}{2}\frac{s+3}{s^2+9}$;(e) $\frac{1-e^{-2s-4}}{s+2}$;(f)$1-e^{-2s}$。

5-2 (a) $\frac{2}{s}(1+e^{-2s}-e^{-4s}-e^{-6s})$;(b)$e^{-s}-e^{-2s}+e^{-3s}$;(c) $\frac{4}{s}-\frac{4}{3s^2}+\frac{8e^{-3s}}{3s^2}-\frac{4e^{-6s}}{3s^2}-\frac{4e^{-6s}}{s}$。

5-3 $\frac{2-2e^{-s}-2se^{-s}}{s^2(1-e^{-2s})}$。

5-4 (a)1;(b)4;(c)1/2;(d)−4。

5-5 (a)1/2;(b) 无终值;(c)0;(d) 无终值。

5-6 (a)$\delta(t)-2e^{-t}+4e^{-2t}$;(b)$4e^{-t}-2t^2e^{-2t}-4te^{-2t}-4e^{-2t}$;(c)$\delta(t)+\sin(3t)-\cos(3t)$;(d)$[(2\cos(3t)+2\sin(3t)]e^{-2t}$。

5-7 (a)$y(t)=\frac{1}{2}e^{-t}+\frac{3}{2}e^{-3t}$;(b)$y(t)=\frac{1}{2}e^{-t}-e^{-2t}+\frac{1}{2}e^{-3t}$;(c)$y(t)=\frac{5}{3}e^{-t}-\frac{2}{3}e^{-4t}$。

5-8 $y_{zi}(t)=-e^{-t}$; $y_{zs}(t)=(-e^{-t}+4e^{-2t}-3e^{-3t})\varepsilon(t)$;$y(t)=y_{zi}(t)+y_{zs}(t)=-2e^{-t}+4e^{-2t}-3e^{-3t}$。

5-9 $u_{zs}(t)=(1-2e^{-t}+e^{-2t})\varepsilon(t)$;$u_{zi}(t)=(5e^{-t}-4e^{-2t})\varepsilon(t)$。

5-10 $u_L(t)=(2e^{-t}-3e^{-0.5t})\varepsilon(t)$。

5-11 $i(t)=[0.25+0.15e^{-4t}]\varepsilon(t)$。

5-12 $u_L(t)=20e^{-200t/3}\varepsilon(t)$。

5-13 $u(t)=-e^{-3t/4}$。

5-14 (a)$y(t)=2te^{-t}-e^{-t}$;(b)$y(t)=1-2e^{-t}$。

5-15 (a)$h(t)=\left(\frac{1}{2}e^{-t}+\frac{1}{2}e^{-3t}\right)\varepsilon(t)$;(b)$y_{zs}(t)=\left(\frac{3}{8}e^{-5t}+\frac{1}{8}e^{-t}+\frac{1}{4}e^{-3t}\right)\varepsilon(t)$。

5-16 (a)$h(t)=\left(\frac{1}{3}e^{-t}-\frac{1}{3}e^{-4t}\right)\varepsilon(t)$;(b)$y(0_-)=1, y'(0_-)=0$。

5-17 (a) $\frac{2s}{(s^2+1)^2}$;(b) $\frac{\pi(1+e^{-s})}{s^2+\pi^2}$;(c) $\frac{1}{s^2}-\frac{1}{s^2}e^{-2s}-\frac{2}{s}e^{-2s}$;(d) $\frac{6}{t^4}+\frac{(s+3)^2-4}{[(s+3)^2+4]^2}$。

5-18 (a) $\frac{10e^{-s}}{25s^2+4}$;(b) $\frac{500s}{(25s^2+4)^2}$;(c) $\frac{10}{(s+2)^2+100}$;(d) $\frac{10}{(s+2)^2+100}e^{-s}$。

5-19 $\frac{1-e^{-s}-se^{-s}}{s^2(1+e^{-s})}$。

5-20 (a)$(2e^{-2(t-2)}-e^{-(t-2)})\varepsilon(t-2)+(e^{-t}-e^{-2t})\varepsilon(t)$; (b)$(1-e^{-t})\varepsilon(t)+(e-e^{-t+2})\varepsilon(t-1)$; (c)$\sum_{n=0}^{+\infty}\delta(t-2n)$;(d)$(1/4)(1-\sin t)\varepsilon(t)-(1/4)[1-\sin(t-1)]\varepsilon(t-1)$。

5-22 $u_C(t)=6e^{-2t}-2e^{-3t}-2$。

5-23 $u_C(t)=[(72/7)-(16/7)e^{-t})]\varepsilon(t)$。

5-24 (a)$h(t)=(2e^{-t}-e^{-2t})\varepsilon(t)+\delta(t)$;(b)$y(t)=6e^{-t}-4e^{-2t}+e^{-3t}$。

5-25 (a)$y_{zs}(t)=\left(\frac{6}{5}-\frac{1}{5}e^{-5t}-e^{-t}\right)\varepsilon(t)-\left[\frac{6}{5}-\frac{1}{5}e^{-5(t-1)}-e^{-(t-1)}\right]\varepsilon(t-1)$; (b)$y_{zs}(t)=\left(te^{-t}+\frac{1}{4}e^{-t}+\frac{1}{4}e^{-5t}\right)\varepsilon(t)-e^{-1}\left[(t-1)e^{-(t-1)}+\frac{1}{4}e^{-(t-1)}+\frac{1}{4}e^{-5(t-1)}\right]\varepsilon(t-1)$。

第6章

6-1 (a) 临界稳定;(b) 不稳定;(c) 临界稳定;(d) 临界稳定;(e) 不稳定;(f) 不稳定。

6-3 (a)$h(t)=(\mathrm{e}^{-t}+\mathrm{e}^{-2t})\varepsilon(t)$;(b)$h(t)=(-3t\mathrm{e}^{-2t}+2\mathrm{e}^{-2t})\varepsilon(t)$;(c)$h(t)=0.2\delta(t)$。

6-4 $g(t)=[(1/3)+3\mathrm{e}^{-2t}-(10/3)\mathrm{e}^{-3t}]\varepsilon(t)$。

6-5 (a)$y(t)=10(\mathrm{e}^{-t}-\mathrm{e}^{-2t})\varepsilon(t)$;(b)$y(t)=(-5\mathrm{e}^{-t}+4\mathrm{e}^{-2t}+\cos t+3\sin t)\varepsilon(t)$。

6-6 (a)$y_{ss}(t)=2\varepsilon(t)$;(b)$y_{ss}(t)=\sqrt{5}\cos(2t-26.6^\circ)$。

6-7 $u_2(t)=(2\mathrm{e}^{-t}+0.5\mathrm{e}^{-2t})\varepsilon(t)$。

6-8 (a) 低通;(b) 带通;(c) 高通;(d) 带通。

6-9 (a) 在 s 右半平面有两个根;(b) 在 s 右半平面无根,在虚轴上有共轭虚根;(c) 在 s 右半平面无根,其根均在 s 左半平面;(d) 在 s 右半平面有两个根。

6-10 $0<k<9$。

6-12 (a)$H=\dfrac{Y}{X}=\dfrac{abdf+acf}{1-def}=\dfrac{a(bd+c)f}{1-def}$;(b)$H=\dfrac{Y}{X}=\dfrac{bce}{1-abc+ced+bcef}$。

6-13 $a=-4,b=-3,H(s)=\dfrac{s^2+3}{s^2+4s+3}$。

6-14 (a)$y(t)=2(\mathrm{e}^{-t}-\mathrm{e}^{-2t})\varepsilon(t)$;(b)$y(t)=(\sqrt{2}/2)\cos(2t-45^\circ)$;(c)$y(t)=-(1/2)\mathrm{e}^{-2t}\varepsilon(t)+(\sqrt{2}/2)\cos(2t-45^\circ)\varepsilon(t)$。

6-15 (a)$f(t)=\cos(2t+53.2^\circ)$;(b)$f(t)=2+\cos(2t+53.2^\circ)$。

6-16 (a)$a=5,b=6,c=6$;(b)$y_{zi}(t)=y(t)-y_{zs}(t)=(\mathrm{e}^{-2t}+\mathrm{e}^{-3t})\varepsilon(t)$。

6-17 (a) 带通;(b) 带阻;(c) 高通;(d) 带通 — 带阻。

6-18 $H(s)=\dfrac{s^2-2s+2}{s^2+2s+2}$。

6-19 $A=\dfrac{1}{\sqrt{2}},\theta=-45^\circ,H(s)=\dfrac{K(s-0.414)}{(s+1)(s+0.414)}$。

6-20 (a)$H(s)=\dfrac{K}{s^2+(3-K)s+1}$;(b)$K<3$。

6-22 (a) 不稳定;(b) 稳定的;(c) 是稳定的;(d) 不稳定。

6-23 $H=\dfrac{Y}{X}=\dfrac{H_1H_2H_3H_4H_6+H_1H_5H_6(1-G_3)}{1-H_2G_2-H_4G_4-G_1H_2H_3+G_3-G_1H_5G_4+H_2G_2H_4G_4+H_2G_2G_3}$。

6-24 $H(s)=\dfrac{1}{s^3+18s^2+86s+122}$。

第7章

7-2 (a)60 J;(b)15 J;(c)0.5 W;(d)256/3 J。

7-5 (a) 线性、时变、因果;(b) 线性、非时变、非因果;(c) 非线性,时变、非因果;(d) 非线性、非时变、非因果。

7-6 $y(k)=0.5k(k+1)$。

7-7 (a)$y(k)=\dfrac{1}{6}\varepsilon(k)+\dfrac{1}{2}(-1)^k\varepsilon(k)-\dfrac{8}{3}(-2)^k\varepsilon(k)$;(b)$y(k)=\dfrac{1}{2}(2)^k\varepsilon(k)-\dfrac{3}{2}(-2)^k\varepsilon(k)$。

7-8 (a)$y_{zi}(k)=4(1-2^k)\varepsilon(k)$;(b)$h(k)=[-2+3(2)^k]\varepsilon(k)$;(c)$g(k)=[6(2)^k-2k-5]\varepsilon(k)$。

7-9 $y(k)=2(0.2^k-0.4^k)\varepsilon(k)-4(0.2^{k-2}-0.4^{k-2})\varepsilon(k-2)$。

7-10 (a)$5(0.5^{k+1}-0.3^{k+1})\varepsilon(k)$;(b)$[\underset{\uparrow}{2},6,7,8,2,3]$;(c)$k\varepsilon(k-1)$;(d)$(k+4)(0.5)^k\varepsilon(k+3)-(k-3)(0.5)^k\varepsilon(k-4)$。

7-12 (a)$N=14,A=4,a=0.5$;(b)$A=2,\Omega=\pi/3,\theta=\pi/3$。

7-14 (a) 周期的,$N=14$;(b) 非周期;(c) 周期的,$N=24$;(d) 周期的,$N=8$。

7-15 $y(k)=(\sqrt{2})^k[(3/5)\cos(3k\pi/4)-(1/5)\sin(3k\pi/4)]+(2/5)\cos(k\pi/2)-(1/5)\sin(k\pi/2)$。

7-16 (a)$y(k)=(1/2)(-2/3)^k+(3/2)(-2)^k \quad (k\geqslant 0)$;(b)$y(k)=(-1/4-k/2)(-1)^k+1/4$ $(k\geqslant 0)$。

7-17 $y(k)=2(2/3)^k\varepsilon(k)$。

7-18 142.73元。

7-19 (a)$(2^{k+1}-1)\varepsilon(k)+(1-2^{k+3})\varepsilon(k-4)$;(b)$(3^{1-k}-2^{1-k})\varepsilon(-k)$。

7-20 (a)线性、非时变、k为偶数时为非因果;(b)线性、时变、因果。

第8章

8-1 (a)$\dfrac{z}{z-3}(|z|>3)$; (b)$\dfrac{4z-1}{2z-1}(|z|>1/2)$; (c)$\dfrac{1-(0.5z^{-1})^{10}}{1-0.5z^{-1}}(|z|>0)$; (d)$\dfrac{2z(z-5/12)}{(z-1/2)(z-1/3)}(|z|>1/2)$。

8-2 (a)$\dfrac{4z^{-1}}{(z+0.5)^2}(|z|>0.5)$;(b)$\dfrac{8z}{(z+1)^2}(|z|>1)$;(c)$\dfrac{4z-z^{-1}}{(z+0.5)^4}(|z|>0.5)$。

8-3 (a)$(0.5)^k\varepsilon(k)$;(b)$[4(-0.5)^k-3(-0.25)^k]\varepsilon(k)$;(c)$(0.25)^k\varepsilon(k)-2(0.25)^k\varepsilon(k+1)$;(d)$-a\delta(k)+(a-1/a)(1/a)^k\varepsilon(k)$。

8-4 (a)$[-2,4,\underset{\uparrow}{-3},12,0,9]$;(b)$(k+1)2^k$;(c)$3^{k+1}-2^{k+1}$。

8-5 (a)$y(k)=[-8/3-(19/3)(-2)^k+2^k]\varepsilon(k)$;(b)$y(k)=[-1/2-2(-2)^k+(5/2)(-1)^k]\varepsilon(k)$。

8-6 $y_{zi}(k)=[2^{k+1}-(-1)^k]\varepsilon(k)$;$y_{zs}(k)=[2^{k+1}+(1/2)(-1)^k-3/2]\varepsilon(k)$。

8-7 (a)$h(k)=(-1)^k\varepsilon(k)$;(b)$y(k)=5[1+(-1)^k]\varepsilon(k)$。

8-8 (a)不稳定;(b)临界稳定;(c)稳定;(d)稳定。

8-9 (a)$\dfrac{-z+4}{z^2-5z+6}$;(b)$1-\dfrac{1}{1+(1/3)z^{-1}}$;(c)$\dfrac{1+2z^{-1}+8z^{-2}}{1+3z^{-1}+5z^{-2}}$。

8-10 $h(k)=[(7/2)\cdot 3^k-5/2]\varepsilon(k)$。

8-11 (a)$h(k)=[2.5\cdot 0.5^k-1.5(-0.5)^k]\varepsilon(k)$;(b)$g(k)=[4-2.5\cdot 0.5^k-0.5(-0.5)^k]\varepsilon(k)$。

8-12 (a)$y(k)+3y(k-1)+2y(k-2)=-(2/3)f(k)+f(k-1)+(2/3)f(k-2)$;(b)$f(k)=[(18/25)(-3)^k-(42/25)2^k+(33/25)(-1/2)^k]\varepsilon(k)$。

8-13 (a)$\dfrac{z^2-2z-1}{z+0.5}$;(b)系统是非因果的。

8-14 $A=3/4, a=-1$。

8-15 (a)$\dfrac{4}{1-2z^{-1}}(|z|>2)$;(b)$\dfrac{8}{1-2z^{-1}}(|z|>2)$;(c)$\dfrac{2z}{(z-2)^2}+\dfrac{z}{z-2}(|z|>2)$;(d)$8[\dfrac{2z}{(z-2)^2}+\dfrac{z}{z-2}](|z|>2)$。

8-16 (a)$[-k-1+2^k]\varepsilon(k)$;(b)$0.5(k+1)e^{-(k+2)}\varepsilon(k)$。

8-17 (a)$h(k)=(-3)^k\varepsilon(k)$;(b)$y(k)=(1/32)[-9(-3)^k+8k^2+20k+9]\varepsilon(k)$。

8-18 $y_{zi}(k)=\varepsilon(k)$;$y_{zs}(k)=k\varepsilon(k)$。

8-20 $-1.5<K<0$。

8-21 (a)$y(k)=0$;(b)$y(k)=15.01\cos[(\pi/2)k+\pi/2]$。

8-22 (a)带通滤波器;(b)高通滤波器;(c)全通滤波器。

第9章

9-1 $\begin{bmatrix}\dot{i}_L\\ \dot{u}_C\end{bmatrix}=\begin{bmatrix}-R/L & -1/L\\ 1/C & 0\end{bmatrix}\begin{bmatrix}i_L\\ u_C\end{bmatrix}+\begin{bmatrix}1/L\\ 0\end{bmatrix}\boldsymbol{u}_S$。

9-2 $\begin{bmatrix}\dot{u}_C\\ \dot{i}_L\end{bmatrix}=\begin{bmatrix}-1/RC & -1/C\\ 1/L & -R/C\end{bmatrix}\begin{bmatrix}u_C\\ i_L\end{bmatrix}+\begin{bmatrix}1/RC\\ 0\end{bmatrix}\boldsymbol{u}_S$。

9-3 $\begin{bmatrix}\dot{u}_C\\ \dot{i}_L\end{bmatrix}=\begin{bmatrix}-1/R_2C & 1/C\\ -1/L & -R_1/L\end{bmatrix}\begin{bmatrix}u_C\\ i_L\end{bmatrix}+\begin{bmatrix}1/R_2C & 0\\ 0 & R_1/L\end{bmatrix}\begin{bmatrix}u_S\\ i_S\end{bmatrix}$；$\begin{bmatrix}y_1\\ y_2\end{bmatrix}=\begin{bmatrix}0 & -R_1\\ 1 & 0\end{bmatrix}\begin{bmatrix}u_C\\ i_L\end{bmatrix}+\begin{bmatrix}0 & R_1\\ -1 & 0\end{bmatrix}\begin{bmatrix}u_S\\ i_S\end{bmatrix}$。

9-4 $\begin{bmatrix}\dot{x}_1\\ \dot{x}_2\end{bmatrix}=\begin{bmatrix}0 & 1\\ -3 & -2\end{bmatrix}\begin{bmatrix}x_1\\ x_2\end{bmatrix}+\begin{bmatrix}0\\ 1\end{bmatrix}\boldsymbol{f}(t)$；　$\boldsymbol{y}(t)=\begin{bmatrix}-2 & -2\end{bmatrix}\begin{bmatrix}x_1\\ x_2\end{bmatrix}+[1]\boldsymbol{f}(t)$。

9-5 $\begin{bmatrix}x_1(k+1)\\ x_2(k+1)\end{bmatrix}=\begin{bmatrix}-3 & 1\\ -1 & -1\end{bmatrix}\begin{bmatrix}x_1(k)\\ x_2(k)\end{bmatrix}+\begin{bmatrix}0\\ 1\end{bmatrix}\boldsymbol{f}(k)$；　$\boldsymbol{y}(k)=\begin{bmatrix}1 & -1\end{bmatrix}\begin{bmatrix}x_1(k)\\ x_2(k)\end{bmatrix}$。

9-6 $\begin{bmatrix}\dot{x}_1\\ \dot{x}_2\\ \dot{x}_3\end{bmatrix}=\begin{bmatrix}0 & 1 & 0\\ 0 & 0 & 1\\ -2 & -1 & -5\end{bmatrix}\begin{bmatrix}x_1\\ x_2\\ x_3\end{bmatrix}+\begin{bmatrix}0\\ 0\\ 1\end{bmatrix}\boldsymbol{f}$；　$\boldsymbol{y}(t)=\begin{bmatrix}2 & 1 & 0\end{bmatrix}\begin{bmatrix}x_1\\ x_2\\ x_3\end{bmatrix}$。

9-7 (a)$\dot{\boldsymbol{x}}=\begin{bmatrix}0 & 1\\ -12 & -4\end{bmatrix}\boldsymbol{x}+\begin{bmatrix}0\\ 1\end{bmatrix}\boldsymbol{f}$，　$\boldsymbol{y}=\begin{bmatrix}-24 & 1\end{bmatrix}+[2]\boldsymbol{f}$；(b)$\dot{\boldsymbol{x}}=\begin{bmatrix}0 & 1 & 0\\ 0 & 0 & 1\\ -2 & -5 & -4\end{bmatrix}\boldsymbol{x}+\begin{bmatrix}0\\ 0\\ 1\end{bmatrix}\boldsymbol{f}$，　$\boldsymbol{y}=\begin{bmatrix}0 & 3 & 1\end{bmatrix}\boldsymbol{x}$；(c)$\dot{\boldsymbol{x}}=\begin{bmatrix}0 & 1 & 0\\ 0 & 0 & 1\\ -1 & -2 & -2\end{bmatrix}\boldsymbol{x}+\begin{bmatrix}0\\ 0\\ 1\end{bmatrix}\boldsymbol{f}$，　$\boldsymbol{y}=\begin{bmatrix}2 & 0 & 1\end{bmatrix}\boldsymbol{x}$。

9-8 $\mathrm{e}^{\boldsymbol{A}t}=\begin{bmatrix}1 & 0.5(\mathrm{e}^t-\mathrm{e}^{-t}) & 0.5(\mathrm{e}^t+\mathrm{e}^{-t})-1\\ 0 & 0.5(\mathrm{e}^t+\mathrm{e}^{-t}) & 0.5(\mathrm{e}^t-\mathrm{e}^{-t})\\ 0 & 0.5(\mathrm{e}^t-\mathrm{e}^{-t}) & 0.5(\mathrm{e}^t-\mathrm{e}^{-t})\end{bmatrix}$。

9-9 $\begin{bmatrix}-7\mathrm{e}^{3t}+10\mathrm{e}^{2t}\\ 7\mathrm{e}^{3t}-5\mathrm{e}^{2t}\end{bmatrix}$。

9-10 $\begin{bmatrix}\cos at & (1/a)\sin at\\ -a\sin at & \cos at\end{bmatrix}$。

9-11 $\begin{bmatrix}\dot{u}_{C1}\\ \dot{u}_{C2}\end{bmatrix}=\begin{bmatrix}-(R_1+R_2)/(C_1R_1R_2) & -1/(R_2C_1)\\ -1/(R_2C_2) & -1/(R_2C_2)\end{bmatrix}\begin{bmatrix}u_{C1}\\ u_{C2}\end{bmatrix}$

$+\begin{bmatrix}(R_1+R_2)/(C_1R_1R_2) & -1/C_1\\ 1/(R_2C_2) & -1/C_2\end{bmatrix}\begin{bmatrix}u_S\\ i_S\end{bmatrix}$；

$\begin{bmatrix}y_1\\ y_2\end{bmatrix}=\begin{bmatrix}-1 & 0\\ -1 & -1\end{bmatrix}\begin{bmatrix}u_{C1}\\ u_{C2}\end{bmatrix}+\begin{bmatrix}1 & 0\\ 1 & 0\end{bmatrix}\begin{bmatrix}u_S\\ i_S\end{bmatrix}$。

9-12 $\begin{bmatrix}x_1(k+1)\\ x_2(k+1)\end{bmatrix}=\begin{bmatrix}-0.5 & 0\\ 0 & 0.4\end{bmatrix}\begin{bmatrix}x_1(k)\\ x_2(k)\end{bmatrix}+\begin{bmatrix}1\\ 1\end{bmatrix}\boldsymbol{f}(k)$；$\boldsymbol{y}(k)=\begin{bmatrix}0.5 & 2.8\end{bmatrix}\begin{bmatrix}x_1(k)\\ x_2(k)\end{bmatrix}+[3]\boldsymbol{f}(k)$。

9-13 $\dot{\boldsymbol{x}}=\begin{bmatrix}-3 & 0 & 1\\ 0 & 0 & 1\\ 3 & -3 & -2\end{bmatrix}\boldsymbol{x}+\begin{bmatrix}1 & 0\\ 0 & 0\\ 0 & 3\end{bmatrix}\boldsymbol{f}$；　$\boldsymbol{y}=\begin{bmatrix}2 & 0 & -1\\ 0 & 1 & 0\end{bmatrix}\boldsymbol{x}$。

9-14 (a)$\varphi(t)=\mathrm{e}^{\boldsymbol{A}t}=\begin{bmatrix}2\mathrm{e}^{-t}-\mathrm{e}^{-2t} & 2\mathrm{e}^{-t}-2\mathrm{e}^{-2t}\\ -\mathrm{e}^{-t}+\mathrm{e}^{-2t} & -\mathrm{e}^{-t}+2\mathrm{e}^{-2t}\end{bmatrix}$；(b)$\boldsymbol{A}=\left.\dfrac{\mathrm{d}\mathrm{e}^{\boldsymbol{A}t}}{\mathrm{d}t}\right|_{t=0}=\begin{bmatrix}0 & 2\\ -1 & -3\end{bmatrix}$。

9-15 (a)$\boldsymbol{x}(k+1)=\begin{bmatrix}0 & 1 & 0\\-3 & -2 & -3\\2 & 0 & 5\end{bmatrix}\boldsymbol{x}(k)+\begin{bmatrix}0 & 0\\1 & -2\\0 & 2\end{bmatrix}\boldsymbol{f}(k),\boldsymbol{y}(k)=\begin{bmatrix}1 & 0 & 0\\1 & 0 & 2\end{bmatrix}\boldsymbol{x}(k)$;(b) 系统不稳定。

9-16 (a)$\begin{bmatrix}\dot{x}_1(t)\\\dot{x}_2(t)\end{bmatrix}=\begin{bmatrix}b & 1\\ab & 0\end{bmatrix}\begin{bmatrix}x_1(t)\\x_2(t)\end{bmatrix}+\begin{bmatrix}b+c\\ab\end{bmatrix}f(t),\boldsymbol{y}(t)=[1\quad 0]\begin{bmatrix}x_1(t)\\x_2(t)\end{bmatrix}+f(t)$;(b)$a=2/3,b=-3,c=-1$。

9-17 (a)$e^{\boldsymbol{A}t}=\begin{bmatrix}e^{-t} & 0 & 0\\0 & e^{-4t} & 0\\0 & 0 & e^{-2t}\end{bmatrix}$;(b)$y(t)=(4+4e^{-4t})\varepsilon(t)$。

9-18 $\boldsymbol{A}=\begin{bmatrix}0 & -2\\1 & -3\end{bmatrix},\boldsymbol{B}=\begin{bmatrix}0\\-6\end{bmatrix},\boldsymbol{C}=[0\quad 1],\boldsymbol{D}=1$。

9-19 (a)$y(t)=1-3e^{-2t}+4e^{-3t}\quad(t>0)$; (b)$\begin{bmatrix}x_1(t)\\x_2(t)\end{bmatrix}=\begin{bmatrix}2 & 1\\-1 & -1\end{bmatrix}\begin{bmatrix}g_1(t)\\g_2(t)\end{bmatrix},\boldsymbol{y}(t)=[1\quad -1]\begin{bmatrix}2 & 1\\-1 & -1\end{bmatrix}=[3\quad 2]\begin{bmatrix}g_1(t)\\g_2(t)\end{bmatrix}$;(c)$\boldsymbol{g}(t)=\begin{bmatrix}1-e^{-2t}\\-1+2e^{-3t}\end{bmatrix}\quad(t>0),\boldsymbol{y}(t)=[3\quad 2]\begin{bmatrix}g_1(t)\\g_2(t)\end{bmatrix}=1-3e^{-2t}+4e^{-3t}\quad(t>0)$。

9-20 (a)$a=3,b=-4$;(b)$x_1(k)=4(-1)^k-2(-2)^k,x_2(k)=4(-1)^k-3(-2)^k$。

9-21 $\begin{bmatrix}x_1(t)\\x_2(t)\end{bmatrix}=\begin{bmatrix}10e^{2t}-7e^{3t}\\-5e^{2t}+7e^{3t}\end{bmatrix}$。

参考文献

[1] ASHOK AMBARDAR. 信号、系统与信号处理[M]. 2 版. 冯博琴，等，译. 北京：机械工业出版社，2001.

[2] Rodger E. Ziemer，William H. Tranter，D. Ronald Fannin. 信号与系统 —— 连续与离散[M]. 4 版. 肖志涛，等，译. 北京：电子工业出版社，2005.

[3] 胡光锐. 信号与系统[M]. 上海：上海交通大学出版社，1995.

[4] 郑君里，应启珩，杨为理. 信号与系统[M]. 2 版. 北京：高等教育出版社，2000.

[5] 管致中，夏恭恪. 信号与线性系统[M]. 4 版. 北京：高等教育出版社，2004.

[6] 吴大正，杨林耀，张永瑞. 信号与线性系统分析[M]. 3 版. 北京：高等教育出版社，1998.

[7] 陈怀琛，吴大正，高西全. Matlab 在电子信息课程中的应用[M]. 北京：电子工业出版社，2002.

[8] 梁虹，梁洁，陈跃斌. 信号与系统分析及 Matlab 实现[M]. 北京：电子工业出版社，2002.

[9] 燕庆明. 信号与系统教程[M]. 北京：高等教育出版社，2004.

[10] EDWARD W. KAMEN，BONNIE S. HECK. Fundamental of Signals and Systems Using the Web and Matlab[M]. 影印 2 版. 北京：科学出版社，2002.

[11] Oppenheim A V. 信号与系统[M]. 刘树棠，译. 西安：西安交通大学出版社，1998.

[12] 张昱，周绮敏. 信号与系统实验教程[M]. 北京：人民邮电出版社，2005.

[13] 吴新余，周井泉，沈元隆. 信号与系统 —— 时域、频域分析及 MATLAB 软件的应用[M]. 北京：电子工业出版社，2005.

[14] 于慧敏. 信号与系统[M]. 2 版. 北京：化学工业出版社，2008.

[15] 沈元隆. 信号与系统[M]. 北京：人民邮电出版社，2002.

[16] 吴京. 理工科信号与系统[M]. 4 版. 长沙：国防科技大学出版社，2005.

[17] 乐正友. 信号与系统[M]. 北京：清华大学出版社，2004.

[18] 陈后金. 信号与系统[M]. 2 版. 北京：清华大学出版社，北京交通大学出版社，2005.

[19] 王宝祥，胡航. 信号与系统习题及精解[M]. 哈尔滨：哈尔滨工业大学出版社，2000.